U0263266

环境雌激素及其生物处理

高彦征　李舜尧　孙　凯　周　贤　凌婉婷　著

科学出版社

北　京

内 容 简 介

环境雌激素是一类具有内分泌干扰活性的有机污染物，可威胁生态安全和人类健康。微生物降解是环境中雌激素转化和消减的重要途径，获取高效的雌激素降解菌，探明其降解机制，有望为发展基于微生物降解的雌激素污染治理技术、控制污染风险提供科技支撑。本书共分 7 章，主要论述环境雌激素的基本属性，分析畜禽粪便-土壤-水系统中环境雌激素的污染特征、演化规律及生物生态效应，分离筛选出多株具有雌激素降解功能的微生物，并总结功能菌及其菌剂对雌激素的降解途径、规律及分子机制，最后介绍一些基于微生物降解的典型雌激素污染治理生物处理技术及应用。

本书可供环境、土壤、生态、农业、微生物等领域相关科技工作者、管理人员及研究生、本科生阅读。

图书在版编目(CIP)数据

环境雌激素及其生物处理/高彦征等著. —北京：科学出版社，2023.8
ISBN 978-7-03-074026-7

Ⅰ. ①环… Ⅱ. ①高… Ⅲ. ①雌激素–生物处理 Ⅳ. ①X5

中国版本图书馆 CIP 数据核字(2022)第 228850 号

责任编辑：周 丹 沈 旭/责任校对：郝璐璐
责任印制：张 伟/封面设计：许 瑞

科学出版社 出版
北京东黄城根北街 16 号
邮政编码：100717
http://www.sciencep.com
北京中科印刷有限公司 印刷
科学出版社发行 各地新华书店经销
*
2023 年 8 月第 一 版 开本：787×1092 1/16
2023 年 8 月第一次印刷 印张：19 3/4
字数：468 000

定价：199.00 元

(如有印装质量问题，我社负责调换)

前　言

自全球工业化以来，雌激素污染已成为继"臭氧层空洞"和"全球气候变暖"之后又一世界性重大环境问题，影响着人类生存与发展。环境雌激素可以通过直接排放、污水灌溉、畜禽粪便农用等途径进入土壤和水体，还可通过土壤-作物系统进入食物链。环境雌激素进入人类和动物机体后，可模拟、干扰或对抗正常激素的合成、运输和释放，导致机体内分泌系统紊乱，具有诱发人类癌症、水生生物性别比例失衡等潜在风险。环境雌激素残留及其风险已成为当前制约农业可持续发展、影响生态安全和人类健康的重大环境问题之一。

人类和畜禽排泄物是环境雌激素的主要来源之一，其中畜禽排泄物对环境雌激素污染的贡献更大。我国年均畜禽粪便产生量达三十多亿吨，而好氧堆肥后制成有机肥还田是畜禽粪便的主要利用途径。2019 年，《农业农村部办公厅生态环境部办公厅关于促进畜禽粪污还田利用依法加强养殖污染治理的指导意见》(农办牧〔2019〕84 号)中明确提出，要促进畜禽粪污还田利用。然而，诸多研究证实，传统好氧堆肥处理后畜禽粪便中仍残留大量雌激素，潜在风险巨大。因此，如何安全有效地去除环境雌激素、实现畜禽粪便无害化处理，对于缓解环境压力、保障人民群众身体健康、深入打好污染防治攻坚战具有重要意义。

利用降解功能细菌消减环境雌激素污染风险已受到业界广泛关注。相比一些化学或物理手段，微生物降解具有成本低、二次污染风险小、安全可控等诸多优势。然而，一方面人们对雌激素的环境归趋及污染风险尚缺乏系统深入的了解，另一方面具有雌激素降解效能的微生物资源仍十分有限，且完整的雌激素微生物代谢途径和分子机制尚未得到全面解析，制约了环境雌激素微生物治理技术的发展。显然，筛选雌激素降解功能微生物并揭示其代谢途径及分子机制，将为精准评估环境雌激素污染风险、发展高效的环境雌激素污染治理技术提供重要的科技支撑。

在国家杰出青年科学基金项目"土壤有机污染过程与控制"(项目编号：41925029)，国家自然科学基金面上项目"畜禽粪便农用土壤中雌激素残留的蔬菜累积与根际活化机制研究"(项目编号：42177016)、"畜禽粪便中雌激素降解菌的筛选及抗生素对其降解性能的影响"(项目编号：51278252)和"真菌漆酶驱动根际腐殖化减低粪肥源雌激素作物吸收的生物化学机理"(项目编号：42277019)，国家自然科学基金青年基金项目"新鞘氨醇杆菌降解环境孕激素的途径及分子机制"(项目编号：42207470)和"漆酶介导腐殖化反应中雌激素-腐殖酸单电子氧化的偶联机制"(项目编号：41907314)，江苏省重点研发计划"复合功能细菌菌剂与生源要素耦合消减畜禽粪便中多种雌激素的堆肥工艺研发"(项目编号：BE2022849)，江苏省科技支撑计划项目"高效降解养殖业畜禽粪便中雌激素的微生物菌剂研制关键技术"(项目编号：BE2011780)，安徽省自然科学基金青年项目"新鞘氨醇杆菌降解甾体雌激素的途径及关键基因分析"(项目编号：

2208085QD116）等资助下，作者及其团队针对环境雌激素污染问题和治理的重大科技需求，较系统地开展了环境雌激素污染特征及生物降解技术研发。本书是在总结“环境雌激素及其生物处理”相关成果的基础上撰写的，介绍了全球范围内环境雌激素的来源、分布和生物生态效应，分析了国内外基于微生物降解的雌激素污染治理技术，分离筛选并总结归纳了7株雌激素降解功能菌及其降解规律，剖析了菌株降解雌激素的途径和分子机制，探讨了基于雌激素降解菌的固定化菌剂制备及其处理效能。这些研究成果不仅丰富了雌激素降解功能微生物资源库，而且为消减环境雌激素污染风险、保障生态安全和人民群众身体健康提供了科技支撑。在此特向参加课题研究的刘娟、刘静娴、李欣、孙敏霞、徐鹏程、付银杰、徐冉芳等表示衷心感谢。

环境雌激素及其生物处理相关研究工作仍在进一步探索之中，由于目前国内外可供参考的资料有限，书中部分内容尚不够深入和完善，有待后续研究推进和补充。希望本书能够起到抛砖引玉的作用，引发读者对该领域研究的关注和重视。限于作者水平，书中疏漏之处在所难免，欢迎读者批评指正。

作　者

2022年10月1日

目　　录

前言
第1章　环境雌激素来源、危害及生态风险评估 ……… 1
1.1　环境雌激素简介 ……… 1
1.1.1　环境雌激素的分类 ……… 1
1.1.2　环境雌激素的性质 ……… 2
1.2　环境雌激素来源及分布 ……… 3
1.2.1　环境雌激素的来源 ……… 3
1.2.2　类固醇雌激素的分布 ……… 4
1.2.3　畜禽排泄物中的类固醇雌激素 ……… 7
1.3　环境雌激素的危害及生态风险评估 ……… 11
1.3.1　环境雌激素对人类的危害 ……… 11
1.3.2　环境雌激素对动物的危害 ……… 13
1.3.3　环境雌激素的生态风险评估 ……… 13
参考文献 ……… 22
第2章　畜禽粪便中雌激素污染特征 ……… 38
2.1　养殖业畜禽粪便中雌激素的色谱分析方法 ……… 38
2.1.1　高效液相色谱检测条件建立与优化 ……… 38
2.1.2　畜禽粪便样品前处理条件优化 ……… 39
2.1.3　检测方法有效性评估 ……… 44
2.2　我国部分地区养殖业畜禽粪便中雌激素排放特征 ……… 46
2.2.1　我国部分地区畜禽粪便中雌激素排放特征 ……… 46
2.2.2　龄数对畜禽粪便中雌激素含量的影响 ……… 48
2.2.3　畜禽粪便自然堆置对雌激素含量的影响 ……… 49
2.2.4　我国部分地区养殖场粪源雌激素潜在水体污染风险 ……… 50
2.3　基于畜禽粪便的有机肥中雌激素污染特征 ……… 52
2.3.1　有机肥基本性状 ……… 52
2.3.2　有机肥中雌激素含量 ……… 53
2.3.3　有机肥与畜禽粪便中雌激素含量比较 ……… 54
2.4　畜禽粪便高温好氧堆肥过程中雌激素演化规律 ……… 55
2.4.1　加标对堆肥过程中雌激素降解的影响 ……… 56
2.4.2　堆肥过程中初始含水率对雌激素降解的影响 ……… 57
2.4.3　堆肥过程中翻堆次数对雌激素降解的影响 ……… 58
2.4.4　堆肥过程中粪便种类对雌激素降解的影响 ……… 59

2.4.5 堆肥过程对畜禽粪便中雌激素的去除 …… 59
2.4.6 好氧堆肥工艺去除畜禽粪便中雌激素的作用机制 …… 61
2.5 畜禽粪便厌氧消化过程中雌激素演化规律 …… 63
2.5.1 厌氧消化过程中畜禽粪便的化学特性 …… 63
2.5.2 厌氧消化过程中雌激素含量变化 …… 64
2.5.3 气浮法与厌氧消化法去除雌激素的效果比较 …… 65
2.5.4 厌氧消化过程中雌激素消减和转化行为 …… 68
参考文献 …… 69
第 3 章 土水环境中雌激素污染特征 …… 73
3.1 土水环境中雌激素检测方法 …… 73
3.1.1 环境样品中雌激素检测的前处理技术 …… 73
3.1.2 环境样品中雌激素的检测技术 …… 74
3.1.3 固相萃取-高效液相色谱-荧光检测测定水中雌激素 …… 77
3.2 土水环境中雌激素污染特征 …… 82
3.2.1 土壤中的雌激素 …… 82
3.2.2 地表水中的雌激素 …… 85
3.2.3 地下水中的雌激素 …… 89
3.2.4 污水处理厂出水中的雌激素 …… 91
3.3 土壤-水系统中雌激素的环境行为 …… 93
3.3.1 雌激素在土壤中的吸附 …… 93
3.3.2 雌激素在土壤–水系统中的迁移 …… 99
3.3.3 土水环境中雌激素的降解及转化 …… 100
参考文献 …… 107
第 4 章 环境雌激素污染的生物生态效应 …… 117
4.1 环境雌激素在生物体内的富集 …… 117
4.1.1 环境雌激素在水生生物中的积累 …… 117
4.1.2 环境雌激素在人体脂肪组织中的积累 …… 119
4.2 环境雌激素在植物体内的迁移转化 …… 121
4.2.1 植物对环境雌激素的吸收 …… 121
4.2.2 植物体内环境雌激素的转运 …… 122
4.2.3 植物体内环境雌激素的积累 …… 123
4.3 环境雌激素的生态效应 …… 125
4.3.1 环境雌激素对鱼类的影响 …… 125
4.3.2 环境雌激素对两栖类动物生殖发育的影响 …… 129
4.3.3 环境雌激素对动物精子功能的影响 …… 130
4.3.4 环境雌激素对动物神经系统的影响 …… 131
4.3.5 土壤中雌激素的微生态响应 …… 133
参考文献 …… 134

第 5 章 雌激素降解菌及固定化菌剂 ······ 146
5.1 降解菌 *Pseudomonas putida* SJTE-1 ······ 150
5.1.1 菌株 SJTE-1 的生物学特性 ······ 150
5.1.2 菌株 SJTE-1 的降解底物谱 ······ 151
5.1.3 菌株 SJTE-1 降解 17β-雌二醇的动力学及中间产物 ······ 151
5.1.4 降解过程中 17β-雌二醇的分布规律 ······ 151
5.2 降解菌 *Novosphingobium* sp. ARI-1 ······ 152
5.2.1 菌株 ARI-1 的形态及生理生化特性 ······ 152
5.2.2 菌株 ARI-1 降解 17β-雌二醇的特性 ······ 155
5.2.3 影响菌株 ARI-1 降解雌激素的因素 ······ 156
5.3 降解菌 *Sphingomonas* sp. KC8 ······ 157
5.3.1 菌株 KC8 的分离鉴定 ······ 157
5.3.2 菌株 KC8 的降解特性 ······ 158
5.4 降解菌 *Rhodococcus* sp. JX-2 ······ 159
5.4.1 菌株 JX-2 的分离鉴定 ······ 159
5.4.2 菌株 JX-2 的生长特性 ······ 160
5.4.3 环境条件对菌株 JX-2 降解 17β-雌二醇的影响 ······ 161
5.4.4 菌株 JX-2 降解 17β-雌二醇的动力学 ······ 163
5.5 降解菌 *Novosphingobium* sp. E2S ······ 164
5.5.1 菌株 E2S 的分离鉴定 ······ 164
5.5.2 菌株 E2S 的抗生素抗性 ······ 165
5.5.3 环境条件对菌株 E2S 降解 17β-雌二醇的影响 ······ 165
5.5.4 菌株 E2S 降解 17β-雌二醇的动力学 ······ 167
5.6 降解菌 *Novosphingobium* sp. ES2-1 ······ 168
5.6.1 菌株 ES2-1 的分离鉴定 ······ 168
5.6.2 环境条件对菌株 ES2-1 降解 17β-雌二醇的影响 ······ 171
5.6.3 菌株 ES2-1 降解雌激素的底物谱 ······ 173
5.6.4 菌株 ES2-1 降解 17β-雌二醇、雌酮和 4-羟基雌酮的动力学 ······ 173
5.7 降解菌 *Serratia* sp. S ······ 174
5.7.1 菌株 S 的分离鉴定 ······ 175
5.7.2 菌株 S 的生长特性 ······ 176
5.7.3 环境条件对菌株 S 降解己烯雌酚的影响 ······ 177
5.7.4 菌株 S 降解己烯雌酚的动力学 ······ 179
5.8 固定化 S 菌剂 ······ 180
5.8.1 固定化 S 菌剂的制备 ······ 181
5.8.2 环境条件对固定化 S 菌剂降解己烯雌酚的影响 ······ 182
5.8.3 固定化 S 菌剂与游离菌株 S 降解己烯雌酚的性能比较 ······ 183
5.9 固定化 ARI-1 菌剂 ······ 184

5.9.1 固定化 ARI-1 菌剂的制备 ······ 184
5.9.2 环境条件对固定化 ARI-1 菌剂降解 17β-雌二醇的影响 ······ 186
5.9.3 固定化 ARI-1 菌剂降解 17β-雌二醇的动力学 ······ 189
5.9.4 固定化 ARI-1 菌剂降解复合雌激素 ······ 190
5.10 固定化 JX-2 菌剂 ······ 191
5.10.1 固定化 JX-2 菌剂的制备 ······ 191
5.10.2 环境条件对固定化 JX-2 菌剂降解 17β-雌二醇的影响 ······ 193
5.11 固定化混合菌剂 ······ 194
5.11.1 固定化混合菌剂的制备 ······ 195
5.11.2 固定化混合菌剂对多种雌激素的去除效率 ······ 196
5.11.3 环境条件对固定化混合菌剂去除多种雌激素的影响 ······ 196
参考文献 ······ 201
第 6 章 功能菌降解雌激素的途径及分子机制 ······ 209
6.1 好氧功能菌降解 17β-雌二醇的初始步骤 ······ 209
6.1.1 A 环羟基化 ······ 210
6.1.2 饱和环羟基化 ······ 210
6.1.3 D 环脱水 ······ 210
6.1.4 D 环脱氢 ······ 210
6.2 真菌、细菌和藻类对炔雌醇的降解 ······ 210
6.2.1 真菌对炔雌醇的降解 ······ 210
6.2.2 细菌和藻类对炔雌醇的降解 ······ 211
6.3 组学技术在微生物降解雌激素分子机制研究中的应用 ······ 212
6.3.1 基因组学 ······ 212
6.3.2 转录组学 ······ 213
6.3.3 差异蛋白组学 ······ 213
6.4 功能菌降解雌激素的途径及分子机制 ······ 214
6.4.1 *Pseudomonas putida* SJTE-1 降解 17β-雌二醇的分子机制 ······ 214
6.4.2 *Sphingomonas* sp. KC8 降解 17β-雌二醇的途径及分子机制 ······ 217
6.4.3 *Novosphingobium tardaugens* ARI-1 降解 17β-雌二醇的途径及分子机制 ······ 223
6.4.4 *Novosphingobium* sp. ES2-1 降解 17β-雌二醇的途径及分子机制 ······ 230
参考文献 ······ 267
第 7 章 环境雌激素生物处理技术应用 ······ 276
7.1 固定化功能降解菌剂去除环境中雌激素 ······ 276
7.1.1 固定化 S 菌剂去除水体中己烯雌酚 ······ 276
7.1.2 固定化 ARI-1 菌剂去除环境中多种雌激素 ······ 277
7.1.3 固定化 JX-2 菌剂去除污水和牛粪中 E2 ······ 280
7.1.4 固定化混合菌剂去除环境中多种雌激素 ······ 281

7.2 生物膜处理技术 ……284
7.2.1 普通生物膜处理技术 ……284
7.2.2 移动床生物膜反应器 ……286
7.3 人工湿地处理系统 ……291
7.3.1 人工湿地系统对雌酮的去除 ……292
7.3.2 人工湿地系统对 17β-雌二醇的去除 ……293
7.3.3 人工湿地系统对雌三醇的去除 ……293
7.3.4 人工湿地系统对炔雌醇的去除 ……294
7.3.5 人工湿地系统对睾酮和黄体酮的去除 ……294
7.4 厌氧–好氧联合处理 ……294
7.4.1 A/O 工艺对 17β-雌二醇和雌酮的去除 ……295
7.4.2 A^2/O 工艺对 17β-雌二醇、雌酮和炔雌醇的去除 ……295
参考文献 ……298

第 1 章　环境雌激素来源、危害及生态风险评估

环境雌激素(environmental estrogens, EEs)是一类通过干扰机体正常激素合成、释放、运输、结合等过程激活或抑制内分泌系统的功能，从而破坏机体稳定性和调控作用的新型环境污染物。雌激素污染已成为全球性重大环境问题，受到各国政府、业内人士等的广泛关注。类固醇雌激素(steroid estrogens, SEs)是 EEs 中一类具有环戊烷并多氢菲结构(甾体母核)的化合物，存在于所有脊椎动物和部分无脊椎动物体内。与其他不具有甾体母核的 EEs 相比，SEs 检出率更高、环境危害性更大，浓度达到 ng/L 水平即可引发水生动物内分泌系统紊乱。

由于自然或人工过程(如激素治疗、避孕、用作饲料添加剂)，雌激素常存在于人类和动物排泄物中，SEs 的污染源十分广泛，包括集约化养殖场、大型屠宰场、各类规模的城市群等。此外，因缺乏配套的粪便消纳、无害化处理技术和政策约束，大量未经有效处理的 SEs 常随厩肥撒施、地表径流等环境行为进入农业相关的水和土壤体系。在全球运移的推动下，世界各大水土体系中均有 SEs 检出。因此，如何安全、有效地去除环境 SEs 对于缓解环境压力、保障人群健康具有重要意义。

1.1　环境雌激素简介

1.1.1　环境雌激素的分类

按照获取渠道，雌激素可分为两大类：天然雌激素及合成雌激素。天然雌激素由人类和动物的肾上腺皮质、睾丸、卵巢和胎盘释放，具有环戊烷并多氢菲结构[含四个环，包括一个酚环(A 环)、两个环己烷(B、C 环)和一个环戊烷(D 环)]，又称甾体母核，具有此结构的代表性雌激素为雌酮(E1)、17β-雌二醇(E2)和雌三醇(E3)。天然雌激素又称 C18 甾体雌激素，不同 C18 甾体雌激素之间的差别在于 D 环 C16 或 C17 位点所连接的官能团。例如，E1 在 C17 处连接有一个羰基，E2 在 C17 处连接有一个羟基，而 E3 在 C16 和 C17 处各连接有一个羟基。其中，雌二醇的 C17 羟基既可以处于甾体分子平面上层，形成 17α-雌二醇(17α-E2)，也可以处于甾体分子平面下层，形成 E2。天然雌激素中有一类特殊的化合物类群，即植物雌激素。植物雌激素主要分为三类：异黄酮类(isoflavones)、木酚素类(lignans)和香豆素类(coumarins)，存在于植物及其种子中。然而，植物雌激素并不属于真正的激素，而是异黄酮活性成分，由于能够起到类似于雌激素的模拟、干扰、双向调节内分泌水平的生理化作用，故被称为植物雌激素。植物源雌激素的分子结构与动物源雌激素的结构相似，对乳腺癌、前列腺癌、绝经期综合征、心血管病和骨质疏松有一定的预防作用。

合成雌激素中又包含半合成雌激素。半合成雌激素由 SEs 衍生而来，具有环戊烷并

多氢菲结构；典型代表有炔雌醇(EE2)、尼尔雌醇(NYL)、美雌醇(MES)和炔雌醚(CEE)，常用作口服避孕药或其主要成分。其余合成雌激素则为非甾体雌激素，不含经典的环戊烷并多氢菲甾体母核结构，典型代表包含己烯雌酚(diethylstilbestrol, DES)、壬基酚(NP)、双酚 A(bisphenol A, BPA)等。

1.1.2 环境雌激素的性质

了解雌激素类化合物的理化性质对解析它们在水土体系中的命运至关重要，可用于在实验中初步评估其命运及归趋，有效地规避部分昂贵、耗时的非必要检测分析。有机污染物在水和其他天然固体之间的分布可理解为有机污染物在水相和有机相之间的分配过程。此外，其各项理化性质参数还能为评价某一物质被吸附到固相上并最终排放到环境中，以及在液相中的溶解比例等提供计算方法。例如，正辛醇-水分配系数(K_{ow})是化合物的一项重要的理化性质，定义为该物质在正辛醇相与水相中的浓度之比，是判断目标物质脂溶性大小的重要参数。具有高分子量、高 $\log K_{ow}$①(> 5)的化合物极易吸附到沉积物上，可通过混凝进行初步的去除。总的来说，雌激素是一类 $\log K_{ow}$ 相对偏高(2.4～4.0)的脂溶性化合物，较易吸附于固体表面(Pal et al., 2010)。此外，雌激素类化合物的蒸气压大多介于 9×10^{-13}～3×10^{-8} Pa 范围内，难挥发；pK_a 介于 10.3～10.8 之间，呈弱酸性。

以最为常见的 E1、E2、E3 和 EE2 四种 EEs 为例，其详细理化性质如表 1-1 所示。游离态雌激素也可通过葡萄糖醛酸苷和硫酸基团在 C3 和/或 C17 位点发生酯化作用，形成结合态雌激素。与结合态雌激素相比，游离态(又称非结合态)雌激素更难溶于水相。雌激素的溶解度与 pH 密切相关。例如，当 pH 为 7.0 时，上述四种雌激素的水溶性依次为 EE2 < E1 < E2 < E3，与 pH 为 4.0 时基本一致；当 pH 为 10.0 时，各雌激素的溶解度会相对升高(Shareef et al., 2006)。

表 1-1 四种典型甾体雌激素的理化特征

理化特性	雌激素			
	E3	E2	E1	EE2
化学式	$C_{18}H_{24}O_3$	$C_{18}H_{24}O_2$	$C_{18}H_{22}O_2$	$C_{20}H_{22}O_2$
化学结构	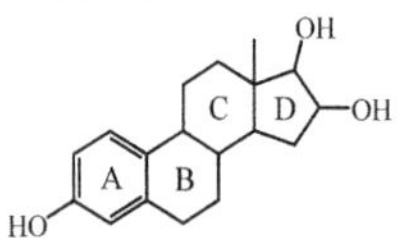	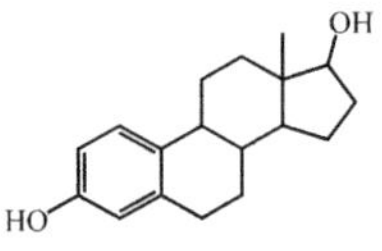	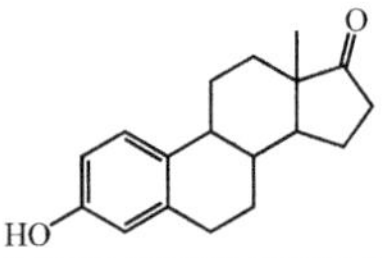	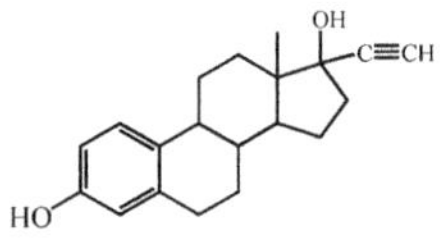
分子量/(g/mol)	288.39	272.39	270.39	296.4
熔点/℃	272～280 (Lippman et al., 1977)	178～179 (Adeel et al., 2017)	258～260 (Adeel et al., 2017)	182～183 (Adeel et al., 2017)
$\log K_{ow}$	2.6～2.8 (Hanselman et al., 2003)	3.94 (Adeel et al., 2017)	3.43 (Adeel et al., 2017)	3.67 (Adeel et al., 2017)

① $\log K_{ow}$ 的底数一般默认为 10，下同。

续表

理化特性	雌激素			
	E3	E2	E1	EE2
$\log K_d$	2.02±0.05 (在活性污泥中) (Gomes et al., 2011)	2.3～2.8 (在消化污泥中) (Carballa et al., 2008)	2.2～2.8 (在消化污泥中) (Carballa et al., 2008)	2.65～2.86 (Adeel et al., 2017)
pK_a	10.4 (Hanselman et al., 2003)	10.6 (Adeel et al., 2017)	10.3 (Adeel et al., 2017)	10.4 (Adeel et al., 2017)
蒸气压/Pa	9×10^{-13} (Hanselman et al., 2003)	3×10^{-8} (Adeel et al., 2017)	3×10^{-8} (Adeel et al., 2017)	6×10^{-9} (Adeel et al., 2017)
水中溶解度/(mg/L)	3.2～13.3 (Hanselman et al., 2003)	13 (Adeel et al., 2017)	13 (Adeel et al., 2017)	4.8 (Adeel et al., 2017)

1.2　环境雌激素来源及分布

1.2.1　环境雌激素的来源

人类和畜禽排泄物是 EEs 的主要来源。全世界约 72 亿人口的天然 SEs(包含 E3、E2 和 E1)年排放总量可达 30000 kg，合成雌激素 EE2 年排放量近 700 kg(Adeel et al., 2017)。各类人群中，成年女性对雌激素排放的贡献远高于成年男性，尤其是孕妇。调查指出，成年男性、未绝经女性、绝经后女性和孕妇四类人群每天通过尿液排放的雌激素当量(estradiol equivalency, EEQ)分别达 3.1 μg E2/d、9.9 μg E2/d、4.4 μg E2/d 和 4336.8 μg E2/d(Liu et al., 2009)。不同人群每人每天排放的 SEs 总量的详细统计如表 1-2 所示。然而，家畜向环境释放的雌激素量远高于人类，环境中大约 90%的雌激素来自畜禽养殖业和畜牧业(He et al., 2019)。据统计，在美国和欧盟，家畜每年排放的雌激素可达 83000 kg，是人类排放量的两倍(Adeel et al., 2017)。2002 年，美国农场动物排放的雌激素高达到 49 t；2013 年，英国农场动物的 E1 和 E2 年排放量分别高达 1315 kg 和 570 kg(Ray et al., 2013)。在我国，人类和动物每年产生的类固醇激素总量约 3069 t，其中三分之二来自动物(Zhang et al., 2014c)；一项位于上海的调查显示，牲畜的雌激素排放当量约为 56.8 g E2/d，接近人类雌激素排放当量(35.2 g E2/d)的 1.6 倍(Liu et al., 2014)，与来自美国和欧盟的统计数据一致。在各类牲畜排泄物中，奶牛粪便对于雌激素总排放量的贡献最大，占比高达 90%(Hanselman et al., 2006)。

表 1-2　不同人群每人每天排放的 SEs 量统计(Adeel et al., 2017)　(单位：μg)

雌激素	E1	E2	E3	EE2	参考文献
孕妇	787	277	9850	0	Kostich et al., 2013
使用激素替代疗法的更年期人群	31.50	59.20	90.70	0	Kostich et al., 2013
经期妇女	9.32	6.14	17.40	0	Kostich et al., 2013

续表

雌激素	E1	E2	E3	EE2	参考文献
正常女性	7.00	2.40	4.40	NDA	Andaluri et al., 2012
女性月经来潮	3.50	8.00	4.80	NDA	Hamid and Eskicioglu, 2012
成年男性	3.50	1.83	3.21	NDA	Kostich et al., 2013
未使用激素替代疗法的更年期人群	2.93	1.49	3.90	0	Kostich et al., 2013
绝经女性	2.30	4.00	1.00	NDA	Hamid and Eskicioglu, 2012
正常男性	1.60	3.90	1.50	NDA	Hamid and Eskicioglu, 2012
女童	0.60	2.50	0.918	0	Kostich et al., 2013
男童	0.63	0.54	NDA	0	Kostich et al., 2013
人均排放量	19.00	7.70	8100	0.41	Laurenson et al., 2014

注：NDA 表示暂无数据。

城市污水处理厂(municipal sewage treatment plants, MSTPs)是人类排放雌激素的主要释放源。MSTPs 能够去除废水中大部分雌激素，但仍有低浓度雌激素残留，并随处理后水体直接进入土壤或自然受纳水体中(Andaluri et al., 2012; Belhaj et al., 2015; Pal et al., 2010; Pessoa et al., 2014)。城市垃圾填埋场是另一个重要的 SEs 释放源，雌激素可以随垃圾渗滤液直接渗入地表水和地下水(Li, 2014)。此外，一项基于医院的调查显示，所有医院的流出样本中均能够检出 SEs，特别是高浓度的 E3(Avberšek et al., 2011)，说明医院也是人类排放雌激素的重要释放源之一。

农田施用是粪肥源雌激素进入土壤和水体的主要渠道，包括饲养场和动物储存设施的渗漏(Zhao et al., 2010)、基于生物残渣的有机肥料撒施(Gray et al., 2017)、农田尾水的排放(Snow et al., 2012)等。在从粪肥到排水系统的径流中，SEs 的最大浓度可以从 2.5 ng/L 至 68.1 ng/L 不等(Kjær et al., 2007)。Zhang 等(2014c)发现中国拥有全球最大的动物种群；中国每年由牲畜排放的雌激素总量约为 2050 t，远远超过美国和欧盟(Lange et al., 2002)：欧盟和美国粪肥源 SEs 的排放量是全球人类 SEs 排放量的 2.7 倍，中国粪肥源 SEs 的排放量是全球人类 SEs 排放量的 83 倍。然而，我国并未明文规定畜禽养殖场废弃物需在排放前进行前处理(Liu et al., 2012a)，多数农村家庭依旧会选择将未经处理或只经简单消化处理的粪肥直接施入农田土壤，导致粪便中残留的高浓度雌激素直接进入环境。研究表明，每克厩肥固体中 E1、E2 和 17α-E2 的含量在 6～462 ng(Andaluri et al., 2012)。

1.2.2 类固醇雌激素的分布

液体粪肥的储存、粪肥的铺展和地表径流等渠道为雌激素进入自然环境提供了极大便利，使雌激素污染面积不断扩大(D’Ascenzo et al., 2003; Jenkins et al., 2006; Zhou et al., 2012b; Rocha et al., 2012; Lange et al., 2002; Beck et al., 2006; Furuichi et al., 2006)。全球范围内，农业用地密集区的地表水乃至地下水中均可频繁检出雌激素，检出浓度从 ng/L 级到 μg/L 级不等(Beck et al., 2006; Pal et al., 2010; Rocha et al., 2012)。浆液型位点中曾检出大量的天然雌激素 E1，其次是 17α-E2，再次是 E2。对猪和家禽的放射性示踪研究表明，

E2 主要来自粪便(58%)，17α-E2 和 E3 主要来自猪的尿液(96%)和家禽的尿液(69%)(Hanselman et al., 2003)。在从肥料到排水系统的径流中，SEs 的浓度最高可达 2.5～68.1 ng/L，深层地下水中曾检测到浓度高达 68.1 ng/L 的 E1(Kjær et al., 2007)。在美国北部淡水中，E3 含量为 12～196 ng/L；在欧洲，一些废水和淡水源监测点曾检出 1～12.4 ng/L 浓度的 E1；在北美的部分天然淡水系统和 MSTPs 中，E2 的检出浓度范围分别为 1～22 ng/L 和 0～4.5 ng/L(Pal et al., 2010)。另一项在加利福尼亚州进行的研究称，约 86%的牧场地表水样本中能够检测到甾体雌激素，最高检出浓度达 44 ng/L(Kolodziej and Sedlak, 2007)。

除了随粪肥施用进入自然环境的雌激素，跟随污水直接排入自然环境的雌激素总量也不容小觑。研究人员在几个国家的污水处理厂(wastewater treatment plants, WWTPs)的进/出水样中均检测到了雌激素：意大利污水处理厂检出了 E1、E2、E3 和 EE2，平均浓度分别为 80 ng/L、12 ng/L、3 ng/L 和 52 ng/L；秋、夏两季，日本部分 WWTPs 检出了浓度分别为 30～90 ng/L 和 20～94 ng/L 的 E2(Ying et al., 2002)。一项位于北京的研究显示，超过 40%的 E1、E2、E3 和 60%的 EE2 都能够进入受纳水体，平均浓度分别为 48～70 ng/L、2～19 ng/L、50～320 ng/L 和 6～7 ng/L(Zhou et al., 2012b)；在北京最大的污水处理厂，E1、E2、E3 和 EE2 的最大检出浓度分别为 74.2 ng/L、3.9 ng/L、5.1 ng/L 和 4.6 ng/L(Zhou et al., 2012a)。

文献分析研究表明，SEs 在环境中的整体分布情况在 2007～2012 年成为了研究热点，此后关注度有所下降。这表明，SEs 的环境分布虽受到关注，但对 SEs 的持续监测并未得到有效驱动(Adeel et al., 2017; Hotchkiss et al., 2008; Kolpin et al., 2002)。相反，人们更关注同期内地表水、WWTPs 和生物固体中 SEs 的分布。由于研究是循序渐进的，在 2015～2020 年，每年的研究文章数量都达到了 24～28 篇(Du et al., 2020)。综合近 20 年内(2000 年 1 月～2020 年 12 月)全球发表的文章可以得出，畜禽粪便中雌激素污染主要分布于中国和美国，且 E1 和 E2 广泛存在于畜禽粪便中。需指出，畜禽粪便中平均雌激素含量的空间分布与部分地区的研究频次有关，但与全球雌激素污染热点地区的研究不相关。这表明各国学者对这一领域的认知尚存在较大差距。由图 1-1 所示的文献调研结果可以看出，大部分关于畜禽粪便中雌激素的研究来自北美洲(55.71%)和亚洲(24.29%)。然而，值得注意的是，粪便中雌激素监测研究是非常不稳定的，大多数雌激素检测研究报道于 2010 年(11.59%)，其次是 2007 年和 2009 年(10.14%)。事实上，仍有大量潜在雌激素污染场所尚未被报道。

1. 类固醇雌激素的污染源分布

SEs 的全球风险评估依赖于牲畜种群排泄数据及地方空间分布。然而，潜在的污染点尚未得到全面报道。因此，全球畜禽养殖及其分布丰度可以用来量化畜禽排泄物的生产量。为此，联合国粮食及农业组织(FAO)最新的全球畜禽养殖分布图(面积加权图)可用来大致描述以国为单位的粪便生产量。面积权重模型将牲畜种类均匀地分布在一个统计学多边形区域内，每像素密度代表每平方千米适宜土地上的平均种群数量，并使用随机森林模型(random forest model)模拟生成研究区域范围内的牲畜种群数据(Nicolas et al., 2016)。

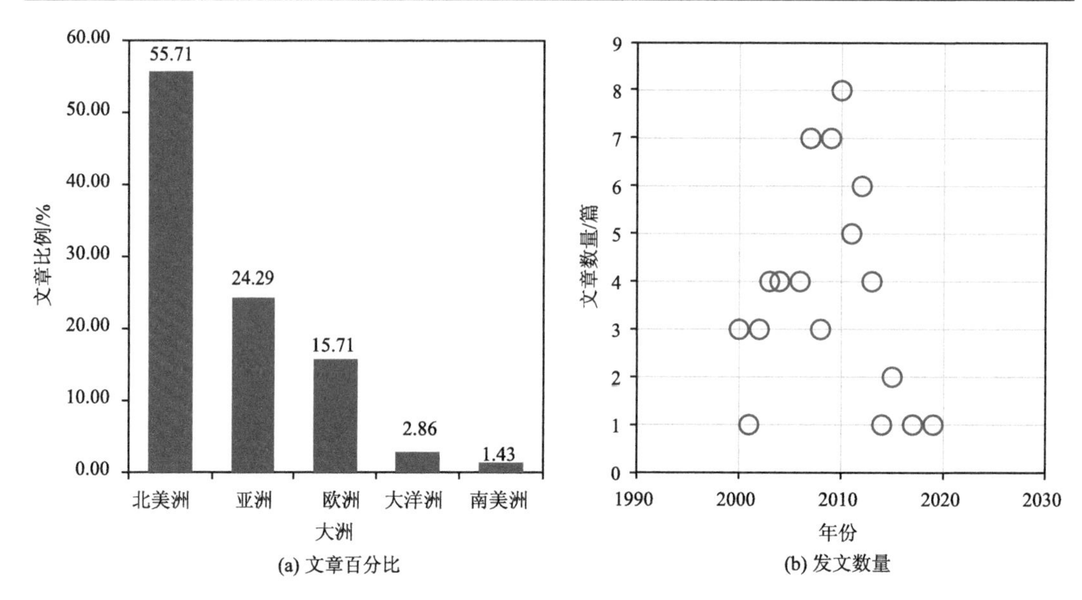

图 1-1　2000 年 1 月～2020 年 12 月不同大洲的文章百分比(总文章：55 篇)和不同年份的发文数量

全世界范围内，不同畜禽养殖类型可导致不同的 SEs 污染区域。例如，牛是养殖动物中数量较多的种群，在印度、巴西、欧洲、中美洲、东非、西非和南非，每平方千米就有 50 头牛；但在俄罗斯部分地区、加拿大北部、澳大利亚西部和北非，牛的数量大幅减少。肉鸡的数量在中国、南欧、墨西哥、印度、中东和西非最多，平均每平方千米就有超过 250 只。相比之下，猪的全球足迹最少，其数量仅在中国和西欧相对较多(250 头/km^2)。山羊多分布在巴西、东南亚、中非、西非和东非。鸭子多分布在孟加拉国、中国、埃及、法国、尼日利亚和东南亚(250～1000 只/km^2)。综上可知，欧洲、巴西、中国、东南亚和印度是畜禽粪肥农用最广的地区。美国中部、东非和中非以及中美洲仅部分农业用地使用粪肥(Powers et al., 2019)。

较肥沃的农田多分布在欧洲、巴西、中国、东南亚、印度，也有小部分分布在美国中部、东非和中非以及中美洲(Powers et al., 2019)。其中，多采用粪肥栽培的区域所用粪肥总量约占全球粪肥用量的 3.2%，且此类情况多出现在中国农业发达区域和印度部分地区；而印度尼西亚、俄罗斯西部、中国其他地区和西非的粪肥产量则相对较低(<75%)，这与全球畜禽养殖空间分布统计数据一致。值得注意的是，全球动物密度在过去的 20～40 年中持续增长，预计未来将继续增长，人类对于肉类、家禽和奶制品的需求增加，可导致潜在的粪肥源 SEs 排放量不断上升(Acosta and Luis, 2019; Metson et al., 2014, 2016)。

2. 类固醇雌激素的空间分布

世界范围内，固态有机肥和液态有机肥中的 SEs 也具有地域差异。多数研究数据来自北美洲(55.71%)和亚洲(24.29%)。液态有机肥和固态有机肥部分的雌激素以 E2 为主，其次为 E1。如前所述，E2 和 E1 对环境和人类健康均会产生不利影响(如水生、陆生生物和人类的生殖缺陷）(Caldwell et al., 2010; US EPA, 2011)，因此研究人员给予了 E2 和 E1 更多的关注。值得注意的是，对 SEs 的监测并非普及性工作，但有限的数据并不意味着目标区域的环境污染负荷低。全球畜禽养殖种群调研数据突出了所有区域的潜在污染点，但产生此数据的空间分布差异较大，部分地区也存在明显的数据空白。例如，澳大利亚、南非、欧洲和亚洲等地已出现密集的大型集约化畜禽养殖行业及其副业，是 SEs 的最大贡献者。关注全球地表水雌激素污染的研究曾给出了与这些地方激素污染相关的数据(Adeel et al., 2017; Du et al., 2020)。总体来说，粪肥源 SEs 的空间分布特征显示出了畜禽养殖场所、环境特性、立法框架、研究方向和农场废物管理水平等多方差异。

过去几十年，世界人口和人均收入不断增长，对畜禽养殖及农牧业产品需求量的增加，导致 SEs 的排放量增加。例如，世界大部分人口分布在亚洲发展中国家，它们的肉类消费量以每年 4%的速度增长，乳制品消费量以每年 2.3%的速度增长(FAO, 2006; Prakash and Stigler, 2012)。畜牧业生产占据了全球农业土地的大半江山，因此可以预见，未来全球人口增长带来的牲畜产品高需求量会导致 SEs 污染问题加剧(Dangal et al., 2017)，且这些雌激素最终可能会进入水源和陆地栖息地。另外，SEs 的空间分布情况与研究范围及地域密切相关，不同地区的 SEs 检出浓度不能准确地表明全球的 SEs 污染情况，但仍值得学者们、政策制定及执行者们统筹参考。此外，不同地区 SEs 污染程度差距较大，可间接地反映出激素作为生长促进剂，与动物生产、作物生长之间的关联(Fekadu et al., 2019; Xu et al., 2018)。总之，畜禽粪便中雌激素的空间分布与家畜养殖方式、环境特征、国家政策、研究方向和农场废弃物管理等方面有关。

1.2.3　畜禽排泄物中的类固醇雌激素

全球养殖业畜禽排泄物中均存在雌激素残留状况。固体畜禽排泄物(如畜禽粪便)中雌激素的含量从几纳克每克到几千纳克每克不等。然而，世界各大洲间畜禽粪便中雌激素含量分布存在差异。其中，北美洲总雌激素含量最高(13616 ng/g)，其次是亚洲，欧洲最低(5942.5 ng/g)。报道的欧洲各国之间畜禽粪便中雌激素含量没有明显差异。在西班牙、法国、丹麦和荷兰的畜禽粪便固体组分中 E2 的浓度为 50～202.3 ng/g。同样地，欧洲水环境中雌激素的研究报道也表明，捷克、意大利、法国、卢森堡、德国和西班牙的雌激素含量没有显著差异(Fekadu et al., 2019)。然而，E2 在美国和中国的平均含量差异较大，分别为 1500 μg/kg 和 700 μg/kg，是欧洲畜禽粪便中 E2 含量的 9.8 倍和 4.6 倍。E2 和 E1 是固体畜禽排泄物中检出频率和检出浓度最高的雌激素。固体畜禽排泄物中 E1、17α-E2、E2 和 E3 的检出浓度范围分别为 7.3～99667 ng/g(中位数 183.2 ng/g)、2.9～33333 ng/g(中位数 93 ng/g)、0.54～1500 ng/g(中位数 104.4 ng/g)和 9.88～9733 ng/g(中位数 86 ng/g)(表 1-3)。从 EEQ 中位数的整体排名来看，E1 的 EEQ 百分比最高，为 58.22%，其余依次为 E2(33.71%)、17α-E2(6.48%)和 E3(1.59%)。

表 1-3　固体畜禽排泄物中雌激素浓度　　（单位：ng/g）

样品来源	E1	17α-E2	E2	E3	∑SEs	采集地区	年份	参考文献
牛奶厂	99667	33333			133000	美国北达科他州	2008	Shappell et al., 2010
家畜			64.41	9733	9797.41	中国江苏	2015	Wang et al., 2019
乳制品和养猪场	4800	500	1500		6800	美国田纳西州	2004	Raman et al., 2004
养猪场	1420.2	189.5	202.3	323.5	2135.5	法国布列塔尼	2009	Combalbert et al., 2010
养猪场		2000			2000	美国伯林顿	2003	Lorenzen et al., 2004
牛奶厂		1932			1932	美国弗吉尼亚州	2006	Zhao et al., 2010
家畜	1016	145	229		1390	丹麦哥本哈根	2010	Hansen et al., 2011
家畜			141.2	698.1	839.3	中国南京	2015	Xu et al., 2018
养鸡场			719		719	中国南京	2012	Lu et al., 2014
家禽			675		675	美国佐治亚州	1999	Finlay-Moore et al., 2000
家畜	593	24	50		667	丹麦	2011	Rodriguez-Navas et al., 2013
牛奶厂	262	194.6	104.4		561	中国吉林	2007	Wei et al., 2011
养猪场	263		243	22	528	美国明尼苏达州	2012	Singh et al., 2013
家禽			459		459	美国明尼苏达州	2010	Hakk and Sikora, 2011
牛奶厂	130	91	28	150	399	美国宾夕法尼亚州	2014	Mina et al., 2016
家禽	275		101	20	396	西班牙马德里	2013	Albero et al., 2014
肉牛	216.4	104.5	67.7		388.6	中国吉林	2007	Wei et al., 2011
家畜	243	9	115		367	丹麦西兰岛	2004	Laegdsmand et al., 2009
家禽	232	103			335	美国佐治亚州	2019	Cassity-Duffey et al., 2020
家畜	80		250		330	中国上海	2012	Zhang et al., 2014a
家畜	72	190	50		312	荷兰阿姆斯特丹	2001	Vethaak et al., 2002
养鸡场	44	93	150		287	美国维拉诺瓦	2006	Velicu et al., 2007
家禽	44.2	92.7	149.8		286.7	美国宾夕法尼亚州	2010	Andaluri et al., 2012
养猪场	220.77		16.33		237.1	中国广西	2011	Liu et al., 2012b
家畜	66.5		139.8	14.5	220.8	中国山西	2012	Zhang et al., 2014b
肉牛	150	4.7	7.3		162	美国内布拉斯加州	2013	Bartelt-Hunt et al., 2013
家畜	31	88	7.8		126.8	美国印第安纳州	2010	Gall et al., 2014
家禽	72.75	2.9	5.83	9.88	91.36	美国特拉华州	2010	Dutta et al., 2012
养牛场	16.1	6.2	16.6		38.9	美国宾夕法尼亚州	2010	Andaluri et al., 2012
养猪场	7.3	29.4	0.54		37.24	美国北达科他州东南部	2008	Derby et al., 2011
养猪场和肉牛场			3.63		3.63	越南芹苴	2009	Le et al., 2013

与畜禽粪便中雌激素排放特征相似，E1、17α-E2、E2 和 E3 也在液体畜禽排泄物（如畜禽尿液）中广泛分布，且含量跨度大，检出浓度范围分别为 15.6～253951 ng/L、10.2～3000 ng/L、2.5～21400 ng/L 和 0～6298 ng/L，平均含量分别为 618.31 ng/L、965 ng/L、250 ng/L 和 430 ng/L。液体畜禽排泄物中 EEQ 以 E2（42.46%）为主，其次为 E1（34.64%）、17α-E2（20.49%）和 E3（2.41%）。液体畜禽排泄物中总雌激素最高的是美国北卡罗来纳州（2.65×10^5 ng/L）。同样，中国和美国的液体畜禽排泄物中平均雌激素浓度有显著差异，

E2 含量在$(5.6\sim7.2)\times10^4$ ng/L（表 1-4）。从表 1-3 和表 1-4 中可以看出，无论是在固体还是液体畜禽排泄物中，E2 和 E1 都普遍存在，且前者含量高于后者。因此，E1 和 E2 应受到重点监管。

表 1-4　液体畜禽排泄物中雌激素浓度　（单位：ng/L）

样品	E1	17α-E2	E2	E3	∑SEs	采集地区	年份	参考文献
生猪	253951		10786.5		264737.5	美国北卡罗来纳州	2011	Yost et al., 2013
生猪			7200		7200	美国田纳西州	2002	Williams et al., 2002
生猪	35695		4910		40605	美国俄克拉何马州	2002	Fine et al., 2003
牛奶厂	4500	3000	14600		22100	美国田纳西州	2003	Raman et al., 2004
牛奶厂			21400		21400	美国田纳西州	2002	Williams et al., 2002
家畜	9940	1530	194	6290	17954	美国中南部	2006	Hutchins et al., 2007
家畜	9940	1220	194	6298	17652	美国中西部	2010	Gall et al., 2014
生猪	3148	2952	3204	3705.6	13009.6	法国布列塔尼	2009	Combalbert et al., 2010
生猪	7900	665	125	260	8950	日本筑波	2003	Furuichi et al., 2006
牛奶厂	440	2560	973		3973	美国纽约	2013	Noguera-Oviedo and Aga, 2016
家畜	2970	408	64	489	3931	美国印第安纳州	2010	Gall et al., 2011
牛奶厂	871	2282	643		3796	美国佛罗里达州	2004	Hanselman et al., 2006
牛奶厂	2700		833		3533	美国北达科他州	2008	Shappell et al., 2010
家禽			2530		2530	美国佐治亚州	1999	Finlay-Moore et al., 2000
家畜	880		1520		2400	中国上海、镇江	2012	Zhang et al., 2014a
家牛	260	1200	250	600	2310	瑞士 Taenikon 村庄	2017	Rechsteiner et al., 2020
生猪			2138		2138	美国北达科他州	2007	Schuh et al., 2011
牛奶厂	535	1416	153		2104	美国加利福尼亚州	2007	Zheng et al., 2008
生猪			1932		1932	美国北达科他州	2003	Thompson et al., 2009
家畜	874.9		729.9	213	1817.8	中国山西	2012	Zhang et al., 2014b
家畜	1295	363	154		1812	新西兰怀卡托	2004	Sarmah et al., 2006
生猪	701.7		714.2		1415.9	巴西 Lontara	2011	Pinheiro et al., 2013
生猪	860		272.26		1132.26	中国广西	2011	Liu et al., 2012b
生猪	320	160	120	430	1030	瑞士 Taenikon 村庄	2017	Rechsteiner et al., 2020
牛奶厂	100	730	24		854	新西兰怀卡托	2007	Gadd et al., 2010
家畜	780				780	美国内布拉斯加州	2007	Bartelt-Hunt et al., 2011
生猪	312		284	35	631	美国明尼苏达州	2012	Singh et al., 2013
家畜	392.61		67.04	90.41	550.06	中国台湾武洛溪	2009	Chen et al., 2010
生猪	410	20			430	中国镇江	2009	Tang et al., 2013
猪和牛			341		341	越南芹苴	2009	Le et al., 2013
牛肉	70	185	22		277	美国戴维斯	2009	Mansell et al., 2011
家畜	41.2	65.9	18.8	11.16	137.06	美国印第安纳州	2010	Gall et al., 2015
生猪	125		7.1		132.1	美国北达科他州	2012	Casey et al., 2020
家畜	127.8				127.8	日本冲绳县	2000	Tashiro et al., 2003
家畜	68.1		2.5		70.6	丹麦 Silstrup	2005	Kjær et al., 2007
牛奶厂	55		6.7		61.7	美国斯塔尼斯劳斯	2006	Kolodziej and Sedlak, 2007
家畜	15.6	10.2	5.6	10.3	41.7	美国肯塔基州	2013	Cavallin et al., 2014
生猪			16		16	日本宫崎市	2007	Suzuki et al., 2009

图 1-2 反映了四种典型的 EEs 在畜禽排泄物中的对数浓度。总体而言，在两种不同相态的有机肥中以上四种雌激素效力由高到低依次为 E2 > E1 > 17α-E2 > E3；固体畜禽排泄物中雌激素含量普遍高于液体畜禽排泄物。此外，无论是检出率还是检出含量，E1 和 E2 都是畜禽粪便中雌激素的主要贡献者，这与大多数研究报道的结论相似。

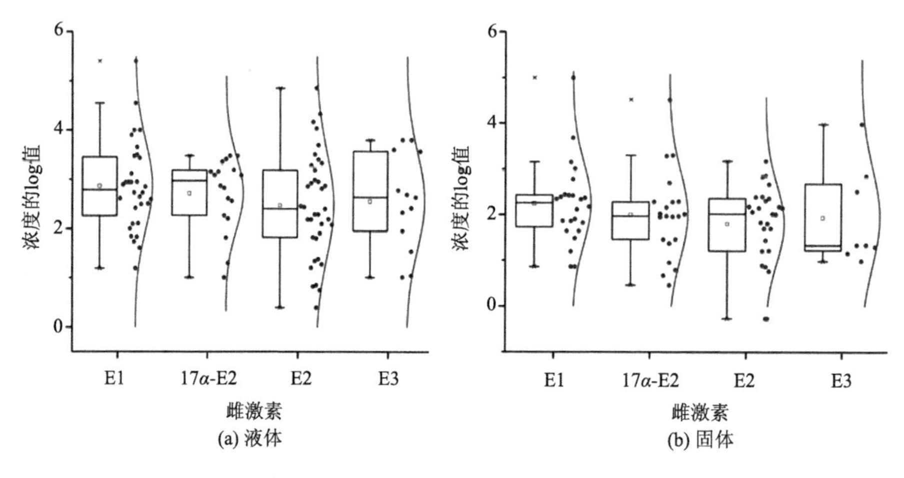

图 1-2　液体和固体畜禽排泄物中雌激素浓度的对数值

方框中的水平线代表中值，方框的下边缘和上边缘分别代表第 25 和 75 个百分位数；从方框的顶部和底部延伸出来的须代表最高和最低值；“×”为离群值，“●”为个体测量的环境浓度；分布曲线显示了代表浓度的所有数据点的散射

固体和液体畜禽排泄物中 SEs 检出水平最低的是湄公河三角洲、越南和日本宫崎。固体畜禽排泄物中 SEs 来源于新鲜奶牛粪便，液体畜禽排泄物中的 SEs 来源于经沼气消化后的粪便，该沼气发酵体系可从消化液中去除 80%的 E2。值得注意的是，在湄公河三角洲，动物粪便通常被直接排放到河流、湖泊等地表水中，只有少数预处理工程使用了蚯蚓堆肥系统或在沼气厂对畜禽排泄物进行预处理。可见，因缺乏到位的畜禽污粪处理技术和操作规范，地表水的雌激素污染风险不容忽视(Gudda et al., 2020; Le et al., 2013)。

此外，雌激素总检出量的差异可能与样本来源和研究背景有关。总体而言，固体畜禽排泄物中 SEs 的含量高于液体畜禽排泄物。由于 SEs 具有低挥发性和高疏水性($\log K_{ow}$值多高于 3)，其较易在固相中积累，如固体肥料、沉积物等(Paterakis et al., 2012)。因此，液相组分在部分情况下可能并不存在 SEs(Paterakis et al., 2012; Matthiessen et al., 2006)。由此可以明确，SEs 的理化特性导致其很容易在农田土壤中发生吸附–解吸行为，使潜在的环境污染风险等级提升。可见，粪肥源雌激素的监测至关重要。

动物类型、粪便特性、繁殖周期和牲畜的生物学特性等因素常常导致 SEs 浓度大幅波动(Leet et al., 2012; Raman et al., 2001, 2004)。例如，母牛每天平均的 SEs 分泌量为 256～7300 μg，孕牛每天平均的 SEs 分泌量为 11300～31464 μg。孕猪粪便中 SEs 含量为 16～80 μg/(头・d)，尿液中 SEs 含量为 700～1700 μg/(头・d)，而循环利用的猪尿液中 SEs 含量为 64～100 μg/(头・d)。牛粪中 E1 浓度为 39 ng/g，E2 浓度为 18.4 ng/g；牛粪稀浆液中 E1 平均浓度为 4.5 μg/L，E2 浓度为 1.5 μg/L(Johnson et al., 2006; Raman et al., 2004)。猪粪稀浆液中 E2 和 E1 的平均浓度分别为 2 μg/L 和 6～14 μg/L；而分娩母猪粪

稀浆液中 E2 和 E1 的平均浓度分别为 4 μg/L 和 6 μg/L（Raman et al., 2004）。肉鸡排泄物中 E2 浓度水平约为 27.5 μg/L（Finlay-Moore et al., 2000）；蛋鸡 E2 的排泄量约为 31 ng/g（Hanselman et al., 2003）。总的来说，孕期内的畜禽个体 SEs 产出量更高。

由于雌激素是研究者在不同实验体系和研究背景下收集的，因此，掌握相关技术手段来诠释雌激素的区域性和全球性变化至关重要。报道已证实，E2 和 E1 是粪肥、农场附近地表水、生态排水沟和废物处理废水中雌激素的主要贡献者（Atkinson et al., 2012; Damkjaer et al., 2018; Gall et al., 2014; Raman et al., 2004）。

在亚洲、欧洲、北美洲、非洲和大洋洲，环境中 SEs 的检出浓度往往高于流入和流出污水处理厂的污水中的浓度（Tiedeken et al., 2017; Barbosa et al., 2016; Ghirardini et al., 2020），并且高于固体基质中的浓度。例如，非洲的土壤和沉积物、拉丁美洲的生物固体和污泥，及全球的污泥、粪便和沉积物（Madikizela et al., 2020; Reichert et al., 2019; aus der Beek et al., 2016）。事实上，部分研究还在实际环境介质中检测到了浓度水平较低的 EE2 及结合态雌激素（与硫酸盐或葡萄糖醛酸结合），如 17α-E2-3-硫酸酯、E2-3-硫酸钠盐、E2-17-硫酸钠盐、E2-17-葡萄糖醛酸等。以上结果表明，在畜禽排泄物进入自然环境之前有必要对其进行更为有效的检测与前处理。

将环境中 SEs 的预测污染浓度与污水处理厂出水中的实际浓度进行对比，其预测浓度中值低于芬兰、法国、荷兰、美国、西班牙、澳大利亚、日本、葡萄牙和希腊等国家污水处理厂出水中的实际浓度水平（Välitalo et al., 2016）。浓度最高的在韩国、北美和欧洲部分地区（Sim et al., 2011; De Mes et al., 2005; Kolpin et al., 2002; Ribeiro et al., 2009），但比加拿大、巴西、中国、南非、坦桑尼亚及阿根廷等国要低（Atkinson et al., 2012; Pessoa et al., 2014; Ben et al., 2018; Lei et al., 2020; Kibambe et al., 2020; Damkjaer et al., 2018; Valdés et al., 2015）。出水水样中 SEs 浓度因地点而异，部分监测点的出水水样中 SEs 预测浓度与实际环境中的接近。此项结果表明，监测并推进养殖场的废水处理过程优化对于控制 EEs 污染具有重要作用，尤其应关注具有高污染负荷的大型养殖场。

1.3　环境雌激素的危害及生态风险评估

值得注意的是，许多环境介质中检出的雌激素浓度已逼近甚至超过了人体每日安全摄入量或水生生物的最大无影响浓度（Lu et al., 2012; Plotan et al., 2014; Shargil et al., 2015），加之在全球范围内的运移，环境雌激素（EEs）已然严重威胁地表水质（Jenkins et al., 2006; Khanal et al., 2006）和地下水质安全（Wicks et al., 2004; Swartz et al., 2006），更增加了人群的患病风险，特别是对女性群体而言（Cauley et al., 1999; Yang et al., 2018）。美国国家毒理部和世界卫生组织已将雌激素列为 I 类致癌物质（Liang and Shang, 2013; William, 2017）。

1.3.1　环境雌激素对人类的危害

EEs 可随着食物网进入人体，超过安全摄入量阈值或可增加人类患癌和心血管疾病的风险(Wocławek-Potocka et al., 2013; Treviño et al., 2015)。研究显示，雌激素水平过高与女性乳腺癌(Moore et al., 2016)和男性前列腺癌(Nelles et al., 2011)的发病率增加有关。进入人体的雌激素将优先与乳腺组织中的雌激素受体 α(ERα)或 β(ERβ)结合，促进细胞增殖或降低细胞凋亡水平，形成恶性肿瘤。有研究人员以 198 名女性乳腺癌患者为研究对象，测定了总有效异源雌激素水平，评估了 EEs 与乳腺癌患病风险之间的关系。结果表明，与 260 名正常女性相比，较瘦的女性患乳腺癌的风险增加，尤其是绝经后较瘦的女性，且与有效异源雌激素水平有关(Ibarluzea et al., 2004)。食物和水中的雌激素也会导致女性绝经期提前、年轻女性的男性化，影响生殖发育；而对于男性，则会导致精子数量下降、生殖系统紊乱、男性女性化(Bolong et al., 2009; Sumpter and Jobling, 2013)。甾体雌激素单独使用(或与黄体酮联用)可增大绝经妇女眼压，增加青光眼发病率(Shemesh and Shore, 2012)。植物源雌激素也会影响人类生殖健康，破坏免疫系统和干扰正常新陈代谢(Alexander, 2014)。

如上文所述，由于地表及地下水中均有 SEs 检出，学者们对饮用水中可能存在的雌激素及其对人类的健康影响表现出担忧(Gee et al., 2015)。中国东北地区，Adeel 等(2017)曾在用于公共供水的部分农村地下水中检测到 SEs，这进一步证实了此前多位学者的担忧。据不完全统计，人类日常食物中可接受的雌激素摄入量和对水生野生动物无影响的浓度如表 1-5 所示。须指出，与天然 E1 和 E2 相比，合成 EE2 的数据较少。因此，探究不会对人类健康和整个生态系统造成伤害的各类雌激素摄入阈值具有重要意义。

表 1-5　人类通过食物可接受的雌激素每日摄入量和预测其对水生野生生物无影响的浓度(Adeel et al., 2017)

雌激素	E1	E2	EE2	参考文献
成年人(60 kg)/(μg/d)	NDA	3	NDA	Lu et al., 2012
儿童(10 kg)/(μg/d)	NDA	0.5	NDA	Lu et al., 2012
人类/(kg bw/d)	NDA	5	NDA	Plotan et al., 2014
混合饮食成人/(μg/d)	0.1	0.1	NDA	Plotan et al., 2014
男性/(μg/d)	1	NDA	NDA	Shargil et al., 2015
女性/(μg/d)	50	NDA	NDA	Shargil et al., 2015
成年人/(μg/d)	NDA	0.0041	0.002	Wenzel et al., 2003
婴儿/(μg/d)	NDA	0.0016	0.001	Wenzel et al., 2003
水生野生动物的预测无效应浓度/(ng/L)	NDA	2	NDA	Anderson et al., 2012
	NDA	5	NDA	Anderson et al., 2012
	NDA	NDA	0.035	Laurenson et al., 2014
	NDA	NDA	0.5	Nagpal and Meays, 2009
	100	8.7	0.1	Caldwell et al., 2012

注：NDA 表示暂无数据。bw 指 body weight，体重。

1.3.2　环境雌激素对动物的危害

1. 对野生水生动物的危害

研究表明，在污水处理厂废水的受纳水体中，鱼类的发育会受到雌激素干扰(Hotchkiss et al., 2008)。具体来说，天然和合成雌激素浓度升高均可导致雄鱼雌性化、睾丸尺寸缩小、生殖器官受损、精子数量减少、卵黄蛋白的诱导产生等(Kidd et al., 2007; Arnold et al., 2014; Tetreault et al., 2011; Rose et al., 2013)，且极低浓度水平的雌激素便足以诱使鱼类出现上述生理变化。有报道称，长期暴露于1～10 ng/L E2污染水体中的雄性鱼类即可出现雌性化现象(Jobling et al., 1998)。合成激素EE2也能够大幅减少鱼类及部分两栖动物生物量，中断水生食物链(Hallgren et al., 2014)。例如，10 ng/L的EE2可直接影响牛蛙蝌蚪的心脏功能(Salla et al., 2016)。

有研究得出人体所排放出的雌激素对鱼类的短期预测无效应浓度(predicted no-effect concentration, PNEC)为5 ng/L，长期PNEC为2 ng/L(Anderson et al., 2012)。相比之下，EE2的毒性效应最为明显，其对水生生物产生慢性毒性的PNEC仅为0.1 ng/L(Laurenson et al., 2014)。然而，一项为期七年的微宇宙实验领域研究表明，鱼类能够克服EE2带来的负面生物效应(Blanchfield et al., 2015)。截至目前，有关各类雌激素对水生生物的毒性阈值浓度研究较为匮乏，尚未形成完善的指标体系，其后期深入研究值得关注。

2. 对家畜的危害

雌激素可导致家畜发育异常。以一种在结构和功能上与E2相似的植物源雌激素异黄酮为例，它能够影响家畜乳头长度和外阴颜色(Burton and Wells, 2002)。有些植物本身也含有一定浓度的雌激素，被家畜摄入后足以扰乱其正常的内分泌或生殖过程。例如，羊食用了含有大量植物雌激素的三叶草，会患上永久性不育症，即三叶草病(Hotchkiss et al., 2008)。除了影响生殖健康，雌激素还会损害正常视力。比如，雌激素可以增加猫的眼压(Shemesh and Shore, 2012)。

1.3.3　环境雌激素的生态风险评估

1. 雌激素的水环境生态风险评估

EEs在极低的浓度水平(如0.5 ng/L，甚至0.1 ng/L)下就可能对水生生态环境造成危害(Shappell et al., 2010)。英国环境保护署针对E2对鱼类的效应浓度提出建议值：预测无效应浓度和最低可观测效应浓度值分别为1 ng/L和10 ng/L。从表1-6可以看出，基于畜禽粪浆中预测含量计算得到的E1、17α-E2、E2和E3的EEQ分别为4.15 ng/L、0.01 ng/L、11.88 ng/L和0.0001 ng/L。其中E1和E2的计算值分别超过了预测无效应浓度和最低可观测效应浓度，E2为雌激素的生态风险的主要贡献者(74.11%)。也就是说，接收污水的水生生态系统的EEQ值极有可能超过安全阈值，水生生物群落结构依然受到威胁。

表 1-6　各类 SEs 的测定值(MECs)、预测值(PECs)和雌激素当量(EEQ)

雌激素		MECs		EEQ		PECs		EEQ	
		均值	最大值	均值	最大值	均值	最大值	均值	最大值
固相浓度/(ng/g)	E1	150	99667	49.5	32890.11	0.27	146.61	0.09 (34.62)	48.38 (84.6)
	17α-E2	92.85	33333	11.61	4166.63	0.14	49.03	0.02 (7.69)	6.13 (10.72)
	E2	104.4	1500	104.4	1500	0.15	2.21	0.15 (57.69)	2.21 (3.86)
	E3	22	9733	0.73	321.19	0.13	14.32	0.004 (1.54)	0.47 (0.82)
	总量	369.25	144233	166.24	38877.93	0.69	212.17	0.26	57.19
液相浓度/(ng/L)	E1	618.35	253951	204.05	83803.83	0.03	13.83	0.009 (17.65)	4.15 (25.89)
	17α-E2	965	3000	120.63	375	0.02	0.06	0.0025 (4.90)	0.01 (0.06)
	E2	250	72000	250	72000	0.04	11.88	0.04 (78.43)	11.88 (74.11)
	E3	430	6298	14.19	207.83	0.001	0.03	0.00003 (0.06)	0.0001 (0.0006)
	总量	2263.35	335249	588.87	156386.7	0.091	25.8	0.051	16.03

注：MECs 为粪便中实际测得的 SEs 浓度；PECs 为粪肥改良土壤(固体部分)和其周边地表水环境中(液体部分)SEs 的预测浓度；EEQ 为 E2 当量浓度。括号中的值是每种雌激素在最终环境基质中的 EEQ 贡献百分比，单位为%。

粪肥稀浆污染的地表水风险指数(risk quotients, RQs)结合表 1-7 所示的预测无效应浓度(PNEC)可用于评价 SEs 对无脊椎动物和鱼类的生态风险。RQ 可依据表 1-3、表 1-4 及表 1-6 的 SEs 测定值(measured estrogen concentrations, MECs)和预测环境浓度(predicted estrogen concentrations, PECs)计算得出，公式如下：

$$\mathrm{RQs}=\frac{\mathrm{PECs或MECs}}{\mathrm{PNEC}} \tag{1-1}$$

所得 RQs 值可用于构建如图 1-3 所示风险表征矩阵，从而综合地反映畜禽粪便液体组分对水生生态系统的 RQs。MECs 水生风险值较高，有 33.33%出现 RQs > 1 的情况；鱼体内 E2 和 E1 的 RQs 值均大于 1，属于高风险。17α-E2 的 MECs 中值和最大值的 RQs> 1，对鱼类构成较高的风险。值得注意的是，在所有测试的水生物种中，只有 6.25%的 MECs 中值表现出 RQs > 1 的情况，表明雌激素污染的总体风险较低。相反，最大 MECs(代表最坏情况)的 RQs 中，62.5%表现出大于 1 的情况，表现出强烈的潜在雌激素污染风险。地表水的 RQs 相对较低。相应地，只有暴露于最高 E2 和 E1 浓度条件下的鱼会处于较高的风险中，75%的试验鱼种面临的风险不显著。总的来说，受 SEs 污染的废水有可能对鱼类构成更大的风险。

表 1-7　E2 对目标水生生物的慢性毒性数据

雌激素	生物	亚门	检测指标	$\mathrm{PNEC_{water}}$ /(ng/L)	$\mathrm{PNEC_{soil}}$ /(ng/g)	参考文献
E2	水蚤	甲壳类	NOEC: 6 d	1000		Song et al., 2018
	镖水蚤		NOEC: 30 d	600		
	虾		NOEC: 3 d	1000		
	太平洋紫海胆	甲壳类	EC_{50}		0.99	Martín et al., 2012
	鱼类	鱼	NOEC	2		Caldwell et al., 2012

续表

雌激素	生物	亚门	检测指标	$PNEC_{water}$ / (ng/L)	$PNEC_{soil}$ / (ng/g)	参考文献
17α-E2	鱼类	鱼	NOEC	16		Caldwell et al., 2012
	太平洋紫海胆	甲壳类	EC_{50}		7.92	Gudda et al., 2022
E1	太平洋紫海胆	甲壳类	LC_{50}: 10 d		711	Martín et al., 2012
	鱼类	鱼	NOEC	6		Caldwell et al., 2012
E3	猛水蚤	甲壳类	EC_{50}		2.51	Martín et al., 2012
	鱼类	鱼	NOEC	60		Caldwell et al., 2012
GLP	鱼类	鱼	NOEC	196000		Gudda et al., 2022
ATZ	鱼类	鱼	NOEC: 100 d	10000		Sun et al., 2019
	水生无脊椎动物	甲壳类	NOEC: 100 d	10000		
BPA	水生生物		NOEC	60		Gudda et al., 2022
NP	水生生物		NOEC	330		Gudda et al., 2022

注：EC_{50}，半数效应浓度，即引起 50%个体有效的药物浓度(安全性指标)；LC_{50}，半致死浓度；GLP，草甘膦；ATZ，莠去津；BPA，双酚 A；NP，壬基酚；NOEC，最大无影响浓度。

如图 1-3 所示，地表水的 PECs 中位数对无脊椎动物的风险较低。然而，除了暴露于 E3 和虾暴露于 E2 外，所有无脊椎动物暴露于中等浓度的废水中都存在由低至高不等的风险。值得注意的是，MECs 的最大值对所有无脊椎动物均构成高风险。同样，所有 MECs 也都会对鱼类产生不同程度的胁迫风险，因此，对 SEs 的监测具有重要的生态意义。毒性分析结果多来自北美洲、亚洲和欧洲广泛使用物种的多代风险评估，因为此类物种能够很好地代表这些地区自然水域中生存的鱼类和无脊椎动物。因此，水中雌激素的预测无效应浓度($PNEC_{water}$)在一定程度上对生态环境保护具有重要意义(Caldwell et al., 2012)。表 1-8 列举了天然雌激素中 E2 和 E3 对目标鱼类和无脊椎动物(以甲壳类动物为代表)的生态毒理学特性。

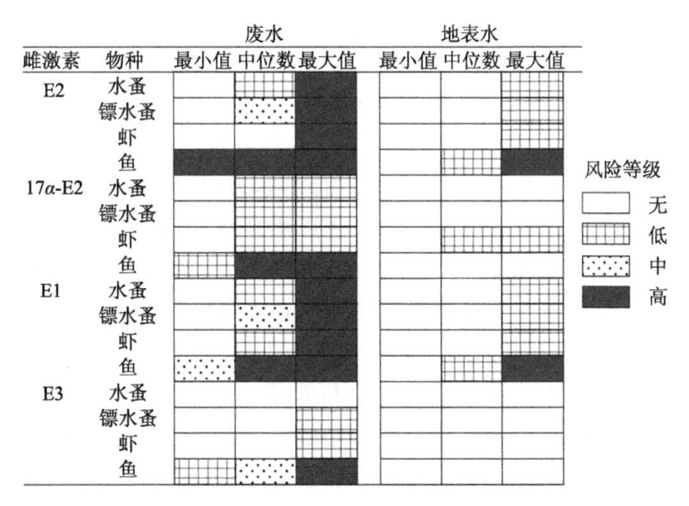

图 1-3　水生生物暴露于来自粪肥稀浆 SEs 后面临的风险程度

表 1-8　天然雌激素对目标水生生物的生态毒理学特性

雌激素	生态学分类	毒性表型	物种	毒性参数	观察时间	毒性浓度/（ng/L）	参考文献
E2	无脊椎动物	急性毒性	*Daphnia magna*	LC_{50}	48 h	2970000	Hirano et al., 2004
			Americamysis bahia		96 h	1690000	
	无脊椎动物	生殖障碍	*Tisbe battagliai*	LC_{50}	10 d	100000	Hutchinson et al., 1999
	无脊椎动物	发育毒性	*Strongylocentrotus purpuratus*	EC_{50}	96 h	14200	Roepke et al., 2005
	鱼	生殖障碍	*Oryzias latipes*	NOEC	21 d	29.3	Kang et al., 2002
	鱼	雌性化	*Cyprinus carpio*	EC_{50}	7 d	358000	Lange et al., 2012
			Danio rerio			177000	
	鱼	性腺指数异常	*Dan. rerio*	EC_{50}	21 d	86	Seki et al., 2006
	鱼	雌性化、繁殖数目异常	*Ory. javanicus*	NOEC	187 d	16	Imai et al., 2005
	鱼	繁殖、产卵和孵化障碍	*Ory. latipes*	NOEC	14 d	379	Jukosky et al., 2008
	无脊椎动物	发育毒性	*Str. purpuratus*	EC_{50}	94 h	604400	Roepke et al., 2005
	无脊椎动物	慢性毒性	*Acartia tonsa*	EC_{50}	48 h	410000	Andersen et al., 2001
	鱼	繁殖障碍	*Ory. latipes*	NOEC	100 d	100	Metcalfe et al., 2001
	鱼	雌性化	*Cyp. carpio*	EC_{50}	7 d	2313000	Lange et al., 2012
			Dan. rerio			1894000	
E3	无脊椎动物	胚胎发育敏感	*Str. purpuratus*	EC_{50}	96 h	1520000	Roepke et al., 2005
	鱼	雌性化	*Cyp. carpio*	EC_{50}	7 d	5192000	Lange et al., 2012
			Dan. rerio			3410000	
	鱼	繁殖障碍	*Ory. latipes*	NOEC	100 d	1000	Metcalfe et al., 2001
	鱼	孵化时间异常	*Ory. javanicus*	NOEC	239 d	198	Imai et al., 2007
				NOEC		484	

相比之下，表 1-9 总结了以莠去津（atrazine, ATZ）、草甘膦（glyphosate, GLP）为代表的农药和以双酚 A（BPA）、壬基酚（NP）为代表的非甾体雌激素在地表水中的检出浓度。图 1-4 显示了迄今为止已报道的废水 SEs 浓度对数与地表水中四种外源激素类化合物浓度对数的比较。综合以上可知，ATZ、GLP、NP 和 BPA 的 RQ 值分别为 0.01～160（中位数 0.59）、0.004～84（中位数 0.43）、0.04～939（中位数 1.19）和 0.05～133（中位数 2.04）。其中，BPA 和 NP 对测试物种构成高危害风险（RQ > 1），而 ATZ 和 GLP 对测试物种构成中等风险（0.1 < RQ < 1）。可见，雌激素潜在污染风险不容忽视。

外源输入的 SEs 对水生物种的生态风险与养殖场废水造成的生态风险类似，且高于地表水中原本就存在的 SEs 所造成的风险。一般而言，外源雌激素的最大 RQ 值在 1000 以上。因此，外源输入的 SEs 污染风险更严重。

表 1-9　全球尺度上重点关注的内分泌干扰物(EDCs)在地表水中的检出浓度

物质分类	目标物	浓度/(ng/L)	监测时间	监测位点	参考文献
化工原料	NP	599	2004/7～11	中国黄河兰州河段	Xu et al., 2006
		112		希腊 Thermaiko 海湾	Arditsoglou and Voutsa, 2008
		227		希腊 Loudias 河	
		1520	2007/9	中国贾鲁河	Zhang et al., 2009
		310000	2005/7～12	中国台湾高屏溪	Chen and Yeh, 2010
		266		韩国荣山江和蟾津河	
		48	2008	老挝 Souan Mone、Pear Lart 和 Park Ton 河	Duong et al., 2010
		903		马来西亚沙鲁特河地区	
		195	2006/9	瑞士 Glatt 河	Jonkers et al., 2009
		32850	2005/10	中国武汉城市湖泊	Wu et al., 2007
		1400	2002～2003	意大利列蒂地区	Vitali et al., 2004
		233	2002～2003	葡萄牙里亚德阿威罗	Vitali et al., 2004
		15	2001～2002	加拿大 Cootes Paradise 五大湖沿岸湿地	Mayer et al., 2007
		386	2002～2004	法国塞纳河河口	Cailleaud et al., 2007
		770	2003～2006	德国 Hessisches Ried 地区	Quednow and Püttmann, 2009
		210	2008	美国明尼苏达州湖泊	Writer et al., 2010
		404	2000/3	德国莱茵、易北、美因、奥得、尼达和施瓦茨巴赫	Fries and Püttmann, 2003
		30000	2000/8～10	葡萄牙 45 条河流样本	Azevedo et al., 2001
	BPA	4000	2001/8～10	葡萄牙 45 条河流样本	Azevedo et al., 2001
		1198	2008	西班牙埃布罗河流域	Navarro et al., 2010
		6.2	2007	韩国荣山江和蟾津河	Duong et al., 2010
		477	2018	南非东开普省 4 条主要河流	Farounbi and Ngqwala, 2020
		40	2013/9	中国辽宁省浑河	Jin and Zhu, 2016
		2.7	2016/11	中国太湖及其支流	Liu et al., 2017
		12.8	2017/11	中国水源和饮用水	Zhang et al., 2019
		30.8	2014/1～10	流经日本东京的 3 条河流	Yamazaki et al., 2015
		106	2014/2～3	韩国主要的 3 条河流	
		1240	2013/7～2014/3	遍布印度的河流、运河和湖泊	Yamazaki et al., 2015
		8000	1997～1998	来自美国休斯敦中上游的离散样品	Staples et al., 2000
		1927	2003/9～2005/9	德国赫西切河流	Quednow and Püttmann, 2008
		125	2008/5～6	希腊北部 Aisonas 河	Stasinakis et al., 2012
		98.4	2010/5～7	葡萄牙中部 Ave, Ca´vado, Douro、Ferro, Sousa 和 Vizela 流域	Rocha et al., 2013
		3000	1999/5～12	中国台湾南北 5 大河流入海口	Ding and Wu, 2000
		136	2010/5～7	印度 Kaveri、Vellar 和 Tamiraparani 河流入泰米尔纳德邦	Selvaraj et al., 2014
		119.7	2018/2～7	加拿大塞尔扣克红河上游	Lalonde and Garron, 2020

续表

物质分类	目标物	浓度/(ng/L)	监测时间	监测位点	参考文献
农药	ATZ	10	2008/9～12 和 2009/2～3	澳大利亚东南部的园艺集水区	Allinson et al., 2014
		120	2007/4～10	加拿大安大略省河流的 158 个采样点	Byer et al., 2011
		1290	2013～2014	美国内布拉斯加州地表水	Hansen et al., 2019
		1120	2015/8～10	中国东部平原的小溪	Sun et al., 2019
		860	2017/7	圣劳伦斯河及其支流（美国境内）	Montiel-León et al., 2019
		1300	2009/5～12	澳大利亚东南部的园艺集水区	Allinson et al., 2014
		1400	2011/9	阿根廷布宜诺斯艾利斯的 4 个农业盆地	De Gerónimo et al., 2014
		160000	2015/2～7	尼日利亚克罗斯河州奥布布拉	Obia et al., 2015
		2000	2002～2003	美国密歇根州中南部	Murphy et al., 2006
		256	2018	南非东开普省 4 条主要河流	Farounbi and Ngqwala, 2020
		69	1999/9～2001/2	希腊北部的主要河流和湖泊	Papadakis et al., 2015
		100	1999～2000	中国三干河与杨河汇流	Jin and Ke, 2002
		6700	2001/12	中国张家口洋河水库	Ren and Jiang, 2002
		16.1	2008/5	中国辽东半岛环渤海和黄海	Xie et al., 2019
		62.1	2014/8～2015/4	中国东北饮用水源地碧流河水库	Dong et al., 2020
		320	2001/10	中国辽宁省八面城	Li et al., 2007
	GLP	600	2012/6～7	巴西圣保罗州北部 Paraná 河支流汇合处	Ronco et al., 2016
		3000	2017/7	圣劳伦斯河及其支流（加拿大境内）	Montiel-León et al., 2019
		90000	2008/4～5	法国北部伯勒和奥格河	Botta et al., 2009
		12000	2007/4～10	加拿大安大略省溪流的 100 个位点	Byer et al., 2008
		40800	2004/4～11	加拿大安大略省河流、溪流和低流量湿地	Struger et al., 2008
		41500	2007/5～11	瑞士格雷芬农业活动集水区	Hanke et al., 2010
		110	2006～2013	瑞士苏黎世	Poiger et al., 2017
		4000	2012/4	阿根廷布宜诺斯艾利斯东南部	Aparicio et al., 2013
		170	2015	流经意大利东北部的 24 条河流主要流域	Masiol et al., 2018
		167400	2017/11	阿根廷科尔多瓦省的拉斯 Peñas 平原	Lutri et al., 2020
		420	2014/11	南非的雷诺斯特河和瓦尔河	Horn et al., 2019
		1600000	2013/5～2015/5	南美巴拉那河、伊瓜祖河和乌拉圭河的河流和支流	Avigliano and Schenone, 2015
		4360	2015/2～5	阿根廷布宜诺斯艾利斯塔帕克河流域	Pérez et al., 2021
		58000	2007～2016	德国中部萨克森-安哈尔特州的 Querna/Weida 集水区	Tauchnitz et al., 2020
		220000	2014/7～2015/2	尼日利亚克罗斯河州奥布布拉	Obia et al., 2015
		80	—	美国宾夕法尼亚州普雷斯克岛	John and Liu, 2018
		1000	2011	多瑙河和匈牙利巴伦塞河	Mörtl et al., 2013
		30	2001～2010	美国 38 个州的河流	Battaglin et al., 2014

注：ATZ：莠去津；GLP：草甘膦；BPA：双酚 A；NP：壬基酚。

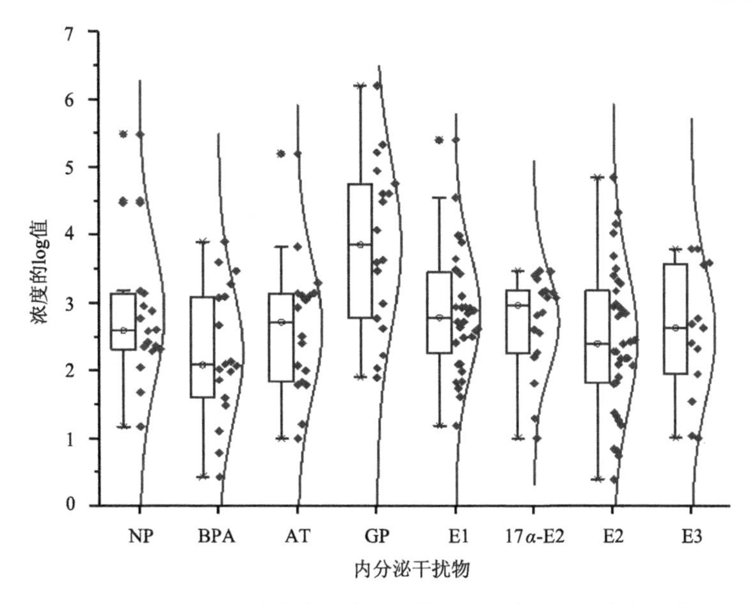

图 1-4　液相组分中雌激素浓度和地表水中所有 EDCs 浓度对数值

废水中 98%的雌激素活性物质 EEQ 远高于 2 ng/L(对鱼类的无效应浓度)(Caldwell et al., 2012)。因此，受纳水生生态系统的 EEQ 极有可能超过安全阈值，并对水生生物构成威胁(Gadd et al., 2010)。E2 和 E1 作为可对水生生物构成重大威胁的 SEs，对其进行实时监测和探索其高效去除的处理技术至关重要。此外，由于 SEs 的半衰期较短，生物分解和肥料腐熟也能使其降解(Combalbert and Hernandez-Raquet, 2010; Li et al., 2018; Mirzaei et al., 2019; Raman et al., 2001; Song et al., 2018; Villemur et al., 2013)。遗憾的是，政策法规和国家环保机构很少关注此类 SEs，而是关注持久性更强的合成雌激素——EE2(Capolupo et al., 2018; Hannah et al., 2009; Zhang et al., 2007)。粪肥携带的 SEs 以 μg/L 浓度水平普遍存在于环境基质中，因此，其痕量浓度水平即可对生物群系产生不利影响，这值得学者们关注。

2. 环境雌激素暴露下的生物群落生态风险评估

文献中天然雌激素对土壤生物的毒理学数据有限，因此采用 $PNEC_{water}$ 估算 $PNEC_{soil}$ 值，如式(1-2)所示。

$$PNEC_{soil} = PNEC_{water} \times K_d \quad (1\text{-}2)$$

式中，K_d 为土–水分配系数，利用文献中的 K_d 值测定 E2、17α-E2、E1 和 E3 对土壤无脊椎动物的 $PNEC_{soil}$ 分别为 0.99 ng/g、7.92 ng/g、2.51 ng/g 和 711 ng/g(Martín et al., 2012)。

通过上述计算可知，土壤对待测微生物种群的 RQ 计算值均小于 1，低于水生生物，且未超过陆生无脊椎动物的风险阈值，表明施肥引入的 SEs 对土壤环境生态风险不显著，即其造成的土壤生物群落的生态风险一般来说不严重。值得注意的是，暴露在各类 SEs(E3 除外)最大 PECs 值下的微生物群落可面临较高生态风险；Song 等(2018)在对畜禽粪便暴露下土壤微生物群落的生态风险评估中也得出类似结论。

Zhou 等(2020)认为，向农田中施用有机肥会引入其他微污染物，最典型的就是抗生素和人工激素。已有研究证实，在牛粪粪肥施用后的径流中(Dyer et al., 2001)、牧场附近的溪流中(Matthiessen et al., 2006)及粪肥存储构筑物附近的地下水中(Arnon et al., 2008; Song et al., 2018)均检测到了游离态 SEs。因此，未来的风险评估应同时关注 SEs 与其他微污染物的综合毒性测定，阐明其间的协同或拮抗效果。

免疫细胞化学和原位杂交研究表明，SEs 暴露下，意大利壁蜥(*Podarcis sicula*)体内的尾小管和睾丸输出小管几乎全年表达 ERα 和 ERβ(Verderame et al., 2012)。Verderame 和 Scudiero(2018)报告称，两栖动物、鱼类、爬行动物和鸟类的睾丸导管和睾丸细胞中也普遍存在雌激素受体(estrogen receptor, ER)。雌激素受体在所有脊椎动物睾丸细胞和睾丸导管中的广泛分布表明，无论雌激素在这些结构中发挥何种作用，它们在系统发育上都是保守的，可能与雄性生殖成功的生理支持有关。然而，ERα 和 ERβ 配体结构与活性之间的关系尚不清楚。事实上，与 SEs 结构相似的痕量 EDCs 也可激活 ERα 和 ERβ 受体(Berggren et al., 2015; Leung et al., 2016; Maggiora, 2006)。分子动力学模拟和分子对接可为痕量 EDCs 拮抗/协同作用的预测提供帮助，从而明确环境中相关浓度的 SEs 所构成的风险水平(Tan et al., 2020)。

3. 环境雌激素暴露下的人群健康风险评估

Gudda 等(2020)评估了粪便固体组分和液体组分中总 EEQ 的非致癌风险。选择对非致癌效应较为敏感的儿童作为风险受体，并采用式(1-3)和式(1-4)计算各暴露途径的剂量(US EPA, 2009)。

$$\mathrm{OISER_{nc}} = \frac{\mathrm{OISE_{nc}} \times \mathrm{ED_c} \times \mathrm{EF_c} \times \mathrm{ABS_o}}{\mathrm{BW_c} \times \mathrm{AT_{nc}}} \times 10^6 \tag{1-3}$$

$$\mathrm{CSWER_{nc}} = \frac{\mathrm{WCR_c} \times \mathrm{ED_c} \times \mathrm{EF_c}}{\mathrm{BW_c} \times \mathrm{AT_{nc}}} \times 10^6 \tag{1-4}$$

式中，$\mathrm{OISER_{nc}}$ 为土壤暴露口服摄入量[kg/(kg·d)]；$\mathrm{OISE_{nc}}$ 为儿童口服土壤摄入量(200 mg/d)；$\mathrm{ED_c}$ 为暴露持续时间(6 a)；$\mathrm{EF_c}$ 为暴露频率(350 d)；$\mathrm{ABS_o}$ 为口服摄取吸收效率因子(取值为 1)；$\mathrm{BW_c}$ 为儿童体重(15.9 kg)；$\mathrm{AT_{nc}}$ 为非致癌作用的平均时间(2190 d)；$\mathrm{CSWER_{nc}}$ 为饮用受影响地表水的暴露剂量[L/(kg·d)]；$\mathrm{WCR_c}$ 为儿童每日饮水量(0.87 L/d)。

进一步地，通过 SEs 的非致癌效应计算危害指数(harm quotients, HQ)。HQ 值小于 1 表示对人类健康无害，而值大于 1 的 HQ 与不可接受的非致癌风险水平有关。式(1-5)和式(1-6)分别是估算土壤和水的 HQ 的公式(US EPA, 2009)。

$$\mathrm{HQ_{soil}} = \frac{\mathrm{OISER_{nc}} \times C_{\mathrm{sur}}}{\mathrm{RfDo} \times \mathrm{SAF}} \tag{1-5}$$

$$\mathrm{HQ_{sw}} = \frac{\mathrm{CSWER_{nc}} \times C_{\mathrm{sw}}}{\mathrm{RfDo} \times \mathrm{WAF}} \tag{1-6}$$

式中，$\mathrm{HQ_{soil}}$ 为口服土壤摄入途径的风险；$\mathrm{HQ_{sw}}$ 为饮用地表水路径下的风险商；C_{sur} 为表土中污染物浓度(mg/kg)；C_{sw} 为地表水源污染物浓度；RfDo 为口服参考剂量[5.0×10^{-5}

mg/(kg·d)]；SAF 为接触土壤的参考剂量分布系数(取值为 0.2)；WAF 为接触地表水的参考剂量分布系数(取值为 0.2)。所有参数值均来自美国环境保护署。

通过上述公式计算发现，SEs 由饮用地表水暴露的危险指数(HQ)均小于 1；暴露于地表水和土壤的所有 HQ 的中位数小于 1；两种途径综合暴露的中位数为 0.0002，也小于 1。以上数据表明，SEs 暴露水平处于可接受范围，所造成的人类患癌风险较低。一般来说，地表水的致癌风险在可接受的水平内不会对儿童健康构成风险。值得注意的是，在通过口腔摄食含有 E1、17α-E2 和 E2 这几种 SEs 的土壤的情况下，所得到的 HQ 均大于 1，风险较高。当土壤中 E1 浓度最高时，HQ 比相同情况下 E2 存在时的 HQ 高 22 倍。

目前，用于评估人类健康风险的模型多基于 PECs、PNEC 和对单个雌激素的累积效应来量化，并没有将环境基质中的 EDCs 混合物与其他共存物质相互剥离后进行分析，因此，用上述模型进行评估具有局限性。该模型更多地用于慢性毒性评估，忽略了与周期性峰值浓度相关的急性毒性效应。许多 SEs 风险评估侧重于分析其与乳腺癌、艾滋病(AIDs)发病的关系，以及检测其在饮用水中的浓度，从而评估 SEs 的每日安全摄入量(Ibarluzea et al., 2004; Moos et al., 2009; Treviño et al., 2015; Caldwell et al., 2010; Fan et al., 2013; Nie et al., 2014)。全球范围内的大多数研究表明，饮用水中的 SEs 浓度尚处于可接受的风险水平内。Gudda 等(2020)的研究预测地表水浓度低于 10 ng/L，未超过美国环境保护署、世界卫生组织和欧盟的限值(European Commission, 2003; Kuster et al., 2008)，这与多数研究结果一致。但暴露于 SEs 中，即使暴露水平或总风险水平极低，也会干扰受体对正常 SEs 信号的接收，从而干扰生物体正常的内分泌系统。有大量研究表明，饮用水中的痕量 SEs 会影响生物体的生殖发育，影响更年期发生时间及表现症状，导致精子数量下降、男性女性化等非常规现象(Li et al., 2013; Ström et al., 2004; Sumpter and Jobling, 2013)。尽管全球范围的水环境体系中均有 SEs 的足迹，然而，环境主管部门和水资源管理人员却很少将其纳入常规筛查项目(Gee et al., 2015; Sim et al., 2011; Wee and Aris, 2019)，各类药物和抗生素污染的地表水和土壤中也常忽略对 SEs 的监控(Cha and Carlson, 2018; Drewes and Shore, 2001; Ramírez-Morales et al., 2021; Sim et al., 2011; Wohde et al., 2016)。可见，迄今为止，从饲养场废水进入饮用水水源的痕量 SEs 普遍存在一定的健康安全隐患，但人们对此尚未形成系统性评估方案及政策。

综上所述，在评价 SEs 的全球生态风险和人群健康风险前，有关粪肥源 SEs 的分布、环境命运、危害和混合暴露的定量探究需要加强。因此，对粪便和废水中的 SEs 浓度水平进行常规监测研究和管制限值极具必要性，尤其应结合毒理学试验结果和人群健康风险评估。近几十年来，针对山羊、绵羊、水牛和马等中等体型动物展开的研究数量也在日益增加，且全世界范围内均有数据可参考，因此，未来的研究也应关注这些牲畜的 SEs 排放情况(Gilbert et al., 2018)。此外，SEs 可以以游离态或结合态排出体外，但有关结合态 SEs 的研究相对匮乏。因此，应关注不同存在状态的 SEs 相关生态环境效应，并将其纳入监测和风险评估研究项目中。另外，根据粪肥施用方式、频率和季节评估 SEs 对土壤微生物群落的风险也值得关注，这对于预判 SEs 的生物种群危害风险起到重要作用。此外，雌激素可能具有协同作用、拮抗作用、激动剂作用或混合作用，相关研究亟待开拓(Archer et al., 2020; Chen et al., 2007; Frische et al., 2009)。可见，实现粪肥的有效处理、开展 SEs 精准检测和有效的污染修复可在最大限度上消减 SEs 的生态环境污染风险和人群健康风险。

参 考 文 献

Acosta A, Luis A. 2019. What is driving livestock total factor productivity change? A persistent and transient efficiency analysis[J]. Global Food Security, 21: 1～12.

Adeel M, Song X, Wang Y, et al. 2017. Environmental impact of estrogens on human, animal and plant life: A critical review[J]. Environment International, 99: 107～119.

Albero B, Sánchez-Brunete C, Miguel E, et al. 2014. Rapid determination of natural and synthetic hormones in biosolids and poultry manure by isotope dilution GC-MS/MS[J]. Journal of Separation Science, 37(7): 811～819.

Alexander V. 2014. Phytoestrogens and their effects[J]. European Journal of Pharmacology, 741(1): 230～236.

Allinson G, Bui A, Zhang P, et al. 2014. Investigation of 10 herbicides in surface waters of a horticultural production catchment in southeastern Australia[J]. Archives of Environmental Contamination and Toxicology, 67(3): 358～373.

Andaluri G, Suri R P S, Kumar K. 2012. Occurrence of estrogen hormones in biosolids, animal manure and mushroom compost[J]. Environmental Monitoring and Assessment, 184(2): 1197～1205.

Andersen H R, Wollenberger L, Halling-Sørensen B, et al. 2001. Development of copepod nauplii to copepodites-A parameter for chronic toxicity including endocrine disruption[J]. Environmental Toxicology and Chemistry, 20(12): 2821～2829.

Anderson P D, Johnson A C, Pfeiffer D, et al. 2012. Endocrine disruption due to estrogens derived from humans predicted to be low in the majority of US surface waters[J]. Environmental Toxicology and Chemistry, 31: 1407～1415.

Aparicio V C, De Gerónimo E, Marino D, et al. 2013. Environmental fate of glyphosate and aminomethylphosphonic acid in surface waters and soil of agricultural basins[J]. Chemosphere, 93(9): 1866～1873.

Archer E, Wolfaardt G M, van Wyk J H, et al. 2020. Investigating (anti)estrogenic activities within South African wastewater and receiving surface waters: Implication for reliable monitoring[J]. Environmental Pollution, 263: 114424.

Arditsoglou A, Voutsa D. 2008. Determination of phenolic and steroid endocrine disrupting compounds in environmental matrices[J]. Environmental Science and Pollution Research, 15(3): 228～236.

Arnold K E, Brown A R, Ankley G T, et al. 2014. Medicating the environment: Assessing risks of pharmaceuticals to wildlife and ecosystems[J]. Philosophical Transactions of the Royal Society B: Biological Sciences, 369(1656): 20130569.

Arnon S, Dahan O, Elhanany S, et al. 2008. Transport of testosterone and estrogen from dairy-farm waste lagoons to groundwater[J]. Environmental Science & Technology, 42(15): 5521～5526.

Atkinson S K, Marlatt V L, Kimpe L E, et al. 2012. The occurrence of steroidal estrogens in south-eastern Ontario wastewater treatment plants[J]. Science of the Total Environment, 430: 119～125.

aus der Beek T, Weber F-A, Bergmann A, et al. 2016. Pharmaceuticals in the environment—Global occurrences and perspectives[J]. Environmental Toxicology and Chemistry, 35: 823～835.

Avberšek M, Šömen J, Heath E. 2011. Dynamics of steroid estrogen daily concentrations in hospital effluent and connected waste water treatment plant[J]. Journal of Environmental Monitoring, 13(8): 2221～2226.

Avigliano E, Schenone N F. 2015. Human health risk assessment and environmental distribution of trace elements, glyphosate, fecal coliform and total coliform in Atlantic Rainforest mountain rivers (South America)[J]. Microchemical Journal, 122: 149～158.

Azevedo D D A, Lacorte S, Viana P, et al. 2001. Occurrence of nonylphenol and bisphenol-A in surface waters from Portugal[J]. Journal of the Brazilian Chemical Society, 12: 532～537.

Barbosa M O, Moreira N F F, Ribeiro A R, et al. 2016. Occurrence and removal of organic micropollutants: An overview of the watch list of EU decision 2015/495[J]. Water Research, 94: 257～279.

Bartelt-Hunt S L, DeVivo S, Johnson L, et al. 2013. Effect of composting on the fate of steroids in beef cattle manure[J]. Journal of Environmental Quality, 42(4): 1159～1166.

Bartelt-Hunt S L, Snow D D, Damon-Powell T, et al. 2011. Occurrence of steroid hormones and antibiotics in shallow groundwater impacted by livestock waste control facilities[J]. Journal of Contaminant Hydrology, 123(3～4): 94～103.

Battaglin W A, Meyer M T, Kuivila K M, et al. 2014. Glyphosate and its degradation product AMPA occur frequently and widely in U. S. soils, surface water, groundwater, and precipitation[J]. Journal of the American Water Resources Association, 50(2): 275～290.

Beck I C, Bruhn R, Gandrass J. 2006. Analysis of estrogenic activity in coastal surface waters of the Baltic Sea using the yeast estrogen screen[J]. Chemosphere, 63(11): 1870～1878.

Belhaj D, Baccar R, Jaabiri I, et al. 2015. Fate of selected estrogenic hormones in an urban sewage treatment plant in Tunisia (North Africa)[J]. Science of the Total Environment, 505: 154～160.

Ben W, Zhu B, Yuan X, et al. 2018. Occurrence, removal and risk of organic micropollutants in wastewater treatment plants across China: Comparison of wastewater treatment processes[J]. Water Research, 130: 38～46.

Berggren E, Amcoff P, Benigni R, et al. 2015. Chemical safety assessment using read-across: Assessing the use of novel testing methods to strengthen the evidence base for decision making[J]. Environmental Health Perspectives, 123(12): 1232～1240.

Blanchfield P J, Kidd K A, Docker M F, et al. 2015. Recovery of a wild fish population from whole-lake additions of a synthetic estrogen[J]. Environmental Science & Technology, 49: 3136～3144.

Bolong N, Ismail A, Salim M R, et al. 2009. A review of the effects of emerging contaminants in wastewater and options for their removal[J]. Desalination, 239(1～3): 229～246.

Botta F, Lavison G, Couturier G, et al. 2009. Transfer of glyphosate and its degradate AMPA to surface waters through urban sewerage systems[J]. Chemosphere, 77(1): 133～139.

Burton J, Wells M. 2002. The effect of phytoestrogens on the female genital tract[J]. Journal of Clinical Pathology, 55(6): 401～407.

Byer J D, Struger J, Klawunn P, et al. 2008. Low cost monitoring of glyphosate in surface waters using the ELISA method: An evaluation[J]. Environmental Science & Technology, 42(16): 6052～6057.

Byer J D, Struger J, Sverko E, et al. 2011. Spatial and seasonal variations in atrazine and metolachlor surface water concentrations in Ontario (Canada) using ELISA[J]. Chemosphere, 82(8): 1155～1160.

Cailleaud K, Forget-Leray J, Souissi S, et al. 2007. Seasonal variation of hydrophobic organic contaminant concentrations in the water-column of the Seine Estuary and their transfer to a planktonic species *Eurytemora affinis* (Calanoïd, copepod). Part 2: Alkylphenol-polyethoxylates[J]. Chemosphere, 70(2): 281～287.

Caldwell D J, Mastrocco F, Anderson P D, et al. 2012. Predicted-no-effect concentrations for the steroid estrogens estrone, 17β-estradiol, estriol, and 17α-ethinylestradiol[J]. Environmental Toxicology and Chemistry, 31: 1396～1406.

Caldwell D J, Mastrocco F, Nowak E, et al. 2010. An assessment of potential exposure and risk from estrogens in drinking water[J]. Environmental Health Perspectives, 118(3): 338～344.

Capolupo M, Díaz-Garduño B, Martín-Díaz M L. 2018. The impact of propranolol, 17α-ethinylestradiol, and gemfibrozil on early life stages of marine organisms: Effects and risk assessment[J]. Environmental Science and Pollution Research, 25(32): 32196～32209.

Carballa M, Fink G, Omil F, et al. 2008. Determination of the solid-water distribution coefficient (K_d) for pharmaceuticals, estrogens and musk fragrances in digested sludge[J]. Water Research, 42: 287~295.

Casey F X M, Hakk H, DeSutter T M. 2020. Free and conjugated estrogens detections in drainage tiles and wells beneath fields receiving swine manure slurry[J]. Environmental Pollution, 256: 113384.

Cassity-Duffey K, Cabrera M, Habteselassie M, et al. 2020. Stacking broiler litter to reduce natural hormones[J]. Journal of Poultry Science, 99(3): 1379～1386.

Cauley J A, Lucas F L, Kuller L H, et al. 1999. Elevated serum estradiol and testosterone concentrations are associated with a high risk for breast cancer[J]. Annals of Internal Medicine, 130: 270～277.

Cavallin J E, Durhan E J, Evans N, et al. 2014. Integrated assessment of runoff from livestock farming operations: Analytical chemistry, in vitro bioassays, and in vivo fish exposures[J]. Environmental Toxicology and Chemistry, 33(8): 1849～1857.

Cha J, Carlson K H. 2018. Occurrence of β-lactam and polyether ionophore antibiotics in lagoon water and animal manure[J]. Science of the Total Environment, 640: 1346～1353.

Chen P J, Rosenfeldt E J, Kullman S W, et al. 2007. Biological assessments of a mixture of endocrine disruptors at environmentally relevant concentrations in water following UV/H_2O_2 oxidation[J]. Science of the Total Environment, 376(1～3): 18～26.

Chen T C, Yeh Y L. 2010. Ecological risk, mass loading, and occurrence of nonylphenol (NP), NP mono-, and diethoxylate in Kaoping river and its tributaries, Taiwan[J]. Water Air & Soil Pollution, 208(1): 209～220.

Chen T S, Chen T C, Yeh K J C, et al. 2010. High estrogen concentrations in receiving river discharge from a concentrated livestock feedlot[J]. Science of the Total Environment, 408(16): 3223～3230.

Combalbert S, Hernandez-Raquet G. 2010. Occurrence, fate, and biodegradation of estrogens in sewage and manure[J]. Applied Microbiology and Biotechnology, 86(6): 1671～1692.

Combalbert S, Pype M-L, Bernet N, et al. 2010. Enhanced methods for conditioning, storage, and extraction of liquid and solid samples of manure for determination of steroid hormones by solid-phase extraction and gas chromatography-mass spectrometry[J]. Analytical and Bioanalytical Chemistry, 398(2): 973～984.

D'Ascenzo G, Di Corcia A, Gentili A, et al. 2003. Fate of natural estrogen conjugates in municipal sewage transport and treatment facilities[J]. Science of the Total Environment, 302(1～3): 199～209.

Damkjaer K, Weisser J J, Msigala S C, et al. 2018. Occurrence, removal and risk assessment of steroid hormones in two wastewater stabilization pond systems in Morogoro, Tanzania[J]. Chemosphere, 212: 1142～1154.

Dangal S R, Tian H, Zhang B, et al. 2017. Methane emission from global livestock sector during 1890～2014: Magnitude, trends and spatiotemporal patterns[J]. Global Change Biology, 23(10): 4147～4161.

De Gerónimo E, Aparicio V C, Bárbaro S, et al. 2014. Presence of pesticides in surface water from four sub-basins in Argentina[J]. Chemosphere, 107: 423～431.

De Mes T, Zeeman G, Lettinga G. 2005. Occurrence and fate of estrone, 17β-estradiol and 17α-ethynylestradiol in STPs for domestic wastewater[J]. Reviews in Environmental Science and Bio-Technology, 4(4): 275～311.

Derby N E, Hakk H, Casey F X M, et al. 2011. Effects of composting swine manure on nutrients and estrogens[J]. Soil Science, 176(2): 91～98.

Ding W-H, Wu C-Y. 2000. Determination of estrogenic nonylphenol and bisphenol A in river water by solid-phase extraction and gas chromatography-mass spectrometry[J]. Journal of the Chinese Chemical Society, 47(5): 1155～1160.

Dong W, Zhang Y, Quan X. 2020. Health risk assessment of heavy metals and pesticides: A case study in the main drinking water source in Dalian, China[J]. Chemosphere, 242: 125113.

Drewes J E, Shore L S. 2001. Concerns About Pharmaceuticals in Water Reuse, Groundwater Recharge, and Animal Waste[M]//Pharmaceuticals and Personal Care Products in the Environment. Washington DC: ACS: 206～228.

Du B, Fan G, Yu W, et al. 2020. Occurrence and risk assessment of steroid estrogens in environmental water samples: A five-year worldwide perspective[J]. Environmental Pollution, 267: 115405.

Duong C N, Ra J S, Cho J, et al. 2010. Estrogenic chemicals and estrogenicity in river waters of South Korea and seven Asian countries[J]. Chemosphere, 78(3): 286～293.

Dutta S K, Inamdar S P, Tso J, et al. 2012. Concentrations of free and conjugated estrogens at different landscape positions in an agricultural watershed receiving poultry litter[J]. Water Air & Soil Pollution, 223(5): 2821～2836.

Dyer A R, Raman D R, Mullen M D, et al. 2001. Determination of 17β-estradiol concentrations in runoff from plots receiving dairy manure[C]. 2001 ASAE Annual Meeting. American Society of Agricultural and Biological Engineers, 1998: 1.

European Commission. 2003. Technical guidance document on risk assessment[J]. Institute for Health and Consumer Protection Part II.

Fan Z, Hu J, An W, et al. 2013. Detection and occurrence of chlorinated byproducts of bisphenol A, nonylphenol, and estrogens in drinking water of China: Comparison to the parent compounds[J]. Environmental Science & Technology, 47(19): 10841～10850.

FAO. 2006. Global Perspective Studies Unit. World agriculture: towards 2030/2050: Prospects for Food, Nutrition, Agriculture and Major Commodity groups[M]. Food and Agriculture Organization of the United Nations, Global Perspective Studies Unit.

Farounbi A I, Ngqwala N P. 2020. Occurrence of selected endocrine disrupting compounds in the Eastern Cape Province of South Africa[J]. Environmental Science and Pollution Research, 27(14): 17268～17279.

Fekadu S, Alemayehu E, Dewil R, et al. 2019. Pharmaceuticals in freshwater aquatic environments: A comparison of the African and European challenge[J]. Science of the Total Environment, 654: 324～337.

Fine D D, Breidenbach G P, Price T L, et al. 2003. Quantitation of estrogens in ground water and swine lagoon samples using solid-phase extraction, pentafluorobenzyl/trimethylsilyl derivatizations and gas chromatography-negative ion chemical ionization tandem mass spectrometry[J]. Journal of Chromatography A, 1017(1～2): 167～185.

Finlay-Moore O, Hartel P G, Cabrera M L. 2000. 17β-estradiol and testosterone in soil and runoff from grasslands amended with broiler litter[J]. Journal of Environmental Quality, 29: 1604～1611.

Fries E, Püttmann W. 2003. Occurrence and behavior of 4-nonylphenol in river water of Germany[J]. Journal of Environmental Monitoring, 5(4): 598～603.

Frische T, Faust M, Meyer W, et al. 2009. Toxic masking and synergistic modulation of the estrogenic activity of chemical mixtures in a yeast estrogen screen (YES)[J]. Environmental Science and Pollution Research, 16(5): 593～603.

Furuichi T, Kannan K, Suzuki K, et al. 2006. Occurrence of estrogenic compounds in and removal by a swine farm waste treatment plant[J]. Environmental Science & Technology, 40(24): 7896～7902.

Gadd J B, Tremblay L A, Northcott G L. 2010. Steroid estrogens, conjugated estrogens and estrogenic activity in farm dairy shed effluents[J]. Environmental Pollution, 158(3): 730～736.

Gall H E, Sassman S A, Jenkinson B, et al. 2014. Hormone loads exported by a tile-drained agroecosystem receiving animal wastes[J]. Hydrological Processes, 28: 1318～1328.

Gall H E, Sassman S A, Jenkinson B, et al. 2015. Comparison of export dynamics of nutrients and animal-borne estrogens from a tile-drained Midwestern agroecosystem[J]. Water Research, 72: 162～173.

Gall H E, Sassman S A, Lee L S, et al. 2011. Hormone discharges from a midwest tile-drained agroecosystem receiving animal wastes[J]. Environmental Science & Technology, 45(20): 8755～8764.

Gee R H, Rocket L S, Rumsby P C. 2015. Considerations of endocrine disrupters in drinking water[M]// Darbre P D. Endocrine Disruption and Human Health. London: Academic Press.

Ghirardini A, Grillini V, Verlicchi P. 2020. A review of the occurrence of selected micropollutants and microorganisms in different raw and treated manure-environmental risk due to antibiotics after application to soil[J]. Science of the Total Environment, 707: 136118.

Gilbert M, Nicolas G, Cinardi G, et al. 2018. Global distribution data for cattle, buffaloes, horses, sheep, goats, pigs, chickens and ducks in 2010[J]. Scientific Data, 5(1): 1～11.

Gomes R L, Scrimshaw M D, Cartmell E, et al. 2011. The fate of steroid estrogens: Partitioning during wastewater treatment and onto river sediments[J]. Environmental Monitoring and Assessment, 175(1～4): 431～441.

Gray J L, Borch T, Furlong E T, et al. 2017. Rainfall-runoff of anthropogenic waste indicators from agricultural fields applied with municipal biosolids[J]. Science of the Total Environment, 580: 83～89.

Gudda F O, Ateia M, Waigi M G, et al. 2022. Ecological and human health risks of manure-borne steroid estrogens: A 20-year global synthesis study[J]. Journal of Environmental Management, 301: 113708.

Gudda F O, Waigi M G, Odinga E S, et al. 2020. Antibiotic-contaminated wastewater irrigated vegetables pose resistance selection risks to the gut microbiome[J]. Environmental Pollution, 264: 114752.

Hakk H, Sikora L. 2011. Dissipation of 17*β*-estradiol in composted poultry litter[J]. Journal of Environmental Quality, 40(5): 1560～1566.

Hallgren P, Nicolle A, Hansson L A, et al. 2014. Synthetic estrogen directly affects fish biomass and may indirectly disrupt aquatic food webs[J]. Environmental Toxicology & Chemistry, 33(4): 930～936.

Hamid H, Eskicioglu C. 2012. Fate of estrogenic hormones in wastewater and sludge treatment: A review of properties and analytical detection techniques in sludge matrix[J]. Water Research, 46: 5813～5833.

Hanke I, Wittmer I, Bischofberger S, et al. 2010. Relevance of urban glyphosate use for surface water quality[J]. Chemosphere, 81(3): 422～429.

Hannah R, D'Aco V J, Anderson P D, et al. 2009. Exposure assessment of 17*α*-ethinylestradiol in surface waters of the United States and Europe[J]. Environmental Toxicology and Chemistry, 28(12): 2725～2732.

Hanselman T A, Graetz D A, Wilkie A C. 2003. Manure-borne estrogens as potential environmental contaminants: A review[J]. Environmental Science & Technology, 37(24): 5471～5478.

Hanselman T A, Graetz D A, Wilkie A C, et al. 2006. Determination of steroidal estrogens in flushed dairy manure wastewater by gas chromatography mass spectrometry[J]. Journal of Environment Quality, 35: 695～700.

Hansen M, Krogh K A, Halling-Sørensen B, et al. 2011. Determination of ten steroid hormones in animal waste manure and agricultural soil using inverse and integrated clean-up pressurized liquid extraction and gas chromatography-tandem mass spectrometry[J]. Analytical Methods, 3(5): 1087～1095.

Hansen S P, Messer T L, Mittelstet A R. 2019. Mitigating the risk of atrazine exposure: Identifying hot spots and hot times in surface waters across Nebraska, USA[J]. Journal of Environmental Management, 250: 109424.

He Y, Wang T, Sun F, et al. 2019. Effects of veterinary antibiotics on the fate and persistence of 17*β*-estradiol in swine manure[J]. Journal of Hazardous Materials, 375: 198～205.

Hirano M, Ishibashi H, Matsumura N, et al. 2004. Acute toxicity responses of two crustaceans, *Americamysis bahia* and *Daphnia magna*, to endocrine disrupters[J]. Journal of Health Science, 50(1): 97～100.

Horn S, Pieters R, Bøhn T. 2019. A first assessment of glyphosate, 2, 4-D and Cry proteins in surface water of South Africa[J]. South African Journal of Science, 115(9～10): 1～7.

Hotchkiss A K, Rider C V, Blystone C R, et al. 2008. Fifteen years after "wingspread"-environmental endocrine disrupters and human and wildlife health: Where we are today and where we need to go[J]. Toxicological Sciences, 105(2): 235～259.

Hutchins S R, White M V, Hudson F M, et al. 2007. Analysis of lagoon samples from different concentrated animal feeding operations for estrogens and estrogen conjugates[J]. Environmental Science & Technology, 41(3): 738～744.

Hutchinson T H, Pounds N A, Hampel M, et al. 1999. Impact of natural and synthetic steroids on the survival, development and reproduction of marine copepods (*Tisbe battagliai*)[J]. Science of the Total Environment, 233(1～3): 167～179.

Ibarluzea J M, Fenanadez M F, Santa-Marina L, et al. 2004. Breast cancer risk and the combined effect of environmental estrogens[J]. Cancer Cause Control, 15(6): 591～600.

Imai S, Koyama J, Fujii K. 2005. Effects of 17β-estradiol on the reproduction of Java-medaka (*Oryzias javanicus*), a new test fish species[J]. Marine Pollution Bulletin, 51(8～12): 708～714.

Imai S, Koyama J, Fujii K. 2007. Effects of estrone on full life cycle of java medaka (*Oryzias javanicus*), a new marine test fish[J]. Environmental Toxicology and Chemistry, 26(4): 726～731.

Jenkins M B, Endale D M, Schomberg H H, et al. 2006. Fecal bacteria and sex hormones in soil and runoff from cropped watersheds amended with poultry litter[J]. Science of the Total Environment, 358: 164～171.

Jin H, Zhu L. 2016. Occurrence and partitioning of bisphenol analogues in water and sediment from Liaohe River Basin and Taihu Lake, China[J]. Water Research, 103: 343～351.

Jin R, Ke J. 2002. Impact of atrazine disposal on the water resources of the Yang River in Zhangjiakou area in China[J]. Bulletin of Environmental Contamination and Toxicology, 68(6): 893～900.

Jobling S, Nolan M, Tyler C R, et al. 1998. Widespread sexual disruption in wild fish[J]. Environmental Science & Technology, 32(17): 2498～2506.

John J, Liu H. 2018. Glyphosate monitoring in water, foods, and urine reveals an association between urinary glyphosate and tea drinking: A pilot study[J]. International Journal of Environmental Health Engineering, 7(1): 2.

Johnson A C, Williams R J, Matthiessen P. 2006. The potential steroid hormone contribution of farm animals to freshwaters, the United Kingdom as a case study[J]. Science of the Total Environment, 362: 166～178.

Jonkers N, Kohler H P E, Dammshäuser A, et al. 2009. Mass flows of endocrine disruptors in the Glatt River during varying weather conditions[J]. Environmental Pollution, 157(3): 714～723.

Jukosky J A, Watzin M C, Leiter J C. 2008. The effects of environmentally relevant mixtures of estrogens on Japanese medaka (*Oryzias latipes*) reproduction[J]. Aquatic Toxicology, 86(2): 323～331.

Kang I J, Yokota H, Oshima Y, et al. 2002. Effect of 17β-estradiol on the reproduction of Japanese medaka (*Oryzias latipes*)[J]. Chemosphere, 47(1): 71～80.

Khanal S K, Xie B, Thompson M L, et al. 2006. Fate, transport, and biodegradation of natural estrogens in the environment and engineered systems[J]. Environmental Science & Technology, 38(21): 6537～6546.

Kibambe M G, Momba M N B, Daso A P, et al. 2020. Efficiency of selected wastewater treatment processes in removing estrogen compounds and reducing estrogenic activity using the T47D-KBLUC reporter gene assay[J]. Journal of Environmental Management, 260: 110135.

Kidd K A, Blanchfield P J, Mills K H, et al. 2007. Collapse of a fish population after exposure to a synthetic estrogen[J]. Proceedings of the National Academy of Sciences of the United States of America, 104(21): 8897～8901.

Kjær J, Olsen P, Bach K, et al. 2007. Leaching of estrogenic hormones from manure-treated structured soils[J]. Environmental Science & Technology, 41(11): 3911～3917.

Kolodziej E P, Sedlak D L. 2007. Rangeland grazing as a source of steroid hormones to surface waters[J]. Environmental Science & Technology, 41(10): 3514～3520.

Kolpin D W, Furlong E T, Meyer M T, et al. 2002. Pharmaceuticals, hormones, and other organic wastewater contaminants in US streams, 1999–2000: A national reconnaissance[J]. Environmental Science &

Technology, 36(6): 1202～1211.

Kostich M, Flick R, Martinson J. 2013. Comparing predicted estrogen concentrations with measurements in US waters[J]. Environmental Pollution, 178: 271～277.

Kuster M, López de Alda M J, Hernando M D, et al. 2008. Analysis and occurrence of pharmaceuticals, estrogens, progestogens and polar pesticides in sewage treatment plant effluents, river water and drinking water in the Llobregat river basin (Barcelona, Spain)[J]. Journal of Hydrology, 358(1～2): 112～123.

Laegdsmand M, Andersen H, Jacobsen O H, et al. 2009. Transport and fate of estrogenic hormones in slurry-treated soil monoliths[J]. Journal of Environmental Quality, 38(3): 955～964.

Lalonde B, Garron C. 2020. Spatial and temporal distribution of BPA in the Canadian freshwater environment[J]. Archives of Environmental Contamination and Toxicology, 78(4): 568～578.

Lange A, Katsu Y, Miyagawa S, et al. 2012. Comparative responsiveness to natural and synthetic estrogens of fish species commonly used in the laboratory and field monitoring[J]. Aquatic Toxicology, 109: 250～258.

Lange I G, Daxenberger A, Schiffer B, et al. 2002. Sex hormones originating from different livestock production systems: Fate and potential disrupting activity in the environment[J]. Analytica Chimica Acta, 473: 27～37.

Laurenson J P, Bloom R A, Page S, et al. 2014. Ethinyl estradiol and other human pharmaceutical estrogens in the aquatic environment: A review of recent risk assessment data[J]. AAPS Journal, 16: 299～310.

Le T A H, Clemens J, Nguyen T H. 2013. Performance of different composting techniques in reducing oestrogens content in manure from livestock in a Vietnamese setting[J]. Environmental Monitoring and Assessment, 185(1): 415～423.

Leet J K, Lee L S, Gall H E, et al. 2012. Assessing impacts of land-applied manure from concentrated animal feeding operations on fish populations and communities[J]. Environmental Science & Technology, 46(24): 13440～13447.

Lei K, Lin C-Y, Zhu Y, et al. 2020. Estrogens in municipal wastewater and receiving waters in the Beijing-Tianjin-Hebei region, China: Occurrence and risk assessment of mixtures[J]. Journal of Hazardous Materials, 389: 121891.

Leung M C K, Phuong J, Baker N C, et al. 2016. Systems toxicology of male reproductive development: Profiling 774 chemicals for molecular targets and adverse outcomes[J]. Environmental Health Perspectives, 124(7): 1050～1061.

Li M, Zhao X, Zhang X, et al. 2018. Biodegradation of 17β-estradiol by bacterial co-culture isolated from manure[J]. Scientific Reports, 8(1): 1～8.

Li Q, Luo Y, Song J, et al. 2007. Risk assessment of atrazine polluted farmland and drinking water: A case study[J]. Bulletin of Environmental Contamination and Toxicology, 78(3): 187～190.

Li W C. 2014. Occurrence, sources, and fate of pharmaceuticals in aquatic environment and soil[J]. Environmental Pollution, 187: 193～201.

Li W, Notani D, Ma Q, et al. 2013. Functional roles of enhancer RNAs for oestrogen-dependent transcriptional activation[J]. Nature, 498(7455): 516～520.

Liang J, Shang Y. 2013. Estrogen and cancer[J]. Annual Review of Physiology, 75(1): 225～240.

Lippman M, Monaco M E, Bolan G. 1977. Effects of estrone, estradiol, and estriol on hormone-responsive human breast cancer in long-term tissue culture[J]. Cancer Research, 37(6): 1901～1907.

Liu F, Ying G G, Tao R, et al. 2009. Effects of six selected antibiotics on plant growth and soil microbial and enzymatic activities[J]. Environmental Pollution, 157(5): 1636～1642.

Liu S, Ying G G, Zhang R Q, et al. 2012a. Fate and occurrence of steroids in swine and dairy cattle farms with different farming scales and wastes disposal systems[J]. Environmental Pollution, 170: 190～201.

Liu S, Ying G G, Zhou L J, et al. 2012b. Steroids in a typical swine farm and their release into the environment[J]. Water Research, 46(12): 3754～3768.

Liu X, Shi J, Hui Z, et al. 2014. Estimating estrogen release and load from humans and livestock in Shanghai, China[J]. Journal of Environmental Quality, 43(2): 568～577.

Liu Y, Zhang S, Song N, et al. 2017. Occurrence, distribution and sources of bisphenol analogues in a shallow Chinese freshwater lake (Taihu Lake): Implications for ecological and human health risk[J]. Science of the Total Environment, 599: 1090～1098.

Lorenzen A, Hendel J G, Conn K L, et al. 2004. Survey of hormone activities in municipal biosolids and animal manures[J]. Environmental Toxicology, 19(3): 216～225.

Lu J, Kong D, Zhao L, et al. 2014. Analysis of oestrogenic hormones in chicken litter by HPLC with fluorescence detection[J]. International Journal of Environmental Analytical Chemistry, 94(8): 783～790.

Lu J, Wu J, Stoffella P J, et al. 2012. Analysis of bisphenol A, nonylphenol, and natural estrogens in vegetables and fruits using gas chromatography-tandem mass spectrometry[J]. Journal of Agricultural & Food Chemistry, 61(1): 84～89.

Lutri V F, Matteoda E, Blarasin M, et al. 2020. Hydrogeological features affecting spatial distribution of glyphosate and AMPA in groundwater and surface water in an agroecosystem. Córdoba, Argentina[J]. Science of the Total Environment, 711: 134557.

Madikizela L M, Ncube S, Chimuka L. 2020. Analysis, occurrence and removal of pharmaceuticals in African water resources: A current status[J]. Journal of Environmental Management, 253: 109741.

Maggiora G M. 2006. On outliers and activity cliffs why QSAR often disappoints[J]. Journal of Chemical Information and Modeling, 46(4): 1535～1535.

Mansell D S, Bryson R J, Harter T, et al. 2011. Fate of endogenous steroid hormones in steer feedlots under simulated rainfall-induced runoff[J]. Environmental Science & Technology, 45(20): 8811～8818.

Martín J, Camacho-Mañoz D, Santos J L, et al. 2012. Occurrence of pharmaceutical compounds in wastewater and sludge from wastewater treatment plants: Removal and ecotoxicological impact of wastewater discharges and sludge disposal[J]. Journal of Hazardous Materials, 239: 40～47.

Masiol M, Giannì B, Prete M. 2018. Herbicides in river water across the northeastern Italy: Occurrence and spatial patterns of glyphosate, aminomethylphosphonic acid, and glufosinate ammonium[J]. Environmental Science and Pollution Research, 25(24): 24368～24378.

Matthiessen P, Arnold D, Johnson A C, et al. 2006. Contamination of headwater streams in the United Kingdom by oestrogenic hormones from livestock farms[J]. Science of the Total Environment, 367(2～3): 616～630.

Mayer T, Bennie D, Rosa F, et al. 2007. Occurrence of alkylphenolic substances in a Great Lakes coastal marsh, Cootes Paradise, ON, Canada[J]. Environmental Pollution, 147(3): 683～690.

Metcalfe C D, Metcalfe T L, Kiparissis Y, et al. 2001. Estrogenic potency of chemicals detected in sewage treatment plant effluents as determined by *in vivo* assays with Japanese medaka (*Oryzias latipes*)[J]. Environmental Toxicology and Chemistry, 20(2): 297～308.

Metson G S, MacDonald G K, Haberman D, et al. 2016. Feeding the corn belt: Opportunities for phosphorus recycling in U.S. Agriculture[J]. Science of the Total Environment, 542: 1117~1126.

Metson G S, Smith V H, Cordell D J, et al. 2014. Phosphorus is a key component of the resource demands for meat, eggs, and dairy production in the United States[J]. Proceedings of the National Academy of Sciences of the United States of America, 111(46): E4906～E4907.

Mina O, Gall H E, Saporito L S, et al. 2016. Estrogen transport in surface runoff from agricultural fields treated with two application methods of dairy manure[J]. Journal of Environmental Quality, 45(6): 2007～2015.

Mirzaei R, Mesdaghinia A, Hoseini S S, et al. 2019. Antibiotics in urban wastewater and rivers of Tehran, Iran: Consumption, mass load, occurrence, and ecological risk[J]. Chemosphere, 221: 55～66.

Montiel-León J M, Munoz G, Vo Duy S, et al. 2019. Widespread occurrence and spatial distribution of glyphosate, atrazine, and neonicotinoids pesticides in the St. Lawrence and tributary rivers[J]. Environmental Pollution, 250: 29～39.

Moore S C, Matthews C E, Shu X O, et al. 2016. Endogenous estrogens, estrogen metabolites, and breast cancer risk in postmenopausal Chinese women[J]. Journal of the National Cancer Institute, 108(10): djw103.

Moos W H, Dykens J A, Nohynek D, et al. 2009. Review of the effects of 17α-estradiol in humans: A less feminizing estrogen with neuroprotective potential[J]. Drug Development Research, 70(1): 1～21.

Mörtl M, Németh G, Juracsek J, et al. 2013. Determination of glyphosate residues in Hungarian water samples by immunoassay[J]. Microchemical Journal, 107: 143～151.

Murphy M B, Hecker M, Coady K K, et al. 2006. Atrazine concentrations, gonadal gross morphology and histology in ranid frogs collected in Michigan agricultural areas[J]. Aquatic Toxicology, 76(3～4): 230～245.

Nagpal N K, Meays C L. 2009. Water Quality Guidelines for Pharmaceutically-active-Compounds (PhACs): 17α-ethinylestradiol (EE2)[R]. Ministry of Environment, Province of British Columbia (Technical Appendix).

Navarro A, Tauler R, Lacorte S, et al. 2010. Occurrence and transport of pesticides and alkylphenols in water samples along the Ebro River Basin[J]. Journal of Hydrology, 383(1～2): 18～29.

Nelles J L, Hu W Y, Prins G S. 2011. Estrogen action and prostate cancer[J]. Expert Review of Endocrinology and Metabolism, 6(3): 437～451.

Nicolas G, Robinson T P, Wint G W, et al. 2016. Using random forest to improve the downscaling of global livestock census data[J]. PloS One, 1(3): e0150424.

Nie M, Yang Y, Liu M, et al. 2014. Environmental estrogens in a drinking water reservoir area in Shanghai: Occurrence, colloidal contribution and risk assessment[J]. Science of the Total Environment, 487: 785～791.

Noguera-Oviedo K, Aga D S. 2016. Chemical and biological assessment of endocrine disrupting chemicals in a full scale dairy manure anaerobic digester with thermal pretreatment[J]. Science of the Total Environment, 550: 827～834.

Obia C I, Ogwuche J A, Alao J S. 2015. Investigation of herbicides presence in surface waters in Obubra Town, Cross River State, Nigeria[J]. World Journal of Water Resource and Environmental Science, 2(1): 1～13.

Pal A, Gin K Y-H, Lin A Y-C, et al. 2010. Impacts of emerging organic contaminants on freshwater resources: Review of recent occurrences, sources, fate and effects[J]. Science of the Total Environment, 408(24): 6062～6069.

Papadakis E N, Vryzas Z, Kotopoulou A, et al. 2015. A pesticide monitoring survey in rivers and lakes of northern Greece and its human and ecotoxicological risk assessment[J]. Ecotoxicology and Environmental Safety, 116: 1～9.

Paterakis N, Chiu T Y, Koh Y K K, et al. 2012. The effectiveness of anaerobic digestion in removing estrogens and nonylphenol ethoxylates[J]. Journal of Hazard Materials, 199: 88～95.

Pérez D J, Iturburu F G, Calderon G, et al. 2021. Ecological risk assessment of current-use pesticides and biocides in soils, sediments and surface water of a mixed land-use basin of the Pampas region, Argentina[J]. Chemosphere, 263: 128061.

Pessoa G P, de Souza N C, Vidal C B, et al. 2014. Occurrence and removal of estrogens in Brazilian wastewater treatment plants[J]. Science of the Total Environment, 490: 288～295.

Pinheiro A, Rosa Albano R M, Alves T C, et al. 2013. Veterinary antibiotics and hormones in water from application of pig slurry to soil[J]. Agricultural Water Management, 129: 1～8.

Plotan M, Elliott C T, Frizzell C, et al. 2014. Estrogenic endocrine disruptors present in sports supplements. A risk assessment for human health[J]. Food Chemistry, 159(15): 157～165.

Poiger T, Buerge I J, Bächli A, et al. 2017. Occurrence of the herbicide glyphosate and its metabolite AMPA in surface waters in Switzerland determined with on-line solid phase extraction LC-MS/MS[J]. Environmental Science and Pollution Research, 24(2): 1588～1596.

Powers S M, Chowdhury R B, MacDonald G K, et al. 2019. Global opportunities to increase agricultural independence through phosphorus recycling[J]. Earth's Future, 7(4): 370～383.

Prakash A, Stigler M. 2012. Food and Agriculture Organisation Statistical Year Book 2012 World Food and Agriculture[M]. Rome, Italy: FAO: 198～213.

Quednow K, Püttmann W. 2008. Endocrine disruptors in freshwater streams of Hesse, Germany: Changes in concentration levels in the time span from 2003 to 2005[J]. Environmental Pollution, 152(2): 476～483.

Quednow K, Püttmann W. 2009. Temporal concentration changes of DEET, TCEP, terbutryn, and nonylphenols in freshwater streams of Hesse, Germany: Possible influence of mandatory regulations and voluntary environmental agreements[J]. Environmental Science and Pollution Research, 16(6): 630～640.

Raman D R, Layton A C, Moody L B, et al. 2001. Degradation of estrogens in dairy waste solids: Effects of acidification and temperature[J]. Transactions of the ASAE, 44(6): 1881～1888.

Raman D R, Williams E L, Layton A C, et al. 2004. Estrogen content of dairy and swine wastes[J]. Environmental Science & Technology, 38(13): 3567～3573.

Ramírez-Morales D, Masís-Mora M, Beita-Sandí W, et al. 2021. Pharmaceuticals in farms and surrounding surface water bodies: Hazard and ecotoxicity in a swine production area in Costa Rica[J]. Chemosphere, 272: 129574.

Ray P, Zhao Z, Knowlton K F. 2013. Emerging Contaminants in Livestock Manure: Hormones, Antibiotics and Antibiotic Resistance Genes[M]//Sustainable Animal Agriculture. Wallingford UK: CABI: 268~283.

Rechsteiner D, Schrade S, Zähner M, et al. 2020. Occurrence and fate of natural estrogens in Swiss cattle and pig slurry[J]. Journal of Agricultural and Food Chemistry, 68(20): 5545～5554.

Reichert G, Hilgert S, Fuchs S, et al. 2019. Emerging contaminants and antibiotic resistance in the different environmental matrices of Latin America[J]. Environmental Pollution, 255: 113140.

Ren J, Jiang K. 2002. Atrazine and its degradation products in surface and ground waters in Zhangjiakou District, China[J]. Chinese Science Bulletin, 47(19): 1612～1616.

Ribeiro C, Tiritan M E, Rocha E, et al. 2009. Seasonal and spatial distribution of several endocrine-disrupting compounds in the Douro River Estuary, Portugal[J]. Reviews of Environmental Contamination and Toxicology, 56(1): 1～11.

Rocha M J, Ribeiro M, Ribeiro C, et al. 2012. Endocrine disruptors in the Leça River and nearby Porto Coast (NW Portugal): Presence of estrogenic compounds and hypoxic conditions[J]. Toxicological & Environmental Chemistry, 94(2): 262～274.

Rocha S, Domingues V F, Pinho C, et al. 2013. Occurrence of bisphenol A, estrone, 17β-estradiol and 17α-ethinylestradiol in Portuguese rivers[J]. Bulletin of Environmental Contamination and Toxicology, 90(1): 73～78.

Rodriguez-Navas C, Bjořklund E, Halling-Srøensen B, et al. 2013. Biogas final digestive byproduct applied to croplands as fertilizer contains high levels of steroid hormones[J]. Environmental Pollution, 180: 368～371.

Roepke T A, Snyder M J, Cherr G N. 2005. Estradiol and endocrine disrupting compounds adversely affect development of sea urchin embryos at environmentally relevant concentrations[J]. Aquatic Toxicology, 71(2): 155～173.

Ronco A E, Marino D J G, Abelando M, et al. 2016. Water quality of the main tributaries of the Paraná Basin: Glyphosate and AMPA in surface water and bottom sediments[J]. Environmental Monitoring and Assessment, 188(8): 1～13.

Rose E, Paczolt K A, Jones A G. 2013. The effects of synthetic estrogen exposure on premating and postmating episodes of selection in sex-role-reversed Gulf pipefish[J]. Evolutionary Applications, 6: 1160～1170.

Salla R F, Gamero F U, Rissoli R Z, et al. 2016. Impact of an environmental relevant concentration of 17α-ethinylestradiol on the cardiac function of bullfrog tadpoles[J]. Chemosphere, 144: 1862～1868.

Sarmah A K, Northcott G L, Leusch F D L, et al. 2006. A survey of endocrine disrupting chemicals (EDCs) in municipal sewage and animal waste effluents in the Waikato region of New Zealand[J]. Science of the Total Environment, 355(1～3): 135～144.

Schuh M C, Casey F X M, Hakk H, et al. 2011. Effects of field-manure applications on stratified 17β-estradiol concentrations[J]. Journal of Hazard Materials, 192(2): 748～752.

Seki M, Fujishima S, Nozaka T, et al. 2006. Comparison of response to 17β-estradiol and 17β-trenbolone among three small fish species[J]. Environmental Toxicology and Chemistry, 25(10): 2742～2752.

Selvaraj K K, Shanmugam G, Sampath S, et al. 2014. GC-MS determination of bisphenol A and alkylphenol ethoxylates in river water from India and their ecotoxicological risk assessment[J]. Ecotoxicology and

Environmental Safety, 99: 13～20.

Shappell N W, Elder K H, West M. 2010. Estrogenicity and nutrient concentration of surface waters surrounding a large confinement dairy operation using best management practices for land application of animal wastes[J]. Environmental Science & Technology, 44(7): 2365～2371.

Shareef A, Angove M J, Wells J D, et al. 2006. Aqueous solubilities of estrone, 17β-estradiol, 17α-ethynylestradiol, and bisphenol A[J]. Journal of Chemical and Engineering Data, 51: 879～881.

Shargil D, Gerstl Z, Fine P, et al. 2015. Impact of biosolids and wastewater effluent application to agricultural land on steroidal hormone content in lettuce plants[J]. Science of the Total Environment, 505: 357~366.

Shemesh M, Shore L. 2012. Effects of environmental estrogens on reproductive parameters in domestic animals[J]. Israel Journal of Veterinary Medicine, 67(1): 6～10.

Sim W-J, Lee J-W, Shin S-K, et al. 2011. Assessment of fates of estrogens in wastewater and sludge from various types of wastewater treatment plants[J]. Chemosphere, 82: 1448～1453.

Singh A K, Gupta Shveta Kumar K, Gupta Satish Chander Y, et al. 2013. Quantitative analysis of conjugated and free estrogens in swine manure: Solutions to overcome analytical problems due to matrix effects[J]. Journal of Chromatography A, 1305: 203～212.

Snow D D, Bartelt-Hunt S L, Devivo S, et al. 2012. Detection, occurrence, and fate of emerging contaminants in agricultural environments[J]. Water Environment Research, 84(10): 764～785.

Song X, Wen Y, Wang Y, et al. 2018. Environmental risk assessment of the emerging EDCs contaminants from rural soil and aqueous sources: Analytical and modelling approaches[J]. Chemosphere, 198: 546～555.

Staples C A, Dorn P B, Klecka G M, et al. 2000. Bisphenol A concentrations in receiving waters near US manufacturing and processing facilities[J]. Chemosphere, 40(5): 521～525.

Stasinakis A S, Mermigka S, Samaras V G, et al. 2012. Occurrence of endocrine disrupters and selected pharmaceuticals in Aisonas River (Greece) and environmental risk assessment using hazard indexes[J]. Environmental Science and Pollution Research, 19(5): 1574～1583.

Ström A, Hartman J, Foster J S, et al. 2004. Estrogen receptor β inhibits 17β-estradiol-stimulated proliferation of the breast cancer cell line T47D[J]. Proceedings of the National Academy of Sciences of the United States of America, 101(6): 1566～1571.

Struger J, Thompson D, Staznik B, et al. 2008. Occurrence of glyphosate in surface waters of southern Ontario[J]. Bulletin of Environmental Contamination and Toxicology, 80(4): 378～384.

Sumpter J P, Jobling S. 2013. The occurrence, causes, and consequences of estrogens in the aquatic environment[J]. Environmental Toxicology and Chemistry, 32(2): 249～251.

Sun X, Liu F, Shan R, et al. 2019. Spatiotemporal distributions of Cu, Zn, metribuzin, atrazine, and their transformation products in the surface water of a small plain stream in eastern China[J]. Environmental Monitoring and Assessment, 191: 433.

Suzuki Y, Kubota A, Furukawa T, et al. 2009. Residual of 17β-estradiol in digestion liquid generated from a biogas plant using livestock waste[J]. Journal of Hazard Materials, 165(1～3): 677～682.

Swartz C H, Reddy S, Benotti M J, et al. 2006. Steroid estrogens, nonylphenol ethoxylate metabolites, and other wastewater contaminants in groundwater affected by a residential septic system on Cape Cod, MA[J]. Environmental Science & Technology, 40(16): 4894～4902.

Tan H, Wang X, Hong H, et al. 2020. Structures of endocrine-disrupting chemicals determine binding to and activation of the estrogen receptor α and androgen receptor[J]. Environmental Science & Technology, 54(18): 11424～11433.

Tang X, Naveedullah, Hashmi M Z, et al. 2013. A preliminary study on the occurrence and dissipation of estrogen in livestock wastewater[J]. Bulletin of Environmental Contamination and Toxicology, 90(4): 391～396.

Tashiro Y, Takemura A, Fujii H, et al. 2003. Livestock wastes as a source of estrogens and their effects on wildlife of Manko tidal flat, Okinawa[J]. Marine Pollution Bulletin, 47(1～6): 143～147.

Tauchnitz N, Kurzius F, Rupp H, et al. 2020. Assessment of pesticide inputs into surface waters by agricultural and urban sources—A case study in the Querne/Weida catchment, central Germany[J]. Environmental Pollution, 267: 115186.

Tetreault G R, Bennett, C J, Shires K, et al. 2011. Intersex and reproductive impairment of wild fish exposed to multiple municipal wastewater discharges[J]. Aquatic Toxicology, 104(3～4): 278～290.

Thompson M L, Casey F X M, Khan E, et al. 2009. Occurrence and pathways of manure-borne 17β-estradiol in vadose zone water[J]. Chemosphere, 76(4): 472～479.

Tiedeken E J, Tahar A, McHugh B, et al. 2017. Monitoring, sources, receptors, and control measures for three European Union watch list substances of emerging concern in receiving waters—A 20 year systematic review[J]. Science of the Total Environment, 574: 1140～1163.

Treviño L S, Wang Q, Walker C L. 2015. Hypothesis: Activation of rapid signaling by environmental estrogens and epigenetic reprogramming in breast cancer[J]. Reproductive Toxicology, 54: 136～140.

US EPA. 2009. Risk assessment guidance for superfund volume I: Human Health Evaluation Manual (Part F, Supplemental Guidance for Inhalation Risk Assessment)[R]. Washington, DC: Environmental Protection Agency.

US EPA. 2011. Exposure Factors Handbook: 2011 Edition (Final Report). U. S. Environmental Protection Agency, Washington DC, EPA/600/R-09/052F, 1～1466.

Valdés M E, Marino D J, Wunderlin D A, et al. 2015. Screening concentration of E1, E2 and EE2 in sewage effluents and surface waters of the "Pampas" region and the "Río de la Plata" estuary (Argentina)[J]. Bulletin of Environmental Contamination and Toxicology, 94(1): 29～33.

Välitalo P, Perkola N, Seiler T-B, et al. 2016. Estrogenic activity in Finnish municipal wastewater effluents[J]. Water Research, 88: 740～749.

Velicu M, Suri R, Fu H, et al. 2007. Occurrence of estrogen hormones in environmental systems[C]//World Environmental and Water Resources Congress 2007. Restoring Our Natural Habitat: 1～9.

Verderame M, Angelini F, Limatola E. 2012. Expression of estrogen receptor alpha switches off secretory activity in the epididymal channel of the lizard *Podarcis sicula*[J]. Molecular Reproduction and Development, 79(2): 107～117.

Verderame M, Scudiero R. 2018. A comparative review on estrogen receptors in the reproductive male tract of non mammalian vertebrates[J]. Steroids, 134: 1～8.

Vethaak A D, Rijs G B J, Schrap S M, et al. 2002. Estrogens and xeno-estrogens in the aquatic environment of the Netherlands: Occurrence, potency and biological effects[R]. Dutch National Institute of Inland Water Management and Water Treatment (RIZA) and the Dutch National Institute for Coastal Management (RIKZ).

Villemur R, Dos Santos S C C, Ouellette J, et al. 2013. Biodegradation of endocrine disruptors in solid-liquid two-phase partitioning systems by enrichment cultures[J]. Applied Microbiology and Biotechnology, 79(15): 4701～4711.

Vitali M, Ensabella F, Stella D, et al. 2004. Nonylphenols in freshwaters of the hydrologic system of an Italian district: Association with human activities and evaluation of human exposure[J]. Chemosphere, 57(11): 1637～1647.

Wang J, Zhou X, Gatheru W M, et al. 2019. Simultaneous removal of estrogens and antibiotics from livestock manure using fenton oxidation technique[J]. Catalysts, 9(8): 644.

Wee S Y, Aris A Z. 2019. Occurrence and public-perceived risk of endocrine disrupting compounds in drinking water[J]. NPJ Clean Water, 2(1): 1～14.

Wei H, Yan Xia L, Ming Y, et al. 2011. Presence and determination of manure-borne estrogens from dairy and beef cattle feeding operations in northeast China[J]. Bulletin of Environmental Contamination and Toxicology, 86(5): 465～469.

Wenzel A, Müller J, Ternes T. 2003. Study on endocrine disrupters in drinking water[R]. Final Report ENV. D. 1/ETU/2000/0083. Schmallenberg and Wiesbaden, Germany.

Wicks C, Kelley C, Peterson E. 2004. Estrogen in a karstic aquifer[J]. Groundwater, 42(3): 384～389.

Williams E L, Raman D R, Burns R T, et al. 2002. Estrogen concentrations in dairy and swine waste storage and treatment structures in and around Tennessee[C]. 2002 ASAE Annual Meeting. American Society of Agricultural and Biological Engineers: 1.

William W B. 2017. Bacteria and the fate of estrogen in the environment[J]. Cell Chemical Biology, 24(6): 652～653.

Wocławek-Potocka I, Mannelli C, Boruszewska D, et al. 2013. Diverse effects of phytoestrogens on the reproductive performance: Cow as a model[J]. International Journal of Endocrinology: 650984.

Wohde M, Berkner S, Junker T, et al. 2016. Occurrence and transformation of veterinary pharmaceuticals and biocides in manure: A literature review[J]. Environmental Sciences Europe, 28(1): 1～25.

Writer J H, Barber L B, Brown G K, et al. 2010. Anthropogenic tracers, endocrine disrupting chemicals, and endocrine disruption in Minnesota lakes[J]. Science of the Total Environment, 409(1): 100～111.

Wu Z, Zhang Z, Chen S, et al. 2007. Nonylphenol and octylphenol in urban eutrophic lakes of the subtropical China[J]. Fresenius Environmental Bulletin, 16(3): 227～234.

Xie H, Wang X, Chen J, et al. 2019. Occurrence, distribution and ecological risks of antibiotics and pesticides in coastal waters around Liaodong Peninsula, China[J]. Science of the Total Environment, 656: 946～951.

Xu J, Wang P, Guo W, et al. 2006. Seasonal and spatial distribution of nonylphenol in Lanzhou Reach of Yellow River in China[J]. Chemosphere, 65(9): 1445～1451.

Xu P, Zhou X, Xu D, et al. 2018. Contamination and risk assessment of estrogens in Livestock Manure: A case study in Jiangsu Province, China[J]. International Journal of Environmental Research and Public Health, 15(1): 125.

Yamazaki E, Yamashita N, Taniyasu S, et al. 2015. Bisphenol A and other bisphenol analogues including BPS and BPF in surface water samples from Japan, China, Korea and India[J]. Ecotoxicology and Environmental Safety, 122: 565～572.

Yang C, Yu W, Bi Y, et al. 2018. Increased oestradiol in hepatitis E virus-infected pregnant women promotes viral replication[J]. Journal of Viral Hepatitis, 25(6): 742～751.

Ying G G, Kookana R S, Ru Y J. 2002. Occurrence and fate of hormone steroids in the environment[J]. Environment International, 28: 545～551.

Yost E E, Meyer M T, Dietze J E, et al. 2013. Comprehensive assessment of hormones, phytoestrogens, and estrogenic activity in an Anaerobic Swine Waste Lagoon[J]. Environmental Science & Technology, 47(23): 13781～13790.

Zhang H, Cui D, Wang B, et al. 2007. Pharmacokinetic drug interactions involving 17α-ethinylestradiol: A new look at an old drug[J]. Clinical Pharmacokinetics, 46(2): 133～157.

Zhang H, Shi J, Liu X, et al. 2014a. Occurrence and removal of free estrogens, conjugated estrogens, and bisphenol A in manure treatment facilities in East China[J]. Water Research, 58: 248～257.

Zhang H, Shi J, Liu X, et al. 2014b. Occurrence of free estrogens, conjugated estrogens, and bisphenol A in fresh livestock excreta and their removal by composting in North China[J]. Environmental Science and Pollution Research, 21(16): 9939～9947.

Zhang H, Zhang Y, Li J, et al. 2019. Occurrence and exposure assessment of bisphenol analogues in source water and drinking water in China[J]. Science of the Total Environment, 655: 607～613.

Zhang Q Q, Zhao J L, Ying G G, et al. 2014c. Emission estimation and multimedia fate modeling of seven steroids at the river basin scale in China[J]. Environment Science & Technology, 48: 7982～7992.

Zhang Y Z, Tang C Y, Song X F, et al. 2009. Behavior and fate of alkylphenols in surface water of the Jialu River, Henan Province, China[J]. Chemosphere, 77(4): 559～565.

Zhao Z, Knowlton K F, Love N G, et al. 2010. Estrogen removal from dairy manure by pilot-scale treatment reactors[J]. Transactions of the ASABE, 53(4): 1295～1301.

Zheng W, Yates S R, Bradford S A. 2008. Analysis of steroid hormones in a typical dairy waste disposal system[J]. Environmental Science & Technology, 42(2): 530～535.

Zhou X, Wang J, Lu C, et al. 2020. Antibiotics in animal manure and manure-based fertilizers: Occurrence and ecological risk assessment[J]. Chemosphere, 255: 127006.

Zhou Y, Zha J, Wang Z. 2012a. Occurrence and fate of steroid estrogens in the largest wastewater treatment plant in Beijing, China[J]. Environmental Monitoring and Assessment, 184(11): 6799～6813.

Zhou Y, Zha J, Xu Y, et al. 2012b. Occurrences of six steroid estrogens from different effluents in Beijing, China[J]. Environmental Monitoring and Assessment, 184(3): 1719～1729.

第 2 章　畜禽粪便中雌激素污染特征

随着畜禽养殖规模的扩大，全球畜禽粪便排放量也逐年增加。其中，美国每年畜禽粪便产生量约 11 亿 t(Dodgen et al., 2018)，欧洲约 16 亿 t，而中国每年约有 30 亿 t 畜禽粪便进入环境中(Chen et al., 2012)。研究表明，畜禽粪便中含有大量的雌激素(Bradford et al., 2008)。这些雌激素通过畜禽粪便排入环境，对环境造成极大的污染，严重威胁人类和动植物的安全与健康，制约了畜禽粪便的资源化和无害化利用(Lange et al., 2002)。因此，对畜禽粪便中雌激素的残留情况进行分析评价，有助于充分了解畜禽粪便中雌激素污染情况及其对环境的安全风险。然而，大多数国家有关牲畜年排泄和排放雌激素的数据匮乏，全球畜禽粪便中雌激素的报道几近空白。目前，畜禽粪便的处理方法主要是进行好氧堆肥或厌氧消化后作为肥料还田(王方浩等, 2006)。好氧堆肥和厌氧消化技术对畜禽粪便中雌激素的去除效果已有广泛的研究，然而，这两种技术对畜禽粪便中雌激素的降解机制如何，国内外鲜少报道。

本章通过文献调研、畜禽粪便样品采集，研究养殖业畜禽粪便及由畜禽粪便制备的有机肥中雌激素的排放特征和污染状况，分析畜禽粪便及有机肥中雌激素的含量分布与种类特征，旨在为制定畜禽粪便雌激素污染防治对策提供基础数据；研究畜禽粪便好氧堆肥和厌氧消化过程中雌激素的演化规律，分析影响降解效能的主要因素，阐明好氧堆肥和厌氧消化过程中雌激素的响应机制，为进一步研发畜禽粪便无害化处理技术提供关键思路。

2.1　养殖业畜禽粪便中雌激素的色谱分析方法

粪便样品基质复杂、干扰物较多，因此，样品的提取、净化、浓缩是畜禽粪便中雌激素检测的重要环节。目前，水体和底泥中雌激素的检测已有相关文献报道(Hu et al., 2008)，然而，国内外关于畜禽粪便中雌激素的检测分析方法的研究报道很少。对此，本团队通过对分析方法的建立、超声提取时间的选择及固相萃取浓缩净化等的研究，建立了畜禽粪便中雌三醇(E3)、17β-雌二醇(E2)、双酚 A(BPA)和炔雌醇(EE2)4 种环境雌激素(EEs)的超声提取–固相萃取–液相色谱分析方法(付银杰等, 2013)。通过对该方法的检出限、加标回收率和相对标准偏差的分析讨论，为畜禽粪便中雌激素的定量检测提供依据。

2.1.1　高效液相色谱检测条件建立与优化

高效液相色谱检测条件的确定是定量分析畜禽粪便中雌激素的关键环节之一。色谱检测方法需要满足以下条件：杂质峰与目标峰、目标峰与目标峰之间分离度高；目标峰峰形尖锐且对称，基线平稳；柱压稳定等。对此，选择甲醇/乙腈/水体系为流动相，考察了甲醇/乙腈/水作为流动相的不同的体积比对 4 种雌激素物质的分离效果。结果表明，当甲醇/乙腈/水=30/30/40 时，E2 和 EE2 不能完全分离；当甲醇/乙腈/水=25/30/45 时，4 种物质能分离，但提取净化后的样品经液相色谱测定时，杂质峰与目标峰重叠，导致目标雌激素定量不准确；当甲醇/乙腈/水=20/30/50 时，各组分间分离度大，色谱峰峰形尖锐且对称，基线平稳，可避免杂质峰的干扰，满足色谱分析方法的要求。因此，选用甲醇/乙腈/水=20/30/50 为流动相，4 种雌激素可在 25 min 内完全分离。

进一步地，在流动相为甲醇/乙腈/水=20/30/50 条件下，考察了不同流速对 4 种雌激素分离的影响。研究发现，当流动相流速为 1.0 mL/min 时，液相色谱柱压升高到 15 MPa 以上，接近液相色谱仪最大承受压力(20.0 MPa)。当流动相流速为 0.8 mL/min 时，虽然各物质的保留时间延长，但液相运行柱压较低，杂质峰与目标峰分离完全，可以满足分析的要求。因此，选择流动相流速为 0.8 mL/min。

4 种雌激素本身具有荧光性，因此，通过荧光分光光度计对雌激素标准样品的激发/发射波长进行光谱扫描。经过反复比较、优化，确定了 4 种雌激素激发/发射波长为 280/310 nm。然而，在此波长条件下，粪便样品会产生很多杂质峰，为不影响目标物质定量的准确性，试验采用切换波长的方法避免杂质峰的产生。经多次试验得到的波长切换方法为：0～5.0 min，激发/发射波长为 300/450 nm；5.0～6.1 min，激发/发射波长为 280/310 nm；6.1～10.0 min，激发/发射波长为 300/450 nm；10 min 以后，激发/发射波长为 280/310 nm。由此对 E3、BPA、E2 和 EE2 进行检测分析。在上述确定的色谱条件下，4 种雌激素的色谱条件如图 2-1 所示，各雌激素组分间分离度大，4 种雌激素可以在 25 min 内完全分离。色谱峰峰形尖锐且对称，基线平稳，避免了杂质峰的干扰。

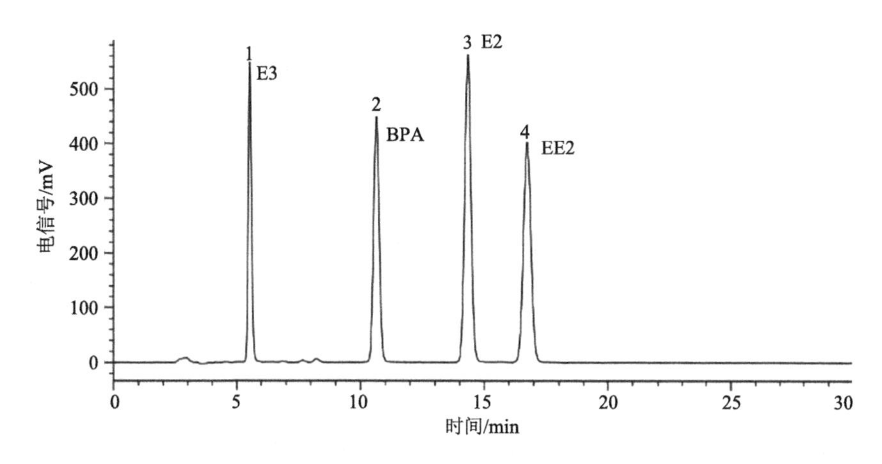

图 2-1　混合雌激素标准样品的色谱图

2.1.2　畜禽粪便样品前处理条件优化

1. 提取剂的选择

不同的提取剂会影响畜禽粪便中雌激素的提取效率。研究表明，雌激素化合物在弱极性或中等极性有机溶剂中有较高的溶解性，但在水溶液中溶解度极低。因此，本试验选用 6 种不同极性的有机试剂(甲醇、乙醚、乙酸乙酯、丙酮、二氯甲烷和正己烷)作为提取剂，考察它们对畜禽粪便中雌激素的提取效率。由表 2-1 可知，乙酸乙酯作为提取剂时 4 种雌激素的提取回收率最高，E3、BPA、E2 和 EE2 的回收率分别为 80.49%、89.22%、92.51%和 89.18%，其次是甲醇、丙酮。甲醇作为提取剂时，提取液的颜色较深，提取到的杂质较多，会影响目标物的定量，对后续的分析也会造成一定的干扰。丙酮作为提取剂时，其回收率较乙酸乙酯略低。二氯甲烷的密度较样品密度大，易沉在离心管底部，转移提取液时会造成二氯甲烷的损失。在 6 种有机试剂中，乙醚的提取率最低，它对 4 种雌激素的提取率在 38.38%～60.39%。因此，本书选择乙酸乙酯作为提取剂。

表 2-1 提取剂对雌激素回收率的影响

提取剂	回收率/%			
	E3	BPA	E2	EE2
甲醇	78.05±4.46	86.13±1.28	87.74±2.48	85.27±1.39
乙醚	38.38±6.45	60.39±0.54	53.23±3.13	60.17±2.45
乙酸乙酯	80.49±2.85	89.22±1.75	92.51±1.99	89.18±5.12
丙酮	76.33±3.17	85.48±1.15	95.50±3.37	85.82±4.66
二氯甲烷	60.71±1.18	77.67±2.83	81.54±3.36	79.93±3.67
正己烷	69.86±2.67	75.79±3.06	82.11±2.17	83.53±3.28

2. 提取剂体积

提取剂体积会影响畜禽粪便中雌激素的提取效率，提取剂的体积少不能将目标物从样品中提取完全，用量太多则会产生较多杂质。为了将目标物提取完全并使产生的杂质尽可能少，本书考察了在 10 mL、20 mL、30 mL 和 40 mL 乙酸乙酯体积下，4 种物质的提取回收率(图 2-2)。随着乙酸乙酯体积的增加，4 种物质的提取回收率逐渐增加。当加入的乙酸乙酯体积为 40 mL 时，尽管 BPA 提取回收率低于提取剂为 30 mL 时的回收率，但 E3、E2 和 EE2 的提取回收率最高，分别为 88.75%、92.94%和 95.11%，因此，选择 40 mL 作为提取剂的体积。

3. 提取次数

提取剂的提取次数不同，雌激素的提取效率也会随之变化。试验选择 40 mL 乙酸乙酯作为提取剂，分别考察了提取 1 次 40 mL、2 次各 20 mL 和 4 次各 10 mL 粪便样品中的雌激素的情况。图 2-3 显示提取次数为 1 次，4 种物质的提取回收率均低于 80%；提取次数为 2 次各 20 mL 时，乙酸乙酯对 4 种物质的提取回收率最高，E3、BPA、E2 和 EE2 的提取回收率分别为 82.21%、90.51%、91.59%和 94.04%；提取次数为 4 次各 10 mL 时，各目标物的提取回收率较提取次数为 2 次的略低，可能是由于单次加入提取液的体积小，从而目标物被提取出来的量少。因此，试验选择提取次数为 2 次。

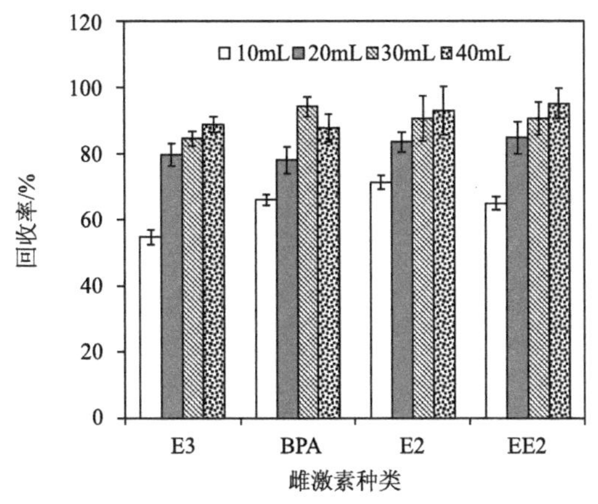

图 2-2　提取剂体积对雌激素回收率的影响

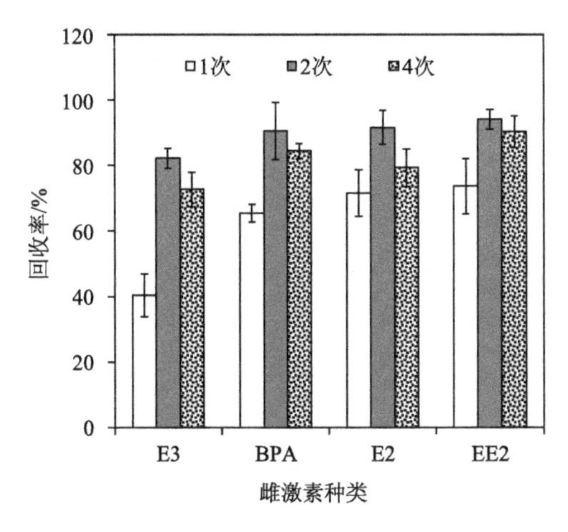

图 2-3　提取次数对雌激素回收率的影响

4. *浓缩方法*

在水浴温度为40℃的条件下比较了氮吹浓缩和旋转蒸发两种浓缩方式对 4 种雌激素回收率的影响，分别用甲醇溶液配制 0.10 μg/mL 和 1.00 μg/mL 的标准混合溶液，经氮吹浓缩和旋转蒸发后用甲醇涡旋混合溶解、高效液相色谱–荧光检测(HPLC/FLD)测定，计算 4 种物质的回收率(图 2-4)。结果表明，氮吹浓缩对 4 种雌激素的平均回收率均大于 90%，高于旋转蒸发对 4 种雌激素的回收率，因此，选择氮吹浓缩作为试验的浓缩方法。

5. *超声提取时间*

不同的超声提取时间可以直接影响溶剂与粪便样品的接触程度，从而影响提取效率。试验考察了以乙酸乙酯为提取剂，超声提取时间分别为 10 min、20 min、30 min、40 min 和 60 min 时 4 种雌激素的提取回收率。由图 2-5 可知，粪便样品中 E3、BPA、E2 和 EE2 的提取回收率均随提取时间的增加呈先增大后减小的趋势。超声提取时间在 10～30 min

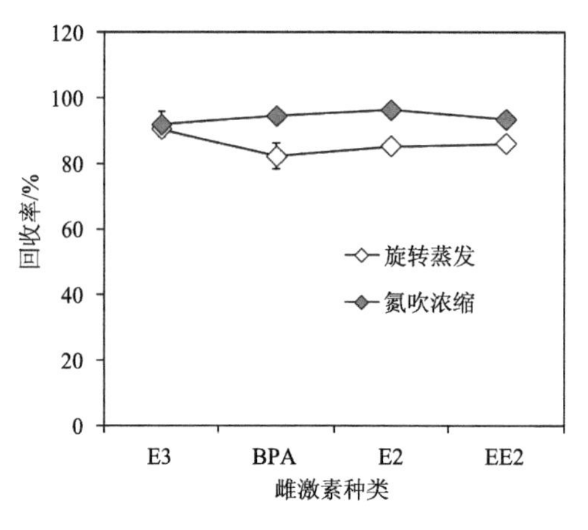

图 2-4 浓缩方法对雌激素回收率的影响

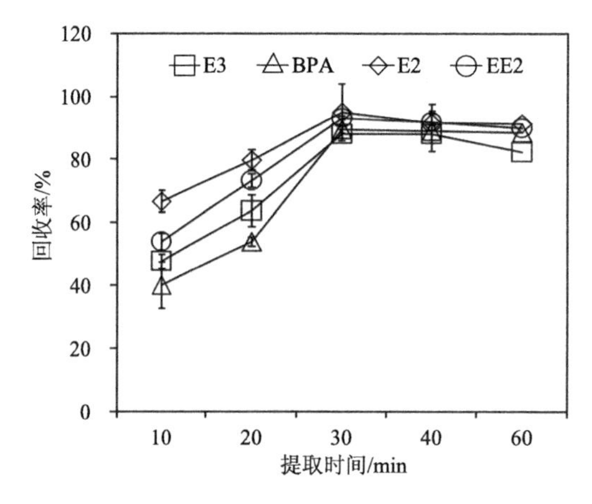

图 2-5 超声提取时间对雌激素回收率的影响

时，4 种物质的回收率均在逐渐增加(E3 由 47.55%增加至 88.01%，BPA 由 40.05%增加至 89.40%，E2 由 66.61%增加至 94.82%，EE2 由 53.78%增加至 93.02%)；超声提取时间超过 30 min 时，4 种物质的回收率均略有下降(如 E2 由 94.82%下降至 91.66%)，这可能和长时间的超声萃取使目标物略有分解，同时超声温度升高使提取剂挥发损失有关。因此，试验选择超声提取时间为 30 min。

6. 洗脱液选择

试验首先比较了甲醇和乙酸乙酯分别作为洗脱剂对 4 种雌激素的洗脱效果。由于粪便样品成分复杂，如果仅使用甲醇作为洗脱剂，其较高的极性会导致洗脱出较多的杂质，产生的杂质峰会影响目标物的准确定量；使用乙酸乙酯作为洗脱剂时，洗脱效果没有甲醇的效果好(乙酸乙酯洗脱的回收率较甲醇洗脱的回收率低)。为了避免多余杂质的产生和满足试验分析的需要，将甲醇和乙酸乙酯按一定体积比混合，选择出最佳体积比的混合溶液作为洗脱液。试验比较了甲醇和乙酸乙酯不同体积比(4∶1、3∶2、1∶1、2∶3 和 1∶4)混合溶液对 4 种雌激素的洗脱效果(图 2-6)。结果显示，随着乙酸乙酯体积的增加，4 种雌激素的回收率呈先增加后降低的趋势，当使用甲醇和乙酸乙酯体积比为 1∶1 的混合液洗脱时，E3、BPA、E2 和 EE2 的回收率最高，分别为 83.17%、86.86%、88.77% 和 90.56%，说明体积比为 1∶1 的甲醇和乙酸乙酯混合溶液协同作用显著、极性互补良好。因此，选择甲醇和乙酸乙酯体积比为 1∶1 的混合溶液作为洗脱液。

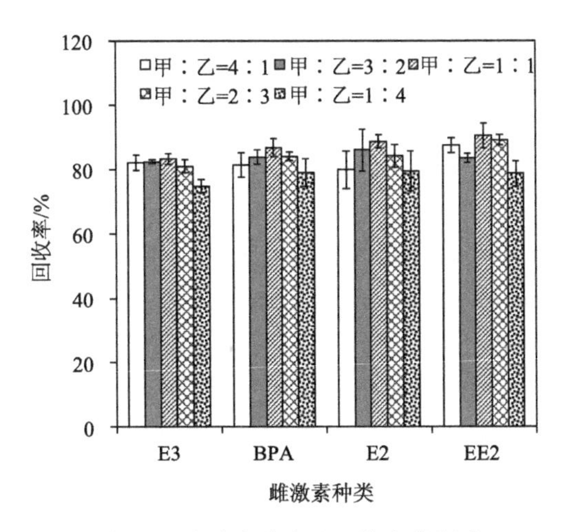

图 2-6　洗脱液种类对回收率的影响

图中甲指甲醇，乙指乙酸乙酯

7. 洗脱液体积

选择体积比为 1∶1 的甲醇和乙酸乙酯混合溶液作为洗脱液，并考察了不同的洗脱液体积(3 mL、5 mL、10 mL、15 mL、20 mL)对 4 种雌激素的回收率。如图 2-7 所示，少量的洗脱液不能将雌激素完全洗脱下来，随着洗脱液体积的增加，4 种雌激素的回收率也逐渐增加，当洗脱液体积增加至 15 mL 时，4 种物质的回收率均在 85%以上，随着洗脱液体积的继续增加，回收率基本保持平稳。因此，选择 15 mL 为洗脱液体积。

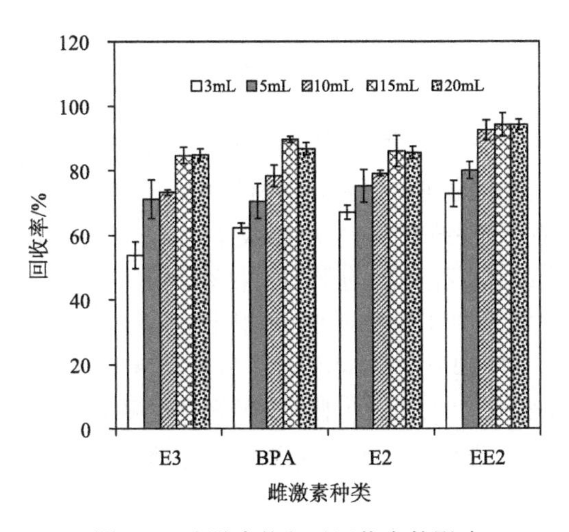

图 2-7　洗脱液体积对回收率的影响

综上，养殖业畜禽粪便中4种雌激素的最优检测方法为：称取(1±0.01) g冷冻干燥的粪便样品于离心管中，加入20 mL提取剂，涡旋30 s后超声30 min，离心后重复1次，合并2次提取液，用氮气缓慢吹干，甲醇溶液、超纯水稀释。将稀释液体过C18固相萃取柱(规格：200 mg/6 mL)，使用超纯水淋洗柱体并使用真空泵将淋洗液抽干，使用15 mL体积比为1∶1的甲醇/乙酸乙酯混合液洗脱，洗脱液收集至小试管中，并用氮气缓慢吹干试管中液体，使用2 mL甲醇重新溶解后，过有机相滤膜(0.22 μm)后进行HPLC/FLD分析。

2.1.3 检测方法有效性评估

通过工作曲线建立、检出限测定和回收率检验，对所建立的方法进行有效性评估。采用保留时间对色谱峰进行定性，外标法定量。用甲醇溶液配制浓度范围为1.0～1000 μg/L的雌激素混合标准溶液，在已确定的色谱条件下，将混合标准溶液系列进行色谱测定，分别以4种雌激素的峰高(*H*)和浓度(*C*)作图，得到4种雌激素的外标曲线。由表2-2可知，4种雌激素在线性浓度范围(1.00～1000.00 μg/L)内具有良好的线性关系，相关系数均大于0.9995。本团队所建立的方法具有良好的准确性和精密度。以信噪比(S/N)为3所对应的4种雌激素的含量作为方法检出限(limit of detection, LOD)，得到E3、BPA、E2和EE2的检出限分别为3.35 μg/kg、5.01 μg/kg、2.13 μg/kg和1.12 μg/kg；保留时间的相对标准偏差均小于0.1%。

表2-2 工作曲线及检出限

雌激素	线性方程	线性范围/(μg/L)	R^2	LOD/(μg/kg)
E3	H=568027 × C+1823.20	1.00～1000.00	1.0000	3.35
BPA	H=480403 × C+528.59	1.00～1000.00	0.9999	5.01
E2	H=546358 × C+1651.00	1.00～1000.00	1.0000	2.13
EE2	H=389404 × C+1637.30	1.00～1000.00	1.0000	1.12

进一步地，在畜禽粪便样品中加入不同浓度的雌激素混合标准溶液，制备低(0.05 mg/kg)、中(0.40 mg/kg)和高(1.0 mg/kg)的加标样品，并将两者混合均匀后放置12 h，使目标物与粪便样品充分接触，以模拟实际情况。加标样品按照优化后的雌激素检测方法进行分析，计算4种雌激素的回收率和相对标准偏差(relative standard deviation, RSD)。如表2-3所示，猪粪样品中4种物质的平均回收率为75.12%～91.13%，相对标准偏差为1.31%～4.77%；牛粪样品中4种物质的平均回收率为78.36%～117.03%，相对标准偏差为0.64%～3.89%；鸡粪样品中4种物质的平均回收率为78.62%～97.81%，相对标准偏差为0.79%～5.74%；可见所建立方法的准确性与精密度均良好，满足分析测定的要求。图2-8加标回收率色谱图也表明，4种雌激素的色谱峰峰形尖锐，可与畜禽粪便的杂质峰完全分离，完全符合畜禽粪便中雌激素分析的测定要求。

表 2-3　方法的加标回收率及相对标准偏差（n=6）

雌激素	加标量/μg	回收率/%			相对标准偏差(n=6)/%		
		猪粪	牛粪	鸡粪	猪粪	牛粪	鸡粪
E3	0.05	81.45	78.36	84.32	2.71	1.82	2.24
	0.40	75.12	81.43	92.25	1.36	2.36	5.31
	1.00	86.70	104.56	86.77	1.51	2.54	2.45
BPA	0.05	83.41	81.37	78.62	3.61	2.31	3.44
	0.40	91.13	100.78	87.79	4.77	3.89	4.96
	1.00	85.78	88.68	83.35	3.57	1.41	1.76
E2	0.05	84.26	87.34	92.31	1.75	2.61	2.15
	0.40	80.98	117.03	97.81	1.74	1.87	5.74
	1.00	89.64	90.12	96.76	2.45	2.59	5.74
EE2	0.05	81.34	79.28	86.51	1.31	1.29	1.64
	0.40	85.39	88.38	86.12	2.11	0.99	1.77
	1.00	88.44	82.89	88.43	1.52	0.64	0.79

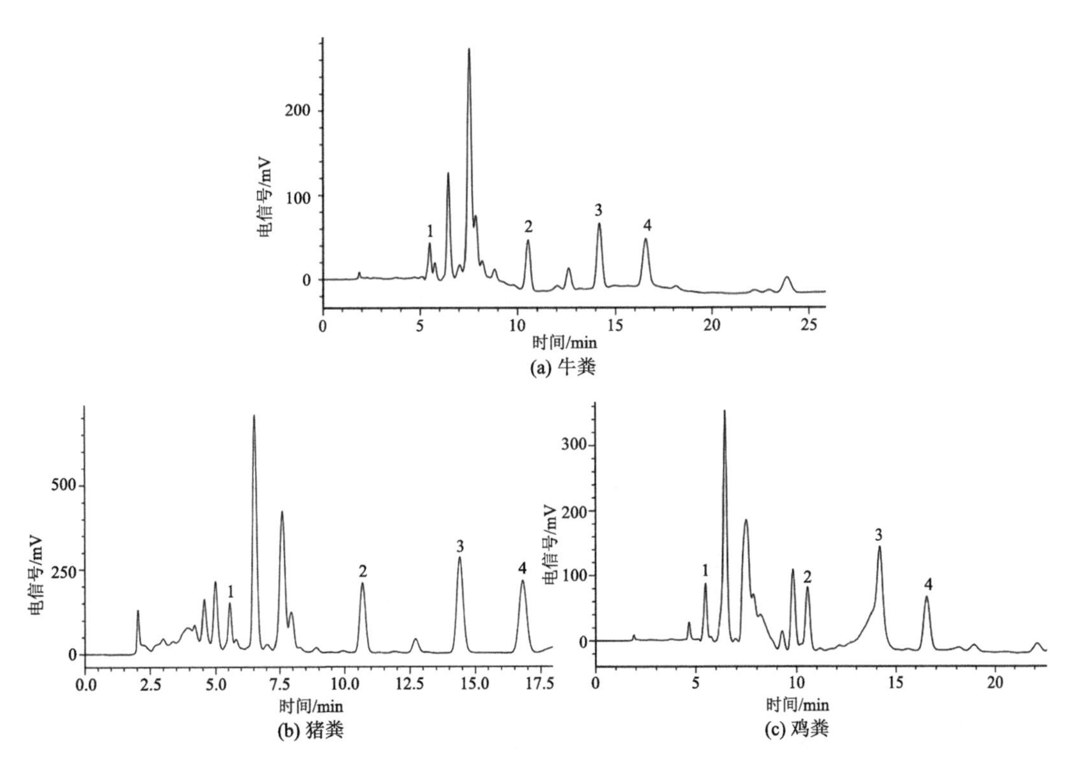

图 2-8　牛粪、猪粪和鸡粪中雌激素加标回收率色谱图

E3, 5.516 min; BPA, 10.632 min; E2, 14.326 min; EE2, 16.763 min

2.2　我国部分地区养殖业畜禽粪便中雌激素排放特征

通过建立的超声提取–固相萃取-液相色谱分析方法(UE-SPE-HPLC 法)(付银杰等, 2013)，以江苏省南京市及周边为项目实施地，自 2015 年 10 月起对南京市及周边地区 41 家典型畜禽养殖企业所排放的鸡粪(12 家)、鸭粪(10 家)、猪粪(9 家)和牛粪(10 家)中雌激素(SEs)进行了检测。结果表明：畜禽粪便中 E3、E2、BPA 和 EE2 的平均含量分别为 247.05 μg/kg、35.03 μg/kg、44.71 μg/kg 和 17.76 μg/kg，其中雌激素以 BPA 和 E2 为主，检出率分别为 73.17%和 70.73%。蛋鸡粪便中雌激素残留量高，种类多。对不同龄数牲畜的粪便进行雌激素检测，发现仔猪排放的雌激素种类少且含量低，育成猪次之，育肥猪排放量最高。尽管养殖场采用的自然堆置方法可去除部分雌激素，但单纯的自然堆置过程无法消除 EEs 污染风险。进一步地，对江苏省畜禽粪便中雌激素对水体雌激素贡献值进行评估显示水体中总的雌二醇等当量浓度(EEQ_t)为 6.78 ng/L，这说明江苏省水系存在被畜禽粪便中雌激素污染的风险，需持续观察研究(徐鹏程, 2017)。

2.2.1　我国部分地区畜禽粪便中雌激素排放特征

江苏省是长江三角洲地区的重要组成部分，其主要饲养的动物是奶牛、肉猪和禽类(国家统计局，2013)。因此，本团队在 2015 年 10～11 月，以南京市为中心，选取南京市及周边规模化畜禽养殖企业养鸡场 12 家、养鸭场 10 家、养猪场 9 家和养牛场 10 家进行采样，利用 2.1 节中的检测方法对畜禽粪便中雌激素进行了检测分析。

如表 2-4 所示，蛋鸡、肉鸭、生猪和奶牛粪便的有机质均值分别为 58.02%、57.72%、74.22%和 78.79%，总氮(TN)均值分别为 1.38%、1.61%、1.51%和 1.25%，总磷(TP)均值分别为 2.50%、3.80%、5.17%和 1.41%，钾(K)均值分别为 2.13%、2.68%、0.95%和 0.81%。石奥等(2016)对北京地区 16 家规模化畜禽养殖场的粪便样品进行检测，结果表

表 2-4　畜禽粪便的基本性状　(单位：%)

种类	有机质		TN		TP		K	
	变幅	均值	变幅	均值	变幅	均值	变幅	均值
蛋鸡粪便(n=12)	25.30～76.4	58.02	0.87～2.78	1.38	1.01～3.90	2.50	0.81～3.49	2.13
肉鸭粪便(n=10)	44.53～73.43	57.72	0.96～2.44	1.61	1.72～8.51	3.80	1.31～4.49	2.68
生猪粪便(n=9)	46.20～86.06	74.22	0.95～2.27	1.51	0.91～8.00	5.17	0.18～1.89	0.95
奶牛粪便(n=10)	47.67～88.54	78.79	0.88～1.85	1.25	0.27～3.07	1.41	0.47～1.64	0.81
总和(n=41)	25.30～88.54	66.57	0.88～2.78	1.43	0.27～8.51	3.14	0.18～4.49	1.68

注：n，样品数；TN，总氮；TP，总磷；K，钾。

明，有机质含量最高的是鸡粪，最低的是牛粪。然而本实验的检测结果显示奶牛粪便的有机质平均含量高于蛋鸡、肉鸭和生猪等粪便的平均含量。针对详细数据比较发现，各畜禽粪便有机质含量差异不大。畜禽粪便中含有大量的营养物质，但将粪便还田给农田提供必要营养的同时，需摸清其雌激素污染特征。

采集的粪便样品使用 UE-SPE-HPLC 法进行检测，检测结果见表 2-5。结果表明，江苏省规模化养殖业畜禽粪便中均有不同含量的 EEs 被检出；E3、E2、BPA 和 EE2 的平均含量范围分别为 ND～1764.32 μg/kg、ND～227.06 μg/kg、ND～361.82 μg/kg 和 ND～106.28 μg/kg；E3、E2、BPA 和 EE2 的均值分别为 247.05 μg/kg、35.03 μg/kg、44.71 μg/kg 和 17.76 μg/kg，显然，E3 含量较高，EE2（炔雌醇）含量较低；E3、E2、BPA 和 EE2 的检出率分别为 65.85%、70.73%、73.17%和 56.10%，说明 E2 和 BPA 在江苏省养殖业畜禽粪便中普遍存在。

表 2-5　南京市及周边蛋鸡、肉鸭、生猪和奶牛粪便中雌激素的含量

种类		E3	E2	BPA	EE2
蛋鸡粪便（n=12）	浓度/（μg/kg）	ND～1764.32	ND～227.06	ND～166.52	ND～67.51
	平均值/（μg/kg）	289.84	38.62	63.59	14.28
	检出率/%	83.33	66.67	91.67	58.33
肉鸭粪便（n=10）	浓度/（μg/kg）	ND～1155.41	ND～45.61	ND～178.90	ND～43.44
	平均值/（μg/kg）	334.15	10.87	48.66	11.29
	检出率/%	60	70	70	50
生猪粪便（n=9）	浓度/（μg/kg）	174.22～518.16	ND～201.30	ND～361.82	ND～70.11
	平均值/（μg/kg）	330.30	52.88	51.87	25.10
	检出率/%	100	66.67	66.67	66.67
奶牛粪便（n=10）	浓度/（μg/kg）	ND～240.92	ND～88.28	ND～33.31	ND～106.28
	平均值/（μg/kg）	33.68	38.82	11.66	21.78
	检出率/%	20	80	50	50
总和（n=41）	浓度/（μg/kg）	ND～1764.32	ND～227.06	ND～361.82	ND～106.28
	平均值/（μg/kg）	247.05	35.03	44.71	17.76
	检出率/%	65.85	70.73	73.17	56.10

注：n，样品数；ND，未检出。

不同畜禽种类的粪便中雌激素的含量存在差异。本书中 E3 在生猪粪便中含量较高，且所有生猪样品中 E3 含量都偏高；BPA 在蛋鸡、肉鸭、生猪和奶牛粪便中均值分别为 63.59 μg/kg、48.66 μg/kg、51.87 μg/kg 和 11.66 μg/kg，对于检测到 BPA 的样品，其 BPA 含量整体相差不大，而奶牛粪便中 BPA 的均值小是因其检出率低；E2 在蛋鸡、肉鸭、生猪和奶牛粪便中均值分别为 38.62 μg/kg、10.87 μg/kg、52.88 μg/kg 和 38.82 μg/kg；EE2 在蛋鸡、肉鸭、生猪和奶牛粪便中均值分别为 14.28 μg/kg、11.29 μg/kg、25.10 μg/kg 和 21.78 μg/kg，数值相差不大。

E3 在蛋鸡、肉鸭、生猪和奶牛粪便中检出率分别为 83.33%、60%、100%和 20%，在奶牛粪便中检出率最低。BPA 在蛋鸡、肉鸭、生猪和奶牛粪便中检出率分别为 91.67%、70%、66.67%和 50%；E2 在蛋鸡、肉鸭、生猪和奶牛粪便中检出率分别为 66.67%、70%、66.67%和 80%，Salierno 等(2012)在猪和禽类排泄物中检测到 E2 的存在，与本试验结果基本相符；EE2 在蛋鸡、肉鸭、生猪和奶牛粪便中检出率分别为 58.33%、50%、66.67%和 50%。

相同畜禽物种间粪便中雌激素含量存在相似性。在蛋鸡粪便中，E3、E2、BPA 和 EE2 的平均含量(以干物质计)的范围分别为 ND～1764.32 μg/kg、ND～227.06 μg/kg、ND～166.52 μg/kg 和 ND～67.51 μg/kg。在肉鸭粪便中，E3、E2、BPA 和 EE2 的平均含量(以干物质计)分别为 334.15 μg/kg、10.87 μg/kg、48.66 μg/kg 和 11.29 μg/kg，除 E2 外，其他 3 种雌激素的含量与蛋鸡粪便中雌激素含量相近。

2.2.2 龄数对畜禽粪便中雌激素含量的影响

畜禽粪便中雌激素含量与畜禽的生长周期、喂食及身体状况息息相关(Hanselman et al., 2006)。因此，本试验选择不同龄数的肉猪对其粪便中的雌激素进行检测，结果如图 2-9 所示。研究发现，不同龄数的肉猪所排放的新鲜粪便中雌激素种类和含量差异较大。在三个养猪场不同龄数的生猪中，仔猪排放的雌激素种类少且含量低(仅检测到 E3 和 EE2)，育成猪排放量次之，育肥猪排放量最高。研究表明，母猪粪便中雌激素含量高

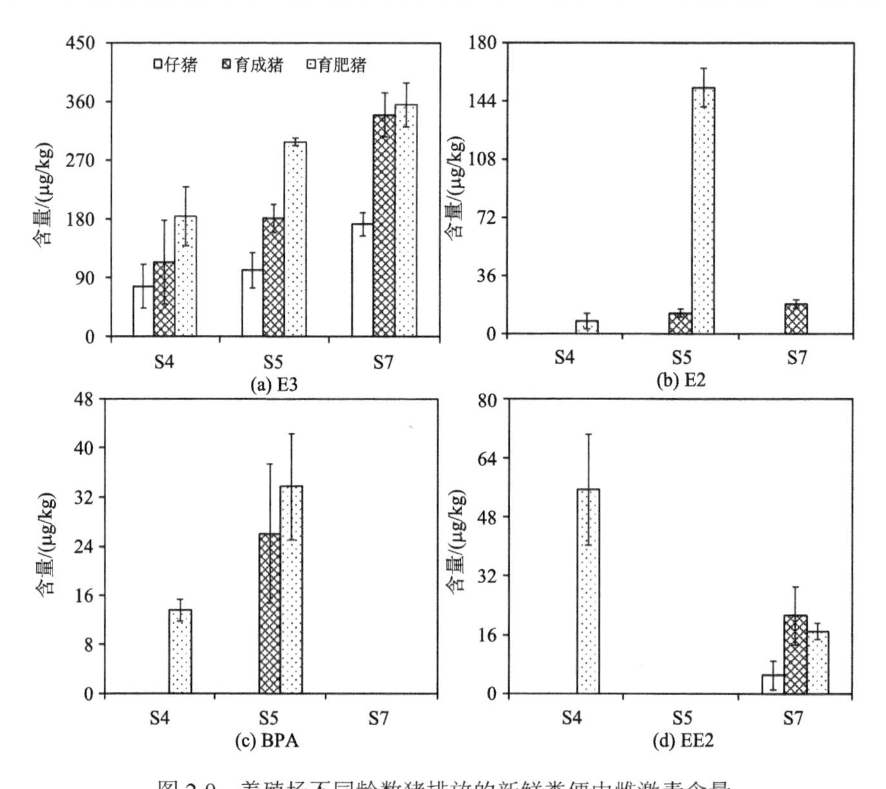

图 2-9 养殖场不同龄数猪排放的新鲜粪便中雌激素含量

仔猪体重：< 25 kg；育成猪体重：25～45 kg；育肥猪体重：≥ 45 kg；S4、S5 和 S7 是养殖场的代称

于阉猪粪便含量(Zhang et al., 2014b)。S4、S5、S7 的猪粪中雌激素以 E3 为主，并且随着猪的生长，猪粪中 E3 的含量呈明显增长趋势。有文献报道，E2 是猪排泄物中主要的雌激素(Combalbert et al., 2010)。然而在检测样本中，仔猪粪便中未检测到 E2，而在育成猪和育肥猪粪便中检测到 E2，这可能与猪的喂食和身体状况有关(Hanselman et al., 2006)。Lorenzen 等(2004)研究证实，不同生长阶段的猪粪中雌激素含量存在差别，依次为成年猪 > 种猪 > 仔猪，而不同种类鸡粪中雌激素含量依次为蛋鸡 > 种鸡 > 肉鸡，尤其是刚开始下蛋的蛋鸡粪便中雌激素含量可高达 400 μg/kg。

2.2.3　畜禽粪便自然堆置对雌激素含量的影响

多数规模化养殖场对清理的粪便通常进行短期内简单堆置，之后再采取处置措施(如运走和施用于农田等)。这种简易的自然堆置方式可以降低畜禽粪便中部分雌激素的含量(Xu et al., 2018)。如图 2-10 所示，自然堆置 7 天后畜禽粪便中 E3 和 EE2 的含量有所降低。其中，样品 S4、S6、S7 和 C2 中 EE2 含量分别降低了 100%、60.07%、15.90%和 24.81%，这可能是微生物降解或光降解等作用导致的(Yoshimoto et al., 2004)。自然堆置 7 天后畜禽粪便中的 BPA 和 E2 的含量有增加也有减少，但整体变化不大。有研究表明，畜禽粪便中的雌激素可以通过微生物作用相互转化。例如，E2 可以降解转化成 E1 和 E3，而 E1 又可以通过消旋化作用转化为 E2。另外，环境微生物可将

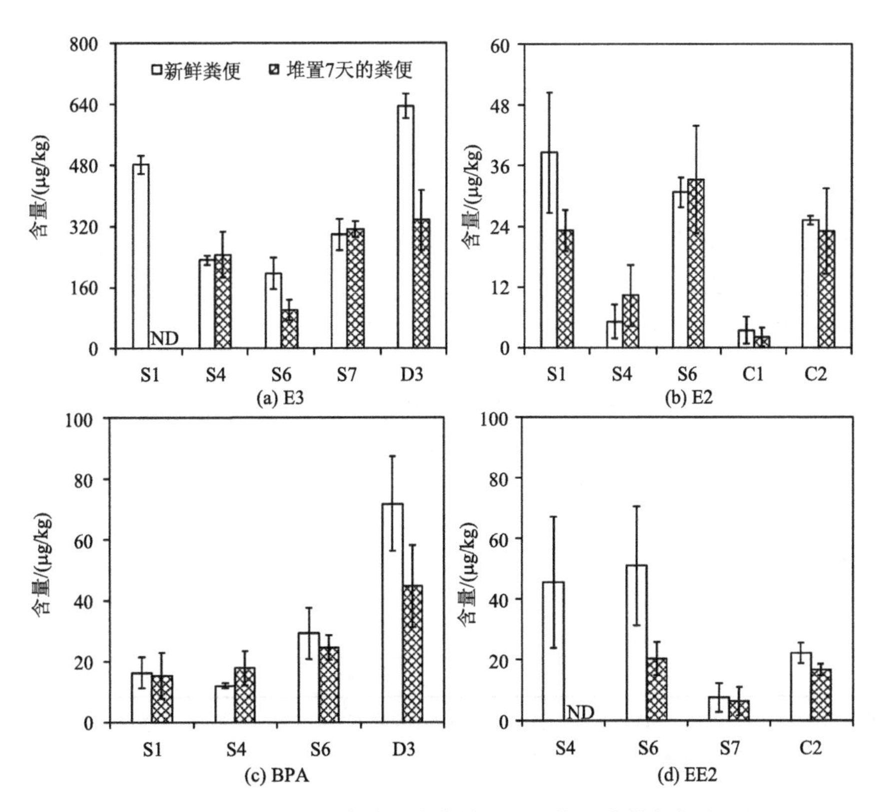

图 2-10　新鲜畜禽粪便自然堆置 7 天前后雌激素含量

S1、S4、S6、S7、C1、C2 和 D3 是养殖场的代称；ND，没有或低于检测限

畜禽粪便中的结合态雌激素转化为游离态形式(Khanal et al., 2006)，从而导致自然堆置后畜禽粪便中雌激素含量升高。简言之，畜禽粪便中雌激素具有特异性，可部分自然降解，但单纯的自然堆置方法无法缓解环境中的雌激素污染，其残存效应风险仍极大。

2.2.4 我国部分地区养殖场粪源雌激素潜在水体污染风险

畜禽粪便的排放及农用均会给水体造成潜在雌激素污染风险。研究表明，雌激素在极低的浓度(如 0.5 ng/L，甚至 0.1 ng/L)水平下就可能对生物造成危害(Shappell et al., 2010)。因此，通过评估畜禽粪便中雌激素的水体生态风险，可为雌激素对水体的影响提供依据。根据《中国畜牧兽医年鉴》(国家统计局，2013，2014)及相关文献调研(刘培芳等, 2002)得到 2014 年江苏省养殖业畜禽存栏量(m_i)、饲养周期(d_i)及畜禽粪便日排泄系数(p_i)等参数，通过计算进一步得到 2014 年各种畜禽排泄物产生量(q_i)，如表 2-6 所示。

表 2-6 2014 年江苏省畜禽排泄物的排放量

种类	奶牛	生猪	肉禽	蛋禽
存栏量/10^6	0.204	17.873	158.4475	158.4475
粪便排泄系数/(kg/d)	30	2.2	0.15	0.075
尿液排泄系数/(kg/d)	18	2.9		
饲养周期/d	365	180	55	210
畜禽粪便的质量/10^6 kg	2233.80	7077.708	1307.19019	2495.5481
畜禽尿液的质量/10^6 kg	1340.28	9329.706		

注：畜禽排泄物产生量计算公式为 $q_i = m_i \times d_i \times p_i$。

2014 年江苏省畜禽排泄物中雌激素具有年排放量高、排放种类多的特点。如表 2-7 和表 2-8 所示，江苏省畜禽粪便排放的雌激素总量达到 1300.68 kg。对应地，雌激素排放顺序依次为 E3(932.51 kg) > BPA(158.60 kg) > E2(141.71 kg) > EE2(67.86 kg)，而估算得到的畜禽尿液中雌激素以 E3(19.03 kg)和 BPA(40.59 kg)为主。

表 2-7 2014 年江苏省畜禽粪便排放的雌激素总量

种类	QLM	WC	E3		BPA		E2		EE2	
			MV	QEM	MV	QEM	MV	QEM	MV	QEM
奶牛	2233.80	85%	33.68	11.29	11.66	3.91	38.82	13.01	21.78	7.30
生猪	7077.708	73%	330.30	631.20	51.87	99.12	52.88	101.05	25.10	47.97
肉禽	1307.1919	75%	334.15	109.20	48.66	15.90	10.87	3.55	11.29	3.69
蛋禽	2495.5481	75%	289.84	180.83	63.59	39.67	38.62	24.09	14.28	8.91
总计				932.51		158.60		141.71		67.86

注：QEM = QLM × (1–WC) × MV，其中，QLM 表示江苏省畜禽粪便的质量(10^6 kg)，QEM 表示江苏省 2014 年畜禽粪便中雌激素的量(kg)，WC 表示畜禽粪便的含水量(费辉盈等，2006)，MV 表示畜禽粪便中雌激素的平均含量(μg/kg)。

表 2-8　2014 年江苏省畜禽尿液排放的雌激素总量

种类	QLU	E3		BPA		E2		EE2	
		MV	QEU	MV	QEU	MV	QEU	MV	QEU
奶牛	13.40	ND		383	5.13	ND		ND	
生猪	93.30	204	19.03	380	35.45	ND		ND	
总计			19.03		40.59				

注：QEU = QLU × MV，其中，QLU 表示江苏省畜禽尿液的质量(10^6 kg)，MV 表示畜禽尿液中雌激素的平均含量(μg/kg) (Zhang et al., 2014a)，QEU 表示江苏省 2014 年畜禽尿液中雌激素的量(kg)。

为了更有效地比较雌激素的生态及环境污染风险，研究者将不同种类雌激素活性效应统一转化为雌二醇等当量(EEQ)表示(Johnson et al., 2006)。EEQ 由各物质的雌激素当量因子和实际检测的环境暴露浓度相乘得到，如式(2-1)和式(2-2)。计算结果见表 2-9。

$$\mathrm{PEC}_i = (E_i \times \eta) / r \tag{2-1}$$

$$\mathrm{EEQ}_i = \mathrm{EEF}_i \times \mathrm{PEC}_i \tag{2-2}$$

式中，PEC_i 表示江苏省地表水中雌激素的浓度预测值(ng/L)；E_i 表示 QEM 或 QEU(kg/a)；η 表示江苏省畜禽粪便中雌激素的流失率(取值为 30%)；r 表示江苏省年地表水资源量(3.9934×10^{13} L/a)(徐鹏程, 2017)；EEQ_i 为水中第 i 种雌激素的雌二醇等当量浓度(ng/L)；EEF_i 是第 i 种雌激素的雌二醇当量因子，E2=1、E3=0.054、BPA=0.00011、EE2=10(Gadd et al., 2010; Jobling and Tyler, 2006)。

表 2-9　2014 年江苏省环境水域中雌激素的预测浓度

种类	E3	BPA	E2	EE2
QEM/10^{12} ng	932.51	158.60	141.71	67.86
QEU/10^{12} ng	19.03	40.59		
PEC_i/(ng/L)	7.15	1.50	1.06	0.51
EEQ_i/(ng/L)	0.39	0.00016	1.30	5.10
EEQ_t/(ng/L)		6.78		

注：EEQ_t，水中总的雌二醇等当量浓度(ng/L)。

如表 2-9 所示，2014 年江苏省环境水域中雌激素的预测浓度 EEQ_t 值为 6.78 ng/L。英国环境保护署针对 E2 对鱼类的效应浓度提出建议值，预测无效应浓度和最低可观测效应浓度分别为 1 ng/L 和 10 ng/L(Shappell et al., 2010)。除 E3 和 BPA 外，E2 和 EE2 的 EEQ 值均超过了预测无效应浓度，小于最低可观测效应浓度。尽管水中总雌二醇等当量浓度(EEQ_t)未超过最低可观测效应浓度 10 ng/L，但江苏省水体中仍然存在被畜禽粪便中雌激素污染的风险。由此，畜禽粪便排入环境，直接进入水体或通过地表径流间接进入水体，可以对自然水体构成潜在威胁。

2.3　基于畜禽粪便的有机肥中雌激素污染特征

目前，我国畜禽粪便产量大，将其制备成有机肥农用有利于减少化学肥料的使用、增加土壤肥力、提高作物产量和改善作物品质等(Bolan et al., 2003; 韩秉进等, 2004)，同时也可解决养殖场污染和养殖安全问题。然而，市面上经畜禽粪便发酵的有机肥中雌激素污染状况如何尚不明确。本节收集了 17 个基于畜禽粪便的商品有机肥样品，提取、检测其中雌激素的含量，分析有机肥中雌激素的种类和污染水平，阐释有机肥中 EEs 的危害，为有机肥的安全使用提供重要的基础数据。

2.3.1　有机肥基本性状

不同畜禽粪便有机肥的有机质、TN、TP 和 K 如表 2-10 所示。畜禽粪便经过堆肥发酵处理后仍含有大量营养物质。经检测，有机肥样品中的有机质、TN、TP 和 K 满足《有机肥料》(NY 525—2021)中对有机肥的营养物质含量的要求。其中鸡粪、猪粪和牛粪有机肥有机质含量均值分别为 54.37%、59.02%和 46.57%；TN 均值分别为 1.85%、1.58%和 1.55%；TP 均值分别为 3.47%、4.86%和 3.28%；K 均值分别为 1.74%、1.16%和 1.94%。

表 2-10　畜禽粪便有机肥基本性状　　(单位：%)

有机肥种类	有机肥编号	有机质	TN	TP	K
鸡粪有机肥	YH1	61.22	2.56	3.21	2.01
	YH2	54.02	2.07	3.54	0.57
	YH3	75.09	1.48	3.28	1.02
	YH4	58.45	0.99	1.05	3.21
	YH5	40.87	1.56	5.28	0.54
	YH6	66.87	2.02	2.8	1.25
	YH7	43.96	0.98	3.84	3.64
	YH8	40.98	2.35	7.21	1.55
	YH9	47.91	2.66	1.05	1.87
猪粪有机肥	YS1	76.00	1.57	5.02	0.85
	YS2	65.93	1.83	2.41	1.95
	YS3	37.92	1.27	6.27	1.35
	YS4	56.22	1.64	5.73	0.48
牛粪有机肥	YC1	55.85	2.11	1.84	2.5
	YC2	45.37	0.89	2.34	1.27
	YC3	38.99	2.12	3.57	2.04
	YC4	46.05	1.08	5.38	1.95

注：YH1～YH9，鸡粪有机肥样；YS1～YS4，猪粪有机肥样；YC1～YC4，牛粪有机肥样；TN，总氮；TP，总磷；K，钾。

2.3.2　有机肥中雌激素含量

利用 2.1 节畜禽粪便中雌激素的提取、检测方法对有机肥中的 E3、E2、BPA 和 EE2 进行检测，结果如表 2-11 所示。基于畜禽粪便的有机肥样品中存在 EEs。在 17 个有机肥样品中，有 8 个有机肥样品均有不同含量的雌激素被检出。E3 在这 8 个有机肥样品中均能被检测到，且检出含量高，最高达 2417.34 μg/kg，其次为 BPA(514.91 μg/kg)。17 个有机肥样品中，仅样品 YS2 检测到 EE2 的存在，说明堆肥发酵对 EE2 有很好的降解效果。

表 2-11　有机肥中雌激素含量　(单位：μg/kg)

样品	E3	E2	BPA	EE2
YH1	528.48±75.58	ND	ND	ND
YH2	ND	ND	ND	ND
YH3	784.36±188.76	24.43±6.92	276.44±67.12	ND
YH4	575.22±99.22	ND	514.91±195.13	ND
YH5	ND	ND	ND	ND
YH6	270.00±42.74	ND	ND	ND
YH7	ND	ND	ND	ND
YH8	274.08±17.29	ND	ND	ND
YH9	ND	ND	ND	ND
YS1	ND	ND	ND	ND
YS2	2417.34±232.20	167.34±73.34	ND	186.97±49.69
YS3	21.51±1.02	ND	130.74±16.53	ND
YS4	ND	ND	ND	ND
YC1	203.85±56.29	ND	ND	ND
YC2	ND	ND	ND	ND
YC3	ND	ND	ND	ND
YC4	ND	ND	ND	ND

注：YH1～YH9，鸡粪有机肥样；YS1～YS4，猪粪有机肥样；YC1～YC4，牛粪有机肥样；ND，未检出。

表 2-12 显示了有机肥中雌激素含量范围、均值和检出率。E3、E2、BPA 和 EE2 的含量范围分别为 ND～2417.34 μg/kg、ND～167.34 μg/kg、ND～514.91 μg/kg 和 ND～186.97 μg/kg。E3、E2、BPA 和 EE2 的均值分别为 298.52 μg/kg、11.28 μg/kg、54.24 μg/kg 和 11.00 μg/kg；E3、E2、BPA 和 EE2 的检出率分别为 47.06%、11.76%、17.65%和 5.88%。这说明基于畜禽粪便的有机肥中仍然存在雌激素，可能会对环境造成危害。然而，唐春玲(2010)对畜禽粪便发酵制成的有机肥中雌激素含量进行检测，所选样品均未检测到雌激素。这表明商品有机肥可能存在发酵不充分或未发酵的现象。

表 2-12 有机肥中雌激素含量范围、均值和检出率

种类	参数	E3	E2	BPA	EE2
鸡粪有机肥(n=9)	含量范围/(μg/kg)	ND～784.36	ND～24.43	ND～514.91	ND
	均值/(μg/kg)	270.24	2.71	87.93	ND
	检出率/%	55.56	11.11	22.22	0
猪粪有机肥(n=4)	含量范围/(μg/kg)	ND～2417.34	ND～167.34	ND～130.74	ND～186.97
	均值/(μg/kg)	609.71	41.84	32.69	46.74
	检出率/%	50	25	25	25
牛粪有机肥(n=4)	含量范围/(μg/kg)	ND～203.84	ND	ND	ND
	均值/(μg/kg)	50.96	ND	ND	ND
	检出率/%	25	0	0	0
总计(n=17)	含量范围/(μg/kg)	ND～2417.34	ND～167.34	ND～514.91	ND～186.97
	均值/(μg/kg)	298.52	11.28	54.24	11.00
	检出率/%	47.06	11.76	17.65	5.88

注：n，样品数；ND，没有或低于检测限。

不同种类的有机肥样品中雌激素含量及种类不同。鸡粪和猪粪有机肥样品中雌激素含量高于牛粪有机肥样品中雌激素含量；E3 的检出率为 47.06%，远远高于其他 3 种雌激素，绝大多数样品中没有检测到 E2、BPA 和 EE2，表明它们在有机肥中的潜在风险低于 E3。因此对于畜禽有机肥需重视 E3 的潜在污染风险，但也不能忽视 E2、BPA 和 EE2 的污染风险。

2.3.3 有机肥与畜禽粪便中雌激素含量比较

表 2-13 显示了有机肥与其对应畜禽粪便中雌激素含量的均值。有机肥中 E2 的均值小于对应畜禽粪便中雌激素的含量。在供试牛粪有机肥样品中均未检测到 E2、BPA 和 EE2，说明堆肥发酵对雌激素有一定的降解作用。猪粪有机肥中 E3 含量(609.71 μg/kg)明显高于新鲜猪粪中 E3 含量(330.3 μg/kg)。研究表明，E2 可通过微生物降解转化为 E3(Lee and Liu, 2002)，从而使有机肥中 E3 含量高于新鲜粪便。整体上，有机肥与其对应的畜禽粪便中雌激素含量没有固定的增加或减少规律，即有机肥中雌激素与其畜禽粪便中雌激素含量变化规律不明显。

表 2-13 有机肥与其对应畜禽粪便中雌激素的均值 (单位：μg/kg)

种类	E3		E2		BPA		EE2	
	新鲜粪便	有机肥	新鲜粪便	有机肥	新鲜粪便	有机肥	新鲜粪便	有机肥
鸡粪	289.84	270.24	38.62	2.71	63.59	87.93	14.28	ND
猪粪	330.30	609.71	52.88	41.84	51.87	32.69	25.10	46.74
牛粪	33.68	50.96	38.82	ND	11.66	ND	21.78	ND

注：ND 表示样品中对应雌激素未检出。

从有机肥与其对应畜禽粪便雌激素的检出率(图 2-11)可以看出，有机肥相对于新鲜畜禽粪便，雌激素 E3、E2、BPA 和 EE2 的检出率基本上大幅下降，只有牛粪有机肥中 E3 的检出率(25%)相对牛粪中 E3 的检出率(20%)稍有增加。虽然有机肥中雌激素的检出率相对畜禽粪便有大幅下降，而其中仍含有 μg/kg 级别的雌激素，说明好氧堆肥并不能保证畜禽粪便雌激素完全降解，将其施入土壤，会对土壤、农作物和人类构成潜在威胁。因此，畜禽粪便制备的有机肥仍具有潜在的环境风险，应注意其施入土壤的安全问题，确保生态农业的安全。

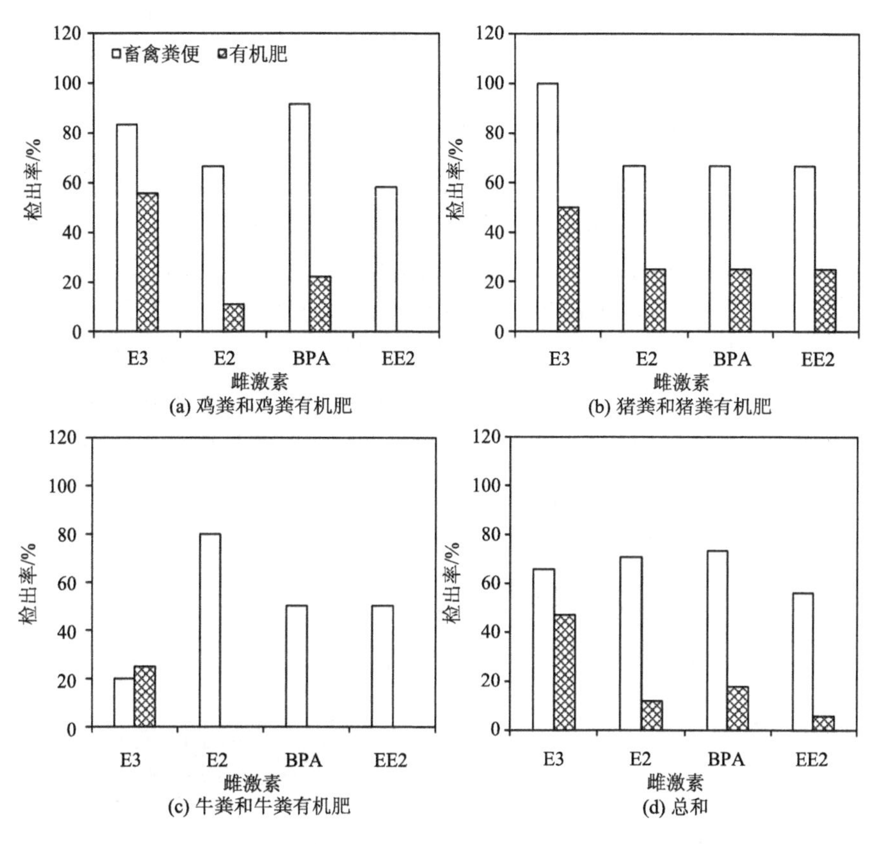

图 2-11　畜禽粪便和其制成的有机肥中雌激素的检出率

2.4　畜禽粪便高温好氧堆肥过程中雌激素演化规律

由前文可知，畜禽粪便中存在大量的雌激素残留(Xu et al., 2018)。这些雌激素具有特异性，部分可自然降解，但单纯自然降解无法消除雌激素污染风险。如何高效去除畜禽粪便中的雌激素已成为当前研究领域亟须解决的问题。高温好氧堆肥是针对残存畜禽粪便处理的一项稳定技术，可以降低重量、杀死病原体和杂草种子、减轻气味，从而实现肥料价值(Rynk et al., 1992)。已有文献表明，堆肥发酵可有效去除畜禽粪便中的兽药和抗生素(Derby et al., 2011; Kim et al., 2012; Ramaswamy et al., 2010)。近来，基于“土著”微生物对雌激素的降解性能，Hakk 等(2005)研究了好氧堆肥对鸡粪中 E2 的降解，发现含水率在 60%时，鸡粪中水溶性 E2 的浓度随堆肥时间的延长而逐渐降低。然而发酵过程中雌激素具体有何响应，国内外对此仍缺乏了解，利用“土著”微生物的降解性能去除畜禽粪便中的雌激素有待进一步研究。

本节采集 2.3 节中高雌激素含量的畜禽粪便，采用开放式堆肥方式以模拟高温好氧堆肥技术，进一步分析堆肥过程中雌激素含量的动态变化，发现畜禽粪便中的雌激素含量随着堆肥时间的推移呈现前期快速降低、后期缓慢降低的趋势。不同种类粪便在堆肥过程中雌激素含量的变化存在差异，牛粪堆肥去除雌激素的效果优于猪粪堆肥和鸡粪堆肥。此外，粪便初始含水率和堆肥翻堆次数也会影响堆肥过程中雌激素含量的变化。

2.4.1　加标对堆肥过程中雌激素降解的影响

加标表示加入一定量的标准雌激素溶液的堆体，不加标的堆体即加入等体积的甲醇的堆体。加标与不加标牛粪在堆肥过程中堆体温度的变化如图 2-12 所示。两种堆体的温度在堆肥第 3 天均达到 50℃以上，维持到第 16 天后温度开始下降，逐渐接近环境温度。根据《粪便无害化卫生要求》(GB 7959—2012)规定，堆肥温度 ≥50℃并维持 10 d 以上才能达到粪便无害化卫生标准。显然，本书中畜禽粪便经堆肥后均达到了无害化要求，并且在原有畜禽粪便的基础上加入一定量的雌激素标准溶液时，该堆肥温度变化并没有受到影响，这说明可以通过外加雌激素的方式对畜禽粪便中雌激素在好氧堆肥中的演化规律进行考察。

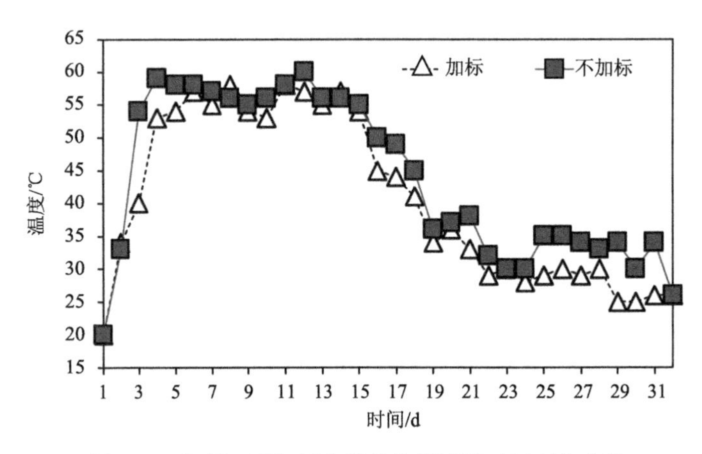

图 2-12　加标、不加标牛粪堆体温度随时间变化曲线

如图 2-13 所示，随着时间的推移，各雌激素含量先快速降低后趋于平缓。这与好氧堆肥的微生物学过程相符。开始时，堆肥属于产热阶段，肥堆中嗜温菌发挥降解作用；当肥堆温度上升到 45℃以上时，即进入高温阶段，降解效果最佳；最后进入腐熟阶段，降解速度下降。加标牛粪中 EE2 有明显残留，这说明粪便中高含量的雌激素在短时间内无法完全降解。因此，除了堆肥温度，堆肥时间也会影响畜禽粪便中雌激素的去除程度。

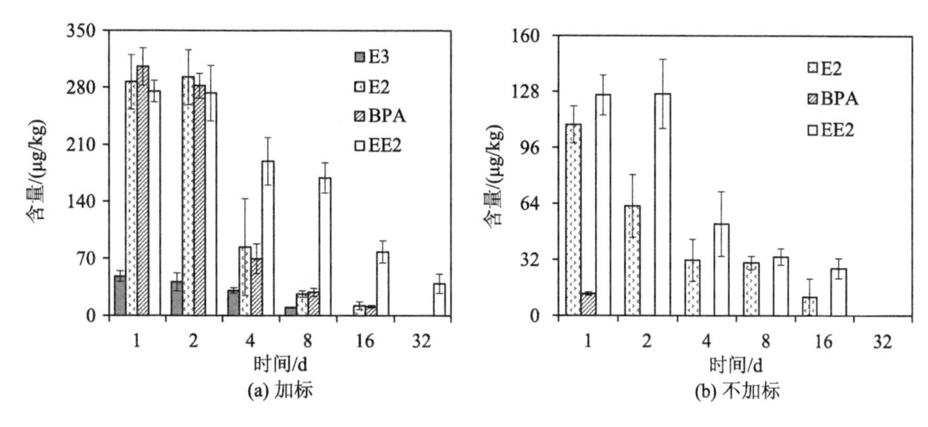

图 2-13　加标、不加标牛粪在堆肥过程中雌激素含量变化

结合加标、不加标牛粪在堆肥过程中总雌激素含量的百分比变化(图 2-14)，发现 EEs 的降解百分比呈大致相同的状态。图 2-13 和图 2-14 表明，将一定量的标准雌激素样品混入堆体对雌激素的降解影响可以忽略不计。

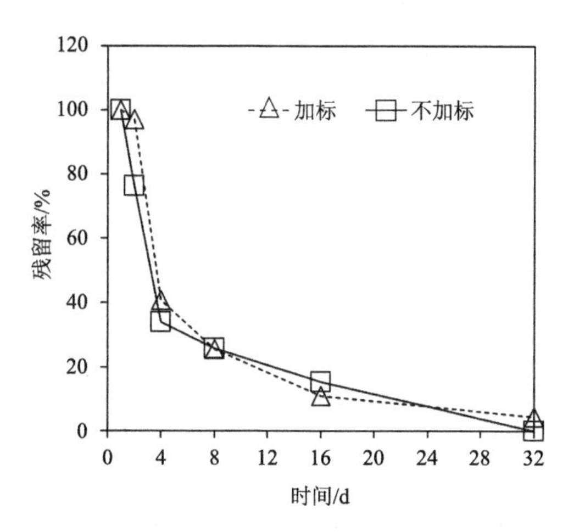

图 2-14　加标、不加标牛粪在堆肥过程中总雌激素含量百分比变化

2.4.2　堆肥过程中初始含水率对雌激素降解的影响

水分是影响堆肥效果的重要参数。合适的含水率有益于微生物的生存，促使好氧发酵发挥最佳的降解效果(庄益芬等, 2007)。如图 2-15 所示，高含水率(68.11%)堆体中雌激素降解速率缓慢，经过 32 d 的堆肥发酵，E3、E2 和 EE2 分别由 679.2 μg/kg、343.4 μg/kg 和 380.5 μg/kg 下降至 111.3 μg/kg、167.4 μg/kg 和 166.7 μg/kg，而低含水率(53.27%)的粪便堆体中雌激素分别下降至 76.53 μg/kg、156.4 μg/kg 和 29.23 μg/kg。这说明低含水率可以促进畜禽粪便中雌激素的好氧堆肥降解。随着时间的推移，粪便中 E2 降解率明显低于 E3 和 EE2 的降解率，E3、E2、EE2 的降解率分别为 88.73%、54.46%和 92.32%。这说明好氧堆肥中含水率对 E2 影响不大。有研究也表明在 54 d 的堆肥过程中，E2 的最终降解率为 63.16%，说明鸡粪高温好氧堆肥难以降解其中残留的 E2(荣荣, 2019)。

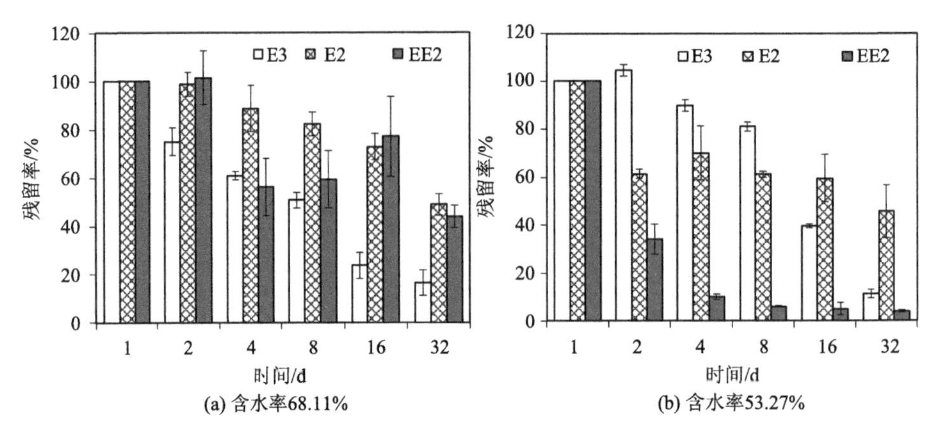

图 2-15　高、低含水率鸡粪在堆肥过程中雌激素含量变化

在第 2 天到第 4 天，低含水率(53.27%)的肥堆雌激素降解速度快，随着时间的推移，降解速率与高含水率(68.11%)的堆体大致相同(图 2-16)，并且低含水率的堆体雌激素的降解率高于高含水率的，说明含水率为 53.27%的肥堆降解效果优于含水率为 68.11%的肥堆。

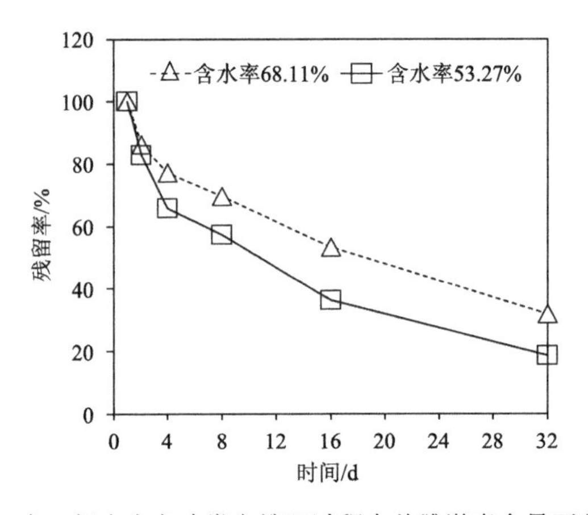

图 2-16　高、低含水率鸡粪在堆肥过程中总雌激素含量百分比变化

2.4.3　堆肥过程中翻堆次数对雌激素降解的影响

本书对牛粪堆肥进行了不翻堆、两天翻一次、一天翻两次三个处理，雌激素降解结果如图 2-17 所示。翻堆过程可以为堆体提供氧气，加速微生物的发酵过程，从而促进了雌激素的降解。堆肥 32 d 后，在三种处理下雌激素残留率分别为 15.4%、0%、0%。这表明翻堆有利于好氧堆肥对雌激素的降解。在堆肥 32 d 后，牛粪中 E2、EE2 和 BPA 在两个翻堆处理下均无残留。翻堆频率的增加可以加快堆肥过程中雌激素的降解速率。综上所述，一天翻两次雌激素降解速率明显优于两天翻一次，这说明充足的氧气供给有利于加快堆肥过程中雌激素的降解。

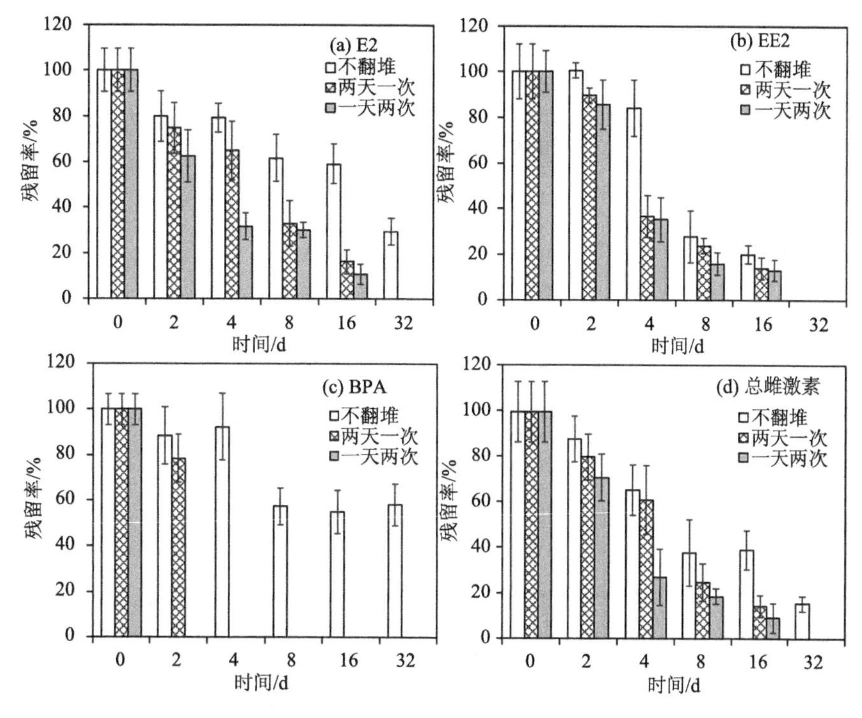

图 2-17　不同翻堆频率牛粪在堆肥过程中雌激素含量变化

2.4.4　堆肥过程中粪便种类对雌激素降解的影响

三种粪便在堆肥 32 d 中雌激素残留率变化如图 2-18(a)～(c)所示。三种粪便中相同雌激素的降解速率不同。牛粪中 E2、EE2 在堆肥 16 d 时残留率分别为 9.7%、12.6%，降解速率相差不大；猪粪中 E2、E3 在堆肥 32 d 时残留率分别为 8.8%和 36.3%，E2 降解速率大于 E3；而鸡粪中 E3、E2、EE2 在堆肥 32 d 时残留率分别为 10.0%、45.3%、6.7%，EE2 和 E3 降解速率大于 E2，这可能与粪便中有机质含量有关。

在不同粪便种类下，堆肥前期雌激素降解缓慢，堆肥中期雌激降解较快，而后期降解速率又减缓。如图 2-18(d)所示，在堆肥第 2 天时，鸡粪、猪粪、牛粪中总雌激素残留率分别为 90.1%、85.5%和 70.7%，而第 4 天时残留率分别为 63.3%、56.4%和 30.7%，前 2 天雌激素降解速率明显比较缓慢。鸡粪、猪粪在第 16 天总雌激素残留率分别为 33.7%和 22.9%，而第 32 天残留率分别为 16.5%和 14.6%，堆肥后 16 天雌激素降解速率明显减缓。

2.4.5　堆肥过程对畜禽粪便中雌激素的去除

堆肥 32 d 后，三种粪便中雌激素含量如表 2-14 所示。鸡粪中 E3、E2 和 EE2 含量分别为 76.54 μg/kg、134.62 μg/kg、24.00 μg/kg，残留率分别为 10.0%、45.3%和 6.7%。猪粪中 E2、E3 含量分别为 22.17 μg/kg 和 24.27 μg/kg，残留率分别为 8.8%和 36.3%。而

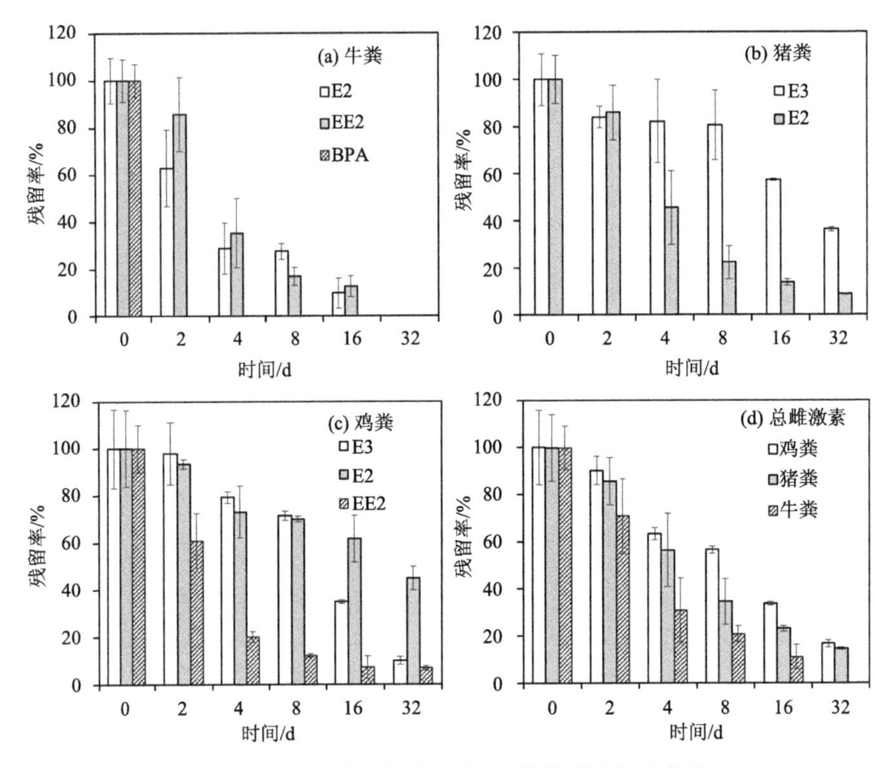

图 2-18　不同粪便在堆肥过程中雌激素残留率变化

表 2-14　堆肥前后三种畜禽粪便样品中雌激素的含量及残留率

雌激素	鸡粪			猪粪			牛粪		
	堆肥前/(μg/kg)	堆肥后/(μg/kg)	残留率/%	堆肥前/(μg/kg)	堆肥后/(μg/kg)	残留率/%	堆肥前/(μg/kg)	堆肥后/(μg/kg)	残留率/%
E2	297.29±47.56	134.62±14.83	45.3	252±25.08	22.17±0.69	8.8	109.14±10.52	ND	0
E3	769.18±129.45	76.54±12.08	10.0	66.88±7.34	24.27±0.66	36.3	ND	ND	0
EE2	355.75±35.50	24.00±0.14	6.7	ND	ND	0	126±11.47	ND	0
BPA	ND	ND	0	ND	ND	0	12.46±0.84	ND	0
EEQ	3830.65±390.42	363.92±19.19	9.5	268.84±26.99	28.48±0.86	10.6	1207.12±110	0	0

注：EEQ，E2 活性当量浓度；ND，未检出或低于检出限。

牛粪中 E2、EE2 和 BPA 在堆肥 32 d 后均无残留。用 E2 活性当量 EEQ 表征粪便中总雌激素的活性，在堆肥 32 d 后，鸡粪、猪粪、牛粪的 EEQ 值分别为 363.92 μg/kg、28.48 μg/kg 和 0 μg/kg，残留率分别为 9.5%、10.6%、0%。经过堆肥处理，三种粪便的总雌激素活性大幅度降低，因此堆肥对降低雌激素污染具有较好的效果。

大量的研究表明，在好氧堆肥过程中葡萄糖醛酸酶和硫酸酯酶将雌激素水解为共轭甾体雌激素(如 E1-3S 等)存在于肥料中，因此，好氧堆肥并不能完全去除畜禽粪便中的雌激素。如表 2-15 所示，在不同的好氧堆肥条件下，雌激素的去除效果存在差异，E2 的去除效率为 14%～100%。堆肥过程中，E1 不能被完全去除，甚至会有增加的可能。

王真(2020)对奶牛粪便进行好氧堆肥发现，堆肥结束后，粪便中 E1 的含量是原来的 3 倍。这主要是由于大部分雌激素如 E2、E1-3S，在好氧生物作用下转化为了 E1。因此，好氧堆肥后的畜禽粪便中仍然存在雌激素残留风险。

表 2-15　相关研究中好氧堆肥工艺对雌激素的去除率

堆肥原料	堆肥条件	雌激素去除率/%						参考文献
		E1	PGE	E2	E3	EE2	BPA	
鸡粪、干草、树叶	C/N：30；含水率：50～60 g/kg；堆肥时间：139 d			84				Hakk et al., 2005
牛粪、干草	含水率：25%～45%；堆肥时间：76 d	36		100				Bartelt-Hunt et al., 2013
鸡粪、稻草、木头	C/N：31；氧流量：30 mL/min；堆肥时间：24 d			85				Hakk and Sikora, 2011
猪粪、玉米秸秆	堆肥时间：92 d	75		14				Derby et al., 2011
牛粪、菌渣	含水率：51.07%；堆肥周期：70 d	–300		95.75	100	100	100	王真, 2020
鸡粪、干草	C/N：8.01；含水率：50%～60%；堆肥周期：40 d		99.92					Ho et al., 2013
猪粪、树叶	含水率：53.27%～61.22%；堆肥周期：32 d			91.2		63.7		徐鹏程, 2017
鸡粪、树叶				54.5	90	93.3		
牛粪、树叶				100	100	100		

注：PGE 指孕酮。

综上所述，堆肥发酵处理能在一定程度上降低畜禽粪便中雌激素含量，但雌激素仍有残留，特别是鸡粪和猪粪中雌激素残留率较高。好氧堆肥原料的含水率、堆肥温度、翻堆频率均会影响雌激素的降解(韩进等, 2019)。当粪堆初始含水率为 53.27%、一天翻两次的情况下，畜禽粪便中雌激素的降解可达到最佳效果。因此，好氧堆肥并不能解决雌激素所带来的环境风险问题，但可以通过优化堆肥发酵处理条件提高畜禽粪便中雌激素的去除率。

2.4.6　好氧堆肥工艺去除畜禽粪便中雌激素的作用机制

好氧堆肥工艺是针对畜禽粪便无害化处理的一项稳定技术，可以降低重量、杀死病原微生物和杂草种子、减轻气味，从而实现肥料的价值。与此同时，前文和大量文献已经证实，好氧堆肥工艺可以在一定程度上消减畜禽粪便中的雌激素。温度、含水率、氧气条件和碳氮比是影响堆肥过程中雌激素降解效果的关键因素。这些因素不仅会直接促进雌激素的降解，而且可以间接调节堆肥过程中微生物的活性。高温不仅能够有效杀死病原体，还可以加速雌激素化学键的断裂，从而达到去除目的。堆体中的含水率是影响堆肥效果的重要参数。当堆肥湿度较高时，通过肥堆的空气可能会中断，因为水会填满必要的空气空间，导致厌氧发酵；相反，如果湿度太低，微生物就不能在堆肥中生长和发展典型的生化过程(Sánchez et al., 2017)。因此，合适的含水量有利于微生物的生存，促使酶发挥较佳的降解效果。总之，适合的堆肥条件(温度、pH、含水率和曝气)可以改变粪便中雌激素的化学形态、提高微生物活性，从而极大地促进雌激素的降解。

虽然天然甾体雌激素可以通过光解等非生物过程降解，但在好氧堆肥过程中，微生物对雌激素及其代谢物的降解转化占主导作用。其中 E1、E2 和 E3 均能被微生物降解且其降解方式也很相似。Pauwels 等(2008)在畜禽粪便堆肥过程中得到了具有 E1、E2 和 E3 降解功能的降解菌，它们分别属于皮氏罗尔斯顿菌属、不动杆菌属和紫金牛叶杆菌属。与此同时，变形菌门、厚壁菌门和放线菌门在堆肥过程中也具有降解 SEs 的能力。由于 EE2 是一类含有双苯环芳香族化合物的难降解物质，能够单独降解 EE2 的微生物只有少量报道。但是，当以 E1、E2 或者 E3 为碳源与 EE2 进行共代谢时，EE2 则能够被较高程度地降解(Pauwels et al., 2008)。另外，E2 与 EE2 的比值对 EE2 本身的降解也起重要作用，E2 浓度越高 EE2 的降解效率也越高(田克俭等, 2019)。E2 和 E3 一般在脱氢酶的作用下首先代谢为 E1，之后再进一步降解。E3 也可在脱氢酶作用下转化为 E2 之后再进行降解。图 2-19 反映了微生物作用下雌激素的降解转化途径。

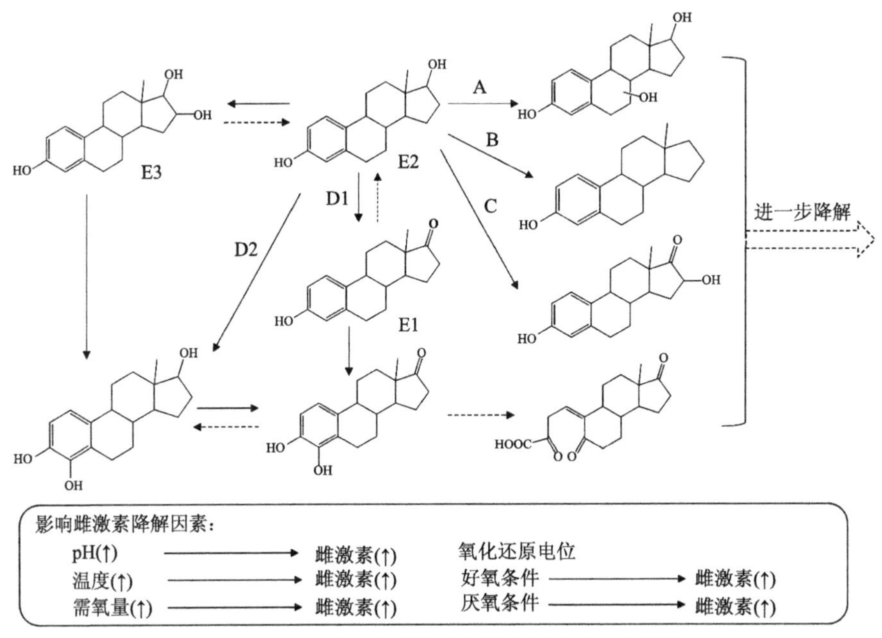

图 2-19　好氧堆肥过程中雌激素的降解途径(田克俭等, 2019)

另外，向堆体中添加具有高吸附性能的吸附剂，如生物炭(biocarbon, BC)和胡敏酸(humic acid, HA)，可提高堆肥过程中的雌激素去除效果。这些吸附材料可以通过改变化合物的移动性、可提取性和生物利用度实现雌激素的去除。研究表明，在 5%～10%范围内施用 BC 有改善畜禽粪便堆肥过程的潜力，即提高堆肥过程中嗜热菌群活性，降低堆肥材料的 pH，防止渗滤液的形成(Akdeniz, 2019)。Wei 等(2019)研究了 BC 的加入对 EE2 的吸附和转化行为的影响，结果证实 BC 的加入提高了 EE2 的吸附能力。另外，不同浓度的 HA 对 E2 的生物降解和吸附实验结果表明，随着 HA 浓度的增加，E2 的去除率显著提高(Lee et al., 2011)。因此，在堆肥过程中添加吸附材料有利于肥堆中雌激素的去除。

2.5　畜禽粪便厌氧消化过程中雌激素演化规律

厌氧消化是畜禽粪便的主要处理方式之一，可以有效减轻畜禽粪便中污染物环境负荷、回收可利用的生物质能源(甲烷、沼肥)、消灭病原菌，避免对环境产生危害。如果雌激素在厌氧消化过程中被有效降解，将能在回收沼气能源的同时，减轻残留雌激素的环境危害。Ermawati 等(2007)提出了一种臭氧氧化工艺，其对雌激素的去除率为 51%～99%。Esperanza 等(2007)研究表明，厌氧消化对雌酮、E2、E3、EE2 的去除率为 60%～77%。然而，目前关于厌氧消化过程中畜禽粪便雌激素残留降解的研究仍然较少。本节将分析雌激素在畜禽粪便厌氧消化过程中的降解规律及对厌氧消化过程的影响，以期为含雌激素畜禽粪便的管理提供科学依据。

2.5.1　厌氧消化过程中畜禽粪便的化学特性

Lu 等(2019)对厌氧消化后畜禽粪便的化学特性进行了研究。表 2-16 反映了三种畜禽粪便在厌氧消化前后理化性质的变化情况。经过厌氧消化后，各畜禽粪便的 pH 均有所上升。牛粪和猪粪中化学需氧量(chemical oxygen demand, COD)和铵态氮(NH_4^+-N)含量明显上升，而鸡粪中 COD 和 NH_4^+-N 含量由原来的 78.7 g/L、8199 mg/L 下降到了 67.5 g/L 和 7032 mg/L。三种畜禽粪便经厌氧消化后挥发性固体(volatile solid, VS)和硝态氮(NO_3^--N)含量变化不明显。说明不同的厌氧消化方式对不同种畜禽粪便的处理效果不同。

表 2-16　沼气厂的参数及畜禽粪便消化处理前后理化性质(*n*=3) (Lu et al., 2019)

沼气厂	A		B		C	
模式	CSTR		USR		USR	
温度/℃	33～35		32～35		30	
HRT/d	30		20		15	
OLR/[kg/(m^3·d)]	3～4		4.0～4.7		3～4	
参数	牛粪	消化后	猪粪	消化后	鸡粪	消化后
pH	6.80±0.18	7.75±0.23	6.55±0.20	7.41±0.18	7.78±0.23	8.38±0.26
VS/%	7.20±0.27	6.03±0.02	7.64±0.22	6.33±0.33	7.10±0.59	4.02±0.68
COD/(g/L)	3.20±1.03	8.8±4.32	9.4±2.23	18.6±3.34	78.7±3.56	67.5±6.89
NH_4^+-N/(mg/L)	333.4±62	1959±79	979.3±29.3	1938±7.80	8199±53.3	7032±34.6
NO_3^--N/(mg/L)	1.70±0.27	0.89±0.13	2.02±0.29	0.96±0.14	6.71±0.45	4.71±0.92

注：CSTR = 连续搅拌槽式反应器，USR = 上流式固体反应器，HRT = 水力停留时间，OLR = 有机负载率，VS = 挥发性固体，COD = 化学需氧量，NH_4^+-N = 铵态氮，NO_3^--N = 硝态氮。

通过 Meta 分析确定了厌氧消化后畜禽粪便中的代谢产物变化(Lu et al., 2019)。研究发现，鸡粪和猪粪在消化过程中代谢产物变化较大。其中，脂肪酸、氨基醇、酰胺、氨基甲酸酯、胺、异硫氰酸酯、挥发性脂肪酸等在粪便消化过程中发生显著变化。进一步的分析发现，经消化后，鸡粪和牛粪中有 15 种代谢物的表达上调，15 种代谢物的表达下调，而猪粪中只有 6 种代谢物(2-甲基氧基-1,1,1-三胺六甲基乙烷、1-戊胺氢氟化物、环己基锂、己烷、1-氨基戊烷、*N*,*N*-1,1-四甲基硼胺）的表达下调，有 24 种代谢产物的表达上调，这可能与猪粪中碳水化合物的 O-烷基碳和同分异构体含量较鸡粪和牛粪少有关，因此，其有机质对微生物降解的抗性较强。Zhang 等（2014a）发现，经厌氧消化后，从鸡粪和猪粪中检测到的氨基酸和生物碱含量增加，而牛粪中易于利用的氨基酸含量较少、木质素等结构物质含量高。在三种粪便及其消化液中，均检测到了维生素类物质，它们主要通过色氨酸、酪氨酸和泛酸盐生物合成途径产生。说明不同粪便厌氧消化液中存在不同含量的生物活性物质。这些生物活性物质大多具有抗菌活性，因此，施用消化处理后的畜禽粪便可有效防治植物病原菌，促进植物生长，增加土壤肥力。此外，研究表明，厌氧消化后，鸡粪中雄性激素在一定程度上转化为类固醇激素，并且雌酮的丰度明显上升。说明厌氧消化过程可分解粪便中的类固醇激素，降低激素对土壤含水层和生物的环境风险（Zhang et al., 2014a）。

2.5.2 厌氧消化过程中雌激素含量变化

Noguera-Oviedo 和 Aga（2016）采用液相色谱–串联质谱（LC-MS/MS）和气相色谱–串联质谱（GC-MS/MS）测定了牛粪在厌氧消化过程中雌激素和共轭雌激素的含量，结果如表 2-17 所示。经巴氏灭菌的畜禽粪便进入厌氧消化池后，17*α*-E2、17*α*-E2-3S 和 E1-3S 含量降低，其中 17*α*-E2-3S 含量由（80±20）ng/L 降低至（20±8）ng/L，E1-3S 浓度从（70±10）ng/L 降至 LC-MS/MS 定量检出限以下，去除率分别为 75%和 100%。先前的研究也报道了厌氧沟中雌激素结合水平的降低（Gadd et al., 2010; Zhang et al., 2014a）。存在这一现象可能是由于共轭雌激素在厌氧消化过程中转化为自由雌激素形式或羟基化为其他形式。巴氏杀菌后，17*α*-E2-3S 和 E1-3S 的含量分别提高了 38%和 71%。共轭雌激素的形成被认为是生物驱动的，虽然巴氏杀菌减缓了微生物的生长，但微生物群落仍然存在，从而导致这种生物反应。

表 2-17 厌氧消化处理后的牛粪中雌激素浓度 （单位：ng/L）

雌激素	缩写	采样点		
		RM	PP	PD
雌酮-3-葡萄酸苷	E1-3G	ND	ND	ND
雌酮-3-硫酸盐	E1-3S	20±3	70±10	<LOQ
17*β*-雌二醇-3-葡萄酸苷	E2-3G	ND	ND	ND
17*α*-雌二醇-3-硫酸盐	17*α*-E2-3S	50±10	80±20	20±8
17*β*-雌二醇-3-硫酸盐	E2-3S	ND	ND	ND
17*β*-雌二醇-17-硫酸盐	E2-17S	ND	ND	ND
雌酮	E1	1700±100	690±40	2700±100
17*β*-雌二醇	E2	ND	ND	ND
17*α*-雌二醇	17*α*-E2	4200±700	2800±400	< LOQ
雌三醇	E3	ND	ND	ND

注：数据用平均数±标准差表示（*n*=3）；ND 表示未检测到；< LOQ 表示低于检出限；RM 为牛粪；PP 为巴氏消毒后的牛粪；PD 为厌氧消化后的牛粪。

图 2-20 反映了消化系统的不同处理中雌激素含量随时间的变化情况。结果发现，随着采样时间的变化，RM 和 PP 样本的雌激素含量变化均小于 14%，PD 样本的雌激素浓度变化范围为 26%～40%。

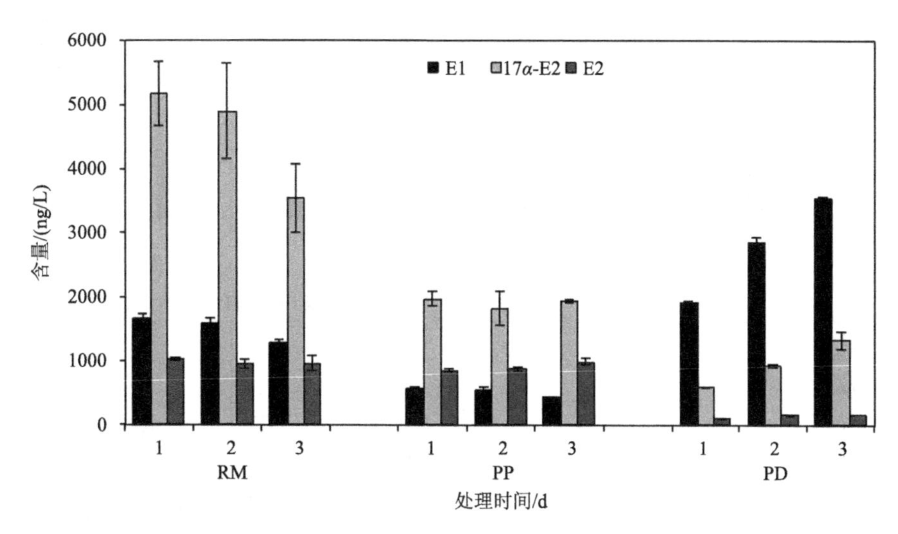

图 2-20　不同处理的液相组分中雌激素的含量(Noguera-Oviedo and Aga, 2016)

数据以重复次数的平均值±标准差表示(n=2)；未处理牛粪(RM)、巴氏杀菌后(PP)和消化后(PD)样品

由表 2-17 可知，在 RM 和 PP 的液相和悬浮物中，17α-E2 是雌激素的主要形式，其含量分别为 4200 ng/L 和 2800 ng/L。由图 2-21(a)可知，RM 到 PP 液相组分中 E2、17α-E2 和 E1 分布分别由 14%、65%、21%变为 27%、57%、16%，这说明液相组分中 E1 转化为了 E2。然而，经厌氧消化后，E1 成为粪便液相组分中的主要形式，其分布百分比为 72%。从图 2-21(c)中可以看出，E1 在消化处理后的含量远高于初始粪便，这说明在厌氧条件下，E2 和 17α-E2 可快速转化为 E1。

图 2-21(c)和(d)分别代表了在液相和悬浮固体中获得的雌激素的平均含量，雌激素在不同处理系统中的分布如图 2-21(a)和(b)所示。总的来说，液相组分中雌激素浓度显著高于悬浮固体(占总雌激素的 85%～92%)。除 E3 外，大部分雌激素在土壤和沉积物中具有高土–水分配系数(K_d) (Lee et al., 2003)，它们在液体粪便中的吸附行为可能完全不同。另外，粪便中存在高溶解有机物，增加了雌激素的可溶部分，从而造成了粪便中雌激素在液相中的大量分配。

2.5.3　气浮法与厌氧消化法去除雌激素的效果比较

图 2-22 反映了气浮法和厌氧消化法处理过程中畜禽粪便中雌激素含量变化情况(Zhang et al., 2014a)。经过气浮法处理后的畜禽粪便中雌激素和结合态雌激素的总去除率为 97.6%。其中，E1 和 E2 的含量分别由原来的(926.0±68.5)ng/L、(1642.0±229.1) ng/L 降低至检测限(1.0 ng/L)以下，而处理后的 E1-3S 和 E2-3S 含量分别为(30.2±2.2)ng/L 和(57.4 ± 14.4)ng/L，与初始粪便中 E1-3S[(31.4 ± 16.6)ng/L]和 E2-3S[(28.2 ± 12.6)ng/L]含量相似。这说明气浮法可有效去除畜禽粪便中的自由态雌激素。在厌氧消

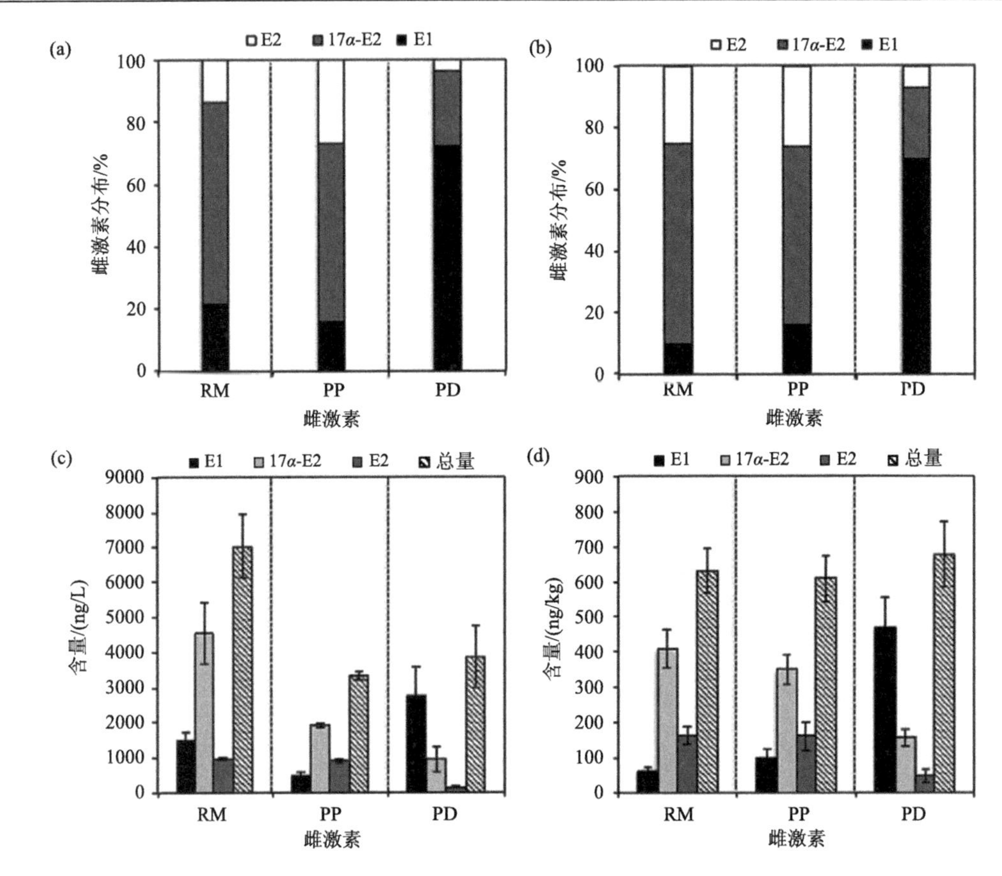

图 2-21　畜禽粪便液体(a)和固相(b)中自由态雌激素的百分比分布及消化处理后自由态雌激素在液体(c)和固相(d)粪肥中的含量(Noguera-Oviedo and Aga, 2016)

数据以平均数±标准差表示(n=6)；未处理牛粪(RM)、巴氏杀菌后(PP)和消化后(PD)样品

化池中，C3 中总(自由态和共轭态)雌激素的浓度从(384.1±28.1)ng/L 略微下降到(327.7±16.0) ng/L，去除率仅为 14.7%。相似地，S2 中总雌激素的去除率为 21.8%，总含量由 3444.5 ng/L 降至 2695.0 ng/L。由图 2-22 可知，气浮法对粪便中雌激素的去除效率明显高于厌氧消化法，主要原因是在有氧条件下，气浮法可以提高雌激素的生物降解能力(Gadd et al., 2010; Shi et al., 2013)。尽管厌氧条件下，雌激素的降解能力有限，但有研究表明厌氧消化技术可高效去除 EE2(Czajka and Londry, 2006)。在 C1、C2 和 S2 采样点的粪便样品中均检测到了 BPA，经过厌氧消化和气浮法处理后，BPA 的去除率为 60%～70%，说明两种工艺对畜禽粪便中 BPA 的去除效果相当。

表 2-18 比较了不同处理过程奶牛粪便中雌激素含量的变化情况。一般而言，17α-E2 是初始牛粪中雌激素的主要形式。研究发现，粪便经处理后 E1 浓度增加，而 17α-E2 和 E2 浓度降低。通过对处理前后的 E1/E2 和 E1/17α-E2 比值的粗略比较，厌氧消化过程中 E2 对 E1 的转化率高于 17α-E2 对 E1 的转化率。此外，由表 2-18 可知，气浮法和堆肥法对总雌激素的去除效果优于厌氧消化法。然而，对现有畜禽粪便中雌激素的去除技术进行比较仍存在巨大的困难，因为粪便中的雌激素水平会受到多种因素的影响，包括取样

程序(即表面取样与深度取样)、粪便的停留时间、奶牛的养殖数量及其哺乳和妊娠期、粪便储存或处理系统中引入的稀释比例等。遗憾的是，这些影响因素并没有被报道。

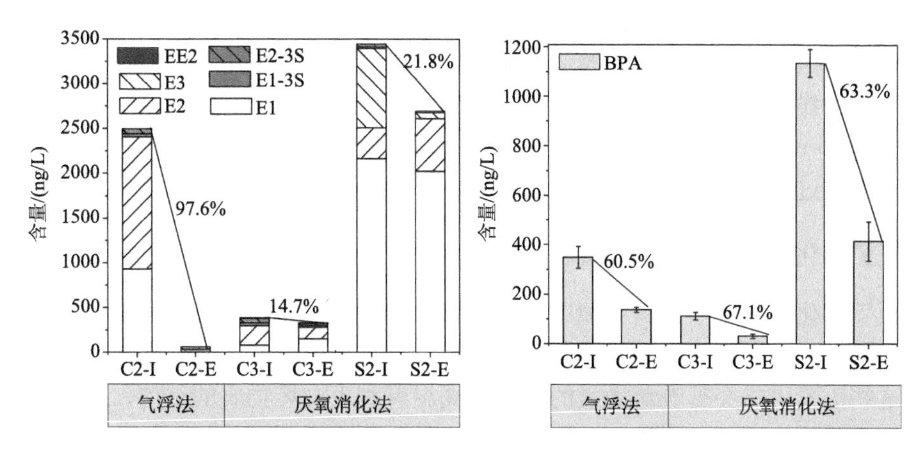

图 2-22　三种畜禽粪便处理设施中雌激素含量变化情况(Zhang et al., 2014a)

I：粪便原料；E：处理过的粪便；C2、C3 为奶牛农场；S2 为猪农场；C2 采用气浮法，C3 和 S2 采用厌氧消化法

表 2-18　处理前后奶牛粪便中雌激素含量的相关研究(Noguera-Oviedo and Aga, 2016)

处理方式	处理前/(ng/L)					处理后/(ng/L)					参考文献
	E1	17α-E2	E2	E3	总计	E1	17α-E2	E2	E3	总计	
厌氧共消化	440	2560	973	ND	3973	3037	953	201	ND	4191	Noguera-Oviedo and Aga, 2016
厌氧消化	80	NI	250	ND	330	160	NI	150	ND	310	Zhang et al., 2014a
气浮法	880	NI	1520	ND	2400	0	NI	0	ND	0	Zhang et al., 2014a
兼性厌氧池	—	—	—	—	—	<5～90	<5～180	<5～24	ND	15～294	Gadd et al., 2010
厌氧好氧池	—	—	—	—	—	<5～760	<5～590	<5	ND	15～1350	Gadd et al., 2010
静置	10～480	110～11000	3～64	ND	NC	—	—	—	—	—	Gadd et al., 2010
静置	475	98	104	<LOD	677	—	—	—	—	—	Zhao et al., 2010
静置	约 10000	约 4000	约 2500	ND	约 16500	—	—	—	—	—	Raman et al., 2004
厌氧潟湖	—	—	—	—	—	71	224	148	<8.0	约 451	Hutchins et al., 2007
固液分离	—	—	—	—	—	878	2282	643	<LOD	3804	Hanselman et al., 2006
堆肥(2 周)	535	1416	153	ND	2104	697	172	37	ND	906	Hanselman et al., 2006

注：ND 表示未检测到；NI 表示未纳入研究；<LOD 表示低于检出限。

总的来说，与好氧堆肥相比，厌氧消化具有保持有机物稳定性、最大限度地保持污泥中的营养物质、降低能耗的优点(Abdellah et al., 2020)。厌氧消化依靠厌氧微生物在厌氧条件下分解有机物，如厌氧消化器，它比厌氧潟湖具有更短的水力周期和沼气收集时间。然而，在厌氧消化过程中，雌激素的降解速度缓慢。Muller 等(2010)研究发现，厌氧消化过程中雌激素的去除率相对较低(<40%)。同时，厌氧消化过程存在稳定性差、消化周期长(40～60 d 或更长)等问题。因此，针对这些问题，可以通过接种外源微生物来提高厌氧消化过程中雌激素的降解率(Yu et al., 2013)。

2.5.4　厌氧消化过程中雌激素消减和转化行为

在厌氧消化过程中，畜禽粪便中的雌激素含量随不同因素的变化而变化，主要包括雌激素的输入浓度、化合物的物理化学和降解特性、消化温度、C/N 和厌氧消化技术的选择。这些因素可能会影响雌激素的归趋。高温有利于破坏物质的结构，从而有效地降解激素等物质，另外，高温提高了产甲烷微生物的活跃度，促进激素物质的降解。然而，高温消化系统可能会使粪便基质产生或释放更多的雌激素，提高体系中激素含量。Rodriguez-Navas 等(2013)比较了两种不同温度的消化系统中雌激素的含量，发现 BG2(52℃)消化液中激素含量比 BG1(37℃)高出近 5 倍。

粪肥基质的生物降解性较低，因此，在消化/堆肥过程中会加入合适的有机废物或作物秸秆调节体系的 C/N，以达到最优的畜禽粪便处理效果。然而，过高的 C/N 易提高氨氮与游离氨浓度，导致消化反应受到氨抑制，不利于激素的降解。此外，高底物浓度可能会产生抑制剂，影响传质功能，使微生物无法及时利用、消化底物。

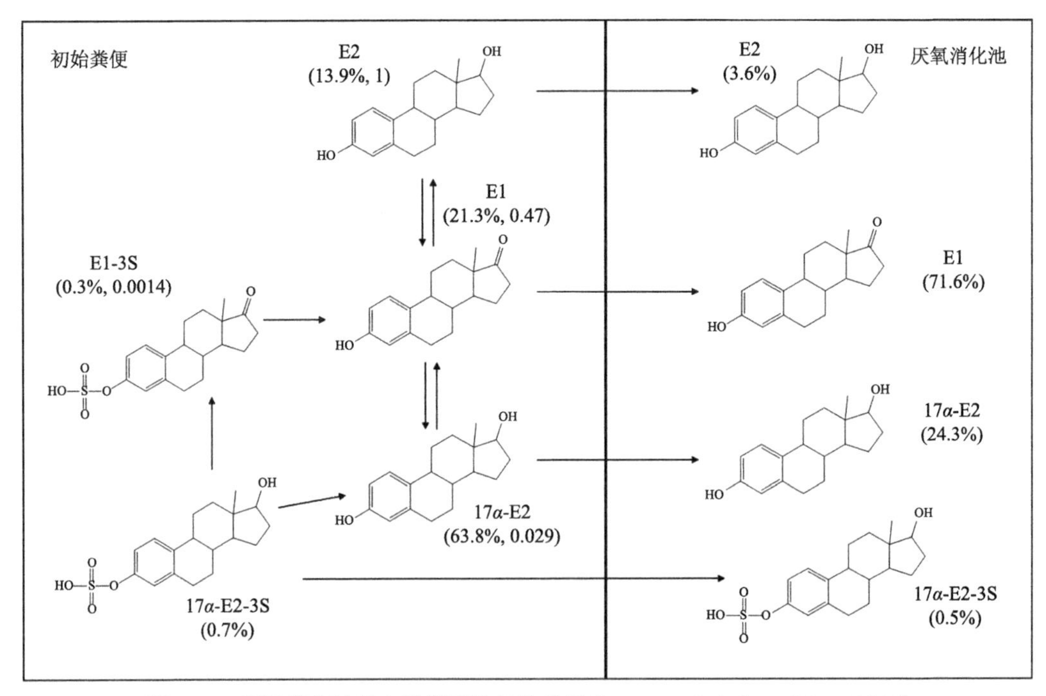

图 2-23　厌氧消化过程中雌激素的转化途径(Noguera-Oviedo and Aga, 2016)

括号中分别显示了雌激素种类的百分比组成和酵母雌激素筛选法(yeast estrogen screen, YES)测定的相对效力

图 2-23 反映了雌激素在厌氧消化系统中可能的转化途径。Noguera-Oviedo 和 Aga (2016) 的研究表明，E2 在厌氧消化后含量明显降低，大量的 17α-E2 转化为更具雌激素活性的 E1，导致粪便中雌激素活性增强。Zhang 等 (2014a) 研究发现，经厌氧消化后的牛粪中 E1 含量升高，总雌激素含量变化不显著。Rodriguez-Navas 等 (2013) 在比较两种不同消化工艺时发现，经厌氧消化处理后，猪粪中仍然存在大量的 E1 残留。这说明厌氧消化条件无法有效去除畜禽粪便中的雌激素。经厌氧消化后的畜禽粪便沼渣和沼液进入农田土壤环境后，易导致雌激素的污染风险。

参 考 文 献

费辉盈, 常志州, 王世梅, 等. 2006. 畜禽粪便水分特征研究[J]. 农业环境科学学报, 25: 599～603.

付银杰, 凌婉婷, 董长勋, 等. 2013. 应用 UE-SPE-HPLC/FLD 法检测养殖业畜禽粪便中雌激素[J]. 应用生态学报, 24(11): 3280～3288.

国家统计局. 2013. 中国畜牧兽医年鉴 2013[M]. 北京: 中国统计出版社.

国家统计局. 2014. 中国畜牧兽医年鉴 2014[M]. 北京: 中国统计出版社.

韩秉进, 陈渊, 乔云发, 等. 2004. 连年施用有机肥对土壤理化性状的影响[J]. 农业系统科学与综合研究, 20(4): 294～296.

韩进, 程鹏飞, 周贤, 等. 2019. 畜禽粪便堆肥过程中雌激素降解特征[J]. 农业资源与环境学报, 36(5): 679～686.

刘培芳, 陈振楼, 许世远, 等. 2002. 长江三角洲城郊畜禽粪便的污染负荷及其防治对策[J]. 长江流域资源与环境, 11(5): 456～460.

荣荣. 2019. 生物炭对鸡粪堆肥过程中 17β-雌二醇降解和生物活性的影响研究[D]. 海口: 海南大学.

石奥, 刘岩, 李鹏. 2016. 畜禽粪便中有机碳和有机质的含量分析[J]. 畜牧与饲料科学, 37(2): 14～17.

唐春玲. 2010. 畜禽粪便类有机肥中主要环境污染物的分析检测及对蔬菜生长、品质的影响研究[D]. 上海: 华东理工大学.

田克俭, 孟繁星, 霍洪亮. 2019. 环境雌激素的微生物降解[J]. 微生物学报, 59(3): 442～453.

王方浩, 马文奇, 窦争霞, 等. 2006. 中国畜禽粪便产生量估算及环境效应. 中国环境科学, (5): 614～617.

王真. 2020. 奶牛场粪污还田雌激素类物质的污染特征和环境风险研究[D]. 上海: 华东理工大学.

徐鹏程. 2017. 畜禽粪便中雌激素排放特征及好氧堆肥对雌激素含量的影响[D]. 南京: 南京农业大学.

庄益芬, 安宅一夫, 张文昌. 2007. 生物添加剂和含水率对紫花苜蓿和猫尾草青贮发酵品质的影响[J]. 畜牧兽医学报, 38(12): 1394～1400.

Abdellah Y A Y, Zang H, Li C. 2020. Steroidal estrogens during composting of animal manure: Persistence, degradation, and fate, a review[J]. Water, Air, and Soil Pollution, 231(11): 1～19.

Akdeniz N. 2019. A systematic review of biochar use in animal waste composting[J]. Waste Management, 88: 291～300.

Bartelt-Hunt S, DeVivo S, Johnson L, et al. 2013. Effect of composting on the fate of steroids in beef cattle manure[J]. Journal of Environmental Quality, 42(4): 1159～1166.

Bolan N S, Adriano D C, Natesan R, et al. 2003. Effects of organic amendments on the reduction and phytoavailability of chromate in mineral soil[J]. Journal of Environmental Quality, 32(1): 120～128.

Bradford S A, Segal E, Zheng W, et al. 2008. Reuse of concentrated animal feed operation wastewater on agricultural lands[J]. Journal of Environmental Quality, 37: 97～115.

Chen L, Zhao L, Ren C, et al. 2012. The progress and prospects of rural biogas production in China[J]. Energy Policy, 51: 58～63.

Combalbert S, Hernandez-Raquet G. 2010. Occurrence, fate, and biodegradation of estrogens in sewage and manure[J]. Applied Microbiology and Biotechnology, 86(6): 1671～1692.

Czajka C P, Londry K L. 2006. Anaerobic biotransformation of estrogens[J]. Science of the Total Environment, 367(2～3): 932～941.

Derby N E, Hakk H, Casey F X M, et al. 2011. Effects of composting swine manure on nutrients and estrogens[J]. Soil Science, 176(2): 91～98.

Dodgen L K, Wiles K N, Deluhery J, et al. 2018. Removal of estrogenic hormones from manure-containing water by vegetable oil capture[J]. Journal of Hazardous Materials, 343: 125～131.

Ermawati R, Morimura S, Tang Y, et al. 2007. Degradation and behavior of natural steroid hormones in cow manure waste during biological treatments and ozone oxidation[J]. Journal of Bioscience and Bioengineering, 103(1): 27～31.

Esperanza M, Suidan M T, Marfil-Vega R, et al. 2007. Fate of sex hormones in two pilot-scale municipal wastewater treatment plants: Conventional treatment[J]. Chemosphere, 66(8): 1535～1544.

Gadd J B, Tremblay L A, Northcott G L. 2010. Steroid estrogens, conjugated estrogens and estrogenic activity in farm dairy shed effluents[J]. Environmental Pollution, 158(3): 730～736.

Hakk H, Millner P, Larsen G. 2005. Decrease in water-soluble 17β-estradiol and testosterone in composted poultry manure with time[J]. Journal of Environmental Quality, 34(3): 943～950.

Hakk H, Sikora L. 2011. Dissipation of 17β-estradiol in composted poultry litter[J]. Journal of Environmental Quality, 40(5): 1560～1566.

Hanselman T A, Graetz D A, Wilkie A C, et al. 2006. Determination of steroidal estrogens in flushed dairy manure wastewater by gas chromatography - mass spectrometry[J]. Journal of Environmental Quality, 35(3): 695～700.

Ho Y B, Zakaria M P, Latif P A, et al. 2013. Degradation of veterinary antibiotics and hormone during broiler manure composting[J]. Bioresource Technology, 131: 476～484.

Hu R K, Zhang L F, Yang Z G. 2008. Picogram determination of estrogens in water using large volume injection gas chromatography-mass spectrometry[J]. Analytical and Bioanalytical Chemistry, 390(1): 349～359.

Hutchins S R, White M V, Hudson F M, et al. 2007. Analysis of lagoon samples from different concentrated animal feeding operations for estrogens and estrogen conjugates[J]. Environmental Science & Technology, 41(3): 738～744.

Jobling S, Tyler C R. 2006. Introduction: The ecological relevance of chemically induced endocrine disruption in wildlife[J]. Environmental Health Perspectives, 114: 7～8.

Johnson A C, Williams R J, Matthiessen P. 2006. The potential steroid hormone contribution of farm animals to freshwaters, the United Kingdom as a case study[J]. Science of the Total Environment, 362(1～3): 166～178.

Khanal S K, Xie B, Thompson M L, et al. 2006. Fate, transport, and biodegradation of natural estrogens in the environment and engineered systems[J]. Environmental Science & Technology, 40(21): 6537～6546.

Kim K R, Owens G, Ok Y S, et al. 2012. Decline in extractable antibiotics in manure-based composts during composting[J]. Waste Management, 32(1): 110～116.

Lange I G, Daxenberger A, Schiffer B, et al. 2002. Sex hormones originating from different livestock production systems: Fate and potential disrupting activity in the environment[J]. Analytica Chimica Acta, 473(1～2): 27～37.

Lee H B, Liu D. 2002. Degradation of 17β-estradiol and its metabolites by sewage bacteria[J]. Water, Air, & Soil Pollution, 134(1): 351～366.

Lee J H, Zhou J L, Kim S D. 2011. Effects of biodegradation and sorption by humic acid on the estrogenicity of 17β-estradiol[J]. Chemosphere, 85(8): 1383～1389.

Lee L S, Strock T J, Sarmah A K, et al. 2003. Sorption and dissipation of testosterone, estrogens, and their primary transformation products in soils and sediment[J]. Environmental Science & Technology, 37(18): 4098～4105.

Lorenzen A, Hendel J G, Conn K L, et al. 2004. Survey of hormone activities in municipal biosolids and animal manures[J]. Environmental Toxicology: An International Journal, 19(3): 216～225.

Lu J X, Muhmood A, Czekała W, et al. 2019. Untargeted metabolite profiling for screening bioactive compounds in digestate of manure under anaerobic digestion[J]. Water, 11(11): 2420.

Muller M, Combalbert S, Delgenès N, et al. 2010. Occurrence of estrogens in sewage sludge and their fate during plant-scale anaerobic digestion[J]. Chemosphere, 81(1): 65～71.

Noguera-Oviedo K, Aga D S. 2016. Chemical and biological assessment of endocrine disrupting chemicals in a full scale dairy manure anaerobic digester with thermal pretreatment[J]. Science of the Total Environment, 550: 827～834.

Pauwels B, Wille K, Noppe H, et al. 2008. 17α-ethinylestradiol cometabolism by bacteria degrading estrone, 17β-estradiol and estriol[J]. Biodegradation, 19(5): 683～693.

Raman D R, Williams E L, Layton A C, et al. 2004. Estrogen content of dairy and swine wastes[J]. Environmental Science & Technology, 38(13): 3567～3573.

Ramaswamy J, Prasher S O, Patel R M, et al. 2010. The effect of composting on the degradation of a veterinary pharmaceutical[J]. Bioresource Technology, 101(7): 2294～2299.

Rodriguez-Navas C, Björklund E, Halling-Sørensen B, et al. 2013. Biogas final digestive byproduct applied to croplands as fertilizer contains high levels of steroid hormones[J]. Environmental Pollution, 180: 368～371.

Rynk R, Van de Kamp M, Willson G B, et al. 1992. On-farm Composting Handbook (NRAES 54)[M]. Ithaca, NY: Northeast Regional Agricultural Engineering Service (NRAES).

Salierno J D, Pollack S J, Van Veld P A, et al. 2012. Steroid hormones and anthropogenic contaminants in poultry litter leachate[J]. Water, Air, & Soil Pollution, 223(5): 2181～2187.

Sánchez Ó J, Ospina D A, Montoya S. 2017. Compost supplementation with nutrients and microorganisms in composting process[J]. Waste Management, 69: 136～153.

Shappell N W, Hyndman K M, Bartell S E, et al. 2010. Comparative biological effects and potency of 17α- and 17β-estradiol in fathead minnows[J]. Aquatic Toxicology, 100(1): 1～8.

Shi J, Chen Q, Liu X, et al. 2013. Sludge/water partition and biochemical transformation of estrone and

17*β*-estradiol in a pilot-scale step-feed anoxic/oxic wastewater treatment system[J]. Biochemical Engineering Journal, 74: 107～114.

Wei Z, Wang J J, Hernandez A B, et al. 2019. Effect of biochar amendment on sorption-desorption and dissipation of 17*α*-ethinylestradiol in sandy loam and clay soils[J]. Science of the Total Environment, 686: 959～967.

Xu P, Zhou X, Xu D, et al. 2018. Contamination and risk assessment of estrogens in livestock manure: A case study in Jiangsu Province, China[J]. International Journal of Environmental Research and Public Health, 15(1): 125.

Yoshimoto T, Nagai F, Fujimoto J, et al. 2004. Degradation of estrogens by *Rhodococcus zopfii* and *Rhodococcus equi* isolates from activated sludge in wastewater treatment plants[J]. Applied & Environmental Microbiology, 70(9): 5283～5289.

Yu C P, Deeb R A, Chu K H. 2013. Microbial degradation of steroidal estrogens[J]. Chemosphere, 91(9): 1225～1235.

Zhang H, Shi J, Liu X, et al. 2014a. Occurrence of free estrogens, conjugated estrogens, and bisphenol A in fresh livestock excreta and their removal by composting in North China[J]. Environmental Science and Pollution Research, 21(16): 9939～9947.

Zhang H, Shi J, Liu X, et al. 2014b. Occurrence and removal of free estrogens, conjugated estrogens, and bisphenol A in manure treatment facilities in East China[J]. Water Research, 58: 248～257.

Zhao Z, Knowlton K F, Love N G, et al. 2010. Estrogen removal from dairy manure by pilot-scale treatment reactors[J]. Transactions of the ASABE, 53(4): 1295～1301.

第 3 章　土水环境中雌激素污染特征

近年来，随着全球经济发展进程加快，越来越多的环境雌激素(EEs)通过污水处理厂的排放、粪源有机肥的施用、养殖废水的排放等途径进入土水环境，严重威胁土壤和水生生态系统安全。EEs 在土水环境中的检出早有广泛报道(Zhang et al., 2015; Liu et al., 2011)，检测提取方法相对成熟，但是这类新型环境污染物在土壤和水环境中的存在形态、迁移规律，以及与土壤–水的相互作用尚未研究清楚。因此，有关土壤和水环境中雌激素的污染特征及其环境行为受到了普遍关注。本章对土水环境中雌激素检测方法、污染分布特征及其在土水系统中的环境行为进行系统概述。

3.1　土水环境中雌激素检测方法

3.1.1　环境样品中雌激素检测的前处理技术

目前，对天然水体与土壤中雌激素的前处理仍存在诸多困难与挑战。首先，天然水体与土壤中均含有复杂的基质，例如，溶解性有机质(dissolved organic matter, DOM)、土壤有机质(soil organic matter, SOM)、土壤色素等，如不进行净化处理，这些基质会对雌激素的分析检测产生巨大的干扰；其次，由于环境样品中雌激素的含量很低，须选择合理的前处理方法将雌激素从水体与土壤中萃取出来，并进行有效的富集。目前，应用于水体与土壤中雌激素提取的前处理方法较多，常见的固体样品前处理方法有索氏提取、超声萃取、加速溶剂萃取、超临界流萃取等。

索氏提取和液液萃取是最为常用的环境样品前处理方法，具有富集能力强、排除基质干扰显著等特点。索氏提取效率高，雌激素的回收率可达 85%～97%，应用范围广，常用于土壤中雌激素的提取，是经典的前处理方法之一。但是，此方法萃取耗时较长，同时需要消耗大量的有机溶剂。

超声萃取(ultrasonic extraction, UE)是一种从固体介质中提取分析目标物的萃取方法。它基于超声空化作用，加快固体样品在溶剂中的分散和乳化，从而加速目标物的溶解速度；同时，超声波的热作用也能促进超声波强化萃取，提高样品的萃取效率。研究发现，超声萃取畜禽粪便中的雌激素具有较高的回收率，其回收率均在 75%以上(付银杰等, 2013)。超声萃取的提取效果受基质类型、萃取时间等的影响，同时选择合适的萃取剂是取得满意效果的关键。Hutchins 等(2007)利用超声方法，选用甲醇和丙酮作为萃取剂，成功提取出底泥和水体中的类固醇雌激素。

微波辅助提取(microwave-assisted extraction, MAE)是在微波消解的基础上优化改进而来的，是利用微波能加热来提高萃取效率的一种新技术。与传统的索氏提取、液液萃取方法相比，微波辅助提取具有操作简便、快速、选择性好、萃取效率高、所需溶剂少、回收率高、应用范围广、不受萃取物性质限制等特点。Bartelt-Hunt 等(2012)通过微波辅助提取和固相萃取(Oasis HLB 柱)条件，建立了液相色谱-串联质谱(LC-MS/MS)检测土壤中炔雌醇(EE2)、雌酮(E1)和 17*β*-雌二醇(E2)的分析方法，回收率为 65%～130%，检出限为 15～40 ng/kg。

固相萃取技术(solid phase extraction techniques, SPE)是一种基于固液分离萃取的预处理技术，它是利用疏水性的固体吸附剂来分离和富集水溶液中有机物的方法。当样品通过固定相时，被测组分由于与固定相之间的相互作用力而被吸附在柱上，同时因吸附力的不同而彼此分离，与固定相吸附较弱的样品基质随水流出，吸附在固定相上的目标化合物使用少量的选择性溶剂洗脱而分离。固相萃取具有高效、高选择性、溶剂使用量少、自动化操作程度高、费用少等优点，因此，在环境内分泌干扰物(EDCs)的分析中得到广泛的应用。常见的用于雌激素样品前处理的固相萃取柱有 C18 柱、C8 柱、Oasis HLB 小柱、PEP 小柱、NH_2 萃取柱及 Florisil 萃取柱。其中，Oasis HLB 小柱和 C18 柱由于吸附和净化能力强而广泛应用于不同环境介质中雌激素的前处理过程。

加速溶剂萃取(accelerated solvent extraction, ASE)也称为加压溶剂萃取，属于液固萃取的一种。ASE 是一种在升高温度和压力条件下，提高萃取效率的自动化方法。加速溶剂萃取与传统的萃取方法相比，具有快速、回收率高、溶剂用量少等优点，并可实现自动化控制；加速溶剂萃取方法的重现性与传统的超声萃取和索氏提取相当，但是它避免了索氏提取溶剂用量大、超声萃取所带来的多次清洗等问题。邵兵等(2005)采用 ASE 技术萃取了肉中的双酚 A (BPA)、壬基酚(NP)和辛基酚(OP)，应用 HPLC-MS 检测，检出限分别为 1.0 μg/kg、0.2 μg/kg 和 0.4 μg/kg，回收率在 89.0%～101.3%。

因此，固相萃取、加速溶剂萃取和超声萃取等方法，因萃取溶剂用量少、萃取效率高、操作方便且方法平行性好等优点而被广泛应用。

3.1.2 环境样品中雌激素的检测技术

目前，环境样品中雌激素的检测分析方法主要有酶联免疫法、气相色谱–质谱法(GC/MS)和液相色谱–质谱法(LC/MS)等。

1. *酶联免疫法*

酶联免疫吸附法是利用抗原和抗体的特异性结合反应进行检测的分析方法。因为雌激素多为小分子物质，不具有免疫性，只有将被测物与大分子物质结合后，得到全抗原，通过动物免疫系统获得特异性很强的抗体，用鲁米诺、发光探针等标记抗体，才能将抗原-抗体的结合物用高灵敏度的化学发光仪和荧光仪进行检测，从而定量检测出环境中的痕量雌激素。该类方法的缺点在于：免疫试剂的制备耗时，检测过程中会发生交叉反应，且对某些雌激素缺乏特异性抗体，而抗体的选择由抗原的差异决定，种类繁多但响应值不高；分析痕量水平的雌激素时灵敏度低、准确定量等存在一定的难度。Ferguson 等(2013)通过 ELISA 方法建立了环境水样中 E1、E3、17*α*-E2、E2 的检测方法，水样和血样中的检测限可分别达到 0.1 ng/mL 和 2 ng/mL，回收率为 92%～105%。

2. 气相色谱和气相色谱–质谱联用检测技术

气相色谱以气体为流动相，用于环境中残留物的检测，具有分析速度快、效能高、灵敏度高、检出限低、选择性好和应用范围广等优点，适用于分析气态物质和具有挥发性的有机物，但对易分解、高沸点和大分子量的物质难以分析。气相色谱检测器主要有热导检测器(thermal conductivity detector, TCD)、电子捕获检测器(electron capture detector, ECD)、火焰离子化检测器(flame ionization detector, FID)和火焰光度检测器(flame photometric detector, FPD)等，目前检测限已达到了 ng/L 或 ng/kg 数量级。质谱检测仪具有灵敏度高、检出限低和选择性好等优点，这使得气相色谱–质谱联用法在环境雌激素的分析中越来越重要，并且得到了广泛的应用。张宏等(2003)使用气相色谱–质谱法测定尿及河底泥中人工合成雌激素(NP、BPA、EE2、DES)和天然雌激素(E3、17α-E2、E2、E1)的含量。被测组分的加标回收率除尿样中 EE2 和 DES 分别为 25.4%和 71.0%外，其余为 86.7%～111.2%，检出限为 0.05～1.27 μg/kg，相对标准偏差(RSD)为 1.22%～5.55%。

GC/MS 法具有准确定量分析雌激素组分且灵敏度高等优点，但由于雌激素分子量小，挥发性差，极性较弱，无法直接通过 GC/MS 分析检测，需要对其进行衍生化处理，从而增加了前处理的难度。

3. 高效液相色谱法

高效液相色谱法(HPLC)是分析环境雌激素的常用方法之一(付银杰等, 2012)，具有优良的灵敏性和选择性，检测环境雌激素样品时具有气质联用所不具有的简单易操作性，省略了烦琐的衍生化处理流程，不受试样的挥发性和热稳定性限制、应用范围广，一般在室温下即可分析，不需高柱温。高效液相色谱可以配置多种检测器，常用到的有荧光检测器、紫外检测器、二极管阵列检测器、电化学检测器和化学发光检测器等，其中紫外检测器和荧光检测器应用较为广泛。紫外检测器灵敏度较高，受流量和温度的变化影响较小，同时也是高效液相色谱方法中应用最为广泛的仪器之一，但只能进行对紫外光有吸收的残留雌激素的定性和定量分析。荧光检测器属于选择性检测器，在目前常用的 HPLC 检测器中其灵敏度是最高的，它适用于能产生荧光的化合物。荧光检测器的灵敏度高、检出限低，因此在环境雌激素残留检测中的应用越来越多。然而，由于土壤和实际水体基质的复杂性，液相色谱分析技术无法准确识别环境样品中的目标污染物，一般还需要用质谱检测器进行定性分析，以保证检测分析的准确性。

4. 高效液相色谱–质谱联用检测技术

高效液相色谱–质谱联用(LC/MS)技术是近几年发展起来的一项新的分析分离技术。它结合了高效液相色谱对复杂混合样品的高分离能力，与质谱所具有的高灵敏度、高选择性及能够提供相对分子质量与结构信息等优点，是一种集多组分定性、定量和分离于一体的分析方法，尤其对高沸点、大分子量和热不稳定化合物的分离及鉴定具有独特优势，逐渐成为近年来残留分析中发展较快的一种重要的分析技术。LC/MS 与 GC/MS 技

表 3-1　环境介质中 EEs 的前处理及仪器检测方法

目标雌激素	样品基质	检测方法	SPE 小柱	流动相	回收率/%	参考文献
E1、17α-E2、E2、E3	土壤、沉积物、地表水、地下水	UE-SPE-UPLC/MS/MS	Oasis HLB、NH_2和 C18 柱	乙腈、水	73.67～95.50	Zhang et al., 2015
E1、17α-E2、E2、E3、DES	土壤	UE-SPE-LC/MS/MS	Oasis HLB 柱	乙腈、水	72.5～117	Yang et al., 2021
E1、E2、E3	土壤	MAE-SPE-LC/MS	Oasis HLB 柱	0.1%甲酸水、甲醇	65～130	Bartelt-Hunt et al., 2012
E1、17α-E2、E2、E3、EE2	土壤	QuEChERS-UPLC/MS/MS	—	0.1%甲酸水、甲醇	75.17～110.33	Ma et al., 2018
E1、17α-E2、E2、E3、EE2	底泥、土壤、污水	UAE-SPE-GC/MS	Oasis HLB 柱、Generik NAX 柱	—	83.3～118.2	宋晓明, 2018
E1、E2、E3、EE2、BPA	沉积物	ASE-UPLC/MS/MS	—	超纯水、乙腈、甲醇	80	岳海营, 2015
E1、E3、E2、EE2	河水	SPE-UPLC/MS/MS	Oasis HLB 柱	0.1%甲酸水、甲醇	96～102	Arikan et al., 2008
E1、E2、BPA	地下水、污水、地表水	USAEME-GC/MS	—	—	87～126	Kapelewska et al., 2018
E1、E3、17α-E2、E2	地表水、污水	SPE-ELISA	Strata X® SPE	—	<105	Ferguson et al., 2013
E1、E2、EE2	地表水	SPE-RRLC/MS/MS	Oasis HLB 柱	0.1%甲酸水、甲醇	90.6～119.0	Liu et al., 2011
E1、BPA、E2、E3、EE2	畜禽粪便	UE-SPE-LC	C18 柱	水、乙腈、甲醇	55.71～102.84	付银杰等, 2012

注：UE 表示超声萃取；SPE 表示固相萃取；UAE 表示超声辅助萃取；MAE 表示微波辅助萃取；QuEChERS 表示快捷、简单、便宜、有效、稳定、安全；USAEME 表示超声乳化微萃取；ELISA 表示酶联免疫法；LC、UPLC、RRLC 和 GC 分别表示液相、超高液相、高分离度快速液相和气相色谱技术；MS 和 MS/MS 分别表示一级质谱和二级质谱串联，其一般与色谱技术联用，如 GC/MS 或 GC/MS/MS。

术相比，对极性较大、热稳定性强、难挥发性的样品分析效果较好。目前，LC/MS 联用技术已应用于土壤、水体、动物组织中痕量雌激素的检测分析。表 3-1 总结了环境介质中雌激素的前处理及仪器检测方法。

3.1.3　固相萃取-高效液相色谱-荧光检测测定水中雌激素

水体中的雌激素含量较低，一般都是 ng/L 数量级，而且环境基质复杂，因此需要建立一种前处理，富集净化水中的痕量雌激素，以达到分析测定的要求。如表 3-1 所示，固相萃取方法是目前国内外使用最广泛的对水体样品中有机目标物富集净化的前处理方法，该方法有机溶剂用量少，能在保证较高回收率的同时实现样品的净化，有效降低了基质干扰。LC/MS 和 GC/MS 技术可以更准确地对复杂基质中的目标物实现定性定量研究，因此被广泛使用。此外，高效液相色谱法与 LC/MS、GC/MS 等方法相比成本低、操作简单，同时荧光检测器的灵敏度高，检测限低，可以满足分析测定的要求。对此，本团队选择固相萃取前处理方法，利用高效液相色谱分离和荧光检测的分析技术，建立了水体中 E3、E2、EE2 和 BPA 的分析测定方法。

1. 色谱条件

由于 4 种雌激素都可产生自然荧光，因此，分别对各标准品的激发波长(Ex)和发射波长(Em)进行波谱扫描。如图 3-1 所示，E3 的最佳激发波长和发射波长分别为 280 nm 和 310 nm，此外，E2 和 EE2 在 Ex/Em 为 280/310 nm 的条件下峰形良好、基线稳定(光谱图未给出)。如图 3-2 所示，BPA 的最佳激发波长和发射波长为 227 nm 和 315 nm，与其他三种雌激素的最佳波长稍有差异，但其在 280/310 nm 波长条件下也具有良好的峰形。因此，试验选择 4 种物质的激发波长和发射波长均为 280 nm 和 310 nm。

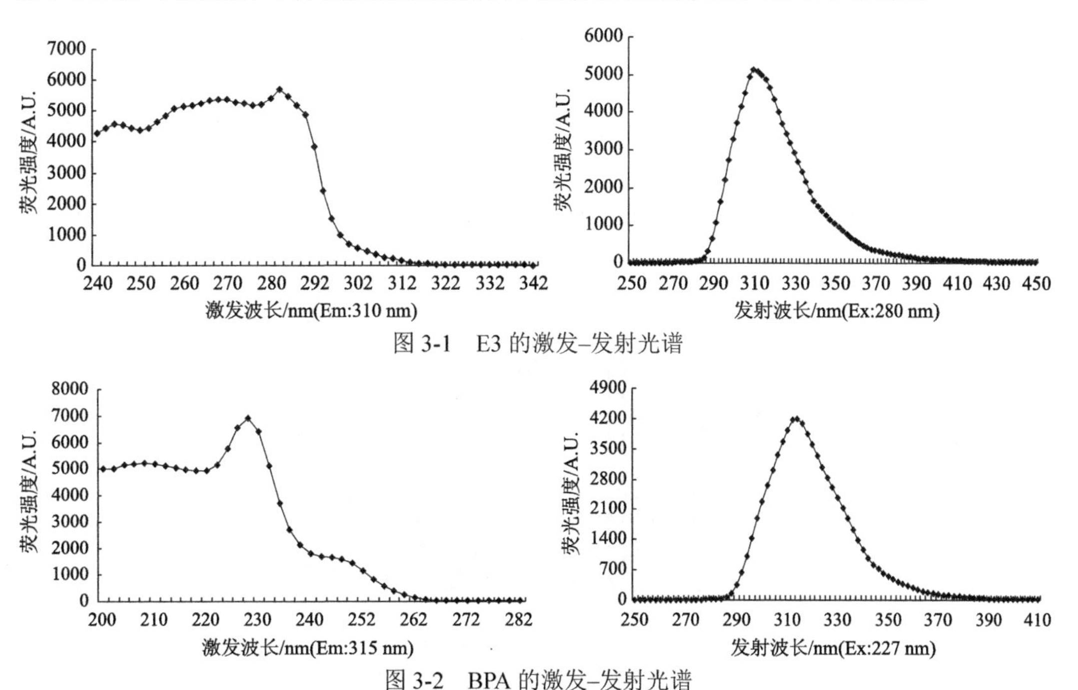

图 3-1　E3 的激发-发射光谱

图 3-2　BPA 的激发-发射光谱

此外，流动相的组成、流速、柱温等参数对各组分的分离和保留时间有很大的影响。经过多次优化最终选择的色谱条件为甲醇/乙腈/水=25/30/45 作为流动相，流速为 1.0 mL/min，柱温为 40℃，可在 20 min 之内完全分离 4 种物质，峰形良好。混合标准样品的色谱峰如图 3-3 所示。

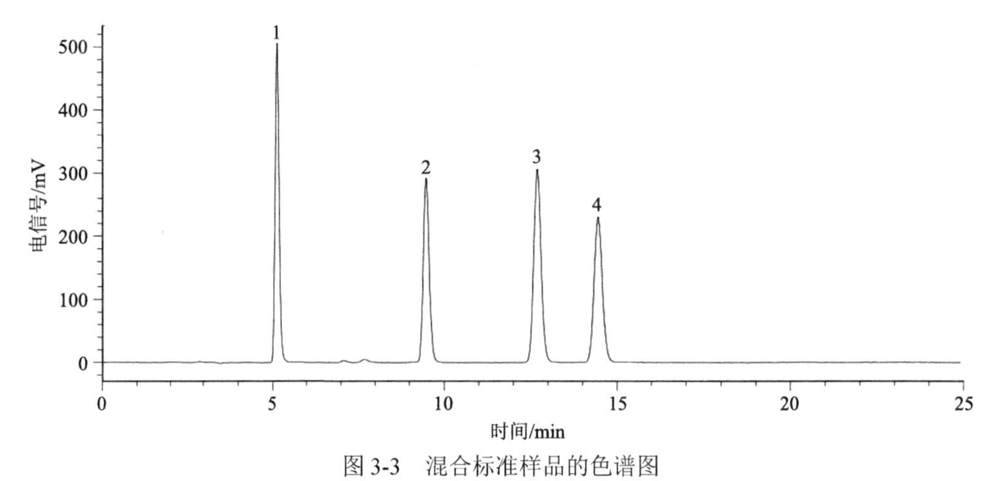

图 3-3　混合标准样品的色谱图

1. E3 (5.141 min)；2. BPA (9.444 min)；3. E2 (12.633 min)；4. EE2 (14.397 min)

2. 前处理方法条件

1) 固相填料的选择

如图 3-4 所示，不同的固相萃取柱填料对雌激素的富集效果存在差异。结果表明，正相型吸附填料(Silica、Florisil、Alumina-N)对 4 种雌激素的吸附很弱，对 E3 的回收率均小于 60%，Silica 和 Alumina-N 对 BPA、E2、EE2 的回收率甚至低于 10%。反相型萃取填料(C18 和 C18-N)对 EE2 的回收率在 60%左右，而对 E3、BPA、E2 的回收率则高达 80.44%～97.36%。这主要与雌激素弱极性的特性有关。因此，正相型固相萃取填料对雌激素的富集效率很低。C18-N 性质与 C18 相似，均适合于非极性到中等极性的化合物，但 C18-N 对于非极性化合物的吸附较 C18 稍弱，因此本试验选用 C18 作为吸附填料。

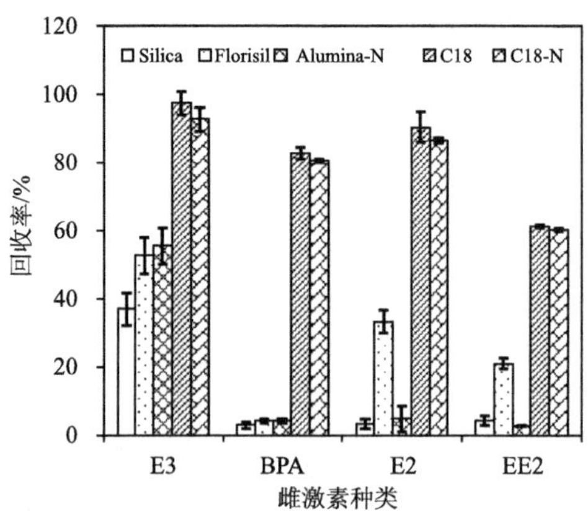

图 3-4　固相萃取填料对回收率的影响

2) 固相萃取柱填料量的选择

固相萃取柱填料的量是影响吸附容量的关键因素。图3-5反映了不同C18固相萃取柱填料量对4种雌激素的富集情况。结果表明，200 mg/6 mL、400 mg/6 mL、600 mg/6 mL三种不同质量的C18吸附填料对E3的固相萃取回收率范围为94.84%～97.13%、BPA的固相萃取回收率范围为79.87%～80.34%、E2的固相萃取回收率范围为84.55%～86.59%、EE2的固相萃取回收率范围为59.52%～60.75%，不同质量的C18吸附填料对E3、E2、EE2和BPA的固相萃取回收率均相差很小。因此，本试验选择200 mg/6 mL的C18作为固相萃取吸附填料。

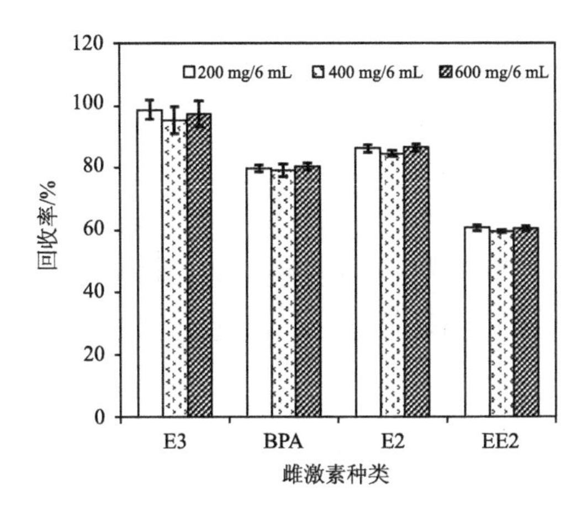

图3-5 C18固相萃取柱填料量对回收率的影响

3) 洗脱液的选择

雌激素化合物在弱极性或中等极性有机溶剂中有较高的溶解性，几乎不溶于水。由表3-2可知，四氯化碳和正己烷对E3的富集效率大于95%，但是对E2、BPA、EE2的富集效果较甲醇稍弱；乙腈、乙酸乙酯、二氯甲烷、三氯甲烷对4种物质的回收率范围仅为57.83%～92.37%；甲醇对于4种雌激素的洗脱效果较好，以甲醇作为洗脱液不容易引起溶剂效应，所以选用甲醇溶液作为固相萃取洗脱液。

表3-2 洗脱液对雌激素回收率的影响

洗脱液	雌激素回收率/%			
	E3	BPA	E2	EE2
甲醇	98.32±2.33	84.79±3.77	84.56±3.39	59.78±2.07
乙腈	87.31±3.15	82.52±4.21	83.51±1.76	58.79±1.13
乙酸乙酯	86.21±3.26	83.18±4.31	81.05±3.75	62.23±1.75
二氯甲烷	91.27±3.98	85.76±3.62	83.00±0.35	57.83±1.68
三氯甲烷	92.37±4.57	82.76±0.49	82.99±1.62	58.72±0.77
四氯化碳	97.00±3.16	78.17±2.65	83.38±4.75	57.85±3.43
正己烷	97.52±2.17	76.15±1.35	83.01±1.99	57.63±1.59

4）洗脱液体积

如图 3-6 所示，少量的甲醇溶液不能将 4 种物质完全洗脱下来（回收率偏低），当加入 15 mL 甲醇时，E3 的回收率大于 90%，BPA、E2 的回收率大于 75%，EE2 的回收率也在 53.58%；但是洗脱液体积继续增加，将导致氮吹时间延长、定容液冲洗面积增大，难以完全溶解试管壁上残留的雌激素，从而造成目标雌激素回收率的下降。因此，本试验选择 15 mL 作为洗脱液甲醇溶液的用量。

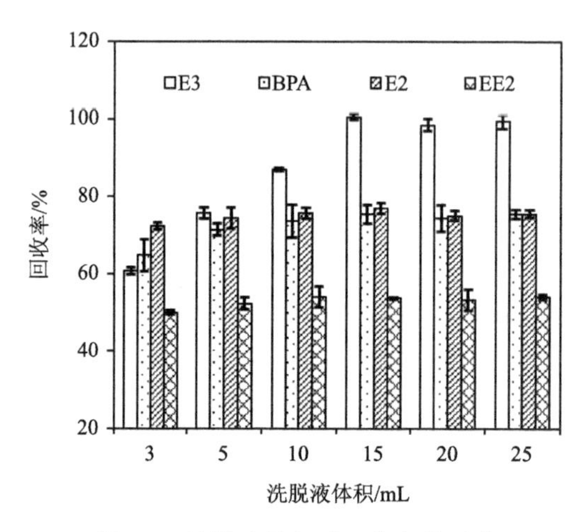

图 3-6　洗脱液体积对回收率的影响

5）pH 的影响

4 种雌激素在固相萃取柱中的富集与上样时样品溶液 pH 有关。如图 3-7 所示，在 pH 为 3.0 时，E3、BPA、E2 和 EE2 的萃取回收率较高，但随着样品溶液 pH 的逐渐增大，回收率有所降低（如 E3 在 pH 为 3.0 时回收率为 101.71%，pH 为 7.0 时回收率为 88.41%）。这是因为随着溶液 pH 的逐渐增大，E3、BPA、E2 和 EE2 分子上的酚羟基发生不同程度的解离，导致固相萃取吸附率下降，而酸性条件可以抑制其电离，故本试验上样时将溶液 pH 调节为 3.0。

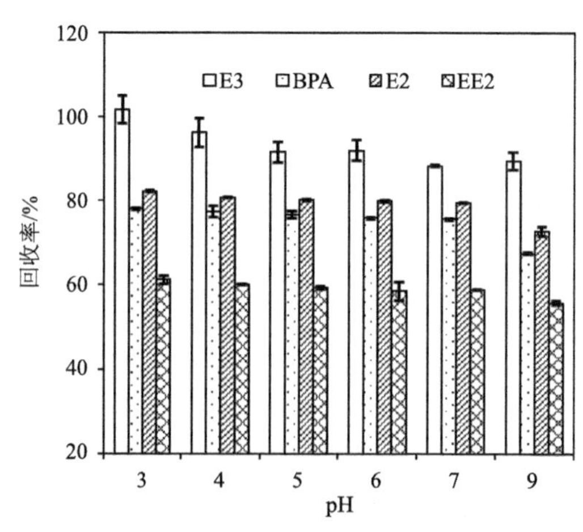

图 3-7　溶液 pH 对回收率的影响

3. 方法的重现性和精密度

由表 3-3 可见，该方法的准确性高，精密度良好。E3、BPA、E2 的加标回收率范围为 87.98%～102.84%，RSD 为 1.31%～2.94%，EE2 的回收率为 55.71%～66.78%，RSD 为 1.76%～3.08%。如图 3-8 所示，加标回收试验色谱图中，4 种雌激素的分离度好，峰形尖锐。总之，该方法操作过程简便、检出限低且精密度和重复性良好，可为水体中痕量雌激素的监控和检测提供分析依据。

表 3-3　方法的回收率及精密度（*n*=5）

分析物	加标量/μg	加标回收率/%	RSD/%
E3	0.4	102.84	1.40
	1.0	98.63	1.31
	6.0	97.56	2.65
BPA	0.4	92.53	2.44
	1.0	88.34	2.94
	6.0	87.98	2.58
E2	0.4	90.72	1.97
	1.0	88.34	2.28
	6.0	93.85	2.06
EE2	0.4	55.71	3.08
	1.0	66.78	2.25
	6.0	62.57	1.76

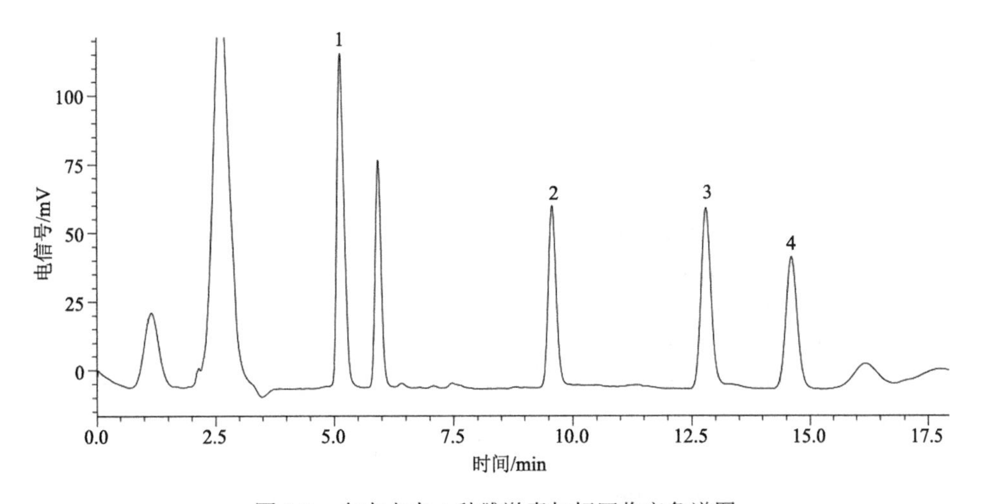

图 3-8　自来水中 4 种雌激素加标回收率色谱图

1. E3（5.141 min）；2. BPA（9.444 min）；3. E2（12.633 min）；4. EE2（14.397 min）

3.2 土水环境中雌激素污染特征

作为一类低浓度、高毒性的污染物，EEs 已引起世界各国的广泛关注。粪源有机肥施用、污水灌溉、污水排放等方式使得雌激素进入土壤及水环境，造成土壤、地表水及地下水污染。大量研究已经报道了雌激素在土壤和水环境中的分布情况。结果表明，EEs 以 ng/g 及 ng/L 的含量水平广泛分布在全球土壤、水环境中。同时，EEs 在环境介质中的分布规律受到环境、人为活动、植被类型及社会制度等因素的影响。本节系统论述土壤、地表水和地下水中雌激素的含量分布，分析雌激素含量分布的影响因素，进而为降低雌激素的生态和环境风险提供指导。

3.2.1 土壤中的雌激素

1. 土壤中雌激素的含量分布

表 3-4 显示了土壤中雌激素的分布情况。EEs 在全球土壤中广泛分布，其含量在几到几百微克每千克不等，雌激素含量范围在 ND～135.9 μg/kg 之间。加拿大农田土壤中总雌激素含量高达 177 μg/kg；其次是美国，总雌激素平均含量为 16.52 μg/kg；中国农田土壤中雌激素的含量低于美国，但高于丹麦和英国。E1、17α-E2、E2、E3、EE2 和 DES 是 6 种受到广泛关注的雌激素污染物，在土壤中的含量范围分别为 ND～135.9 μg/kg、ND～16 μg/kg、ND～93 μg/kg、ND～28 μg/kg、ND～86 μg/kg 和 ND～4.79 μg/kg。

表 3-4 EEs 在土壤中的分布

采样地区	土壤 EEs/(μg/kg)							采样年份	参考文献
	E1	17α-E2	E2	E3	EE2	DES	∑EEs		
加拿大	7～10	—	81～93	15～28	34～86	—	177	2006	[1]
美国	16	8	5	11	—	—	40	2010/3～2010/10	[2]
美国	ND～135.9	—	ND～3.33	ND～7.73	ND～2.7	—	22.33	2005/7	[3]
中国广西	ND～12.8	—	ND～4.6	—	ND	ND	8.4	2010/11	[4]
中国重庆	0.13～6.14	ND～1.73	0.53～8.31	ND	—	—	6.07	2018/6～2018/12	[5]
美国	ND～0.45	ND～16	ND～1.0	ND～7.0	—	—	5.58	2007～2008	[6]
中国山东	ND～13.3	ND～1.49	ND～1.92	ND～0.46	—	—	4.91	2013/10	[7]
中国北京	0.53～7.09	ND～3.78	ND	ND～0.85	ND	—	4.28	2013/10	[8]
丹麦	ND～1.12	ND～6.5	0.02～0.9	—	—	—	4.16	2010	[9]
中国东北/黄淮海/南部地区	ND～9.89	—	ND～3.46	ND～6.26	ND～2.33	ND～4.79	1.17	2017/3～2019/7	[10]
美国	—	—	0.08～0.243	—	—	—	0.15	2001	[11]
英国	—	—	0.13～0.16	—	—	—	0.15	1994～1997	[12]

注：ND，未检出；“—”，无该污染物研究信息；E1、17α-E2、E3、EE2、DES 和∑EEs 分别表示雌酮、17α-雌二醇、雌三醇、炔雌醇、己烯雌酚及总雌激素。涉及的参考文献包括：[1] Viglino et al., 2011; [2] Dutta et al., 2012; [3] Karnjanapiboonwong et al., 2010; [4] Liu et al., 2012; [5] Yang et al., 2020a; [6] Bartelt-Hunt et al., 2012; [7] Zhang et al., 2015; [8] Ma et al., 2018; [9] Hansen et al., 2011; [10] Yang et al., 2021; [11] Jenkins et al., 2009; [12] Finlay-Moore et al., 2000。

E1 和 E2 作为畜禽粪便及有机肥中常见的雌激素，在土壤中含量及检出频率较高。在中国重庆的农田土壤中，检出率高达 100%(Yang et al., 2020a)，同样地，在 Yang 等(2021)调查的 430 个农田土壤样品中，E1 的检出率达到了 78.1%。如表 3-4 所示，在大部分的土壤样品中，E2 检出率高达 100%(Viglino et al., 2011; Yang et al., 2020a; Hansen et al., 2011; Jenkins et al., 2009; Finlay-Moore et al., 2000)。这表明 E1 和 E2 是农田土壤中常见的雌激素污染物。

2. 影响土壤中雌激素含量的因素

一般地，土壤中雌激素的含量及分布特征与土壤施肥类型、种植类型、畜禽养殖种类及数量、雌激素的特性及环境条件等有关。

1)施肥类型和施用量

土壤中雌激素的含量虽然受多种因素的影响，但在很大程度上取决于粪肥施用类型和施用量，特别是在农田土壤中(Shore and Shemesh, 2003)。在不同类型的畜禽粪便及粪源有机肥中，残留的雌激素种类、含量及畜禽粪便理化性质的差异可能导致将其施入土壤后，土壤中雌激素的含量和种类的变化。例如，向土壤中施用含有 E2 的鸡粪有机肥会导致土壤中 E2 的积累；E1 常出现在蛋鸡粪肥中，而很少出现在肉鸡粪肥中，因此，施用肉鸡粪肥可降低土壤中 E1 的含量。另外，蔬菜和农作物对养分的需求量不同，导致有机肥使用量不同，从而造成土壤中雌激素残留量的差异。Zhang 等(2015)的研究表明，在种植黄瓜的土壤中，鸡粪施用频率和用量较高，导致土壤中雌激素含量较高(表 3-5)。

表 3-5　不同种植类型土壤中各雌激素分布情况　(单位：ng/g)

种植类型	黄瓜	辣椒	茄子	丝瓜	甜瓜	西红柿	香菜	稻田	大豆	玉米
E1	3.01	2.37	2.93	0.52	1.9	1.42	7.93			
E2	0.6	0.36	0.28	0.36	0.64	0.31	0.66			
17α-E2	—	—	—	—	—	—	—			
E3	—	—	—	—	—	—	—			
EE2	—	—	—	—	—	—	—			
∑EEs	3.61	2.73	3.21	0.88	2.54	1.73	8.59	4.86	3.00	2.72

注：以上数据来源于 Zhang 等(2015)及 Yang 等(2021)的报道，其中稻田、大豆和玉米种植土壤中各雌激素含量不详。

2)种植类型

不同作物种植类型土壤中雌激素的分布存在差异。由表 3-5 可见，香菜种植土壤中 E1 和 E2 平均残留量最高，分别为 7.93 ng/g 和 0.66 ng/g。丝瓜种植土壤中雌激素含量最低，分别为 0.52 ng/g 和 0.36 ng/g。Yang 等(2021)的研究表明，种植蔬菜作物的土壤中雌激素含量要显著高于种植粮食作物(水稻、大豆、玉米)的土壤，其雌激素含量顺序为蔬菜种植区(5.30 ng/g)>水稻种植区(4.86 ng/g)>大豆种植区(3.00 ng/g)>玉米种植区(2.72 ng/g)。

一方面，不同蔬菜作物种植的田间管理方式(施肥量、灌溉次数、光照、温度等)不相同。例如，蔬菜种植中大多使用粪源有机肥而经济作物多施用复合肥（如尿素、钾肥等），这就可能导致蔬菜种植过程中更容易向土壤引入雌激素污染。另一方面，植物对土壤中雌激素的吸收能力存在差异，从而影响土壤中雌激素的残留分布。研究表明，土壤溶液中的雌激素会被植物所吸收，且具有一定的浓度效应（Chen et al., 2021）。表 3-6 列举了 E2 在 4 种植物中的根浓度因子（root concentration factor, RCF）、茎浓度因子（stress concentration factor, SCF）和转运因子（transport factor, TF）。其中，黑麦草的 RCF 最低，TF 最高。相比之下，胡萝卜的 RCF 最高，生菜的 TF 在 4 种植物中最低。这些结果表明，E2 在植物中的吸收和转运过程受到植物种类的影响。

表 3-6　E2 在 4 种植物中的 RCF、SCF 和 TF（Chen et al., 2020）

植物类型	RCF	SCF	TF
生菜	3.051±0.710	0.077±0.010	0.026±0.005
黑麦草	1.764±0.072	0.151±0.011	0.086±0.007
胡萝卜	5.793±0.462	0.197±0.032	0.036±0.002
小麦	4.166±0.261	0.068±0.012	0.044±0.004

3）环境条件

温度、光照、灌溉及土壤有机质含量也会影响土壤中雌激素含量分布。例如，较高的温度和降水可促进土–水系统中雌激素的生物转化或转运。Xuan 等（2008）发现土壤温度从 15℃提高到 25℃，E2 的半衰期可从 4.9 d 缩短到 0.92 d。这说明高温可以加速雌激素的降解。然而，在温室土壤中依旧检测到了比外界土壤环境含量要高的雌激素（Zhang et al., 2015）。Yang 等（2021）研究发现土壤中雌激素含量与 2017～2018 年各省市平均温度间无显著相关性（$p > 0.05$）。从 2018 年 6～12 月对土壤中雌激素含量的监测发现，尽管在夏季高温时雌激素含量下降速度较快，但在长时间的监测过程中，含量存在波动，无法说明雌激素含量的变化与温度之间的关系（图 3-9）。因此，环境温度并不是影响土壤中雌激素残留的主要因素。

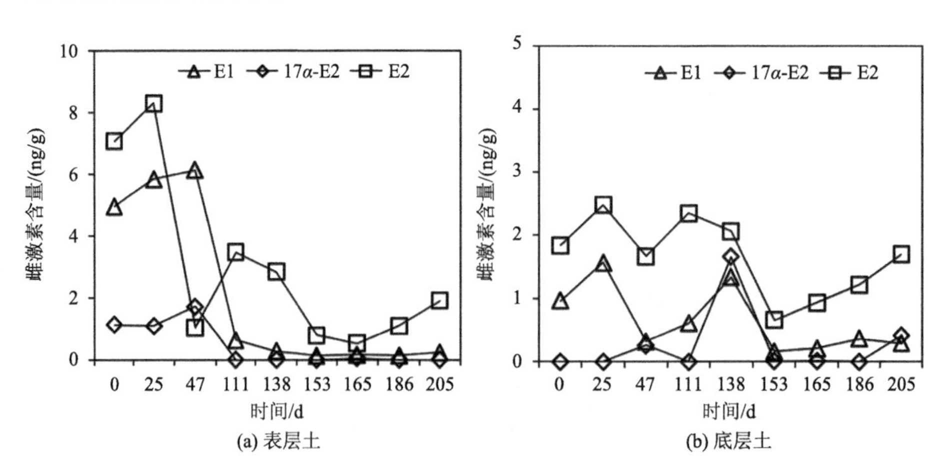

图 3-9　不同土层中雌激素含量随时间变化（Yang et al., 2020a）

土壤雌激素含量的变化与灌水期有关。夏季灌水频率较高，导致表层土壤中雌激素含量较高。此外，如图 3-9 所示，底层土中 E1 和 17α-E2 的含量在 111～138 d 的含量明显高于表层土壤，表明其有在底层土中积累的趋势，这说明灌水后可能导致土壤中雌激素的向下累积。此外，土壤有机质含量与其中雌激素的分布有显著相关性(R^2 = 0.20～0.55，$p < 0.001$)。较高的土壤有机碳(SOC)可以促进雌激素在农业土壤中的分配和积累(Yang et al., 2021)。

4) 社会因素

目前，蔬菜是我国种植业中仅次于粮食的第二大农作物。我国 60%的设施蔬菜产业集中在环渤海和黄淮海地区，导致该地区成为最大的畜禽粪便有机肥施用地。Yang 等(2021)调查表明，山东省、天津市及吉林省农田土壤中雌激素含量均高于其他省份。这表明环渤海和黄淮海地区可能是我国土壤中雌激素残留量最高、风险最大的地区。

畜禽养殖种类和数量可影响土壤中雌激素的含量(Yang et al., 2021)。欧洲、巴西、中国、东南亚和印度是畜禽粪肥农用最广的地区，美国中部、东非和中非以及中美洲仅部分农业用地使用粪肥。研究发现，猪和家禽存栏量与该地区土壤中雌激素含量存在显著正相关关系(R^2 = 0.75～0.88，$p < 0.01$)，这与中国农业土壤频繁使用猪粪、鸡粪作为有机肥的情况一致。因此，家禽和猪存栏量是雌激素在土壤中残留和分布的主要影响因素。同样地，人口、地区生产总值和人均国内生产总值也会影响雌激素在土壤中的分布情况。研究表明，女性人口数量会影响土壤中黄体酮的含量及分布，这主要与女性避孕和疾病(如子宫内膜异位症)治疗有关。

总之，农业土壤中广泛存在雌激素，其主要来源于污水灌溉及畜禽粪肥的施用。土壤中雌激素含量在不同省市之间、温室和露天农田之间及土壤种植类型之间存在较大差异。相关调查研究表明，农田灌水、土壤有机碳含量、土壤作物类型是影响农业土壤中雌激素的发生和分布的主要原因。因此，有必要设计出最优肥料处理方案和施肥策略，以减轻农业生态系统中雌激素带来的风险。

3.2.2　地表水中的雌激素

1. 全球地表水中雌激素分布

如表 3-7 所示，在世界各地的地表水中都检测到了 EEs，且地表水中雌激素的检出率很高。有报道称，在京津冀城市群的 84 个河流水样中，BPA、OP、NP 检出率均达到 100%(Lei et al., 2021)；荷兰 85 个地表水监测点 E2 的含量超过了 0.14 ng/L 的检测限(Vethaak et al., 2005)；在美国 24 个州和波多黎各岛的溪流检测点，几乎所有样品(34/35)都表现出具有雌激素活性，其 E2 当量范围在 0.054～116 ng/L。可见，EEs 在地表水中广泛存在。

全球不同地区雌激素的分布差异显著。与各大洲的分布(表 3-7)相比，亚洲的 EEs 污染要严重得多。亚洲地区主要雌激素(E2 和 EE2)的 E2 当量浓度高达 30 ng/L(Duong et al., 2010)，而欧洲的 E2、EE2 和 E1 均小于 5 ng/L(Ying et al., 2002)。在亚洲一些水域，EEs 污染严重。例如，在中国滇池周边的河流中，E1 浓度最大值达到 471 ng/L，相比之下，在欧洲、南美洲和北美洲水域，E1 的浓度低于 41 ng/L (Conley et al., 2017)。

表 3-7　全球地表水中雌激素含量分布　　（单位：ng/L）

	国家	雌激素含量							
		E1	17α-E2	E2	E3	EE2	BPA	NP	OP
亚洲	中国	ND～471	ND～74.71	ND～320	ND～309	ND～596	6～881	36～30548	35～154
	日本	17.1～107.6	—	2.6～14.7	< 0.2	< 0.2	16.5～150.2	—	—
	韩国	1.7～5.0	—	ND	ND	ND	—	—	—
	菲律宾	—	—	630	—	—	—	—	—
	马来西亚	0.002～1.95	—	0.004～31.93	—	0.005～7.67	—	—	—
	科威特	ND	—	6.6	ND	25.6	—	—	—
欧洲	意大利	0.29～11.3	—	ND～8.5	—	ND～11	—	—	—
	西班牙	ND～61.3	—	ND～30	ND～5.7	ND～2.2	—	—	—
	德国	< 0.1～19.7	—	< 0.15～3.6	ND	< LOD～19.7	0.5～77.6	—	—
	法国	ND～116.2	ND～9	ND～0.215	ND～77.7	ND～0.143	—	—	—
北美洲	加拿大	ND～0.5	ND	ND～0.7	ND	ND～1.2	—	—	—
	美国	ND～41	ND	ND～20	ND～8	ND～36.60	—	—	—
南美洲	巴西	ND～39	ND～7.3	3.55～87	11.9～46	ND～150	25～84	ND	ND
大洋洲	新西兰	ND～3.3	0.21～0.68	ND～0.16	—	—	—	—	—
	澳大利亚	9.12～32.22	1.37～6.35	—	—	1.11～1.20	—	—	—
非洲	南非	4.4	ND	ND	12800	ND	—	—	—

注：ND，未检出；"—"，无该污染物研究信息；数据来源于 Furuichi et al., 2004; Goeury et al., 2019; Saeed et al., 2017; Paraso et al., 2017; Kim et al., 2007; Du et al., 2020。

大量研究表明，E1 在全球地表水中广泛分布。在中国 217 个地表水样品中，E1、E2 和 E3 的检出率分别为 99%、78%和 84% (Yao et al., 2018)。Peng 等 (2008) 发现 E1 是珠三角地区最常见的甾体类雌激素，其浓度最高可达 65 ng/L，这可能是因为 E1 是人为排放和动物粪便中的主要污染物。因此，E1 既存在于市政污水处理厂，也存在于农业废水中。此外，E2 可被部分光降解为 E1，增加了天然水体中 E1 的浓度 (Shi et al., 2010)。在几种典型的 EEs 中，NP 和 BPA 的浓度通常较高。中国珠江三角洲 NP 浓度最高可达 30548 ng/L (Peng et al., 2008)，马来西亚巴生河 BPA 含量最高为 37000 ng/L (Nazifa et al., 2020)。而 NP 和 BPA 广泛应用于纺织、塑料、造纸、化肥、农药、食品和医药等行业中，因此，必须减少这些行业对 NP 和 BPA 的使用，以降低 NP 和 BPA 等雌激素物质的排放量。

地表水中 EEs 的暴露浓度均在 ng/L 水平。虽然其含量相对较低，但水生生物对 EEs 很敏感，容易产生生理反应。1 ng/L 的 EE2 就能刺激虹鳟鱼产生卵黄原蛋白 (Purdom et al., 1994)。然而，大多数地表水的 EE2 含量高于 1 ng/L，甚至达到约 60 ng/L (Huang et al., 2013)。目前，全球对 EEs 污染特征的认识还不够充分。一方面，由于检测技术的限制，对水体中 EEs 的监测还相对缺乏，尤其是在非洲等欠发达地区；另一方面，许多地区的监测数据没有及时更新，阻碍了环境雌激素污染风险的评估。

2. 天目湖中雌激素含量

本团队使用 SPE-HPLC/FLD 方法对溧阳天目湖水域两条河流（平桥河和中田河）中雌激素的含量进行分析，以了解水环境中雌激素的残留状况。图 3-10 是样品分布示意图。

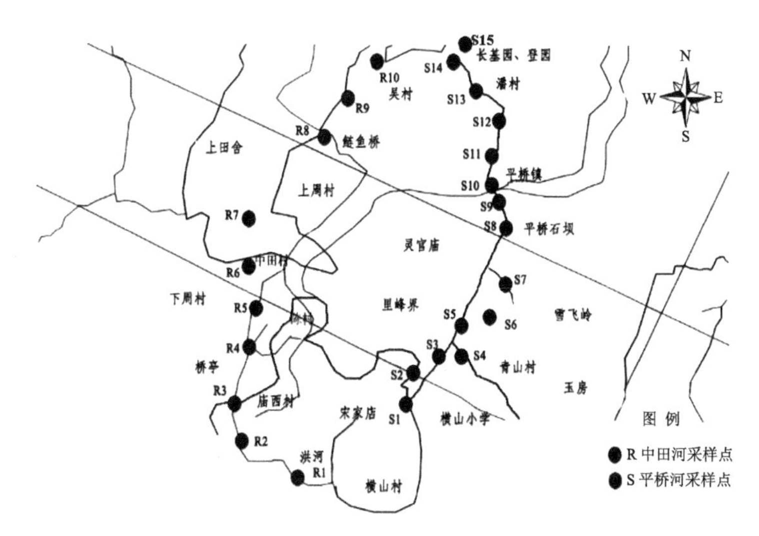

图 3-10　样品分布示意图

将所采集的 2 L 水样酸化后，经固相萃取柱富集浓缩（富集倍数 1000），液相色谱检测得到两条河流中雌激素的浓度，如表 3-8、表 3-9 所示。结果表明，平桥河与中田河中均存在雌激素，其含量范围分别在 0.01～1.35 μg/L 和 0.06～1.23 μg/L，已达到 μg/L 水平，说明两条河流雌激素污染严重，可能对其中的水生生物产生生理影响（雌激素在 1 ng/L 就可干扰动物机体）。两条河流中主要的雌激素污染物是 BPA 和 E3，检出率为 100%，其中，中田河的 BPA 浓度较平桥河高，最高含量达到 1.23 μg/L，而平桥河的 E3 含量较中田河高，含量可达 1.35 μg/L。表 3-8 和表 3-9 显示，两条河流中，上游雌激素含量较下游高，平桥河入湖口 E3 浓度由上游的 1.13 μg/L 降低至 0.05 μg/L，BPA 由上游的 0.23 μg/L 降低至 0.08 μg/L；中田河上游 E3 浓度为 0.56 μg/L，到入湖口时浓度降低至 0.13 μg/L，BPA 在上游浓度为 1.23 μg/L，到入湖口时浓度为 0.47 μg/L。一方面，雌激素在地表水横向迁移过程中发生光降解或生物降解；另一方面，两条河流与天目湖交汇处，河口较强的稀释作用可以在短时间内降低 EEs 的浓度。

表 3-8　平桥河水中雌激素的浓度　（单位：μg/L）

采样点	E3	BPA	E2	EE2
S1	1.13	0.23	—	—
S2	0.38	0.12	—	—
S3	0.81	0.01	—	—

续表

采样点	E3	BPA	E2	EE2
S4	1.18	0.03	—	—
S5	1.20	0.04	—	—
S6	0.78	0.03	—	—
S7	0.36	0.01	—	—
S8	1.35	0.01	—	—
S9	0.27	0.03	—	—
S10	0.12	0.04	0.01	—
S11	0.10	0.05	—	—
S12	0.13	0.05	—	—
S13	0.52	0.06	—	—
S14	0.07	0.06	—	—
S15	0.05	0.08	—	—

注：“—”表示未检测到目标物。

表 3-9　中田河水中雌激素的浓度　　（单位：μg/L）

采样点	E3	BPA	E2	EE2
R1	0.56	1.23	—	—
R2	0.43	1.11	—	—
R3	0.26	0.99	—	—
R4	0.19	1.06	—	—
R5	0.16	0.94	—	—
R6	0.12	0.10	—	—
R7	0.30	1.05	—	—
R8	0.06	0.98	—	—
R9	0.31	0.97	—	—
R10	0.13	0.47	—	—

注：“—”表示未检测到目标物。

3. 影响地表水中雌激素含量的因素

1）环境条件

环境条件是影响地表水中雌激素含量分布的重要因素之一。地表水中雌激素含量的时空变化可能受到天气条件、水流和水体理化性质、流量变化、自然衰减（稀释、对悬浮颗粒的吸附、生物降解和光降解）等因素的影响。Lei 等（2021）研究表明，京津冀城市群地表水中 BPA、OP 和 NP 浓度与 pH、水温、溶解氧呈负相关关系，与化学需氧量（COD）呈正相关关系。这些因素可能通过影响 EEs 的降解来影响 EEs 的含量。EEs 与 COD 的正相关关系表明污染物来源可能相同。因此，对高 COD 水域的 EEs 污染进行监测是必要的。此外，河流是否结冰也会导致 EEs 浓度差异。Tan 等（2018）研究表明，在中国东北地区冻结河流中 BPA 浓度可达 1131 ng/L，未冻结河流中 BPA 最高浓度仅为 38.4 ng/L。

同样地，河流的枯水期和丰水期也会影响 EEs 含量的分布。例如，珠江广州河段枯水期的 BPA 和 E1 浓度分别高达 540.6 ng/L 和 8.2 ng/L (Peng et al., 2008)，主要原因是枯水期河流的稀释效应导致河流中雌激素污染物浓度增加。因此，对结冰水体和枯水期水域中 EEs 的监测管理是有必要的。

2) 地形

海水或河口较强的稀释作用可以在短时间内降低 EEs 的浓度，因此，河口及近海 EEs 的发生率相对较低。如荷兰 Scheldt 河口 E2 浓度仅为 0.21～0.25 ng/L，EE2 浓度则低于检出限 (Noppe et al., 2007)。

3) 环境管理政策及标准

EEs 的浓度与各国不同的环境管理政策和废水排放标准有关 (Ma et al., 2022)。早在 20 世纪初期，EEs 已引起欧美国家的大量关注。2015 年，欧洲议会和欧洲理事会将雌激素化合物 E1、E2 和 EE2 添加到观察名单中，以补充《欧盟水框架指令》(EU Water Framework Directive, WFD)。《东北大西洋海洋环境保护公约》即《奥斯陆-巴黎公约》(OSPAR Convention) 已将 NP、BPA、多氯联苯和其他 EEs 列入优先物质清单的 A 部分，并为每种物质创建了背景文件，以详细说明其当前的污染状况 (OSPAR, 2004)。美国环境保护署颁布了《环境水生生物水质标准——壬基酚》，其中回顾了壬基酚 (NP) 对水生生物的毒性。另外，美国将 E3、滴滴涕 (DDT)、邻苯二甲酸二丁酯 (DBP) 和 NP 列入了 2012～2016 年和 2017～2021 年的监测清单中。2015 年，日本在《饮用水水质标准》中规定了 E2、EE2、BPA 和 NP 的检测浓度分别为 80 μg/L、20 μg/L、300 μg/L 和 100 μg/L (MHLWJ, 2015)。然而，中国的水质标准中只对部分重金属和农药做出了限定，并没有对 E1、E2、E3、EE2 和 NP 的排放浓度进行规定。如果没有严格的排放限制，水体中 EEs 的浓度会更高。例如，2013 年滇池的雌激素水平相对于 2009 年有所上升。因此，制定政策和采取措施控制环境污染物排放势在必行。

4) 人类活动

EEs 的浓度和分布与人类活动密切相关。例如，在伊比利亚河流中，大城市、工农业区附近河流的烷基酚含量通常高于其他采样点 (Gorga et al., 2015)。Pusceddu 等 (2019) 也报道了拉丁美洲桑托斯和 São Vicente 河口系统发生的 EEs 扩散与生活污水的排放有关。这些结果有力地表明，人类活动是造成 EEs 污染的重要因素。

3.2.3　地下水中的雌激素

雌激素可通过地表水或土壤渗漏进入地下水，造成地下水环境污染。迄今为止，有关地下水中类固醇激素的研究还很有限。对于大部分雌激素来说，其在地下水环境中的浓度小于 1 μg/L (表 3-10)。与其他国家相比，中国地下水中 E1 的浓度与美国和新西兰相似，但高于法国；E3 和 EE2 的浓度与美国和新西兰相当 (表 3-10)。EEs 的下渗能力与其本身理化性质、土壤/沉积物颗粒的性质、有机质的特征和水力条件有关。总而言之，由于雌激素的疏水性特征，其很容易以颗粒/胶体结合或溶解的形式向下渗入地下水，对地下水环境造成威胁，而对于地下水中雌激素的发生、归趋和风险问题还有待进一步的研究。

表 3-10　国内外地下水中雌激素浓度分布　（单位：ng/L）

	国家	采样位置	E1	17α-E2	E2	E3	EE2	BPA	参考文献
亚洲	中国	北京	0.18～3.8	—	ND～0.41	ND～0.05	ND～0.19	—	Li et al., 2013
		北京	0.11～29.12	—	—	—	—	12.01～2445.37	王培京, 2019
		胶州湾	4.34～8.08	—	0.76～1.52	0.72～0.76	0.38～0.76	—	Lu et al., 2020
		山东	ND	ND～0.99	ND～0.56	ND～2.38	—	—	Zhang et al., 2015
		台湾北部	1.0～14.9	—	ND	ND	ND～1822.2	—	Lin et al., 2015
		北方 12 省	ND～1.08	—	ND～0.11	ND～2.31	ND～0.26	—	Li et al., 2015
		沈阳	15.6～131.0	ND	40.2～69.1	ND	ND	—	Song et al., 2018
欧洲	法国	阿尔卑斯区	0.7	0.7	0.4	—	1.2	—	Vulliet and Cren-Olivé, 2011
	波兰		10～310	—	<430	—	<40	3～6880	Kapelewska et al., 2018
北美洲	美国	马萨诸塞州	49～74	16～19	—	—	—	—	Swartz et al., 2006
		俄克拉何马州	ND～4.5	<MDL	<MDL	<MDL	ND	—	Fine et al., 2003
		加利福尼亚州	ND～330	—	—	—	—	—	Bartelt-Hunt et al., 2011
大洋洲	新西兰	—	0.57～6.24	0.95～5.15	—	1.08～3.1	1.5	—	Close et al., 2021
		—	ND	0.21	ND	—	—	—	Tremblay et al., 2018
	澳大利亚	—	ND～1.6	ND～0.21	ND～0.79	ND～0.16	ND～0.94	—	Hohenblum et al., 2004

注：ND 表示在样品中未检出；<MDL 表示样品中污染物小于最低检出限；“—”表示未报道。

3.2.4　污水处理厂出水中的雌激素

1. 污水处理厂出水中雌激素含量

污水处理厂(WWTPs)是雌激素进入水生生态系统的重要途径之一。近年来，污水处理厂中痕量有机污染物的去除引发了研究者们的关注。如图 3-11 所示，通过 Web of Science 的检索，发现 2000～2020 年有 1399 篇关于“污水处理厂污水处理系统中雌激素”的相关报道，并且主要集中于 2009 年后的十年间。根据对发文国家的调查，相关研究报道主要集中于美国、中国和加拿大等北美洲、亚洲、欧洲国家。

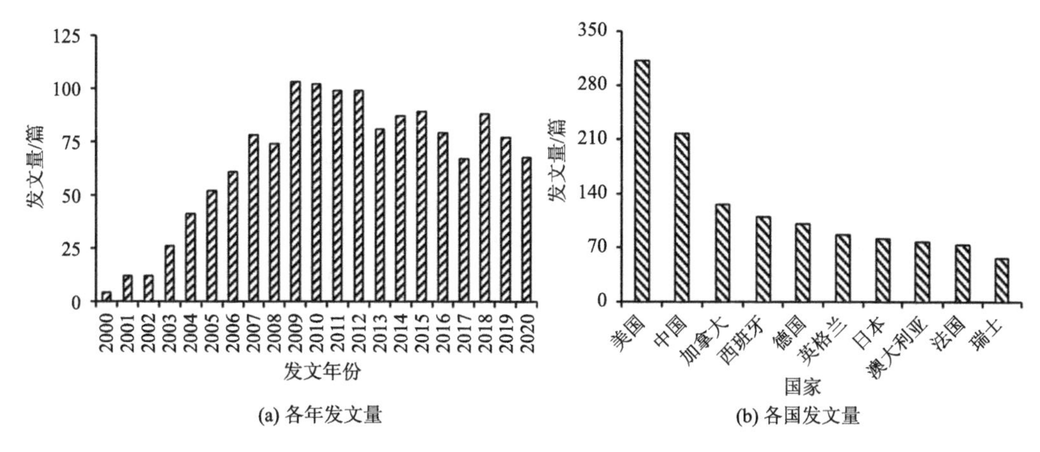

图 3-11　全球 2000～2020 年关于污水处理厂中雌激素的报道量(2000 年 1 月～2020 年 12 月)

Du 等(2020)对全球近五年(2015 年 1 月～2020 年 3 月)来水体生态系统中的雌激素进行了调查，发现在污水处理厂污水处理系统中，雌激素检出率较高，为 58%～83%。E1、E2、EE2 是污水处理厂中出现最多且活性最强的雌激素，其平均浓度比例在 97.7%。其中，17α-E2 和 E2 在污水处理厂中的检出率分别达到了 67%和 76%。在阿根廷和南非等国家的污水处理厂出水中 E2 和 EE2 的浓度高达 506.4 ng/L 和 4608 ng/L，比亚洲、欧洲和北美洲等国家污水处理厂中雌激素含量高 1～2 个数量级。如此高浓度的雌激素，一旦从污水处理厂出水口进入河流或沿海水环境，势必会对水生和陆生生物构成潜在威胁。对此，需要进一步优化污水处理厂对污水的处理工艺。

2. 影响污水处理厂出水中雌激素含量的因素

1)污水处理工艺

污水处理厂中雌激素的含量受到多种因素的影响。不同的污水处理工艺影响污水处理厂中雌激素的去除效率(表 3-11)。对于 EE2，其在污水处理厂中的去除范围在 47.5%～83.6%，波动较大。Andersen 等(2003)对德国污水处理厂的研究发现，EE2 仅在厌氧–缺氧–好氧(A^2/O)工艺中才具有较高的去除率(>90%)，而传统活性污泥工艺(A/O)对其去除效果较差。也就是说，异养微生物可以促进 EE2 的降解(聂亚峰等, 2011)。Zhou 等(2010)调查了北京地区 3 个分别采用 A^2/O、A/O 和氧化沟工艺的污水处理厂，结果显示氧化沟工艺对雌激素的去除率较高。E3 在各种生物处理工艺中去除率波动较小，去除率较高，表明生物处理工艺对污水处理厂污水中的 E3 具有较好的去除效果。

表 3-11　不同污水处理工艺对雌激素的去除效率

雌激素	处理工艺	进水浓度/(ng/L)	出水浓度/(ng/L)	去除率/%	参考文献
EE2	活性污泥法	ND～7890	ND～470	71.5	Tang et al., 2021
	A^2/O 或 A/O	ND～4437	ND～549	75.2	
	氧化沟	ND～4437	ND～98.3	83.6	
	SBR	<1～35	ND～7.63	69.1	
	MBR	1.6～19.9	0.2～9.7	71.5	
	生物膜法	ND～11.76	ND～4.4	55.3	
	人工湿地	0.38～600	ND～4.4	59.4	
	初级处理	0.5～895.5	0.5～269.1	47.5	
E1	活性污泥法	25.0～132.0	2.5～82.0	～95	Baronti et al., 2000
	A^2/O	51.0～69.0	8.0	>84	Clara et al., 2004
	生物滤池	83.0	49.0	41	Chimchirian et al., 2007
	SBR	59.0	11.0	81	Chimchirian et al., 2007
	氧化沟	132.0	1.2	99	Zhou et al., 2010
E2	活性污泥法	54.0	30.0	44	Clara et al., 2004
	A^2/O	131.0	47.7	64	Zhou et al., 2010
	生物滤池	11.2	5.4	52	Chimchirian et al., 2007
	氧化沟	31.7	ND	>99	Zhou et al., 2010
E3	活性污泥法	24.0～188.0	0.4～18.0	77～99	Baronti et al., 2000
	生物滤池	79.9	3.9	95	Chimchirian et al., 2007
	A^2/O	505.5	ND	>99	Zhou et al., 2010
	氧化沟	134.9	ND	>99	Zhou et al., 2010

注：ND 为未检测到。SBR 表示序列间歇式活性污泥法；MBR 表示膜生物反应器。

2)污泥停留时间、水力停留时间和温度

污泥停留时间(sludge retention time, SRT)、水力停留时间(hydraulic retention time, HRT)和温度是污水处理工艺中重要的运行参数。研究表明，SRT 时间越长，越有利于微生物的繁殖、促进生物处理系统中微生物种群的多样化，从而提高雌激素的去除效率(Kreuzinger et al., 2004；Zhou et al., 2010; Johnson et al., 2005)。同时，较长的 HRT 增加了污水与污泥中生物体的接触时间，这有利于雌激素的去除。李咏梅等(2009)模拟 A^2/O 工艺调查了 SRT 和 HRT 对 E2 和 EE2 降解的影响，发现 HRT 在 6～12 h、SRT 为 20 d 时，EE2 的去除效率最高。温度是影响污水处理厂中雌激素去除的另一个重要参数。一般地，温度越高，微生物的活性越强，有机物的去除效果越好。研究表明，冬季污水处理厂进出水中雌激素浓度要高于夏季(Jin et al., 2008；马军等, 2009)。

总之，提高污泥停留时间和水力停留时间、调控污水处理工艺温度，可有效地降低污水处理厂出水中雌激素的含量，减少雌激素对水生、陆生生态环境的风险。

3.3　土壤-水系统中雌激素的环境行为

雌激素是一类亲脂、低分子量、高生物活性的有机化合物，易在生物体内蓄积，扰乱生物体内分泌系统的正常代谢，对生态环境的影响尤为显著。雌激素可通过人、畜粪便的堆放或农用、工业废水及生活污水的排放等进入土水环境中，并经过地表径流、下渗等过程发生迁移转化(图 3-12)。环境雌激素(EEs)进入环境介质后，在土壤–水系统中发生挥发、吸附、迁移、降解、转化等行为，由于 EEs 的蒸气压值很小，所以挥发性极弱，进入大气的雌激素可忽略不计。在自然光照条件下，雌激素发生光解作用的可能性也很小。因此，EEs 的环境行为主要包括吸附、迁移及降解转化。

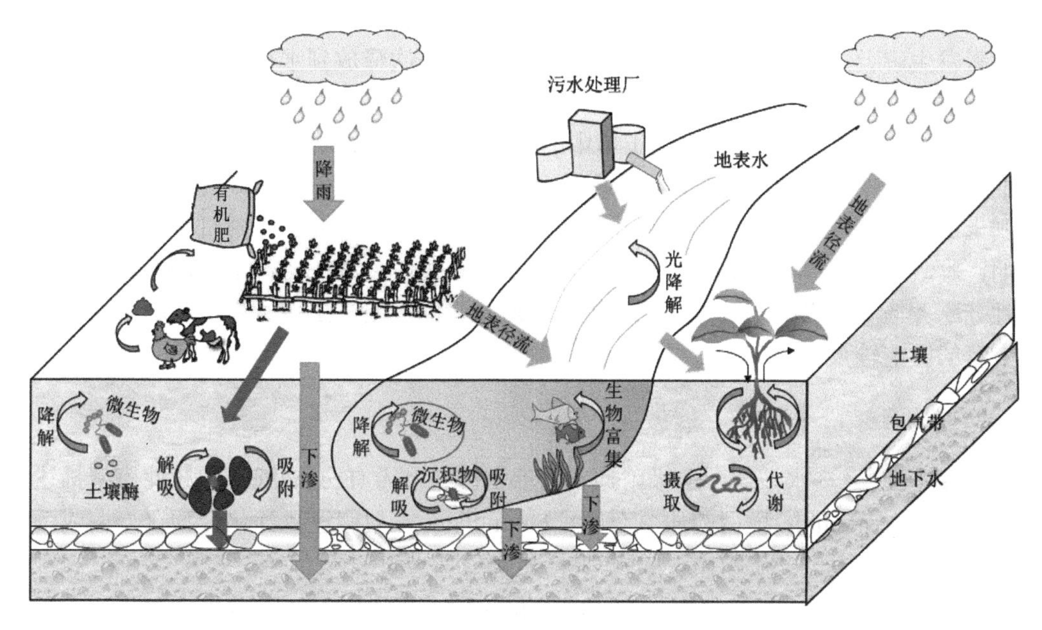

图 3-12　雌激素在土水环境中的迁移转化概念图

3.3.1　雌激素在土壤中的吸附

1. 土壤对雌激素的吸附行为

进入环境中的雌激素会发生多种物理化学作用，其中吸附是最重要的环境行为。自然条件下，大多数 EEs 是亲脂性的(辛醇–水分配系数 $\log K_{\rm OW}$ 介于 1.27 和 5.07 之间)，因此较难溶于水，易吸附在固相介质中，土壤、底泥和沉积物都可吸附 EEs 并成为其在环境中的源和汇(王琳等, 2021)。一般条件下，雌激素在 6～8 h 即可达到或接近表观吸附平衡，24 h 后基本吸附平衡。杜邦昊(2019)的研究结果表明，紫色土对雌激素(E1、17α-E2、E2)的吸附可分为快速吸附和缓慢平衡两个阶段，吸附 2 h 后土壤对雌激素的吸附量可达 95%，24 h 后基本吸附平衡。也有研究发现，在厌氧条件下，E2 和 EE2 与底泥在 1 d 之内可以完成 80%～90%的吸附结合，但 2 d 后仍未达到吸附平衡(Holthaus et al., 2002)。可见，雌激素可以快速地与吸附剂发生吸附，但其吸附平衡时间受吸附条件的影响而有差异。

研究表明，雌激素在固相介质上的吸附特征规律相似，即前期吸附较快，达到平衡后吸附速率缓慢降低。李建忠(2013)对雌激素在多种土壤中吸附的研究发现，初期雌激素的吸附作用主要为快速吸附，后期慢吸附的贡献逐渐上升，直至吸附平衡。造成雌激素慢吸附的原因有：一方面，雌激素在土壤矿物及 SOM 中的微孔扩散可能导致后期吸附变慢；另一方面，雌激素可进入矿物层间，减小矿物分子层间距，从而导致慢吸附及不可逆吸附的出现(Van Emmerik et al., 2003; Pan et al., 2008)。此外，雌激素与其降解产物间的竞争吸附作用也可能导致后期吸附速率变慢(Casey et al., 2004)。也有研究认为，雌激素在土壤上吸附由快变慢的原因可能是水溶性有机质的作用，它使吸附在土壤上的雌激素发生解吸。因此，被土壤吸附的雌激素可能再次释放到水相中，对环境和生态造成危害(杨明等, 2012)。

多数试验研究表明，雌激素在土壤中的吸附-解吸过程是物理吸附和化学吸附共同作用的结果，在不同土壤环境下，其中某一种吸附方式占主导作用。研究表明，雌激素在不同土壤上的吸附等温线基本为线性，疏水性分配是其最主要的吸附机理。但也有研究表明，雌激素在土壤、黏土矿物上的吸附行为不呈线性关系(Lee et al., 2003)。因此，疏水性分配并非土壤吸附雌激素的唯一机制，雌激素的吸附受土壤有机质和膨胀性黏土矿物含量的影响较大。

2. 雌激素吸附等温线

雌激素在土壤-水系统中的吸附通常用弗罗因德利希(Freundlich)和线性模型描述，使用朗缪尔(Langmuir)模型的研究有限。Freundlich 模型假设目标化合物在土壤或沉积物的非均匀表面上的多层吸附，如式(3-1)和式(3-2)所示：

$$C_s = K_f \times C_e^{1/n} \tag{3-1}$$

$$\lg C_s = \log K_f + \frac{1}{n}\lg C_e \tag{3-2}$$

式中，C_s为雌激素吸附在土壤中的浓度(μg/g)；C_e为达到吸附平衡后溶液中雌激素的浓度(μg/mL)；K_f和 $1/n$ 分别为 Freundlich 吸附系数和 Freundlich 强度参数。

当 n=1 时，将 Freundlich 模型转换为线性模型，可以写成

$$C_s = K_d \times C_e \tag{3-3}$$

式中，K_d为线性分配系数。进一步地通过土壤有机碳(SOC)含量 f_{oc} 对分配系数 K_d 进行校正，得到有机碳标化分配系数 K_{oc}：

$$K_{oc} = K_d / f_{oc} \tag{3-4}$$

Langmuir 模型假设雌激素占据特定的均质吸附位点，被认为是单层吸附(李建忠, 2013)。Langmuir 模型可以用式(3-5)来描述：

$$C_s = K \times Q_m \times C_e / (1 + K \times C_e) \tag{3-5}$$

式中，Q_m 为最大吸附容量；K 为平衡时的吸附系数。

在大多数情况下，雌激素的吸附数据可以用线性模型很好地描述。由于土壤和沉积物表面的异质性，Langmuir 模型在雌激素吸附数据的描述上使用较少。在 Freundlich 模型中，雌激素的 n 值大多接近于 1（n=0.92～1.08），表明雌激素在土壤上的吸附近似线性吸附和具有相对均匀的吸附能，这进一步地证实了疏水相互作用驱动雌激素在土壤上的吸附（Dai et al., 2021）。然而，有时观察到雌激素在土壤上的线性等温线可能是由于用于吸附实验的雌激素的浓度较低。因此，在吸附过程中有可能存在其他特殊的相互作用。

图 3-13 总结了雌激素的 $\log K_{oc}$ 值。由图 3-13 可知，雌激素的 $\log K_{oc}$ 范围在 2.19～4.30，EE2 的 $\log K_{oc}$ 在相对较大的范围内变化，这些结果可能是土壤–水系统中存在特定的相互作用、吸附研究中不同的实验和分析方法及不同来源的土壤有机质具有不同的结构造成的。

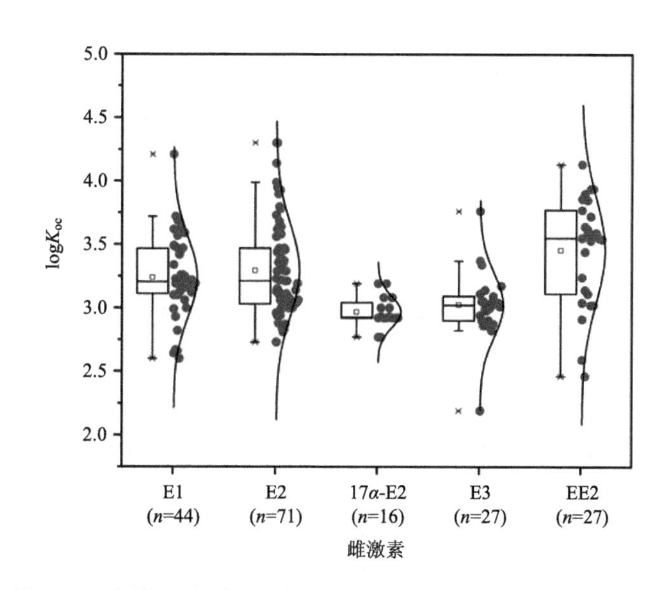

图 3-13　土壤–沉积物–水系统中雌激素的 $\log K_{oc}$（Dai et al., 2021）

3. 土壤吸附雌激素的影响因素

影响雌激素在土壤中吸附行为的因素很多，包括土壤有机质、不同类型土壤的矿物质、粒径分布、添加剂、环境条件及共存污染物等。图 3-14 反映了各因素对土壤–沉积物–水系统中雌激素吸附的影响。

1）土壤有机质

SOM 含量是影响 EEs 在土壤中吸附行为的重要因素。SOM 是一种异质混合物，它包括新沉积的生物聚合物（如蛋白质、多糖和脂质）、中度老化的腐殖质［如胡敏酸（HA）、黄腐酸和富里酸］及稳定的黑炭等。SOM 通常作为“有机相”，可以促进雌激素在土壤

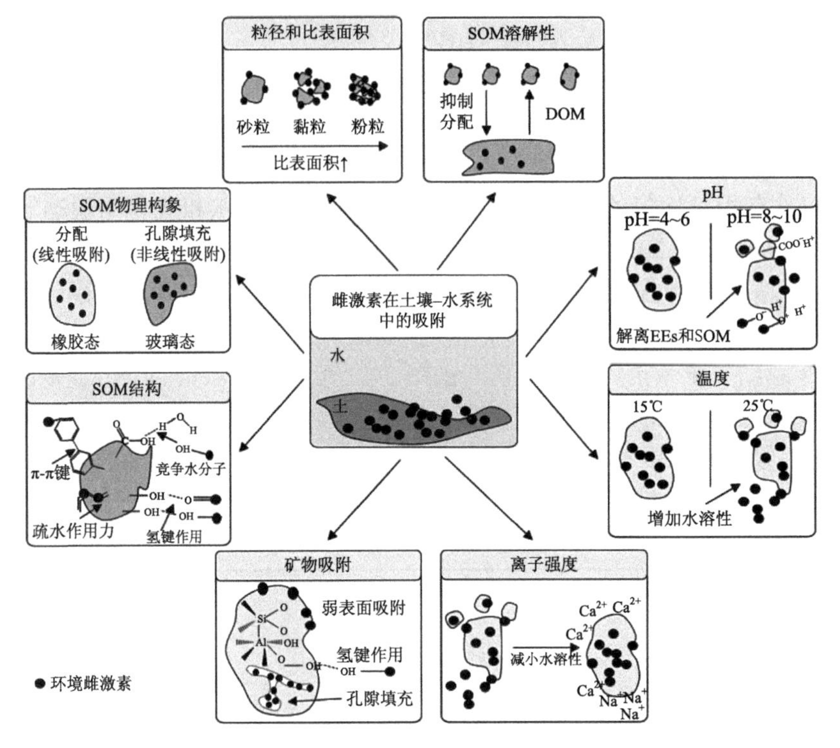

图 3-14　土壤–沉积物–水系统中雌激素吸附的影响因素(Dai et al., 2021)

和沉积物中的疏水分配(Lee et al., 2003)。大多数研究表明，雌激素在土壤中的 K_d 值与土壤有机质呈极显著正相关关系($p < 0.001$)(Caron et al., 2010)，即 SOM 对雌激素在土壤中的分配十分重要。

大分子生物聚合物(如蛋白质、多糖、脂类和木质素)、HA 和富里酸通常被认为是橡胶态 SOM，而炭黑和胡敏素则被认为是玻璃态 SOM。玻璃态 SOM 中存在不规则的孔隙和芳香基团，孔隙填充和 π-π 键作用会导致雌激素的非线性吸附。Sun 等(2010)发现，EE2 在玻璃态 SOM(黑炭)上的吸附为非线性吸附，其吸附量是在土壤中吸附量的 5.4～12.9 倍。然而，橡胶态 SOM 往往有助于雌激素等其他污染物的线性吸附(图 3-14)。

SOM 的结构特征也会影响吸附。SOM 的芳香结构域通过 π-π 键促进其与雌激素的相互作用。SOM 的极性基团可以直接与雌激素发生氢键作用。Lima 等(2012)研究表明，SOM 的羧基与 EE2 的 K_{oc} 值存在正相关关系，显示它们之间存在氢键作用。Bedard 等(2014)研究发现，雌激素的羟基会与 HA 发生结合，即使在 HA 浓度很低时也会发生反应。此外，SOM 的极性基团(如羟基、酚和羧基)可以与水分子发生氢键作用，从而通过竞争效应减少雌激素在 SOM 上的吸附位点(Guo et al., 2012)。

值得注意的是，SOM 中的溶解性有机质(DOM)组分，可以抑制雌激素在土壤–水系统中的吸附。Yamamoto 等(2003)发现，E2、E3 和 EE2 可与 DOM 发生氢键和 π-π 键作用。同样地，Stumpe 和 Marschner(2010a)发现当 DOM 存在时，雌激素在土壤上的吸附量减少。总之，SOM 的含量、物理构象、结构特征和溶解度对雌激素在土壤–水系统中的吸附行为至关重要。

2）土壤矿物

当土壤有机碳含量较低（SOC% < 0.1%）时，有机污染物在土壤-水系统中的吸附量受其与矿物质相互作用的影响较大。土壤中的矿物颗粒可分为砂粒（50～2 mm）、粉粒（2～50 μm）和黏粒（< 2 μm）。刘建林（2012）对 E1 和 E2 在不同矿物颗粒上的吸附量进行了研究，结果显示 E1 和 E2 在土壤颗粒上的吸附规律一致，土壤颗粒对雌激素的吸附能力为黏粒>粉粒>砂粒，表明土壤黏粒是雌激素最重要的吸附剂。土壤矿物颗粒为黏粒的主要有高岭土、蒙脱石和伊利石，这些矿物由硅氧四面体和铝氧八面体按 1∶1 或 2∶1 的比例构成。矿物表面的疏水性对疏水有机污染物在黏土矿物上的吸附起着至关重要的作用。然而，黏土矿物表面含有丰富的金属阳离子、氧原子和羟基，导致其表面通常对水有很强的亲和力。因此，极性有机污染物很容易通过阳离子交换和水合阳离子架桥吸附到土壤矿物质上。然而，雌激素在环境 pH 下不会电离（pK_a 值通常 > 10）（Wishart et al., 2018），黏土矿物和激素之间不会发生阳离子交换。由于雌激素的极性基团可以与吸附在矿物表面的氧原子、羟基或水分子发生反应，因此，氢键作用被认为是雌激素在矿物上的主要吸附机制（Wu et al., 2015）。

除了氢键作用外，雌激素还可以通过疏水作用与高岭土、伊利石和蒙脱石表面的硅氧烷（Si—O—Si）键相互作用。此外，雌激素还可以通过疏水作用和氢键作用进一步渗透到蒙脱石的层间区域、微孔或颗粒团聚体（即扩散控制吸附），并发生不可逆吸附。Van Emmerik 等（2003）研究发现，E2 对黏土矿物的吸附能力依次为蒙脱石>>高岭土>伊利石≥针铁矿。此外，Shareef 等（2006）发现，雌激素在伊利石和高岭土中很容易解吸，而在蒙脱石中几乎不解吸。

此外，氧化铁对雌激素的吸附量占沉积物（SOC%为 1.1%）的 40%（Lai et al., 2000）。除氧化铁外，其他常见的金属氧化物（如锰氧化物、水合铁氧体和二氧化硅）往往作为催化剂，而不是吸附剂，促进土壤-水系统中雌激素的非生物转化（Yang et al., 2020b）。

3）阳离子交换量

Dai 等（2021）研究发现，土壤和沉积物的阳离子交换量（cation exchange capacity, CEC）值对土壤-水系统中雌激素的吸附有正向影响。然而，雌激素的 pK_a 值在 10.05～19.09 之间，表明这些化合物在环境相关的 pH 下不会以阳离子形式存在。因此，没有直接的证据证明 CEC 与雌激素吸附量的相关性。但 Yang 等（2020b）发现，由于土壤和沉积物的部分 CEC 由有机质内带负电荷的基团提供（Xiang et al., 2018），导致土壤 CEC 与其有机质含量呈很好的相关性（$R^2 = 0.58$～0.99）。因此，雌激素的吸附量与 CEC 的高相关性可能是由于 CEC 与 SOM 的相关性较高。

4）温度、pH 和离子强度等环境因素

刘建林（2012）在研究雌激素在土壤吸附过程中的自由能、焓变和熵变过程时，发现雌激素在土壤中吸附反应 $\Delta G < 0$，吸附焓变 $\Delta H < 0$，吸附熵变 $\Delta S < 0$，表明雌激素的吸附为自发、放热的熵减过程。较高的温度会削弱雌激素的疏水性，使有机质在水相中分散，从而抑制雌激素在土壤中的吸附。Ren 等（2007）指出 4℃时 4 种雌激素（E1、E2、E3 和 EE2）的吸附量高于 20℃条件下的吸附量。

pH 可影响雌激素和 SOM 的解离程度。研究表明，pH 在 3.0～6.0、6.0～9.0、9.0～10.0 时，17α-E2 和 E1 吸附作用的变化分别为逐渐减弱、变化较小、逐渐减弱（靳青等，

2012；岳波等, 2013）。在碱性条件(pH>8.7)下，雌激素的酚基会逐渐分解形成一种有机阴离子，从而降低雌激素在土壤–水系统中的吸附量(Zhang et al., 2013)。Zhang 等(2013)发现，当 pH 为 5～8 时，E1 对沉积物的吸附量基本不变，但当 pH 为 8～11 时，E1 对沉积物的吸附量约下降 29.4%。另外，SOM 中的胡敏酸和富里酸 pK_a 分别为 4.26 和 2.18(Neale et al., 2009)，表明它们在中性或碱性条件下容易解离。Neale 等(2009)研究表明，在酸性 pH 条件下，甾体激素对 SOM 的吸附量最高，而在碱性条件下 SOM 对甾体激素的吸附能力减弱，因为在酸性 pH 条件下 SOM 处于非解离状态。

许多研究表明，溶液离子强度的增加会导致盐析效应而显著提高雌激素的吸附能力(Lai et al., 2000)。首先，较高的离子强度会使雌激素更倾向于土壤或沉积物表面，从而降低雌激素的水溶性，促进其在土壤上的吸附。Lai 等(2000)研究表明，增加 NaCl 的浓度可使 EEs 的溶解度降低，从而促进其在土壤中的吸附。其次，较高的离子强度可以通过降低粒子电荷和修饰 SOM 结构来增加 SOM 的疏水性。Sun 等(2010)观察到，在 Ca^{2+} 或 Na^{+}存在的情况下，溶解的腐殖质的荧光强度剧烈下降，表明相对较高的盐度可能通过减少腐殖质组分(如 HA 和富里酸)的解离而增强 SOM 的疏水性。Ong 等(2012)观察到，当 NaCl 浓度为 20 g/L 时，沉积物上甲睾酮的 K_d 值是不含 NaCl 时的 2.13 倍，而随着盐度的增加，砂土上甲睾酮的 K_d 值(SOC%接近 0)相对稳定。因此，离子强度可以通过改变 SOM 的物理或化学性质来改变环境激素的吸附量。

5) 雌激素的结构及理化性质

$\log K_{ow}$ 值是影响雌激素在土壤–水系统中分布的关键因素(Adeel et al., 2017; Zhao et al., 2019)。一般来说，$\log K_{ow}$ 值较高的雌激素被认为具有较强的疏水性，因此，更有可能通过疏水相互作用分配到土壤中。在这种情况下，雌激素的 $\log K_{oc}$(或 $\log K_d$)和 $\log K_{ow}$ 之间的显著相关性可用来证明吸附由疏水性分配作用驱动。例如，Chen 等(2012)发现土壤-水系统中 4 种雌激素的吸附量与其 $\log K_{ow}$ 值呈正相关关系($R^2 > 0.92$，$p < 0.01$)。也有研究表明，当两种雌激素共存时，吸附等温线中得到的 K_d 大小顺序与 K_{ow} 的顺序一致。这些相关性通常被称为单参数线性自由能关系[即 sp-LFERs、$\log K_{oc}$ 与单一溶质性质(如 $\log K_{ow}$ 和水溶液溶解度)之间的关系]，可以用来预测结构相似的雌激素在土壤中的吸附量。

此外，研究表明，雌激素的活性官能团可为其在土壤-水系统中的吸附提供额外的贡献。这些与雌激素官能团相关的相互作用主要包括氢键相互作用和芳香型相互作用。雌激素的酮基、羟基或酚基可作为氢的供体或受体，促进雌激素与土壤中的氢键相互作用。氢键相互作用的强度取决于活性官能团的性质和取向。一般地，单极性酮基只能接受氢而不能贡献氢，因此相对于含有双极性羟基和酚基的雌激素，它与土壤形成氢键作用的可能性较小。官能团的取向对氢键相互作用的强度也起着重要的作用。研究表明，E2 的吸附比 17α-E2 的吸附更占优势(Qiao et al., 2011)。其主要原因是 E2 的 D 环平面上 C17 位置的 OH 基团取向有利于与土壤的氢键作用，而 17α-E2 的取向在平面外。总的来说，氢键作用是雌激素和土壤之间形成的最常见的相互作用之一。另外，雌激素含有芳香 A 环，可以通过 π-π 键与土壤或沉积物相互作用。Lima 等(2012)研究发现，由于 π-π 键作用，EE2 的 K_{oc} 值与有机质的芳香族呈正相关关系。

6) 共存污染物

在多溶质的复合污染下，雌激素可以争夺土壤或沉积物的特定结合位点。但这种竞争吸附往往取决于矿物和 SOM 的可用吸附位点、雌激素浓度及雌激素之间的相对疏水性(Dai et al., 2021)。Bonin 和 Simpson(2007)研究发现，E1、E2 和 EE2 混合物在高岭土和蒙脱石上的吸附量比单溶质体系的吸附量降低了 50%以上。然而，在泥炭中，这些雌激素的吸附量没有显著下降，因为泥炭可以为这些污染物提供足够的吸附位点。一般情况下，当竞争污染物浓度较低时，吸附质在高浓度下的吸附量不会发生明显变化。例如，Yu 等(2004)发现，当 E1 浓度较低时，E2 在双溶质体系(E2 和 E1)中的 K_{oc} 值与单溶质体系中的 K_{oc} 值大致相同。然而，在较宽的浓度范围内，E2 的存在大大降低了 E1 的吸附，因为 E2 的疏水性比 E1 更强(Yu et al., 2004)。这一结果也与 Lai 等(2000)的研究结果一致，他们认为疏水性高的激素比疏水性低的激素在结合位点上更具竞争力。

除了竞争吸附外，多溶质体系中也存在协同吸附。Yu 等(2004)研究发现，E1、E2 和 E3 之间的相互作用对 EE2 的吸附具有协同效应。同样地，低浓度的 BPA 与 EE2 发生竞争吸附，而高浓度的 BPA 促进了 EE2 的吸附(Li et al., 2013)。这可能是因为雌激素在土壤中可以增加 SOM 的疏水性和芳香性，从而促进其他雌激素在土壤或沉积物中的分配(Dai et al., 2021)。

3.3.2　雌激素在土壤–水系统中的迁移

粪肥的农用、制药厂污水的排放会导致基质中存在的雌激素污染土壤和水源。大多数雌激素会在土壤底层 1 cm 处被吸附，并可残留 4 个月以上。当含有雌激素的粪肥和污水施入土壤后，雌激素可以在水文事件中发生水平和垂直方向上的迁移，不同类型的雌激素迁移速度和迁移范围存在一定差异。

在水平方向上，雌激素可以通过径流作用从农田土壤或水环境转移至沟、塘和河流等其他地表水体或土壤中。对污水灌溉土壤的雌激素进行检测发现，外灌区土壤中雌激素(E1、E2 和 EE2)含量与主灌溉区含量相当(Karnjanapiboonwong et al., 2010)。付银杰(2012)在调查天目湖河流水域雌激素含量时发现，随着河水的流动，在下游检测到的 E3 和 BPA 的浓度超过了河流稀释作用下的浓度。

雌激素在土壤-水系统的垂直方向也会发生迁移，不同雌激素的迁移深度和迁移难易程度存在差异。Goeppert 等(2015)发现，E2 比 E3 更容易在土壤蓄水层中发生迁移。在大部分室内模拟实验研究中发现，由于土壤的吸附作用和降解作用，雌激素的迁移深度不会很深。但在大部分野外实验探究中，很多研究人员在地下水、河流沉积物及深层土壤中均检测到了雌激素(Karnjanapiboonwong et al., 2010; Zhang et al., 2015)。例如，Zhang 等(2015)在受污染农田地下水中检测到了雌激素的存在，表明雌激素在地下环境中具有迁移性、危害性和持久性。

土壤淋溶柱试验是研究雌激素迁移行为的重要手段。如图 3-15 所示，在实验条件下，根据土壤容量将一定质量的土壤样品装入淋溶柱(不锈钢或有机玻璃柱)中，将雌激素置于土柱的表层，模拟一定的降水量进行一段时间的淋溶，结束后将土柱分段取样，测定每段土壤中雌激素的含量。以距土壤表层的距离为横坐标，以测得的土柱各段中雌激素含量为纵坐标作图，即可得到待测物在土柱中的分布图，根据待测物在土柱中移动的远近可预测有机物在环境中移动性的强弱。

图 3-15　土柱示意图

土壤中不同雌激素的迁移深度和迁移难易程度存在差异，且受多种因素的影响。刘建林(2012)通过 McCall 等的方法评价了雌激素在土壤中的移动性，发现雌激素的 K_{oc} 值均小于 50，这表明 E1、E2、EE2、E3、BPA 在土壤中的移动性很强，其移动性强弱顺序为 BPA > E3 > E1 > EE2 > E2。有机碳含量的差异会影响不同深度土壤对雌激素的吸附，从而影响土壤中雌激素的垂直迁移行为。Bai 等(2015)研究发现，由于表层土壤的有机碳含量高于底土导致 E2 在表土中的扩散速度要快于底土。同样地，降水量也会影响土壤中雌激素的迁移深度。Chen 等(2013)通过土柱实验证实，随着淋溶液体积的增加，E1、E2 和 EE2 会逐渐深入土壤，使渗滤液中 EE2、E1 和 E2 的浓度逐渐增加。另外，土壤孔隙越大，雌激素迁移速率越快。

3.3.3　土水环境中雌激素的降解及转化

雌激素的降解作用类型主要分为生物降解过程和非生物降解过程。不同 EEs 的主要降解机制有所不同，EE2 以非生物降解为主，E1、E2 以生物降解为主，其中 E1 受微生物影响更大(王琳等, 2021)。

1. 雌激素的非生物降解过程

大量研究表明，雌激素在无菌土壤中可发生降解。在无菌土壤中，E2 被氧化为 E1，而 E1 和 17α-E2 仅被生物降解，表明 E2 到 E1 可能是一个非生物过程(Colucci et al., 2001)。雌激素的非生物降解包括光降解、金属或金属氧化物氧化、黏土矿物、HO• 相互作用和有机矿物配合物表面催化等。

1) 光降解

光降解是有机物分子因吸收光能而发生分解的过程，主要包括直接光降解和间接光降解。光降解过程是雌激素在土壤-水系统中降解转化的重要途径。直接光解是当特定能量的光子被化合物吸收时直接发生的光转换，其光解效率取决于化合物的光吸收率和激发态反应的量子产率(Whidbey et al., 2012)。间接光解是指光敏剂如天然有机物质，产生自由基并介导的光转化反应(Chowdhury et al., 2010)。直接光解雌激素的降解率低，甚至不发生降解，因此，间接光解通常被认为在雌激素降解中发挥重要作用。Liu 等(2003)发现在紫外光照射下 E1 和 E2 均可发生光解但效率较低，这两种雌激素光解导致苯环断裂和氧化，产生含有羰基的化合物。

大量研究探讨了雌激素可能的光降解途径。Whidbey 等(2012)观察到 E1、E2 和 EE2 在间接光降解中会产生苯酚类物质，在直接光降解中 E2 和 EE2 会产生非活性物质，而 E1 则会产生其他具有雌激素活性的产物(lumiE1)。Leech 等(2009)假设 E2 的间接光转化是由溶解有机碳(dissolved organic carbon, DOC)光转化形成的活性氧(reactive oxygen species, ROS)引起的：

$$E2+O_2+h\nu \longrightarrow \text{Products+ROS}$$

$$E2+ROS \longrightarrow \text{Products}$$

光降解过程中产生的雌激素降解产物与雌激素的羟基化过程有关。Mazellier 等(2008)研究发现，E2 和 EE2 在直接光降解中的降解产物与雌激素羟基化产生的酚类或醌类化合物相对应。Caupos 等(2011)鉴定了直接或间接光降解下 E1 的降解产物，结果表明，E1 的降解产物为 E1 的异构体。他们发现，E1 在光降解过程中，类固醇部分发生了变化而其芳香结构保存完整。Chowdhury 等(2011)研究发现，光降解过程中，E2 的脂肪环耐降解而芳香环易断裂。

雌激素的光降解会受到系统中其他因素的影响。表 3-12 列举了一些环境因子对水中雌激素光降解的影响。溶解的有机碳、Fe^{3+}、TiO_2、H_2O_2 和 HA 可以通过生成 HO•、$^1O_2$

表 3-12　环境因子对水中雌激素光降解的影响

环境因子	雌激素	机制及效应	参考文献
pH	E3	pH 增大促进 E3 解离，从而促进 E3 光降解	Chen et al., 2013
溶解氧(DO)	EE2	促进产物转化及 ROS 生成，从而促进 EE2 在纯水及 HA 溶液中光降解	任东, 2017
Fe(III)	E3	Fe(III)与 E3 酚羟基和羧酸盐反应，从而促进 E3 光降解	Chen et al., 2013
NO_3^-	EE2	NO_3^-产生 HO•，促进 EE2 光降解	任东, 2017
CO_3^{2-}/HCO_3^-	EE2	无影响	任东, 2017
	BPA	与 ROS 反应生成 CO_3^-•促进 BPA 光降解	Espinoza et al., 2007
天然有机质(NOM)	EE2	NOM 光反应生成 ROS，促进 EE2 光降解	任东, 2017
	E1	NOM 光反应生成 $^1O_2$ 和 HO•，促进 E1 光降解	Caupos et al., 2011
	E3	HA 光反应生成 ROS，促进 E3 光降解；强光作用下改变 HA 性质，抑制其光降解	Chen et al., 2013
	E2	NOM 抗氧化性，抑制光降解	Canonica and Laubscher, 2008

等活性氧自由基与雌激素反应，从而提高雌激素的光转化速率和效率(Boreen et al., 2008)。图 3-16 为天然有机质(NOM)促进雌激素光降解机理。Feng 等(2005)猜测 HO•引起的 E1 光降解途径可能经历了三个步骤：第一，HO•与 E1 在芳香环上发生反应；第二，E1 芳香环开环；第三，雌激素被矿化。然而，当 HA 浓度高于 8 mg/L 时，E2 的光降解受到抑制(Chowdhury et al., 2011)。这可能是因为高浓度的 HA 作为活性物质猝灭剂参与反应，抑制了自由基的形成。此外，NOM 的抗氧化性及滤光性也会影响雌激素的光降解过程(Wenk et al., 2011)。

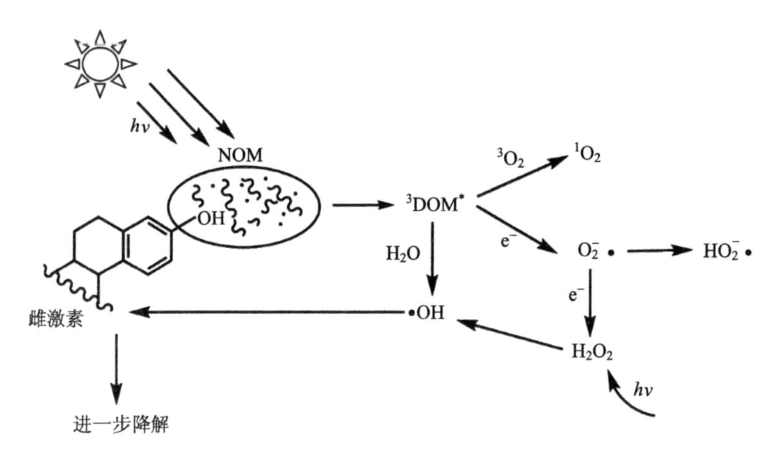

图 3-16 NOM 影响雌激素光降解机理

$^3DOM^*$为三线态 DOM

环境 pH 会影响雌激素的光降解速率。研究表明，E1、E2、E3 和 EE2 在酸性条件下的光降解速率较低，而当 pH 不低于 9 时，它们的光解速率逐渐增加(Chowdhury et al., 2010)。这是由于碱性条件下 OH^-浓度的增加可以使光降解反应产生更多的 HO•。此外，当 pH 升高时，雌激素由中性变为电负性。因此，这些化合物更容易受到活性氧的亲电攻击，导致进一步降解。

雌激素的光降解速率很大程度上会受到实验条件的影响。较高的初始浓度会使雌激素的光转换速率降低(Chowdhury et al., 2010, 2011; Chen et al., 2013)。光强度是影响光转换速率和效率的另一个因素。Chowdhury 等(2010, 2011)发现，E1 的光转化速率与光强成正比，E2 的降解速率与太阳光强的平方根成正比。水的浑浊度影响光的穿透，也会影响雌激素的光转化速率。雌激素在水中的光降解通常发生在水面，随深度的增加其降解能力减弱(Leech et al., 2009)。Puma 等(2010)观察到短波紫外线(UVC，波长 100～280 nm)比长波紫外线(UVA，波长 315～400 nm)降解 E1、E2、EE2 和 E3 的速度更快。

光降解的研究在近年发展较为迅速，从直接光降解到对天然材料进行化学改性、使用新型复合金属有机骨架(metal-organic frameworks, MOFs)材料或其他复合金属化合物材料(如钛复合材料和铋系复合材料)催化光解作用，其降解效率不断提高，但因能耗和自然光利用率等问题，大部分结果只停留在实验室阶段，实际应用较少。另外，尽管在光照条件下有机污染物可被降解或完全消除，但对于一些有毒有机污染物来说，在受光照后更易产生毒性物质或产生 ROS 损伤生物膜、脱氧核糖核酸(deoxyribonucleic acid, DNA)等(任东, 2017)。由此，以低浓度存在于环境中的污染物及其光降解产物可能会对生态系统构成严重威胁。

2)氧化反应

高氧化还原电位的金属氧化物(锰或铁氧化物)，可作为天然氧化剂，通过脱氢、羟基化和自聚合反应，实现环境中雌激素的催化氧化。研究表明，土壤中的锰氧化物可将 E2 非生物氧化形成 E1(Sheng et al., 2009)。土壤中金属氧化物可以将 E2 的醇羟基氧化为 C17 位的酮基。在水溶液中，δ-MnO_2 可将 E2 氧化生成 E1 和 2-羟基-17β-雌二醇(2-OH-E2)(Jiang et al., 2009)。Bai 等(2015)发现土壤中的黏土矿物可在非生物条件下将 E2 催化氧化成 E2-17S 和 E2 极性代谢物。

3)自由基耦合反应

在 Fe^{3+}改性蒙脱石、ε-MnO_2、可溶性 Mn(III)存在下，或在紫外线(ultraviolet, UV)处理下，E1 和 E2 可以通过 C—C 和 C—O—C 发生自由基偶联(自耦合交叉偶联)反应，形成二聚体、三聚体、四聚体、低聚体和聚合物的单电子转化过程(Sun et al., 2016)。在水相中，Fe^{3+}改性蒙脱石可以通过表面催化氧化低聚反应快速转化 E2，主要代谢产物为水溶性低、移动性弱、无生物活性的 E2 低聚体(Qin et al., 2015)。因此，雌激素的低聚体和聚合物的高化学稳定性可能对环境和人类健康造成潜在的生态威胁。

2. 雌激素的生物降解及矿化

1)生物降解

生物降解是通过生物作用将有机污染物分解为小分子化合物的过程。生物降解是去除环境雌激素的一个重要途径。与传统的物理、化学降解方法相比，生物降解具有成本低、可重复使用、不产生二次污染等优点。因此，生物降解雌激素技术的研发一直备受研究人员关注。生物降解 E2 的途径可分为 4 个部分：① C4 位 A 环羟基化；② 饱和环(即 B、C 和 D 环)羟基化；③ D 环在 C17 位脱水；④ D 环在 C17 位置脱氢(Yu et al., 2013; Chen et al., 2018)。温度、湿度、氧化还原状态、微生物多样性和底物可用性均会影响 EEs 的生物降解过程。

在不同的环境条件下，湿度、温度和 pH 等可以影响微生物的活性，进而影响雌激素的降解。Colucci 等(2001)发现提高土壤含水率(10%～20%)和环境温度(15～25℃)可将 E2 的半衰期分别从 1.3 d 和 4.9 d 缩短至 0.69 d 和 0.92 d，说明土壤中湿度和温度的升高，提高了雌激素的生物可利用性，降低了雌激素的环境持水性。未酸化的样品中 E2 可以较快地转化为 E1，且雌激素总量的降解遵循一级动力学。

氧气是影响雌激素生物降解的重要因素之一。大部分雌激素的生物降解过程是在好氧条件下进行的。与好氧条件相比，厌氧条件下雌激素的降解速率较低，例如，17α-E2 在土壤厌氧条件下的降解速度比 E2 慢，而在好氧条件下降解速度与 E2 相同(Zheng et al., 2012)。地下水中 E2 的半衰期为 70 d(Ying et al., 2002)。Czajka 和 Londry(2006)研究湖水和沉积物中的EE2和E2的厌氧生物降解时发现，在3年的实验周期内，EE2(5 mg/L)没有发生生物降解；尽管E2可以转化为E1，但雌激素的降解总量变化较小，说明在厌氧条件下，雌激素可以积累。因此，长期处于厌氧状态下的深层土壤及沉积物被称为雌激素的“天然储存库”。对于厌氧状态下的雌激素来说，E2在土壤和水环境中的半衰期延长，而EE2几乎没有降解。可见，在厌氧环境中，EEs生物降解效能降低，而人工雌激素EE2更是很难发生生物降解。

营养物质(氮和磷)也是影响雌激素生物降解的重要因素。研究发现，在厌氧环境中，缺氮情况下E1不能通过外消旋作用生成E2，E2的降解也会受到抑制，这可能是由于微生物在缺乏营养物质的环境中活性降低，从而导致雌激素的生物降解速率降低(Czajka and Londry, 2006)。

雌激素的生物降解还受到共存物质的影响。Li等(2020)研究发现，四环素类抗生素的存在可干扰E2饱和环的后续开环过程，降低了功能细菌代谢E2的速率和完整性。在含有磺胺类抗生素的土壤中，E2的生物降解速率从0.75 d^{-1}缩短到了0.49 d^{-1}(Xuan et al., 2008)。土壤中共存的金属离子如Cu^{2+}、Zn^{2+}等会对雌激素的降解产生抑制作用。当HA与雌激素共存时，其对雌激素的吸附作用会抑制雌激素的生物降解。Lee 等(2011)研究发现，E2的吸附量随HA浓度的升高而增强，但其降解速率明显降低，可能是由于HA分子覆盖了E2的氧化位点，导致生物降解速率变慢。

目前，国内外研究者发现细菌、真菌、酶和藻类都可以对雌激素进行降解。不同微生物种类对雌激素的降解机制不同。国内外的研究团队对雌激素生物降解菌的研究取得了一定的进展，大量研究表明，环境介质中变形菌门、放线菌门、拟杆菌门和厚壁菌门细菌可高效降解天然雌激素类物质(Yu et al., 2013)。如EE2在雅致小克银汉霉菌(*Cunninghamella elegans*)的降解作用下经历了羟基化反应、甲基化反应，最后生成代谢产物(Ismanto et al., 2022)。酶可以催化天然或人工合成的雌激素的氧化反应，从而使雌激素发生降解。研究表明，在连续的酶膜状物反应器中，真菌漆酶能够催化废水中17β-E2的去除并降低其雌激素活性(Lloret et al., 2013)。藻类属于自养型生物，能够富集并降解水中的雌激素。在有光或无光条件下，普通小球藻可以使E1和E2相互转化，并且有光时，50%的E2会转化成一种未知物(马晶晶和徐继润, 2013)。微藻可以通过加氧酶作用、羰基化和羟基化作用得到新的代谢产物，从而去除水环境中的EE2(田克俭等, 2019)。铜绿微囊藻可强化水中BPA的光降解作用，其降解率可达80%(赵丽晔等, 2013)。此外，混合藻类可提高EE2的去除率，最高可达到100%(吴冬冬, 2012)。

目前生物降解技术的研发仍然处于实验室研究阶段，将其应用于实际水体中的雌激素降解效果尚不清楚。同时，自然环境中雌激素的生物降解可能还涉及其他复杂的物理、生物和化学过程，基质种类、微生物种群及营养物可利用性都可能对其产生重要影响，如酶促进或抑制作用变化、细胞形态和结构改变等。因此，性能改变后的微生物是否可以继续降解雌激素，是否会影响生态系统平衡，还需要进一步研究。

2)矿化

雌激素也可以通过开环矿化成CO_2(Lee and Liu, 2002；Bradley et al., 2009)。Lee和Liu(2002)推测E2在D环C17位置转化为E1；然后，E1进一步氧化为具有内酯结构的不稳定代谢物(X1)，最终通过三羧酸循环生成 CO_2。Bradley 等(2009)在河流上游沉积物中观察到 E1 和 E2 的 A 环矿化相对较快。

先前的研究表明，E1 和 E2 的矿化受环境因素(如温度、湿度、氧化还原状态)和底物性质(如有机化合物、氮和 CEC)的影响(Yu et al., 2019)。Hemmings 和 Hartel(2006)研究表明，E1 和 E2 的矿化率随温度的降低(45～25℃)而升高。然而，Durant 等(2012)对肉仔鸡粪便处理土壤中 E2 的矿化进行了研究，结果表明 E2 的矿化程度随着温度的升高(10～30℃)而升高。这表明，雌激素的矿化速率随温度升高呈倒“U”形趋势，在 30℃左右相对较高。Zhang 等(2019)发现 E2 矿化速率与有机碳、氨氮(NH_4^+-N)、硝态氮(NO_3^--N)和沉积物中的溶解磷呈正相关。然而，Stumpe 和 Marschner(2009)发现，在农业和森林土壤中添加硝酸铵会降低 E2 矿化比例。这一矛盾的结果可能是由于不同环境条件下的微生物对雌激素矿化过程不同(Zhang et al., 2019)。Stumpe 和 Marschner(2010b)认为，土壤施用畜禽粪肥后，有三种机制可以潜在影响微生物活性和生物有效性进而影响雌激素的矿化：① 营养状况的增强，包括有效碳的变化；② 微生物群落组成的种类；③ 额外吸附位点的富集。

3. 雌激素的生物转化

雌激素的生物转化是指通过微生物代谢使雌激素的分子结构发生某种改变、生成新化合物的过程。大部分研究表明，雌激素可以在极低的浓度下迅速转化(Lee et al., 2003)。雌激素可在有氧、缺氧和厌氧条件下由微生物进行生物转化。一般地，雌激素在有氧条件下的生物转化率比在厌氧条件下高得多(Carr et al., 2011; Robinson et al., 2017)。除了氧的可利用性，生物转化率还受雌激素性质、初始雌激素浓度、温度、水分含量和特定环境中的生物活性的影响(Zheng et al., 2012)。宋晓明(2018)对土壤中雌激素的转化进行研究发现，E1 和 E2 的降解速率常数与未灭活土壤含量呈正相关关系，表明土壤微生物活性控制着雌激素的生物转化。

值得注意的是，大量的研究表明，雌激素在生物降解过程中会涉及生物转化过程。同时，环境中的雌激素之间会发生单向或多向的转化过程，导致一种雌激素转变为另一种或几种具有更强雌激素活性的物质，从而造成更严重的雌激素污染问题。雌激素之间的转化可在自由雌激素(free estrogens, FEs)之间、自由与结合雌激素(conjugated estrogens, CEs)之间发生。

1)FEs 之间的生物转化过程

图 3-17 反映了 FEs 之间的生物转化过程。如图 3-17 所示，E1 是 E2 在 C17 位醇羟基氧化成酮的主要代谢产物，而 E3 则是 E1、17α-E2 和 E2 的主要代谢产物之一。然而，目前没有证据表明 E3 能重新转化为 E1、17α-E2 和 E2(Yu et al., 2019)。Hakk 等(2018)在研究中发现，E1 可以通过羟基化形成 16α-羟基-雌酮(16α-OH-E1)，然后通过 C17 位的酮基还原为醇羟基，转化成 E3 和其他极性代谢物。而在铁还原、硫酸盐还原和产甲烷等过程中，作为 E2 的前体，E1 也可以作为中间产物转化回 E2 的两种异构体 17α-E2 和 E2，并优先生成 E2，将 E1 的酮基还原为醇羟基，导致 17α-E2 和 E2 共存。然而，E2 同分异构体的共现可能会减缓 E1 的耗散速率。Shi 等(2013)发现 E1 和 E2

之间的转化途径高度依赖于氧化还原状态。缺氧条件下的低氧化还原电位有利于 E1 生成 E2，好氧条件下的高氧化还原电位有利于 E1 生成。因此，E2 的异构体之间的相互转化和自由雌激素之间的可逆转化，导致雌激素对土壤和水生生态系统具有潜在的环境危害。

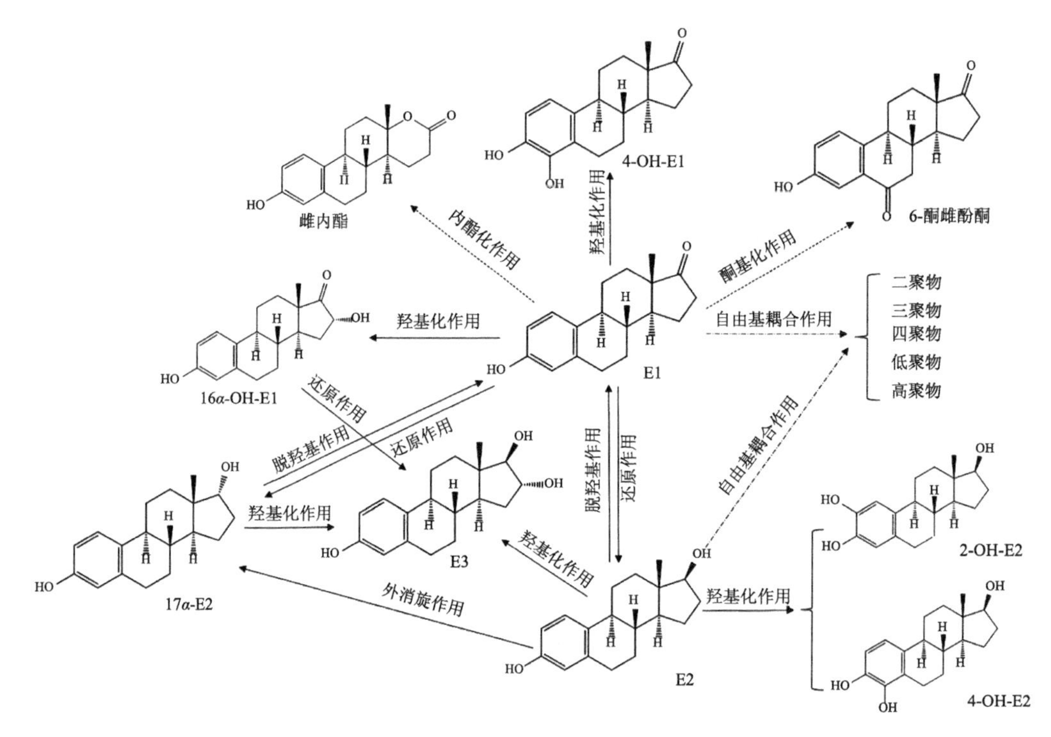

图 3-17　环境中 FEs 之间相互转化途径(Yu et al., 2019)

2) FEs 与 CEs 之间的生物转化过程

与 FEs 相比，CEs 具有较高的水溶性和较低的吸附势，因此具有较强的迁移能力。CEs 在微生物作用下会重新转化为它们的母体化合物，从而提高环境中雌激素活性，造成潜在的生态风险。Goeppert 等(2015)在实验室研究 E2 在土壤中的迁移转化时发现，一定量的游离 E2 可以在土壤微生物作用下生成 E1 和 E1-3S 两种代谢产物，这表明自由雌激素可以转化为结合雌激素。如图 3-18 所示，硫酸盐 CEs(CSEs)和 FEs 之间的相互转化是通过芳香硫酸酯酶(*Ary*STS)和芳香磺基转移酶(*Ary*SULT)途径进行的，葡萄苷酸 CEs(CGEs)是通过 β-葡萄糖醛酸酶(GUSB)进行的。*Ary*STS 可以通过水解硫酯键将 CSEs 转化为 FEs(Scherr et al., 2009)，而 *Ary*SULT 可以将 FEs 转化为 CSEs，且 *Ary*STS 活性与土壤有机碳和黏粒呈显著相关。与 CSEs 相反的是，CGEs 主要通过 GUSB 解离而不是羟基化和氧化作用进行转化。*Ary*STS 和 GUSB 的活性依赖于环境温度从而影响微生物丰度(Liu et al., 2015)。对于 E3 共轭形式的转化过程，目前几乎没有关于它们在环境中行为的研究。然而，许多研究忽视了共轭形式雌激素潜在的环境风险。

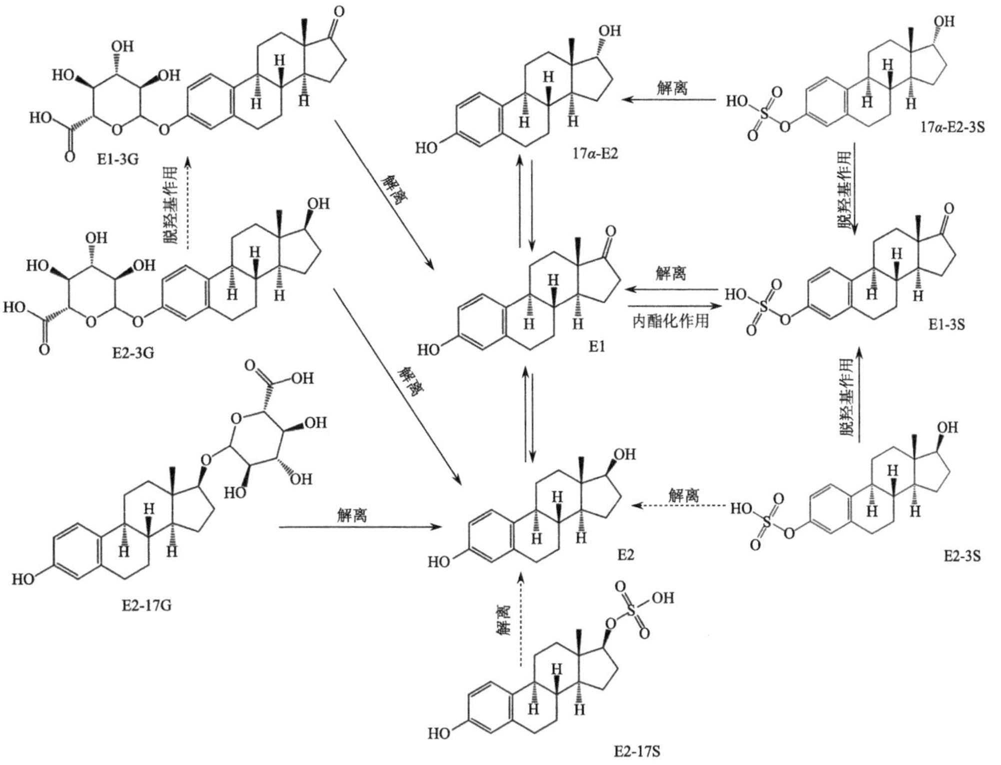

图 3-18　环境中 FEs 和 CEs 之间的转化途径（Yu et al., 2019）

参 考 文 献

杜邦昊. 2019. 沼灌区类固醇雌激素在紫色土中吸附转化特性的研究[D]. 重庆: 重庆交通大学.

付银杰, 高彦征, 董长勋, 等. 2012. SPE-HPLC/FLD 法同时测定水中 4 种雌激素[J]. 农业环境科学学报, 31(11): 2296～2303.

付银杰, 凌婉婷, 董长勋, 等. 2013. 应用 UE-SPE-HPLC/FLD 法检测养殖业畜禽粪便中雌激素[J]. 应用生态学报, 24(11): 3280～3288.

靳青, 张增强, 岳波, 等. 2012. 17α-雌二醇在土壤样品中的吸附特性研究[J]. 环境工程, 30(4): 121～126.

李建忠. 2013. 典型内分泌干扰物在土壤中迁移转化规律研究[D]. 北京: 清华大学.

李咏梅, 杨诗家, 曾庆玲, 等. 2009. A^2/O 活性污泥工艺去除污水中雌激素的试验[J]. 同济大学学报: 自然科学版, 37: 1055～1059.

刘建林. 2012. 雌激素化合物在土壤中的吸附行为及生物降解的研究[D]. 北京: 华北电力大学.

马晶晶, 徐继润. 2013. 环境雌激素在环境中的迁移转化研究[J]. 四川环境, 32(3): 112～116.

马军, 文刚, 邵晓玲. 2009. 城市污水处理厂各工艺阶段内分泌干扰物活性变化规律研究[J]. 环境科学学报, 29(1): 63～67.

聂亚峰, 强志民, 张鹤清, 等. 2011. 内分泌干扰物在城市污水处理厂中的行为和归趋[J]. 环境科学学报, 31(7): 1352～1362.

任东. 2017. 胡敏酸介导水中 17α-乙炔基雌二醇光降解的机制及活性研究[D]. 昆明: 昆明理工大学.
邵兵, 韩灏, 李冬梅, 等. 2005. 加速溶剂萃取-液相色谱-质谱/质谱法分析动物组织中的壬基酚、辛基酚和双酚 A[J]. 色谱, 23(4): 362～365.
宋晓明. 2018. 农业土壤中类固醇雌激素的潜在风险与归趋机理研究[D]. 沈阳: 沈阳大学.
田克俭, 孟繁星, 霍洪亮. 2019. 环境雌激素的微生物降解[J]. 微生物学报, 59(3): 442～453.
王琳, 陈兴财, 姜晓满, 等. 2021. 不同形态雌激素的环境行为及污染控制[J]. 农业环境科学学报, 40(8): 1623～1624.
王培京. 2019. 再生水入渗地下水过程中典型内分泌干扰物的迁移转化研究[D]. 北京: 北京林业大学.
吴冬冬. 2012. 藻类强化光降解去除水中双酚 A 的试验研究[D]. 哈尔滨: 哈尔滨工业大学.
杨明, 李艳霞, 冯成洪, 等. 2012. 类固醇激素的环境行为及其影响因素[J]. 农业环境科学学报, 31(5): 849～856.
岳波, 靳青, 黄泽春, 等. 2013. 雌酮(E1)在土壤中的吸附特性[J]. 环境科学研究, 26(2): 208～213.
岳海营. 2015. 长江口滨岸沉积物中环境雌激素的分布与吸附特征研究[D]. 上海: 华东师范大学.
张宏, 毛炯, 孙成均, 等. 2003. 气相色谱-质谱法测定尿及河底泥中的环境雌激素[J]. 色谱, 21(5): 451～455.
赵丽晔, 张志强, 吴冬冬, 等. 2013. 藻类强化光降解去除水中双酚 A 的动力学研究[J]. 哈尔滨商业大学学报(自然科学版), 29(6): 662～666.
Adeel M, Song X, Wang Y, et al. 2017. Environmental impact of estrogens on human, animal and plant life: A critical review[J]. Environment International, 99: 107～119.
Andersen H, Siegrist H, Halling-Sørensen B, et al. 2003. Fate of estrogens in a municipal sewage treatment plant[J]. Environmental Science & Technology, 37(18): 4021～4026.
Arikan O A, Rice C, Codling E. 2008. Occurrence of antibiotics and hormones in a major agricultural watershed[J]. Desalination, 226(1～3): 121～133.
Bai X, Casey F X M, Hakk H, et al. 2015. Sorption and degradation of 17β-estradiol-17-sulfate in sterilized soil-water systems[J]. Chemosphere, 119: 1322～1328.
Baronti C, Curini R, D'Ascenzo G, et al. 2000. Monitoring natural and synthetic estrogens at activated sludge sewage treatment plants and in a receiving river water[J]. Environmental Science & Technology, 34: 5059～5066.
Bartelt-Hunt S L, Snow D D, Damon-Powell T, et al. 2011. Occurrence of steroid hormones and antibiotics in shallow groundwater impacted by livestock waste control facilities[J]. Journal of Contaminant Hydrology, 123(3～4): 94～103.
Bartelt-Hunt S L, Snow D D, Kranz W L, et al. 2012. Effect of growth promotants on the occurrence of endogenous and synthetic steroid hormones on feedlot soils and in runoff from beef cattle feeding operations[J]. Environmental Science & Technology, 46(3): 1352～1360.
Bedard M, Giffear K A, Ponton L, et al. 2014. Characterization of binding between 17β-estradiol and estriol with humic acid via NMR and biochemical analysis[J]. Biophysical Chemistry, 189: 1～7.
Bonin J L, Simpson M J. 2007. Sorption of steroid estrogens to soil and soil constituents in single-and multi-sorbate systems[J]. Environmental Toxicology and Chemistry: An International Journal, 26(12): 2604～2610.
Boreen A L, Edhlund B L, Cotner J B, et al. 2008. Indirect photodegradation of dissolved free amino acids:

The contribution of singlet oxygen and the differential reactivity of DOM from various sources[J]. Environmental Science & Technology, 42(15): 5492～5498.

Bradley P M, Barber L B, Chapelle F H, et al. 2009. Biodegradation of 17β-estradiol, estrone and testosterone in stream sediments[J]. Environmental Science & Technology, 43(6): 1902～1910.

Canonica S, Laubscher H U. 2008. Inhibitory effect of dissolved organic matter on triplet-induced oxidation of aquatic contaminants[J]. Photochemical & Photobiological Sciences, 7(5): 547～551.

Caron E, Farenhorst A, Zvomuya F, et al. 2010. Sorption of four estrogens by surface soils from 41 cultivated fields in Alberta, Canada[J]. Geoderma, 155(1～2): 19～30.

Carr D L, Morse A N, Zak J C, et al. 2011. Microbially mediated degradation of common pharmaceuticals and personal care products in soil under aerobic and reduced oxygen conditions[J]. Water, Air, & Soil Pollution, 216: 633~642.

Casey F X M, Hakk H, Šimůnek J, et al. 2004. Fate and transport of testosterone in agricultural soils[J]. Environmental Science & Technology, 38(3): 790～798.

Caupos E, Mazellier P, Croue J P. 2011. Photodegradation of estrone enhanced by dissolved organic matter under simulated sunlight[J]. Water Research, 45(11): 3341～3350.

Chen T C, Chen T S, Yeh K J, et al. 2012. Sorption of estrogens estrone, 17β-estradiol, estriol, 17α-ethinylestradiol, and diethylstilbestrol on sediment affected by different origins[J]. Journal of Environmental Science and Health, Part A, 47(12): 1768～1775.

Chen X, Li Y, Jiang L, et al. 2021. Uptake, accumulation, and translocation mechanisms of steroid estrogens in plants[J]. Science of the Total Environment, 753: 141979.

Chen Y L, Fu H Y, Lee T H, et al. 2018. Estrogen degraders and estrogen degradation pathway identified in an activated sludge[J]. Applied and Environmental Microbiology, 84(10): 1～18.

Chen Y, Zhang K, Zuo Y. 2013. Direct and indirect photodegradation of estriol in the presence of humic acid, nitrate and iron complexes in water solutions[J]. Science of the Total Environment, 463: 802～809.

Chimchirian R F, Suri R P S, Fu H. 2007. Free synthetic and natural estrogen hormones in influent and effluent of three municipal wastewater treatment plants[J]. Water Environment Research, 79(9): 969～974.

Chowdhury R R, Charpentier P, Ray M B. 2010. Photodegradation of estrone in solar irradiation[J]. Industrial & Engineering Chemistry Research, 49(15): 6923～6930.

Chowdhury R R, Charpentier P A, Ray M B. 2011. Photodegradation of 17β-estradiol in aquatic solution under solar irradiation: Kinetics and influencing water parameters[J]. Journal of Photochemistry and Photobiology A: Chemistry, 219(1): 67～75.

Clara M, Strenn B, Saracevic E, et al. 2004. Adsorption of bisphenol-A, 17β-estradiole and 17α-ethinylestradiole to sewage sludge[J]. Chemosphere, 56(9): 843～851.

Close M E, Humphries B, Northcott G. 2021. Outcomes of the first combined national survey of pesticides and emerging organic contaminants (EOCs) in groundwater in New Zealand 2018[J]. Science of the Total Environment, 754: 142005.

Colucci M S, Bork H, Topp E. 2001. Persistence of estrogenic hormones in agricultural soils: I. 17β-estradiol and estrone[J]. Journal of Environmental Quality, 30(6): 2070～2076.

Conley J M, Evans N, Cardon M C, et al. 2017. Occurrence and in vitro bioactivity of estrogen, androgen, and glucocorticoid compounds in a nationwide screen of United States stream waters[J]. Environmental Science & Technology, 51(9): 4781～4791.

Czajka C P, Londry K L. 2006. Anaerobic biotransformation of estrogens[J]. Science of the Total Environment, 367(2～3): 932～941.

Dai X, Yang X, Xie B, et al. 2021. Sorption and desorption of sex hormones in soil-and sediment-water systems: A review[J]. Soil Ecology Letters, 2021: 1～17.

Du B, Fan G, Yu W, et al. 2020. Occurrence and risk assessment of steroid estrogens in environmental water samples: A five-year worldwide perspective[J]. Environmental Pollution, 267: 115405.

Duong C N, Ra J S, Cho J, et al. 2010. Estrogenic chemicals and estrogenicity in river waters of South Korea and seven Asian countries[J]. Chemosphere, 78(3): 286～293.

Durant M B, Hartel P G, Cabrera M L, et al. 2012. 17*β*-estradiol and testosterone mineralization and incorporation into organic matter in broiler litter-amended soils[J]. Journal of Environmental Quality, 41(6): 1923～1930.

Dutta S K, Inamdar S P, Tso J, et al. 2012. Concentrations of free and conjugated estrogens at different landscape positions in an agricultural watershed receiving poultry litter[J]. Water, Air, & Soil Pollution, 223(5): 2821～2836.

Espinoza L A T, Neamţu M, Frimmel F H. 2007. The effect of nitrate, Fe(III) and bicarbonate on the degradation of bisphenol A by simulated solar UV-irradiation[J]. Water Research, 41(19): 4479～4487.

Feng X, Ding S, Tu J, et al. 2005. Degradation of estrone in aqueous solution by photo-Fenton system[J]. Science of the Total Environment, 345(1～3): 229～237.

Ferguson E M, Allinson M, Allinson G, et al. 2013. Fluctuations in natural and synthetic estrogen concentrations in a tidal estuary in south-eastern Australia[J]. Water Research, 47(4): 1604～1615.

Fine D D, Breidenbach G P, Price T L, et al. 2003. Quantitation of estrogens in ground water and swine lagoon samples using solid-phase extraction, pentafluorobenzyl/trimethylsilyl derivatizations and gas chromatography–negative ion chemical ionization tandem mass spectrometry[J]. Journal of Chromatography A, 1017(1～2): 167～185.

Finlay-Moore O, Hartel P G, Cabrera M L. 2000. 17*β*-estradiol and testosterone in soil and runoff from grasslands amended with broiler litter[J]. Journal of Environmental Quality, 29: 1604～1611.

Furuichi T, Kannan K, Giesy J P, et al. 2004. Contribution of known endocrine disrupting substances to the estrogenic activity in Tama River water samples from Japan using instrumental analysis and in vitro reporter gene assay[J]. Water Research, 38(20): 4491～4501.

Goeppert N, Dror I, Berkowitz B. 2015. Fate and transport of free and conjugated estrogens during soil passage[J]. Environmental Pollution, 206: 80～87.

Goeury K, Duy S V, Munoz G, et al. 2019. Analysis of Environmental Protection Agency priority endocrine disruptor hormones and bisphenol A in tap, surface and wastewater by online concentration liquid chromatography tandem mass spectrometry[J]. Journal of Chromatography A, 1591: 87～98.

Gorga M, Insa S, Petrovic M, et al. 2015. Occurrence and spatial distribution of EDCs and related compounds in waters and sediments of Iberian rivers[J]. Science of the Total Environment, 503: 69～86.

Guo X, Wang X, Zhou X, et al. 2012. Sorption of four hydrophobic organic compounds by three chemically distinct polymers: Role of chemical and physical composition[J]. Environmental Science & Technology,

46(13): 7252～7259.

Hakk H, Sikora L, Casey F X M. 2018. Fate of estrone in laboratory-scale constructed wetlands[J]. Ecological Engineering, 111: 60～68.

Hansen M, Krogh K A, Halling-Sørensen B, et al. 2011. Determination of ten steroid hormones in animal waste manure and agricultural soil using inverse and integrated clean-up pressurized liquid extraction and gas chromatography-tandem mass spectrometry[J]. Analytical Methods, 3(5): 1087～1095.

Hemmings S N J, Hartel P G. 2006. Mineralization of hormones in breeder and broiler litters at different water potentials and temperatures[J]. Journal of Environmental Quality, 35(3): 701～706.

Hohenblum P, Gans O, Moche W, et al. 2004. Monitoring of selected estrogenic hormones and industrial chemicals in groundwaters and surface waters in Austria[J]. Science of the Total Environment, 333(1～3): 185～193.

Holthaus K I E, Johnson A C, Jürgens M D, et al. 2002. The potential for estradiol and ethinylestradiol to sorb to suspended and bed sediments in some English rivers[J]. Environmental Toxicology and Chemistry: An International Journal, 21(12): 2526～2535.

Huang B, Wang B, Ren D, et al. 2013. Occurrence, removal and bioaccumulation of steroid estrogens in Dianchi Lake catchment, China[J]. Environment International, 59: 262～273.

Hutchins S R, White M V, Hudson F M, et al. 2007. Analysis of lagoon samples from different concentrated animal feeding operations for estrogens and estrogen conjugates[J]. Environmental Science &Technology, 41(3): 738～744.

Ismanto A, Hadibarata T, Kristanti R A, et al. 2022. Endocrine disrupting chemicals (EDCs) in environmental matrices: Occurrence, fate, health impact, physio-chemical and bioremediation technology[J]. Environmental Pollution, 302: 119061.

Jenkins M B, Endale D M, Schomberg H H, et al. 2009. 17*β*-estradiol and testosterone in drainage and runoff from poultry litter applications to tilled and no-till crop land under irrigation[J]. Journal of Environmental Management, 90(8): 2659～2664.

Jiang L, Huang C, Chen J, et al. 2009. Oxidative transformation of 17*β*-estradiol by MnO_2 in aqueous solution[J]. Archives of Environmental Contamination and Toxicology, 57(2): 221～229.

Jin S, Yang F, Liao T, et al. 2008. Seasonal variations of estrogenic compounds and their estrogenicities in influent and effluent from a municipal sewage treatment plant in China[J]. Environmental Toxicology and Chemistry: An International Journal, 27: 146～153.

Johnson A C, Aerni H R, Gerritsen A, et al. 2005. Comparing steroid estrogen, and nonylphenol content across a range of European sewage plants with different treatment and management practices[J]. Water Research, 39(1): 47～58.

Kapelewska J, Kotowska U, Karpińska J, et al. 2018. Occurrence, removal, mass loading and environmental risk assessment of emerging organic contaminants in leachates, groundwaters and wastewaters[J]. Microchemical Journal, 137: 292～301.

Karnjanapiboonwong A, Morse A N, Maul J D, et al. 2010. Sorption of estrogens, triclosan, and caffeine in a sandy loam and a silt loam soil[J]. Journal of Soils and Sediments, 10(7): 1300～1307.

Kim S D, Cho J, Kim I S, et al. 2007. Occurrence and removal of pharmaceuticals and endocrine disruptors in South Korean surface, drinking, and waste waters[J]. Water Research, 41(5): 1013～1021.

Kreuzinger N, Clara M, Strenn B, et al. 2004. Relevance of the sludge retention time (SRT) as design criteria for wastewater treatment plants for the removal of endocrine disruptors and pharmaceuticals from wastewater[J]. Water Science and Technology, 50(5): 149～156.

Lai K M, Johnson K L, Scrimshaw M D, et al. 2000. Binding of waterborne steroid estrogens to solid phases in river and estuarine systems[J]. Environmental Science & Technology, 34(18): 3890～3894.

Lee H B, Liu D. 2002. Degradation of 17β-estradiol and its metabolites by sewage bacteria[J]. Water, Air, & Soil Pollution, 134(1): 351～366.

Lee J, Cho J, Kim S H, et al. 2011. Influence of 17β-estradiol binding by dissolved organic matter isolated from wastewater effluent on estrogenic activity[J]. Ecotoxicology and Environmental Safety, 74(5): 1280～1287.

Lee L S, Strock T J, Sarmah A K, et al. 2003. Sorption and dissipation of testosterone, estrogens, and their primary transformation products in soils and sediment[J]. Environmental Science & Technology, 37(18): 4098～4105.

Leech D M, Snyder M T, Wetzel R G. 2009. Natural organic matter and sunlight accelerate the degradation of 17β-estradiol in water[J]. Science of the Total Environment, 407(6): 2087～2092.

Lei K, Pan H Y, Zhu Y, et al. 2021. Pollution characteristics and mixture risk prediction of phenolic environmental estrogens in rivers of the Beijing–Tianjin–Hebei urban agglomeration, China[J]. Science of the Total Environment, 787: 147646.

Li J, Fu J, Zhang H, et al. 2013. Spatial and seasonal variations of occurrences and concentrations of endocrine disrupting chemicals in unconfined and confined aquifers recharged by reclaimed water: A field study along the Chaobai River, Beijing[J]. Science of the Total Environment, 450: 162～168.

Li S, Liu J, Sun K, et al. 2020. Degradation of 17β-estradiol by *Novosphingobium* sp. ES2-1 in aqueous solution contaminated with tetracyclines[J]. Environmental Pollution, 260: 114063～114073.

Li Z, Xiang X, Li M, et al. 2015. Occurrence and risk assessment of pharmaceuticals and personal care products and endocrine disrupting chemicals in reclaimed water and receiving groundwater in China[J]. Ecotoxicology and Environmental Safety, 119: 74～80.

Lima D L D, Schneider R J, Esteves V I. 2012. Sorption behavior of EE2 on soils subjected to different long-term organic amendments[J]. Science of the Total Environment, 423: 120～124.

Lin Y C, Lai W W P, Tung H, et al. 2015. Occurrence of pharmaceuticals, hormones, and perfluorinated compounds in groundwater in Taiwan[J]. Environmental Monitoring and Assessment, 187(5): 1～19.

Liu B, Wu F, Deng N. 2003. UV-light induced photodegradation of 17α-ethynylestradiol in aqueous solutions[J]. Journal of Hazardous Materials, 98: 311～316.

Liu S, Ying G G, Zhang R Q, et al. 2012. Fate and occurrence of steroids in swine and dairy cattle farms with different farming scales and wastes disposal systems[J]. Environmental Pollution, 170: 190～201.

Liu S, Ying G G, Zhao J L, et al. 2011. Trace analysis of 28 steroids in surface water, wastewater and sludge samples by rapid resolution liquid chromatography–electrospray ionization tandem mass spectrometry[J]. Journal of Chromatography A, 1218(10): 1367～1378.

Liu Z, Lu G, Yin H, et al. 2015. Removal of natural estrogens and their conjugates in municipal wastewater treatment plants: A critical review[J]. Environmental Science & Technology, 49(9): 5288～5300.

Lloret L, Eibes G, Moreira M T, et al. 2013. Removal of estrogenic compounds from filtered secondary wastewater effluent in a continuous enzymatic membrane reactor. Identification of biotransformation products[J]. Environmental Science & Technology, 47(9): 4536～4543.

Lu J, Wu J, Zhang C, et al. 2020. Possible effect of submarine groundwater discharge on the pollution of coastal water: Occurrence, source, and risks of endocrine disrupting chemicals in coastal groundwater and adjacent seawater influenced by reclaimed water irrigation[J]. Chemosphere, 250: 126323.

Ma S, Han P, Li A, et al. 2018. Simultaneous determination of trace levels of 12 steroid hormones in soil using modified QuEChERS extraction followed by ultra performance liquid chromatography–tandem mass spectrometry (UPLC-MS/MS)[J]. Chromatographia, 81(3): 435～445.

Ma Y, Shen W, Tang T, et al. 2022. Environmental estrogens in surface water and their interaction with microalgae: A review[J]. Science of the Total Environment, 807: 150637.

Mazellier P, Méité L, De Laat J. 2008. Photodegradation of the steroid hormones 17β-estradiol (E2) and 17α-ethinylestradiol (EE2) in dilute aqueous solution[J]. Chemosphere, 73(8): 1216～1223.

MHLWJ. 2015. Japanese drinking water quality standard (in Japanese). http://www.mhlw.go.jp/stf/seisakunitsuite/bunya/topics/bukyoku/kenkou/suido/kijun/kijunchi.html. (Accessed 7 July 2021).

Nazifa T H, Kristanti R A, Ike M, et al. 2020. Occurrence and distribution of estrogenic chemicals in river waters of Malaysia[J]. Toxicology and Environmental Health Sciences, 12(1): 65～74.

Neale P A, Escher B I, Schäfer A I. 2009. pH dependence of steroid hormone organic matter interactions at environmental concentrations[J]. Science of the Total Environment, 407(3): 1164～1173.

Noppe H, Verslycke T, De W E, et al. 2007. Occurrence of estrogens in the Scheldt estuary: A 2-year survey[J]. Ecotoxicology and Environmental Safety, 66(1): 1～8.

Ong S K, Chotisukarn P, Limpiyakorn T. 2012. Sorption of 17α-methyltestosterone onto soils and sediment[J]. Water, Air, & Soil Pollution, 223(7): 3869～3875.

OSPAR. 2004. OSPAR convention for the protection of the marine environment of the north-east Atlantic (OSPAR list of chemicals for priority action). https://www.ospar.org/work-areas/hasec/hazardous-substances/priority-action.

Pan B, Lin D, Mashayekhi H, et al. 2008. Adsorption and hysteresis of bisphenol A and 17α-ethinyl estradiol on carbon nanomaterials[J]. Environmental Science & Technology, 42(15): 5480～5485.

Paraso M G V, Morales J K C, Clavecillas A A, et al. 2017. Estrogenic effects in feral male common carp (*Cyprinus carpio*) from Laguna de Bay, Philippines[J]. Bulletin of Environmental Contamination and Toxicology, 98(5): 638～642.

Peng X, Yu Y, Tang C, et al. 2008. Occurrence of steroid estrogens, endocrine-disrupting phenols, and acid pharmaceutical residues in urban riverine water of the Pearl River Delta, South China[J]. Science of the Total Environment, 397(1～3): 158～166.

Puma G L, Puddu V, Tsang H K, et al. 2010. Photocatalytic oxidation of multicomponent mixtures of estrogens (estrone (E1), 17β-estradiol (E2), 17α-ethynylestradiol (EE2) and estriol (E3)) under UVA and UVC radiation: Photon absorption, quantum yields and rate constants independent of photon absorption[J]. Applied Catalysis B: Environmental, 99(3～4): 388～397.

Purdom C E, Hardiman P A, Bye V V J, et al. 1994. Estrogenic effects of effluents from sewage treatment works[J]. Chemistry and Ecology, 8(4): 275～285.

Pusceddu F H, Sugauara L E, de Marchi M R, et al. 2019. Estrogen levels in surface sediments from a multi-impacted Brazilian estuarine system[J]. Marine Pollution Bulletin, 142: 576～580.

Qiao X, Carmosini N, Li F, Lee L S. 2011. Probing the primary mechanisms affecting the environmental distribution of estrogen and androgen isomers[J]. Environmental Science & Technology, 45(9): 3989～3995.

Qin C, Troya D, Shang C, et al. 2015. Surface catalyzed oxidative oligomerization of 17β-estradiol by Fe^{3+}-saturated montmorillonite[J]. Environmental Science & Technology, 49(2): 956～964.

Ren Y X, Nakano K, Nomura M, et al. 2007. Effects of bacterial activity on estrogen removal in nitrifying activated sludge[J]. Water Research, 41: 3089～3096.

Robinson J A, Ma Q, Staveley J P, et al. 2017. Degradation and transformation of 17α-estradiol in water–sediment systems under controlled aerobic and anaerobic conditions[J]. Environmental Toxicology and Chemistry, 36(3): 621～629.

Saeed T, Al-Jandal N, Abusam A, et al. 2017. Sources and levels of endocrine disrupting compounds (EDCs) in Kuwait's coastal areas[J]. Marine Pollution Bulletin, 118(1～2): 407～412.

Scherr F F, Sarmah A K, Di H J, et al. 2009. Degradation and metabolite formation of 17β-estradiol-3-sulphate in New Zealand pasture soils[J]. Environment International, 35(2): 291～297.

Shareef A, Angove M J, Wells J D, et al. 2006. Sorption of bisphenol A, 17α-ethynylestradiol and estrone to mineral surfaces[J]. Journal of Colloid and Interface Science, 297(1): 62～69.

Sheng G D, Xu C, Xu L, et al. 2009. Abiotic oxidation of 17β-estradiol by soil manganese oxides[J]. Environmental Pollution, 157(10): 2710～2715.

Shi J, Chen Q, Liu X, et al. 2013. Sludge/water partition and biochemical transformation of estrone and 17β-estradiol in a pilot-scale step-feed anoxic/oxic wastewater treatment system[J]. Biochemical Engineering Journal, 74: 107～114.

Shi W, Wang L, Rousseau D P L, et al. 2010. Removal of estrone, 17α-ethinylestradiol, and 17β-estradiol in algae and duckweed-based wastewater treatment systems[J]. Environmental Science and Pollution Research, 17(4): 824～833.

Shore L S, Shemesh M. 2003. Naturally produced steroid hormones and their release into the environment[J]. Pure and Applied Chemistry, 75(11～12): 1859～1871.

Song X, Wen Y, Wang Y, et al. 2018. Environmental risk assessment of the emerging EDCs contaminants from rural soil and aqueous sources: Analytical and modelling approaches[J]. Chemosphere, 198: 546～555.

Stumpe B, Marschner B. 2009. Factors controlling the biodegradation of 17β-estradiol, estrone and 17α-ethinylestradiol in different natural soils[J]. Chemosphere, 74(4): 556～562.

Stumpe B, Marschner B. 2010a. Dissolved organic carbon from sewage sludge and manure can affect estrogen sorption and mineralization in soils[J]. Environmental Pollution, 158(1): 148～154.

Stumpe B, Marschner B. 2010b. Organic waste effects on the behavior of 17β-estradiol, estrone, and 17α-ethinylestradiol in agricultural soils in long-and short-term setups[J]. Journal of Environmental Quality, 39(3): 907～916.

Sun K, Gao B, Zhang Z, et al. 2010. Sorption of endocrine disrupting chemicals by condensed organic matter in soils and sediments[J]. Chemosphere, 80(7): 709～715.

Sun K, Luo Q, Gao Y, et al. 2016. Laccase-catalyzed reactions of 17β-estradiol in the presence of humic acid: Resolved by high-resolution mass spectrometry in combination with ^{13}C labeling[J]. Chemosphere, 145:

394～401.

Swartz C H, Reddy S, Benotti M J, et al. 2006. Steroid estrogens, nonylphenol ethoxylate metabolites, and other wastewater contaminants in groundwater affected by a residential septic system on Cape Cod, MA[J]. Environmental Science & Technology, 40(16): 4894～4902.

Tan R, Liu R, Li B, et al. 2018. Typical endocrine disrupting compounds in rivers of Northeast China: Occurrence, partitioning, and risk assessment[J]. Archives of Environmental Contamination and Toxicology, 75(2): 213～223.

Tang Z, Liu Z, Wang H, et al. 2021. Occurrence and removal of 17α-ethynylestradiol (EE2) in municipal wastewater treatment plants: Current status and challenges[J]. Chemosphere, 271: 129551.

Tremblay L A, Gadd J B, Northcott G L. 2018. Steroid estrogens and estrogenic activity are ubiquitous in dairy farm watersheds regardless of effluent management practices[J]. Agriculture, Ecosystems & Environment, 253: 48～54.

Van Emmerik T, Angove M J, Johnson B B, et al. 2003. Sorption of 17β-estradiol onto selected soil minerals[J]. Journal of Colloid and Interface Science, 266(1): 33～39.

Vethaak A D, Lahr J, Schrap S M, et al. 2005. An integrated assessment of estrogenic contamination and biological effects in the aquatic environment of The Netherlands[J]. Chemosphere, 59(4): 511～524.

Viglino L, Prévost M, Sauvé S. 2011. High throughput analysis of solid-bound endocrine disruptors by LDTD-APCI-MS/MS[J]. Journal of Environmental Monitoring, 13(3): 583～590.

Vulliet E, Cren-Olivé C. 2011. Screening of pharmaceuticals and hormones at the regional scale, in surface and groundwaters intended to human consumption[J]. Environmental Pollution, 159(10): 2929～2934.

Wenk J, Von Gunten U, Canonica S. 2011. Effect of dissolved organic matter on the transformation of contaminants induced by excited triplet states and the hydroxyl radical[J]. Environmental Science & Technology, 45(4): 1334～1340.

Whidbey C M, Daumit K E, Nguyen T H, et al. 2012. Photochemical induced changes of in vitro estrogenic activity of steroid hormones[J]. Water Research, 46(16): 5287～5296.

Wishart D S, Feunang Y D, Guo A C, et al. 2018. DrugBank 5.0: A major update to the DrugBank database for 2018[J]. Nucleic Acids Research, 46(D1): 1074～1082.

Wu Y, Si Y, Zhou D, et al. 2015. Adsorption of diethyl phthalate ester to clay minerals[J]. Chemosphere, 119: 690～696.

Xiang L, Xiao T, Yu P F, et al. 2018. Mechanism and implication of the sorption of perfluorooctanoic acid by varying soil size fractions[J]. Journal of Agricultural and Food Chemistry, 66(44): 11569～11579.

Xuan R, Blassengale A A, Wang Q. 2008. Degradation of estrogenic hormones in a silt loam soil[J]. Journal of Agricultural and Food Chemistry, 56(19): 9152～9158.

Yamamoto H, Liljestrand H M, Shimizu Y, et al. 2003. Effects of physical-chemical characteristics on the sorption of selected endocrine disruptors by dissolved organic matter surrogates[J]. Environmental Science & Technology, 37(12): 2646～2657.

Yang S, Yu W, Yang L, et al. 2020a. Occurrence and fate of steroid estrogens in a Chinese typical concentrated dairy farm and slurry irrigated soil[J]. Journal of Agricultural and Food Chemistry, 69(1): 67～77.

Yang X, He X, Lin H, et al. 2021. Occurrence and distribution of natural and synthetic progestins, androgens, and estrogens in soils from agricultural production areas in China[J]. Science of the Total Environment,

751: 141766～141778.

Yang X, Lin H, Dai X, et al. 2020b. Sorption, transport, and transformation of natural and synthetic progestins in soil-water systems[J]. Journal of Hazardous Materials, 384: 121482.

Yao B, Li R, Yan S, et al. 2018. Occurrence and estrogenic activity of steroid hormones in Chinese streams: A nationwide study based on a combination of chemical and biological tools[J]. Environment International, 118: 1～8.

Ying G G, Kookana R S, Ru Y J. 2002. Occurrence and fate of hormone steroids in the environment[J]. Environment International, 28(6): 545～551.

Yu C P, Deeb R A, Chu K H. 2013. Microbial degradation of steroidal estrogens[J]. Chemosphere, 91(9): 1225～1235.

Yu W, Du B, Yang L, et al. 2019. Occurrence, sorption, and transformation of free and conjugated natural steroid estrogens in the environment[J]. Environmental Science and Pollution Research, 26(10): 9443～9468.

Yu Z, Xiao B, Huang W, et al. 2004. Sorption of steroid estrogens to soils and sediments[J]. Environmental Toxicology and Chemistry: An International Journal, 23(3): 531～539.

Zhang F S, Xie Y F, Li X W, et al. 2015. Accumulation of steroid hormones in soil and its adjacent aquatic environment from a typical intensive vegetable cultivation of North China[J]. Science of the Total Environment, 538: 423～430.

Zhang H, Wang L, Li Y, et al. 2019. Background nutrients and bacterial community evolution determine ^{13}C-17*β*-estradiol mineralization in lake sediment microcosms[J]. Science of the Total Environment, 651: 2304～2311.

Zhang J, Yang G P, Li Q, et al. 2013. Study on the sorption behaviour of estrone on marine sediments[J]. Marine Pollution Bulletin, 76(1～2): 220～226.

Zhao X, Grimes K L, Colosi L M, et al. 2019. Attenuation, transport, and management of estrogens: A review[J]. Chemosphere, 230: 462～478.

Zheng W, Li X, Yates S R, et al. 2012. Anaerobic transformation kinetics and mechanism of steroid estrogenic hormones in dairy lagoon water[J]. Environmental Science & Technology, 46(10): 5471～5478.

Zhou H, Huang X, Wang X, et al. 2010. Behaviour of selected endocrine-disrupting chemicals in three sewage treatment plants of Beijing, China[J]. Environmental Monitoring and Assessment, 161(1): 107～121.

第 4 章　环境雌激素污染的生物生态效应

环境雌激素(EEs)属于内分泌干扰物(EDCs)，当其以微量或痕量浓度作用于生物时，可通过模拟或阻断天然激素、干扰生物体内正常的内分泌过程，破坏机体稳定性和调节作用，从而对机体的生殖、神经和免疫系统等造成危害。EEs 有多种类型，如天然雌激素[雌酮(E1)、17β-雌二醇(E2)和雌三醇(E3)]、人工合成雌激素[己烯雌酚(DES)、壬基酚(NP)和炔雌醇(EE2)]、植物性雌激素、真菌性雌激素、有机氯农药[滴滴涕(DDT)、六氯环己烷(HCH)]及多氯联苯类物质等。本章主要以水生生物和人为对象，介绍雌激素在生物体内的吸收、积累及分布，解析 EEs 污染带来的潜在生物生态效应。

4.1　环境雌激素在生物体内的富集

水体中的雌激素类污染物可以通过生物富集效应与食物链放大作用对生物体(如人体)健康产生潜在危害。自 2004 年起，国务院在《兽药管理条例》第六章第四十一条规定“禁止在饲料和动物饮用水中添加激素类药品”。然而，仍然有不法渔民在养殖水产品的过程中长期大量使用禁用药物，导致我国水产品多次因检测出违禁药物而被拒进口，严重影响我国水产品的国际竞争力(吴敏格, 2018)。水产品作为雌激素富集的“重点对象”已得到全世界的广泛关注。

雌激素通过食物链转移进入人体，可诱发儿童性早熟(Sang et al., 2012)，使女性幼儿提前发育，男性儿童乳腺发育呈女性化。雌激素对成人生育功能也有影响，对女性的影响最为明显，易造成孕妇流产、婴儿出生缺陷等问题，甚至诱发卵巢癌、乳腺癌，导致子宫内膜异位症发生率上升等(郁倩, 2011)。同时，E2 和 E1 的分泌与女性乳房组织有直接关联，过量的 E2 和 E1 会促进肿瘤增长(Kuramitz et al., 2003)。但是缺乏雌激素同样会对人体造成损伤，一些女性患有冠心病、骨质疏松症及更年期综合征等疾病，往往也是与体内天然雌激素缺乏有关(Du and Xu, 2000)。因此，血清中天然雌激素水平的检测在对女性健康状况的预判和诊疗中具有重要意义(朱艳琼和韩宝三, 2020)。雌激素不仅会影响女性健康，对于男性而言也是如此。目前，有很多男性会出现隐睾症状，阴茎短小的概率也在不断增加，还有一些男性的精子质量下降等，均受雌激素影响。据木子(2004)报道：上海市人类精子库先后对近 500 名青年捐献者进行了精子质量检测，以 2×10^7 个/μg 的精子密度为标准，近 50%的人无法通过检测。因此，推测雌激素可能是男性生殖健康的“隐形杀手”之一(季晓亚等, 2017)。

4.1.1　环境雌激素在水生生物中的积累

螃蟹、海水龙虾、对虾和淡水龙虾等甲壳类动物广泛存在于自然界中，在食物网中发挥着重要作用，也是人类的重要消费对象，因而在各类无脊椎动物中备受关注。淡水龙虾（又称小龙虾）多栖息于非洲、亚洲、欧洲、北美洲、南美洲及大洋洲的淡水系统中（Hobbs et al., 1989; Taylor et al., 2007），有较大的水体雌激素污染生物指示潜能。小龙虾具有连接水生植物、藻类、小型无脊椎动物与鱼类、鸟类和哺乳动物的重要生态功能（Rabeni, 1992），因此，小龙虾对雌激素的积累有助于雌激素在这些营养级中的转移。值得注意的是，人类喜食小龙虾，而雌激素在小龙虾体内的积累引发了公众对于其食用安全性的担忧。在美国，克氏原螯虾（*Procambarus clarkii*）是人们主要食用的小龙虾品种，仅路易斯安那州就有大约 4.8 万 hm^2 的水产养殖区专门用于小龙虾养殖（FAO, 2005）。由此可见，监测小龙虾体内雌激素的积累状况对于评估 EEs 的人群健康风险意义重大。

为此，He 等（2021）开展了相关研究。研究人员首先用去离了水将每只小龙虾都洗净，以清除外骨骼上的残留物。随后，将所有小龙虾置于（21±2）℃中等硬度的水中驯化一周，每 10～14 h 从亮到暗为一个光照循环，调节 pH 至 8.0～8.5，连续鼓气保持溶解氧浓度高于 5 mg/L。驯化期结束后，选择体重为（20±3）g 的雄性和雌性成年小龙虾各 45 只进行雌激素暴露实验。同时选取 15 只雄性和 15 只雌性小龙虾放入 3 个水族箱中，以每天每只小龙虾 0.1 g 的量饲喂无激素、冻干的血虫（Frontera et al., 2011; Sherba et al., 2000）。

水族箱 1 和水族箱 2 中分别加入 500 ng/L 和 5000 ng/L 的各目标雌激素（E1、E2 和 EE2）；水族箱 3 为不添加雌激素的对照组。以上两个浓度设置分别参考了处理后（Cunha et al., 2015; Fayad et al., 2013）和处理前（Cunha et al., 2015; Rodil and Moeder, 2008; Rodil et al., 2009; Tsui et al., 2014）的环境相关浓度水平。从每个水族箱的五个位置收集复合水样，每点收集 10 mL，共计 50 mL 混合水样。每隔 1 d 监测水族箱 1 和 2 中的雌激素浓度。由于分配和降解反应，水族箱中雌激素浓度会逐步减小，因此，采用质量平衡方法，每隔 2 d 给 1 号和 2 号水族箱注入雌激素，以维持暴露条件。每个水族箱每隔 4 d 换 10 L 水，换水前后测量雌激素浓度，并将相应的体积变化和质量损失纳入质量平衡分析。在质量平衡分析的基础上，将雌激素加入 10 L 新鲜的中硬度水中，然后添加到水族箱中，以重新建立设计浓度。换水过程中，采用聚四氟乙烯管收集小龙虾粪便。室温下沉淀过夜后，倾倒上层液体，剩余的混合物在 6000 *g* 下离心 10 min。收集固体后冷冻干燥、称重，于−20℃保存。

暴露实验进行 42 d 后，进入为期 14 d 的暴露消除期，即在此期间仍将小龙虾留在同一水族箱中，但停止输入雌激素，以确保雌激素在水、粪便和小龙虾尾部组织中的阶段性存在。在雌激素暴露和非暴露期间，小龙虾的行为并未发生变化，也没有小龙虾死亡。分别于第 0、14、28、42 和 56 天从每个水族箱中采集 3 只雄性和 3 只雌性小龙虾，测定尾部组织中雌激素浓度，并检测雌激素积累的性别差异（Hong et al., 2021; Wei and Yang, 2016）。

E2 虽是脊椎动物源的类固醇激素，但也可在一些甲壳类动物的卵巢、肝胰腺和血淋巴中检出（Gunamalai et al., 2006; Kirubagaran et al., 2005; Warrier et al., 2001），最高浓度达到 7.5 ng/g（Warrier et al., 2001）。研究发现，2 号水族箱雌激素给药 36 h 后，E2 平均浓度从 3400 ng/L 降至 260 ng/L。有趣的是，E1 在前 7 d 相对稳定，但在剩余暴露期内，浓度变化较大；其他雌激素并未表现出明显的类似趋势。这说明水族箱中的细菌种群可能在前两周（小龙虾雌激素暴露一周和雌激素积累一周）已经成熟，并推测小龙虾粪便中的雌激素可能源于其摄食、自身分泌和从水相中获得。处理 36 h 后，水相中各雌激素的浓度从高到低依次为 EE2 > E1 > E2。E1、E2 和 EE2 的 K_d 观测值与此前在活性污泥中报道的相近(Andersen et al., 2005; Clara et al., 2004)。总的来说，各给药事件之间，各雌激素水相浓度的变化可归因于非生物转化(Liu and Liu, 2004; Silva et al., 2012)、代谢(Ivanov et al., 2010; Welshons et al., 2003)、吸附(Andersen et al., 2005)及在生物群中的积累(Dussault et al., 2009; Ricciardi et al., 2016)。显然，合成激素 EE2 比天然雌激素 E1 和 E2 更稳定；而暴露期间，水相中 E1 浓度高于 E2 可能由 E2 向 E1 的生物转化导致(Lai et al., 2002)。

对雌性和雄性小龙虾的尾部组织分别进行分析后发现，小龙虾性别对雌激素积累无显著影响。此外，除个别几种雌激素外，尾部组织中大多数受试雌激素浓度之间无显著差异，可见，生物体内积累的外源雌激素多处于稳定状态。需指出，E2 是小龙虾尾部组织中唯一检出的甾体雌激素，水族箱 1 和水族箱 2 实验组中的 E2 浓度分别为(9.9 ± 1.3)ng/g 和(11.1 ± 1.7) ng/g；水族箱 3(对照组)中小龙虾尾部组织中 E2 浓度低于 0.5 ng/g。可见，小龙虾尾部组织中的 E2 主要来源于从外界的积累。综上所述，转化产物对总雌激素活性没有显著贡献。鉴于小龙虾在世界各地小溪中的广泛存在，它有望成为典型的雌激素污染生物监测工具。

4.1.2　环境雌激素在人体脂肪组织中的积累

广义的 EEs 是指分子结构与人体内雌激素或某些配体的分子结构非常相似的化合物。除了典型的类固醇类和双酚类，一些有机氯农药、多氯联苯类物质及钛酸酯类化合物也属于 EEs 范畴，如 DDT、HCH 及其衍生物(Ociepa-Zawal et al., 2010)。一般来说，它们通过干扰细胞色素 P450 编码基因的表达来影响天然激素和外源生物的代谢。在这些 EEs 中，DDT 及其衍生物——DDE[1,1-bis(4-chlorophenyl)-2,2-dichloroethene]和 DDD[1,1-bis(4-chlorophenyl)-2,2-dichloro ethane]已得到广泛研究。20 世纪 40 年代到 70 年代，DDT 曾被大面积地用于农业，后被禁止使用。在环境中，DDT 常转化为更稳定的 DDE；因此，DDT/DDE 值可用于评估 DDT 的暴露时间。六氯苯(HCB)常用作杀菌剂，也可作为合成其他有机氯化物的前体。

化学级 HCH 包含 α-、β-和 γ-HCH(后者又称林丹)三种异构体。其中，只有林丹被用作杀虫剂，而其他两种被视作污染物。人类体内的七氯主要来源于食物，且七氯至今仍被用作杀菌剂，因而可在环境中被广泛检出并传播。其稳定衍生物环氧七氯可在人体脂肪组织中积聚。从 20 世纪 50 年代到 70 年代末，艾氏剂、狄氏剂和异狄氏剂被用作杀虫剂；艾氏剂在人体中可以很快被转化为狄氏剂，因此，艾氏剂在人体脂肪组织中的浓度较低，而狄氏剂浓度较高，且不易被转化，半衰期为 6～12 个月(Ahlborg et al., 1995)。

尽管有机氯类农药已不再广泛使用，但其高度稳定性和在组织、器官中的强积累能力导致的生态风险效应不容忽视。长期以来，学者们发现 EEs 与人类乳腺癌之间可能具有某种关联，但尚缺乏直接证据；相比之下，遗传性和环境因素下外源雌激素水平与乳腺癌发病的关系可能更为紧密。因此，评估外源雌激素在人体脂肪组织中的累积情况对于 EEs 的潜在风险评估至关重要。

对此，有研究者以 HCB、α-/β-/γ-HCH 和 DDT 衍生物为目标 EEs，分别探究了它们在乳腺癌患者和健康者(对照组)脂肪组织中的积累情况。研究发现，所有受试者体内均未发现艾氏剂、狄氏剂和异狄氏剂，仅少数患者和健康人员的脂肪组织中存在七氯和环氧七氯；此外，大多数外源 EEs 浓度在患者和对照组之间无显著差异，但患者体内 β-HCH 的浓度显著高于对照组(Ociepa-Zawal et al., 2010)。然而，仅少数研究得出与此类似的结果，原因可能在于患者和健康者的饮食中脂肪含量存在差异。

EEs 浓度在乳房和腹部脂肪组织之间未体现出明显差异(Waliszewski et al., 2004; López-Cervantes et al., 2004)，表明 EEs 的脂肪组织浓度可能是比血清浓度更好的暴露检测标记。在 Ociepa-Zawal 等(2010)的研究中，21 世纪初期的波兰人脂肪组织中 HCB、α-/β-/γ-HCH 及 DDT 衍生物的浓度已低于 20 世纪 70 年代所的报告浓度(Strucinski et al., 2002; Ludwicki and Goralczyk, 1994)。这可能与波兰在 20 世纪 70 年代末停止使用杀虫剂有关，EEs 的浓度稳步下降，进而导致这些化合物浓度在脂肪组织中的下降。脂肪组织中七氯和环氧七氯的浓度高于早期对于波兰人群的研究，原因可能在于这两者的半衰期相对较长。此外，除了 α-HCH 和 DDT 外，上述 EEs 脂肪组织浓度也低于欧洲其他国家早期的检测结果(Botella et al., 2004; Smeds and Saukko, 2001; van der Ven et al., 1992; Ibarluzea Jm et al., 2004; Gallelli et al., 1995; Pauwels et al., 2000; Mussalo-Rauhamaa et al., 1990)；而 α-HCH 的脂肪组织浓度相对偏高，可能与 21 世纪初人类依旧能够与其频繁接触有关。另外，患者和对照组的脂肪组织中均未发现任何艾氏剂、狄氏剂或异狄氏剂痕迹。事实上，这些化合物在脂肪组织和血清中很少被发现，可能是因为它们在环境中的浓度已经显著下降。

Ociepa-Zawal 等(2010)还发现，老年患者脂肪组织中 DDE 和 DDT 浓度高于部分早期研究报道(Ludwicki and Goralczyk, 1994; Ibarluzea Jm et al., 2004; Aronson et al., 2000)。这可能是农药浓度随着年龄的增长而增加导致的(Jaga and Dharmani, 2003)。Cohn 等(2007)得到了一个有趣的结论，他们发现 1931 年以后出生的女性患乳腺癌的风险增加了 5 倍。众所周知，DDT 在 1945 年左右被广泛使用，表明这些女性在 14 岁左右就接触到了这种化学物质，即她们从生长发育开始之际就暴露在高浓度 DDT 环境中。虽然中年患者和对照组相差约 7 岁，但二者体内 DDT 浓度水平无明显差异。这表明，接触 DDT 可能并不会直接引发乳腺癌，但其积累和长期影响却有可能导致患病风险增加。

有趣的是，除了 ER(+)患者中 β-HCH 水平明显高于对照组外，正常个体与雌激素依赖型[ER(+)]或非依赖型[ER(−)]患者之间的 EEs 水平几乎无差异。早期研究也并未发现 ER 状态与任何 EEs 之间的相关性(Stellman et al., 2000; Zheng et al., 1999; Dewailly et al., 1994; Demers et al., 2000; Charlier et al., 2003)。因此，有学者推测，ER(+)乳腺癌患病率增加的原因可能是 EEs 促进了对雌激素敏感的 3 型乳腺干细胞增殖(Dey et al., 2009)。

暴露于多种不良生存环境或遗传条件(如高浓度 EEs、家族病史、吸烟、肥胖、CYP1A1 和 CYP1B1 多态性)的患者，其脂肪组织中易检测到较高浓度的 HCB、γ-HCH、DDD 和 DDT，更容易发生 ER(−)型乳腺癌。根据 Dey 等(2009)的假说，EEs 可能不是独立的、强有效的乳腺癌诱因，而应该是与其他因素(包括遗传和环境)共同作用，促进了乳腺癌的发展，且并非所有的因素都是与乳腺癌严格相关的危险因素，如吸烟和肥胖。但脂肪组织中，DDD 和 DDT 浓度升高确实与暴露于某些不利情景(如居住、就业、吸烟和吸毒习惯)有关。以吸烟为例，长期吸烟者会接触大量的多环芳烃(polycyclic aromatic hydrocarbons, PAHs)，而 PAHs 会诱发细胞色素 P450 基因多态性，从而增加患乳腺癌的风险(Couch et al., 2001; Terry and Rohan, 2002)。再以肥胖为例，肥胖者的脂肪组织较厚，极易积累更多的 EEs，并参与绝经后女性雌激素的合成，干扰正常的激素分泌。

综上所述，尽管脂肪组织中的 EEs 水平在过去 40 年中有所下降，但老年乳腺癌患者中 DDT 衍生物浓度更高，这表明长期积累 DDT 可能会提高乳腺癌的发病概率。尽管患者脂肪组织中 EEs 水平与对照组之间无显著差异，但在许多危险因素促使下，EEs 水平增加更容易引发人类患 ER(−)型乳腺癌。因此，EEs 浓度的增加联合其他风险因素，可能会影响癌症的发展进程，但不是启动这一过程。遗憾的是，现阶段的研究群体数目较小，无法推断出整个人群的结果，进一步分析暴露人群脂肪组织中 EEs 水平的动态变化极具必要性。

4.2　环境雌激素在植物体内的迁移转化

4.2.1　植物对环境雌激素的吸收

植物可对受重金属、有机物等污染的环境进行修复。此类修复方法依赖于部分能够适应恶劣环境并正常生长的特殊植物。例如，生长在岩石表面、铺路石缝隙和沙漠中的天然杂草种群，它们有着超出常规植物的养分摄取能力。一些植物物种能够在有毒金属污染的土壤中生长。例如，紫羊茅(*Festuca rubra*)中有部分品种能够耐受锌(Gómez et al., 2016)；阿尔卑斯菥蓂(*Thlaspi caerulescens*)对镉、钴、铜、钼、镍、铅和锌等多种重金属具有耐受性；杨柳科柳属中的蒿柳(*Salix viminalis*)可耐受银、硒、锰和锌，不仅如此，这种树木还能耐受石油等有机溶剂的污染(Prasad, 2005; Schmidt, 2003)。

相比之下，关于植物(如大型植物、叶菜和藻类，还有杨树、玉米和柳树等)吸收积累雌激素的报道相对较少。尽管如此，已知湿地植物水葱(*Scirpus validus*)和美洲黑杨(*Populus deltoides* × *nigra*)可以通过转化降低溶液中 E2、E1、E3 和 EE2 的浓度，说明以上植物极有可能通过根系吸收了雌激素(Bircher, 2011)。表 4-1 中列举了部分已知的可用于修复 EEs 污染的植物。

表 4-1　已知能够吸收 EEs 的植物(Adeel et al., 2017)

物种名称	富集雌激素	参考文献
小球藻（*Chlorella vulgaris*）	E2、E1	Lai et al., 2002
美洲黑杨（*Populus deltoides*×*nigra*），水葱（*Scirpus validus*）	E2、EE2	Bircher, 2011
浮萍属（*Lemna* sp.）	E2、E1、EE2	Shi et al., 2010
藻属（algal genera）		
圆柱鱼腥藻（*Anabaena cylindrica*）		
绿球藻（*Chlorococcum*）		

续表

物种名称	富集雌激素	参考文献
钝顶螺旋藻（*Spirulina platensis*）		
四尾栅藻（*Scenedesmus quadricauda*）		
蔬菜玉米（*Zea mays*）	E2、E1	Card et al., 2012, 2013
甜玉米（Golden Cross Bantam）		
马齿苋（*Portulaca oleracea*）	E2	Imai et al., 2007
杨柳（*Salix exigua*）	EE2	Franks, 2006
拟南芥（*Arabidopsis thaliana*）		
莴苣（*Lactuca sativa* L.）	E1	Shargıl et al., 2015

具有污染修复功能的植物通常具有一个共同特性，即能够通过养分运输系统吸收潜在的有害分子，并将其隔离在植物液泡组织中。它们通过镶嵌在细胞膜上用于接收常规营养物质的泵和载体来接收可能有毒有害的外源化合物，从而进化出了一种将有毒物质转移到对植物新陈代谢无害之处的独特方法。

根系是植物从土壤中吸收养分的重要部分，同时，也是有机污染物从水和土壤体系进入植物体内的重要渠道。植物吸收有机污染物主要有两种机制——主动吸收和被动吸收。首先，污染物在植物根内水相与外部土壤溶液之间建立起一个平衡，随后，发生亲脂性的化学吸附。植物根部含有连接细胞膜和细胞壁上的脂质(Collins et al., 2006, 2011; Dodgen, 2014; Trapp and Legind, 2011)。

非离子有机污染物容易通过细胞膜，从而更易被根部吸收。它们往往通过水势梯度驱动的水流在植物根部进行运输，并在叶片中大量积累(Collins et al., 2011; Dodgen, 2014; Malchi et al., 2014)。事实上，疏水性有机污染物比亲水性有机污染物更有可能被分配到植物根系的脂质中。污染物的亲脂倾向性可由 $\log K_{ow}$ 衡量，$\log K_{ow}$ 大于 4 的非离子化合物极易滞留于植物根系中。事实上，$\log K_{ow}$ 高于 3.5 的有机污染物即可因较强的疏水性而无法通过植物维管，从而滞留于植物根系中(Card, 2011)。污染物的其他理化性质参数，如 pK_a、pH、离子强度、生物降解和吸附作用也会影响雌激素在植物体内的吸收和迁移转化(Collins et al., 2011; Malchi et al., 2014)。

土壤和水之间空隙中有机污染物的浓度会影响植物对土壤中有机污染物的吸收，而这些污染物的浓度又受到土壤 pH、溶解性有机碳和孔隙水的氧化还原电位等因素影响，从而间接影响有机污染物的被动吸收。有机污染物可以附着在土壤中的黏土、铁氧化物和有机物等其他组分中。此外，氢键、表面状况和阳离子交换量等因素同样至关重要。可电离 EDCs 的分配行为对土壤 pH 的变化非常敏感，因为 pH 的变化可能会改变离子分馏。综上所述，一种化学物质的亲脂性与它对土壤有机质的吸附亲和力之间存在经验关系(Collins et al., 2011; Dodgen, 2014)。

4.2.2 植物体内环境雌激素的转运

植物的根部结构包含表皮、皮层、内皮层和维管组织，维管组织又包括木质部和韧皮部。由于植物蒸腾过程中产生的压力梯度，水分和溶质通过质量流从根部向上移动到植物的其他部分。植物根吸收的污染物要到达木质部，必须经过表皮、皮层、内皮层和中柱鞘等多层结构。在内皮层，所有溶质都必须穿过细胞膜，是污染物的水溶性及其在富含脂质的内皮层细胞膜中溶解度的综合效应，由此影响有机污染物从土壤孔隙水进入根系以及随后通过木质部向植物其他部分转运的行为(Collins et al., 2006, 2011)。在木质部运输的水和溶质也可以向侧面扩散到附近的各层。

由于被水相平衡或被划分为亲脂固形物，污染物在植物芽中的浓度可能很高，影响因素包括根系吸收速率、亲脂固形物浓度和植物蒸腾流。当污染物沿植物茎部向上移动时，部分植物茎部有可能作为污染物的吸附质，这种吸附性随着亲脂性的增加而增大(Collins et al., 2006)。

Chen 等(2022)发现，雌激素倾向于集中在植物根部，而非转移到嫩枝。E2 和 E1 的蒸气压较低，不易挥发进入空气，且叶子从空气中的吸收可以忽略不计，因此，嫩枝中的雌激素主要从根部运输而来。此外，植物栽培促进了雌激素在根际的消散，雌激素的去除率可提高 10%～21%。这主要是由于雌激素降解酶的活性得到了增强，细菌总数增加，促进了雌激素降解物的发育。此外，这种促进作用会随着植物的生长而增强。然而有研究表明，雌激素通过植物根系从土壤中被吸收后转运到植物地上部的过程受到雌激素和土壤物理化学性质的影响。有机质含量高、粉质和黏土含量高的土壤会降低雌激素的生物有效性，这可能是土壤吸附力强、雌激素降解速度快所致。

4.2.3　植物体内环境雌激素的积累

EEs 能够在植物中积累。水环境中，藻类和浮萍能够吸收积累 EEs，这对水体中雌激素的去除起着至关重要的作用(Shi et al., 2010)。Card 等(2012, 2013)发现，玉米幼苗可吸收天然甾体雌激素 E2 和 E3，以及两种合成雌激素右环十四酮酚(α-ZAL)和玉米赤霉酮(ZAN)。从幼苗根部均可检出以上 4 种雌激素，且最高浓度达 0.19 μmol/L，其中，只有少量 E2 能够转运到地上部。Chen 等(2022)发现，E2 疏水性强、半衰期短，在植物体内积累较少且倾向于集中在植物的根中，而非地上部。此外，由于植物酶或共生微生物的催化作用，E1 和 E2 可在植物体内相互转化。沙柳和拟南芥也能从溶液中有效地去除雌激素。在含有雌激素的培养基中，以上两种植物均能在 24 h 内去除 86%的炔雌醇(EE2)(Franks, 2006)。一项位于日本大阪的水培研究对 100 种不同的园林植物进行了酚类物质和 EDCs 检测，其中，马齿苋是最为有效的雌激素植物修复剂，它能在 24 h 时内去除含酚基团的 EDCs，其中包括 E2(Imai et al., 2007)。另一项位于美国佛罗里达州皮尔斯堡的研究对从当地市场购买的水果和蔬菜进行了甾体雌激素浓度测定，结果发现，从蔬菜中均能检出一定量的雌激素，尤其是生菜。蔬菜和水果中 E2 含量甚至高达 1.3～2.2 μg/kg；联合国粮农组织/世界卫生组织食品添加剂联合专家委员会(JECFA)的数据显示，60 kg 的成人每日允许摄入的 E2 安全剂量上限为 3.0 μg，10 kg 的婴儿 E2 安全摄入剂量上限为 0.5 μg/d。为安全起见，人体最大摄入量标准一般略低于最高允许摄入量。显然，在部分研究中，蔬菜体内的 E2 检出浓度已经超过了婴儿的允许摄入量上限(Lu et al., 2012)。

1. 环境雌激素对植物生长的影响

多项实验已表明，外源类固醇激素可影响植物种子的萌发和发育。在小扁豆萌发过程中，E2 处理促进了胚的生长，提高了植物对镉和铜胁迫的耐受性(Chaoui and El Ferjani, 2013)；雌激素和雄烯二酮可最大限度地提高植物净光合速率。雄烯二酮在干旱植物复水过程中发挥了重要作用(Janeczko et al., 2012)。然而，雌激素对植物生长的影响依赖于雌激素浓度。以马铃薯(*Solanum tuberosum* L. cv. ‘Iwa’)为例，当 E1、E2 和 E3 浓度介于 0.1～10 mg/L 内时，根的生长均受到影响，块茎明显变小(Brown, 2006)。当 E2 浓度低于 0.1 mg/L 时，玉米幼苗的生长会受到一定程度的刺激，但当 E2 浓度提高至 10 mg/L 以上时，玉米幼苗的生长会受到显著抑制(Bowlin, 2014)。不同浓度水平的雌激素对绿豆种子萌发的影响与玉米幼苗类似，在低浓度(0.1 μmol/L) E1 或 E2 作用下绿豆的萌发和生长得以促进，但在高浓度(60 μmol/L) E1 和 E2 作用下则明显受到抑制(Guan and Roddick, 1988)。另有研究表明，低浓度 E2(0.01 μμmol/L)对鹰嘴豆的生长也有一定的促进作用。综合来看，低浓度的雌激素可能在一定程度上克服植物休眠问题并促进植物生长。然而，较低浓度的雌激素依然有可能抑制植物的生长。例如，在霍格兰溶液(一种可用作复合肥或无土栽培的植物营养液)中，1 μmol/L E1 或 E2 即可抑制番茄幼苗的生长和生根(Janeczko and Skoczowski, 2011)。在拟南芥中，0.1 μmol/L 的 E1、E2 和 E3 降低了生殖植株的数量(Janeczko et al., 2003)。瑞典的一项研究强调了 EE2(7 μmol/L)对绿藻雷氏衣藻(*Chlamydomonas reinhardtii*)的生长和光合作用或具有负面影响。但有学者提出，雌激素对植物生长的负面影响与浓度相关性尚待进一步地研究(Pocock and Falk, 2014)。

2. 环境雌激素对植物抗氧化活性的影响

活性氧(ROS)是一种与植物细胞代谢相关的常见副产物，可产生于不同的细胞器和细胞位置，如叶绿体、线粒体、质膜、过氧化物酶体、质外体、内质网和细胞壁等(Sharma et al., 2012)。多种环境压力均可导致过量的 ROS 产生，进而形成氧化损伤，最终使细胞死亡。过量 ROS 的解毒通常由一个有效的抗氧化系统完成，包括酶抗氧化剂和非酶抗氧化剂(Genisel et al., 2013; Sharma et al., 2012)。酶抗氧化剂包括超氧化物歧化酶(SOD)、过氧化氢酶(CAT)、愈创木酚过氧化物酶(GPX)，以及抗坏血酸谷胱甘肽(AsA-GSH)循环相关酶等，如抗坏血酸过氧化物酶(APX)、单脱氢抗坏血酸还原酶(MDHAR)、脱氢抗坏血酸还原酶(DHAR)和谷胱甘肽还原酶(GR)。细胞内较为有效的非酶抗氧化剂包括抗坏血酸(AsA)、谷胱甘肽(GSH)、类胡萝卜素、生育酚和其他酚类(Erdal, 2012)。

有趣的是，雌激素可以缓解部分由有毒金属诱导的氧化损伤症状。在玉米和鹰嘴豆中，外源雄酮处理显著提高了 SOD、过氧化物酶(POX)、GPX、APX 和 GR 等酶的活性，从而减轻了低温胁迫引起的植物氧化损伤(Erdal, 2012; Genisel et al., 2013)。同样，E2 通过提高抗氧化活性，对盐性氧化损伤玉米种子的生长起到改善作用(Erdal and Dumlupinar, 2011a)。在各类哺乳动物性激素中，黄体酮、E2 和雄酮均可显著改善植物生长并提高可溶性蛋白和糖水平(Erdal and Dumlupinar, 2011b)。Genisel 等(2015)测定了 E2 存在下铅胁迫小麦种子的根生长、铅含量、蛋白质含量、淀粉酶活性和抗氧化活性，研究结果再次证实 E2 能够抑制铅引起的小麦氧化损伤，且用 E2 处理后的小麦幼苗 DNA 损伤较小。此外，EE2 也能诱导豆籽中抗氧化酶活性的增强，显著降低内源 H_2O_2 浓度，从而降低脂质过氧化程度(Erdal, 2009)。

4.3　环境雌激素的生态效应

4.3.1　环境雌激素对鱼类的影响

20 世纪 90 年代，英国渔民在受纳污水处理厂排放物的潟湖中发现了雌雄同体鱼，后续调查也证实了此类鱼的存在。这不禁让人们猜测，鱼表现雌雄同体可能与污水处理厂(WWTPs)含有痕量残留雌激素的出水有关。对此，Purdom 等(1994)进行了一项研究，他们在出现雌雄同体鱼的 WWTPs 污水中及其他几个对照地点投放了雄性鳟鱼后发现，暴露于污水中的雄鱼能够合成雌鱼特有的、由雌激素调控合成的卵黄原蛋白(Clemens, 1974)。这也是首个公开发表的关于环境中外源性雌激素暴露会导致鱼类内分泌紊乱的研究。

随后，一些来自英国的研究表明，内分泌紊乱可能普遍存在于野生鱼类种群中。有学者在 8 个 WWTPs 的上/下游及其他 5 个参考地点采集了野生蟑螂样本。研究后发现，双性表型(睾丸中存在发育的卵子)和卵黄原蛋白的诱导表达多发生在 WWTPs 下游位点，上游位点相对较低，对照位点最低(Jobling et al., 1998)。除了蟑螂以外，淡水鮈鱼(gudgeon, *Gobio gobio*)也呈现类似现象，这表明雌激素暴露下的双性现象不是某一物种所特有的(van Aerle et al., 2001)。不仅如此，咸水物种中也存在内分泌紊乱现象。一项来自英国的研究发现，比目鱼(*Platichthys flesus*)体内的卵黄原蛋白水平明显高于对照流域的鱼(Allen et al., 1999)；在污染最严重的河口，雄性鱼类体内的卵黄原水平与繁殖期间的雌性相同或更高，比正常雄性对照高出 6 倍以上；17%的雄性鱼样本具有双性性腺，而对照组的鱼中没有。

雌激素效应衡量指标包括高水平的卵黄原素、双性表型及低水平的睾酮和低性腺指数。雌激素诱导的野生鱼类内分泌紊乱并非仅发生在英国，西班牙埃布罗河污水排放管附近的鲤鱼中也出现过类似现象(Lavado et al., 2004)。美国伊利湖银鲑(*Oncorhynchus kisutch*)血浆中睾酮、11-酮睾酮(鱼体内主要的雄激素)、皮质醇和促性腺激素浓度较低，表现出较高的性成熟早熟率(91%)，但在雄性群体中，第二性特征的发育不成熟(Leatherland, 1993)。一项位于中国香港的研究表明，缺氧等非生物因素也会导致鱼类内分泌紊乱(Wu et al., 2003)。甚至有学者认为，生活在开阔海域的鱼类可能因暴露于食物链中的毒物而随时处于内分泌紊乱期(Scott et al., 2006)。

1. 基因调控受损

雌激素受体(ER)参与大量的基因调控，如细胞色素 P450 编码基因、与繁殖间接相关的基因等。雌激素类物质激活 ER 可影响基因的表达水平(上调或下调)，进而改变蛋白质加工、内稳态，甚至增强某些化合物的毒性。值得注意的是，抗雄激素可能以一种不同于雌激素类似物的特异性方式影响基因调控。

哺乳动物体内有许多基因的表达受 ER 调控，但在硬骨鱼中知之甚少。骨连接蛋白是骨和鱼鳞中的一种能结合钙和胶原蛋白的糖蛋白，E2 诱导下其表达量显著下调，导致硬骨鱼体内钙流失(Lehane et al., 1999)。鱼转化生长因子 β 结合蛋白 3 的同源物是另一种受雌激素控制的蛋白质，E2 诱导下其表达量显著上调，可以调整生长因子对早期发育过程的影响(Andersson and Eggen, 2006)。黄素单加氧酶(FMOs)是一类参与外源化合物生物转化的重要酶系。涕灭威是一类具有较强生物毒性的磺酸酯氨基甲酸酯类农药。已证实，E2 可增加雌鱼鳃中 FMO1 类蛋白和 FMO3 类蛋白的表达，从而增强涕灭威对鱼的毒性(El-Alfy and Schlenk, 2002)。

值得注意的是，E2、NP 和抗雄激素 *p*, *p*′-DDE 在大口黑鲈中诱导表达的基因之间存在差异。E2 上调了卵黄原、绒毛膜原、醛糖还原酶和天冬氨酸蛋白酶 mRNA 的表达，这些基因分别参与糖代谢和翻译后的蛋白修饰(Larkin et al., 2002)；E2 可下调铁转运蛋白的表达。NP 与 E2 结构相似，可上调一种从分泌蛋白上切割信号序列的信号肽酶的表达；此外，NP 还可能通过雌激素受体以外的途径发挥作用。*p*, *p*′-DDE 可上调雄性卵黄原和绒毛膜原的表达，下调雌性卵黄原和绒毛膜原的表达；也可在雌性体内下调包括雄激素受体编码基因在内其他几个基因的表达。暴露于同一种污染物时，两性表现出的两分法表明，鱼类对暴露的反应会因性别而异，鱼类的生殖状态首当其冲。

2. 影响非程序 DNA 合成

卵黄原蛋白是鱼类等卵生动物暴露和吸收雌激素类化合物极好的生物标志物。蛋白质的产生通常不被视为毒理学终点，但一些迹象表明，大量无用的卵黄原可导致病理作用。在一些鱼类肝脏中，卵黄原蛋白的无规律产生与肝体指数，以及核膜和细胞膜增厚、粗面内质网增殖、嗜酸性物质积累(很可能是卵黄原本身)、受损的细胞功能紊乱和糖原沉积减少等组织病理学现象有关(Mills et al., 2001; Wester and Canton, 1986; Zha et al., 2007)。与肝脏类似，这种影响也可表现在肾脏中，例如肾体指数增加，肾小管、鲍曼间隙和肾间质严重出血，以及肾小管上皮肥大、变性和坏死等组织病变(Zha et al., 2007)。一般来说，雄性比雌性更容易在病理上受到卵黄原积累的影响，可能的原因是雌性在繁殖活跃期会将一些多余的卵黄原蛋白吸收到卵母细胞中。卵黄原蛋白的产生可能对生长有一定的影响(Wester and Canton, 1986; Zha et al., 2007)，可能是由于能量和物质分流到了这一非必要蛋白的生产过程中，并消耗了肝脏中储存的糖原。

3. DNA 损伤

E2 的代谢物 4-羟基雌二醇(4-OH-E2)是一种具有基因毒性的物质。其毒性机制如下：2-羟基雌二醇(2-OH-E2)和 4-OH-E2 都可以通过过氧化物酶或 P450 酶催化氧化，代谢成半醌，再进一步转化为醌，此后，既可以醌的形式发生相同的酶促反应，也可以循环进行氧化还原反应(Cavalieri et al., 2000)。醌可以与 DNA 直接反应，形成去嘌呤加合物。氧化还原循环也可以产生 H_2O_2，形成羟基自由基，并与 DNA 反应产生氧化的 DNA 碱基(图 4-1)。在脂质存在的情况下，羟基自由基可以帮助形成脂质过氧化衍生的醛-DNA

加合物。一般来说，邻苯二酚类雌激素的 4-OH-E2 型比 2-OH-E2 型毒性更大，因为 2-OH-E2 型更容易与脂质结合，并在半醌和醌形成之前排出。此外，由 2-OH-E2 产生的醌也能产生稳定的加合物，而不是容易突变的去嘌呤加合物。所形成的 4-OH-E2 与 2-OH-E2 的比例，以及在特定组织中存在的解毒酶水平决定了雌激素的组织特异性遗传毒性。

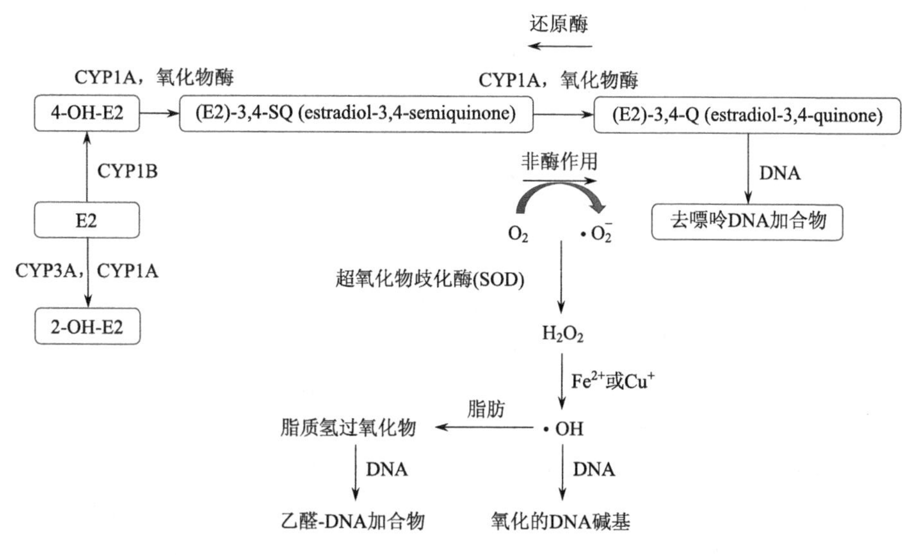

图 4-1　E2 代谢物 4-OH-E2 代谢激活后的路径(Cavalieri et al., 2000)

虽然外源性雌激素在哺乳动物中引起的 DNA 损伤已经得到充分的研究，但关于鱼类的数据相对较少。已证实，暴露于外源性 E2 会加剧鱼红细胞的 DNA 损伤，尽管该损伤是短暂、不显著的(Teles et al., 2005)。雌激素农药狄氏剂与金头鲷肝脏 DNA 氧化损伤有关(Rodriguez-Ariza et al., 1999)。由于 E2 的代谢容易向产生 4-OH-E2 型化合物的方向发展，雌激素暴露的潜在影响值得进一步研究。

4. 双性/性别逆转

鱼具有性别可塑性，一般鱼类的性别在孵化后不久(性别分化期)就确定了。青鳉(产于中国、日本和朝鲜)出生时具有未分化的性腺，孵化后的最初几个月内分化出雄性性腺或雌性性腺(Örn et al., 2006)。斑马鱼都在孵化后 3～4 周形成卵巢样性腺，孵化后 4～5 周，雄斑马鱼的卵巢转变为睾丸(Örn et al., 2003)。然而，有些鱼类的性别在其生长发育后期由环境因素决定。例如，加利福尼亚羊头鱼(*Semicossyphus pulcher*)最初的性别为雌性，成年后在适当的环境刺激下转换为雄性。虽然许多鱼类的性别具有遗传决定性，但暴露在类固醇、内分泌干扰化合物甚至极端环境条件下，尤其是当鱼类正处在性别分化的关键时期时，性别的基因决定性可以被覆盖或部分逆转。

性别分化的关键时期也因鱼的种类而异。孵化后 2 周内暴露于 E2 和炔雌醇(EE2)的棘鱼可表现为雌雄颠倒和双性雄鱼(Hahlbeck et al., 2004)。然而，其鱼卵在孵化前暴露于 E2 则不受影响。将青鳉暴露于辛基酚(OP)，与孵化后暴露 7 d 或 21 d 相比，在孵化后暴露 3 d 时，其双性发生概率最高(Gray et al., 1999)。但也有与此不同的研究结果，5～8 日龄的青鳉暴露于 E2 环境 28 d 后，所有的鱼都变成了雌性表型，这表明青鳉在鱼龄增长期仍保持对外源激素敏感(Nimrod and Benson, 1998)。孵化后的遗传雌性褐牙鲆(*Paralichthys olivaceus*)在高温下暴露 30～100 d，其体内的细胞色素 P450 芳香化酶的表达受到显著抑制，并成为雄性表型(Kitano et al., 1999)。将斑马鱼在孵化后的第 1～60 天暴露于杀真菌剂咪鲜胺中(一种类固醇生成抑制剂和雄激素受体拮抗剂)发现，其雄鱼比例更高，且存在双性个体表型(Kinnberg et al., 2007)。当斑马鱼在孵化后第 20～60 天接触 2～10 ng/L 的 EE2 时，也会产生性别逆转。这表明性别分化的危险期可能发生在污染物暴露 20 d 后。有趣的是，当 EE2 浓度为 25 ng/L 时，这种效应会减弱，且无论暴露在何种浓度下，均未观察到双性个体(Örn et al., 2003)。

在性别分化期间及以后，生物体对类固醇或其他 EDCs 的响应也因物种而异。将青鳉和斑马鱼在孵化后的 1～60 d 暴露于 EE2，对于斑马鱼，当 EE2 浓度为 10 ng/L 时，其表现 100%的雌性；当 EE2 浓度为 100 ng/L 时，斑马鱼全部死亡，且未发现双性表型个体(Örn et al., 2006)。而对于青鳉，当 EE2 浓度为 10 ng/L 时，其种群性别比例无显著变化，但小部分出现了雌雄同体；当 EE2 浓度为 100 ng/L 时，鱼群没有死亡且以雌鱼为主。青鳉与棘鱼有所不同，将受精后 1 d 内的青鳉卵细胞暴露于 E2 即可导致其性别表型向雌性转变(Kobayashi and Iwamatsu, 2005)。青鳉似乎在性别定性方面很不稳定，即使是成年青鳉，暴露在上述环境中也可能导致双性。再比如，暴露于除草剂米扎林 21 d 即可使 7 月龄、性成熟的青鳉鱼出现双性行为(Hall et al., 2007)。未受雌激素胁迫的青鳉也有自发性双性行为的报道，并且双性行为的发生率随着年龄的增长而增加(Grim et al., 2007)。

尽管改变雄激素和雌激素等类固醇化合物水平对性别分化有明显的影响，但性别分化的触发契机和作用机制仍未被系统地阐明。如前所述，日本雄性褐牙鲆性别分化过程中，芳香化酶的表达受到抑制。Kuhl 和 Brouwer(2006)用雌激素活性化合物 *o, p*′-DDT 对孵化后 14 d 的日本青鳉进行了 *o, p*′-DDT 暴露研究，实验分为三组，一组中含有芳香化酶抑制剂法倔唑，第二组不含，第三组含防污剂三丁基锡。结果发现，即使芳香化酶活性在抑制剂的存在下被显著抑制，受试鱼群仍发生了 100%的性别转变(向雌性表型逆转)。少部分性别分化是由 ER 介导的，除了雌激素外，还可能存在多种化合物能够与 ER 相互作用，引起生物体的雌性化表型，芳香化酶的表达抑制则不会对性别的最终分化起到决定性影响。

双性鱼是否具有繁殖能力尚存在争议。Balch 等(2004)指出，双性个体能够成功繁殖。然而，Nash 等(2004)提出了相反观点，认为双性个体无法进行正常繁育行为，如其存在输精管畸形问题，这可能比卵母细胞的存在对性腺功能的影响更大。很明显，如果一个种群中所有的雄性都发生性别逆转，繁殖失败的概率将会明显增加，但在混合种群中，性别逆转的后果就不那么明朗了。一项基于性别颠倒的奥利亚罗非鱼(*Oreochromis aureus*)的研究表明，表型雌性/遗传雄性(或称为假雌性)鱼仍有繁殖能力，但由于产卵频率降低、非产卵假雌性与对照雌性的比例较高，鱼苗产量仍处于较低水平(Desprez et al., 1995)，假雌性的雄性后代比例也高得多(几近 100%)(Desprez et al., 1995; Mélard, 1995)。

罗非鱼有 ZZ(雄性)和 ZW(雌性)两种遗传性别表型。有性反转的雄性与未经处理的雄性配对很可能产生雄性基因型 ZZ。在 XX/XY 型性别决定的鱼类中，性别逆转可能会导致不同的结果。假雌性与未受激素影响的雄性配对可能会产生 XX、XY 和 YY 基因型。正如预期，YY 基因中的雄性与来自不同遗传背景的雌性杂交得到了所有的雄性群体，但很少有后代不育(Bongers et al., 1999)。因此，尽管假雌鱼仍然能够繁殖(繁殖率可能较低)，但这对后代的性别比例所产生的影响可能较为严重。

4.3.2　环境雌激素对两栖类动物生殖发育的影响

早在 20 世纪，EEs 就被认为可能会影响胎儿发育、增加乳腺癌发病率和一些其他内分泌系统疾病的患病风险(Bern, 1998; Davis et al., 1993)，对于人群健康存在不容忽视的安全隐患。然而研究者们发现，EEs 对于除人类以外的脊椎动物生殖生物学也存在影响，包括各类哺乳动物、鸟类、爬行动物和鱼类。而这些受到影响的脊椎动物大多生活在杀菌剂、除草剂、杀虫剂等检出浓度和检出频率较高的地区或工业废水污染区。Purdom 等(1994)很早就发现，污水中饲养的雄性虹鳟可出现雌性化现象。EEs 对两栖类动物也可产生不利影响。一项位于意大利翁布里亚山区池塘的研究显示，野生食用蛙(*Rana esculenta*)和大冠蝾螈(*Triturus carnifex* L.)种群数量显著减少，其繁殖周期也出现了季节性差异，这可能与水生环境中雌激素化合物的存在有关。

NP 是一种人工合成的雌激素化合物，其对食用蛙和大冠蝾螈及非洲爪蟾(*Xenopus laevis*)等两栖动物的生殖发育和性别分化等可表现出不同程度的影响。当雄蛙暴露在 NP 环境中时，其血浆中可检出卵黄蛋白原(VTG，卵黄原蛋白的前体)，并以 NP 浓度依赖的方式显著增加(Mosconi et al., 1994a, 1994b)；相反，未暴露于 NP 的雄蛙中未检测出 VTG。NP 暴露的雄性蝾螈也呈现相似结果。正如 Lutz 和 Kloas(1999)以及 Kloas 等(1999)的研究所示，NP 可在雄蛙和雄性蝾螈等两栖动物中表现雌激素效应。此外，NP 暴露的雄蛙中，血浆促性腺激素和催乳素的显著下降，说明 NP 对垂体功能施加了反馈抑制。另外，NP 暴露提高了血浆雄激素水平，但血浆 E2 水平无显著变化，结合 NP 可抑制垂体促性腺激素的分泌，推测 NP 可直接作用于睾丸。

研究人员以抗蛙催乳素(prolactin, PRL)抗血清为一抗，采用免疫组织化学 ABC 法(avidin-biotin complex)分析了雄性大冠蝾螈垂体远端部泌乳细胞情况。结果表明，NP 暴露可显著增加 PRL 免疫标记细胞数量，至少在蝾螈的垂体中，外源性雌激素可能会诱导 PRL 的积累。由于部分野生两栖动物必须遵循水生生活方式，则其内分泌系统和生殖系统极易受到外源雌激素威胁。

雄激素睾酮(Te)的芳构化(结构向 E2 转变)过程是 Te 在脊椎动物中枢神经系统中充分作用的关键。大量证据表明，芳构化和以其他方式转化雄激素基质的能力是在中枢神经系统发育早期就存在的。研究人员已证实，非洲爪蟾(Morrell et al., 1975; Kelley et al., 1975)和食用蛙(Guerriero et al., 2000)等无尾目类动物中存在芳构化酶。为此，研究人员采用免疫组织化学 ABC 法研究了 NP 对有尾目类动物下丘脑中芳香化酶表达的影响。在大冠蝾螈的视前隐窝壁上发现了两个双侧小群免疫阳性神经元，这些神经元簇向尾部延伸，通过交叉后的下丘脑和结节的基底壁，这些都是与生殖控制密切相关的大脑区域。

雌激素特异性作用的前提条件是 EDCs 与 ER 的结合，随后，通过反式激活导致雌激素依赖性基因表达。Kloas 等(1999)用放射受体测定法研究了 NP 和 BPA 与非洲爪蟾肝脏中雌激素受体特异性结合的情况。研究表明，NP 和 BPA 与 ER 的结合亲和力比 E2 低大约三个数量级。雌激素化合物对两栖动物生殖能力的影响最终体现在它们对性别分化的贡献率上，将发育敏感阶段的幼虫暴露于雌激素化合物中，所呈现的个体雌雄表型可以用于评判目标雌激素的生殖干扰效应。例如，NP 和 BPA 均可导致非洲爪蟾雌性表型增加，进而影响群体的性别分化。然而，体内试验条件下，NP 和 BPA 对性别分化的影响比 E2 更明显。因此，雌激素类化合物对两栖动物生殖发育的影响应结合体外实验和体内实验结果综合评定。

4.3.3 环境雌激素对动物精子功能的影响

雄性动物生殖系统已成为环境激素类物质的主要毒性靶点之一，BPA 是一种人工合成的具有雌激素活性的化合物，也是一种男性生殖毒性剂(付银杰等, 2013)。哺乳动物精子是一种高度分化的生殖细胞，磷酸化修饰是成熟精子蛋白实现功能前的重要修饰过程，它参与精子信号通路的激活及调控、保证顶体反应发生，是精子获能的标志(Brohi and Huo, 2017; Bae et al., 2020)。胡启蒙等(2022)研究发现，BPA 暴露可影响哺乳动物精子蛋白酪氨酸磷酸化过程(protein tyrosine phosphorylation, PTP)。BPA 暴露下，新鲜猪精子的活力显著下降；17℃冷藏猪精子(人工授精的主要精源)的精子活力、存活率、顶体反应率随 BPA 浓度的增加均有所下降，而过早发生顶体反应可影响受精(Rahman et al., 2015)；类似地，小鼠精子获能培养后，BPA 暴露的精子存活率和顶体反应率也随着 BPA 浓度的增加而下降。

雌激素可通“核启动”和“膜启动”进行信号传导。在“核启动”的途径中，雌激素结合 ERα 或 ERβ 受体进入细胞核后，结合雌激素反应元件(estrogen response element, ERE)上的 DNA，激活 ERE 依赖性基因的表达；而在“膜启动”的途径中，雌激素则激活膜上的 ER 亚群(mER)或 G 蛋白偶联雌激素受体(GPER)基因表达，从而激活各种信号通路并调控下游转录因子。BPA 就是通过“膜启动”途径(与精子膜受体结合)来影响精子功能的(Moore et al., 1994)，其机理为氧化应激损伤(Rahman et al., 2019; Othman et al., 2016)。该过程会产生大量的活性氧(ROS)，造成精子相关酶活力下降、抑制蛋白激酶 A(PKA)等与蛋白酪氨酸磷酸化相关的信号通路，进而降低获能精子 PTP(Maher et al., 2014; Gervasi and Visconti, 2016; Wan et al., 2013; Pizzol et al., 2014)。

然而，BPA 对哺乳动物精子蛋白酪氨酸磷酸化的影响具有物种特异性。小鼠精子和猪精子对 BPA 胁迫表现出不同程度的敏感性，主要原因可能是猪精子质膜中不饱和脂肪酸含量高、胆固醇与磷脂的比值低，更容易受到 ROS 的攻击(Zapata-Carmona et al., 2020)。研究显示，BPA 影响下精子蛋白酪氨酸磷酸化的差异主要发生于鞭毛中段和主段。线粒体存在于鞭毛中段，通过氧化磷酸化途径产生三磷酸腺苷(ATP)，为精子运动、顶体反应等提供能量(Guo et al., 2017a)；而鞭毛主段则通过糖酵解为精子供能(Zhu et al., 2020)。此外，BPA 可能影响精子能量代谢，有研究表明，高浓度 BPA 暴露下，小鼠精子活力受到显著抑制(Rahman et al., 2015)。BPA 对精子的影响是一个动态的过程，有学者推测，精子获能过程中 BPA 可导致精子在未接触到卵子时提前获能，从而无法穿过透明带，导致受精失败。

4.3.4　环境雌激素对动物神经系统的影响

雌激素类化合物可对人类、野生动物和家养动物的正常内分泌系统产生负面效应。早前研究多关注雌激素类化合物的毒性效应；近年来的一些研究发现，动物行为（如繁殖、攻击）出现的细微变化可能与雌激素影响下特定神经回路的改变有关（Panzica et al., 2002）。雌激素对野生动物的影响虽不致命，但会导致个体受损，甚至无法繁殖（Guillette Jr et al., 2000）。雌激素类化合物对大脑的性别具有分化作用，特别是在大脑器官发生和性别分化的敏感时期。它可以改变生殖器官的功能和大脑回路的神经化学及组织成分，因此，胚胎期暴露于雌激素类化合物通常会对个体产生终身影响。部分雌激素类化合物可以神经内分泌系统为靶点，影响正常生殖及其他内分泌过程，这也增大了雌激素类化合物短期和长期生态效应风险评估的复杂程度。

己烯雌酚（DES）是一种人工合成的非甾体雌激素，可表现出与 E2 相同的药理及疗效。日本鹌鹑是一种生殖行为具有强烈性别二态性的动物，可作为研究性激素依赖的神经内分泌机制及雌激素类物质对其影响的典型供试动物。有研究证实，完整的成年雄性日本鹌鹑和接受 Te 治疗的阉割雄性都可表现出交配行为，而同样接受 Te 治疗的雌性则从未表现出交配行为（Ankley et al., 1998; Bu and Lephart, 2005; Colborn et al., 1993）。这种行为二态性取决于生物个体早期与雌激素的接触情况。可见，雌激素类化合物可通过性激素依赖的神经内分泌系统影响鸟类的性胚胎分化。

BPA 可作为环氧树脂、聚苯乙烯树脂、聚碳酸酯等多种高分子聚合物合成的单体激素。自然状态下，BPA 可从上述高分子聚合物中释放，且温度越高，释放速度越快、释放量越大，导致人体暴露于 BPA 的概率越来越高。然而值得关注的是，人类唾液、孕妇和胎儿血清、胎盘组织、羊水、卵泡液及乳汁中均曾检出 BPA（Ikezuki et al., 2002; Sasaki et al., 2005; Schönfelder et al., 2002; Ye et al., 2006）。此前，有关 BPA 生殖毒性的研究已有大量报道（Howdeshell et al., 1999; Hunt et al., 2009; Gupta, 2000）。近年来，BPA 对神经系统的影响也受到越来越多的关注。BPA 可改变大脑形态结构和发育，尤其是大脑的性别二态性（Fujimoto et al., 2007）。此外，BPA 还可影响脑内神经递质系统，如多巴胺递质系统、谷氨酸能递质系统、γ-氨基丁酸能递质系统等（Narita et al., 2007），从而对人体的神经系统发育和功能产生负面影响。

第一，BPA 对大脑结构可产生一定影响。与甾体雌激素等内源性 SEs 相比，BPA 与 ER 的亲和力较低，最终体现为 BPA 的雌激素活性相对较低。然而事实上，BPA 对于 ER 而言仍是一种强有效的激动剂。哺乳动物胚胎发育早期，机体内卵巢等组织和器官中雌激素分泌功能尚未成熟，此时，大脑是胚胎内雌激素的唯一来源。因此，发育期的 BPA 是大脑作用的敏感器官。研究发现，围产期 BPA 暴露会使雄性大鼠蓝斑（locus coeruleus, LC）体积增大、雌性大鼠蓝斑体积减小，而蓝斑是脑内合成去甲肾上腺素的主要部位，与动物个体情绪调节密切相关。因此，蓝斑功能异常会增加动物患抑郁症和焦虑症的风险（Kawato, 2004）。同时，BPA 暴露下，大脑中与性别分化相关的性别二态核也会受到影响，如下丘脑前腹侧室旁核(anteroventral periventricular nucleus, APCN)和下丘脑视前区性二态核(sexulally dimorphic nucleus of the preoptic area, SDN-POA)。研究发现，将出生第2天的雌性啮齿类动物个体暴露于BPA，其下丘脑前区中钙结合蛋白表达阳性神经元的细胞数、雄性个体下丘脑前腹侧室旁核中酪氨酸羟化酶(tyrosine hydroxylase, TH)阳性神经元细胞数及TH与ERα共表达的神经元数目显著增加(Patisaul et al., 2006, 2007)。神经元是脑结构和功能的基本单位，妊娠期小鼠暴露于低剂量BPA后，胚胎发育的12.5 d和16.5 d，皮层神经元细胞的分化和迁移作用增强，而皮层增殖前体细胞未受到明显影响(Nakamura et al., 2006)。从小鼠胚胎发育的0.5 d起，以20 μg/(kg · d) BPA的剂量给药，在胚胎发育的12.5 d、14.5 d和16.5 d时注射溴代脱氧尿苷(BrdU)，结果发现在小鼠出生后第3周时，Ⅴ、Ⅵ皮层的BrdU阳性细胞显著增加(Nakamura et al., 2007)。类似地，BPA还可导致大脑海马CA3区谷氨酸受体的表达和顶端树突棘的密度显著上调，增加苔状纤维的萌发，促进CA1和CA3区长时程增强(long-term potentiation, LTP)效应(Tando et al., 2007)，而LTP与大脑的学习、记忆等功能联系紧密。

第二，BPA也可在一定程度上影响神经递质系统。神经递质系统在大脑中起到传递信息的作用，促使大脑对外界环境刺激做出应激响应。内源性雌激素可调控神经递质的传递。不难得出，具有雌激素活性的BPA将会干扰雌激素对神经递质系统的调控。多巴胺能(dopaminergic, DA)系统是重要的脑内神经递质系统，参与运动、情绪、认知等许多神经系统活动。然而，BPA暴露可增加边缘前脑和中脑多巴胺转运体基因的表达水平(Alyea and Watson, 2009)。新生期BPA暴露将通过影响多巴胺受体功能来影响背外侧纹状体(dorsal lateral striatum, DLS)长时程抑制(long-term depression, LTD)和LTP的发生(Zhou et al., 2009)。哺乳期大鼠以0.1 μg/(kg · d)BPA的剂量给药7 d后，小鼠脑干中的多巴胺水平明显上升；若以1 μg/(kg · d) BPA的剂量给药28 d，小鼠纹状体中多巴胺水平显著升高(Matsuda et al., 2010)。BPA还能通过影响海马突触的γ-氨基丁酸(GABA)受体，呈浓度依赖性地影响GABA的膜电流(Nakamura et al., 2010)。载体实验发现，围产期小鼠BPA暴露后，胆碱乙酰转移酶(ChAT)——乙酰胆碱(ACh)产生的标志物剧烈减少。可见，BPA可抑制乙酰胆碱的表达(Tando et al., 2007)。

第三，BPA对树突发育和突触可塑性具有负面影响。研究发现，围产期低剂量BPA暴露可改变G蛋白偶联受体1(D1R)和偶联受体2(D2R)，导致背外侧纹状体活性突触可塑性缺失(Zhou et al., 2009)。去卵巢的雌性大鼠暴露于300 μg/kg BPA后，大脑海马CA1区树突棘密度降低，CA3区顶树突棘密度增加(MacLusky et al., 2005)。给予去卵巢的雌性大鼠40 μg/kg BPA和60 μg/kg雌激素暴露0.5 h后，BPA可抑制由雌激素诱导的海马CA1区神经元树突棘密度增加效应(Leranth et al., 2008)。除此之外，在体外培养海马脑片实验中，10 nmol/L BPA处理30 min后，大脑海马CA1和CA3区的LTP明显增强10%～20%(Ogiue-Ikeda et al., 2005)。由此可得，BPA可通过影响树突发育及突触可塑性，进而影响神经元发育。神经元是大脑神经系统结构和功能的基本单位，其基本结构包括胞体和突起，而突起又可进一步地被分为轴突和树突。发育早期，树突首先从胞体上萌发出树突丝(filopodia)，其形状细长、无头，多与突触后致密区(post synaptic density, PSD)分离(Maletic-Savatic et al., 1999; Ruan et al., 2009)，是一个高度活跃的结构，平均寿命在几分钟到几小时不等。树突丝的运动性对突触的形成具有关键作用。EphBs 信号通路调控树突丝的运动性，可诱导产生树突棘，在神经元发育过程中有重要作用。当去除 EphBs 时，树突丝的运动性下降、树突棘的运动性未受影响，但突触的发生概率降低。在神经元发育过程中，树突丝可以在适当条件下从形态和功能上转变成树突棘。幼年小鼠海马脑片培养显示，大部分树突丝在随后的发育过程中逐渐消失，只有 10%～20%的树突丝能转变成树突棘。新生的树突棘往往细而长，头部较小。与树突丝相比，树突棘装配有完整的突触后装置(如神经递质受体、锚定受体的支架蛋白、胞内信号分子和赋予肌动蛋白细胞骨架以树突棘特征的肌动蛋白结合蛋白)，因而树突棘能对胞外信号做出反应，表现为可塑性(De Roo et al., 2008)。截至目前，关于甾体雌激素对树突丝直接影响的报道较少，但有研究发现，类雌激素 BPA 可显著增加海马神经细胞中树突丝的密度和运动习性(Xu et al., 2010)。可见，BPA 可促进树突丝发育(快速效应)。然而，BPA 对人类通常表现为慢性毒性效应，因此在对树突发育快速效应的基础上研究 BPA 对树突发育的慢性效应，可为人类应对 BPA 暴露提供理论基础。

4.3.5　土壤中雌激素的微生态响应

有研究显示，土壤细菌 16S rRNA 总基因丰度与 E1 和 E2 去除率之间存在显著正相关关系，说明总菌群对雌激素降解有重要贡献。同时雌激素对土壤微生物群落结构及组成也有影响，例如，添加雌激素可显著增加土壤中 16S rRNA 基因的总丰度。如上所述，雌激素可能作为额外的碳源刺激细菌生长和代谢(Chiang et al., 2020)。

与裸地土壤不同的是，根际土壤的碳源和养分除了来自雌激素外，还可以从根系分泌物中获得。许多研究已经证明，与未种植土壤相比，根际微生物数量的增加主要归因于根系分泌物的刺激(Tejeda-Agredano et al., 2013; Lu et al., 2017)。这也解释了为什么 Chen 等(2022)研究中根际土的 16S rRNA 基因总量普遍高于未种植土壤。土壤中细菌的大量存在可能会加速雌激素的消耗。此外，根系分泌物可以通过改变微生物分解代谢基因表达或选择特定微生物(如降解菌)来增强污染物降解，从而修饰微生物群落(Tejeda-Agredano et al., 2013; Guo et al., 2017b)。Chen 等(2022)研究发现，细菌群落多样性及其总数的变化表明，雌激素类化合物很可能促进一种或某些细菌的生长，但雌激素类型对土壤细菌群落的影响不大。微生物群落组成的实际变化也很好地匹配了这一推论。在根际土壤中，包括鞘氨醇单胞菌属(*Sphingomonas*)、溶杆菌属(*Lysobacter*)、*Gaiellales*、*Vicinamibacterales* 和 *MB-A2-108*(后三者尚无中文译名)在内的 5 个属的相对丰度都有所增加。在这些细菌中，鞘氨醇单胞菌包括几种具有多种雌激素降解能力的成员，它们可以通过 C-4 位点的羟基化或攻击饱和环来降解 E2 和 E1(Yu et al., 2007; Kurisu et al., 2010; Chen et al., 2017; Li et al., 2020)。也有报道称溶杆菌能降解雌激素(Wang et al., 2011)。对于未分类的 *Vicinamibacterales* 属、*Gaiellales* 属和 *MB-A2-108* 属，虽然没有关于它们在雌激素降解中的作用信息，但它们在整个培养过程中占主导地位的事实表明，它们很可能发挥着降解雌激素的作用。因此，植物栽培引起了根际细菌群落组成的转变，主要促进了雌激素降解菌的生长，形成了有利于雌激素降解的环境。

在之前关于植物根际增强多环芳烃降解的报道中也发现了类似的研究结论

(Tejeda-Agredano et al., 2013; Guo et al., 2017b; Li et al., 2019; Jiang et al., 2021)。此外，根系增强有机污染物去除的潜在机制可能涉及根系分泌物介导的污染物解吸，并通过植物吸收和微生物代谢促进污染物的去除(Sun et al., 2013; Cheng et al., 2020; Du et al., 2020)。

参 考 文 献

付银杰, 凌婉婷, 董长勋, 等. 2013. 应用 UE-SPE-HPLC/FLD 法检测养殖业畜禽粪便中雌激素[J]. 应用生态学报, 24(11): 3280～3288.

胡启蒙, 李姗姗, 杨宇新, 等. 2022. 双酚 A 暴露对哺乳动物精子蛋白酪氨酸磷酸化的影响[J]. 应用生态学报, 33(4): 1131.

季晓亚, 李娜, 袁圣武, 等. 2017. 环境雌激素生物效应的作用机制研究进展[J]. 生态毒理学, 12(1): 38～51.

木子. 2004. "精子危机"预警男性健康[J]. 性教育与生殖健康, (2): 39～40.

吴敏格. 2018. 水产养殖药物残留的危害及监测监控探讨[J]. 农家参谋, (5): 106.

郁倩. 2011. 固相萃取 HPLC 法同时测定畜禽肉中 5 种雌激素的研究[J]. 职业与健康, 27(20): 2281～2284.

朱艳琼, 韩宝三. 2020. 天然雌激素雌酮、雌二醇和雌三醇的分析检测进展[J]. 化学世界, 61(4): 237～244.

Adeel M, Song X, Wang Y, et al. 2017. Environmental impact of estrogens on human, animal and plant life: A critical review[J]. Environment International, 99: 107～119.

Ahlborg U G, Lipworth L, Titus-Ernstoff L, et al. 1995. Organochlorine compounds in relation to breast cancer, endometrial cancer, and endometriosis: An assessment of the biological and epidemiological evidence[J]. Critical Reviews in Toxicology, 25(6): 463～531.

Allen Y, Scott A P, Matthiessen P, et al. 1999. Survey of estrogenic activity in United Kingdom estuarine and coastal waters and its effects on gonadal development of the flounder *Platichthys flesus*[J]. Environmental Toxicology and Chemistry: An International Journal, 18(8): 1791～1800.

Alyea R A, Watson C S. 2009. Differential regulation of dopamine transporter function and location by low concentrations of environmental estrogens and 17β-estradiol[J]. Environmental Health Perspectives, 117(5): 778～783.

Andersen H R, Hansen M, Kjølholt J, et al. 2005. Assessment of the importance of sorption for steroid estrogens removal during activated sludge treatment[J]. Chemosphere, 61(1): 139～146.

Andersson M L, Eggen R I. 2006. Transcription of the fish latent TGF beta-binding protein gene is controlled by estrogen receptor alpha[J]. Toxicology in Vitro, 20(4): 417～425.

Ankley G, Mihaich E, Stahl R, et al. 1998. Overview of a workshop on screening methods for detecting potential (anti-)estrogenic/androgenic chemicals in wildlife[J]. Environmental Toxicology and Chemistry: An International Journal, 17(1): 68～87.

Aronson K J, Miller A B, Woolcott C G, et al. 2000. Breast adipose tissue concentrations of polychlorinated biphenyls and other organochlorines and breast cancer risk[J]. Cancer Epidemiology Biomarkers & Prevention, 9(1): 55～63.

Bae J W, Im H, Hwang J M, et al. 2020. Vanadium adversely affects sperm motility and capacitation status via protein kinase A activity and tyrosine phosphorylation[J]. Reproductive Toxicology, 96: 195～201.

Balch G C, Mackenzie C A, Metcalf C D. 2004. Alterations to gonadal development and reproductive success in Japanese medaka (*Oryzias latipes*) exposed to 17α-ethinylestradiol[J]. Environmental Toxicology and Chemistry: An International Journal, 23(3): 782～791.

Bern H A. 1998. The fragile fetus[J]. Journal of Clean Technology, 7(1): 25～32.

Bircher S. 2011. Phytoremediation of natural and synthetic steroid growth promoters used in livestock production by riparian buffer zone plants[D]. Iowa: The University of Iowa.

Bongers A B J, Zandieh-Doulabi B, Richter C J J, et al. 1999. Viable androgenetic YY genotypes of common carp (*Cyprinus carpio* L.)[J]. Journal of Heredity, 90(1): 195～198.

Botella B, Crespo J, Rivas A, et al. 2004. Exposure of women to organochlorine pesticides in Southern Spain[J]. Environmental Research, 96(1): 34～40.

Bowlin K M. 2014. Effects of β-estradiol on germination and growth in *Zea mays* L.[J]. Maryville: Northwest Missouri State University.

Brohi R D, Huo L J. 2017. Posttranslational modifications in spermatozoa and effects on male fertility and sperm viability[J]. OMICS: A Journal of Integrative Biology, 21(5): 245～256.

Brown G S. 2006. The effects of estrogen on the growth and tuberization of potato plants (*Solanum tuberosum* cv. 'Iwa') grown in liquid tissue culture media[D]. Christchurch: University of Canterbury.

Bu L H, Lephart E D. 2005. Effects of dietary phytoestrogens on core body temperature during the estrous cycle and pregnancy[J]. Brain Research Bulletin, 65(3): 219～223.

Card M. 2011. Interactions among soil, plants, and endocrine disrupting compounds in livestock agriculture[D]. Columbus: The Ohio State University.

Card M L, Schnoor J L, Chin Y P. 2012. Uptake of natural and synthetic estrogens by maize seedlings[J]. Journal of Agricultural and Food Chemistry, 60(34): 8264～8271.

Card M L, Schnoor J L, Chin Y P. 2013. Transformation of natural and synthetic estrogens by maize seedlings[J]. Environmental Science & Technology, 47(10): 5101～5108.

Cavalieri E L, Frenkel K, Liehr J G, et al. 2000. Estrogens as endogenous genotoxic agents—DNA adducts and mutations//Estrogens as Endogenous Carcinogens in the Breast and Prostate. JNCI Monographs, Bethesda: Oxford University Press.

Chaoui A, El Ferjani E. 2013. β-estradiol protects embryo growth from heavy-metal toxicity in germinating lentil seeds[J]. Journal of Plant Growth Regulation, 2(3): 636～645.

Charlier C, Albert A, Herman P, et al. 2003. Breast cancer and serum organochlorine residues[J]. Occupational and Environmental Medicine, 60(5): 348～351.

Chen X, Li Y, Jiang L, et al. 2022. Uptake and transport of steroid estrogens in soil-plant systems and their dissipation in rhizosphere: Influence factors and mechanisms[J]. Journal of Hazardous Materials, 428: 128171.

Chen Y, Yu C, Lee T, et al. 2017. Biochemical mechanisms and catabolic enzymes involved in bacterial estrogen degradation pathways[J]. Cell Chemical Biology, 24(6): 712～724.

Cheng Y, Ding J, Liang X, et al. 2020. Fractions transformation and dissipation mechanism of dechlorane plus in the rhizosphere of the soil-plant system[J]. Environmental Science & Technology, 54: 6610～6620.

Chiang Y, Wei S T, Wang P, et al. 2020. Microbial degradation of steroid sex hormones: Implications for environmental and ecological studies[J]. Microbial Biotechnology, 13(4): 926～949.

Clara M, Strenn B, Saracevic E, Kreuzinger N. 2004. Adsorption of bisphenol-A, 17β-estradiole and 17α-ethinylestradiole to sewage sludge[J]. Chemosphere, 56: 843～851.

Clemens M J. 1974. The regulation of egg yolk protein synthesis by steroid hormones[J]. Progress in Biophysics and Molecular Biology, 28: 69～74.

Cohn B A, Wolff M S, Cirillo P M, et al. 2007. DDT and breast cancer in young women: New data on the significance of age at exposure[J]. Environmental Health Perspectives, 115(10): 1406～1414.

Colborn T, Vom Saal F S, Soto A M. 1993. Developmental effects of endocrine-disrupting chemicals in wildlife and humans[J]. Environmental Health Perspectives, 101(5): 378～384.

Collins C D, Fryer M, Grosso A. 2006. Plant uptake of non-ionic organic chemicals[J]. Environmental Science & Technology, 40(1): 45～52.

Collins C D, Martin I, Doucette W. 2011. Plant Uptake of Xenobiotics[M]. Organic Xenobiotics and Plants. Dordrecht: Springer: 3～16.

Couch F J, Cerhan J R, Vierkant R A, et al. 2001. Cigarette smoking increases risk for breast cancer in high-risk breast cancer families[J]. Cancer Epidemiology Biomarkers & Prevention, 10(4): 327～332.

Cunha S C, Pena A, Fernandes J O. 2015. Dispersive liquid-liquid microextraction followed by microwave-assisted silylation and gas chromatography-mass spectrometry analysis for simultaneous trace quantification of bisphenol A and 13 ultraviolet filters in wastewaters[J]. Journal of Chromatography A, 1414: 10～21.

Davis D L, Bradlow H L, Wolff M, et al. 1993. Medical hypothesis: Xenoestrogens as preventable causes of breast cancer[J]. Environmental Health Perspectives, 101(5): 372～377.

De Roo M, Klauser P, Mendez P, et al. 2008. Activity-dependent PSD formation and stabilization of newly formed spines in hippocampal slice cultures[J]. Cereb Cortex, 18(1): 151～161.

Demers A, Ayotte P, Brisson J, et al. 2000. Risk and aggressiveness of breast cancer in relation to plasma organochlorine concentrations[J]. Cancer Epidemiology Biomarkers & Prevention, 9(2): 161～166.

Desprez D, Mélard C, Philippart J C. 1995. Production of a high percentage of male offspring with 17α-ethynylestradiol sex-reversed *Oreochromis aureus*. II. Comparative reproductive biology of females and F2 pseudofemales and large-scale production of male progeny[J]. Aquaculture, 130(1): 35～41.

Dewailly E, Dodin S, Verreault R, et al. 1994. High organochlorine body burden in women with estrogen receptor-positive breast cancer[J]. Journal of the National Cancer Institute, 1994, 86(3): 232～234.

Dey S, Soliman A S, Merajver S D. 2009. Xenoestrogens may be the cause of high and increasing rates of hormone receptor positive breast cancer in the world[J]. Medical Hypotheses, 72(6): 652～656.

Dodgen L K. 2014. Behavior and Fate of PPCP/EDCs in Soil-plant Systems[D]. Riverside: University of California, Riverside.

Du K J, Xu X B. 2000. Progress in environmental estrogens[J]. Chinese Science Bulletin, 45(21): 2241～2251.

Du P, Huang Y, Lu H, et al. 2020. Rice root exudates enhance desorption and bioavailability of phthalic acid esters (PAEs) in soil associating with cultivar variation in PAE accumulation[J]. Environmental Research, 186: 109611.

Dussault E B, Balakrishnan V K, Borgmann U, et al. 2009. Bioaccumulation of the synthetic hormone 17α-ethinylestradiol in the benthic invertebrates *Chironomus tentans* and *Hyalella azteca*[J]. Ecotoxicology and Environmental Safety, 72(6): 1635～1641.

El-Alfy A T, Schlenk D. 2002. Effect of 17β-estradiol and testosterone on the expression of flavin-containing monooxygenase and the toxicity of aldicarb to Japanese Medaka, *Oryzias latipes*[J]. Toxicological Sciences, 68(2): 381～388.

Erdal S. 2009. Effects of mammalian sex hormones on antioxidant enzyme activities, H_2O_2 content and lipid peroxidation in germinating bean seeds[J]. Journal of Agricultural and Food Chemistry, 40: 79～85.

Erdal S. 2012. Androsterone-induced molecular and physiological changes in maize seedlings in response to chilling stress[J]. Plant Physiology and Biochemistry, 57: 1～7.

Erdal S, Dumlupinar R. 2011a. Exogenously treated mammalian sex hormones affect inorganic constituents of plants[J]. Biological Trace Element Research, 143(1): 500～506.

Erdal S, Dumlupinar R. 2011b. Mammalian sex hormones stimulate antioxidant system and enhance growth of chickpea plants[J]. Acta Physiol Plant, 33: 1011～1017.

FAO. 2005. Cultured aquatic species information programme Procambarus clarkii (Girard, 1852)[R]. FAO Fisheries and Aquaculture Department.

Fayad P B, Prévost M, Sauvé S. 2013. On-line solid-phase extraction coupled to liquid chromatography tandem mass spectrometry optimized for the analysis of steroid hormones in urban wastewaters[J]. Talanta, 115: 349～360.

Franks C G. 2006. Phytoremediation of pharmaceuticals with *Salix exigua*[D]. Lethbridge, Alta.: University of Lethbridge, Faculty of Arts and Science, 2006.

Frontera, J L, Vatnick I, Chaulet A, et al. 2011. Effects of glyphosate and polyoxyethylenamine on growth and energetic reserves in the freshwater Crayfish *Cherax quadricarinatus* (Decapoda, Parastacidae)[J]. Archives of Environmental Contamination and Toxicology, 61(4): 590～598.

Fujimoto T, Kubo K, Aou S. 2007. Environmental impacts on brain functions: Low dose effects of bisphenol A during perinatal critical period[C]. International Congress Series. Elsevier, 1301: 226～229.

Gallelli G, Mangini S, Gerbino C. 1995. Organochlorine residues in human adipose and hepatic tissues from autopsy sources in northern Italy[J]. Journal of Toxicology and Environmental Health, 46(3): 293～300.

Genisel M, Turk H, Erdal S. 2013. Exogenous progesterone application protects chickpea seedlings against chilling-induced oxidative stress[J]. Acta Physiologiae Plantarum, 35(1): 241～251.

Genisel M, Turk H, Erdal S, et al. 2015. Ameliorative role of β-estradiol against lead-induced oxidative stress and genotoxic damage in germinating wheat seedlings[J]. Turkish Journal of Botany, 39: 1051～1059.

Gervasi M G, Visconti P E. 2016. Chang's meaning of capacitation: A molecular perspective[J]. Molecular Reproduction and Development, 83(10): 860～874.

Gómez J, Yunta F, Esteban E, et al. 2016. Use of radiometric indices to evaluate Zn and Pb stress in two grass species (*Festuca rubra* L. and *Vulpia myuros* L.)[J]. Environmental Science and Pollution Research, 23(22): 23239～23248.

Gray M A, Niimi A J, Metcalf C D. 1999. Factors affecting the development of testis-ova in medaka, *Oryzias latipes*, exposed to octylphenol[J]. Environmental Toxicology and Chemistry, 18(8): 1835～1842.

Grim K C, Wolfe M, Hawkins W, et al. 2007. Intersex in Japanese medaka (*Oryzias latipes*) used as negative controls in toxicologic bioassays: A review of 54 cases from 41 studies[J]. Environmental Toxicology and Chemistry: An International Journal, 26(8): 1636～1643.

Guan M, Roddick J G. 1988. Comparison of the effects of epibrassinolide and steroidal estrogens on adventitious root growth and early shoot development in mung bean cuttings[J]. Physiologia Plantarum, 73(3): 426～431.

Guerriero G, Roselli C E, Paolucci M, et al. 2000. Estrogen receptors and aromatase activity in the hypothalamus of the female frog *Rana esculenta*: Fluctuations throughout the reproductive cycle[J]. Brain Research, 880(1～2): 92～101.

Guillette Jr L J, Crain D A, Gunderson M P, et al. 2000. Alligators and endocrine disrupting contaminants: A current perspective[J]. American Zoologist, 40(3): 438～452.

Gunamalai V, Kirubagaran R, Subramoniam T. 2006. Vertebrate steroids and the control of female reproduction in two decapod crustaceans, *Emerita asiatica* and *Macrobrachium rosenbergii*[J]. Current Science, 90: 119～123.

Guo H, Gong Y, He B, et al. 2017a. Relationships between mitochondrial DNA content, mitochondrial activity, and boar sperm motility[J]. Theriogenology, 87: 276～283.

Guo M, Gong Z, Miao R, et al. 2017b. Microbial mechanisms controlling the rhizosphere effect of ryegrass on degradation of polycyclic aromatic hydrocarbons in an aged-contaminated agricultural soil[J]. Soil Biology and Biochemistry, 113: 130～142.

Gupta C. 2000. Reproductive malformation of the male offspring following maternal exposure to estrogenic chemicals[J]. Proceedings of the Society for Experimental Biology and Medicine, 224(2): 61～68.

Hahlbeck E, Griffiths R, Bengtsson B E. 2004. The juvenile three-spined stickleback (*Gasterosteus aculeatus* L.) as a model organism for endocrine disruption: I. Sexual differentiation[J]. Aquatic Toxicology, 70(4): 311～326.

Hall L C, Okihiro M, Johnson M L, et al. 2007. Surflan^{TM} and oryzalin impair reproduction in the teleost medaka (*Oryzias latipes*)[J]. Marine Environmental Research, 63(2): 115～131.

He K, Hain E, Timm A, et al. 2021. Bioaccumulation of estrogenic hormones and UV-filters in red swamp crayfish (*Procambarus clarkii*)[J]. Science of the Total Environment, 764: 142871.

Hobbs H H, Jass J P, Huner J V. 1989. A review of global crayfish introductions with particular emphasis on two north American species (Decapoda, Cambaridae)[J]. Crustaceana, 56(3): 299～316.

Hong Y, Huang Y, Yan G, et al. 2021. DNA damage, immunotoxicity, and neurotoxicity induced by deltamethrin on the freshwater crayfish, *Procambarus clarkia*[J]. Environmental Toxicology, 36(1): 16～23.

Howdeshell K L, Hotchkiss A K, Thayer K A, et al. 1999. Exposure to bisphenol A advances puberty[J]. Nature, 401(6755): 763～764.

Hunt P A, Susiarjo M, Rubio C, et al. 2009. The bisphenol A experience: A primer for the analysis of environmental effects on mammalian reproduction[J]. Biology of Reproduction, 81(5): 807～813.

Ibarluzea Jm J, Fernandez M F, Santa-Marina L, et al. 2004. Breast cancer risk and the combined effect of environmental estrogens[J]. Cancer Cause Control, 15(6): 591～600.

Ikezuki Y, Tsutsumi O, Takai Y, et al. 2002. Determination of bisphenol A concentrations in human biological fluids reveals significant early prenatal exposure[J]. Human Reproduction, 17(11): 2839～2841.

Imai S, Shiraishi A, Gamo K, et al. 2007. Removal of phenolic endocrine disruptors by *Portulaca oleracea*[J]. Journal of Bioscience and Bioengineering, 103(5): 420～426.

Ivanov V, Lim J J W, Stabnikova O, et al. 2010. Biodegradation of estrogens by facultative anaerobic iron-reducing bacteria[J]. Process Biochemistry, 45(2): 284～287.

Jaga K, Dharmani C. 2003. Global surveillance of DDT and DDE levels in human tissues[J]. International Journal of Occupational Medicine and Environmental Health, 16(1): 7～20.

Janeczko A, Filek W, Biesaga-Kościelniak J, et al. 2003. The influence of animal sex hormones on the induction of flowering in *Arabidopsis thaliana*: Comparison with the effect of 24-epibrassinolide[J]. Plant Cell Tissue and Organ Culture, 72: 147～151.

Janeczko A, Kocurek M, Marcińska I. 2012. Mammalian androgen stimulates photosynthesis in drought-stressed soybean[J]. Open Life Sciences, 7: 902～909.

Janeczko A, Skoczowski A. 2011. Mammalian sex hormones in plants[J]. Folia Histochemica Et Cytobiologica, 43: 70～71.

Jiang L, Luo C, Zhang D, et al. 2021. Shifts in a phenanthrene-degrading microbial community are driven by carbohydrate metabolism selection in a ryegrass rhizosphere[J]. Environmental Science & Technology, 55: 962～973.

Jobling S, Nolan M, Tyler C R, et al. 1998. Widespread sexual disruption in fish[J]. Environmental Science & Technology, 32: 2498～2506.

Kawato S. 2004. Endocrine disrupters as disrupters of brain function: A neurosteroid viewpoint[J]. Environmental Science, 11(1): 1～14.

Kelley D B, Morrell J I, Pfaff D W. 1975. Autoradiographic localization of hormone-concentrating cells in the brain of an amphibian, *Xenopus laevis*. I. Testosterone[J]. Journal of Comparative Neurology, 164: 47～62.

Kinnberg K, Holbech H, Peterson G I, et al. 2007. Effects of the fungicide prochloraz on the sexual development of zebrafish (*Danio rerio*)[J]. Comparative Biochemistry and Physiology Part C: Toxicology & Pharmacology, 145(2): 165～170.

Kirubagaran R, Peter D M, Dharani G, et al. 2005. Changes in verte brate-type steroids and 5-hydroxytryptamine during ovarian recrudescence in the Indian spiny lobster, *Panulirus Homarus*[J]. New Zealand Journal of Marine and Freshwater Research, 39(3): 527～537.

Kitano T, Takamune K, Kobayashi T, et al. 1999. Suppression of P450 aromatase gene expression in sex-reversed males produced by rearing genetically female larvae at a high water temperature during a period of sex differentiation in the Japanese flounder (*Paralichthys olivaceus*)[J]. Journal of Molecular Endocrinology, 23(2): 167～176.

Kloas W, Einspanier R, Lutz I. 1999. Amphibians as a model to study endocrine disruptors: II. Estrogenic activity of environmental chemicals *in vitro* and *in vivo*[J]. Science of the Total Environment, 225(1～2): 59～68.

Kobayashi H, Iwamatsu T. 2005. Sex reversal in the medaka *Oryzias latipes* by brief exposure of early embryos to estradiol-17*β*[J]. Zoological Science, 22: 1163～1167.

Kuhl A J, Brouwer M. 2006. Antiestrogens inhibit xenoestrogen-induced brain aromatase activity but do not prevent xenoestrogen-induced feminization in Japanese medaka (*Oryzias latipes*)[J]. Environmental

Health Perspectives, 114: 500～506.

Kuramitz H, Matsuda M, Thomas J H, et al. 2003. Electrochemical immunoassay at a 17β-estradiol self-assembled monolayer electrode using a redox marker[J]. Analyst, 128(2): 182～186.

Kurisu F, Ogura M, Saitoh S, et al. 2010. Degradation of natural estrogen and identification of the metabolites produced by soil isolates of *Rhodococcus* sp. and *Sphingomonas* sp.[J]. Journal of Bioscience and Bioengineering, 109: 576～582.

Lai K M, Scrimshaw M D, Lester J N. 2002. Biotransformation and bioconcentration of steroid estrogens by *Chlorella vulgaris*[J]. Applied & Environment Microbiology, 68: 859～864.

Larkin P, Sabo-Attwood T, Kelso J, et al. 2002. Gene expression analysis of largemouth bass exposed to estradiol, nonylphenol, and *p*, *p*'-DDE[J]. Comparative Biochemistry and Physiology. B: Biochemistry and Molecular Biology, 133: 543～557.

Lavado R, Thibaut R, Raldua D, et al. 2004. First evidence of endocrine disruption in feral carp from the Ebro River[J]. Toxicology and Applied Pharmacology, 196: 247～257.

Leatherland J F. 1993. Field observations on reproductive and developmental dysfunction in introduced and native salmonids from the Great Lakes[J]. Journal of Great Lakes Research, 19: 737～751.

Lehane D B, McKie N, Russell R G G, et al. 1999. Cloning of a fragment of osteonectin gene from goldfish, *Carassius auratus*: Its expression and potential regulation by estrogen[J]. General and Comparative Endocrinology, 114: 80～87.

Leranth C, Hajszan T, Szigeti-Buck K, et al. 2008. Bisphenol A prevents the synaptogenic response to estradiol in hippocampus and prefrontal cortex of ovariectomized nonhuman primates[J]. Proceedings of the National Academy of Sciences of the United States of America, 105(37): 14187～14191.

Li J, Luo C, Zhang D, et al. 2019. Diversity of the active phenanthrene degraders in PAH-polluted soil is shaped by ryegrass rhizosphere and root exudates[J]. Soil Biology and Biochemistry, 128: 100～110.

Li S, Liu J, Williams M A, et al. 2020. Metabolism of 17β-estradiol by *Novosphingobium* sp. ES2-1 as probed via HRMS combined with $^{13}C_3$-labeling[J]. Journal of Hazardous Materials, 389: 121875.

Liu B, Liu X. 2004. Direct photolysis of estrogens in aqueous solutions[J]. Science of the Total Environment, 320: 269～274.

López-Cervantes M, Torres-Sánchez L, Tobías A, et al. 2004. Dichlorodiphenyldichloroethane burden and breast cancer risk: A meta-analysis of the epidemiologic evidence[J]. Environmental Health Perspective, 112(2): 207～214.

Lu H, Sun J, Zhu L. 2017. The role of artificial root exudate components in facilitating the degradation of pyrene in soil[J]. Scientific Reports, 7(1): 1～10.

Lu J, Wu J, Stoffella P J, et al. 2012. Analysis of bisphenol A, nonylphenol, and natural estrogens in vegetables and fruits using gas chromatography-tandem mass spectrometry[J]. Journal of Agricultural & Food Chemistry , 61: 84～89.

Ludwicki J K, Goralczyk K. 1994. Organochlorine pesticides and PCBs in human adipose tissues in Poland[J]. Bulletin of Environmental Contamination and Toxicology, 52(3): 400～403.

Lutz I, Kloas W. 1999. Amphibians as model to study endocrine disruptors: I. Environmental pollution and estrogen receptor binding[J]. Science of the Total Environment, 225: 49～57.

MacLusky N J, Hajszan T, Leranth C. 2005. The environmental estrogen bisphenol A inhibits estradiol-induced hippocampal synaptogenesis[J]. Environmental Health Perspectives, 113(6): 675～679.

Maher G J, Goriely A, Wilkie A O M. 2014. Cellular evidence for selfish spermatogonial selection in aged human testes[J]. Andrology, 2(3): 304～314.

Malchi T, Maor Y, Tadmor G, et al. 2014. Irrigation of root vegetables with treated wastewater: Evaluating uptake of pharmaceuticals and the associated human health risks[J]. Environmental Science & Technology, 48: 9325～9333.

Maletic-Savatic M, Malinow R, Svoboda K. 1999. Rapid dendritic morphogenesis in CA1 hippocampal dendrites induced by synaptic activity[J]. Science, 283(5409): 1923～1927.

Matsuda S, Saika S, Amano K, et al. 2010. Changes in brain monoamine levels in neonatal rats exposed to bisphenol A at low doses[J]. Chemosphere, 78(7): 894～906.

Mélard C. 1995. Production of a high percentage of male offspring with 17*α*-ethynylestradiol sex-reversed *Oreochromis aureus*. I. Estrogen sex-reversal and production of F2 pseudofemales[J]. Aquaculture, 130: 25～34.

Mills L J, Gutjahr-Gobell R E, Haebler R A, et al. 2001. Effects of estrogenic (*o*, *p*'-DDT; octylphenol) and anti-androgenic (*p*, *p*'-DDE) chemicals on indicators of endocrine status in juvenile male summer flounder (*Paralichthys dentatus*)[J]. Aquatic Toxicology, 52: 157～176.

Moore G D, Ayabe T, Visconti P E, et al. 1994. Roles of heterotrimeric and monomeric G proteins in sperm-induced activation of mouse eggs[J]. Development, 120(11): 3313～3323.

Morrell J I, Kelley D B, Pfaff D W. 1975. Autoradiographic localization of hormone-concentrating cells in the brain of an amphibian, *Xenopus laevis*. II: Estradiol[J]. Journal of Comparative Neurology, 164: 63～78.

Mosconi G, Yamamoto K, Carnevali O, et al. 1994a. Seasonal changes in plasma growth hormone and prolactin concentrations of the frog *Rana esculenta*[J]. General and Comparative Endocrinology, 93(3): 380～387.

Mosconi G, Yamamoto K, Kikuyama S, et al. 1994b. Seasonal changes of plasma prolactin concentration in the reproduction of the crested newt (*Triturus carnifex* Laur.)[J]. General and Comparative Endocrinology, 95(3): 342～349.

Mussalo-Rauhamaa H, Häsänen E, Pyysalo H, et al. 1990. Occurrence of beta-hexachlorocyclohexane in breast cancer patients[J]. Cancer, 66(10): 2124～2128.

Nakamura K, Itoh K, Sugimoto T, et al. 2007. Prenatal exposure to bisphenol A affects adult murine neocortical structure[J]. Neuroscience Letters, 420(2): 100～105.

Nakamura K, Itoh K, Yaoi T, et al. 2006. Murine neocortical histogenesis is perturbed by prenatal exposure to low doses of bisphenol A[J]. Journal of Neuroscience Research, 84(6): 1197～1205.

Nakamura K, Itoh K, Yoshimoto K, et al. 2010. Prenatal and lactational exposure to low-doses of bisphenol A alters brain monoamine concentration in adult mice[J]. Neuroscience Letters, 484(1): 66～70.

Narita M, Miyagawa K, Mizuo K, et al. 2007. Changes in central dopaminergic systems and morphine reward by prenatal and neonatal exposure to bisphenol-A in mice: Evidence for the importance of exposure period[J]. Addiction Biology, 12(2): 167～172.

Nash J P, Kime D E, van der Ven L T, et al. 2004. Long-term exposure to environmental concentrations of the pharmaceutical ethynylestradiol causes reproductive failure in fish[J]. Environmental Health Perspectives, 112(17): 1725～1733.

Nimrod A C, Benson W H. 1998. Reproduction and development of Japanese medaka following an early life stage exposure to xenoestrogens[J]. Aquatic Toxicology, 44: 141～156.

Ociepa-Zawal M, Rubis B, Wawrzynczak D, et al. 2010. Accumulation of environmental estrogens in adipose tissue of breast cancer patients[J]. Journal of Environmental Science and Health, Part A, 45(3): 305～312.

Ogiue-Ikeda M, Kawato S, Ueno S. 2005. Acquisition of ischemic tolerance by repetitive transcranial magnetic stimulation in the rat hippocampus[J]. Brain Research, 1037(1～2): 7～11.

Örn S, Holbech H, Madsen T H, et al. 2003. Gonad development and vitellogenin production in zebrafish (*Danio rerio*) exposed to ethinylestradiol and methyltestosterone[J]. Aquatic Toxicology, 65: 397～411.

Örn S, Yamani S, Norrgren L. 2006. Comparison of vitellogenin induction, sex ratio, and gonad morphology between zebrafish and Japanese medaka after exposure to 17*α*-ethinylestradiol and 17*β*-trenbolone[J]. Archives of Environmental Contamination and Toxicology, 51(2): 237～243.

Othman A I, Edrees G M, El-Missiry M A, et al. 2016. Melatonin controlled apoptosis and protected the testes and sperm quality against bisphenol A-induced oxidative toxicity[J]. Toxicology and Industrial Health, 32(9): 1537～1549.

Panzica G C, Bakthazart J, Pessatti M, et al. 2002. The parvocellular vasotocin system of Japanese quail: A developmental and adult model for the study of influences of gonadal hormones on sexually differentiated and behaviorally relevant neural circuits[J]. Environmental Health Perspectives, 110: 423～428.

Patisaul H B, Fortino A E, Polston E K. 2006. Neonatal genistein or bisphenol-A exposure alters sexual differentiation of the AVPV[J]. Neurotoxicology and Teratology, 28(1): 111～118.

Patisaul H B, Fortino A E, Polston E K. 2007. Differential disruption of nuclear volume and neuronal phenotype in the preoptic area by neonatal exposure to genistein and bisphenol-A[J]. Neurotoxicology, 28(1): 1～12.

Pauwels A, Covaci A, Weyler J, et al. 2000. Comparison of persistent organic pollutant residues in serum and adipose tissue in a female population in Belgium, 1996～1998[J]. Archives of Environmental Contamination and Toxicology, 39(2): 265～270.

Pizzol D, Ferlin A, Garolla A, et al. 2014. Genetic and molecular diagnostics of male infertility in the clinical practice[J]. Frontiers in Bioscience-Landmark, 19(2): 291～303.

Pocock T, Falk S. 2014. Negative impact on growth and photosynthesis in the green alga *Chlamydomonas reinhardtii* in the presence of the estrogen 17*α*-ethynylestradiol[J]. PloS One, 9: e109289.

Prasad M N V. 2005. Nickelophilous plants and their significance in phytotechnologies[J]. Brazilian Journal of Plant Physiology, 17: 113～128.

Purdom C E, Hardiman P A, Bye V V J, et al. 1994. Estrogenic effects of effluents from sewage treatment works[J]. Chemistry and Ecology, 8: 275～285.

Rabeni C F. 1992. Trophic linkage between stream centrarchids and their crayfish prey[J]. Canadian Journal of Fisheries and Aquatic Sciences, 49: 1714～1721.

Rahman M S, Kang K H, Arifuzzaman S, et al. 2019. Effect of antioxidants on BPA-induced stress on sperm function in a mouse model[J]. Scientific Reports, 9(1): 1～10.

Rahman M S, Kwon W S, Lee J S, et al. 2015. Bisphenol-A affects male fertility via fertility-related proteins in spermatozoa[J]. Scientific Reports, 5(1): 1～9.

Ricciardi K L, Poynton H C, Duphily B J, et al. 2016. Bioconcentration and depuration of ^{14}C-labeled 17*α*-ethinyl estradiol and 4-nonylphenol in individual organs of the marine bivalve *Mytilus edulis* L.[J]. Environmental Toxicology and Chemistry, 35: 863～873.

Rodil R, Moeder M. 2008. Development of a method for the determination of UV filters in water samples using stir bar sorptive extraction and thermal desorption-gas chromatography-mass spectrometry[J]. Journal of Chromatography A, 1179: 81～88.

Rodil R, Quintana J B, López-Mahía P, et al. 2009. Multi-residue analytical method for the determination of emerging pollutants in water by solid-phase extraction and liquid chromatography-tandem mass spectrometry[J]. Journal of Chromatography A, 1216: 2958～2969.

Rodriguez-Ariza A, Alhama J, Diaz-Mendez F M, et al. 1999. Content of 8-oxodG in chromosomal DNA of *Sparus aurata* fish as biomarker of oxidative stress and environmental pollution[J]. Mutation Research/Genetic Toxicology and Environmental Mutagenesis, 438: 97～107.

Ruan Y W, Lei Z, Fan Y, et al. 2009. Diversity and fluctuation of spine morphology in CA1 pyramidal neurons after transient global ischemia[J]. Journal of Neuroscience Research, 87(1): 61～68.

Sang Y, Xiong G, Maser E. 2012. Identification of a new steroid degrading bacterial strain H5 from the Baltic Sea and isolation of two estradiol inducible genes[J]. Journal of Steroid Biochemistry and Molecular Biology, 129(1～2): 22～30.

Sasaki N, Okuda K, Kato T, et al. 2005. Salivary bisphenol-A levels detected by ELISA after restoration with composite resin[J]. Journal of Materials Science: Materials in Medicine, 16(4): 297～300.

Schmidt U. 2003. Enhancing phytoextraction[J]. Journal of Environmental Quality, 32: 1939～1954.

Schönfelder G, Wittfoht W, Hopp H, et al. 2002. Parent bisphenol A accumulation in the human maternal-fetal-placental unit[J]. Environmental Health Perspectives, 110(11): 703～707.

Scott A P, Katsiadaki I, Witthames P R, et al. 2006. Vitellogenin in the blood plasma of male cod (*Gadus morhua*): A sign of oestrogenic endocrine disruption in the open sea?[J]. Marine Environmental Research, 61: 149～170.

Shargil D, Gerstl Z, Fine P, et al. 2015. Impact of biosolids and wastewater effluent application to agricultural land on steroidal hormone content in lettuce plants[J]. Science of the Total Environment, 505: 357～366.

Sharma P, Jha A B, Dubey R S, et al. 2012. Reactive oxygen species, oxidative damage, and antioxidative defense mechanism in plants under stressful conditions[J]. Journal of Botany, 2012: 1～26.

Sherba M, Dunham D W, Harvey H H. 2000. Sublethal copper toxicity and food response in the freshwater crayfish *Cambarus bartonii* (Cambaridae, Decapoda, Crustacea)[J]. Ecotoxicological and Environmental Safety, 46: 329～333.

Shi W, Wang L, Rousseau D P, et al. 2010. Removal of estrone, 17*α*-ethinylestradiol, and 17*β*-estradiol in algae and duckweed-based wastewater treatment systems[J]. Environmental Science and Pollution Research, 17(4): 824～833.

Silva C P, Otero M, Esteves V. 2012. Processes for the elimination of estrogenic steroid hormones from water: A review[J]. Environmental Pollution, 165: 38～58.

Smeds A, Saukko P. 2001. Identification and quantification of polychlorinated biphenyls and some endocrine disrupting pesticides in human adipose tissue from Finland[J]. Chemosphere, 44(6): 1463～1471.

Stellman S D, Djordjevic M V, Britton J A, et al. 2000. Breast cancer risk in relation to adipose concentrations of organochlorine pesticides and polychlorinated biphenyls in Long Island, New York[J]. Cancer Epidemiology Biomarkers & Prevention, 9(11): 1241～1249.

Strucinski P, Ludwicki J K, Goralczyk K, et al. 2002. Levels of organochlorine insecticides in Polish women's breast adipose tissue, in years 1997～2001[J]. Roczniki Panstwowego Zakladu Higieny, 53(3): 221～230.

Sun B, Ling W, Wang Y. 2013. Can root exudate components influence the availability of pyrene in soil?[J]. Journal of Soils and Sediments, 13(7): 1161～1169.

Tando S, Itoh K, Yaoi T, et al. 2007. Effects of pre-and neonatal exposure to bisphenol A on murine brain development[J]. Brain and Development, 29(6): 352～356.

Taylor C A, Schuster G A, Cooper J E, et al. 2007. A reassessment of the conservation status of crayfishes of the United States and Canada after 10+ years of increased awareness[J]. Fisheries, 32: 372～389.

Tejeda-Agredano M C, Gallego S, Vila J, et al. 2013. Influence of the sunflower rhizosphere on the biodegradation of PAHs in soil[J]. Soil Biology and Biochemistry, 57: 830～840.

Teles M, Pacheco M, Santos M A. 2005. *Sparus aurata* L. liver EROD and GST activities, plasma cortisol, lactate, glucose and erythrocytic nuclear anomalies following short-term exposure either to 17β-estradiol (E2) or E2 combined with 4-nonylphenol[J]. Science of the Total Environment, 336: 57～69.

Terry P D, Rohan T E. 2002. Cigarette smoking and the risk of breast cancer in women: A review of the literature[J]. Cancer Epidemiology Biomarkers & Prevention, 11(10): 953～971.

Trapp S, Legind C N. 2011. Uptake of Organic Contaminants from Soil into Vegetables and Fruits[M]//Swartjes F A. Dealing with Contaminated Sites. Dordrecht: Springer: 369～408.

Tsui M M, Leung H W, Lam P K, et al. 2014. Seasonal occurrence, removal efficiencies and preliminary risk assessment of multiple classes of organic UV filters in wastewater treatment plants[J]. Water Research, 53: 58～67.

van Aerle R, Nolan M, Jobling J, et al. 2001. Sexual disruption in a second species of wild cyprinid fish (the gudgeon, *Gobio gobio*) in United Kingdom freshwaters[J]. Environmental Toxicology and Chemistry, 20: 2841～2847.

van der Ven K, van der Ven H, Thibold A, et al. 1992. Chlorinated hydrocarbon content of fetal and maternal body tissues and fluids in full term pregnant women: A comparison of Germany versus Tanzania[J]. Human Reproduction, 7(1): 95～100.

Waliszewski S M, Carvajal O, Infanzon R M, et al. 2004. Copartition ratios of persistent organochlorine pesticides between human adipose tissue and blood serum lipids[J]. Bulletin of Environmental Contamination & Toxicology, 73(4): 732～738.

Wan H T, Mruk D D, Li S Y, et al. 2013. p-FAK-Tyr^{397} regulates spermatid adhesion in the rat testis via its effects on F-actin organization at the ectoplasmic specialization[J]. American Journal of Physiology-Endocrinology and Metabolism, 305(6): 687～699.

Wang L Y, Tam N F Y, Zhang X H. 2011. Assimilation of 17α-ethinylestradiol by sludge and its stress on microbial communities under aerobic and anaerobic conditions[J]. Journal of Environmental Science and Health, Part A, 46(3): 242～247.

Warrier S R, Tirumalai R, Subramoniam T. 2001. Occurrence of vertebrate steroids, estradiol 17β and progesterone in the reproducing females of the mud crab *Scylla serrata*[J]. Comparative Biochemistry and Physiology Part A: Molecular & Integrative Physiology, 130(2): 283～294.

Wei K, Yang J. 2016. Copper-induced oxidative damage to the prophenoloxidase-activating system in the freshwater crayfish *Procambarus clarkia*[J]. Fish & Shellfish Immunology, 52: 221～229.

Welshons W V, Thayer K A, Judy B M, et al. 2003. Large effects from small exposures I. Mechanisms for endocrine-disrupting chemicals with estrogenic activity[J]. Environmental Health Perspectives, 111(8): 994～1006.

Wester P W, Canton J H. 1986. Histopathological study of *Oryzias latipes* (medaka) after long-term β-hexachlorocyclohexane exposure[J]. Aquatic Toxicology, 9(1): 21～45.

Wu R S S, Zhou B S, Randall D J, et al. 2003. Aquatic hypoxia is an endocrine disruptor and impairs fish reproduction[J]. Environmental Science & Technology, 37(6): 1137～1141.

Xu X, Ye Y, Li T, et al. 2010. Bisphenol-A rapidly promotes dynamic changes in hippocampal dendritic morphology through estrogen receptor-mediated pathway by concomitant phosphorylation of NMDA receptor subunit NR2B[J]. Toxicology and Applied Pharmacology, 249(2): 188～196.

Ye X, Kuklenyik Z, Needham L L, et al. 2006. Measuring environmental phenols and chlorinated organic chemicals in breast milk using automated on-line column-switching-high performance liquid chromatography-isotope dilution tandem mass spectrometry[J]. Journal of Chromatography B-Biomedical Applications, 831(1～2): 110～115.

Yu C P, Roh H, Chu K H. 2007. 17β-estradiol-degrading bacteria isolated from activated sludge[J]. Environmental Science & Technology, 41 (2) : 486~492.

Zapata-Carmona H, Soriano-Úbeda C, París-Oller E, et al. 2020. Periovulatory oviductal fluid decreases sperm protein kinase A activity, tyrosine phosphorylation, and in vitro fertilization in pig[J]. Andrology, 8(3): 756～768.

Zha J, Wang Z, Wang N, et al. 2007. Histological alternation and vitellogenin induction in adult rare minnow (*Gobiocypris rarus*) after exposure to ethynylestradiol and nonylphenol[J]. Chemosphere, 66: 488～495.

Zheng T, Holford T R, Mayne S T, et al. 1999. Environmental exposure to hexachlorobenzene (HCB) and risk of female breast cancer in Connecticut[J]. Cancer Epidemiology Biomarkers & Prevention, 8(5): 407～411.

Zhou R, Zhang Z, Zhu Y, et al. 2009. Deficits in development of synaptic plasticity in rat dorsal striatum following prenatal and neonatal exposure to low-dose bisphenol A[J]. Neuroscience, 159(1): 161～171.

Zhu Z, Umehara T, Tsujita N, et al. 2020. Itaconate regulates the glycolysis/pentose phosphate pathway transition to maintain boar sperm linear motility by regulating redox homeostasis[J]. Free Radical Biology and Medicine, 159: 44～53.

第 5 章　雌激素降解菌及固定化菌剂

微生物降解是雌激素在自然环境中转化和消减的重要机制(Johnson and Sumpter, 2001; Writer et al., 2012)。该过程常常能够将有机物矿化，彻底分解成 CO_2 和 H_2O，无二次污染风险且成本低，仅为传统物理、化学降解方法费用的 30%～50%；此外，微生物可长期、重复使用，降解过程低碳节能，符合现代节能减排的环保理念。因此，利用功能微生物降解环境中的雌激素一直备受研究人员推崇。截至目前，从环境中分离雌激素降解菌的工作已在全球范围内铺展开来。自 20 世纪 60 年代起，已有学者利用从土壤中分离的功能微生物研究雌激素的微生物降解机理(Coombe et al., 1966)；20 世纪 80 年代起，有学者开始以肠道和口腔微生物作为雌激素降解的研究对象(Jarvenpaa et al., 1980; Kornman and Loesche, 1982)。迄今为止，已从活性污泥、堆肥、土壤、沙质地下水层和波罗的海等人工或自然环境介质中分离出多种雌激素降解细菌。这些微生物涉及变形菌门、放线菌门、拟杆菌门和厚壁菌门(Yu et al., 2013)。表 5-1 中列举了 1966～2020 年部分已知的雌激素降解功能菌。

表 5-1　部分已经分离获得的雌激素降解菌

菌株	可降解雌激素	分离源	参考文献
Nocardia sp. E110	E1	土壤	Coombe et al., 1966
Actinomyces viscosus 378.5	可厌氧降解 E2 和黄体酮	龈下菌斑	Kornman and Loesche, 1982
Bacteroides gingivalis 167.5, 208.1	可厌氧降解 E2 和黄体酮	龈下菌斑	Kornman and Loesche, 1982
Bacteroides melaninogenicus subsp. *intermedius* 155.6, 166.5, 167.4	可厌氧降解 E2 和黄体酮	龈下菌斑	Kornman and Loesche, 1982
Bacteroides melaninogenicus subsp. *melaninogenicus* ATCC_25845	可厌氧降解 E2 和黄体酮	ATCC 生物标准品资源中心	Kornman and Loesche, 1982
Alcaligenes sp.	E2	土壤	Payne and Talalay, 1985
Novosphingobium sp. ARI-1	E3、E2、E1	活性污泥	Fujii et al., 2002
Rhodococcus equi Y50155, Y50156, Y50157, Y50158	E1、E2、E3、EE2	活性污泥	Yoshimoto et al., 2004
Ralstonia sp.	E1、E2	活性污泥	Weber et al., 2005
Achromobacter xylosoxidans	E1、E2、E3、16α-OH-E1	活性污泥	Weber et al., 2005
Ralstonia pickettii	E1、E2、E3、16α-OH-E1	活性污泥	Weber et al., 2005
Aminobacter sp. KC6, KC7	E1、E2	活性污泥	Yu et al., 2007
Sphingomonas sp. KC8	E1、E2	活性污泥	Yu et al., 2007
Sphingobacterium sp. JCR5	E1、E2、E3、EE2	活性污泥	Ren et al., 2007
Agromyces sp. LHJ3	E2、E3	沙质含水层	Ke et al., 2007
Acinetobacter sp. LHJ1	E2	沙质含水层	Ke et al., 2007
Sphingomonas sp. CYH	E1、E2	沙质含水层	Ke et al., 2007

续表

菌株	可降解雌激素	分离源	参考文献
Acinetobacter sp. BP8, BP10	E1、E2、E3、EE2	堆肥	Pauwels et al., 2008
Pseudomonas aeruginosa BP3, BP7	E1、E2、E3、EE2	堆肥	Pauwels et al., 2008
Ralstonia pickettii BP2	E1、E2、E3、EE2	堆肥	Pauwels et al., 2008
Phyllobacterium myrsinacearum BP1	E1、E2、E3；共代谢 EE2	堆肥	Pauwels et al., 2008
Pseudomonas putida MnB1, MnB6, MnB29	EE2	比利时菌种保藏中心	Sabirova et al., 2008
Rhodococcus zopfii ATCC_51349, ATCC_13557	EE2	ATCC 生物标准品资源中心	O'Grady et al., 2009
Nitrosomonas europaea ATCC_19718	EE2	ATCC 生物标准品资源中心	Skotnicka-Pitak et al.,2009
Pseudomonas aeruginosa TJ1	E2	活性污泥	Zeng et al., 2009
Rhodococcus sp. ED6, ED7, ED10	E1、E2	农田土壤	Kurisu et al., 2010
Brevundimonas diminuta	E2	活性污泥	Muller et al., 2010
Novosphingobium sp. JEM-1	E1、E2、EE2	活性污泥	Hashimoto et al., 2010
Bacillus sp. E2Y1, E2Y4	E1、E2	活性污泥	Jiang et al., 2010
Bacillus sp.Al-3	BPA	氧化沟活性污泥	蒋俊, 2010
Pseudomonas citronellolis SS-2	E1、E2、EE2	活性污泥	史江红等, 2010
Bacillus sp.	E2	活性污泥	杨俊等, 2010
Buttiauxella sp. S19-1	E2	波罗的海	Zhang et al., 2011
Vibrio sp. H5	E2	波罗的海	Sang et al., 2012
Stenotrophomonas maltophilia	E2	活性污泥	Li et al., 2012
Pseudomonas putida strain SJTE-1	E2	土壤	Liang et al., 2012
Pseudomonas sp.	NP	河水	Watanabe et al., 2012
Acidovorax sp.	NP	河水	Watanabe et al., 2012
Pseudomonas sp. B-01	BPA	污水土地处理装置	沈剑, 2012
Klebsiella pneumoniae	E2	活性污泥	李翠翠, 2012
Sphingomonas multivorum ED-4	E2	活性污泥	陆源源, 2012
Cupriavidus sp. DE7	EE2	污水处理厂曝气池	黄敏, 2012
Pseudomonas sp.	DES	海水	Zhang et al., 2013
Serratia marcescens	BPA、NP	活性污泥	邓伟光等, 2013
Serratia sp. S	DES	活性污泥	徐冉芳等, 2014
Rhodococcus sp. JX-2	E2	活性污泥	Liu et al., 2016
复合菌（*Acinetobacter calcoaceticus* LY+*Pseudomonas* sp. LM）	E2	畜禽粪便土壤、化粪池	林泳墨, 2016
Pseudomonas sp. QL212.2	EE2	活性污泥	杨敏, 2016
Rhodococcus. sp. DSSKP-R-001	E2	雌激素药厂土壤	赵洪岩, 2018
Hyphomicrobium sp.GHH	EE2	农田	郭海慧, 2018
Novosphingobium sp. E2S	E2	活性污泥	Li et al., 2017
Novosphingobium sp. ES2-1	E3、E2、E1、4-OH-E1	活性污泥	Li et al., 2020
Lysinibacillus sphaericus DH-B01	E2	活性污泥	王瑶佳, 2020

新鞘氨醇杆菌(*Novosphingobium* sp.)ARI-1 是较早从活性污泥中分离出的 17*β*-雌二醇(E2)降解菌(Fujii et al., 2002)。除 E2 外，菌株 ARI-1 还能降解雌酮(E1)，但不能降解炔雌醇(EE2，一种人工合成的甾体雌激素)(Roh and Chu, 2010)。同样是从活性污泥中分离的 *Novosphingobium* sp. JEM-1 比菌株 ARI-1 具有更广的降解底物谱，除了 E2，该菌株还能降解 E1 和 EE2。菌株 JEM-1 的数量与活性污泥中雌激素底物的去除率相对应。以 E1 为例，E1 去除率越高，菌株 JEM-1 的数量越多(Hashimoto et al., 2010)，表明菌株 JEM-1 可利用 E1 为唯一碳源支持其生长繁殖。利用富集培养法，从活性污泥中分离获得的雌激素降解菌还有木糖氧化无色杆菌(*Achromobacter xylosoxidans*)和皮氏罗尔斯顿菌(*Ralstonia pickettii*)，它们均能够高效降解 E1、E2、雌二醇(E3)和 16*α*-羟基雌酮(16*α*-OH-E1)(Weber et al., 2005)。Yu 等(2007)从废水中分离了 14 株 E2 降解菌(菌株 KC1～KC14)，包含 5 株鞘氨醇单胞菌属(*Sphingomonas*)、2 株氨基杆菌属(*Aminobacter*)、2 株黄杆菌属(*Flavobacterium*)细菌，以及短波单胞菌属(*Brevundimonas*)、细杆菌属(*Microbacteria*)、类诺卡氏菌属(*Nocardioidas*)、红球菌属(*Rhodococcus*)、埃希氏菌属(*Escherichia*)细菌各 1 株。这 14 株功能菌表现出 3 种不同的雌激素降解模式。其中，有 11 株菌只能将 E2 转化为终产物 E1；菌株 KC6 和 KC7 可随着时间的推移缓慢地降解 E2 和 E1；仅菌株 KC8 能够将 E2 完全降解为无激素活性的化合物，且菌株 KC8 能够分别利用 E1、E2 和睾酮(Te)作为唯一碳源和能源进行生长(Roh and Chu, 2010)。上述 14 株功能微生物均不能降解 EE2。然而，Ren 等(2007)从活性污泥中分离出的鞘氨醇杆菌(*Sphingobacterium* sp.)JCR5 可以降解 EE2，且该菌株能够分别以 E1、E2、E3、EE2、芘、菲、甲苯和二甲苯为唯一碳源进行生长和繁殖。与菌株 ARI-1、JEM-1、KC8 类似，铜绿假单胞菌(*Pseudomonas aeruginosa*)TJ1 也能够以 E2 作为唯一碳源进行生长(Zeng et al., 2009)。Muller 等(2010)以雌激素和乙腈为底物，从活性污泥中分离到一株具有 E2 降解功能的缺陷短波单胞菌(*Brevundimonas diminuta*)；Kurisu 等(2010)筛选了 5 株雌激素降解细菌，分属 *Rhodococcus* 和 *Sphingomonas*；Jiang 等(2010)分离了 5 株芽孢杆菌属(*Bacillus*)E2 降解菌，其中只有 2 株能够继续降解 E1。

上述降解菌的分离介质均为活性污泥，实际上，土壤、堆肥、沙质含水层和海洋同样可以作为雌激素降解菌的分离源。20 世纪 80 年代早期，1 株从土壤中分离出的产碱菌能够以 E2 或 Te 作为唯一碳源进行生长(Payne and Talalay, 1985)。Pauwels 等(2008)从堆肥混合物中发现了 6 株能够代谢 E1、E2 和 E3 的微生物，并实现对 EE2 的共代谢，这 6 株菌分别属于 *α*-、*β*-和 *γ*-变形菌门。Ke 等(2007)从沙质含水层中分离出 3 株雌激素降解菌——不动杆菌(*Acinetobacter* sp.)LHJ1、农霉菌(*Agromyces* sp.)LHJ3 和 *Sphingomonas* sp. CYH。弧菌(*Vibrio* sp.)H5 和布丘氏菌(*Buttiauxella* sp.)S19-1 是 2 株从波罗的海分离出的功能微生物，能够耐受 4.1%的 NaCl 并降解 E2 和 Te(Zhang et al., 2011; Sang et al., 2012)。

然而，功能菌株往往容易受到环境胁迫(Bergero and Lucchesi, 2013)。游离态细菌高效去除雌激素常常受细菌密度、对贫营养环境的耐受程度、与土著微生物竞争等因素影响，而微生物固定化技术能极大程度地解决以上问题。该技术通过化学或物理方法将游离菌株固定在某一特定空间内，并保留其活性(Raul and Benoit, 2006; Yan and Hu, 2009;

Su et al., 2012)。固定化功能微生物菌剂(immobilized microbial agents, IBAs)可大幅提升特定空间内的细菌密度，阻隔与土著微生物的竞争，保护细胞免受抗菌物质和紫外线照射(Tanaka et al., 1994; Zohar-Perez et al., 2003)等外围胁迫，具有处理效率高、生物密度高、耐毒性、反应启动快、耐高负荷等优点。

IBAs 对环境雌激素(EEs)的修复效率取决于固定化材料、固定化方法及固定化条件。载体材料是影响固定化微生物稳定性、活性及降解污染物能力的主要原因。不同种类的微生物对载体材料的要求不同。载体材料应有利于微生物的固定以及生长繁殖，并应具有传质好、比表面积大、稳定、无毒、不溶于水、价格低、抗生物降解、可重复利用等特点。常用的 4 种载体材料包括无机载体、天然高分子载体、有机高分子载体和复合载体，其代表性材料的优缺点见表 5-2。

表 5-2　不同固定化载体的优缺点

载体类型	代表物质	优点	缺点
无机载体	硅藻土	无毒、强度高、稳定性好	亲和力有限
天然高分子载体	海藻酸盐	无毒、传质好、成本低廉	强度低
有机高分子载体	聚乙烯醇	强度大、抗生物分解	传质较差、细胞易失活
复合载体	有机与无机材料组成的载体材料	同时具有有机和无机载体的优点	操作要求高、价格高

不同的固定化方法会影响微生物的生长和代谢，从而影响固定化菌剂的实际功效。常用的固定化方法包括交联法、共价结合法、包埋法和吸附法(表 5-3)。交联法不需载体，生物催化剂中含有两个能与细胞表面的羧基等进行交联的官能团，可通过形成化学键来固定化微生物，但该方法涉及剧烈的化学反应，极大影响了细胞活性，其广泛应用受到限制。共价结合法通过微生物表面氨基等官能团和载体表面基团形成化学共价键连接将微生物固定；此方法稳定性高，菌体不易脱离，但微生物的活性降低，操作难度大。包埋法是将菌株包埋在载体内，小分子的底物和产物能够出入凝胶网络的孔隙而菌株无法泄漏；此方法操作简单，对微生物活性的影响较低，是目前应用最普遍的方法。吸附法是指载体通过与微生物产生表面张力、静电等作用，将微生物吸附于表面的方法；该方法操作容易，可重复使用，但是稳定性差，细胞易脱离。

表 5-3　不同固定化方法的比较

性能	交联法	共价结合法	包埋法	吸附法
制备难易	适中	难	适中	易
细胞活性	低	低	适中	高
结合力	强	强	适中	弱
稳定性	高	高	高	低
空间阻力	较大	较大	大	小
对底物转移性	可变	可变	不变	不变
成本	适中	高	低	低
适用性	低	低	低	低

载体浓度、菌株浓度等固定化条件可影响固定化颗粒的传质性能和机械强度(邵钱等, 2013)。包蔚等(2009)、郝红红等(2013)、邵钱等(2013)在研究固定化包埋微生物时发现，随着包埋载体浓度的提高，固定化菌株对有机污染物的去除率先增加后降低，浓度的提高会增加固定化小球的致密度，但限制了氧气的传输。氧气的扩散速率减缓，同时载体内部为菌株提供的空间有限，繁殖受到抑制，反而出现包菌浓度越大，去除率越低的现象。包蔚等(2009)也发现，氨氮去除率随着包菌量的增加而增加，由 66.5%增加至 86.5%，但是当包菌量为 4 g/L 时，随着菌株增殖产生内压，海藻酸钠凝胶网络松散，稳定性遭到破坏。载体浓度和菌株浓度同时影响着制备固定化菌剂的操作过程，低浓度的载体制得的小球机械强度小，菌体易泄漏，而浓度过高的载体制得的小球质地较硬，制作困难。

pH、温度等环境条件可以通过影响固定化小球内部的降解功能菌株及固定化载体来影响固定化菌剂去除污染物的能力。pH 可以影响微生物相关功能酶的诱导和活性，也能影响载体表面与污染物的结合能力。Rentz 等(2008)和 Silva 等(2009)发现，当 pH 过高和过低时，菌株表面的电位被破坏，甚至发生结构改变，导致微生物活性和代谢受到抑制；段海明(2012)研究海藻酸钠固定化菌株时发现，酸性条件有利于海藻酸钠钙化率的提高，而碱性越高，钙化率降低，菌株易泄漏，降解体系越浑浊。蔡瀚等(2013)和 Ye 等(2011)指出，微生物的降解能力与自身的生长繁殖和诱导酶有关，而这两个因素都与温度紧密相关，当温度低于或高于菌株最适温度时，微生物的生长代谢往往变慢，产酶减少，降解率降低；当温度高于降解酶的最高温度时，酶会变性失活，对污染物几乎没有降解效果。

5.1　降解菌 *Pseudomonas putida* SJTE-1

假单胞菌属(*Pseudomonas*)细菌多具有较高的环境胁迫耐受性和污染物降解能力，已被研究人员广泛用于处理污水中多种有毒有害的持久性有机污染物(persistent organic pollutants, POPs)，如多环芳烃(PAHs)等(Mita et al., 2015; Tay et al., 2014; Lee et al., 2003; Matsumura et al., 2009; Giese et al., 2007; Zeng et al., 2009; Zhang et al., 2016; Zheng et al., 2016)。Wang 等(2019)从活性污泥中分离出一株雌激素降解菌 SJTE-1，经鉴定为恶臭假单胞菌(*Pseudomonas putida*)，本节对其生物学特性及降解特性进行综述。

5.1.1　菌株 SJTE-1 的生物学特性

菌株 SJTE-1 菌落柔软、象牙色、扁平、圆形；最适生长温度为 30℃，pH 为 5.0～9.0；能够以 E1、E2、E3、Te、萘(NAP)和菲(PHE)为唯一碳源进行生长和繁殖；对二甲基亚砜、甲醇和乙腈敏感，可耐受一定浓度的乙醇。该菌株已于中国普通微生物菌种保藏管理中心(CGMCC)登记保藏，保藏编号 6585。随后，经 16S rRNA 基因序列(GenBank 登录号为 JQ951925.1)分析比对后发现，菌株 SJTE-1 与 *Pseudomonas* 相似度较高，尤其显示了与 *Pseudomonas putida* 较强的亲缘关系和较高的同源性(≥95%)。因此，菌株 SJTE-1 被初步鉴定为 *Pseudomonas putida*(Wang et al., 2019)。

5.1.2　菌株 SJTE-1 的降解底物谱

分别以不同激素类化合物为唯一碳源培养菌株 SJTE-1 时发现，当使用 1 mg/L 和 10 mg/L 的 E2 时，菌株 SJTE-1 生长迅速且无明显停滞期，24 h 后生物量积累水平达到最大；加大 E2 用量，对数生长期和细菌生物量均相应延长和增加。除 E2 外，菌株 SJTE-1 还能利用 E1、E3、Te、NAP 和 PHE，但停滞期有所延长，生物量也相对偏低；该菌株不能以 EE2、蒽(Ant)、双酚 A(BPA)和壬基酚(NP)作为唯一碳源。虽然它们的降解趋势相似，但菌株 SJTE-1 对上述化学物质的偏好仍有一定差异，偏好顺序为 E2 > E1 > E3 ≈ Te > NAP > PHE。与其他已报道菌株相比，菌株 SJTE-1 具有更强的耐受能力和更宽的底物谱(Wang et al., 2019)。

5.1.3　菌株 SJTE-1 降解 17*β*-雌二醇的动力学及中间产物

在菌株 SJTE-1 降解 E2 过程中，底物消耗随生物量积累而增加。菌株 SJTE-1 可在 24 h 内完全降解 1 mg/L 的 E2，或降解 90%的初始浓度为 10 mg/L 的 E2。对于初始浓度为 50 mg/L 的 E2，降解率达 90%需 6 d；当 E2 初始浓度为 100 mg/L 时，7 d 内可降解 75%。菌株 SJTE-1 对其他雌激素化合物的降解时间较长。完全降解 10 mg/L 的 E1 和 E3 分别需要 72 h 和 120 h；对于初始浓度为 100 mg/L 的 PHE，7 d 内仅有 50%被降解。此外，金属离子和营养补充剂对雌激素的利用有不同程度的促进作用。金属离子对菌株 SJTE-1 的降解率影响很小，而胰蛋白胨能使菌株 SJTE-1 的降解率提高 10%。可能是因为这些有机物质可以在初始阶段加速细胞生长，产生更多的生物量和电子受体，从而促进微生物对雌激素的利用(Gu et al., 2016, 2018)。Tween-80(吐温-80，一种表面活性剂)和脂多糖对菌株的降解效率也有一定的促进作用，可能因为两者有助于提高雌激素化合物的溶解度，从而促进其进入细胞。分析 E2 代谢物发现，培养 12 h 后可检测到 E1，且 E1 的增加伴随着 E2 的减少。当降解体系中无法再检出 E2 时，E1 仍处于相对稳定的浓度，所积累的 E1 可在 2 d 内被降解为非雌激素类化合物。因此，菌株 SJTE-1 可有效降解 E2，且与以前的报道(Horinouchi et al., 2012; Shi et al., 2004; Yu et al., 2007)相比，其降解能力更强，降解周期更短。

5.1.4　降解过程中 17*β*-雌二醇的分布规律

通过测定 E2 在培养液和菌体细胞中的残留量来跟踪 E2 在生物降解过程中的分布情况。研究表明，10 mg/L 的 E2 在 24 h 后可降解 80%以上，生物量达到最大值。24 h 细胞增殖和 E2 降解速度最快；而在稳定期，E2 的减少速率明显减慢。初始阶段，E2 分布在培养液中；6 h 后，E2 在菌体细胞上的吸附量接近 4 mg/L；在接下来的 90 h 内，细胞吸附的 E2 减少为 1 mg/L。当培养液中无法检测到 E2 时，菌体细胞上的吸附量也开始下降。这些结果说明，E2 在菌体细胞上的吸附可能是其跨膜运输和胞内降解的前提，即 E2 分子吸附在细胞上，随后转运到细胞内，维持细胞平衡，并支持细胞生长。E2 随生物量的增加而降低；随着 E2 的降解，所产生的 E1 分子逐步被分泌至培养液中。稳定期结束后，培养液和菌体细胞上均无法检出 E2，表明 E2 已经被完全降解。

与部分已报道的雌激素降解菌株相比，菌株 SJTE-1 具有更高的降解效率和更短的降解周期(Ren et al., 2007; Horinouchi et al., 2012; McAdam et al., 2010; Shi et al., 2004; Weber et al., 2005; Yoshimoto et al., 2004; Yu et al., 2007)。例如，部分红球菌(*Rhodococcus* sp.)和鞘氨醇单胞菌(*Sphingomonas* sp.)仅能在 24 h 内降解 50%的初始浓度为 0.8 mg/L 的 E2，120 h 内才能使降解率提高至 90%(Futoshi et al., 2010)；欧洲亚硝化单胞菌(*Nitrosomonas europaea*)对 E1 和 E2 的降解速率常数分别为 0.056 h^{-1} 和 1.3 h^{-1}(Shi et al., 2004)。由于 EEs 浓度一直处于微量水平，一些菌株对低浓度雌激素并不表现出降解能力(McAdam et al., 2010)。而菌株 SJTE-1 在低浓度的雌激素环境条件下(约 10 ng/L)也能保持稳定的降解能力。此外，它还可以利用不同的雌激素或具有雌激素活性的化学物质，并表现出不同的降解效率，此差异可能是核心结构和侧链基团的不同造成的。

大多数雌激素类化学物质的水溶性较差，菌株 SJTE-1 在含有雌激素的无机盐培养基(mineral salt medium, MSM)中培养时，可产生大量的生物膜以增强雌激素的溶解性，从而提高其生物可利用性，因此，生物膜的基质结构和脂多糖组分可能有助于雌激素的吸附、增强其溶解性并促进跨膜运输。脂多糖和 Tween-80 提高菌株 SJTE-1 对 E2 的降解效率的内在原因正是如此。此外，生物膜可帮助微生物细胞附着在活性污泥上，从而有利于其在真实环境中的降解。同时，提供的碳源也能促进菌株 SJTE-1 对 E2 的好氧降解，这与以往报道一致(Gu et al., 2016, 2018)。菌株 SJTE-1 具有良好的生物降解特性，它的发现丰富了雌激素降解菌种库，推动了相关生物降解机制的研究进程。

5.2　降解菌 *Novosphingobium* sp. ARI-1

5.2.1　菌株 ARI-1 的形态及生理生化特性

菌株 ARI-1 是由 Fujii 等(2002，2003)从活性污泥样品中分离出的首株雌激素降解菌，该菌株菌落呈圆形、白棕色、表面凸起、不透明；革兰氏染色和光学显微镜研究表明，菌株 ARI-1 为革兰氏阴性的椭球形细菌，菌体大小约为 1.2 μm × 0.8 μm，无鞭毛(图 5-1)。

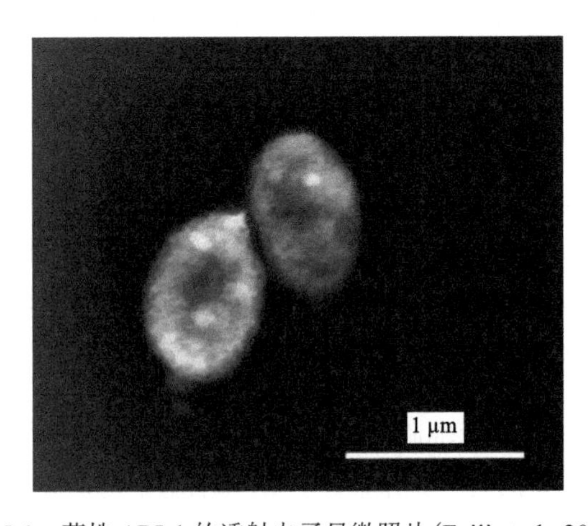

图 5-1　菌株 ARI-1 的透射电子显微照片(Fujii et al., 2003)

25℃的条件下，菌株 ARI-1 可于营养肉汤、脑/心脏灌注液和胰蛋白酶大豆肉汤中生长，6～7 d 内可形成微小菌落(4℃或 42℃温度条件下的相同营养环境中不生长)；上述各类营养物质浓度减半后，菌株 ARI-1 的生长速度并未提高。相同培养条件下，与所有已知的 *Novosphingobium* 菌株相比，菌株 ARI-1 的生长活性最弱。

采用细菌通用引物 27F(正引物，5′-AGAGTTTGATCCTGGCTCAG-3′)和 1492R(反引物，5′-TACCTTGTTACGACTT-3’)，通过 PCR 扩增了菌株 ARI-1 的 16S rRNA 基因片段(1417 bp)，并对扩增的 DNA 片段进行直接测序。利用 BLAST 算法与 GenBank、EMBL 和 DDBJ 数据库中所有已知序列数据进行同源性比对，结果表明菌株 ARI-1 的 16S rRNA 基因序列与部分新鞘氨醇杆菌属(*Novosphingobium* spp.)细菌具有较高的同源性。例如，菌株 ARI-1 与 *N. subterraneum* 具有 97%的相似度，与 *N. aromaticivorans* 具有 96%的相似度，与 *N. stygium* 具有 95%的相似度。该菌株也与部分鞘氨醇单胞菌(*Sphingomonas* spp.)具有较高的相似度，如与 *Sphingomonas* sp. strain MT1、*Sphingomonas* sp. strain A28241 和 *Sphingomonas* sp. strain MBIC4193 均具有 95%的相似度。综合以上结果可以得出，菌株 ARI-1 属于 *Novosphingobium* 属。*Novosphingobium* 是近二十年新划分出的一个属，以前被列入 *Sphingomonas*(Takeuchi et al., 2001; Yabuuchi et al., 1990)，以能降解/同化多种有机污染物而闻名。例如，*N. subarcticum* 能同化四氯酚(Nohynek et al., 1996)；*N. aromaticivorans* 能够降解包括甲苯和萘在内的多种芳香族类化合物(Fredrickson et al., 1991)；*N. stygium* 和 *N. subterraneum* 能降解芴、联苯和二苯并噻吩(Fredrickson et al., 1995)。菌株 ARI-1 是 *Novosphingobium* 属中能够利用 E2 的一种。有趣的是，菌株 ARI-1 的 16S rRNA 基因与其相邻物种的相似性最多为 97%。这表明菌株 ARI-1 在鞘氨醇单胞菌属微生物的分类学地位上具有一定新颖性。

利用 Kumagai 等(1988)报道的基于高效液相色谱法测定 DNA 碱基组成的办法，得出菌株 ARI-1 基因组 DNA 的 G + C 含量为 61%(表 5-4)，与报道的其他 *Novosphingobium* 成员的 G + C 含量接近(Nicholson et al., 1994; Takeuchi et al., 2001)。对该菌株 ARI-1 的 16S rRNA 基因序列、DNA 碱基组成、脂肪酸组成、极性脂质模式和类异戊二烯醌组成的分析表明，该菌株属于 *Novosphingobium* 属，而与最接近的 *Novosphingobium* 物种 16S rRNA 基因序列相似性最高达 97%，即该菌株可能属于一个独立的物种。为了获得菌株 ARI-1^{T} 与其他 *Novosphingobium* 家族成员之间更确切的关系信息，研究人员利用光生物素标记和比色检测(Satomi et al., 1997)及微孔板杂交方法(Ezaki et al., 1989)进行 DNA-DNA 杂交实验。以 1,2-苯二胺为底物，以链霉亲和素-过氧化物酶结合物(streptavidin-peroxidase conjugate)为比色酶。各待测 *Novosphingobium* 菌种之间的 DNA-DNA 重组水平如表 5-4 所示，所有重组水平均相对较低(最高仅为 36%)。系统定义的物种由表现高于 70%的 DNA-DNA 杂交水平的菌株组成(Wayne, 1987)。因此，上述结果更有力地表明，菌株 ARI-1 不同于其他已知的 *Novosphingobium* 菌种。

菌株 ARI-1 和一些已知的 *Novosphingobium* 菌株的生理生化特性如表 5-5 所示。氧化酶和过氧化氢酶分别用过氧化物酶试验指标(Eiken Chemical Co, Ltd)和 3%过氧化氢进行试验；采用 API 20NE 系统(BioMérieux)测定待测生物的同化模式和生化特性。结果表明，菌株 ARI-1 的过氧化氢酶活性和硝酸盐还原均呈阳性，与 *Novosphingobium* 其

表 5-4　与不同 *Novosphingobium* 成员的 DNA-DNA 杂交(Fujii et al., 2003)

编号	菌株	G + C 含量/%	与标记 DNA 的相似度/%				
			1	2	3	5	7
1	ARI-1	61	100	10	9	7	9
2	*N. aromaticivorans* ATCC 700278[T]	64[a]	14	100	22	36	22
3	*N. capsulatum* ATCC 14666[T]	63[b]	12	16	100	24	22
4	*N. rosa* ATCC 51837[T]	65[c]	12	12	12	12	12
5	*N. subarcticum* JCM 10398[T]	66[d]	12	34	25	100	18
6	*N. stygium* ATCC 700280[T]	65[a]	14	28	22	21	19
7	*N. subterraneum* ATCC 700279[T]	60[a]	11	14	16	16	100

注：a, Balkwill et al., 1997；b, Yabuuchi et al., 1990；c, Takeuchi et al., 1995；d, Nohynek et al., 1996。

表 5-5　菌株 ARI-1 与其他 *Novosphingobium* 菌株的生理生化特性(Fujii et al., 2003)

生理生化指标	菌株编号						
	1	2	3	4	5	6	7
葡萄糖同化	−	+	+	+	+	+	+
阿拉伯糖同化	−	+	+	+	+	+	+
甘露糖同化	−	−	+	+	+	+	+
甘露醇同化	−	+	−	+	+	−	+
N-乙酰-*D*-氨基葡萄糖同化	−	+	−	−	+	−	−
麦芽糖同化	−	+	+	+	+	+	+
葡萄糖酸盐同化	−	−	−	−	+	+	−
己二酸同化	−	−	−	−	−	−	+
苹果酸盐同化	−	+	−	−	+	−	−
正癸酸	−	−	−	−	−	−	−
柠檬酸	−	−	−	−	−	−	−
苯乙酸	−	−	−	−	−	−	−
葡萄糖苷酶活性	−	+	+	+	+	+	+
明胶水解酶活性	−	−	−	−	+	−	−
半乳糖苷酶活性	−	+	+	+	+	+	+
过氧化氢酶活性	+	+	+	+	+	+	+
硝酸氧化酶活性	+	+	+	+	+	+	+
氧化酶	−	−	−	−	−	−	−
精氨酸水解酶	−	−	−	−	−	−	−
脲酶活性	−	−	−	−	−	−	−
吲哚生成	−	−	−	−	−	−	−
葡萄糖产酸	−	−	−	−	−	−	−

注：菌株 1, ARI-1；菌株 2, *N. subarcticum* JCM 10398[T]；菌株 3, *N. subterraneum* ATCC 700279[T]；菌株 4, *N. stygium* ATCC 700280[T]；菌株 5, *N. capsulatum* ATCC 14666[T]；菌株 6, *N. rosa* ATCC 51837[T]；菌株 7, *N. aromaticivorans* ATCC 700278[T]。

他成员一致；而对于 12 种同化底物，2～7 号 *Novosphingobium* 菌株各有其独特的可同化底物，但菌株 ARI-1 并未表现出对任何一种底物的同化能力。研究人员在含有 1%底物的 YNB 培养基(yeast nitrogen base without amino acids，不含氨基酸的氮源培养基)(25℃、pH 7.0)中得到了类似的实验结果。因此，菌株 ARI-1 对其他底物同化的阴性结果可能归因于它对 E2 的适应。众所周知，高度适应的菌株必须在完全培养基中传代几次才能恢复其典型的同化模式。为此，在同化模式试验之前，研究人员再次用营养液对 ARI-1 菌株进行了 10 次重复传代，但检测中菌株 ARI-1 依然未表现出现阳性结果，而 E2 降解活性保持稳定。

5.2.2　菌株 ARI-1 降解 17*β*-雌二醇的特性

将分离获得的菌株 ARI-1 单菌落接种到新鲜 E2-YNB 培养基中，探究该菌株在 25℃、150 r/min 条件下降解 E2 的典型时间过程。结果显示，菌株 ARI-1 可在 30 mL 的培养体系中稳定降解 30 mg、10 mg 和 5 mg 的 E2。在含 10 mg E2 的培养体系中，菌株 ARI-1 的细胞密度可在 25 d 内由起始的 0.8×10^3 CFU/mL 增加至 0.5×10^9 CFU/mL，证明了菌株 ARI-1 可以 E2 为唯一碳源维持生长和繁殖。

该菌株在添加 0.5%(质量体积比)酵母膏(或 0.05%葡萄糖)的 YNB 培养基中也能降解 E2。此外，菌株 ARI-1 还能降解 E1 和 E3，但不能降解 EE2。E2-YNB 属于寡营养型培养基，研究人员尝试在 E2-YNB(10 mg/30 mL)中添加 0.5%(质量体积比)的酵母提取物或 0.05%(质量体积比)的葡萄糖以改善碳源补给，从而加快培养菌株 ARI-1 的生长速率并提高 E2 降解效率。然而，尽管这些碳源属于易被大多数细菌吸收利用的广谱性碳源，且培养条件下的浓度足以取代 E2，但 E2 降解速率并未因上述营养物质的存在而加快。因此，菌株 ARI-1 极有可能首选 E2 进行同化。

利用高效液相色谱(HPLC)，研究人员未在降解过程中发现除 E2 外的任何其他芳香族化合物。为更精确地鉴定所产生的代谢产物，利用 E2-YNB(10 mg/30 mL)培养菌株 ARI-1 后，使用正己烷或氯仿提取 0 d、5 d、10 d、15 d、20 d、25 d 和 30 d 的代谢产物，并采用气相色谱-质谱联用技术(GC-MS)对 E2 降解产物进行鉴定。GC-MS 条件如下：选用购自 SGE(Melbourne, Victoria, Australia)的 BPX-5 毛细管色谱柱(内径 25 m × 0.22 mm)；进样量 3 μL；载气(氦气)流速 1.0 mL/min；温度梯度：50℃维持 3.4 min，之后以 10℃/min 的速度升至 370℃，并维持 10 min；电子碰撞电离能为 70 eV。然而，研究人员并未在 0～30 d 的反应提取物中发现任何代谢产物，即整个代谢过程中只观察到 E2 的下降，此结果与利用 HPLC 所得分析结果一致。

很多芳香族化合物，如苯酚、苯或甲苯，对水生生物具有生物毒性，且部分芳香族类化合物甚至还具有一定激素活性。因此，降解菌能否裂解 E2 的芳环结构至关重要。为验证菌株 ARI-1 是否具有此功能，Fujii 等(2002)将利用氯仿提取的第 0 天和第 30 天的培养物溶于氘代甲醇(CD_3OD)，并用核磁共振氢谱(^{1}H-NMR, JEOL JNM-EX400)进行产物结构分析。结果发现，在第 30 天的培养物中，E2 的芳香和非芳香部分的质子信号几乎完全消失，这与通过 GC-MS 得到的研究结果一致，说明 E2 能够被菌株 ARI-1 降解为低分子量化合物(如 CO_2)或在所使用的条件下可能无法被提取的简单有机酸。综上所述，GC-MS

和 NMR 的数据一致表明，降解过程中未出现具有雌激素活性的毒性代谢物累积。

5.2.3 影响菌株 ARI-1 降解雌激素的因素

1. 丙酮对菌株 ARI-1 利用三种雌激素进行生长的影响

前期研究结果表明，菌株 ARI-1 的初始分离环境含有丙酮(E2 为筛选压力)(Fujii et al., 2002)，且丙酮也可以作为碳源。基于以上发现，研究人员系统地探究了丙酮对菌株 ARI-1 生长的影响。图 5-2(a)显示了在丙酮存在下，菌株 ARI-1 分别以 3 mg/L 的 17α-雌二醇(17α-E2)、E2 和 E1 为碳源时的生长曲线。以 17α-E2 为碳源时，菌株 ARI-1 的生长速度较快，细菌生物量最大，为 0.35[以 600 nm 处吸光度($OD_{600\ nm}$)计]；以 E1 为碳源时，菌株 ARI-1 生物量增幅最小，$OD_{600\ nm}$峰值为 0.25。图 5-2(b)为菌株 ARI-1 在无丙酮情况下的生长曲线。以 17α-E2 为碳源时，菌株 ARI-1 生长最佳，生物量最大，$OD_{600\ nm}$为 0.19；以 E1 为碳源时，菌株 ARI-1 生物量增幅最小，$OD_{600\ nm}$峰值仅为 0.07。对比图 5-2(a)和图 5-2(b)所呈现的生长曲线可知，图 5-2(a)中所观察到的最大生物量归结于丙酮的存在。

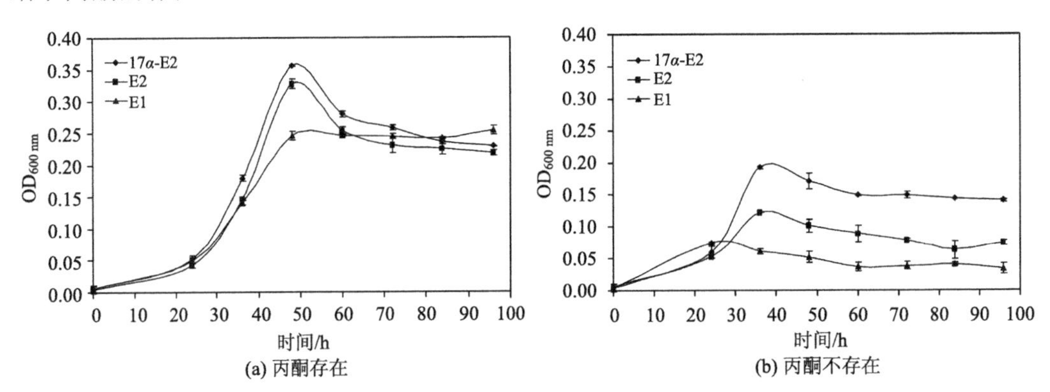

图 5-2 丙酮存在与不存在情况下菌株 ARI-1 以三种雌激素为碳源时的生长曲线(Yang, 2004)

2. 饥饿对菌株 ARI-1 降解雌激素的影响

实际环境中，雌激素浓度通常很低(ng/L～μg/L 浓度水平)，因此，研究贫营养环境对菌株 ARI-1 降解雌激素的影响至关重要。此外，诸如废水等实际环境中含有丰富的有机物，且菌株 ARI-1 能够在不同碳源上生长，所以菌株 ARI-1 在非雌激素底物上生长后是否仍能保持雌激素降解能力值得深入探究。

1)不含雌激素的富营养基培养(雌激素饥饿培养)

Yang(2004)研究了菌株 ARI-1 细胞在无雌激素的富营养培养基上生长 7 d 后对 E2 的生物转化情况。E2 在前 48 h 内迅速耗尽，48 h 后 E2 的初始代谢物 E1 开始在培养液中积累，说明菌株 ARI-1 在缺乏 E2 的富营养培养液中生长后失去了降解 E1 的能力。而在供给 E2 的营养条件下，菌株 ARI-1 能够在 9 h 内降解 E2，其间没有或很少形成 E1，9 h 后 E2 和 E1 浓度均低于检测限。富营养环境中，雌激素饥饿和非饥饿状态下菌株 ARI-1 的特定生长速率也表现出显著变化。雌激素饥饿培养后，菌株 ARI-1 以 E2 为碳源时的生长速率比非饥饿状态下的降低了 75%。

2) 完全饥饿培养对菌株 ARI-1 降解 E2 的影响

在不含任何碳源的硝酸盐矿物培养基(nitrate minimal salts medium, NMSM)中，对菌株 ARI-1 分别进行为期 1 d、3 d 和 5 d 的完全饥饿培养。经过 1 d 完全饥饿培养后，菌株 ARI-1 能够在 48 h 内将 E2 浓度降低至一半。在持续 200 h 的监测期内，E2 的消耗减缓并形成 E1。经过 3 d 饥饿培养后的菌株 ARI-1 对 E2 和 E1 仍具有降解能力，E2 在降解前 48 h 快速下降，后期缓慢下降，与经过 1 d 完全饥饿培养的细胞情况相似；对于 E1 来说，虽然其浓度在前 125 h 内呈增大趋势，但之后浓度开始下降，并在反应结束时趋于稳定。经过 7 d 完全饥饿培养后的菌株 ARI-1 能够在 168 h 内快速降解 E2，168 h 后，降解率相比 3 d 完全饥饿培养下的明显下降。经计算，1 d、3 d 和 7 d 完全饥饿的菌株 ARI-1 细胞降解雌激素的比例分别为 22%、52%和 10%，饥饿 1 d 和饥饿 3 d 的菌株 ARI-1 降解 E2 的效率较未受饥饿处理的细胞均降低了近 90%，饥饿 7 d 的菌株 ARI-1 降解 E2 的效率甚至降至未经饥饿处理细胞的 0.1%左右。

所得结论总结如下：① 无论是否经过饥饿培养以及培养时长如何，菌株 ARI-1 降解 E2 的过程中均有 E1 积累；② 所积累的 E1 能够被消耗，但与未经饥饿培养的细胞相比，经过饥饿培养的菌株 ARI-1 对 E1 的降解更显困难，饥饿期越长，雌激素降解所需的时间就越长。

5.3　降解菌 *Sphingomonas* sp. KC8

5.3.1　菌株 KC8 的分离鉴定

Yu 等(2007)从生活污水厂的活性污泥中分离出了 14 株 E2 降解菌，分别命名为 KC1～KC14，它们均具有将 E2 转化为 E1 的能力，但仅 KC6～KC8 能够继续降解 E1。KC6～KC8 均为革兰氏阴性菌，其中，菌株 KC6 和 KC7 菌落呈白色，边缘不规则；菌株 KC8 菌落呈淡黄色、规则圆形(表 5-6)。经 16S rRNA 基因序列(约 1300 bp)分析，此三株菌属于 α-变形菌门(α-Proteobacteria)，其中，菌株 KC6 和 KC7 为氨基杆菌属(*Aminobacter*)细菌，菌株 KC8 为鞘氨醇单胞菌属(*Sphingomonas*)。由菌株的非特异性加氧酶活性测试可知，菌株 KC6～KC8 的萘氧化试验结果均呈现阳性，表明三株菌中均存在非特异性单加氧酶；吲哚氧化检测结果均为阴性，说明此三株菌中可能无非特异性双加氧酶。

表 5-6　菌株 KC6～KC8 的形态特征(Yu et al., 2007)

菌株	革兰氏染色	菌落形态
KC6	阴性	白色，不规则
KC7	阴性	白色，不规则
KC8	阴性	淡黄色，圆形

值得注意的是，菌株 KC6 和 KC7 虽可将 E2 转化为 E1 并继续降解 E1，但由 E2 向 E1 转化的速率较慢，且 E1 经过 5 d 的积累后方呈现含量下降的趋势。菌株 KC6 和 KC7

对 E1 的 7 d 降解率仅分别为(21 ± 5)%和(27 ± 4)%。然而，菌株 KC8 对 E2 和 E1 的降解有明显改善，它能够在 7 d 内将 E2 迅速转化为无激素活性的化合物。降解 20 min 时可观察到 E1 的积累；24 h 后无 E2 检出，所生成的 E1 平均浓度为 48 g/L；3 d 后仅检出 14 μg/L E1，5 d 后 E2 和 E1 均未检出。酵母雌激素筛选试验(YES)结果表明，从第 5 天和第 7 天的降解体系中均未检出具有雌激素活性的物质，表明 E2 可被菌株 KC8 降解为无激素活性的代谢物和/或最终产物。以 E1 为唯一碳源的降解试验表明，KC8 菌株可在 1 d 内快速降解 E1，此结果进一步证实了菌株 KC8 具有对 E1 的降解能力。综上所述，菌株 KC8 将 E2 首先转化为 E1，并最终将其降解为无激素活性类化合物，是一株高效的 E2 降解功能菌。

5.3.2　菌株 KC8 的降解特性

Roh 和 Chu(2010)对菌株 KC8 的降解底物谱进行了测定，并就菌株 KC8 降解 E2、E1 和睾酮(Te)的动力学等降解性能进行了进一步表征，再利用莫诺(Monod)方程对降解行为进行了描述。底物降解试验结果表明，菌株 KC8 能降解 Te，但不能降解三氯生(TCS，抗菌剂，环境中一种常见的微量污染物)和 BPA，此中原因可能是 TCS 和 BPA 对菌株 KC8 的生物毒性较显著，尤其是 TCS。然而，菌株 KC8 可在 1 d 内降解约 95%的 1.5 mg/L 的 Te，且 KC8 菌株也可以 Te 为唯一碳源和能源进行生长和繁殖。试验结果显示，菌株 KC8 的生物量(以蛋白量计)可在 25 d 内从 4 mg 蛋白/L 增加到 48 mg 蛋白/L，增长了近 12 倍。假设所有被降解的 Te 均用于细菌生长且不考虑微生物衰减，以 Te 为底物的生物量增长均值可达 0.26 mg 蛋白/mg Te，增殖所用时长为 61 h。此外，菌株 KC8 还能够利用葡萄糖、琥珀酸钠和醋酸钠作为有机底物支持其生长。当以葡萄糖为碳源时，菌株 KC8 的生物量可在 3 d 内从 9 mg 蛋白/L 增加到 41 mg 蛋白/L；当以琥珀酸钠为碳源时，生物量可在 2.5 d 内从 9 mg 蛋白/L 增加到 38 mg 蛋白/L；若以醋酸钠为碳源，生物量可在 5 d 内从 11 mg 蛋白/L 增加到 47 mg 蛋白/L。假设每种底物在光密度值(optical density, OD)达到最高水平时能够被完全消耗，平均产量范围为 0.04～0.42 mg VSS/mg BOD_L[VSS(g) = 2.6 × 蛋白量(g)]，该转换关系由实验确定。利用不同底物时，相应的所需倍增时间在 20～29 h(表 5-7)。

表 5-7　菌株 KC8 的底物利用动力学参数(Roh and Chu, 2010)

参数	底物					
	E2	E1	Te	葡萄糖	琥珀酸钠	醋酸钠
q/[mg 底物/(mg 蛋白 · d)]	0.37±0.02	0.50±0.02	0.17±0.01	—	—	—
q_m/[mg BOD_L/(mg 蛋白 · d)]^c	1.00±0.05	1.35±0.05	0.48±0.03	—	—	—
K_s/(mg 底物/L)	1.9±0.2	2.7±0.3	2.4±0.4	—	—	—
K_s/(mg BOD_L/L)^c	5.1±0.5	7.3±0.8	7.0±1.2	—	—	—
Y/(g VSS/g BOD_L)^{c,e}	0.22^d	—	0.24	0.05	0.04	0.42
倍增时间/h	27^d	—	61	20	24	29

注：q，底物利用率；q_m，最大底物利用率；Y，产出系数；“—”，暂无数据；BOD_L，有氧条件下好氧微生物氧化分解单位体积水中有机物所消耗的游离氧的数量；c，依据理论需氧量的结果，其中 1 mg E2/L=2.7 mg BOD_L/L，1 mg Te/L=2.8 mg BOD_L/L，1 mg 葡萄糖/L=1.1 mg BOD_L/L，1 mg 琥珀酸钠/L=0.6 mg BOD_L/L，1 mg 醋酸钠/L=0.5 mg BOD_L/L；d，数据源于 Yu 等(2007)；e，已报道的 q_m 值范围为 20～27 mg BOD_L/(mg VSS · d)。

Monod 方程较好地描述了 E2、E1 和 Te 的降解动力学。实验估算出 E2、E1 和 Te 的最大底物利用率(q_m)分别为 0.37 mg 底物/(mg 蛋白 · d)、0.50 mg 底物/(mg 蛋白 · d) 和 0.17 mg 底物/(mg 蛋白 · d)；半速度常数(K_S)为 1.9 mg E2/L、2.7 mg E1/L 和 2.4 mg Te/L(表 5-7)。在动力学实验期间，小瓶中细胞蛋白含量的变化幅度小于 5%，可以暂时忽略不计。

Roh 和 Chu(2010)还就复合养分对 KC8 降解雌激素的影响进行了探究。菌株 KC8 在不含 E2 的 R2A 琼脂培养基上培养 15 d(每 3 天转接至新的 R2A 琼脂培养基上，共 5 次)后，仍能保持降解 E2 和 E1 的能力，E2 的 5 d 降解率达 62%。与此同时，E1 浓度在前 30 h 呈积累趋势，5 d 后浓度低于检出水平。此结果与菌株 KC8 在含有 E2 的复杂营养培养基中生长得到的结果不同，其中，E2 可在 24 h 内迅速降解至接近零(Yu et al., 2007)。以上结果均与早前报道的雌激素降解菌 ARI-1 不同，菌株 ARI-1 在无雌激素的富营养培养基(即无 E2 作为筛选压力)中生长后，会失去雌激素降解能力。

5.4　降解菌 *Rhodococcus* sp. JX-2

5.4.1　菌株 JX-2 的分离鉴定

经过反复地分离、培养和纯化，从活性污泥中分离获得一株具有降解 E2 能力的降解菌，命名为 JX-2。菌株 JX-2 在含有 E2 的固体无机盐培养基(MSM)上生长良好，并能利用 E2 作为唯一碳源和能源。使用 LB 固体培养基培养时，菌落呈圆形，表面隆起，边缘完整，湿润。菌落早期为淡黄色，2 d 后菌落颜色加深，逐渐呈现橙黄色。

在透射电子显微镜下，该菌呈短杆状，无鞭毛，大小为 0.6 μm × 1.4 μm(图 5-3)。生理生化试验显示，菌株 JX-2 为好氧型革兰氏阳性菌。甲基红(MR)试验和乙酰甲基甲醇(VP)试验呈阴性，吲哚试验呈阳性。菌株 JX-2 对硝酸盐还原试验、柠檬酸盐试验和过氧化氢酶试验呈阳性，但对苯丙氨酸脱氢酶试验和产 H_2S 试验呈阴性。菌株不能水解淀粉和明胶(表 5-8)。

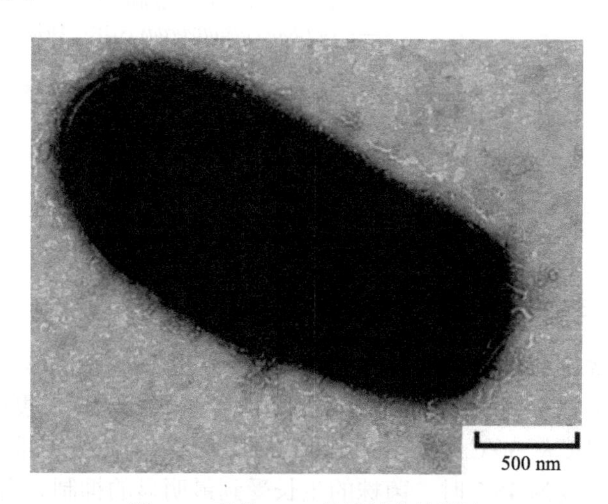

图 5-3　菌株 JX-2 的透射电镜照片

表 5-8　菌株 JX-2 的生理生化特征

测定项目	结果	测定项目	结果
氧气	+	甲基红(MR)试验	−
革兰氏染色	+	Voges-Proskauer(VP)试验	−
淀粉水解试验	−	明胶液化试验	−
硝酸盐还原试验	+	吲哚试验	+
苯丙氨酸脱氢酶试验	−	产 H_2S 试验	−
柠檬酸盐试验	+	过氧化氢酶试验	+

注：+表示在试验中呈阳性反应，−为呈阴性反应。

随后，对该菌株的 DNA 进行 PCR 扩增及 16S rRNA 基因序列测序后，利用 BLAST 在 GenBank 数据库中进行同源性检索，结果表明，菌株 JX-2 的 16S rRNA 基因序列与 GenBank 数据库中红球菌(*Rhodococcus* sp.)16S rRNA 基因序列的同源性在 99%以上。菌株 JX-2 及部分相关菌株基于 16S rRNA 基因的系统发育树见图 5-4。基于形态学特征、生理生化特征和 16S rRNA 基因序列，菌株 JX-2 被鉴定为红球菌(*Rhodococcus* sp.)。

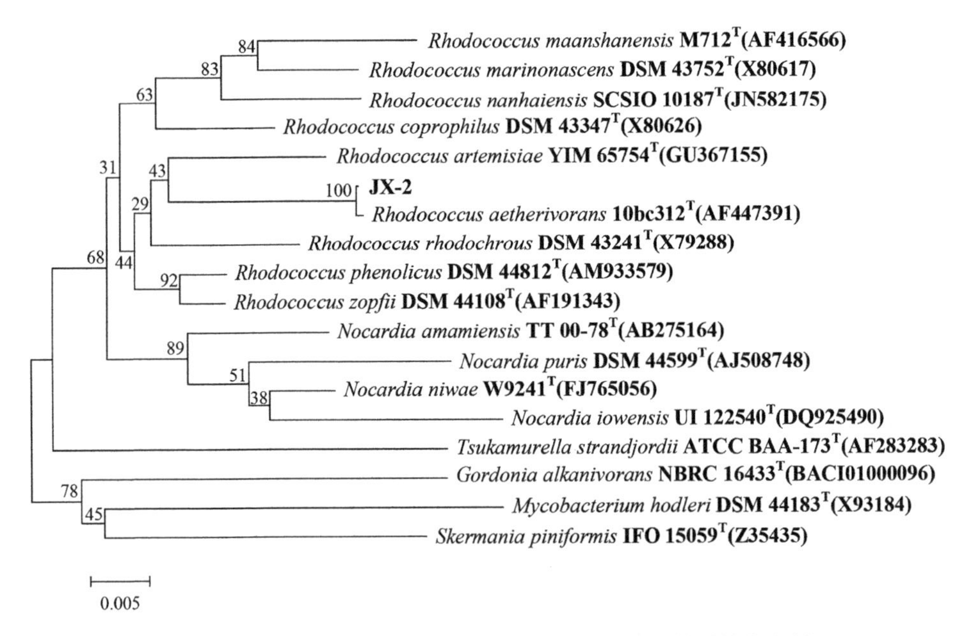

图 5-4　菌株 JX-2 基于 16S rRNA 基因序列同源性的系统发育树

5.4.2　菌株 JX-2 的生长特性

温度、pH、总含盐量和通气量对菌株 JX-2 生长的影响见图 5-5。温度从 15℃逐渐升高至 30℃的过程中，测得菌液的 $OD_{600\,nm}$逐渐增大，说明在这段温度范围内，温度越高，菌株生长越旺盛。温度从 30℃继续上升至 45℃时，$OD_{600\,nm}$值呈下降趋势，菌株的生长开始受到抑制。当温度为 45℃时，菌株的生长受到最明显的抑制。由图 5-5 可看出，菌株生长的最适温度为 30℃。pH 的高低对菌株生长情况的影响非常明显。当 pH 在 6.0～

8.0 时，菌株能良好地生长，但当 pH 过低(pH 为 4.0～5.0)或过高(pH 为 10.0)时，菌株的生长量非常低。菌株在总含盐量为 10 g/L 时生长最旺盛，随着盐浓度的增大，菌株生长量减少；当总含盐量增加到 35 g/L 时，菌株生长受到明显抑制。装液量对菌株生长的影响趋势较为单一，装液量越多，菌株生长量越低。由此结果可得出，菌株 JX-2 是好氧菌，环境中氧气含量对菌株的生长有一定影响。

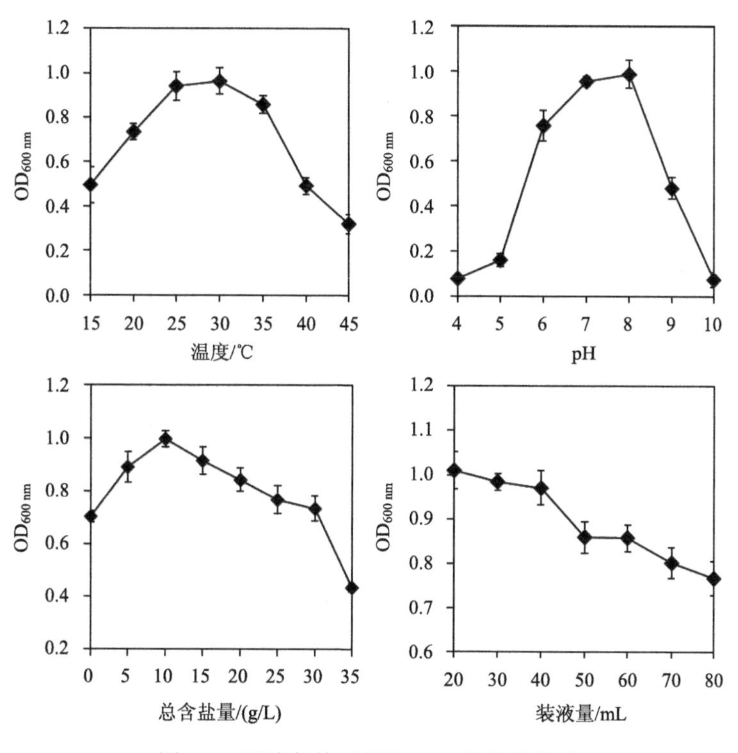

图 5-5　环境条件对菌株 JX-2 生长的影响

5.4.3　环境条件对菌株 JX-2 降解 17*β*-雌二醇的影响

试验试图通过优化环境条件以使降解菌 JX-2 维持高效降解性能。为此，试验研究了温度、pH、E2 浓度和接种量这 4 个影响因素(图 5-6)。

图 5-6(a)显示的是温度对菌株 JX-2 降解性能的影响。温度从 15℃上升至 30℃，菌株的生长量增加，E2 降解率增大。30℃时，细菌数量最多，且 E2 降解率也最高，达 92.2%。30℃以上时，随着温度的上升，细菌生物量开始降低，E2 降解率也降低。

图 5-6(b)显示了 pH 对菌株降解性能的影响。由图可看出，pH 的变化明显影响了菌株 JX-2 对 E2 的降解性能。当 pH≤4.0 或者≥10.0 时，菌株 JX-2 不能良好生长，细菌数量非常低，且 E2 降解率也非常低，降解率仅为 31%～36%。但当 pH 为 6.0～8.0 时，细菌数量明显增加，E2 降解率达 88%以上。菌株生长和降解 E2 的最佳 pH 为 7.0，此时 E2 降解率最高，为 93.5%。

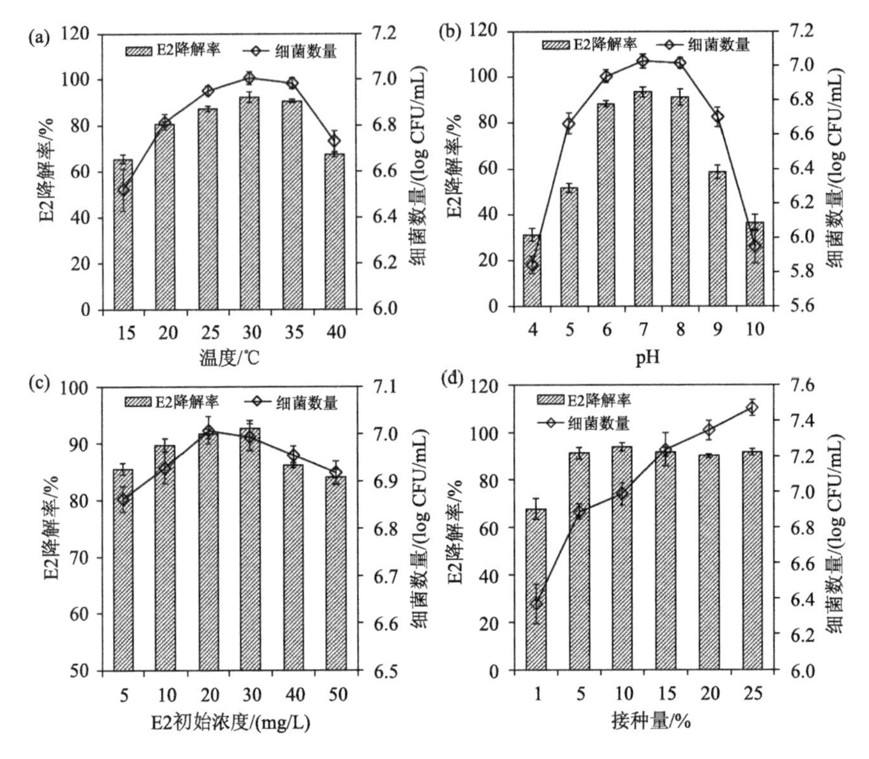

图 5-6　不同环境条件下菌株 JX-2 降解 E2 的效率

E2 初始浓度对菌株降解性能的影响见图 5-6(c)。当 E2 初始浓度为 5～50 mg/L 时，E2 降解率均大于 84%。这说明该菌能适应高浓度 E2 环境，并发挥高效降解性能。随着 E2 初始浓度的增加，E2 降解率和细菌数量均先增大后减小。当 E2 浓度大于 40 mg/L 时，菌株对 E2 的降解率下降，此时细菌数量也降低。当 E2 浓度为 30 mg/L 时，菌株的 E2 降解率最高，达 92.6%。

图 5-6(d)为接种量对菌株降解性能的影响。当接种量为 1%时，E2 降解率最低。随着接种量的增加，细菌数量和 E2 降解率都明显增加。当接种量大于 5%时，细菌数量继续增加，但 E2 降解率增幅不明显，逐渐趋于平缓，维持在 90%～94%。这可能是因为，随着接种量的增加，体系中碳源不足，生存空间也有限，降解菌之间存在种内竞争，抑制了酶活性，进而不能充分发挥菌株的降解活性。为了达到最佳的降解效果，同时又不浪费菌种资源，我们选择接种量为 5%，此时的菌株对 E2 的降解率为 91.3%。

由上述结果可知，温度和 pH 对菌株降解性能的影响最大。在本实验中，菌株 JX-2 在温度为 15～40℃、pH 在 5.0～9.0 的环境条件下，对 E2 都具有良好的降解效果，说明菌株 JX-2 的温度及 pH 适应范围较宽。可能的原因为在最适温度和 pH 条件下，菌株 JX-2 降解酶系的活性最高，因而具有较强的 E2 代谢能力。菌株 JX-2 在 pH 过高或过低时，对 E2 的降解率极低，可能是由于在强酸或强碱性条件下，细胞质和降解酶系的理化性质均受到影响，并直接导致降解菌对底物降解作用的减弱。

目前，一些文献也报道过温度和 pH 对降解菌降解雌激素的影响。杨俊等(2010)筛选出一株具有 E2 降解效能的芽孢杆菌(*Bacillus* sp.)E2-Y，该菌株的最适温度为 30℃；

李旭春等(2008)研究发现，其分离筛选的壬基酚(NP)降解菌 NP-1 在 30℃时对 NP 的降解效率最高。该两项研究结果均与本实验结果相吻合。Soares 等(2006)发现，10～28℃条件下，NP 的生物降解效率随着温度升高显著提升，而本实验也得出相似结论，即功能菌降解 E2 的效率可在 15～30℃范围内随温度升高而增加；Yuan 等(2004)报道，分离自河底淤泥中的假单胞菌，在 pH 为 6.0 时对 NP 的降解效率最高，而降解菌 JX-2 的最佳降解 pH 为 7.0，与上述结果稍有不同。大量文献数据显示，温度 28～30℃、pH 6.0～8.0 为绝大多数功能菌株降解污染物的最优环境条件。

5.4.4　菌株 JX-2 降解 17β-雌二醇的动力学

图 5-7 为菌株 JX-2 在最适环境条件(温度 30℃、pH 7.0、E2 初始浓度 30 mg/L、接种量 5%)下，以 E2 为唯一碳源的降解动力学曲线和生长曲线。菌株在仅以 E2 为碳源的无机盐培养基(MSM-E2)中生长良好。随着降解时间延长，菌株对 E2 的降解率逐渐增大，生物量也逐渐增加。平板计数结果显示，细菌数量在接种的第 1 天几乎不增加；此后，细菌数量明显增加；第 5 天后，细菌数量的增加趋于平缓。而菌株 JX-2 降解 E2 的规律与生物量生长不同。在实验的 0～3 d，菌株迅速降解 E2，第 3 天时 E2 降解率达 80%以上；此后，E2 降解速率放缓；第 7 天时菌株对 E2 的降解率为 94.4%。

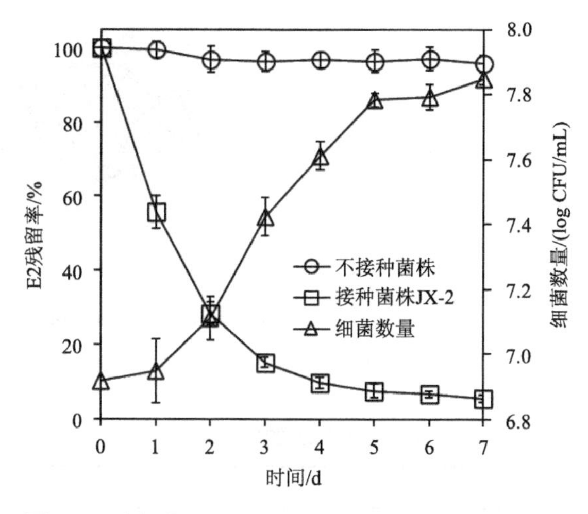

图 5-7　降解菌 JX-2 对 E2 的降解动力学和生长曲线

与以往报道的菌株相比，菌株 JX-2 的 E2 降解能力和耐受能力更强。例如，Fujii 等(2002)从活性污泥中分离得到一株能降解 E2 的菌株 *Novosphingobium* sp. ARI-1，降解 5 mg E2(培养基 30 mL)需要近 20 d，降解效率低于菌株 JX-2；Yu 等(2007)和 Jiang 等(2010)筛选的 E2 降解菌分别只能够降解浓度为 3 mg/L 和 1 mg/L 的 E2，其 E2 底物耐受力明显低于菌株 JX-2(能降解初始浓度为 50 mg/L 的 E2)。由于 E2 具有明显的内分泌干扰活性和生物毒性，在高浓度环境下，菌株 JX-2 仍然保持较高的降解能力，这说明菌株 JX-2 具有较强的抵抗 E2 毒性和降解 E2 的能力，在实际应用中具有较大的优势。

5.5　降解菌 *Novosphingobium* sp. E2S

本课题组从某污水处理站活性污泥中驯化、分离得到了 1 株能够以 E2 为唯一碳源和能源的菌株 E2S，研究了该细菌降解 E2 的特性，试图为利用功能细菌降解环境中的雌激素提供理论依据。

5.5.1　菌株 E2S 的分离鉴定

1. 菌落形态及其生理生化特性

菌株 E2S 从某污水处理厂活性污泥中分离获得。其在含 E2 的 MSM 固体培养基上生长较好，说明其对 E2 具有较强的抗性，可利用 E2 作为唯一碳源进行生长。菌落为圆形，边缘整齐，呈浅黄色，有光泽，菌体易挑起，图 5-8(a)为菌株菌落结构照片。菌体呈短杆状，大小为 7.0 μm × 15.0 μm，有鞭毛，运动。试验确定菌株为革兰氏阴性细菌，图 5-8(b)为该菌株的透射电镜照片，其生理生化特性见表 5-9。

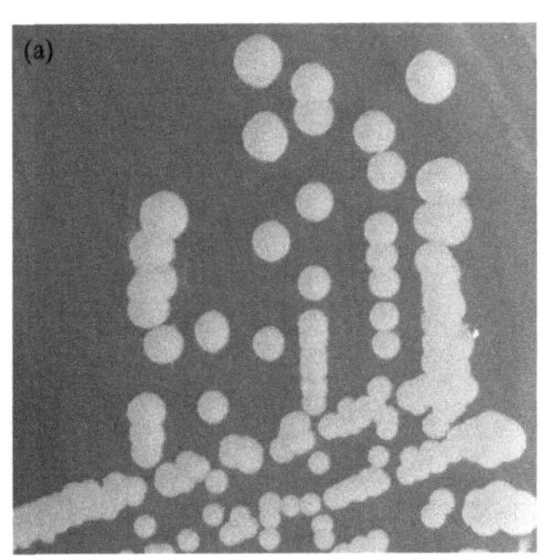

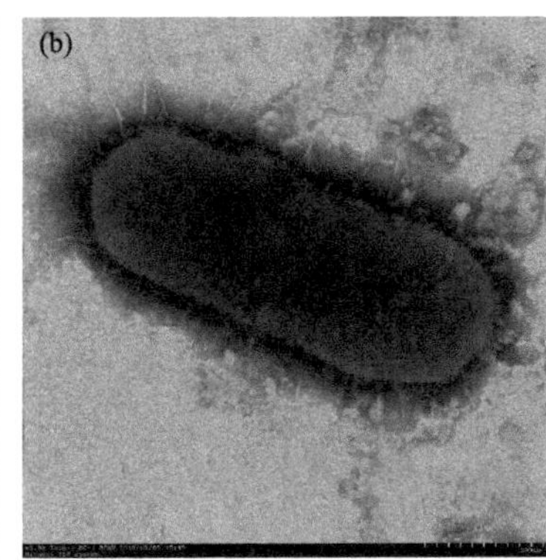

图 5-8　菌株 E2S 的菌落形态及菌体特征

表 5-9　菌株 E2S 的生理生化特性

测定项目	结果	测定项目	结果
革兰氏染色	−	MR 试验	+
葡萄糖发酵试验	+	VP 试验	−
淀粉水解	−	吲哚试验	−
硝酸盐反应	+	明胶水解	−
苯丙氨酸脱氨酶	+	产 H_2S 试验	−
柠檬酸盐利用	−	过氧化氢酶试验	+

注：+表示发酵糖类只产酸不产气及其他试验中为阳性反应，−为阴性反应。

2. 16S rRNA 基因序列分析

对菌株 E2S 的 16S rRNA 基因序列进行测序后，并与 EzTaxon 数据库中收集的其他近亲缘关系菌株的相应序列进行 BLAST 分析，发现菌株 E2S 与 *Novosphingobium* 菌株同源性多高于 98%，与模式菌株 *Novosphingobium sediminicola* HU1-AH51ᵀ(FJ177534) 的 16S rRNA 基因序列相似度高达 100%(图 5-9)。结合 E2S 的形态特征、生理生化特征，初步将该菌株鉴定为 *Novosphingobium* 属，其 16S rRNA 基因序列已提交至 GenBank 数据库，登录号 KX987160。

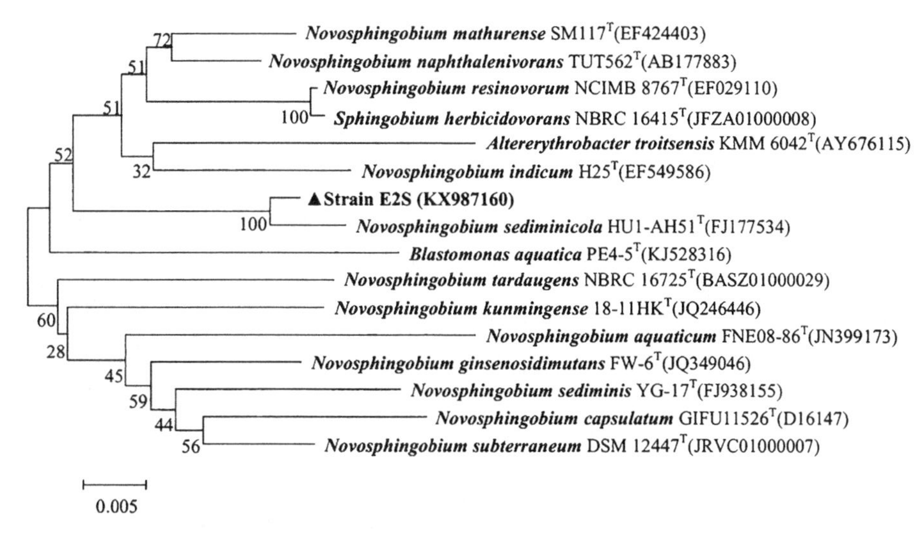

图 5-9 菌株 E2S 及其近缘种的系统发育分析

5.5.2 菌株 E2S 的抗生素抗性

菌株对各抗生素抗性实验结果见表 5-10。菌株对红霉素(Em)、链霉素(Str)、四环素(Te)和大观霉素(Ls)有抗性；对低浓度的氯霉素(C)和氨苄西林(Amp)有抗性；对庆大霉素(Gm)和卡那霉素(Km)敏感。

表 5-10 菌株 E2S 对抗生素的抗性

浓度/(μg/纸片)	Gm	Km	C	Em	Amp	Str	Te	Ls
10	+	+	−	−	−	−	−	−
100	+	+	+	−	+	−	−	−

注：+表示有抑菌圈，−表示无抑菌圈。

5.5.3 环境条件对菌株 E2S 降解 17β-雌二醇的影响

试验探究了不同环境条件，包括温度、pH、接种量、曝气量、盐浓度及底物浓度，对菌株 E2S 降解 E2 的效率和细菌生长情况的影响，确定了菌株 E2S 降解 E2 的最佳环境条件(图 5-10)。

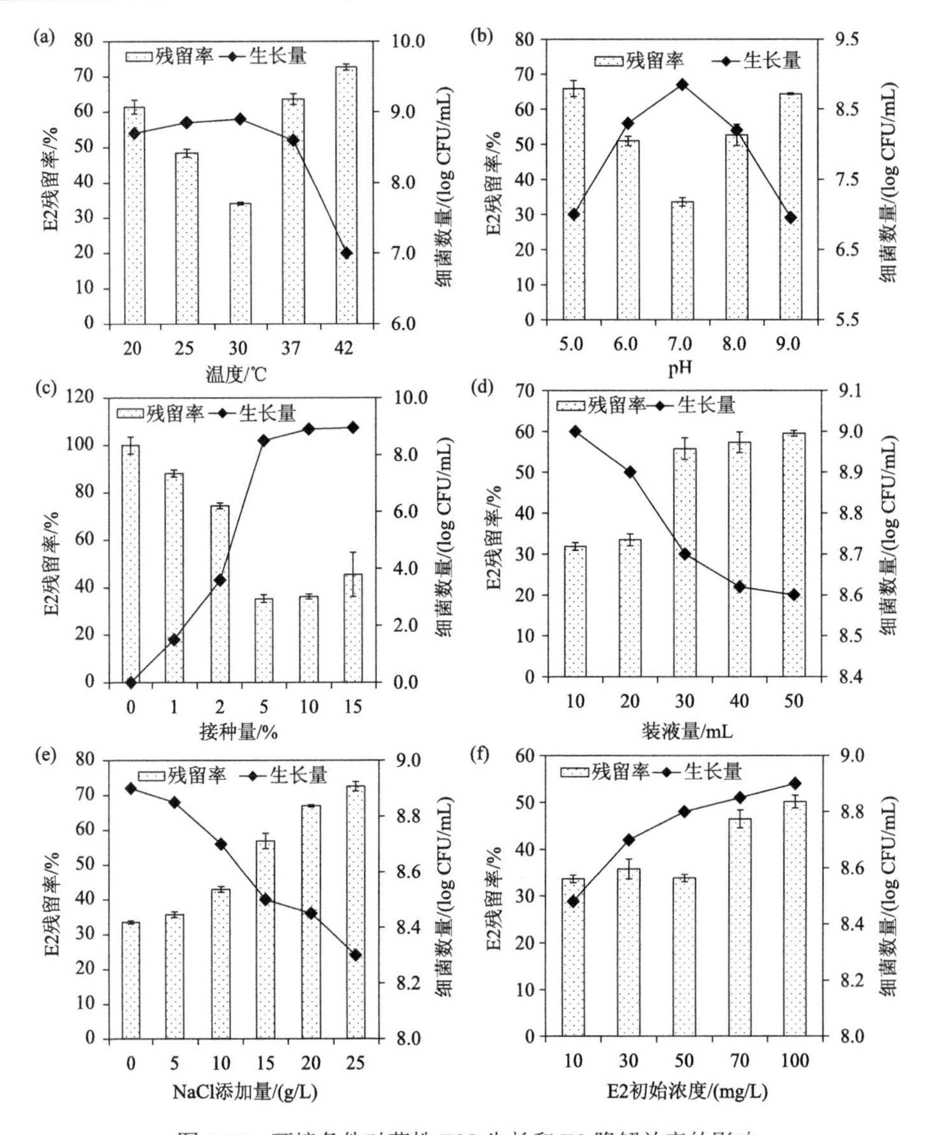

图 5-10　环境条件对菌株 E2S 生长和 E2 降解效率的影响

由图 5-10(a)可见，温度对菌株 E2S 生长和 E2 降解效率的影响趋势一致。30℃时，细菌数量最多，为 8.9 log CFU/mL，且菌株的降解率也较高，达 65.9%。30℃以下时，随着温度的上升，菌株生长量增加，菌株的降解率升高。30℃以上时，随着温度上升，菌株生长量减少，菌株的降解率降低。这很可能是由于温度对微生物的酶的合成与活性产生了一定的影响(杨俊等, 2010)。通常，在 15～30℃，随着温度的升高，菌株中的酶活性增强，生化反应速度会加快，菌株生长量及降解速率提高；若温度继续升高，菌株中一些温度敏感物质会受到不可逆的破坏，进而影响其生物活性(沈萍, 2000)。因此，选择 30℃作为菌株 E2S 生长和降解 E2 的最适温度。

如图 5-10(b)可知，当 pH ＜ 7.0 时，随着 pH 的降低，菌株的降解率逐渐降低；当 pH＞7.0 时，随着 pH 的升高，菌株的降解率也逐渐降低；当菌株 E2S 在 pH 为 7.0 左右时生长情况最好，生物量为 8.9 log CFU/mL，降解率为 66.5%。pH 过高或过低都会对菌株的生长环境产生一定的影响，环境的过酸或过碱性会对菌株 E2S 的生长产生抑制作用。故选择菌株 E2S 生长最好的中性环境 pH 7.0 作为其最适 pH，同时也能达到较好的降解效果。

如图 5-10(c)所示，当菌株接种量较低(1%～10%)时，随着接种量的增加，细菌数量明显增加，且菌株的降解率也随之升高；而当接种量大于 10%时，细菌生长量有减少的趋势，其降解效率有所下降。这可能是由于菌株接种量较少时，E2 与菌体的接触不够充分，菌株未能充分发挥降解作用；而接种量过多则会导致营养供应不足，使之生物量减少，从而导致菌株降解率下降(刘艳等, 2010)。当菌株接种量为 5%～10%时，菌株的降解效率均为 65.0%左右。故选择接种量为 5%既可避免投菌量过多造成浪费，又可有较好的 E2 降解效果。

由图 5-10(d)可知，各处理组随着三角瓶中培养基体积的增加，菌株的降解率逐渐降低。当 100 mL 的三角瓶中培养基体积为 10 mL 时，菌株 E2S 生长最好，生长量可达 9.0 log CFU/mL，菌株对 E2 的降解率也最高，为 68.1%；当 100 mL 的三角瓶中培养基体积为 50 mL 时，菌株 E2S 生长量降低至 8.6 log CFU/mL，菌株对 E2 的降解效率降至最低值(40.5%)。随着装液量的增加，空气中的氧气向培养基的扩散速率下降，故推测菌株 E2S 为好氧菌，当氧气供给不能满足其生长需求时，菌株 E2S 的生长受到抑制，对 E2 的降解效率有所下降(倪雪等, 2013)。因此，菌株 E2S 为好氧菌，培养过程中通气量越高，菌株生长越好。

由图 5-10(e)可知，当另添加的 NaCl 浓度为 0 g/L 时菌株 E2S 生长最好，菌株生长量可达 8.9 log CFU/mL，菌株的降解效率最高，为 66.5%。随着盐浓度升高，菌株 E2S 生长量及菌株对 E2 的降解能力都有所下降。当盐添加浓度为 25 g/L 时，菌株 E2S 对 E2 的降解率仅为 27.4%。研究表明，低浓度的盐对微生物生长和 E2 降解具有促进作用，但当盐浓度过高时就会引起微生物吸收水分困难，从而抑制其生长和对 E2 的降解(董滨等, 2011)。了解菌株 E2S 的耐盐性对于菌株的实际应用有指导意义。

由图 5-10(f)可知，在供试底物浓度(10～100 mg/L)范围内，当 E2 浓度大于 50 mg/L 时，过高浓度的 E2 对菌株 E2S 的生长表现出一定程度的抑制作用，这表明高浓度的底物会对菌株产生一定的毒害作用(方振炜等, 2004)，抑制了菌株 E2S 的生长，导致菌株的降解率有所降低。当底物浓度较低(10～50 mg/L)时，菌株的降解效率均为 66.0%左右。故选择 50 mg/L 为菌株 E2S 生长和降解 E2 的最适底物浓度。

5.5.4　菌株 E2S 降解 17β-雌二醇的动力学

菌株 E2S 以 E2 为唯一碳源的生长和 E2 降解曲线见图 5-11。由图可知，在菌株培养的 7 d 内，随着培养天数的增加，E2 的降解率逐渐增加。从培养第 4 天开始至第 7 天时，菌体数量增幅开始减小，菌株生长处于稳定期。在前 2 天内菌株的降解速率较缓慢，这可能是前期菌株生长不适应而导致降解较缓慢；后期菌株快速生长直到稳定期，表现出对 E2 良好的降解效果。这与 Ren 等(2007)筛选到的鞘氨醇杆菌属细菌 JCR5 的生长和降解雌激素 EE2 的规律类似。培养 7 d 后，空白对照组中 E2 的回收率为 93.9%，菌株 E2S

处理组的降解率则为 63.3%。

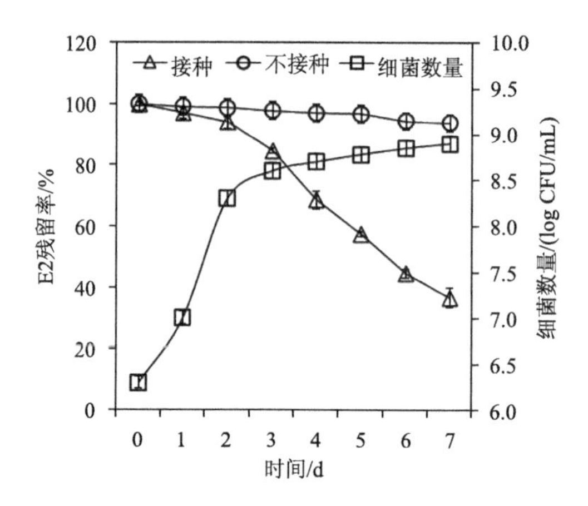

图 5-11　以 E2 为唯一碳源的菌株 E2S 生长及对 E2 的降解动力学曲线

5.6　降解菌 *Novosphingobium* sp. ES2-1

5.6.1　菌株 ES2-1 的分离鉴定

1. 菌落形态及其生理生化特性

通过选择性富集培养，从活性污泥中分离出一株高效的 E2 降解菌株 ES2-1，已于中国普通微生物菌种保藏管理中心(CGMCC)登记保藏，菌种保藏号为 12925。如图 5-12 所示，菌株 ES2-1 的单菌落为正圆形，亮黄色，边缘整齐，表面凸起且湿润光滑，菌落大小约为 0.5 cm × 0.3 cm[图 5-12(a)]。透射电镜(×10.0 k, Zoom-1 HC-1 80 kV)显示，菌株 ES2-1 的菌体呈短杆状、无鞭毛，菌体大小约为 1.1 μm × 0.8 μm[图 5-12(b)]。其短杆状外观与大多数 *Novosphingobium* 菌株类似，如 *Nov*. sp. ARI-1(Fujii et al., 2003)。

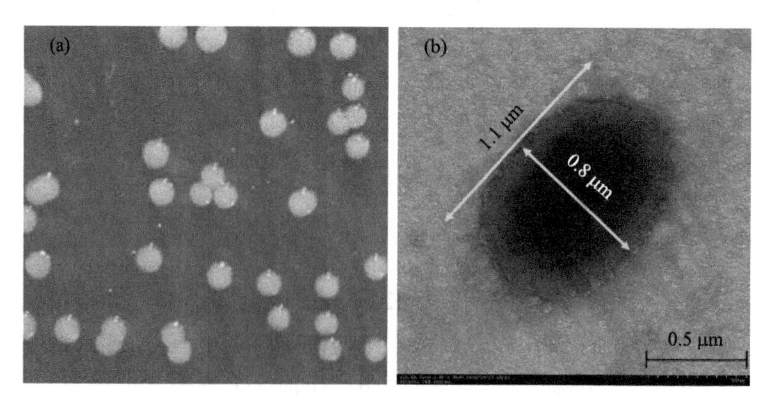

图 5-12　菌株 ES2-1 的菌落形态(a)和透射电镜图(b)

生理生化研究试验表明，菌株 ES2-1 在硝酸盐还原、明胶水解、吲哚试验、葡萄糖发酵、精氨酸水解、甘露糖(醇)同化、乙酰葡萄糖胺同化、葡萄糖酸钾同化、羊蜡酸/己二酸/苹果酸/枸橼酸钾/苯乙酸同化等方面均表现阴性，在 α-葡萄糖苷酶/β-半乳糖苷酶试验、麦芽糖/葡萄糖/阿拉伯糖同化等方面表现阳性(表 5-11)。对比已报道的 18 株 *Novosphingobium* 模式菌株(Baek et al., 2011)，该菌株的生理生化特性并未与任何一种完全一致。例如，菌株 ES2-1 不具有硝酸盐还原特性和明胶水解特性，而超过一半的 *Novosphingobium* 模式菌株具有这两种特性。这表明菌株 ES2-1 在分类地位上可能具有较高的新颖性。

表 5-11　菌株 ES2-1 的生理生化特性

反应/酶	结果	反应/酶	结果
硝酸盐还原成氮气 NO_3	−	甘露糖同化 MNE	−
吲哚产物(左旋色氨酸) TRP	−	甘露醇同化 MAN	−
葡萄糖发酵 GLU	−	乙酰葡萄糖胺同化 NAG	−
精氨酸水解 ADH	−	麦芽糖同化 MAL	+
尿素 URE	−	葡萄糖酸钾同化 GNT	−
明胶水解 GEL	−	羊蜡酸同化 CAP	−
水解(α-葡萄糖苷酶) ESC	+	己二酸同化 ADI	−
水解(蛋白酶) GEL	−	苹果酸同化 MLT	−
β-半乳糖苷酶(对硝基苯-β-D-半乳糖吡喃糖苷酶) PNPG	+	枸橼酸钾同化 CIT	−
葡萄糖同化 GLU	+	苯乙酸同化 PAC	−
阿拉伯糖同化 ARA	+		

注：+表示发酵糖类只产酸不产气及其他试验中为阳性反应，−为阴性反应。

将菌株 ES2-1 的 16S rRNA 基因序列(GenBank 序列号为 KX959960)在 EzTaxon 或 NCBI 数据库中进行同源性比对分析，得到菌株 ES2-1 的 16S rRNA 基因序列与 *Novosphingobium subterraneum* DSM 12447T 的 16S rRNA 基因序列相似度达 100%。结合菌株 ES2-1 的形态学特征和生理生化特性，初步将菌株 ES2-1 鉴定为新鞘氨醇杆菌属(*Novosphingobium* sp.)。菌株 ES2-1 与来自 *Sphingomonas*、*Sphingobium*、*Novosphingobium* 和 *Pseudomonas* 等 115 种相关模式菌株的系统发育关系如图 5-13 所示，菌株 ES2-1 与 *Novosphingobium aromaticivorans* DSM_12444 的亲缘关系最近，且该菌株同样具有 E2 降解能力(Padgett et al., 2005)。

2. 菌株 ES2-1 的抗生素耐药性

抗生素耐药性是反映微生物特性的一类重要生物学指标，探究菌株 ES2-1 对各类常用抗生素的抗性可进一步了解该菌株的生物学特性，为后期研究提供基础数据。首先，采用药敏纸片法初步判断菌株 ES2-1 对各类抗生素的药物敏感情况。将测得的抑菌圈直径与美国临床和实验室标准化协会(CLSI，2009)标准进行比较，得出菌株 ES2-1 对环丙沙星和链霉素耐药，对罗红霉素、恩诺沙星、庆大霉素中介，对青霉素、卡那霉素、氯霉素、四环素、土霉素、红霉素和泰乐菌素敏感(图 5-14)。

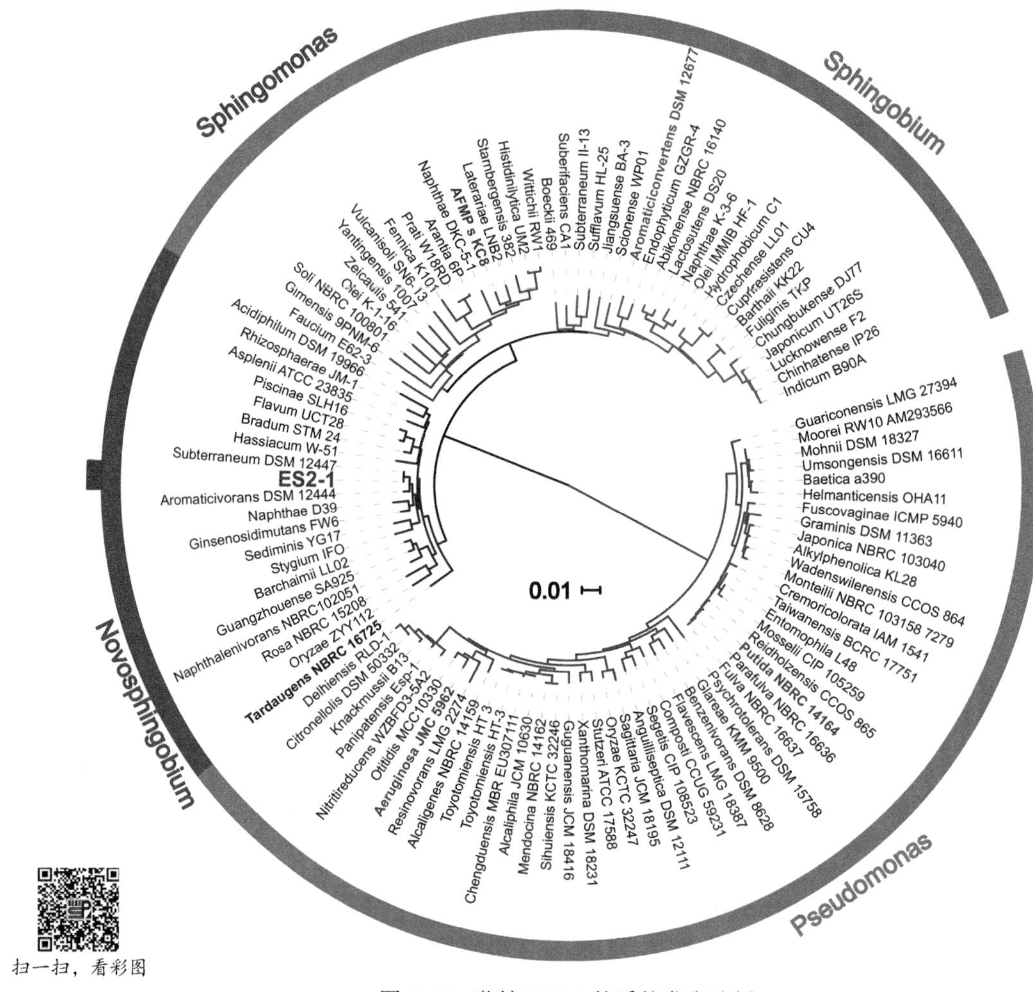

图 5-13　菌株 ES2-1 的系统发育分析

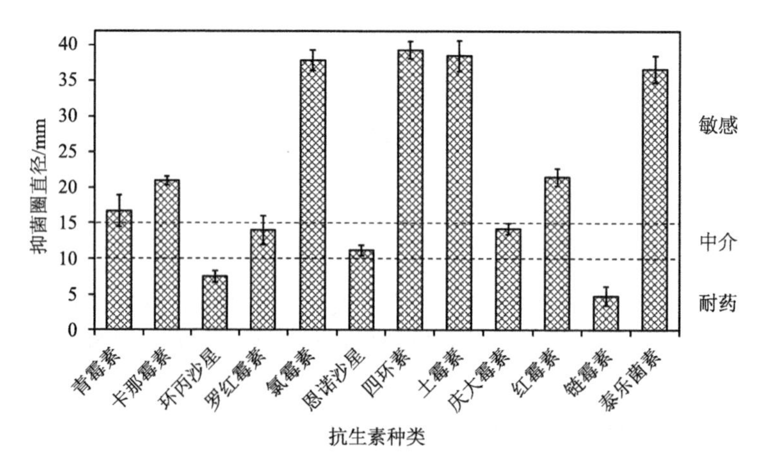

图 5-14　药敏纸片法判断菌株 ES2-1 对 12 种抗生素的敏感性

随后，测定了各类抗生素对菌株 ES2-1 的最低抑菌浓度(minimum inhibitory concentration, MIC)。结果如表 5-12 所示，链霉素对菌株 ES2-1 的 MIC 较高，可达 64 mg/L，说明菌株 ES2-1 对链霉素表现出一定的耐药性，这与药敏性初判结果相吻合。但其他各类受试抗生素对菌株 ES2-1 的 MIC 较小，且均不超过 16 mg/L。其中，氯霉素对菌株 ES2-1 的 MIC 最低，仅 1 mg/L。当抗生素浓度低于 0.5 mg/L，所有受试抗生素均不会抑制菌株 ES2-1 的生长。测定各类抗生素对菌株 ES2-1 的 MIC，有助于更精确地判断各类药物对微生物的作用情况。以氯霉素、土霉素、四环素和泰乐菌素为例，虽然利用药敏纸片法已经得知菌株 ES2-1 对这 4 种抗生素均敏感，但 MIC 结果能够清晰地显示出氯霉素对菌株 ES2-1 的抗菌作用比四环素、土霉素和泰乐菌素更加强烈。

表 5-12　12 种抗生素对菌株 ES2-1 的 MIC

抗生素	抗生素浓度/(μg/mL)									
	0.25	0.5	1	2	4	8	16	32	50	≥64
青霉素	+	+	+	−	−	−	−	−	−	−
卡那霉素	+	+	+	−	−	−	−	−	−	−
环丙沙星	+	+	+	+	+	+	−	−	−	−
罗红霉素	+	+	+	+	−	−	−	−	−	−
氯霉素	+	+	−	−	−	−	−	−	−	−
恩诺沙星	+	+	+	+	+	−	−	−	−	−
四环素	+	+	+	−	−	−	−	−	−	−
土霉素	+	+	+	−	−	−	−	−	−	−
庆大霉素	+	+	+	+	+	−	−	−	−	−
红霉素	+	+	+	−	−	−	−	−	−	−
链霉素	+	+	+	+	+	+	+	+	+	−
泰乐菌素	+	+	+	−	−	−	−	−	−	−

注：+表示菌株 ES2-1 生长，−表示菌株 ES2-1 不生长。

5.6.2　环境条件对菌株 ES2-1 降解 17β-雌二醇的影响

探究环境条件对菌株 ES2-1 降解 E2 的影响，从而优化菌株 ES2-1 降解 E2 的环境条件，为微生物生长繁殖提供最佳环境，促使菌株 ES2-1 最大限度地发挥降解效能，以期获得最优降解效果。其中，环境 pH、温度和盐浓度至关重要。

如图 5-15 所示，菌株 ES2-1 生长的最佳温度条件为 30℃，相应的 E2 降解率也最高；高于或低于 30℃均会导致 E2 降解率和细菌长势下滑。菌株 ES2-1 偏好中性环境条件，最适 pH 为 7.0。但它对中性 pH 条件并非绝对依赖，菌株 ES2-1 在 pH 介于 5.0～8.0 的环境条件下依然表现出良好的生长趋势，对初始浓度为 20 mg/L 的 E2 降解率也能够达到 75.7%～93.9%。此外，菌株 ES2-1 属于非嗜盐型微生物，添加外源 NaCl 能够抑制其生长和降低 E2 降解能力，NaCl 浓度越高，抑制效果越明显，表明菌株 ES2-1 为非耐盐型菌株，降解 E2 的过程中无须额外补充盐分。

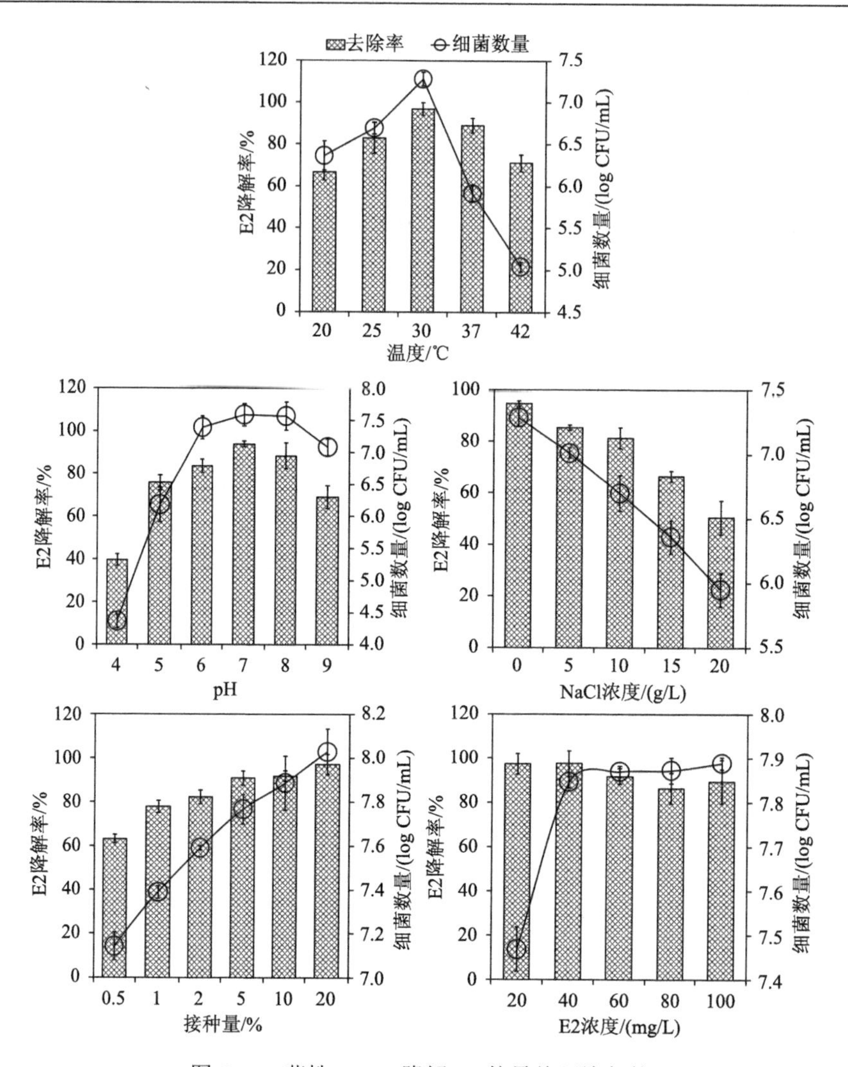

图 5-15　菌株 ES2-1 降解 E2 的最佳环境条件

在最适温度、pH 和盐浓度环境条件下，试验还探究了菌株 ES2-1 的最佳接种量及可作用的底物浓度范围。结果表明，适当加大接种量能够提高菌株 ES2-1 对 E2 的降解效果。然而，接种量为 5%时，菌株 ES2-1 对 E2 的降解效率与接种量为 10%或 20%时的降解效率无显著差异。因此，从经济层面考虑，5%的接种量是能够发挥最大降解效果的最优接种量。该接种条件下，菌株 ES2-1 能够有效降解 40 mg/L、60 mg/L、80 mg/L 和 100 mg/L 的 E2，但当 E2 浓度高于 40 mg/L 时，细菌数量并没有随着底物浓度的升高而显著增加。这说明虽然菌株 ES2-1 能够降解高浓度的 E2，但过高浓度的 E2 对菌株 ES2-1 或具有毒害作用，抑制了细菌的快速生长繁殖；也说明菌株 ES2-1 对 E2 的利用率可能已经达到饱和状态。综上所述，菌株 ES2-1 降解 E2 的最适环境条件为 30℃、pH 7.0，培养过程中无须额外添加 NaCl，5%(体积分数)的接种量为最佳菌液使用量。最适条件下，菌株 ES2-1 可在 7 d 内有效降解高达 100 mg/L 的 E2。

5.6.3　菌株 ES2-1 降解雌激素的底物谱

为探究菌株 ES2-1 对各类激素的降解底物谱，本书还选取了另外 14 种天然甾体激素和 3 种人工合成激素参与降解实验。结果如图 5-16 所示，除 E2 之外，菌株 ES2-1 还能够高效降解天然激素中的雌酮(E1)、4-羟基雌酮(4-OH-E1)、睾酮(Te)、孕酮(PGT)、孕烯醇酮(PRE)、雄烯二酮(AD)和雌三醇(E3)，5 d 内菌株 ES2-1 对它们的降解率分别高达 91.5%、91.8%、99.4%、98.9%、100%、100%和 95.1%；菌株 ES2-1 对天然激素中的甲睾酮(MET)、雄酮(AO)、皮质酮(CORT)、醛固酮(ALD)和双氢睾酮(DHT)的降解率也能够达到 64.3%、57.8%、63.9%、56.5%和 49.9%，但对可的松(COR)和氢化可的松(HYD)的降解率仅有 26.2%和 8.1%。此外，菌株 ES2-1 对己烯雌酚(DES)、炔雌醇(EE2)和双酚 A(BPA)这 3 种合成激素的降解率均不超过 10%。功能微生物的底物降解谱可反映其处理复合激素污染的潜能，菌株 ES2-1 能够有效降解至少 12 种天然甾体激素，具有较广的降解底物谱，有望作为处理复合激素污染的功能微生物。

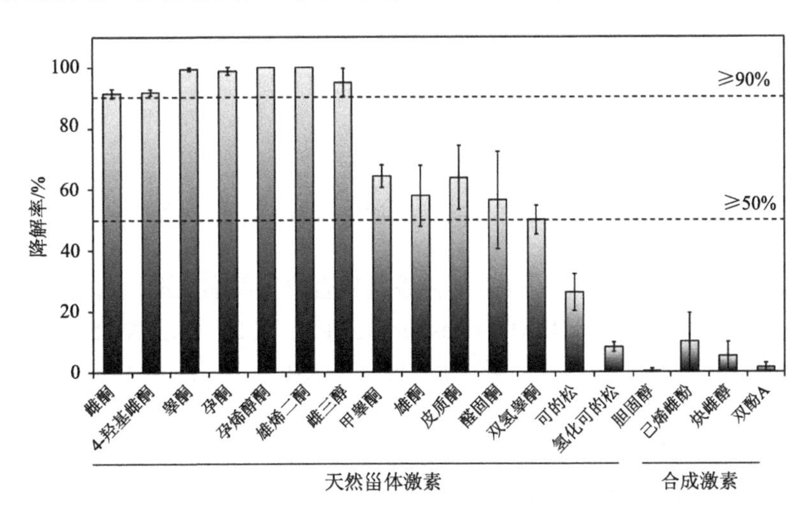

图 5-16　菌株 ES2-1 对各类激素的 5 d 降解率

5.6.4　菌株 ES2-1 降解 17β-雌二醇、雌酮和 4-羟基雌酮的动力学

选择 E2、E1 和 4-羟基雌酮(4-OH-E1)，探究菌株 ES2-1 分别以它们为唯一碳源时的降解动力学。结果如图 5-17 所示，菌株 ES2-1 对 E2 降解动力学可用假一级动力学模型拟合，回归系数 R^2 为 0.9462，降解半衰期为 1.29 d；细菌数量从第 0 天的 6.6 log CFU/mL 增长到第 5 天的 7.4 log CFU/mL，说明菌株 ES2-1 在降解 E2 的同时，能够利用 E2 为唯一碳源和能源维持自身的生长繁殖。从第 6 天起，细菌数量开始下降，且此时的 E2 残留浓度已经极低，表明 E2 已经被降解到不足以维持菌株 ES2-1 生长繁殖的浓度水平。与 E2 类似，菌株 ES2-1 对 E1 的降解动力学也能够用假一级动力学方程拟合，拟合所得方程的回归系数 R^2 为 0.9513，降解半衰期为 1.69 d。与 E2 相比，菌株 ES2-1 对 E1 的降解速率略缓慢一些。反应期间，细菌数量持续增加，说明 E1 也可以作为菌株 ES2-1 的

唯一碳源和能源维持其生长。类似地，利用假一级动力学模型描述了菌株 ES2-1 降解 4-OH-E1 的行为，拟合方程的回归系数 R^2 为 0.9840，降解半衰期为 1.47 d。随着降解的持续进行，细菌数量由初始的 6.7 log CFU/mL 增加到第 6 天的 7.7 log CFU/mL，第 7 天，细菌生物量开始下降。说明 4-OH-E1 也可以作为菌株 ES2-1 的唯一能量来源，且菌株 ES2-1 能够在第 6 天将 4-OH-E1 降解到无法维持其生长的极低水平，反应后期因碳源不足细菌生物量快速下降。

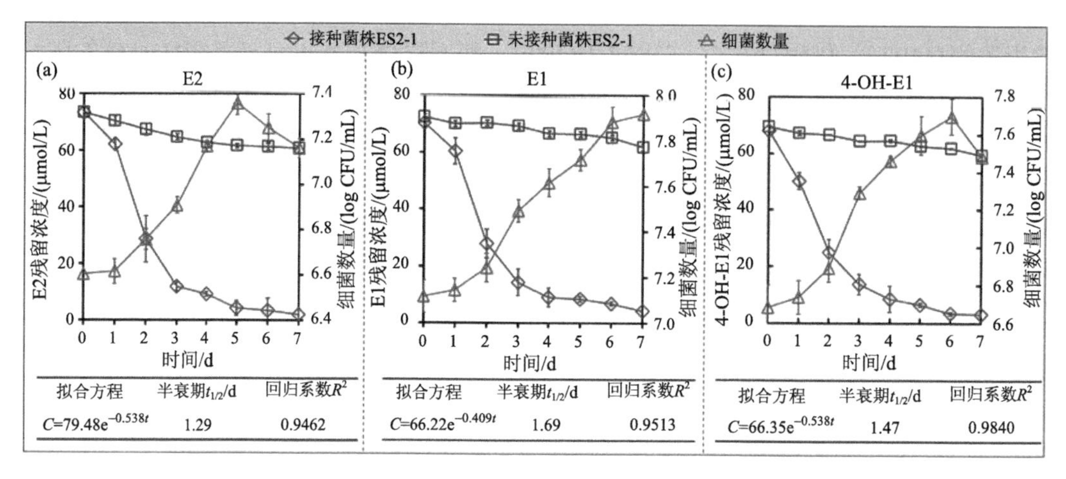

图 5-17　菌株 ES2-1 在纯培养体系中对 E2、E1 和 4-OH-E1 的降解动力学及生长情况

Novosphingobium 以降解单环或多环芳香族化合物而闻名。除菌株 ES2-1 外，菌株 ARI-1 (Fujii et al., 2003)、菌株 JEM-1 (Hashimoto et al., 2010) 和菌株 ES2 (Li et al., 2017) 也都是已知的 E2 降解菌，并能够降解 E1。与菌株 ARI-1 相比，菌株 ES2-1 培养周期更短，降解速率更快；同时，也可耐受并降解高浓度 E2。此外，菌株 ES2-1 不仅能降解 E2 和 E1，还能继续降解 4-OH-E1。有报道指出 4-羟基雌二醇 (4-OH-E2) 具有致癌活性 (Liehr et al., 1986)，有理由推断 4-OH-E1 同样具有较强的致癌性。因此，4-OH-E1 的进一步降解可能才是真正消除 E2 激素活性的关键步骤。

5.7　降解菌 *Serratia* sp. S

DES 是一种人工合成雌激素，极微量的 DES 就能对生物体造成严重伤害 (Isidori et al., 2009)。在人体医学上，DES 曾被用于预防妊娠妇女自发性流产，但研究表明它能增大女性后代患阴道腺癌的概率 (Herbst et al., 1971)；在兽医学上，DES 也被用于诱导动物发情、促进生长，但长期应用会损伤动物的肝脏 (杜克久和徐晓白, 2000)。在环境中 DES 不易降解，且会在水体和畜禽粪便等固体废物中富集，造成 EEs 污染 (Doherty et al., 2010)。雌激素会通过消化道、呼吸道、皮肤接触等多种途径进入动物体和人体，并在脂肪组织中长期滞留，当体内蓄积的雌激素达到一定浓度时，就会从脂肪组织中释放出来进入血液，对生物体造成不良影响 (Fawell and Young, 1993)。近些年来，如何去除水体和固体废物中的 DES 备受关注。

近些年来，利用微生物的降解作用去除环境中雌激素的研究备受重视(史江红等, 2010; Vader et al., 2000; Yoshimoto et al., 2004; Yu et al., 2007; Pauwels et al., 2008; O'Grady et al., 2009; Hashimoto et al., 2010; Jiang et al., 2010; Kurisu et al., 2010; Racz and Goel, 2010; Combalbert and Hernandez-Raquet, 2010)。筛选具有高效降解 DES 功能的微生物有望用于实现环境中 DES 的有效去除，然而遗憾的是，迄今国内外关于降解 DES 的功能菌株及其降解特性的报道甚少，仅 Zhang 等(2013)筛选到的一株假单胞菌 J51 具有 DES 降解功能。

针对以上局限，本节研究拟从某污水处理站活性污泥中驯化、分离 1 株能够以 DES 为唯一碳源和能源的沙雷氏菌(*Serratia* sp.)S，并研究菌株 S 降解 DES 的特性，试图为利用功能细菌降解环境中的雌激素提供理论依据。

5.7.1　菌株 S 的分离鉴定

1. 菌落形态及其生理生化特性

菌株 S 从南京某污水处理站活性污泥中分离获得。其在含 DES 的无机盐固体培养基上生长较好，说明其对 DES 具有较强的抗性，可利用 DES 作为唯一碳源进行生长。菌落为圆形，边缘整齐，呈红色，有光泽，菌体易挑起。透射电镜结果表明，该菌株菌体呈短杆状，大小为 7.0 μm × 12.0 μm，无鞭毛(图 5-18)。

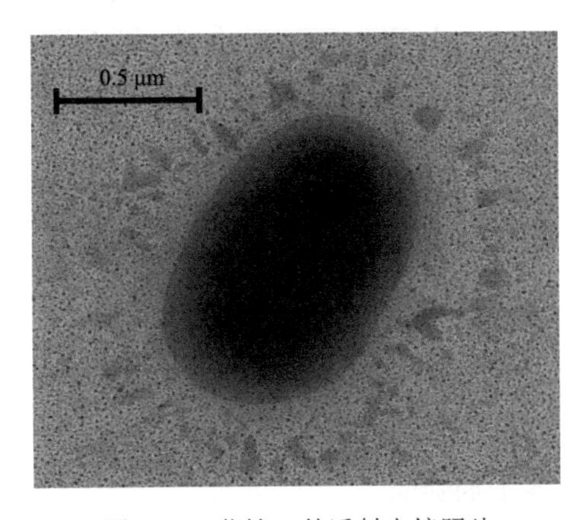

图 5-18　菌株 S 的透射电镜照片

菌株 S 的生理生化特性见表 5-13，该菌株为革兰氏阴性菌，苯丙氨酸脱氨酶、吲哚试验、产 H_2S 试验呈阴性；MR 试验、葡萄糖发酵试验、VP 试验、淀粉水解、硝酸盐反应、明胶水解、柠檬酸盐利用、过氧化氢酶试验呈阳性。

2. 16S rRNA 基因序列测序分析

16S rRNA 基因序列测序结果表明，菌株 S 与 *Serratia marcescens* 的序列相似性达 99%，结合生理生化、细菌形态，可确定菌株 S 为沙雷氏菌属(*Serratia* sp.)。菌株 S 的系统发育树见图 5-19。

表 5-13　菌株 S 的生理生化特性

测定项目	结果	测定项目	结果
革兰氏染色	−	MR 试验	+
葡萄糖发酵试验	+	VP 试验	+
淀粉水解	+	吲哚试验	−
硝酸盐反应	+	明胶水解	+
苯丙氨酸脱氨酶	−	产 H_2S 试验	−
柠檬酸盐利用	+	过氧化氢酶试验	+

注：+表示发酵糖类只产酸不产气及其他试验中呈阳性反应，−为阴性反应。

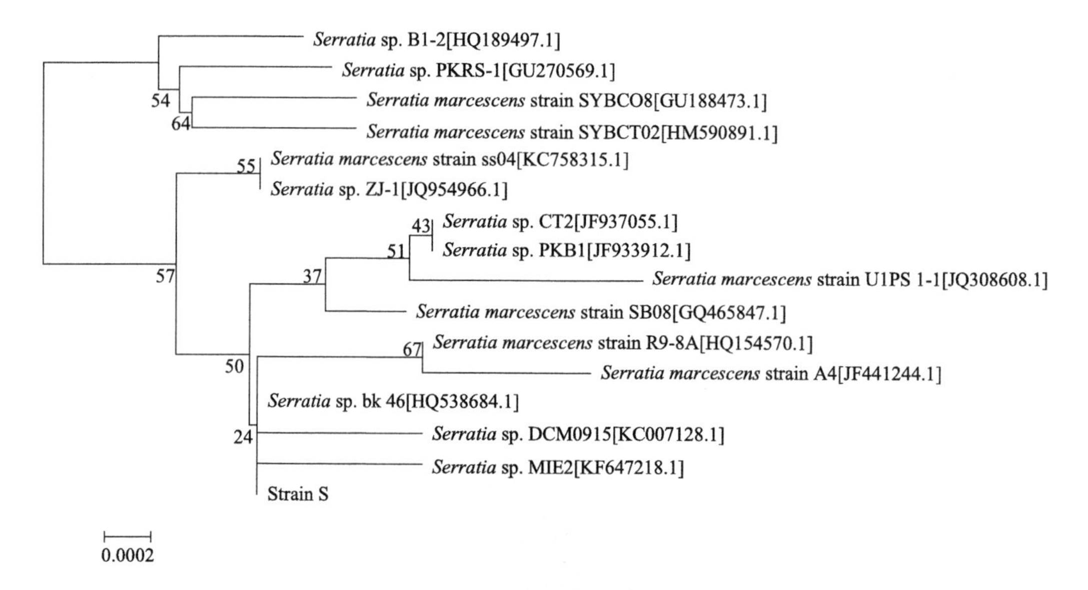

图 5-19　基于 16S rRNA 基因序列同源性的菌株 S 系统发育分析

5.7.2　菌株 S 的生长特性

1. 环境条件对菌株 S 生长的影响

温度、pH、盐添加量和通气量对菌株 S 生长的影响见图 5-20。20～37℃下菌株 S 都能够良好生长，最适生长温度为 25～30℃；42℃时细菌生长受到明显的抑制。pH 在 5.0～9.0 之间对菌株 S 的生长没有明显的影响。盐添加浓度在 0～20 g/L 范围内，菌株 S 均生长良好。装液量越少，通气量越大，菌株生长越旺盛，表明菌株 S 好氧生长。

2. 菌株 S 在不同抗生素浓度下的生长情况

菌株 S 对各抗生素抗性的实验结果见表 5-14。菌株 S 对红霉素(Em)、链霉素(Str)、四环素(Te)和大观霉素(Ls)有抗性；对低浓度的氯霉素(C)和氨苄西林(Amp)有抗性；

对庆大霉素(Gm)和卡那霉素(Km)敏感。

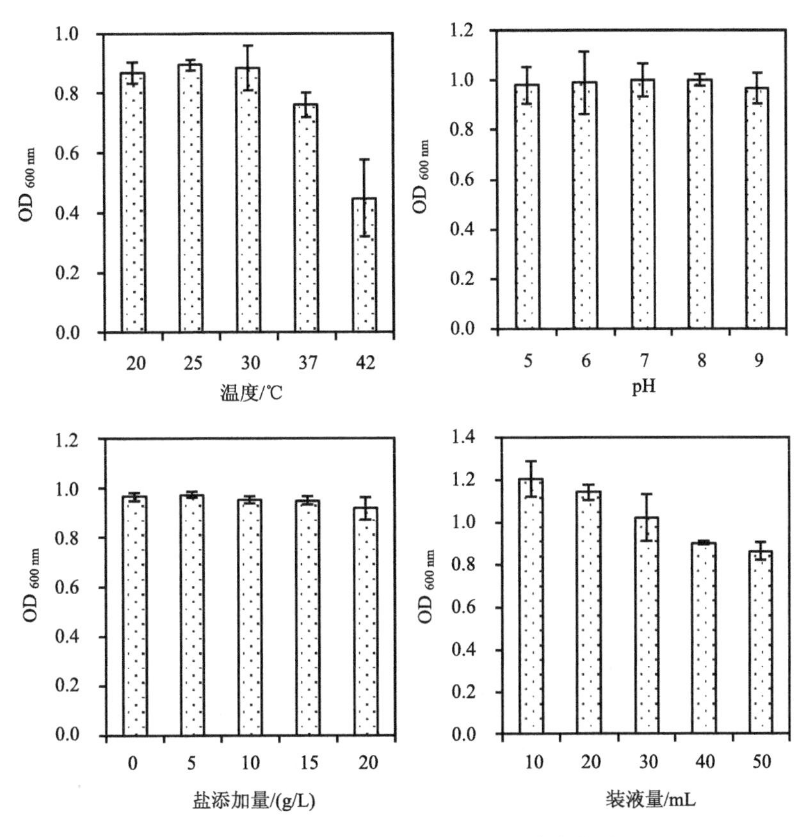

图 5-20　不同环境条件下菌株 S 的生物量

表 5-14　菌株 S 对抗生素的抗性

浓度/(μg/纸片)	Gm	Km	C	Em	Amp	Str	Te	Ls
10	+	+	−	−	−	−	−	−
100	+	+	+	−	+	−	−	−

注：+表示有抑菌圈，−表示无抑菌圈。

5.7.3　环境条件对菌株 S 降解己烯雌酚的影响

由图 5-21(a)可见，温度对菌株 S 生长和 DES 降解效率的影响趋势一致。30℃时，细菌数量最多，为 6.87 log CFU/mL，且 DES 降解率也较高，达 67.6%。30℃以下时，随着温度的上升，菌株生长量增加，DES 降解率升高。30℃以上时，随着温度上升，菌株生长量减少，DES 降解率降低。这很可能是由于温度对微生物的酶的合成与活性产生了一定的影响(杨俊等, 2010)。通常，在 15～30℃，随着温度的升高，菌株中的酶活性增强，生化反应速度会加快，菌株生长量及降解速率提高；若温度继续升高，菌株中一些温度敏感物质会受到不可逆的破坏，进而影响生物活性(沈萍, 2000)。因此，选择 30℃作为菌株 S 生长和降解 DES 的最适温度。

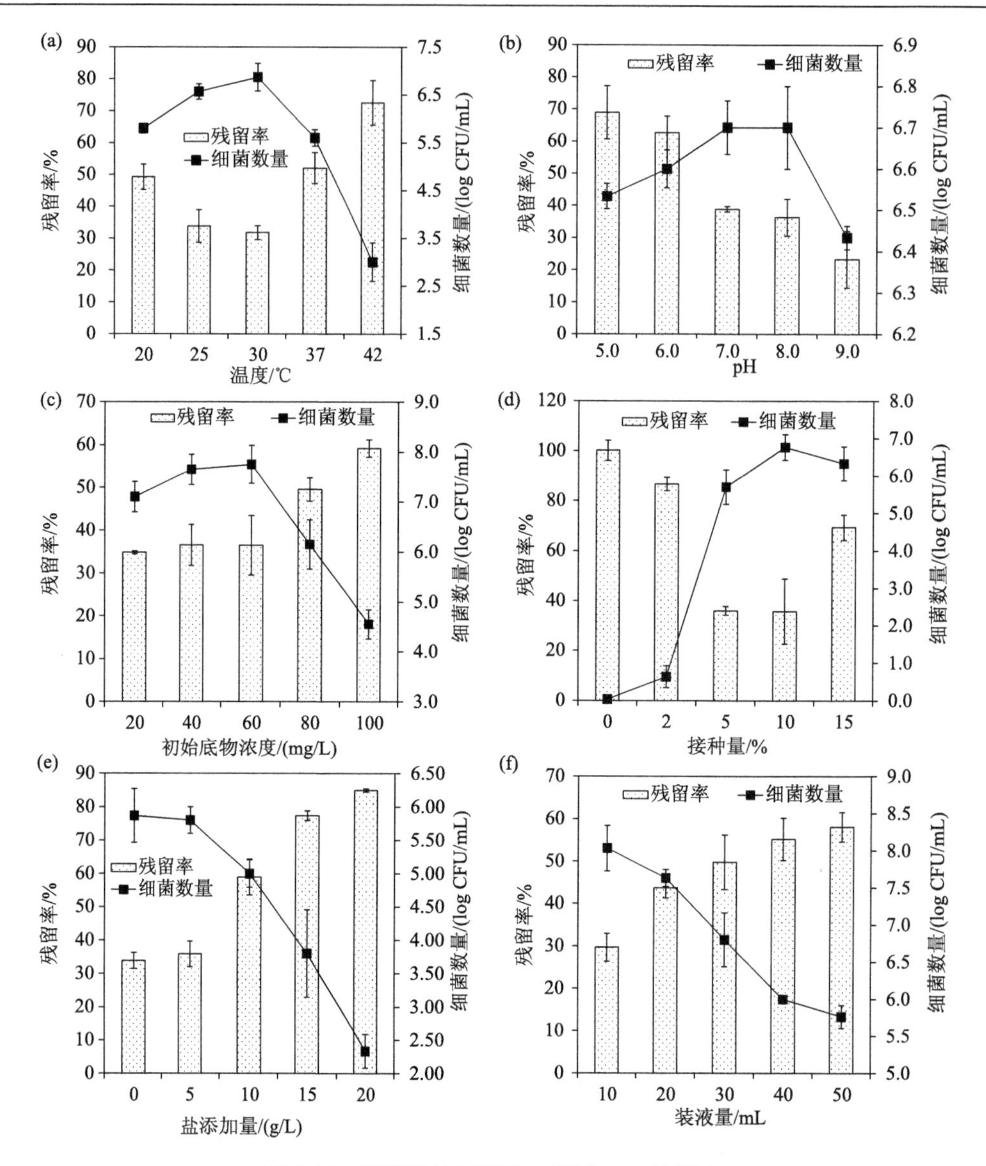

图 5-21　环境条件对菌株 S 降解 DES 的影响

从图 5-21(b)可以看出，随着 pH 的升高，DES 残留率逐渐下降，而菌株 S 在 pH 为 7.0 左右时生长最好，为 6.7 log CFU/mL。pH 偏高或偏低都对其生长存在抑制作用。对照组中 DES 的回收率随着 pH 升高也逐渐下降，结合 DES 的结构式可知，其含有两个酚羟基，在不同的酸碱环境下会有不同的存在形式(万伟和王建龙, 2008)。在碱性环境下，DES 的两个酚羟基中的活泼氢可能会发生电离。pH 为 9.0 时的残留率最低可能是化学和生物共同作用的结果。故选择菌株 S 生长最好的中性环境 pH 7.0 作为其最适 pH，同时也能达到较好的降解效果。

由图 5-21(c)可知，供试底物浓度(20～100 mg/L)范围内，当 DES 浓度大于 60 mg/L 时，其对菌株 S 的生长情况表现出一定程度的抑制作用，说明高浓度的底物会对菌株产生一定的毒害作用(方振炜等, 2004)，抑制了菌株 S 的生长。底物浓度较低(20～60 mg/L)时，DES 的降解效率均为 63.0%左右。故选择 40～60 mg/L 为菌株 S 生长和降解 DES 的最适底物浓度。

如图 5-21(d)所示，当接种量较低(2%～10%)时，随着接种量的增加，细菌数量增多，且 DES 的降解率也随之升高；而当接种量大于 10%时，细菌生长量减少，降解效率反而下降。这可能是因为接种量少时，DES 与菌体的接触不够充分，菌株未能充分发挥其降解作用；而接种量过多则会导致营养供应不足，生物量减少，从而导致降解率下降(刘艳等, 2010)。故选择接种量为 5%既可避免投菌量过多造成浪费，又可有较好的 DES 降解效果。

由图 5-21(e)可知，当添加的 NaCl 浓度为 0 g/L 时，菌株 S 生长最好，DES 的降解效率最高(66.0%)。随着盐浓度升高，菌株 S 生长和其对 DES 的降解能力都有所下降。当盐添加浓度为 20 g/L 时，菌株 S 对 DES 的降解率仅为 16.0%。研究表明，低浓度的盐对微生物生长和 DES 降解具有促进的作用，但当盐浓度过高时就会引起微生物吸收水分困难，从而抑制其生长和对 DES 的降解(董滨等, 2011)。了解菌株 S 的耐盐性对于菌株的实际应用有指导意义。

由图 5-21(f)可见，随着三角瓶中培养基体积的增加，各处理组 DES 降解率降低。当 100 mL 的三角瓶中培养基体积为 10 mL 时，菌株 S 对 DES 的降解效率最高，为 70.3%；当 100 mL 的三角瓶中培养基体积为 50 mL 时，菌株 S 对 DES 的降解效率降至最低值，为 41.9%。随着装液量的增加，空气中的氧气向培养基的扩散速率下降，故推测菌株 S 为好氧菌，当氧气供给不能满足菌株 S 的生长需求时，其生长受到抑制，对 DES 的降解效率有所下降(倪雪等, 2013)。因此，菌株 S 为好氧菌，培养过程中通气量越高，菌株生长越好。

5.7.4　菌株 S 降解己烯雌酚的动力学

菌株 S 以 DES 为唯一碳源的生长和 DES 降解曲线见图 5-22。从图中可知，在菌株培养的 7 d 内，随着培养天数的增加，DES 的降解率逐渐增加。培养至 5 d 时，细菌数量达到稳定值，为 7.77 log CFU/mL，之后细菌数量呈较稳定的趋势。在前 4 天内 DES 的降解速率较缓慢，培养 4 d 后，DES 降解速率明显加快。究其原因，可能是前期菌株对环境不适应，导致降解较慢；后期菌株快速生长直到稳定期，表现出对 DES 良好的降解效果。这与 Ren 等(2007)筛选到的鞘氨醇杆菌属细菌 JCR5 的生长和降解雌激素 EE2 的规律类似。培养 7 d 后，空白对照组中 DES 的回收率为 99.8%，菌株 S 处理组的降解率则为 68.3%，而 Zhang 等(2013)筛选的菌株 J51 不能以 DES 为唯一碳源进行生长，对 DES 的降解率约为 60%。与菌株 J51 相比较的结果表明，菌株 S 能以 DES 为唯一碳源进行生长且对 DES 具有显著的降解能力。

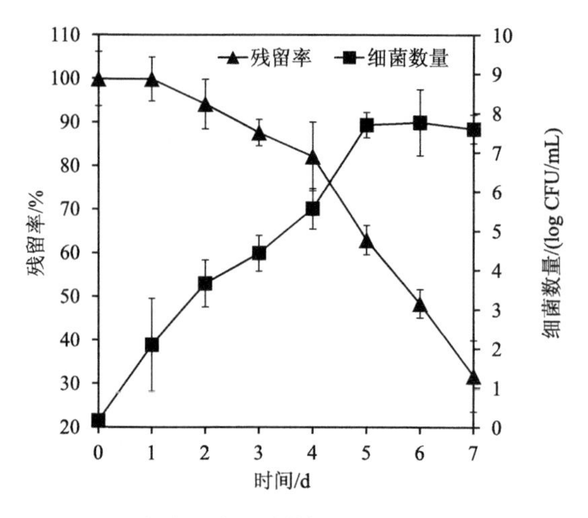

图 5-22　以 DES 为唯一碳源时菌株 S 生长及对 DES 的降解曲线

5.8　固定化 S 菌剂

微生物固定化技术是在固定化酶技术的基础上发展起来的新技术。20 世纪 70 年代后期，随着环境污染的日益严重，迫切需要高效处理污染物的技术，固定化技术应运而生(吴军见和朱延美, 2002)。与传统的方法相比，固定化微生物具有生物密度大、剩余污泥量小、反应过程易于控制、可重用性好等优点。适用于固定微生物的包埋剂应具有在固定化过程中对微生物活性影响小，且在固定成球后机械强度高、传质性好、性质稳定等特点。针对处理污染物的实际情况，一般认为海藻酸钠是比较合适的包埋剂(吴晓磊等, 1993)。

本节以海藻酸钠为包埋剂，采用正交试验法，以固定化菌株 S 对 DES 的去除效率为主要指标，强度为辅助指标，确定适宜菌株 S 的包埋条件。此外，探究了环境因素对固定化菌株 S 降解 DES 的影响，以期为以海藻酸钠为载体的固定化微生物技术的研究奠定一定基础，为经济安全的 EEs 污染治理提供科学依据。固定化微生物小球制备流程见图 5-23。

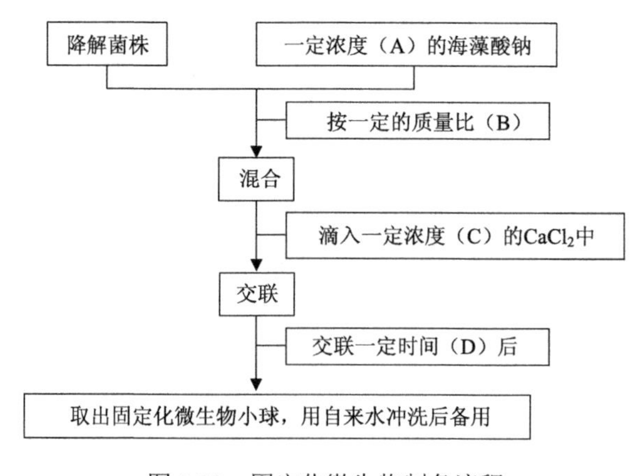

图 5-23　固定化微生物制备流程

5.8.1　固定化 S 菌剂的制备

1. 正交试验设计

考虑到海藻酸钠浓度(A)、菌悬液与海藻酸钠的质量比(B)、$CaCl_2$ 浓度(C)及交联时间(D)均可影响固定化效果，为了能更科学地考察各因素之间的相互影响及各因素变化对固定化微生物性能的综合影响并获取固定化菌株 S 的最佳包埋条件，首先采用正交试验法获悉上述各因子的使用水平。对上述四种因子各设计了三个不同水平(表 5-15)，展开了四因子三水平的正交试验，各因子水平组合设计见表 5-16。按表 5-16 所示各正交试验条件制备的各种固定化微生物小球对 DES 的降解率，绘制 DES 降解曲线，利用正交试验的直观分析法，对其结果进行解析，得出四个因子对 DES 去除的影响大小顺序是海藻酸钠浓度、菌悬液与海藻酸钠的质量比、$CaCl_2$ 浓度及交联时间。

表 5-15　固定化 S 菌剂正交试验各因子水平

包埋剂	因子水平	因子			
		A/%	B	C/%	D/h
海藻酸钠	1	3	1∶1	3	4
	2	4	1∶2	4	6
	3	5	2∶1	5	8

表 5-16　正交试验条件设计

编号	因素水平			
	A/%	B	C/%	D/h
1	3	1∶1	3	4
2	3	1∶2	4	6
3	3	2∶1	5	8
4	4	1∶1	4	8
5	4	1∶2	5	4
6	4	2∶1	3	6
7	5	1∶1	5	6
8	5	1∶2	3	8
9	5	2∶1	4	4

2. 菌株 S 的最佳包埋条件

如图 5-24(a)所示，A1、A2、A3 分别代表因子 A 的三个水平(B、C、D 情况与此相同)。从图中可以看出，四个因子对 DES 的降解率均存在一定影响。确定的以海藻酸钠为包埋剂的适宜包埋条件为：海藻酸钠浓度为 4%，菌悬液与海藻酸钠质量之比为 1∶2，$CaCl_2$ 浓度为 4%，交联时间为 6 h。图 5-24(b)为固定化菌株 S。固定化菌株 S 呈球形，直径为 3～5 mm。海藻酸钠浓度为 3%～4%时，易成球；若海藻酸钠浓度为 5%时，易发生拖尾现象，成球较困难，这一现象与段海明(2012)对海藻酸钠固定化细菌进行研究时的发现类似。

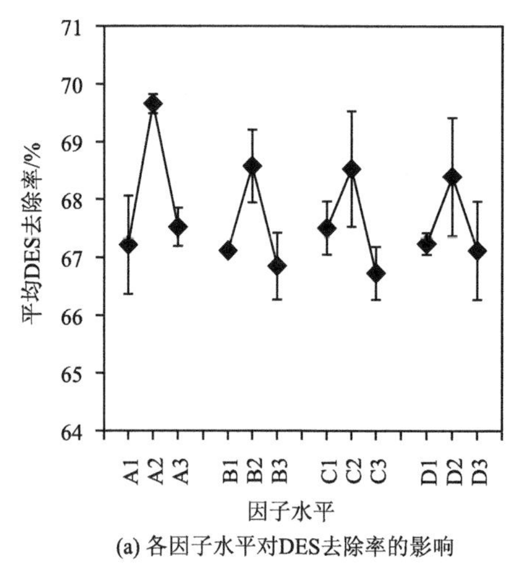

(a) 各因子水平对DES去除率的影响

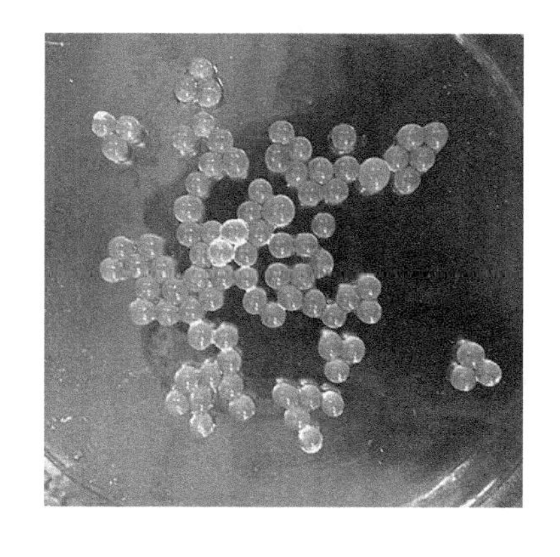

(b) 固定化S菌剂

图 5-24　各因子水平对 DES 去除率的影响及固定化 S 菌剂

5.8.2　环境条件对固定化 S 菌剂降解己烯雌酚的影响

1. 固定化降解菌接入量对 DES 降解的影响

随着固定化降解菌接入量的增大，DES 降解率也逐渐提高。由图 5-25 可知，当接入量为 300 g/L 时，固定化降解菌对 DES 的降解率达 85.2%。但当接入量继续增大时，DES 的降解率无明显提高。因此，固定化降解菌适宜接入量为 300 g/L，既能保证较好的降解效果，又减少了固定化降解菌的使用量，可降低实际应用的原料成本。

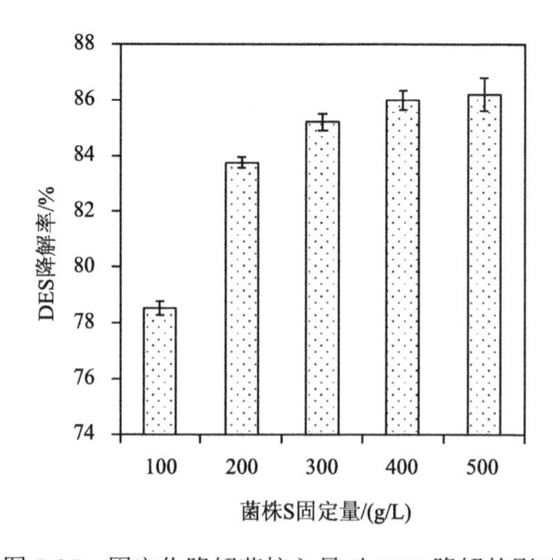

图 5-25　固定化降解菌接入量对 DES 降解的影响

在实验的过程中，当固定化降解菌接入量较大时，降解体系较浑浊，可能是因为固定化降解菌以 DES 为碳源和能源物质，在接入量较大时，大量细胞缺乏营养，细胞活性较低，出现了菌体自溶死亡的现象，死亡的细胞物质渗出造成培养基浊度增大(段海明, 2012)。

2. *初始底物浓度对固定化 S 菌剂降解 DES 的影响*

如图 5-26 所示，当 DES 浓度较低(20 mg/L 和 40 mg/L)时，固定化降解菌对 DES 的降解率较高，分别为 86.8%和 86.2%。随着 DES 浓度的升高，固定化降解菌对 DES 的降解率逐渐下降，表明高浓度的 DES 对菌株生长产生抑制作用而使降解率下降。因此在实际使用中，应适时检测环境中 DES 的浓度，为固定化降解菌的科学使用奠定基础。

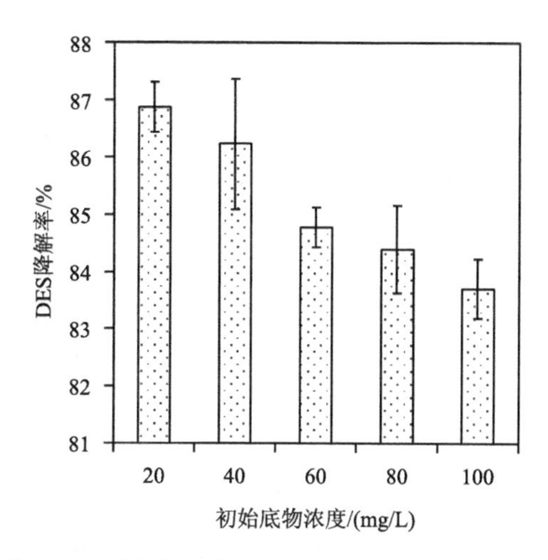

图 5-26　固定化 S 菌剂对不同浓度 DES 的降解率

5.8.3　固定化 S 菌剂与游离菌株 S 降解己烯雌酚的性能比较

将固定化与游离 DES 降解菌进行降解 DES 的性能比较，结果如图 5-27 所示。在反应开始阶段，固定化和游离菌株 S 对 DES 的降解速率都较为缓慢，可能是因为 DES 对菌株的生长产生了一定的抑制作用。随后，固定化菌株 S 开始快速降解 DES，到第 5 天降解过程基本结束；而游离菌株 S 对 DES 的降解过程较为缓慢，到第 6 天才开始较快地降解 DES。游离菌株 7 d 对 50 mg/L DES 的降解率为 68.3%，而固定化菌株则为 83.1%，较游离菌株降解率提高了 14.8 个百分点。

固定化菌株 S 的降解性能明显优于游离菌株 S。这是因为固定化载体对菌株起到了保护作用。在 DES 由固定化载体表面扩散至载体内部的过程中，生长在载体表层的菌落形成了一层保护屏障，增强了菌株的抵抗能力，从而使菌株能够迅速增殖，而游离菌株 S 受到 DES 的毒害，生长受到限制(郑邦乾和方治华, 1995)，故降解 DES 的速度较慢。

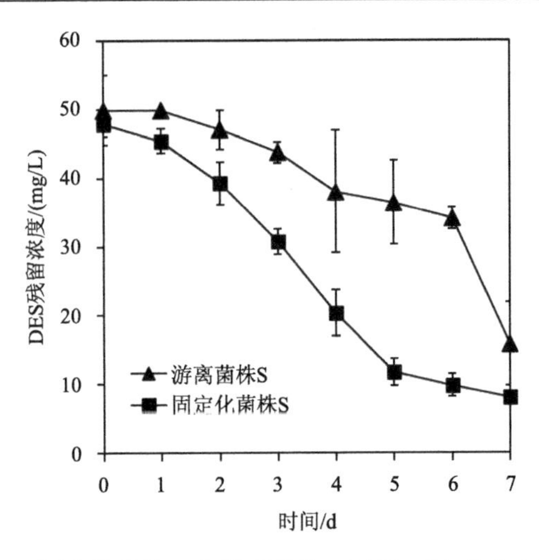

图 5-27　固定化菌株 S 和游离菌株 S 降解 DES 的动力学曲线

5.9　固定化 ARI-1 菌剂

本节通过海藻酸钠包埋法将菌株 *Novosphingobium* sp. ARI-1 制备成固定化菌剂，探讨该菌剂对 E2 的去除效能、环境条件对其降解能力的影响及该菌剂对雌激素降解的广谱性，以期为利用固定化功能菌剂来有效去除污水和牛粪中的雌激素、规避雌激素污染风险等提供新思路和途径。

5.9.1　固定化 ARI-1 菌剂的制备

以海藻酸钠浓度、菌胶比、$CaCl_2·2H_2O$ 浓度和交联时间作为试验因素，采用正交试验法，设计四因素三水平的正交表 $L_9(3)^4$(表 5-17)，以 E2 去除率为指标，探究菌株 ARI-1 的最佳包埋条件。各因子水平取值见表 5-17。制备固定化菌剂的方法为：将菌悬液与海藻酸钠胶液以一定的菌胶比充分混匀，匀速滴入 4℃的 $CaCl_2$ 溶液后，于 4℃交联一定时间，得到直径为 3～5 mm、质量为 0.02～0.04 g 的固定化颗粒(图 5-28)。

表 5-17　为制备固定化 ARI-1 菌剂所设计的正交试验中各因子水平

水平	因素 A 海藻酸钠浓度 /%	因素 B 菌液与海藻酸钠 体积比	因素 C $CaCl_2·2H_2O$ 浓度 /%	因素 D 固定化时间 /h
1	4	1∶1	2	4
2	5	1∶2	3	6
3	6	2∶1	4	8

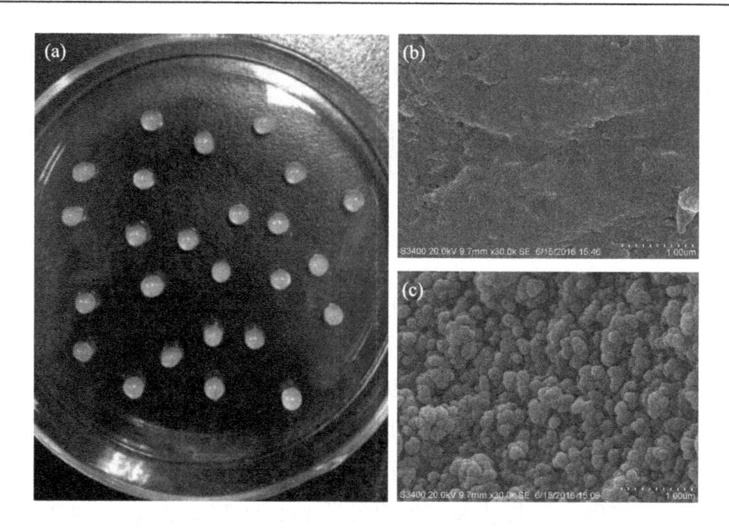

图 5-28　固定化 ARI-1 菌剂照片

(a) 固定化 ARI-1 菌剂外观图；(b) 空表小球横切面扫描电镜 (SEM) 图；(c) 固定化 ARI-1 菌剂横切面 SEM

由表 5-18 可见，四个因子对 E2 去除率均存在一定影响。固定化 E2 降解菌剂制备的最优方案为 A2B2C3D2(因素 A 取 2 水平，因素 B 取 2 水平，因素 C 取 3 水平，因素 D 取 2 水平)，即海藻酸钠浓度为 5%，菌悬液与海藻酸钠体积比为 1∶2，$CaCl_2 \cdot 2H_2O$ 浓度为 4%，交联时间为 6 h。

表 5-18　固定化菌剂去除 E2 的正交试验结果

试验编号	因素				E2 去除率/%
	A	B	C	D	
1	1	1	1	1	88.69
2	1	2	2	2	98.63
3	1	3	3	3	97.57
4	2	1	2	3	97.95
5	2	2	3	1	98.89
6	2	3	1	2	98.48
7	3	1	3	2	97.96
8	3	2	1	3	97.77
9	3	3	2	1	97.68
*K*1	284.89	284.60	284.94	285.26	
*K*2	295.32	295.29	294.26	295.07	
*K*3	293.41	293.73	294.42	293.29	
R	10.43	10.69	9.48	9.81	

注：*K* 为同一因素 E2 去除率的合计值，*R* 为 E2 去除率极差，单位均为%。

5.9.2　环境条件对固定化 ARI-1 菌剂降解 17*β*-雌二醇的影响

本小节主要研究温度、pH、接种量对固定化 E2 降解菌剂去除 E2 的影响，以接入相等菌量的游离菌剂的处理作为阳性对照，空白小球作为阴性对照。

1. pH

如图 5-29 所示，pH 范围为 5.0～10.0 时游离态，菌株和固定化菌株对 E2 去除率在 96.46%以上，固定化菌株的去除率高于游离态菌株。在 pH 为 5.0～10.0 时，游离态菌株降解卜 E2 残留浓度分别为 1.51 mg/L、0.94 mg/L、0.81 mg/L、1.21 mg/L、1.47 mg/L、1.80 mg/L，固定化菌株降解下 E2 残留浓度分别为 0.73 mg/L、0.03 mg/L、0.18 mg/L、0.65 mg/L、1.15 mg/L、1.35 mg/L。由此可见，固定化菌株去除 E2 的最适 pH 为 pH 6.0，去除率为 99.95%，而游离态菌株去除 E2 的最适 pH 为 7.0，去除率为 98.46%。固定化菌株相对游离态菌株的最适 pH 发生向酸性漂移的现象，可能是由于在固定化 ARI-1 的酶活位点有了更广的适应范围，固定化 ARI-1 对外界 pH 变化不敏感的前提下，酸性有利于海藻酸钠的钙化率提高，而碱性越大，钙化率降低，菌剂易泄漏，培养体系越浑浊，所以固定化菌剂在弱酸性环境下去除率高(邵钱等, 2013；吴志国等, 2005)。

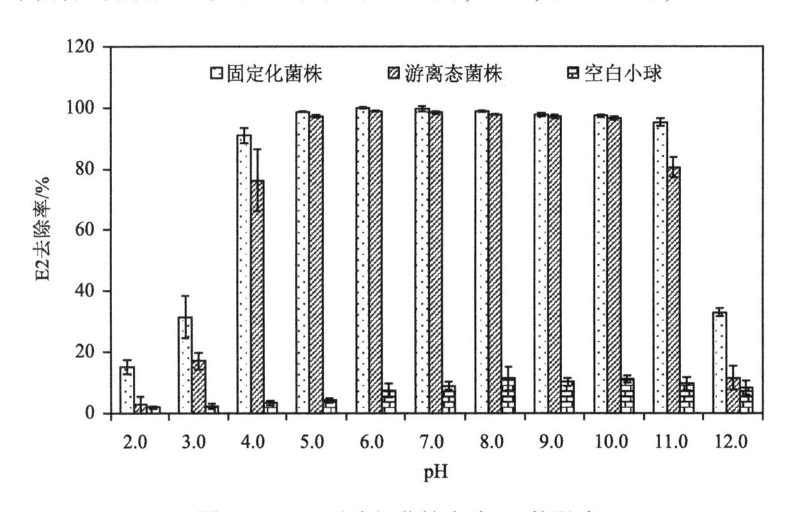

图 5-29　pH 对降解菌株去除 E2 的影响

在 pH 为 5.0～10.0 时，游离态菌株和固定化菌株去除率差别较小；当 pH 为 2.0～4.0 与 11.0～12.0 时，固定化菌株去除率明显高于游离态菌株，此结果与邵钱等(2013)的研究结果类似。在 pH 为 2.0～4.0 与 11.0～12.0 时，游离态菌株的去除率明显下降。当 pH 为 2.0 时，游离态菌株、固定化菌株、空白小球的去除率分别为 2.69%、15.09%和 1.87%；当 pH 为 12.0 时，游离态菌株、固定化菌株、空白小球的去除率分别为 11.46%、33.00%和 8.19%。pH 不仅可以通过影响细胞膜的透性和稳定性，扰乱细胞与 E2 的交换过程，而且可以通过影响酶的离解过程来影响酶活力，从而降低微生物对 E2 的去除能力(袁媛等, 2014)。而海藻酸钙的保护作用，不仅缓解了酸性或碱性环境对固定化菌株的伤害，而且影响了酶活力，使底物与酶的结合位点更能承受 pH 变化，从而增强了菌剂对 E2 的去除能力(郝红红等, 2013)。

2. 温度

由图 5-30 可知，随着温度从 45℃降低至 15℃，空白小球对 E2 的去除率从 4.75%提高至 13.92%，可见低温有利于海藻酸钙吸附 E2。温度为 25～40℃时，游离态菌株和固定化菌株对 E2 的去除率在 91.37%以上。最适温度为 30℃，游离态菌株和固定化菌株对 E2 的去除率分别为 98.59%和 99.67%，残留浓度分别为 0.74 mg/L 和 0.18 mg/L。

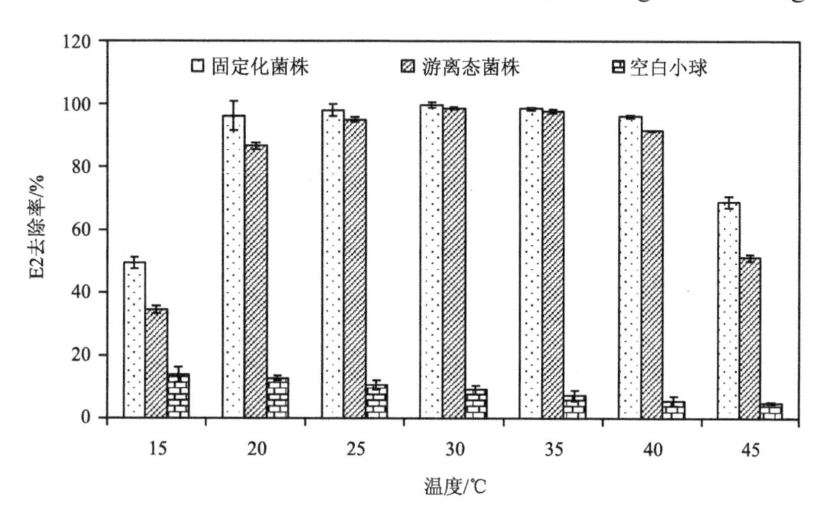

图 5-30　温度对降解菌剂去除 E2 的影响

在温度从 15℃上升至 45℃的过程中，游离态菌株和固定化菌株对 E2 的去除率均先升高后降低。温度通过影响蛋白质、细胞膜的结构和功能来影响微生物的代谢、生长和繁殖。低温不仅抑制了酶活力，使菌株代谢能力变弱，而且低至一定温度时，细胞膜呈凝胶状，不利于营养物质跨膜运输，菌株生殖代谢停滞(李正魁等, 2009)，所以出现温度为 15℃时，游离态菌株和固定化菌株对 E2 的去除率仅为 34.54%和 49.37%的情形。当温度超过上限温度，对温度敏感的酶变性失活，不利于细菌生长及去除 E2(李正魁等, 2009)，所以温度为 45℃时游离态菌株和固定化菌株对 E2 的去除率分别为 51.00%和 68.67%。在极端温度下，之所以固定化菌株的去除率高于游离态菌株，是由于固定化菌株产生的微环境影响了菌株相应的酶活力，使其降解能力高于游离态菌株。

3. 接种量

由图 5-31 可知，接种量从 50 g/L 增加至 300 g/L，固定化菌株和游离态菌株对 E2 的去除率均没有明显提高，接种量为 50 g/L 时，固定化菌株的去除率为 98.61%，E2 残留浓度为 0.73 mg/L，游离态菌株的去除率为 97.05%，E2 残留浓度为 1.55 mg/L；接种量为 300 g/L 时，固定化菌株和游离态菌株可以完全去除 E2。实验发现，当接种量较大时，培养液较浑浊，这可能是由于 E2 为主要碳源和能源物质，在接菌量较高时，菌体浓度相对于培养基中残余 E2 浓度过高，大量细胞处于贫营养状态，细胞活性降低，出现菌体自溶死亡的现象，造成培养基浊度增加(蔡瀚等, 2013)。所以在保证去除效果的前提下，应尽可能减少固定化菌剂的使用量，以降低实际应用成本。因此，固定化菌剂的适宜接种量确定为 50 g/L。

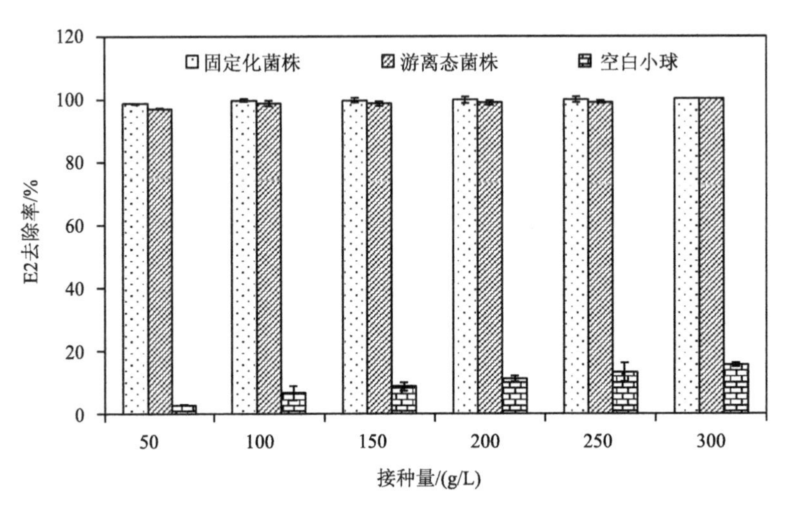

图 5-31　接种量对降解菌剂去除 E2 的影响

4. 底物浓度

由图 5-32 可知，随着 E2 浓度从 50 mg/L 升高到 300 mg/L，可能是由于高浓度的 E2 对菌株生长有毒害作用，固定化菌株和游离态菌株对 E2 的去除率均逐渐降低，游离态菌株对 E2 的去除率分别为 98.59%、91.56%、86.76%、85.42%、76.88%、71.29%，固定化菌株对 E2 的去除率分别为 99.67%、95.43%、91.94%、87.32%、87.93%、86.06%。

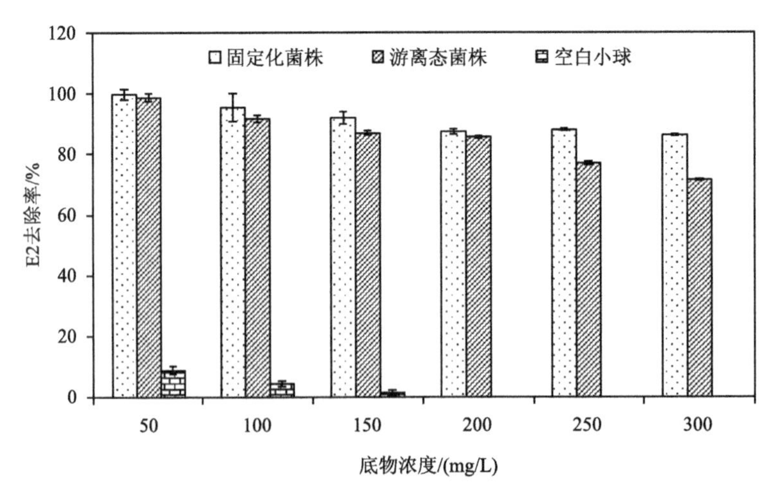

图 5-32　底物浓度对固定化 ARI-1 菌剂去除 E2 的影响

同等浓度条件下，固定化菌株的去除率高于游离态菌株，在 E2 浓度高于 100 mg/L 时，固定化菌株的去除率明显高于游离态菌株，此结果与 Ahmad 等(2012)的研究结果类似。这可能有四个方面的原因。第一，在固定化体系中，E2 需扩散进入载体内部，才能被包埋在载体内的微生物分解。由于需要经历从小球表面扩散至小球内部的传质过程，形成了浓度梯度，降低了 E2 对载体内部细菌的毒性(郝红红等, 2013)。第二，在 E2 扩散至载体内部的过程中，生长在内部表层的菌株 ARI-1 形成了一层保护屏障，增强了抵抗 E2 毒性的能力。第三，海藻酸钙外壳为包在内部的菌体提供了一定的保护，阻挡部分 E2 向小球内部扩散，相对于游离态菌株而言，固定化菌株只能接触到少量的 E2，所以对 E2 的耐受性更强(李炎等, 2008)。第四，一些学者指出，固定化可以使菌株处于一个微环境，不仅可以提高菌株的活性，增强其代谢能力，从而促进菌株 ARI-1 对 E2 的去除，而且可以加强菌株 ARI-1 对 E2 毒性的耐受能力(袁利娟等, 2010)。

5.9.3　固定化 ARI-1 菌剂降解 17β-雌二醇的动力学

由图 5-33 可知，固定化菌株对 E2 的去除率高于游离态菌株。固定化菌株、游离态菌株、空白小球 7 d 对初始质量浓度为 50 mg/L 的 E2 去除率分别为 99.30%、98.48%和 13.07%，E2 残留浓度分别为 0.34 mg/L、0.75 mg/L 和 44.84 mg/L。推测固定化菌株对 E2 去除率高于游离态菌株的原因可能是固定化菌株依靠吸附和生物降解的协同作用去除 E2(李婷等, 2013; 李婧等, 2012)。24 h 时，固定化菌株和游离态菌株对 E2 的去除率差别明显，E2 去除率分别为 85.12%和 58.30%，残留浓度分别为 7.34 mg/L 和 20.57 mg/L。由于 E2 溶解度很低，而其为培养液中唯一碳源，低浓度的碳源导致游离态菌株无法高效利用。固定化菌株由于外壳海藻酸钙具有吸附作用，前 24 h 内已达到吸附饱和，在内部的菌株接触到的 E2 浓度较大，有利于菌株更好地摄取 E2，促进 E2 去除(李婧等, 2012)。

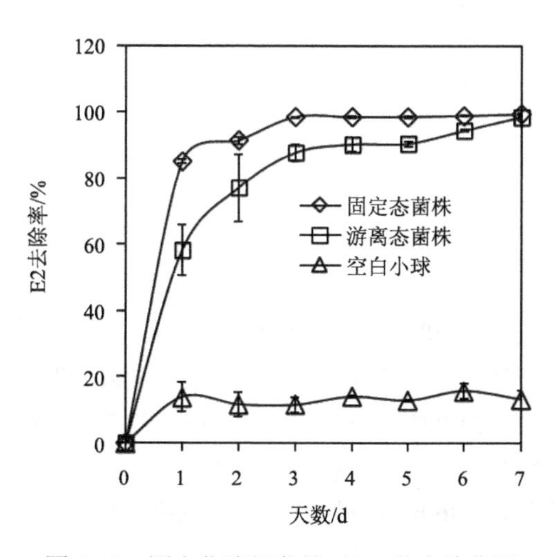

图 5-33　固定化降解菌株对 E2 的去除作用

无论是固定化菌株还是游离态菌株，前 48 h 对 E2 的去除速率都较快，随后去除速率变缓，原因可能是随着培养时间延长，培养液中营养物浓度降低或菌剂降解 E2 时产生了某些代谢产物，抑制了菌株生长繁殖。另外，海藻酸钙凝胶小球内部呈多孔道结构，菌株在其中增殖，占据的孔道越来越多，不仅影响了载体的传质性能，而且使氧气扩散速率减慢，同时细胞生长空间减小，从而阻碍了细胞的增殖(Covarrubias et al., 2012)。

5.9.4　固定化 ARI-1 菌剂降解复合雌激素

1. 固定化 ARI-1 菌剂对 E1 和 E3 的降解

由图 5-34(a)可知，固定化菌株对 E1 的去除率高于游离态菌株。固定化菌株、游离态菌株、空白小球 7 d 对初始质量浓度为 50 mg/L 的 E1 去除率分别为 99.35%、98.52%、6.37%。因为固定化菌株依靠吸附和生物降解的协同作用去除 E1，前 24 h 内固定化菌株达到吸附饱和，其内部的微生物接触到的 E1 的浓度较大，促进了微生物的生长和代谢，所以在前 5 d 内，固定化菌株对 E1 的去除率明显高于游离态菌株。从第 6 天开始，由于培养时间的延长，菌株生长繁殖随着营养物质的减少和生长空间的减小而变慢，去除率趋于平缓。

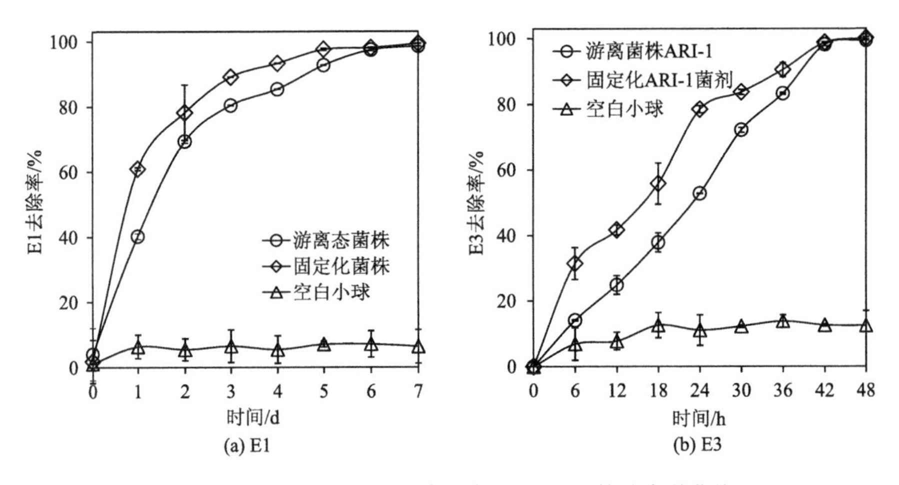

图 5-34　固定化 ARI-1 菌剂降解 E1 和 E3 的动力学曲线

由图 5-34(b)可知，在 6～48 h 的 8 个取样时间点，固定化菌剂对 E3 的去除率分别为 31.49%、41.66%、55.77%、78.47%、83.72%、90.53%、98.83%、100%，而游离态菌株的去除率分别为 14.05%、24.90%、37.86%、52.75%、72.22%、83.30%、98.19%、99.46%。空白小球 18 h 时达到吸附饱和，吸附率为 12.57%。固定化菌剂依靠吸附和生物降解的协同作用去除 E3，所以在 0～36 h，其对 E3 的去除率明显高于游离态菌株；在 42～48 h，固定化菌剂和游离态菌株的去除率趋于平缓。

2. 固定化 ARI-1 菌剂同时去除含有 E3、E2 和 E1 的混合雌激素

在同时含有 E3、E2、E1 三种天然雌激素的复合体系中，菌剂对它们的去除率如图 5-35 所示。结果表明，固定化菌株对 E3、E2、E1 的去除率分别为 100%、98.39%、98.67%。无论是固定化菌株还是游离态菌株，对 E2 和 E1 的去除率与菌剂单一去除 E2 和 E1 处理无明显差异，固定化菌株对复合体系中 E2 和 E1 的 7 d 去除率分别为 98.39% 和 98.67%，对单一雌激素 E2 的去除率为 99.30%，对单一雌激素 E1 的去除率为 99.35%。而菌剂对复合体系中的 E3 去除时间(7 d)长于对单一雌激素 E3 的去除时间(2 d)，这可能是由于在复合体系中，E3、E2、E1 对 *Novosphingobium* sp. ARI-1 而言都是可利用的碳源，从图 5-35 可见，该菌株对三种雌激素没有明显的优先利用顺序，三种雌激素浓度分别为 50 mg/L，则可利用的碳源总量为 150 mg/L，多于 E3 的单一体系，所以菌株 ARI-1 对复合体系中 E3 的去除时间长于单一体系。

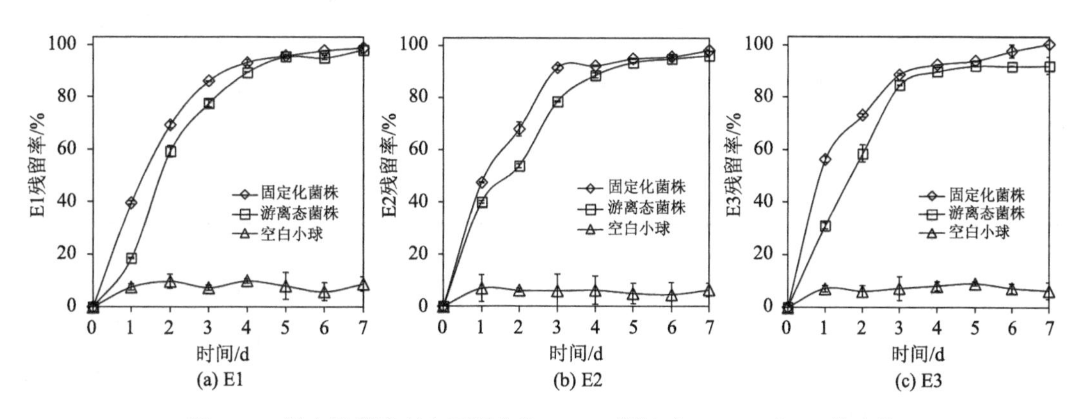

图 5-35　混合雌激素存在下固定化 ARI-1 菌剂对 E1、E2 和 E3 的去除

5.10　固定化 JX-2 菌剂

本节通过海藻酸钠包埋法将 E2 降解菌株 JX-2 制备成固定化菌剂，探讨包埋的最佳条件、环境条件对该菌剂去除 E2 效能的影响，以获取最佳的固定化 JX-2 菌剂制备条件、明确菌剂所适用的环境条件，从而为利用微生物固定化菌剂有效去除污水和畜禽粪便中的雌激素、规避雌激素污染风险等提供新思路和途径。

5.10.1　固定化 JX-2 菌剂的制备

将菌悬液与海藻酸钠胶液以一定的菌胶比充分混匀，匀速滴入 4℃的 $CaCl_2$ 溶液中，在 4℃冰箱中交联一定时间，得到直径为 3～4 mm 的固定化小球，即为固定化 JX-2 菌剂(图 5-36)。以海藻酸钠质量分数、菌悬液与海藻酸钠体积比、$CaCl_2·2H_2O$ 质量分数和交联时间作为试验因素，采用正交试验法，设计四因素三水平的正交表 $L_9(3)^4$，探究菌株 JX-2 的最适固定化条件。研究以 E2 去除率为指标，各因子水平取值见表 5-19。

图 5-36 固定化菌剂照片

表 5-19 固定化 JX-2 菌剂正交试验各因子水平

水平	因素			
	(A) 海藻酸钠浓度/%	(B) 菌悬液与海藻酸钠体积比	(C) $CaCl_2·2H_2O$ 浓度/%	(D) 交联时间/h
1	3	1∶1	3	4
2	4	1∶2	4	6
3	5	2∶1	5	8

正交试验结果表明，海藻酸钠浓度、菌悬液与海藻酸钠体积比、$CaCl_2·2H_2O$ 浓度、交联时间这 4 个因素对 E2 的去除率均存在一定影响。固定化菌剂制备的最优方案为 A2B1C3D2，即海藻酸钠浓度为 4%，菌悬液与海藻酸钠体积比为 1∶1，$CaCl_2·2H_2O$ 浓度为 5%，交联时间为 6 h (表 5-20)。

表 5-20 固定化菌剂去除 E2 的正交试验及结果

实验编号	因素				E2 去除率/%
	(A) 海藻酸钠浓度/%	(B) 菌液与海藻酸钠体积比	(C) $CaCl_2·2H_2O$ 浓度/%	(D) 交联时间/h	
1	水平 1	水平 1	水平 1	水平 1	84.21
2	水平 1	水平 2	水平 2	水平 2	86.75
3	水平 1	水平 3	水平 3	水平 3	88.57
4	水平 2	水平 1	水平 2	水平 3	87.69
5	水平 2	水平 2	水平 3	水平 1	91.80
6	水平 2	水平 3	水平 1	水平 2	94.26
7	水平 3	水平 1	水平 3	水平 2	92.45
8	水平 3	水平 2	水平 1	水平 3	83.97
9	水平 3	水平 3	水平 2	水平 1	81.05
*K*1	86.51	88.11	87.48	85.69	
*K*2	91.25	87.51	85.16	91.16	
*K*3	85.83	87.96	90.94	86.75	
R	5.43	0.61	5.78	5.47	

注：*K* 为同一因素 E2 去除率的平均值，*R* 为 E2 去除率极差，单位均为%。

包埋法微生物固定化技术已被广泛用于解决微生物降解问题。琼脂、明胶、海藻酸钠、聚乙烯醇和聚丙烯酰胺凝胶通常被用作固定化包埋载体。琼脂由于机械强度低而较少用作包埋剂；聚乙烯醇被认为是目前最有效的固定化载体之一，但其交联剂硼酸对微生物细胞具有毒性(王平等, 2003；李峰和严伟, 2000)；当用聚丙烯酰胺凝胶作为包埋载体时，由于其凝胶交联过程是放热反应，且载体和交联剂本身具有一定毒性，常常导致菌株活性明显下降(黄霞和俞毓馨, 1993)。在比较了 5 种常用细胞固定化载体的特点后发现，海藻酸钠具有高机械稳定性、良好的传质性和低毒性，是最合适的包埋剂。

5.10.2　环境条件对固定化 JX-2 菌剂降解 17β-雌二醇的影响

图 5-37 显示了固定化菌剂和游离菌在相同条件下降解 E2 的性能比较。当温度为 20～35℃、pH 为 6.0～8.0 时，固定化菌剂和游离菌的降解效率几乎一样，降解率均能达到 80%以上，表现出良好的降解效率。然而，当环境 pH 和温度过高或过低时，固定化菌剂的降解能力明显强于游离菌。在此环境条件下，游离菌对 E2 的降解率已下降到 50%以下，而固定化菌剂对 E2 的降解率仍能保持在 65%以上，表现出较强的环境耐受力。这说明固定化菌剂比游离菌更能适应强酸强碱环境和高温或低温环境，其实际应用潜能较高。

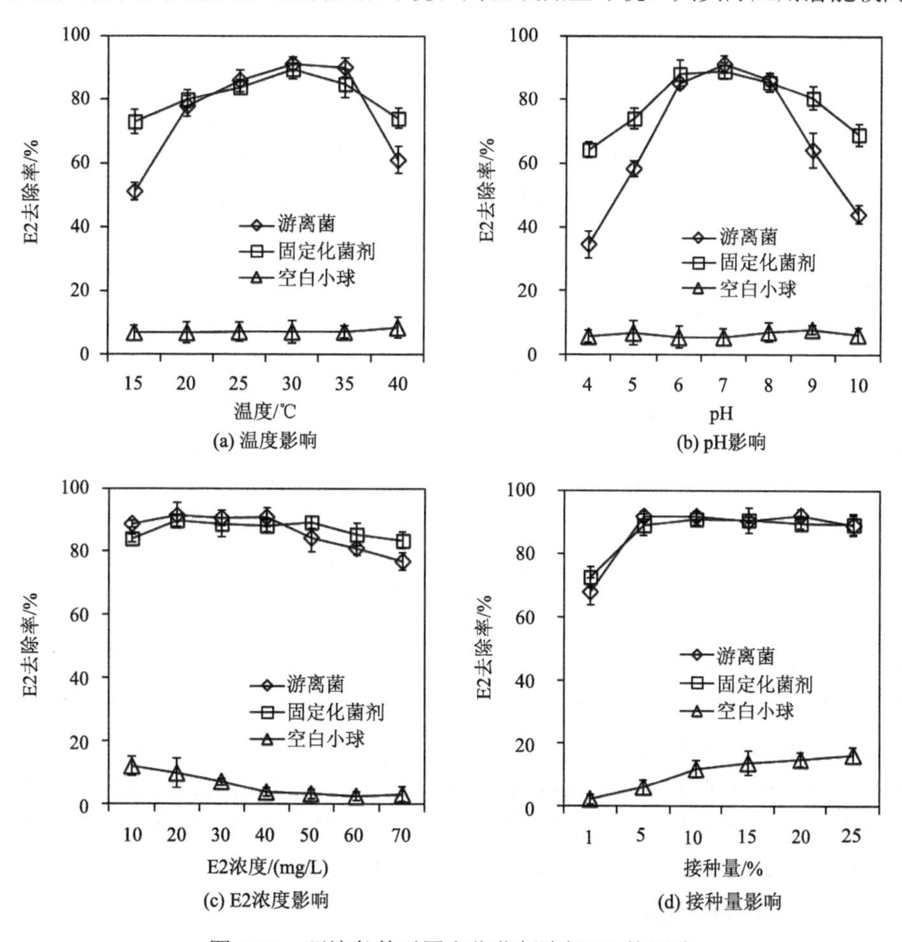

图 5-37　环境条件对固定化菌剂降解 E2 的影响

然而，这种现象不存在于 E2 浓度和接种量对降解效率的影响中，即当 E2 浓度从 10 mg/L 增大至 70 mg/L，接种量从 1%增大至 25%，固定化菌剂和游离菌的降解能力无明显差别。这可能是因为降解菌 JX-2 本身具有非常强的 E2 耐受能力和降解能力，因此固定化并不能明显增强菌株的这两种能力。

此实验结果表明，即使环境条件不适宜菌株的生长，固定化菌剂也能维持较高的降解能力。固定化菌剂相比游离菌更能在极端环境中生长并发挥高效降解效能。作为空白对照的无菌固定化小球也具有去除 E2 的能力，去除率均在 10%以下，这是因为固定化载体具有吸附作用。

Idris 和 Suzana(2006)研究了海藻酸钠浓度、固定化小球直径、初始 pH 和温度对细菌生长及产生乳酸的影响，并确定了最佳发酵条件。结果表明，当海藻酸钠浓度为 2.0%、小球直径为 1.0 mm、初始 pH 为 6.5、温度为 37℃时，固定化菌株发酵产生的乳酸含量最高。在本节实验中，预实验将海藻酸钠的浓度设定为 2%时，滴入 $CaCl_2$ 溶液中难以成球，且机械强度非常差。为了能制备出机械强度高且降解效果好的固定化小球，选择海藻酸钠浓度为 4%。菌株 JX-2 已经具备高效降解性能，因此制备直径为 3～4 mm 的固定化小球既方便简单，又能保证高降解率。菌株 JX-2 的生长和降解特性决定了其固定化最适条件，即初始 pH 为 7.0，温度为 30℃。

固定化菌剂能适应更宽的温度范围和 pH 范围，显示了比游离菌更强的降解能力。这是因为包埋载体在保护菌体免受外部环境的影响中发挥了重要作用，以达到最佳的降解效果(Quan et al., 2004)。当 E2 浓度大于 50 mg/L 时，固定化菌剂的降解效率高于游离菌，这表明固定化菌剂具有更强的抗 E2 毒性的能力。固定化载体起到了保护屏障作用，阻止了菌体和高浓度 E2 的直接接触，对固定化菌的生物降解起到一定缓冲作用(Quan et al., 2004; 段海明, 2012)。许多文献报道，利用固定化菌剂在纯培养条件下降解有机污染物已经实现了非常好的降解效果。例如，Ahmad 等(2012)筛选并固定化了一株 *Acinetobacter* sp.，该固定化菌剂能在 108 h、216 h 和 240 h 内降解完浓度分别为 1100 mg/L、1500 mg/L 和 1900 mg/L 的苯酚，然而游离菌完全降解浓度为 1100 mg/L 的苯酚需要 240 h；且当苯酚浓度大于 1300 mg/L 时，游离菌的苯酚降解活性将受到抑制。与游离菌相比，固定化菌剂在降解高浓度污染物方面表现出更强的能力。

5.11　固定化混合菌剂

由于环境中经常存在多种雌激素，本节试图将本实验室已有的三株雌激素降解功能菌株(E2 降解功能菌株 *Novosphingobium* sp. ARI-1、E2 降解功能菌株 *Rhodococcus* sp. JX-2、DES 降解功能菌株 *Serratia* sp. S)构建成为混合菌群。通过海藻酸钠包埋法将混合菌群固定化后，系统地研究固定化混合菌剂对水中 4 种雌激素的去除作用、环境条件对固定化混合菌剂去除水中雌激素的影响，以及固定化混合菌剂对实际污水和牛粪中雌激素的去除应用，为更好地利用雌激素降解功能菌株库，并将其应用到环境中去除更多种类的雌激素提供参考和依据。

5.11.1　固定化混合菌剂的制备

制备三株细菌的菌悬液后，按表 5-21 所示的 12 种组合制备菌剂。固定化操作方法同单一菌剂固定化，其中海藻酸钠浓度为 5%，菌悬液与海藻酸钠之比为 1∶2，$CaCl_2 \cdot 2H_2O$ 浓度为 4%，交联时间为 6 h。

表 5-21　不同组合的固定化混合菌剂

编号	混合菌株	混合比例
1	ARI-1+JX-2+S	1∶1∶4
2	ARI-1+JX-2+S	1∶2∶3
3	ARI-1+JX-2+S	1∶3∶2
4	ARI-1+JX-2+S	1∶4∶1
5	ARI-1+JX-2+S	2∶1∶3
6	ARI-1+JX-2+S	2∶2∶2
7	ARI-1+JX-2+S	2∶3∶1
8	ARI-1+JX-2+S	3∶1∶2
9	ARI-1+JX-2+S	3∶2∶1
10	ARI-1+JX-2+S	4∶1∶1
11	ARI-1+S	1∶1
12	JX-2+S	1∶1

从表 5-22 所示的 12 种组合对 4 种雌激素的去除率可以得出，组合 1～11 中，组合 9 对 E1、E2、E3、DES 去除率最高，分别为 100%、99.67%、98.28%和 47.55%；组合 12 对 DES 去除率最高，为 69.24%。由于组合 12 中两株菌株降解的雌激素只包含 E2 和 DES 两种，无法降解 E3 和 E1，则组合 12 不宜为去除 4 种雌激素的组合。所以组合 9 为去除 4 种雌激素的最佳组合方式，即 ARI-1∶JX-2∶S＝3∶2∶1。

表 5-22　固定化混合菌剂去除 4 种雌激素的试验结果　（单位：%）

编号	混合菌株	混合比例	E1 去除率	E2 去除率	E3 去除率	DES 去除率
1	ARI-1+JX-2+S	1∶1∶4	68.35	94.81	79.72	43.23
2	ARI-1+JX-2+S	1∶2∶3	100	97.63	89.09	43.69
3	ARI-1+JX-2+S	1∶3∶2	100	98.56	93.48	42.73
4	ARI-1+JX-2+S	1∶4∶1	100	98.26	95.40	43.44
5	ARI-1+JX-2+S	2∶1∶3	100	98.25	97.22	45.10
6	ARI-1+JX-2+S	2∶2∶2	100	98.66	97.63	44.49
7	ARI-1+JX-2+S	2∶3∶1	100	98.40	98.27	43.29
8	ARI-1+JX-2+S	3∶1∶2	100	98.42	97.63	43.63
9	ARI-1+JX-2+S	3∶2∶1	100	99.67	98.28	47.55
10	ARI-1+JX-2+S	4∶1∶1	100	98.73	97.49	43.56
11	ARI-1+S	1∶1	85.07	88.88	64.26	44.36
12	JX-2+S	1∶1	0	60.71	0	69.24

5.11.2　固定化混合菌剂对多种雌激素的去除效率

由图 5-38 可知，固定化菌剂对 4 种雌激素的去除率高于游离态菌剂。固定化菌剂对初始质量浓度为 25 mg/L 的 E3、E2、DES、E1 去除率分别为 98.00%、97.10%、49.43%、95.28%，游离态菌剂对初始质量浓度为 25 mg/L 的 E3、E2、DES、E1 去除率分别为 96.13%、96.21%、41.16%、44.94%。由于 *Novosphingobium* sp. ARI-1 只能降解 E3、E2、E1，*Rhodococcus* sp. JX-2 只能降解 E2，*Serratia* sp. S 只能降解 DES，所以对于单一菌株而言，除其可以降解的雌激素之外，其他雌激素对其或具有毒性作用，会抑制菌株的降解能力；而固定化菌剂由于雌激素需要通过传质过程，形成了浓度梯度，降低了毒性，并且海藻酸钙外壳阻挡了部分雌激素向小球内部扩散，相对于游离菌剂而言，固定化菌剂接触的雌激素更少，缓解了雌激素对其的胁迫，内部包埋的功能菌在降解雌激素的同时带动海藻酸钙对其他雌激素的持续吸附，进而成就了固定化功能菌剂的高效、持续降解效能。

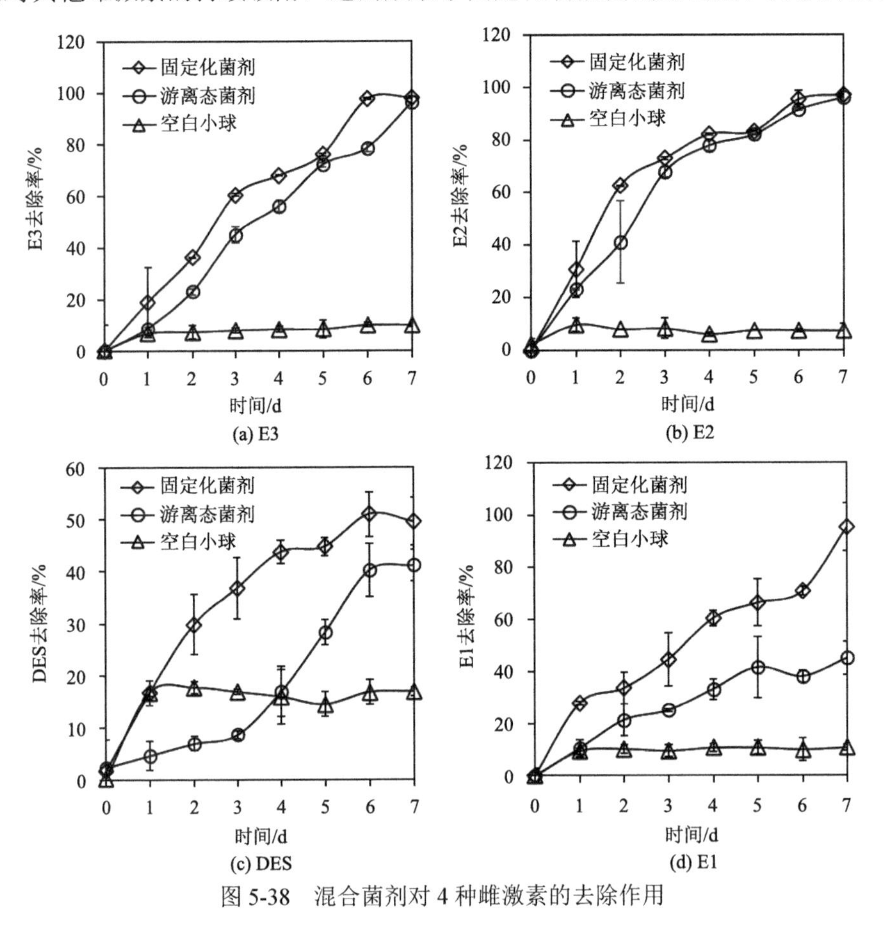

图 5-38　混合菌剂对 4 种雌激素的去除作用

5.11.3　环境条件对固定化混合菌剂去除多种雌激素的影响

1. 温度

对单一菌株而言，菌株 ARI-1、菌株 S、菌株 JX-2 的最适降解温度均为 30℃，而将三株菌构建为混合菌体系后，最适温度并未改变。从图 5-39 可见，无论是固定化菌剂还是游离态菌剂，30℃时对 25 mg/L E3、E2、E1 和 DES 的去除率最高，固定化菌剂的去除率分别为 98.20%、97.17%、95.28%、49.43%，相应雌激素残留浓度分别为 0.51 mg/L、0.88 mg/L、1.22 mg/L 和 11.78 mg/L。30℃时，单一菌株 S 对 25 mg/L DES 降解率为 63.38%～65.14%(徐冉芳等, 2014)，而游离态混合菌剂对复合体系中的 25 mg/L DES 去除率仅为 41.16%，可能是复合体系中的其他三种雌激素对菌株 S 产生了毒性，抑制了菌株 S 的生长，进而影响了其对 DES 的降解。

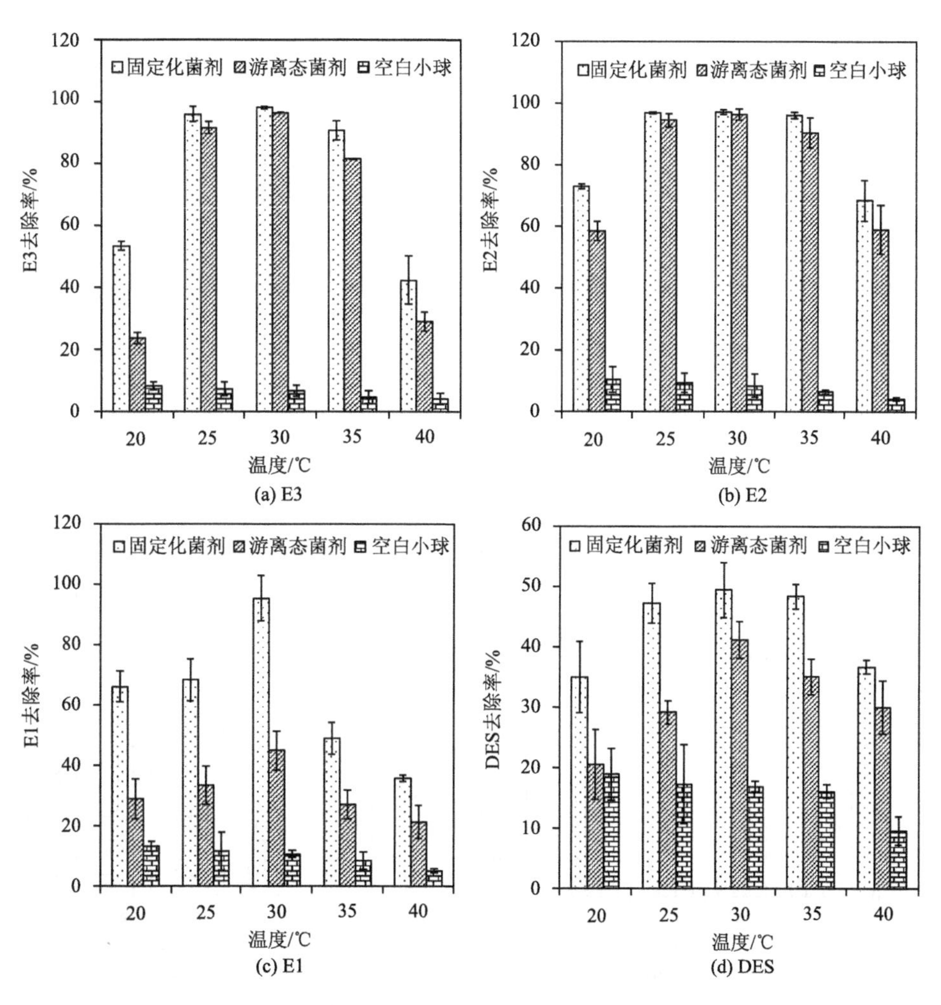

图 5-39　温度对混合菌剂去除 4 种雌激素效果的影响

2. pH

由图 5-40 可见，相同 pH 条件下，固定化菌剂对 4 种雌激素的去除效果优于游离态菌剂。固定化菌剂在 pH 为 6.0 时，对 E3、E2、E1 去除率最高，分别为 98.37%、98.13%、95.36%。固定化菌剂在 pH 为 9.0 时，对 DES 去除率最高，为 67.42%。在 pH > 7.0 的碱性环境下，菌剂对 DES 去除率的提高可能是化学和生物共同作用的结果，结合 DES 的结构式可知，其含有两个酚羟基，在碱性环境下，DES 可能会发生化学反应，此结果与徐冉芳等(2014)研究 pH 对游离态菌株 S 去除 DES 的影响结果一致。虽然 pH 从 6.0 提高至 9.0 时，固定化菌剂对 DES 的去除率增加了 22.58%，但是酸性环境有利于海藻酸钠的钙化率提高，而碱性增强，钙化率降低，菌剂易泄漏，固定化体系不稳定(吴志国等, 2005)。pH 为 9.0 时固定化菌剂易发生菌株泄漏，污染环境，所以固定化混合菌剂对 4 种雌激素去除的最适 pH 为 6.0。

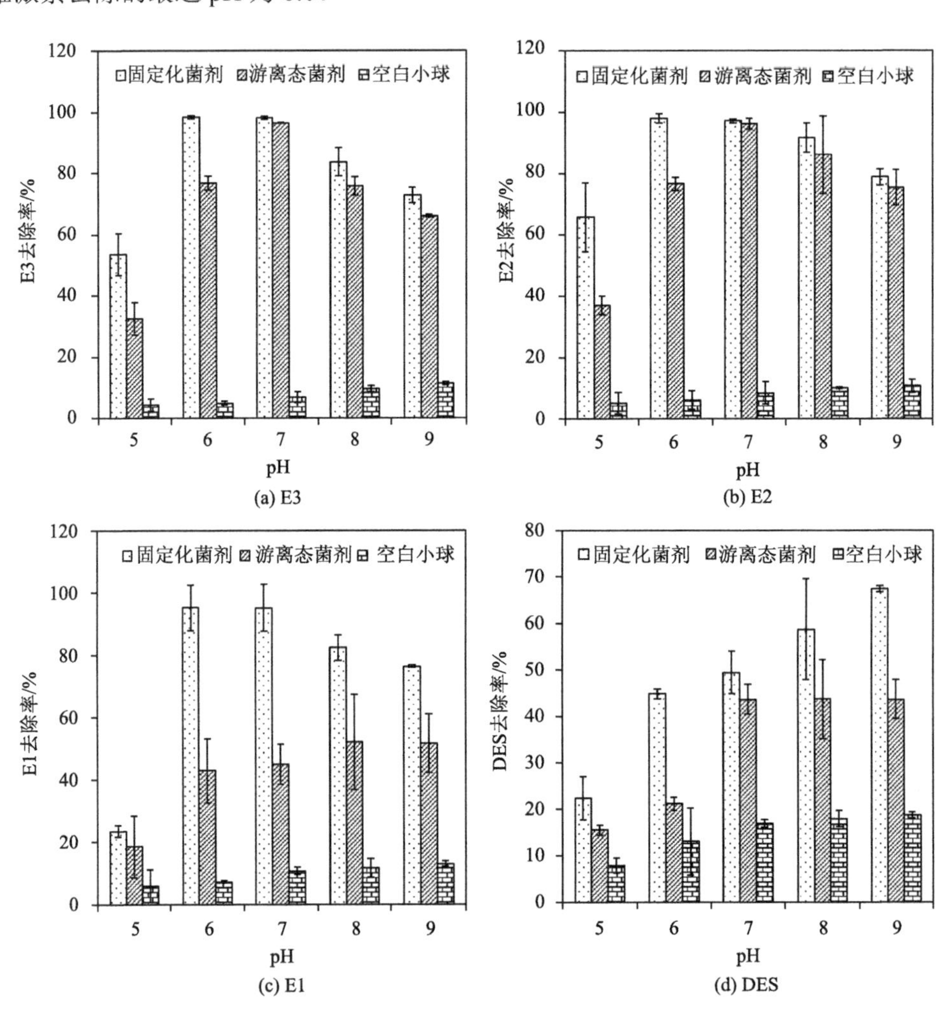

图 5-40 pH 对混合菌剂去除 4 种雌激素效果的影响

3. 接种量

接种量从 50 g/L 增加至 250 g/L，固定化菌剂对 E3、E2、E1 和 DES 的去除率分别从 63.25%提高至 99.22%，从 76.39%提高至 100%，从 59.31%提高至 99.56%，从 26.11%提高至 100%(图 5-41)。当接种量大于 150 g/L 时，固定化菌剂对于 E3、E2、E1 的去除

率可达 95.27%以上，当接种量大于 200 g/L，固定化菌剂对 DES 的去除率可达 82.15%以上。由于接种量越大时，培养液越浑浊，所以在保证去除效果的前提下，应尽可能减少固定化菌剂的使用量，以降低实际应用成本。因此，固定化菌剂的适宜接入量确定为 200 g/L。

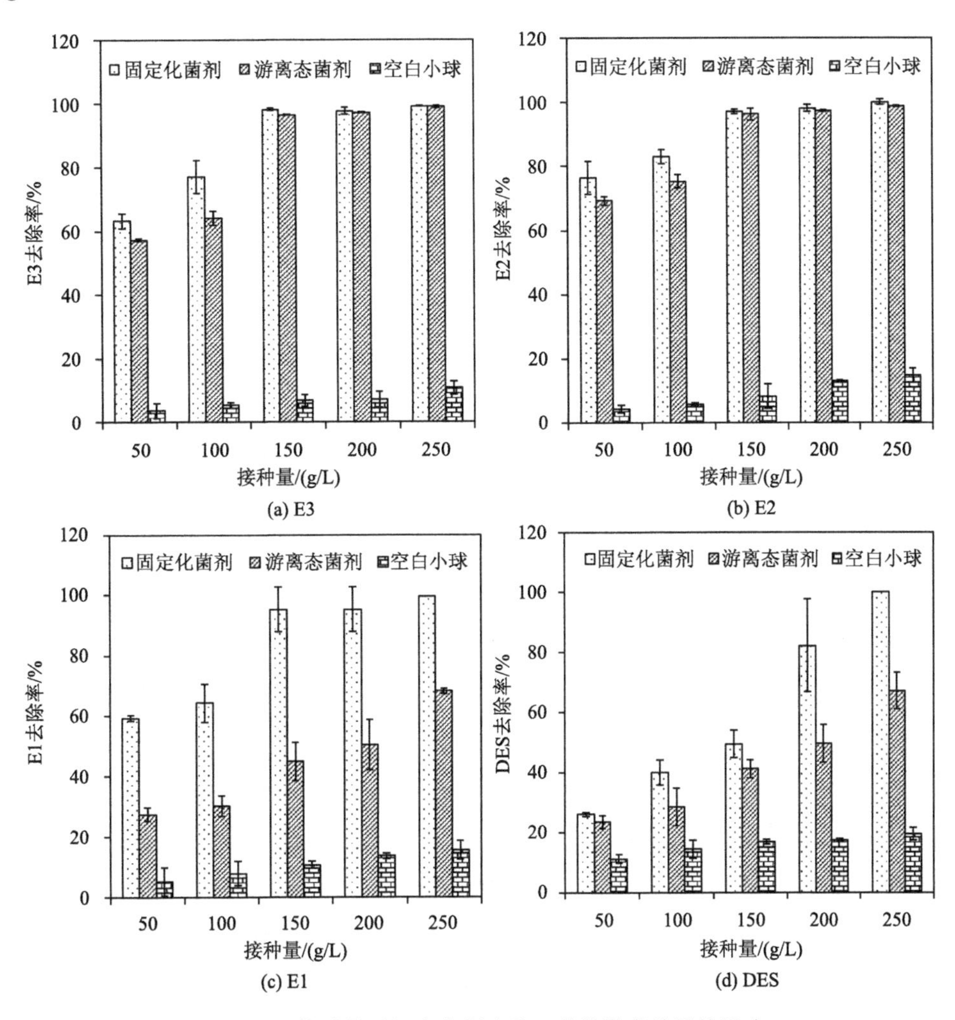

图 5-41　接种量对混合菌剂去除 4 种雌激素效果的影响

4. 底物浓度

由图 5-42 可知，随着浓度从 15 mg/L 增至 25 mg/L，固定化菌剂和游离态菌剂对 E3、E2、E1 和 DES 的去除率均逐渐提高，固定化菌剂和游离态菌剂对 E3 的去除率分别达到 98.20%和 96.53%，对 E2 的去除率分别达到 97.17%和 96.29%，对 E1 的去除率分别达到 95.28%和 44.94%，对 DES 的去除率分别达到 49.43%和 41.16%。由于这四种雌激素为 MSM 中的唯一碳源，可以被菌剂利用来满足自身生长繁殖。当雌激素浓度较低时，菌剂可利用的碳源较少，生长较慢，因此去除率较低。随着雌激素浓度的提高，可利用的碳源增多，菌剂大量繁殖，去除率同时提高(袁媛等, 2014)。随着浓度从 25 mg/L 增至 45 mg/L，固定化菌剂和游离态菌剂对 E3、E2、E1 和 DES 的去除率均逐渐降低，固定化菌剂和游离态菌剂对 E3 的去除率分别降低了 17.29%和 20.97%，对 E2 的去除率分别降低了 17.11%和 22.58%，对 E1 的去除率分别降低了 42.40%和 14.50%，对 DES 的去除率分别降低了 27.14%和 27.65%。这可能是由于高浓度的雌激素对菌株生长有毒害作用，并且三株供试菌具有降解专一性，如菌株 JX-2 只能降解 E2，不能降解 E3、E1、DES，高浓度的 E3、E1、DES 对菌株 JX-2 产生了毒害作用，导致菌株 JX-2 降解 E2 的能力降低。虽然高浓度雌激素抑制了功能菌群的生长代谢，但是固定化体系中的海藻酸钙外壳为包在内部的菌群提供了一定的保护作用，当雌激素从载体外部扩散进入载体内部，形成了浓度梯度时，降低了雌激素对载体内部菌群的毒性，所以在同一浓度下，固定化混合菌剂的去除率高于游离态菌剂(郝红红等, 2013)。

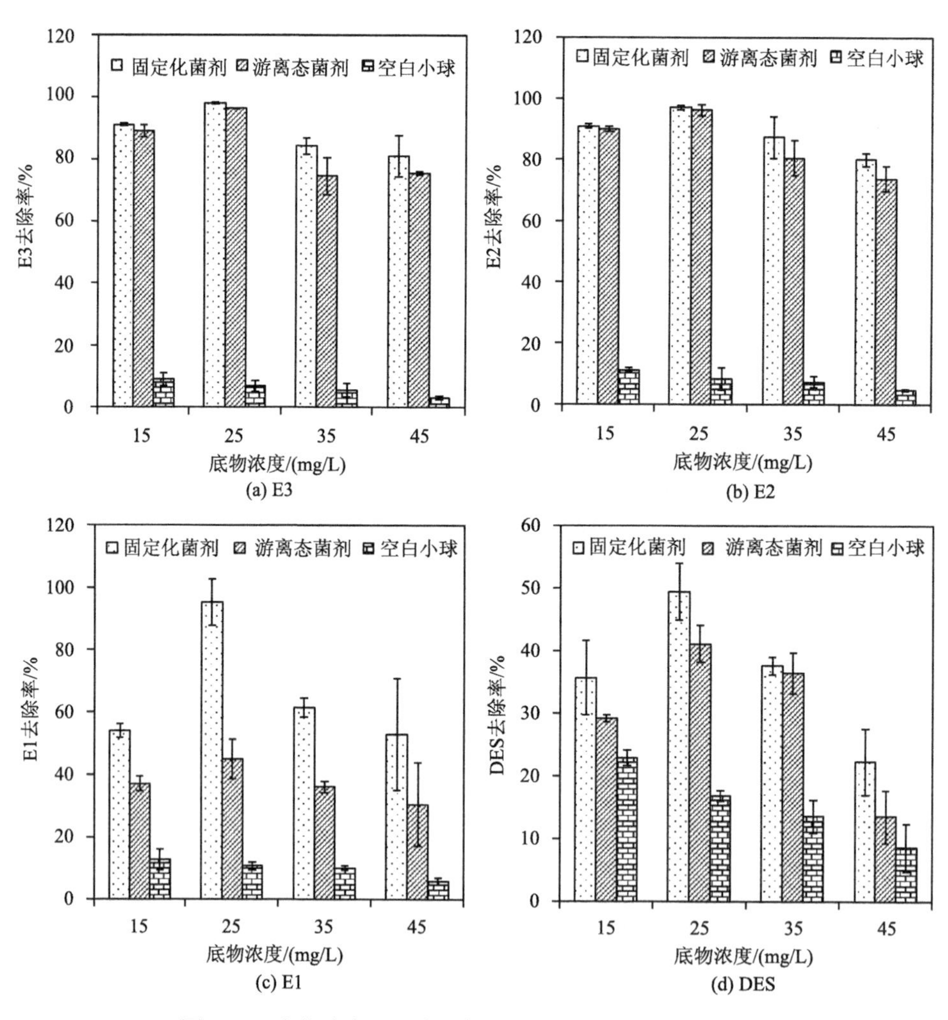

图 5-42　底物浓度对混合菌剂去除 4 种雌激素效果的影响

参考文献

包蔚, 杨兴明, 吴洪生, 等. 2009. 海藻酸钠固定化包埋对氨氧化细菌除氨效果的影响[J]. 土壤学报, 46(6): 1083～1088.

蔡瀚, 尹华, 叶锦韶, 等. 2013. 1 株苯并[*a*]芘高效降解菌的筛选与降解特性[J]. 环境科学, 34(5): 1937～1944.

邓伟光, 谌建宇, 李小明, 等. 2013. 壬基酚和双酚 A 降解菌株的分离、鉴定和特性研究[J]. 环境科学学报, 33(3): 701～707.

董滨, 王凤花, 林爱军, 等. 2011. 乙草胺降解菌 A-3 的筛选及其降解特性[J]. 环境科学, 32(2): 542～547.

杜克久, 徐晓白. 2000. 环境雌激素研究进展[J]. 科学通报, 45(21): 2241～2251.

段海明. 2012. 海藻酸钠固定化细菌对毒死蜱的降解特性[J]. 中国农业生态学报, 20(12): 1636～1642.

方振炜, 徐德强, 张亚雷, 等. 2004. 2, 6-二叔丁基酚降解菌的降解特性研究. 环境科学, 25(3): 98～101.

郭海慧. 2018. EE2 降解菌的筛选及其在植物-微生物联合修复污染土壤中的应用[D]. 杭州: 浙江工商大学.

郝红红, 陈浚, 陈鳌, 等. 2013. 一株好氧反硝化菌的筛选鉴定及固定化研究[J]. 环境科学学报, 33(11): 3017～3024.

黄敏. 2012. 城市污水中典型 PPCPs 高效降解菌的筛选及其降解特性研究[D]. 上海: 东华大学.

黄霞, 俞毓馨. 1993. 固定化细胞技术在废水处理中的应用[J]. 环境科学, 14(1): 41～48.

蒋俊. 2010. 降解壬基酚和双酚 A 细菌的分离、鉴定和降解性质研究[D]. 上海: 华东师范大学.

李翠翠. 2012. 水体中甾体雌激素水平对生物群落的毒性与生物降解特性研究分析[D]. 南京: 南京理工大学.

李峰, 严伟. 2000. 聚乙烯醇作为固定化细胞包埋剂的研究[J]. 中国给水排水, 16(12): 14～17.

李婧, 党志, 郭楚玲, 等. 2012. 复合固定化法固定微生物去除芘[J]. 环境化学, 31(7): 1036～1042.

李婷, 任源, 韦朝海. 2013. 固定化 *Lysinibacillus cresolivorans* 的 PVA-SA-PHB-AC 复合载体制备及间甲酚的降解[J]. 环境科学, 34(7): 2899～2905.

李旭春, 刘桂芳, 马军, 等. 2008. 1 株壬基酚降解菌的分离鉴定及其降解特性研究[J]. 环境科学, 29(1): 231～236.

李炎, 陈羽, 齐秀兰, 等. 2008. 高效苯酚降解菌细胞固定化方法与条件的研究[J]. 微生物学杂志, 28(5): 61～64.

李正魁, 石鲁娜, 杨竹攸, 等. 2009. 纯种氨氧化细菌 *Comamonas aquatic* LNL3 的固定化及短程硝化性能研究[J]. 环境科学, 30(10): 2952～2957.

林泳墨. 2016. 环境雌激素中 17*β*-雌二醇降解菌的筛选及其降解特性研究[D]. 长春: 吉林农业大学.

刘艳, 范丽薇, 王晓萍. 2010. 氯嘧磺隆降解菌 L-6 的分离鉴定及其降解特性[J]. 中国农学通报, 26(19): 339～343.

陆源源. 2012. 多食鞘氨醇菌活性污泥法降解水中甾体雌激素机理研究[D]. 南京: 南京理工大学.

倪雪, 刘娟, 高彦征, 等. 2013. 2 株降解菲的植物内生细菌筛选及其降解特性[J]. 环境科学, 34(2): 746～752.

邵钱, 叶杰旭, 欧阳杜娟, 等. 2013. 改良型固定化 *Pseudomonas oleovorans* DT4 降解四氢呋喃的研究

[J]. 环境科学, 34(8): 3251～3256.

沈剑. 2012. 污水土地处理系统中双酚 A 和雌激素的去除及微生物研究[D]. 上海: 上海交通大学.

沈萍. 2000. 微生物学[M]. 北京: 高等教育出版社.

史江红, 韩蕊, 宿凌燕, 等. 2010. 某污水处理厂中 17*α*-乙炔基雌二醇降解菌的分离鉴定及其降解特性[J]. 环境科学学报, 30(12): 2414～2419.

万伟, 王建龙. 2008. 利用动力学模型探讨底物浓度对生物产氢的影响[J]. 中国科学(B 辑: 化学), 38(8): 715～720.

王平, 张洪林, 蒋林时. 2003. 固定化细胞技术在废水处理中的应用[J]. 工业用水与废水, 34(2): 8～11.

王瑶佳. 2020. 赖氨酸芽孢杆菌 DH-B01 雌激素降解基因及功能研究[D]. 长春: 东北师范大学.

吴军见, 朱延美. 2002. 固定化细胞技术在废水治理中的应用及降解动力学研究进展[J]. 辽宁化工, 31(1): 20～25.

吴晓磊, 刘建广, 黄霞, 等. 1993. 海藻酸钠和聚乙烯醇作为固定化微生物包埋剂的研究[J]. 环境科学, 14(2): 28～31.

吴志国, 王艳敏, 邢志华. 2005. 固定化 *Ralstonia metallidurans* CH34 降解苯酚的研究[J]. 微生物学通报, 32(4): 31～36.

徐冉芳, 孙敏霞, 刘娟, 等. 2014. 己烯雌酚降解菌株沙雷氏菌的分离鉴定及其降解特性[J]. 环境科学, 35(8): 3169～3174.

杨俊, 姜理英, 陈建孟. 2010. 1 株 17*β*-雌二醇高效降解菌的分离鉴定及降解特性[J]. 环境科学, 31(5): 1313～1319.

杨敏. 2016. 17*α*-乙炔基雌二醇、诺氟沙星高效降解菌的筛选及降解特性研究[D]. 济南: 济南大学.

袁利娟, 姜立春, 彭正松, 等. 2010. 高效降酚菌 *Bacillus* sp. JY01 的固定化及降解特性研究[J]. 环境科学与技术, 33(4): 49～52.

袁媛, 吴涓, 李玉成, 等. 2014. 活性炭纤维固定化菌对微囊藻毒素 MC-LR 的去除研究[J]. 中国环境科学, 34(2): 403～409.

赵洪岩. 2018. 雌二醇高效降解菌 *Rhodococcus* sp. DSSKP-R-001 基因组初步研究[D]. 长春: 东北师范大学.

郑邦乾, 方治华. 1995. 固定微生物用聚合物多孔载体的研究[J]. 高分子材料科学与工程, 11(3): 112～117.

Ahmad S A, Shamaan N A, Arif N M, et al. 2012. Enhanced phenol degradation by immobilized *Acinetobacter* sp. strain AQ5NOL 1[J]. World Journal of Microbiology and Biotechnology, 28(1): 347～352.

Baek S H, Lim J H, Jin L, et al. 2011. *Novosphingobium sediminicola* sp. nov. isolated from freshwater sediment[J]. International Journal of Systematic and Evolutionary Microbiology, 61(10): 2464～2468.

Balkwill D L, Drake G R, Reeves R H, et al. 1997. Taxonomic study of aromatic-degrading bacteria from deep-terrestrial-subsurface sediments and description of *Sphingomonas aromaticivorans* sp. nov., *Sphingomonas subterranea* sp. nov., and *Sphingomonas stygia* sp. nov.[J]. International Journal of Systematic and Evolutionary Microbiology, 47(1): 191～201.

Bergero M F, Lucchesi G I. 2013. Degradation of cationic surfactants using *Pseudomonas putida* A ATCC 12633 immobilized in calcium alginate beads[J]. Biodegradation, 24(3): 353～364.

CLSI. 2009. Method for antifungal disk diffusion susceptibility testing of filamentous fungi; proposed guideline[R]. CLSI document M51-P. Philadelphia: Clinical and Laboratory Standards Institute.

Combalbert S, Hernandez-Raquet G. 2010. Occurrence, fate, and biodegradation of estrogens in sewage and manure[J]. Applied Microbiology and Biotechnology, 86(6): 1671～1692.

Coombe R G, Tsong Y Y, Hamilton P B, et al. 1966. Mechanisms of steroid oxidation by microorganisms X. Oxidative cleavage of estrone[J]. Journal of Biological Chemistry, 241(7): 1587～1595.

Covarrubias S A, de-Bashan L E, Moreno M, et al. 2012. Alginate beads provide a beneficial physical barrier against native microorganisms in wastewater treated with immobilized bacteria and microalgae[J]. Applied Microbiology and Biotechnology, 93(6): 2669～2680.

Doherty L, Bromer J, Zhou Y P, et al. 2010. In utero exposure to diethylstilbestrol (DES) or bisphenol-A (BPA) increases EZH2 expression in the mammary gland: An epigenetic mechanism linking endocrine disruptors to breast cancer[J]. Hormones and Cancer, 1(3): 146～155.

Ezaki T, Hashimoto Y, Yabuuchi E. 1989. Fluorometric deoxyribonucleic acid-deoxyribonucleic acid hybridization in microdilution wells as an alternative to membrane filter hybridization in which radioisotopes are used to determine genetic relatedness among bacterial strains[J]. International Journal of Systematic and Evolutionary Microbiology, 39(3): 224-229.

Fawell J K, Young W F. 1993. Assessment of the human risk associated with the presence of carcinogenic compounds in drinking water[J]. Annali-Istituto Superiore Di Sanita, 29: 313～316.

Frederickson J K, Balkwill D L, Drake G R, et al. 1995. Aromatic-degrading *Sphingomonas* isolates from the deep substrate[J]. Applied and Environmental Microbiology, 61: 1917～1922.

Frederickson J K, Brockman F J, Workman D J, et al. 1991. Isolation and characterization of a subsurface bacterium capable of growth on toluene, naphthalene, and other aromatic compounds[J]. Applied and Environmental Microbiology, 57: 796～803.

Fujii K, Kikuchi S, Satomi M, et al. 2002. Degradation of 17β-estradiol by a gram-negative bacterium isolated from activated sludge in a sewage treatment plant in Tokyo, Japan[J]. Applied and Environmental Microbiology, 68: 2057～2060.

Fujii K, Satomi M, Morita N, et al. 2003. *Novosphingobium tardaugens* sp. nov., an oestradiol-degrading bacterium isolated from activated sludge of a sewage treatment plant in Tokyo[J]. International Journal of Systematic and Evolutionary Microbiology, 53(1): 47～52.

Futoshi K, Maki O, Satoshi S, et al. 2010. Degradation of natural estrogen and identification of the metabolites produced by soil isolates of *Rhodococcus* sp. and *Sphingomonas* sp.[J]. Journal of Bioscience and Bioengineering, 109: 576～582.

Giese C, Miethe N, Schlenker G. 2007. Biodegradation of estrogens in stream water[J]. Berliner und Munchener Tierarztliche Wochenschrift, 120(3～4): 141～147.

Gu L, Huang B, Lai C, et al. 2018. The microbial transformation of 17β-estradiol in an anaerobic aqueous environment is mediated by changes in the biological properties of natural dissolved organic matter[J]. Science of the Total Environment, 631～632: 641～648.

Gu L, Huang B, Xu Z, et al. 2016. Dissolved organic matter as a terminal electron acceptor in the microbial oxidation of steroid estrogen[J]. Environmental Pollution, 218: 26～33.

Hashimoto T, Onda K, Morita T, et al. 2010. Contribution of the estrogen-degrading bacterium *Novosphingobium* sp. strain JEM-1 to estrogen removal in wastewater treatment[J]. Journal of Environmental Engineering, 136(9): 890～896.

Herbst A L, Ulfelder H, Poskanzer D C. 1971. Adenocarcinoma of the vagina. Association of maternal stilbestrol therapy with tumor appearance in young women[J]. New England Journal of Medicine, 284(16): 878～881.

Horinouchi M, Hayashi T, Kudo T. 2012. Steroid degradation in *Comamonas testosteroni*[J]. The Journal of Steroid Biochemistry and Molecular Biology, 129(1～2): 4～14.

Idris A, Suzana W. 2006. Effect of sodium alginate concentration, bead diameter, initial pH and temperature on lactic acid production from pineapple waste using immobilized *Lactobacillus delbrueckii*[J]. Process Biochemistry, 41(5): 1117～1123.

Isidori M, Bellotta M, Cangiano M, et al. 2009. Estrogenic activity of pharmaceuticals in the aquatic environment[J]. Environment International, 35(5): 826～829.

Jarvenpaa P, Kosunen T, Fotsis T, et al. 1980. Invitro metabolism of estrogens by isolated intestinal microorganisms and by human fecal microflora[J]. Journal of Steroid Biochemistry, 13(3): 345～349.

Jiang L, Yang J, Chen J. 2010. Isolation and characteristics of 17*β*-estradiol-degrading *Bacillus* spp. strains from activated sludge[J]. Biodegradation, 21(5): 729～736.

Johnson A C, Sumpter J P. 2001. Removal of endocrine-disrupting chemicals in activated sludge treatment works[J]. Environmental Science and Technology, 35(24): 4697～4703.

Ke J X, Zhuang W Q, Gin K Y H, et al. 2007. Characterization of estrogen-degrading bacteria isolated from an artificial sandy aquifer with ultrafiltered secondary effluent as the medium[J]. Applied Microbiology and Biotechnology, 75(5): 1163～1171.

Kornman K S, Loesche W J. 1982. Effects of estradiol and progesterone on *Bacteroides melaninogenicus* and *Bacteroides gingivalis*[J]. Infection & Immunity, 35(1): 256～263.

Kumagai M, Fujimoto M, Kuninaka A. 1988. Determination of base composition of DNA by high performance liquid chromatography of its nuclease P1 hydrolysate[C]. Nucleic Acids Symposium Series, 19: 65～68.

Kurisu F, Ogura M, Saitoh S, et al. 2010. Degradation of natural estrogen and identification of the metabolites produced by soil isolates of *Rhodococcus* sp. and *Sphingomonas* sp.[J]. Journal of Bioscience and Bioengineering, 109(6): 576～582.

Lee K, Park J W, Ahn I S. 2003. Effect of additional carbon source on naphthalene biodegradation by *Pseudomonas putida* G7[J]. Journal of Hazardous Materials, 105: 157～167.

Li S, Liu J, Sun M, et al. 2017. Isolation, characterization, and degradation performance of the 17*β*-estradiol-degrading bacterium *Novosphingobium* sp. E2S[J]. International Journal of Environmental Research and Public Health, 14(2): 115.

Li S, Liu J, Williams M A, et al. 2020. Metabolism of 17*β*-estradiol by *Novosphingobium* sp. ES2-1 as probed via HRMS combined with $^{13}C_3$-labeling[J]. Journal of Hazardous Materials, 389: 121875.

Li Z, Nandakumar R, Madayiputhiya N, et al. 2012. Proteomic analysis of 17*β*-estradiol degradation by *Stenotrophomonas maltophilia*[J]. Environmental Science & Technology, 46(11): 5947～5955.

Liang R, Liu H, Tao F, et al. 2012. Genome sequence of *Pseudomonas putida* strain SJTE-1, a bacterium capable of degrading estrogens and persistent organic pollutants[J]. Journal of Bacteriology, 194(17): 4781～4782.

Liehr J G, Wan-Fen F, Sirbasku D A, et al. 1986. Carcinogenicity of catechol estrogens in Syrian hamsters[J]. Journal of Steroid Biochemistry, 24(1): 353～356.

Liu J, Liu J, Xu D, et al. 2016. Isolation, immobilization, and degradation performance of the 17β-estradiol-degrading bacterium *Rhodococcus* sp. JX-2[J]. Water, Air, & Soil Pollution, 227(11): 422.

Matsumura Y, Hosokawa C, Sasaki-Mori M, et al. 2009. Isolation and characterization of novel bisphenol-A degrading bacteria from soils[J]. Biocontrol Science, 14(4): 161～169.

McAdam E J, Bagnall J P, Koh Y K, et al. 2010. Removal of steroid estrogens in carbonaceous and nitrifying activated sludge processes[J]. Chemosphere, 8: 11～16.

Mita L, Grumiro L, Rossi S, et al. 2015. Bisphenol A removal by a *Pseudomonas aeruginosa* immobilized on granular activated carbon and operating in a fluidized bed reactor[J]. Journal of Hazardous Materials, 291: 129～135.

Muller M, Patureau D, Godon J J, et al. 2010. Molecular and kinetic characterization of mixed cultures degrading natural and synthetic estrogens[J]. Applied Microbiology & Biotechnology, 85: 691～701.

Nicholson L A, Morrow C J, Corner L A, et al. 1994. Phylogenetic relationship of Fusobacterium necrophorum A, AB, and B biotypes based upon 16S rRNA gene sequence analysis[J]. International Journal of Systematic and Evolutionary Microbiology, 44(2): 315～319.

Nohynek L J, Nurmiaho-Lassila E L, Suhonen E L, et al. 1996. Description of chlorophenol-degrading *Pseudomonas* sp. strains KF1T, KF3, and NKF1 as a new species of the genus *Sphingomonas*, *Sphingomonas subarctica* sp. nov[J]. International Journal of Systematic and Evolutionary Microbiology, 46(4): 1042～1055.

O'Grady D, Evangelista S, Yargeau V. 2009. Removal of aqueous 17α-ethinylestradiol by *Rhodococcus* species[J]. Environmental Engineering Science, 26(9): 1393～1400.

Padgett K A, Selmi C, Kenny T P, et al. 2005. Phylogenetic and immunological definition of four lipoylated proteins from *Novosphingobium aromaticivorans*, implications for primary biliary cirrhosis[J]. Journal of Autoimmunity, 24(3): 209～219.

Pauwels B, Wille K, Noppe H, et al. 2008. 17α-ethinylestradiol cometabolism by bacteria degrading estrone, 17β-estradiol and estriol[J]. Biodegradation, 19(5): 683～693.

Payne D W, Talalay P. 1985. Isolation of novel microbial 3α-, 3β-, and 17β-hydroxysteroid dehydrogenases. Purification, characterization, and analytical applications of a 17β-hydroxysteroid dehydrogenase from an *Alcaligenes* sp. [J]. Journal of Biological Chemistry, 260(25): 13648～13655.

Quan X, Shi H, Zhang Y, et al. 2004. Biodegradation of 2, 4-dichlorophenol and phenol in an airlift inner-loop bioreactor immobilized with *Achromobacter* sp. [J]. Separation and Purification Technology, 34(1): 97～103.

Racz L, Goel R. 2010. Fate and removal of estrogens in municipal wastewater[J]. Journal of Environmental Monitoring, 12(1): 58～70.

Raul M, Benoit G. 2006. Algal-bacterial processes for the treatment of hazardous contaminants: A review[J].

Water Research, 40(15): 2799～2815.

Ren H Y, Ji S L, Ahmad N U D, et al. 2007. Degradation characteristics and metabolic pathway of 17α-ethynylestradiol by *Sphingobacterium* sp. JCR5[J]. Chemosphere, 66(2): 340～346.

Rentz J A, Alvarez P J, Schnoor J L. 2008. Benzo[*a*]pyrene degradation by *Sphingomonas yanoikuyae* JAR02[J]. Environmental Pollution, 151(3): 669～677.

Roh H, Chu K H. 2010. A 17β-estradiol-utilizing bacterium, Sphingomonas strain KC8: Part I — Characterization and abundance in wastewater treatment plants. Environmental Science & Technology, 44(13): 4943～4950.

Sabirova J S, Cloetens L F F, Vanhaecke L, et al. 2008. Manganese-oxidizing bacteria mediate the degradation of 17α-ethinylestradiol[J]. Microbial Biotechnology, 1(6): 507～512.

Sang Y, Xiong G, Maser E. 2012. Identification of a new steroid degrading bacterial strain H5 from the Baltic Sea and isolation of two estradiol inducible genes[J]. The Journal of Steroid Biochemistry and Molecular Biology, 129(1～2): 22～30.

Satomi M, Kimura B, Mizoi M, et al. 1997. *Tetragenococcus muriaticus* sp. nov., a new moderately halophilic lactic acid bacterium isolated from fermented squid liver sauce[J]. International Journal of Systematic and Evolutionary Microbiology, 47(3): 832~836.

Shi J, Fujisawa S, Nakai S, et al. 2004. Biodegradation of natural and synthetic estrogens by nitrifying activated sludge and ammonia-oxidizing bacterium *Nitrosomonas europaea*[J]. Water Research, 38: 2322～2329.

Silva I S, Grossman M, Durrant L R. 2009. Degradation of polycyclic aromatic hydrocarbons (2～7 rings) under microaerobic and very-low-oxygen conditions by soil fungi[J]. International Biodeterioration and Biodegradation, 63(2): 224～229.

Skotnicka-Pitak J, Khunjar W O, Love N G, et al. 2009. Characterization of metabolites formed during the biotransformation of 17α-ethinylestradiol by *Nitrosomonas europaea* in batch and continuous flow bioreactors[J]. Environment Science and & Technology, 43(10): 3549～3555.

Soares A, Murto M, Guieysse B, et al. 2006. Biodegradation of nonylphenol in a continuous bioreactor at low temperatures and effects on the microbial population[J]. Applied Microbiology and Biotechnology, 69(5): 597～606.

Su Y, Mennerich A, Urban B. 2012. Synergistic cooperation between wastewater-born algae and activated sludge for wastewater treatment: Influence of algae and sludge inoculation ratios[J]. Bioresource Technology, 105: 67～73.

Takeuchi M, Hamana K, Hiraishi A. 2001. Proposal of the genus *Sphingomonas sensu stricto* and three new genera, *Sphingobium*, *Novosphingobium*, and *Sphingopyxis*, on the basis of phylogenetic and chemotaxonomic analyses[J]. International Journal of Systematic and Evolutionary Microbiology, 51: 1405～1417.

Takeuchi M, Sakane T, Yanagi M, et al. 1995. Taxonomic study of bacteria isolated from plants: Proposal of *Sphingomonas rosa* sp. nov., *Sphingomonas pruni* sp. nov., *Sphingomonas asaccharolytica* sp. nov., and *Sphingomonas mali* sp. nov.[J]. International Journal of Systematic and Evolutionary Microbiology, 45(2): 334～341.

Tanaka H, Ohta T, Harada S, et al. 1994. Development of a fermentation method using immobilized cells under unsterile conditions. 1. Protection of immobilized cells against anti-microbial substances[J]. Applied Microbiology & Biotechnology, 41: 544～550.

Tay M, Roizman D, Cohen Y, et al. 2014. Draft Genome sequence of the model naphthalene-utilizing organism *Pseudomonas putida* OUS82[J]. Genome Announcement, 2(1): e01161～e01113.

Vader J, Ginkel C, Sperling F, et al. 2000. Degradation of ethinyl estradiol by nitrifying activated sludge[J]. Chemosphere, 41(8): 1239～1243.

Wang P, Zheng D, Liang R. 2019. Isolation and characterization of an estrogen-degrading *Pseudomonas putida* strain SJTE-1[J]. 3 Biotech, 9: 61.

Watanabe W, Hori Y, Nishimura S, et al. 2012. Bacterial degradation and reduction in the estrogen activity of 4-nonylphenol[J]. Biocontrol Science, 17(3): 143～147.

Wayne L G. 1987. International Committee on Systematic Bacteriology. Report of the ad hoc committee on reconciliation of approaches to bacterial systematics[J]. International Journal of Systematic and Evolutionary Microbiology, 37: 463～464.

Weber S, Leuschner P, Kämpfer P, et al. 2005. Degradation of estradiol and ethinyl estradiol by activated sludge and by a defined mixed culture[J]. Applied Microbiology and Biotechnology, 67(1): 106～112.

Writer J H, Ryan J N, Keefe S H, et al. 2012. Fate of 4-nonylphenol and 17*β*-estradiol in the Redwood River of Minnesota[J]. Environmental Science & Technology, 46(2): 860～868.

Yabuuchi E, Yano I, Oyaizu H, et al. 1990. Proposals of *Sphingomonas paucimobilis* gen. nov. and comb. nov., *Sphingomonas parapaucimobilis* sp. nov., *Sphingomonas yanoiukuyae* sp. nov., *Sphingomonas adhaesiva* sp. nov., *Sphingomonas capsulata* sp. nov., and two genospecies of the genus *Sphingomonas*[J]. Microbiology and Immunology, 34: 99～119.

Yan J, Hu Y Y. 2009. Partial nitrification to nitrite for treating ammonium-rich organic wastewater by immobilized biomass system[J]. Bioresource Technology, 100(8): 2341～2347.

Yang Y. 2004. Characterization of An Estrogen-degrading Culture *Novosphingobium tardaugens* ARI-1[D]. Knoxville: The University of Tennessee.

Ye J S, Yin H, Qiang J, et al. 2011. Biodegradation of anthracene by *Aspergillus fumigatus*[J]. Journal of Hazardous Materials, 185(1): 174～181.

Yoshimoto T, Nagai F, Fujimoto J, et al. 2004. Degradation of estrogens by *Rhodococcus zopfii* and *Rhodococcus equi* isolates from activated sludge in wastewater treatment plants[J]. Applied & Environmental Microbiology, 70(9): 5283～5289.

Yu C P, Deeb R A, Chu K H. 2013. Microbial degradation of steroidal estrogens[J]. Chemosphere, 91(9): 1225～1235.

Yu C P, Roh H, Chu K H. 2007. 17*β*-estradiol-degrading bacteria isolated from activated sludge[J]. Environmental Science & Technology, 41(2): 486～492.

Yuan S Y, Yu C H, Chang B V. 2004. Biodegradation of nonylphenol in river sediment[J]. Environmental Pollution, 127(3): 425～430.

Zeng Q, Li Y, Gu G, et al. 2009. Sorption and biodegradation of 17*β*-estradiol by acclimated aerobic activated sludge and isolation of the bacterial strain[J]. Environmental Engineering Science, 26(4): 783～790.

Zhang T, Xiong G, Maser E. 2011. Characterization of the steroid degrading bacterium S19-1 from the Baltic Sea at Kiel, Germany[J]. Chemico-Biological Interactions, 191(1～3): 83～88.

Zhang W, Niu Z, Liao C, et al. 2013. Isolation and characterization of *Pseudomonas* sp. strain capable of degrading diethylstilbestrol[J]. Applied Microbiology and Biotechnology, 97(9): 4095～4104.

Zhang Y, Dong S, Wang H, et al. 2016. Biological impact of environmental polycyclic aromatic hydrocarbons (ePAHs) as endocrine disruptors[J]. Environmental Pollution, 213: 809～824.

Zheng D, Wang X, Wang P, et al. 2016. Genome sequence of *Pseudomonas citronellolis* SJTE-3, an estrogen- and polycyclic aromatic hydrocarbon-degrading bacterium[J]. Genome Announcement, 4: e01373～e01316.

Zohar-Perez C, Chernin L, Chet I, et al. 2013. Structure of dried cellular alginate matrix containing fillers provides extra protection for microorganisms against UVC radiation[J]. Radiation Research, 160: 198～204.

第6章　功能菌降解雌激素的途径及分子机制

6.1　好氧功能菌降解 17*β*-雌二醇的初始步骤

50 多年前，Coombe 等(1966)首次报道了从土壤中分离出的诺卡氏菌属(*Nocardia* sp.)细菌 E110 降解雌酮(E1)的途径。他们提出 E1 的 A 环裂解可由双加氧酶催化，生成 A 环间位裂解产物，该思路已成为近年来学者们探究 17*β*-雌二醇(E2)好氧降解途径的重要参考。根据 E2 降解的第一步，E2 的微生物代谢途径可归纳为以下 4 条：(a)A 环 C4 处羟基化；(b)饱和环羟基化；(c)D 环 C17 处脱水；(d)D 环 C17 处脱氢(图 6-1)。

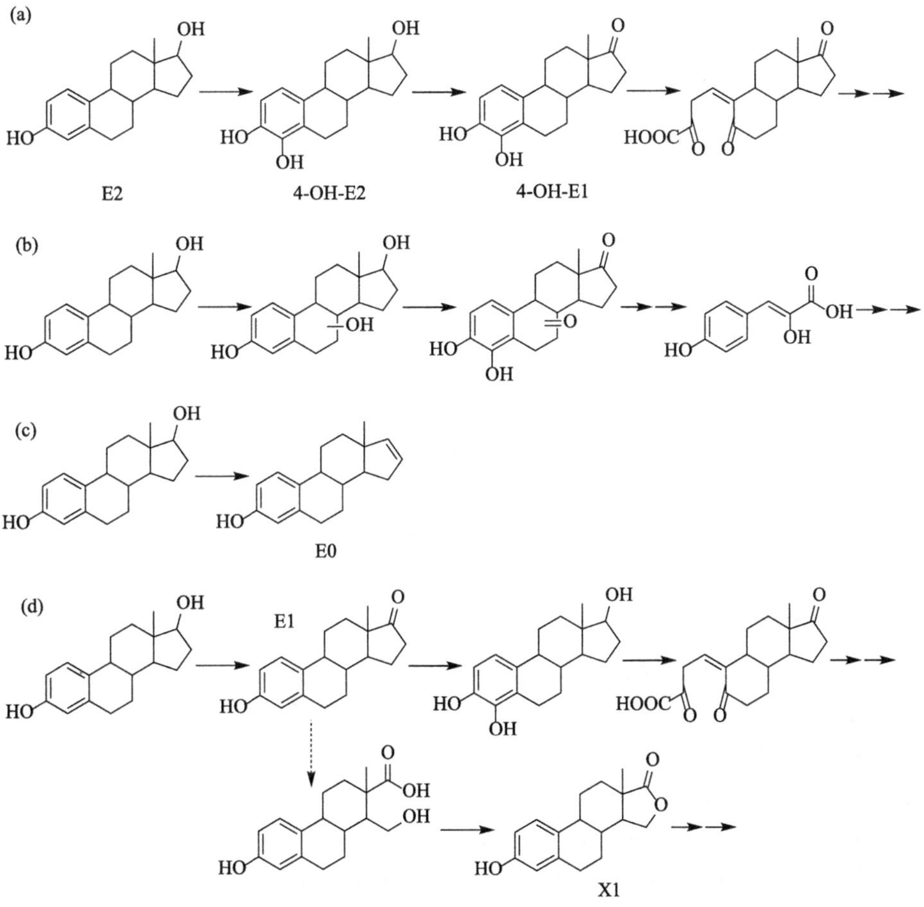

图 6-1　好氧细菌降解 E2 的上游途径

6.1.1　A 环羟基化

Kurisu 等(2010)在雌激素降解菌——鞘氨醇单胞菌(*Sphingomonas* sp.)ED8 降解 E2 的过程中检测到代谢物 4-羟基雌二醇(4-OH-E2)，表明 E2 直接在 C4 处发生了羟基化，并推测生成的 4-OH-E2 可通过间位裂解反应进入后续氧化降解[图 6-1(a)]。

6.1.2　饱和环羟基化

Kurisu 等(2010)在菌株 ED8 降解 E2 的过程中鉴定到 hydroxy-E2、keto-E2、keto-E1 和 3-(4-hydroxyphenyl)-2-hydroxyprop-2-enoic acid 等产物，明确了 E2 的不同羟基化位点，提出了 E2 的降解可始于 B 环羟基化。然而，饱和环裂解后的下游代谢途径尚未被详细描述[图 6-1(b)]。

6.1.3　D 环脱水

Nakai 等(2011)在欧洲亚硝化单胞菌(*Nitrosomonas europaea*)降解 E2 的过程中观察到一种新的代谢产物雌甾四烯(E0)，该产物由 C17 处连接的羟基与 C16 上的亚甲基氢脱水形成。此外，*N. europaea* 可将 E0 进一步降解为非雌激素化合物，但详细降解步骤尚未明确[图 6-1(c)]。

6.1.4　D 环脱氢

E2 在 C17 处脱氢，生成 E1。随后，E1 的 C4 处发生羟基化，生成 4-羟基雌酮(4-OH-E1)，再由双加氧酶介导的间位裂解反应进行后续降解(Kurisu et al., 2010)。然而，Lee 和 Liu(2002)提出了 4-OH-E1 的另一种降解途径：通过研究混合细菌对 E2 的降解，他们检测到一种新的代谢物 X1。该产物的 D 环含有一个内酯结构，且 X1 被认为能够进入三羧酸循环，矿化为 CO_2 和 H_2O[图 6-1(d)]。

6.2　真菌、细菌和藻类对炔雌醇的降解

6.2.1　真菌对炔雌醇的降解

炔雌醇(EE2)是人工合成类甾体雌激素的典型代表，与 E2 降解菌相比，自然界中的 EE2 降解菌种类相对较少。尽管如此，已有学者发现一些可有效降解 EE2 的细菌和真菌。Shi 等(2002)从牛棚环境样本中分离出一种可将 EE2 降解为一种全新的极性降解产物真菌镰刀菌(*Fusarium proliferatum*)HNS-1；Blánquez 和 Guieyssea(2008)报道了变色栓菌(*Trametes versicolor*)可在 24 h 内去除 97%的 10 mg/L EE2，并设计了基于漆酶降解的悬浮真菌生物质连续生物反应器，在连续运行了 26 d 及 120 h 的水力停留时间条件下，实现污水中雌激素的完全去除。也有直接针对由真菌分泌的酶进行的研究，分析了不同真菌酶催化天然和合成雌激素氧化的潜力。例如，由黄孢原毛平革菌(*Phanerochaete chrysosporium*)、栓菌属细菌(*Trametes* sp.)和血红密孔菌(*Pycnoporus coccineus*)分泌的锰

过氧化物酶(Suzuki et al., 2003)、辣根过氧化物酶(Auriol et al., 2006, 2008)和漆酶(Tanaka et al., 2001; Auriol et al., 2007, 2008)等已被证实可以降解 EE2。然而，这些研究尚未涉及 EE2 转化产物，因此，真菌降解 EE2 的机理尚未得到系统阐释。

6.2.2　细菌和藻类对炔雌醇的降解

除真菌外，一些细菌和藻类也可转化、降解 EE2。Ren 等(2007)报道了一株从北京某口服避孕药厂污水处理厂活性污泥中分离到的 EE2 降解菌 JCR5，根据形态、生化特性和 16S rRNA 基因序列分析，该菌株被鉴定为鞘氨醇杆菌(*Sphingobacterium* sp.)。它可以 EE2 作为唯一的碳源和能源进行生长和繁殖，30℃下可在 10 d 降解 87%的初始浓度为 30 mg/L 的 EE2。Della Greca 等(2008)研究了 11 株微藻对 EE2 的生物转化能力，结果发现有 7 株微藻对 EE2 无降解效果，而羊角月牙藻(*Selenastrum capricornutum*)、四尾栅藻(*Scenedesmus quadricauda*)、空泡栅藻(*Scenedesmus vacuolatus*)和布朗纤维藻(*Ankistrodesmus braunii*)4 株微藻能够对 EE2 进行生物转化。结果表明，*Sel. capricornutum* 可将 EE2 转化为 3 种产物——炔雌醇葡萄糖苷、3-*β*-*D*-glucopyranosyl-2-hydroxy-ethinylestradiol 和 3-*β*-*D*-glucopyranosyl-6*β*-hydroxy-ethinylestradiol，产率分别为 40%、5%和 5%；*Sce. quadricauda* 可将 EE2 转化为 17*α*-ethinyl-1、4-estradien-10、17*β*-diol-3-one，产率约 12%；*A. braunii* 可将 EE2 转化为 6-*α*-hydroxy-ethinylestradiol，产率约 25%。综合以往研究结果，EE2 微生物降解的初始步骤可归纳为以下 5 种：(a)D 环 C17 处转化为羰基；(b)B 环 C6 处羟基化；(c)A 环 C3 处 OH 转化为羰基；(d)A 环 C2 处羟基化；(e)形成结合态 EE2(图 6-2)。

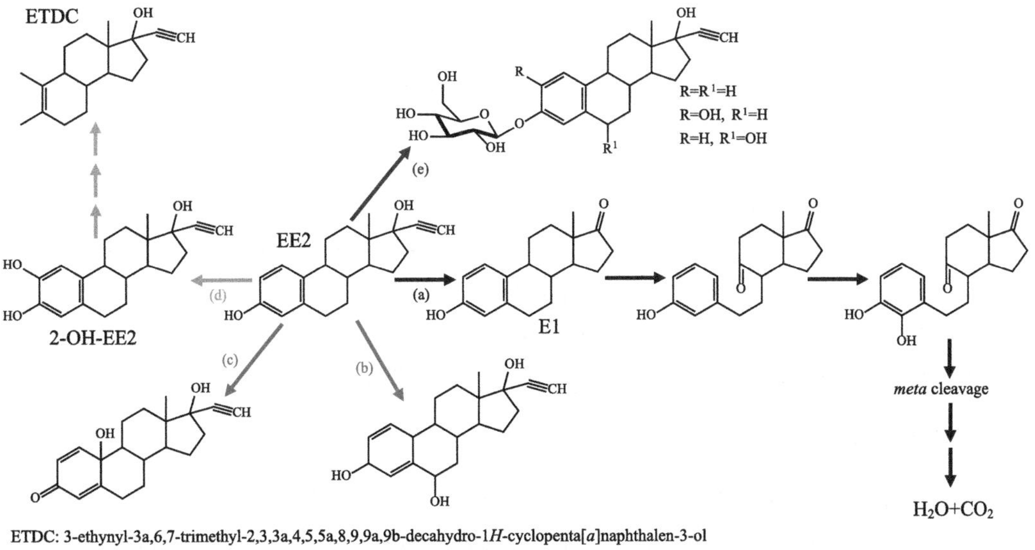
ETDC
OH
CH
R
R=R¹=H
R=OH, R¹=H
R=H, R¹=OH
HO
OH
(e)
EE2
HO
(d)
(a)
2-OH-EE2
E1
(c)
(b)
meta cleavage
H₂O+CO₂
ETDC: 3-ethynyl-3a,6,7-trimethyl-2,3,3a,4,5,5a,8,9,9a,9b-decahydro-1H-cyclopenta[a]naphthalen-3-ol

图 6-2　细菌和藻类降解 EE2 的初始步骤(Yu et al., 2013)

(1)D 环 C17 处转化为羰基：Ren 等(2007)通过 *Sphingobacterium* sp. JCR5 对 EE2 的降解，利用质谱技术检测到三种产物 3,4-dihydroxy-9,10-secoandrosta-1,3,5(10)-

triene-9,17-dione[3,4-二羟基-9,10-二雄酮-1,3,5(10)-三烯-9,17-二酮]、2-hydroxy-2,4-dienevaleric acid(2-羟基-2,4-二烯戊酸)和 2-hydroxy-2,4-diene-1,6-dioic acid(2-羟基-2,4-二烯-1,6-二酸)。由此推测，菌株 JCR5 降解 EE2 的第一步是将 EE2 的 C17 处羟基氧化成羰基，形成 E1。随后，E1 的 C9-C10 处发生基于单加氧化的 9,10-*seco* 反应，生成 C9 处连有羰基的 B 环被裂解产物。进一步地，于 A 环 C4 处羟基化后形成 3,4-二羟基-9,10-二雄酮-1,3,5(10)-三烯-9,17-二酮，其下游可继续发生 A 间位裂解反应，直至产生终产物 CO_2 和 H_2O。

(2)B 环 C6 处羟基化：此途径仅限于微藻对 EE2 的代谢。Della Greca 等(2008)报道了布朗纤维藻(*A. braunii*)可先对 EE2 的 B 环 C6 处进行羟基化。

(3)A 环 C3 处 OH 转化为羰基：此途径产生于微藻对 EE2 的代谢。Della Greca 等(2008)发现不同种类的微藻，包括羊角月牙藻(*Sel. capricornutum*)、四尾栅藻(*Sce. quadricauda*)、空泡栅藻(*Sce. vacuolatus*)和布朗纤维藻(*A. braunii*)，能够通过羟基化和羧基化将 EE2 转化为不同的代谢产物。*Sce. quadricauda* 能将 EE2 的 A 环中 C3 处的 OH 转化为羰基。

(4)A 环 C2 处羟基化：Yi 和 Harper(2007)在富集硝化培养基中观察到 EE2 的降解，并检测到产物 2-羟基炔雌醇(2-OH-EE2)，说明 EE2 的 A 环处 C2 位点发生了羟基化，且 A 环的裂解先于饱和环(B、C 或 D 环)。他们的研究结果还表明 EE2 可通过硝化细菌的共同代谢进行转化。

(5)形成结合态 EE2：该途径可在羊角月牙藻(*Sel. capricornutum*)降解 EE2 的过程中观察到。EE2 能够在 C3 位点进行羧基化反应，并于 C2 和(或)C6 位点进行羟基化反应(Della Greca et al., 2008)。

6.3　组学技术在微生物降解雌激素分子机制研究中的应用

在过去的几十年中，组学技术在生命科学研究领域，如微生物群落分析、功能基因鉴定、微生物在各类环境胁迫下响应机制的剖析等方面取得了巨大的成功。随着“后基因组时代”的到来，能够描述基因、蛋白质和代谢物表达水平的转录组学(transcriptomics)、蛋白质组学(proteomics)和代谢组学(metabolomics)等组学技术相继诞生。利用这些分析手段，可以最大限度地获悉目标生物样品特性，对各类生物分子进行定性或定量分析，找寻不同组别间差异表达的生物分子，为研究人员提供关键信息。

6.3.1　基因组学

基因组学是最早出现的组学技术，是阐释生命现象和揭示生命规律的重要手段，为分子生物学研究人员提供了极大帮助。目前，较为常用的基因组测序技术包括二代高通量测序技术和三代 PacBio 测序技术。Liang 等(2012)采用二代测序技术中的焦磷酸测序法(也称 454 测序)(Margulies et al., 2005)获取了 E2 降解菌——恶臭假单胞菌(*Pseudomonas putida*)SJTE-1 的基因组序列信息。Chen 等(2017)也采用 454 测序，完成了对雌激素降解菌——鞘氨醇单胞菌(*Sphingomonas* sp.)KC8 的全基因组测序，获得了拼接完整的菌株KC8全基因组序列。Ibero等(2019)利用Pacific Biosciences的RS II系统(三代测序技术)，完成了对 E2 降解菌——慢生新鞘氨醇菌(*Novosphingobium tardaugens*) NBRC_16725 的全基因组测序，并将序列组装到单个 contig 中，为探究菌株 NBRC_16725 中的 E2 降解基因提供了前期分析基础。

仅依靠基因组学来深入剖析功能微生物降解目标污染物的分子机制具有局限性。排除突变因素和基因的水平转移，基因组信息在微生物的生命周期中基本保持不变，研究人员很难从成千上万个基因中准确锁定真正的功能基因。然而，基因的转录水平、蛋白质表达水平、代谢产物含量及甲基化程度的改变，通常与微生物所具备的特定生物功能密切相关。因此，转录组学、蛋白质组学和代谢组学分析手段的重要性更显突出。

6.3.2　转录组学

转录组学侧重于分析特定组织或细胞中的基因在不同环境刺激或功能状态下的表达水平。目前，Northern blotting、real-time quantitative reverse transcription PCR(RT-PCR)、microarray 和 RNA-sequencing(RNA-seq)是转录组学研究过程中涉及的主要分析平台。转录组学的分析对象是特定功能状态下转录出的所有 RNA，包括转运 RNA(tRNA)、信使 RNA(mRNA)、非编码 RNA(ncRNA)等，是一种可从整体水平上研究基因转录及调控规律的分析方法。当前，转录组学技术已被广泛应用于生命科学研究领域。由于有关环境雌激素(EEs)微生物代谢的研究较少，目前，将转录组学应用到雌激素降解基因鉴定工作中的报道仅搜索到以下两篇：在雌激素降解基因鉴定工作中，Ibero 等(2020)采用转录组学分析手段，在菌株 NBRC_16725 基因组中预测出了一条可能与 E2 微生物分解代谢相关的基因簇 *edc*，结合全基因组结果发现，该基因簇由两个不同的操纵子组成；Chen 等(2017)利用转录组学分析出了与 E2 降解过程中 E1 的 4-羟基化反应相关的基因 *oecB*。除了用于降解基因鉴定，转录组学还可用于阐明微生物对外界胁迫做出响应的机制。例如，曹璇和郑晓冬(2020)对经盐胁迫培养与非盐胁迫培养 24 h 后的季也蒙迈耶氏酵母(*Meyerozyma guilliermondii*)进行了转录组测序比较，发现了 1027 个显著性差异表达基因，其中有 458 个上调基因，569 个下调基因；基因本体(gene ontology, GO)功能注释发现，经盐胁迫处理后 *M. guilliermondii* 的差异表达基因中，涉及核苷酸代谢、糖代谢及辅酶代谢的基因表达量变化较大。对差异基因进行 KEGG 通路富集分析，发现大部分富集通路都与细胞分裂和代谢有关，与 GO 富集结果吻合，推测盐胁迫可能促进了 *M. guilliermondii* 的生物代谢过程，提升了自身的复制与代谢效率，从而增强了 *M. guilliermondii* 的抗逆性。

6.3.3　差异蛋白组学

在研究环境微生物对外界胁迫所做出的响应时，mRNA 多为重点研究对象。然而，细胞中的 mRNA 水平并不能真正反映执行功能的蛋白水平，翻译效率、蛋白折叠修饰效率等都有可能导致 mRNA 与蛋白表达之间存在差异。此时，需借助蛋白组学分析。蛋白质组学研究重点关注特定条件、特定时间基因在细胞中的整体表达及翻译后修饰的情况。近年来，以同位素标记相对和绝对定量(isobaric tags for relative and absolute quantification, iTRAQ)为代表的同位素标记技术和以串联质量标签(tandem mass tags, TMT)为代表的非标记(label-free)技术，已发展成非靶向蛋白组定量的两种常用分析方法。关于将蛋白组学应用于雌激素微生物代谢研究中的报道依然十分有限，目前仅搜索到以下两项研究：Xu 等(2017)利用基于 iTRAQ 的定量蛋白质组学手段，分析了具有 E2 降解效能的恶臭假单胞菌(*Pseudomonas putida*)SJTE-1 对 E2 和葡萄糖这两种碳源响应的差异，揭示了菌株 SJTE-1 降解 E2 的机制。研究发现，以 E2 为碳源时，菌株内有 78 个蛋白的表达发生显著变化，其中上调蛋白 45 个，下调蛋白 33 个。涉及应激反应、能量代谢和运输等的上调蛋白可能对 E2 产生应答并参与其代谢；涉及电子转移和能量产生的上调蛋白可能与 E2 的吸收、转运和转化有关。Li 等(2012)利用 label-frcc 蛋白质组学方法，以雌激素降解菌——嗜麦芽寡养单胞菌(*Stenotrophomonas maltophilia*)ZL1 为研究对象，测定了其在降解 E2 或 E1 的过程中蛋白的表达水平，解析了菌株 ZL1 降解并利用 E2 进行生长的机制。研究发现，E2 向 E1 的转化量达到峰值时，一些涉及分解和合成代谢途径的酶表达量最高。在这些酶中，参与蛋白质和脂类生物合成的酶尤其活跃，并推测菌株 ZL1 能够在 E1 的饱和环上通过开环反应形成酪氨酸结构，然后利用酪氨酸进行蛋白质生物合成，达到降解并利用 E2 的目的。

6.4 功能菌降解雌激素的途径及分子机制

6.4.1 *Pseudomonas putida* SJTE-1 降解 17*β*-雌二醇的分子机制

假单胞菌以其对环境胁迫的显著耐受性和高效有机污染物降解能力而闻名，许多假单胞菌已被用于废水处理和环境生物修复(Matsumura et al., 2009; Zeng et al., 2009)。恶臭假单胞菌(*Pseudomonas putida*)SJTE-1 是一株高效的雌激素降解菌，能够以 E2 为唯一碳源进行生长，菌株 SJTE-1 首先将 E2 转化为 E1，再将 E1 转化为无雌激素活性的化学物质(Wang et al., 2019a)。基于已有的对菌株 SJTE-1 差异蛋白质组学的研究(Liang et al. 2012)，已经鉴定出菌株 SJTE-1 降解 E2 的部分关键酶和表达调控因子。菌株 SJTE-1 能够表达一种新型 17*β*-羟类固醇脱氢酶(17*β*-HSD)，催化 E2 的 C17 位点发生氧化反应。17*β*-HSD 属于短链脱氢酶/还原酶(SDR)超家族成员，它对 E2 的米氏常数(K_m)为 0.068 mmol/L、最大反应速率(V_{max})为 56.26 μmol/(min • mg)；超过 98%的 E2 能够在 5 min 内被氧化为 E1，氧化效率较其他已报道的微生物源 17*β*-HSD 更高。基因 17*β-hsd* 附近有两个调控因子编码基因 *crgA* 和 *oxyR*。过表达 *crgA* 可促进 17*β-hsd* 转录；相反，过表达 *oxyR* 则抑制 17*β-hsd* 转录。*crgA* 和 *oxyR* 基因产物可以直接与 17*β-hsd* 基因启动子区特异性位点结合：OxyR 通过特异性结合 GATA-N_9-TATC 保守模体，抑制 17*β-hsd* 的表达，而 CrgA 通过结合 T-N_{11}-A 模体，激活 *17β-hsd* 的表达。综上，17*β*-HSD 能有效地将 E2 转化为 E1，17*β*-HSD 的表达直接受 OxyR 和 CrgA 的调控(Wang et al., 2019b)。

在 17*β*-HSD 被鉴定出来之前，Wang 等(2018)还发现了一种新型 3-氧化酰基-酰基载体蛋白还原酶(3-ACPR)(ANI02794.1)，该酶可作为 17*β*-HSD 同工酶催化 E2 的 17*β*-脱氢反应。该还原酶编码基因包含两个重复区域和短链脱氢酶/还原酶(SDR)的保守残基。该

基因产物能以 NAD^+为辅助因子，将 E2 转化为 E1；K_m 为 0.082 mmol/L，V_{max} 为 0.81 mmol/(s·mg)；5 min 内可将 96.6%以上的 E2 转化为 E1。3-ACPR 的最适温度为 37℃，最适 pH 为 9.0；二价离子对酶活性有不同的影响。综上所述，3-ACPR 在菌株 SJTE-1 中具有 17*β*-HSD 的功能，二者共同确保了 E2 向 E1 的高效转化。

1. 3-氧化酰基-酰基载体蛋白还原酶的 17*β*-脱氢作用

Wang 等(2018)对菌株 SJTE-1 的全基因组(登录号 CP015876.1)进行分析发现，基因 *A210_09220* 编码 3-氧化酰基-酰基载体蛋白还原酶。转录水平分析表明，在 10 μg/mL 和 20 μg/mL 的 E2 诱导后，其转录水平分别提高了 2.8 倍和 3.6 倍；E3、E1 和 Te 对其转录水平诱导效果较差，这说明 E2 诱导表达的基因 *A210_09220*，其产物 3-氧化酰基-酰基载体蛋白还原酶可能在菌株 SJTE-1 代谢 E2 过程中发挥重要作用。

菌株 SJTE-1 的 3-氧化酰基-ACP 还原酶(ANI02794.1)大小为 255 aa(氨基酸)。序列比对显示，它包含两个与 SDR 超家族成员相同的保守序列基序，即辅因子结合序列 Gly-X-X-X-Gly-X-Gly(Rossmann-fold 基序)和活性基序 Tyr-X-X-X-Lys。该 3-氧化酰基-ACP 还原酶的结构与模板 2-(*R*)-羟基丙基脱氢酶(2cfc.1.A)的结构相似度高达 37.30%，可能也具有同型四聚体结构。它的辅因子结合基序在该蛋白的 N 端和 C 端，位于 3-氧化酰基-ACP 还原酶结构的中心。因此，3-氧化酰基-ACP 还原酶是典型的脱氢酶/还原酶(SDR)家族成员。

将 3-氧化酰基-ACP 还原酶编码基因克隆至表达载体 pET28a 中之后，导入大肠埃希氏菌(*Escherichia coli*)BL21(DE3)中进行过表达，最终获得了 C 端含 His 标签的 3-氧化酰基-ACP 还原酶重组蛋白(1 L 细胞培养液中可纯化获得约 18 mg 重组蛋白)，SDS-PAGE 显示该纯化蛋白分子量表观大小为 28.5 kDa[①]，转化 E2 的比活力为 12.36 U/mg(Wang et al., 2018)。

重组 3-氧化酰基-ACP 还原酶催化 E2 转化过程中使用 NAD^+/NADH 作为反应辅助因子，对 E2 的 K_m 值为(0.082±0.04)mmol/L，V_{max} 为(0.81±0.02)mmol/(s·mg)，酶的催化常数 K_{cat} 值为(2.1±0.09)s^{-1}，超过 96.6%的 E2 可在 5 min 内被氧化成 E1，对 NAD^+ 的特异性常数(K_{cat}/K_m)为 25.61 L/(mmol·s)。在还原反应中，该酶以 NADH 为辅因子时对 E1 的 K_m 值为(0.75±0.08) mmol/L，是以 NAD^+为辅因子时对 E2 的 K_m 值的 10 倍，说明该酶在生理环境中将优先催化 E2 氧化而非 E1 还原。此外，E2、E3 和 Te 也能被该酶氧化，但对 E3 和 Te 的反应活性仅为以 E2 为底物时的 10%～30%，说明该酶最适底物为 E2。可见，3-氧化酰基-ACP 还原酶可以催化 E2 转化，且特异性强、催化效率高。

重组 3-氧化酰基-ACP 还原酶可在 30～42℃、pH 7.0～10.0 条件下催化 E2 的氧化反应，最佳反应温度和 pH 分别为 37℃和 9.0，与其他羟化类固醇脱氢酶的反应条件相似。此外，Mg^{2+}和 Mn^{2+}可小幅刺激 3-氧化酰基-ACP 还原酶对 E2 的氧化活性，而 Ca^{2+}、Zn^{2+}、Cu^{2+}和 Ni^{2+}可明显抑制其催化活性(Wang et al., 2018)。

SDR 家族有 47000 多个成员，包括原核生物、真核生物和古菌中发现的异构酶、脱

---

① Da，道尔顿，原子质量单位，非法定，1 Da=1.66054×10^{-27}kg。

氢酶和脱羧酶(Kallberg et al., 2010)。除经典基序 GXXXGXG 和 YXXXK 外，经典 SDR 还包含由四个高度保守残基(Asn-Ser-Tyr-Lys)组成的高效催化中心，且 NAD(P)或 NAD(P)H 始终作为它们的反应辅助因子(Kallberg et al., 2010)。SDR 家族 HSD 的典型结构为中心 7 个平行的β-折叠和两侧各 3 个α-螺旋。而菌株 SJTE-1 中的 3-氧化酰基-ACP 还原酶，从其序列和结构中均可发现保守基序、SDR 家族的$\beta\alpha\beta$单元和 HSD 的保守蛋白结构 Ser-Tyr-Lys，说明 3-氧化酰基-ACP 还原酶很可能具有 HSD 的功能。

在类固醇降解菌中，属于 SDR 家族的 HSD 可能是启动类固醇化学物质转化的第一个限制性内切酶(Chang et al., 2010; Maser et al., 2001; Yu et al., 2015; Ye et al., 2017)。不乏有报道表明 3,17β-HSD 能够参与一些甾体化合物代谢，但其能否参与 E2 代谢尚不清楚。因为这些 3,17β-*hsd* 基因并不能被 E2 诱导，尽管它们的基因产物(即相应的脱氢酶)能够在体外催化 E2 的脱氢反应(Yu et al., 2015)。这意味着菌株体内可能存在参与 E2 转化的 3,17β-HSD 同工酶。

NADPH 相关的 3-氧化酰基-ACP 还原酶(EC 1.1.1.100)是脂肪酸合成酶的一个组成部分，也属于 SDR 家族(Browse et al., 1986; Schneider et al., 1997)。该酶有两种亚型，NADPH 依赖型和 NADH 依赖型。NADPH 依赖型酶参与脂肪酸的生物合成，但 NADH 依赖型酶的功能尚不清楚(Slabas et al., 1992; Safford et al., 1998)。此前，睾丸酮丛毛单胞菌(*Comamonas testosteroni*)ATCC_11996 中的 3-氧化酰基-ACP 还原酶已被证实对睾酮(Te)的降解和细菌生长具有重要意义；然而，E2 并不能诱导该基因表达(Zhang et al., 2015a)。

2. 菌株 SJTE-1 中的 17β-HSD 及其调控因子

对菌株 SJTE-1 再次进行全基因组分析后，Wang 等(2019b)预测了一个真正的 *hsd* 基因，编码 HSD_{SJTE-1} 蛋白(ANI04816.1)。其氨基酸序列和二级结构与来自红球菌(*Rhodococcus* sp.)P14、大肠埃希氏杆菌(*Escherichia coli*)MG1655、智人(*Homo sapiens*)、睾丸酮丛毛单胞菌(*Comamonas testosteroni*)ATCC_11996、镰状疟原虫(*Plasmodium falciparum*)和拟南芥(*Arabidopsis thaliana*)中的 17β-HSD 较为相似。所有这些蛋白都包含与 SDR 家族成员相似的两个保守序列基序，即用于与辅助因子结合的 N 端 Gly-X-X-X-Gly-X-Gly 基序和用于接受质子的 Tyr-X-X-X-Lys 基序。HSD_{SJTE-1} 的二级结构也含有$\beta\alpha\beta$单元，如夹在两个α-螺旋之间的β-折叠，这种结构存在于许多 SDR 蛋白中(Kavanagh et al., 2008)。HSD_{SJTE-1} 蛋白中还存在保守的 Ser-Tyr-Lys 三基序(残基 141、155、159)。其中，丝氨酸残基可能作为活性位点，高度保守的酪氨酸 155 可能作为质子受体(Beck et al., 2017)。因此，该 HSD_{SJTE-1} 应为 17β-HSD_{SJTE-1}，基因名为 17β-*hsd*。

E2 诱导下，17β-*hsd* 的转录水平提高了约 2.6 倍。E2 诱导 3 h 后，绿色荧光蛋白(green fluorescent protein, GFP)在 17β-*hsd* 基因启动子下表达增强 2.4 倍，且持续数小时，说明 17β-HSD_{SJTE-1} 可能被 E2 诱导表达，并可能在 E2 代谢中发挥作用。在 *E. coli* BL21(DE3)中克隆并表达 17β-*hsd* 基因后，经纯化可得到大小为 27.5 kDa 的 17β-HSD_{SJTE-1} 蛋白。该蛋白使用 NAD^+为反应辅助因子。17β-HSD_{SJTE-1} 在体外仅能氧化 E2 和 Te，且转化 E2 的效率高于 Te。该酶的最佳反应温度为 37℃，最优反应 pH 为 9.0，与其他 HSD 相似(Mythen et al., 2018)。另外，Mg^{2+}能显著提高反应效率，而Ca^{2+}和Cu^{2+}则显著抑制其活性。

17*β*-*hsd* 基因附近有 2 个基因 *oxyR* 和 *crgA*，分别编码两种潜在的调控因子 OxyR (ANI04815.1) 和 CrgA (ANI04817.1)。$OxyR_{SJTE-1}$和$CrgA_{SJTE-1}$蛋白均含有典型的*α*螺旋-转角-*α*螺旋基元[helix-turn-helix (HTH)]，包括 6 个在 N 端的用于与特异性 DNA 序列结合的*α*-螺旋和几个在 C 端与底物结合的*β*-链。两种调控因子中均含有用于与特异性 DNA 结合的 HTH 型调控因子的高度保守基元 LXXXXA、FXRAA、QXXL 和 TXXG；二级结构与其他属于 LysR 家族的 OxyR 调节剂和 CrgA 调节剂有相似之处。

$OxyR_{SJTE-1}$和$CrgA_{SJTE-1}$的转录可以被 E2 诱导，因此它们很可能参与 E2 某些降解步骤的调控。RT-qPCR 结果显示，过表达$CrgA_{SJTE-1}$可使基因 17*β*-*hsd* 转录增强约 2.1 倍；而过表达$OxyR_{SJTE-1}$可显著降低基因 17*β*-*hsd* 转录，说明这两种调控因子可能通过调控 17*β*-*hsd* 的转录参与 E2 的转化。为了确定 OxyR 和 CrgA 蛋白是否直接参与 17*β*-HSD 的调控，Wang 等(2019b)通过异源过表达和亲和纯化获得了$OxyR_{SJTE-1}$和$CrgA_{SJTE-1}$，其分子量分别为 34.4 kDa 和 32.4 kDa。这两种蛋白均能以较低的蛋白/DNA 比例与基因 17*β*-*hsd* 上游 118 bp 大小的片段结合。$OxyR_{SJTE-1}$蛋白与该 DNA 片段的结合比例较$CrgA_{SJTE-1}$蛋白低，表明在 17*β*-*hsd* 启动子区，$OxyR_{SJTE-1}$的结合能力较强。有趣的是，E2 的加入可促进结合到 DNA 片段上的$OxyR_{SJTE-1}$的释放，但不会促进结合到 DNA 片段上的$CrgA_{SJTE-1}$的释放，甚至有增强结合的效果。这些结果表明，$OxyR_{SJTE-1}$和$CrgA_{SJTE-1}$调节剂可通过与 17*β*-*hsd* 启动子区结合直接调控其表达，而 E2 可影响其结合能力。

为了确定 17*β*-*hsd* 基因启动子中是否存在$OxyR_{SJTE-1}$和$CrgA_{SJTE-1}$结合的保守位点，研究人员对 17*β*-*hsd* 基因上游区域进行了序列比对和保守分析。结果表明，OxyR 调控子 GATA-N_9-TATC 存在两个与 *pdh* 基因启动子区相似的保守识别和结合区(Zhang et al., 2015b)。此外，在基因 *crgA*-*17β*-*hsd* 间区还发现了可能的结合区域，即 T-N_{11}-A (Morelle et al., 2003)，该基因中一些保守位点也可能用作结合位点。

综上所述，$OxyR_{SJTE-1}$和$CrgA_{SJTE-1}$可以结合 17*β*-*hsd* 基因启动子中特异的保守位点，调控 17*β*-*hsd* 的表达。

6.4.2　*Sphingomonas* sp. KC8 降解 17*β*-雌二醇的途径及分子机制

1. 菌株 KC8 降解 E2 的产物及途径

Chen 等(2017)将菌株 KC8 与摩尔比为 1∶2 的[3,4C-^{13}C]E1 与无^{13}C 标记的 E1 在低营养培养基中进行孵育，过程中检测到至少两个含^{13}C 标记的中间产物出现了连续性生成。元素组成分析表明，其中一种化合物含有出乎意料的氮原子。为了产生足够含量的中间体用于核磁共振分析，研究人员将 500 mL 的菌株 KC8 培养液(装于 2 L 的三角瓶中)与 2 mmol/L 无^{13}C 标记的 E1 进行孵育培养。之后采用液–液分离、薄层色谱(TLC)和高效液相色谱(HPLC)对这两种 E1 衍生的代谢物(分别为化合物 1 和化合物 2)进行分离纯化，并利用核磁共振表征其结构。

首先，由电喷雾电离–高分辨质谱(ESI-HRMS)测定结果得知，化合物 1(无色油状)的伪分子离子量($[M+H^+]$)为 300.1591，推测其化学式与理论伪分子离子量为 300.1600

的化合物 $C_{18}H_{22}NO_3$ 一致。核磁共振分析结果表明，与化合物 1 的 ^{1}H-NMR 谱图结果相比，化合物 2 中除了芳环质子 H-1（δ_H 6.66）和 H-2（δ_H 6.61）的化学位移分别显著下移至 δ_H 8.05 和 δ_H 7.98，其他 H 质子吸收峰化学位移大致与化合物 1 中的相吻合，化合物 1 的 ^{13}C-NMR 数据也反映出相同结果。当将化合物 1 的 ^{13}C-NMR 数据与化合物 2 的数据进行比较时发现，两者间的主要差异在于 C-1～C-6 及 C-10 化学位移的显著前移，表明化合物 1 的 A 环结构发生了明显改变。化合物 1 的双键等价度为 9，再结合其化学式（$C_{18}H_{22}NO_3$）可知，该化合物含有一个芳香环、三个饱和环和一个位于 C-17 处的酮基。因此，C-4 处吸收峰化学位移下移至 δ_C 167.1 说明该处已形成羧基结构，且酚环（A 环）已形成吡啶结构（表 6-1）。以上分析结果共同说明，经 HPLC 纯化所得的两个代谢产物分别为吡啶酮酸（化合物 1）和 4-羟基雌酮（化合物 2）。

表 6-1　化合物 1 和化合物 2 的 ^{1}H-NMR 和 ^{13}C-NMR 数据（Chen et al., 2017）

C 原子编号	化合物 1		化合物 2	
（位点）	$^1H^{a,b}$	^{13}C	$^1H^{a,b}$	^{13}C
1	8.05 d	138.2	6.66 d	117.1
2	7.98 d	123.8	6.61 d	113.3
3		146.7		143.5
4		167.1		143.5
5		157.3		125.0
6	3.21 m	31.8	2.94 dd	24.6
	3.09 m		2.63 m	
7	2.48 m	26.3	2.38 m	27.2
8	1.72 m	38.4	1.47 m	39.4
9	2.48 m	45.1	2.21 m	45.4
10		141.5		133.0
11	2.19 m	26.6	2.10 m	27.4
	1.60 m		1.37 m	
12	1.95 br d	32.5	1.89 m	32.9
	1.52 m		1.44 m	
13		49.6		49.4
14	1.61 m	51.3	1.54 m	51.7
15	2.50 m	22.4	2.09 m	22.5
	1.73 m		1.68 m	
16	2.52 dd	36.6	2.51 dd	36.8
	2.16 dd		2.15 dd	
17		223.0		224.0
18	0.94 s	14.2	0.93 s	14.3

注：a，以氘代甲醇为溶剂；b，化学位移（δ）以 ppm 为单位。各类吸收峰峰型描述如下：m，多重峰；s，单峰；br，宽峰；d，二重峰；dd，双二重峰。

根据以上结果可以推测，菌株 KC8 可按图 6-3 所示途径降解 E2。E2 首先通过脱氢作用被氧化为 E1，随后经过单加氧反应被氧化为 4-OH-E1，紧接着可能通过基于 C4-C5 位点的间位裂解反应(双加氧反应)生成 A 环间位裂解产物，并与环境中的 NH_4^+ 发生非生物介导的缩合反应，形成以吡啶酮酸为代表的吡啶衍生物。

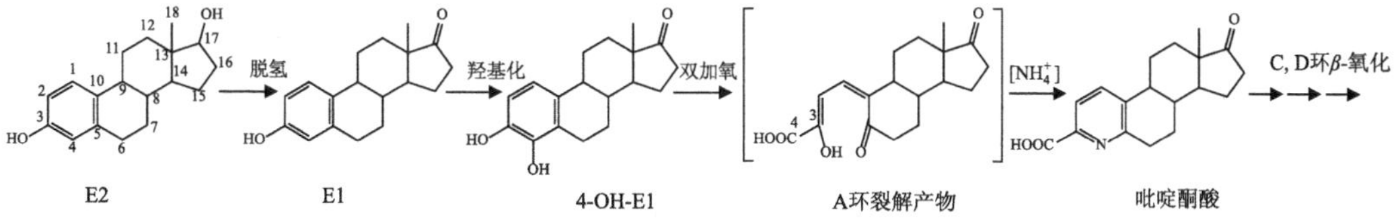

图 6-3　菌株 KC8 中 E2 的好氧降解途径(4,5-*seco* 途径)(Chen et al., 2017)

吡啶衍生物的激素活性采用基于 *lacZ* 的酵母雌激素筛选试验。结果发现，吡啶酮酸的激素活性很低，可以忽略不计。通过对以 E1 为唯一碳源、铵盐为唯一氮源培养条件下的菌株 KC8 的代谢物进行鉴定，结果发现 E1 的消耗情况和细菌培养物中分解代谢中间产物的连续生成相一致。在以硝酸盐为唯一氮源的化学培养基中，菌株 KC8 同样可以产生吡啶酮酸，尽管产量较低，但说明菌株 KC8 通过裂解酚环(A 环)消除雌激素活性。

2. 菌株 KC8 中的 E2 降解基因及酶系

为明确菌株 KC8 中的 E2 降解基因及酶系，首先对该菌株进行了全基因组测序。结果表明，菌株 KC8 全基因组大小为 4.12 Mb，包含 3889 个预测的蛋白编码基因，G + C 含量为 63.7%，NCBI 登录号为 CP016306。该菌株基因组中 3β,17β-羟基类固醇脱氢酶基因 *oecA*(KC8_09390)可在以 Te 和 E2 为碳源培养条件下的菌株 KC8 细胞中呈现类似的表达情况，说明该基因产物 OecA 有可能负责睾酮(Te)和 E2 的 C-17 脱氢过程。通过对菌株 KC8 培养物的雌激素代谢物进行分析，明确了菌株 KC8 中一种黄素依赖的单加氧酶[如类似于睾丸酮丛毛单胞菌(*Comamonas testosteroni*)中的 TesA2(Horinouchi et al., 2004)、结核分枝杆菌(*Mycobacterium tuberculosis*)中的 HsaA(Dresen et al., 2010)]和一种外二醇双加氧酶[如菌株 *C. testosteroni* 中的 TesB(Horinouchi et al., 2001)]、菌株 *M. tuberculosis* 中的 HsaC(Yam et al., 2009)可能直接参与了 E2 的降解。根据以上线索，研究人员在菌株 KC8 基因组中鉴定出 15 个基因，分别编码一些外二醇双加氧酶；此外，还发现了菌株 KC8 染色体中存在 3 个 *tesA2* 类似基因 *KC8_03565*、*KC8_16650* 和 *KC8_19650*，可能编码与 E2 代谢过程相关的单加氧酶。随后，鉴定了菌株 KC8 中的两个基因簇 I 和 II，E2 诱导下呈特异性表达。因此，基因簇 I 中的基因 *oecB*(KC8_16650)和基因簇 II 中的基因 *oecC*(KC8_05325)可能分别编码参与 E2 代谢的黄素依赖单加氧酶(或称雌激素的 4-羟化酶)和外二醇双加氧酶(或称 4-羟基雌酮 4,5-双加氧酶)。同源蛋白家族的聚类分析(clusters of orthologous groups, COG)表明，基因簇 II 中的基因可能参与次级代谢(17 个基因中有 4 个，包括 *oecC*)或萜类和脂类代谢(17 个基因中有 11 个，如编码 β-氧化酶的基因)。此外，这些基因中的大部分(17 个基因中有 14 个)在 E2 诱导条件下呈现更高水平的表达，与在 Te 培养条件下的相比，转录水平提高了至少 20 倍。相应的产物可能参与了雌激素 A/B 环的降解。

菌株 KC8 还可以通过好氧代谢途径降解 Te (Roh and Chu, 2010)。在菌株 KC8 基因组中，聚集雄激素分解代谢基因的基因簇III (*KC8_01010*～*KC8_01090*)，其产物与 *C. testosteroni* 中参与 β-氧化过程的酶系具有较高的同源性(68.1%)，可能参与了类固醇的 C/D 环降解(Horinouchi et al., 2012)；此外，基因簇 III 同样受到 Te 和 E2 的诱导表达。除菌株 KC8 外，其他好氧雌激素降解菌的基因组中也发现了高度保守的基因簇，包括 *Altererythrobacter estronivorus* MH-B5 (Qin et al., 2016) 和 *Novosphingobium tardaugens* NBRC_16725 (Fujii et al., 2003)。

为了验证基因 *oecA*、*oecB* 和 *oecC* 的功能，研究人员首先将 *oecA* 在 *E. coli* BL21 (DE3) 中过表达为 C 端含有 His 标签的融合蛋白 $OecA_{His}$。所生成的细胞提取物对 E2 和 Te 具有脱氢酶活性。而未获得含有 *oecA* 基因质粒的 *E. coli* BL21 (DE3) 细胞提取物未检出 17β-羟基甾体脱氢酶活性。这说明菌株 KC8 可利用 OecA 完成 E2 和 Te 的 C-17 脱氢。

随后，采用基于 4-羟基雌酮 4,5-双加氧酶 OecC 活性的分馏策略，分三步从 E1 培养的菌株 KC8 细胞提取物中提取所分泌的 OecC。SDS-PAGE 分析显示，经活性凝胶过滤池收集后的目的蛋白分子量约为 33 kDa，与理论分子量大小基本一致。液相色谱-串联质谱(LC-MS/MS)分析表明，由胰蛋白酶从该蛋白带分解形成的肽段与菌株 KC8 中的 OecC 胰蛋白酶的产物一致。随后，借助超高效液相色谱-电喷雾电离质谱联用技术(UPLC-ESI-MS)表征了 A 环间位裂解产物的结构特征。该物质在约 393 nm 处具有特征吸收峰，进一步表明它是一种间位裂解产物(Heiss et al., 1995; Yam et al., 2009)。研究还测量了该产物在 pH 为 5.0～10.0 范围内时的摩尔消光系数，pH 为 8.0 时，摩尔消光系数表现出微弱的增加。在含有 $OecC_{His}$[由基因 *oecC* 在 *E. coli* BL2 (DE3) 中的异源表达获得，为 N 端含有 His 标签的重组蛋白]和 4-OH-E1 的体外测定实验中，由于反应体系顶部空气中存在 $^{18}O_2$(97%)，导致两个 ^{18}O 原子掺入此裂解产物；当在合适的氮供体环境下孵育时，该化合物发生了非生物介导的转化反应，并产生了吡啶酮酸。对一系列常见的可能氮供体(如氨基酸和铵)进行测试，发现铵态氮是唯一适合的氮供体。此外，吡啶酮酸的生成呈现底物浓度依赖性，这进一步证实了 OecC 在 E2 降解中的作用。研究发现，$OecC_{His}$ 的最适 pH 为 8.0，最适温度为 30℃，其对天然底物 4-OH-E1 的米氏常数(K_m)为(170±20) μmol/L；其对 4-OH-E1 的催化常数(K_{cat})为(80±9) s^{-1}；对 4-OH-E1 的表观特异性常数(K_{cat}/K_m)为(0.47±0.02) s/(μmol/L)。凝胶过滤层析分析表明 $OecC_{His}$ 的分子量约 260 kDa，表明该重组蛋白以同源八聚体的形式存在。通过电感耦合等离子体质谱(ICP-MS)分析，发现每摩尔 $OecC_{His}$ 中含 0.55 mol 铁。在各类含有儿茶酚结构的底物中，$OecC_{His}$ 对 4-OH-E1 的外二醇双加氧酶活性最高。与生理底物相比，$OecC_{His}$ 对 2,3-二羟基联苯的活性较弱，该物质是 2,3-二羟基联苯-1,2-双加氧酶(BphC)的典型底物(Eltis et al., 1993; Heiss et al., 1995)；此外，$OecC_{His}$ 还不能以 3,4-二羟基苯甲酸、儿茶酚、3-氯儿茶酚、4-氯儿茶酚、3-甲基儿茶酚或 4-甲基儿茶酚为底物。在 UniProtKB/Swiss-Prot(已在蛋白水平上验证过功能的酶)和 NCBI 数据库对 OecC 的氨基酸序列进行比对分析发现，与之最相似的序列属于 I 型外二醇双加氧酶家族。该家族成员具有的重要特点为需要一个金属离子作为辅助因子，通常是 Fe^{2+}。已证实乙二胺四乙酸(EDTA)对 OecC 活性具有明显的抑制作用，表明铁对于此类双加氧酶实现其催化活性具有关键作用。系统发育分析显示，来自三种雌激素降解菌的类 OecC 蛋白均与其他 I 型外二醇双加氧酶家族成员分离，形成了一簇明显的分支，表明 OecC 类蛋白具有一定新颖性。

然而，*oecB* 尚未得到在蛋白水平上的功能验证，但基因组和转录组分析表明，基因产物 OecB 可能催化 E1 的 4-羟基化反应，生成 4-OH-E1。菌株 KC8 基因组中存在三个类 *tesA2* 基因，其中两个与其他雄激素降解基因聚集(如 *tesD*、*tesE*、*tesF* 和 *tesG*)，与 Te 降解菌 *C. testosteroni* 的基因组中情况相似(Horinouchi et al., 2012)。此外，这两个基因在菌株 KC8 好氧降解 Te 的过程中表达上调，而基因 *oecB* 仅在 E2 诱导培养过程中表达。在已获得深入研究的 9,10-*seco* 裂解模式中，相应的 4-羟化酶包括黄素依赖型加氧酶组分(如 HsaA 和 TesA2)和黄素还原酶组分(如 HsaB 和 TesA1)，且在所有已被研究的细菌中，加氧酶和还原酶组分编码基因都聚集在一起(Dresen et al., 2010; Horinouchi et al., 2004)。然而，菌株 KC8 中的 *oecB* 和其他类 *tesA2* 基因附近未发现黄素还原酶基因，这与以往报道有所不同。

目前尚未完成对菌株 KC8 的遗传学操作，因而无法通过基因敲除技术实现菌株 KC8 中雌激素分解基因的功能验证，其中，鞘氨醇单胞菌细胞表面存在较厚的鞘氨醇糖脂，以及缺乏合适的鞘氨醇单胞菌基因转移载体可能是制约该技术进一步发展的主要因素(Saito et al., 2006)。实际上，全基因组分析结果表明，菌株 KC8 中存在至少 15 个外二醇双加氧酶，尚不能完全排除其他外二醇双加氧酶在 4-OH-E1 的间位裂解中所发挥的作用。一般情况下，间位裂解途径多需要[2Fe-2S]铁氧还蛋白的参与，它能使催化转化过程中氧化的外二醇双加氧酶的金属离子重新活化(Cerdan et al., 1995; Hugo et al., 2000)，但 KC8 基因组并未发现这种铁氧还蛋白编码基因。

尽管雄激素和雌激素具有明显不同的 A 环结构，但细菌对两者的降解都会产生一种带有芳香 A 环的分解中间体 3-羟基-9,10-secoandrosta-1,3,5(10)-三烯-9,17-二酮。菌株 KC8 使用与之前报道的 E2 降解菌高度相似的生化机制，裂解由雄激素和雌激素衍生的芳香 A 环，但所涉及的分解代谢酶不尽相同。另外，菌株 KC8 对雄激素和雌激素 A 环的分解代谢明显受 RNA 水平的调控。*oecB* 和 *oecC* 在 E2 培养的 KC8 细胞中特异性表达，而 *tesA2* 和 *tesB* 在 Te 诱导培养的细胞中表达上调。雄激素和雌激素的 A/B 环通过不同的途径降解后，所产生的 C/D 环残留的中间体在结构上可能会高度相似。菌株 KC8 中与 C/D 环裂解相关的保守基因簇(基因簇 III)的存在，以及这些基因在 Te 和 E2 诱导下的相似表达情况共同表明，菌株 KC8 极有可能使用相同的基因产物参与雄激素和雌激素 C/D 环的降解。

随后，Wu 等(2019)利用超高效液相色谱-高分辨质谱(UPLC-HRMS)对菌株 KC8 降解 E2 的下游途径中部分代谢产物进行了鉴定，并检测出 4-norestrogen-5(10)-en-3-oyl-coenzyme A 及与之密切相关的含有共轭消除结构的化合物 4-norestrogenic acid。通过二维核磁共振分析可知，4-norestrogenic acid 的结构如图 6-4 所示。菌株 KC8 培养过程中 4-norestrogenic acid 的胞外分布和积累表明，菌株 KC8 无法进一步降解该产物。此外，还观察到一种常见类固醇代谢物 3a*α*-*H*-4*α*(3′-propanoate)-7a*β*-methylhexahydro-1,5-indanedione(HIP)的积累和后续消耗。推测 2-酮酸氧化还原酶(2-oxoacid oxidoreductase)

催化 A 环间位裂解产物的氧化脱羧反应，去除 C-4，生成 4-norestrogen-5(10)-en-3-oyl-CoA。随后，B 环通过水解反应被裂解，所形成的 A/B 环裂解产物通过 β-氧化反应形成常见的类固醇代谢物 HIP。此外，研究人员还发现，不同甾体的 A 环和 B 环可至少通过三条途径被降解，这些途径最终都会汇聚于 HIP，并通过共同的 HIP 中心途径降解。

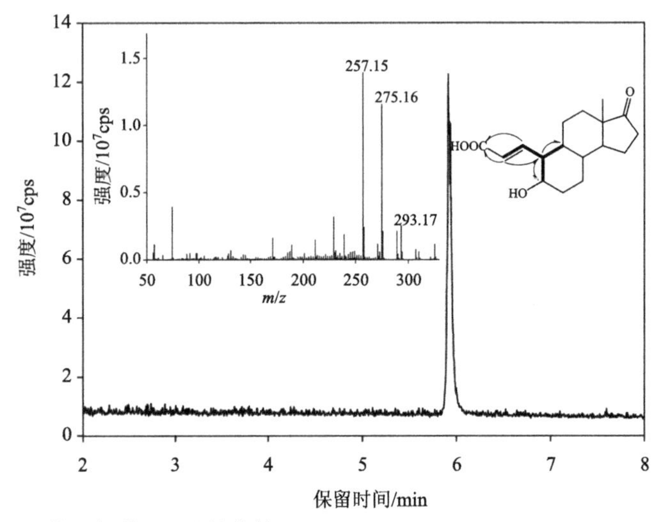

图 6-4　薄层色谱(TLC)纯化的 4-norestrogenic acid UPLC-APCI-HRMS 图和其可能的产物结构(Wu et al., 2019)

Wu 等(2019)发现基因 *KC8_05315* 编码吲哚丙酮酸铁氧还蛋白氧化还原酶(IOR)家族成员[图 6-5(a)]。该酶家族的成员包含二磷酸硫胺和[4Fe-4S]簇，并催化 2-氧酸(如丙酮酸、苯丙酮酸、吲哚-3-丙酮酸和 2-氧戊二酸盐)的脱羧，形成它们的辅酶 A 衍生物(Mai and Adams, 1994; Tersteegen et al., 1997; Yan et al., 2016)。A 环间位裂解产物的 C-3 和 C-4 为典型的 2-酮酸结构；因此，A 环间位裂解产物和 CoA 很可能作为菌株 KC8 中 2-酮酸氧化还原酶的底物，通过由其催化的氧化脱羧产生 4-norestrogen-5(10)-en-3-oyl- CoA，同时去除 C4[图 6-5(b)]。

基因 *KC8_05370* 编码 3-羟基-3-甲基戊二酰辅酶 A 合成酶(3-hydroxy-3-methylglutaryl-CoA synthase)的同源蛋白；该酶可使用由 E1 衍生的辅酶 A 酯代谢物作为底物。编码 β-氧化酶的基因存在于菌株 KC8 的基因簇 II 中，例如酰基辅酶 A 脱氢酶基因 *KC8_05380* 和 *KC8_05310*、烯酰辅酶 A 水合酶基因 *KC8_05355* 和 *KC8_05360*、β-羟酰辅酶 A 脱氢酶基因 *KC8_05375*、硫解酶/醛缩酶基因 *KC8_05345* 和 *KC8_05365*(图 6-5)。菌株 KC8 不能降解固醇或胆酸；因此，这些 β-氧化基因不参与侧链降解，且参与类固醇侧链降解的基因簇(van der Geize et al., 2007; Capyk et al., 2009; Rosłoniec et al., 2009; Casabon et al., 2013; Holert et al., 2013)也不存在于菌株 KC8 的基因组中。推测这些 β-氧化基因可能参与图 6-6 所示过程。在两个硫解酶/醛缩酶基因中，KC8_05345 的氨基酸序列与 *Sterolibacterium denitrificans* 中的醛缩酶(SDENv1_10308，相似度 45%)(Warnke et al., 2017)和 *Pseudomonas* sp. strain Chol1 中醛缩酶(C211_11377，相似度 47%)(Holert et al., 2013)的氨基酸序列具有较高的相似度。以上两种酶均负责将 C22 甾体化合物的辅

酶 A(C_{22}-oyl-CoA)转化为雄甾体-1,4-二烯-3,17-二酮(androsta-1,4-diene-3,17-dione)，这表明 KC8_05345 可能催化代谢产物 12 的 CoA 酯侧链降解，生成 HIP(代谢产物 13)。

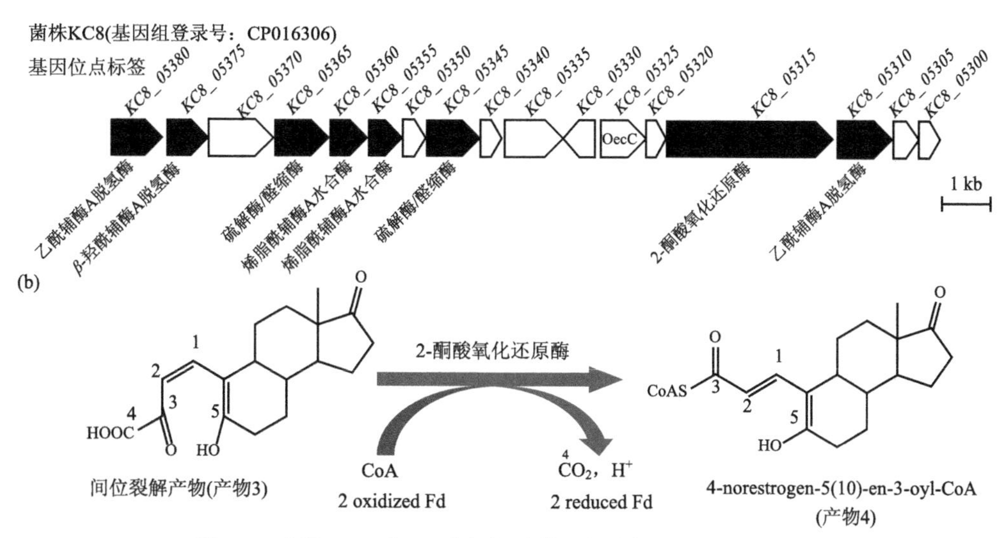

图 6-5　菌株 KC8 中 E2 降解相关基因簇分析(Wu et al., 2019)

(a)菌株 KC8 基因簇 II 中 β-氧化酶和 2-酮酸氧化还原酶编码基因的鉴定；(b)2-酮酸氧化还原酶(KC8_05315)对间位裂解产物的氧化脱羧作用；Fd，铁氧还蛋白

两项证据表明，菌株 KC8 使用相同的基因产物来降解雄激素和雌激素的 C 和 D 环：① 菌株 KC8 基因组中存在一个涉及类固醇 C 环、D 环降解的保守基因簇(基因簇 III)；② 该基因簇成员可在 E1 和 Te 诱导下表达(Chen et al., 2017)。C、D 环降解相关基因簇广泛分布于 Te 和胆固醇降解菌中(Bergstrand et al., 2016; Holert et al., 2018)，HIP 是相关基因产物的关键底物。结核分枝杆菌(*Mycobacterium tuberculosis*)中分解代谢 HIP 的途径曾被报道(Crowe et al., 2017)；在该途径中，甾体化合物 D 环在 EchA20 催化下水解，随后又在双组分水合酶 IpdAB 催化下完成 C 环裂解(对菌株 KC8 中相关基因已进行了鉴定)。在菌株 KC8 降解 E1 的过程中，代谢产物 HIP 的检出及基因簇 III 的表达表明，雌激素 D 环的裂解也先于 C 环的降解。因此，菌株 KC8 好氧降解雌激素的途径中，甾体骨架打开顺序依次为 A、B、D、C(图 6-6)。

6.4.3　*Novosphingobium tardaugens* ARI-1 降解 17β-雌二醇的途径及分子机制

Ibero 等(2020)利用转录组分析技术鉴定了菌株 *Novosphingobium tardaugens* NBRC_16725(即菌株 ARI-1)中一条参与 E2 分解代谢的基因簇 *edc*，并建立了适合菌株 ARI-1 的遗传操作方法，通过定点突变，实现 *edc* 基因簇中部分基因的敲除，再结合表达型质粒完成基因回补，观察野生型和突变型菌株 ARI-1 表型，验证了所敲除基因在 E2 分解代谢中的精确作用。基于其试验结果得出，E2 首先被菌株 ARI-1 中的 17β-羟基类固醇脱氢酶(17β-HSD，编码基因位于 *edc* 基因簇外)脱氢为 E1；随后，由细胞色素 P450 酶 EdcA 催化 E1 的 4-羟基化反应，生成 4-OH-E1；所生成的 4-OH-E1 在 4-羟基雌酮-4,5-

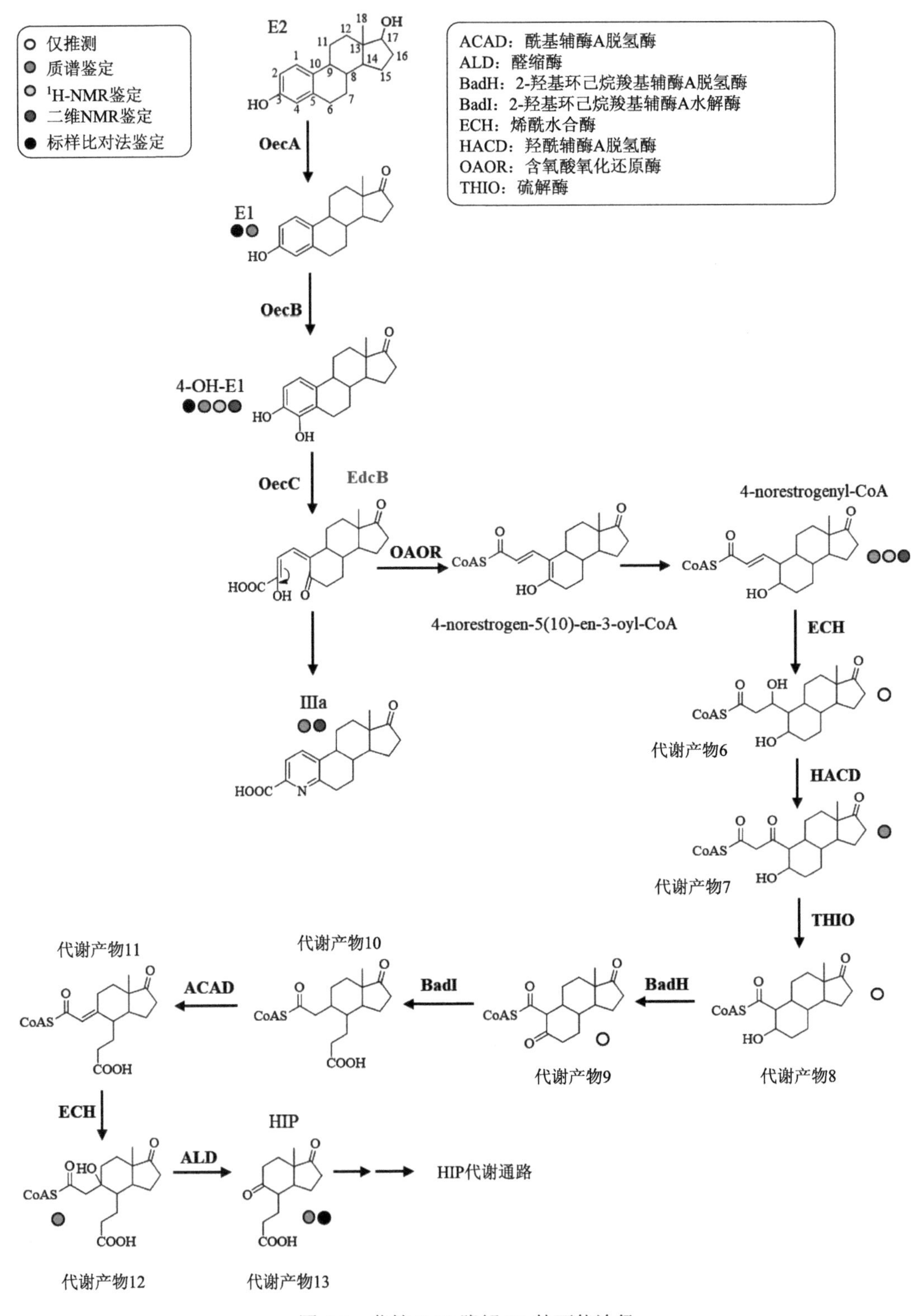

图 6-6　菌株 KC8 降解 E2 的可能途径

双加氧酶 EdcB 作用下，催化 C4-C5 的 4,5-*seco* 反应，生成 A 环间位裂解产物。后期代谢过程中将生成常见的中间体 3*aα*-*H*-4α(3′-propanoate)7*a*-*β*-methylhexahydro-1，5-indanedione(HIP)。此外，Tonb 依赖的受体蛋白 EdcT 可能参与了雌激素摄取。菌株 ARI-1 降解 E2 的可能途径如图 6-7 所示。

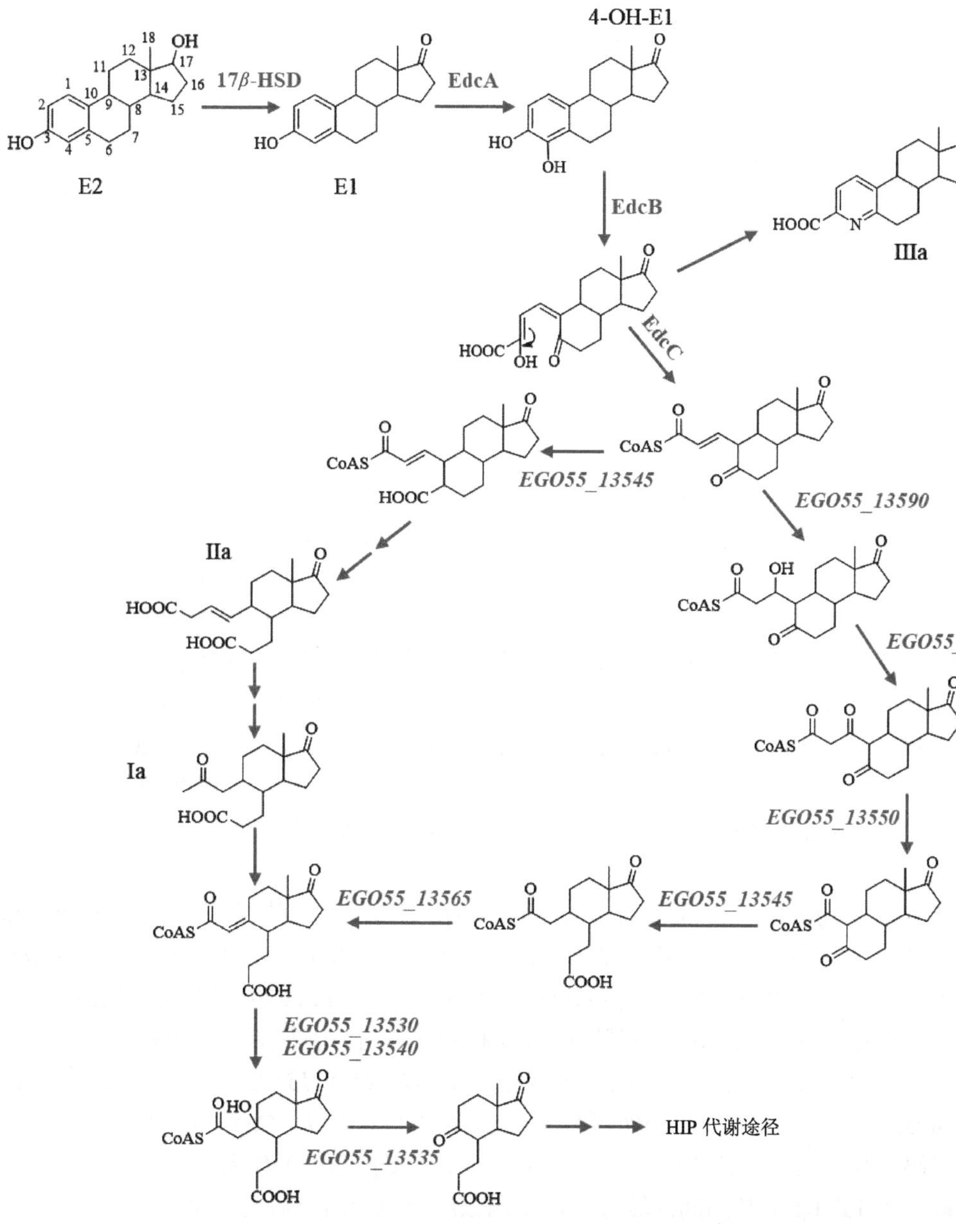

图 6-7　菌株 ARI-1 降解 E2 的可能途径及分子机制(Ibero et al., 2020)

1. E2 诱导下菌株 ARI-1 的转录组分析

为了确定 E2 降解相关基因的表达，Ibero 等(2020)分别使用丙酮酸(PYR)和 E2 作为基础碳源(对照组)和激素类碳源(处理组)，对菌株 ARI-1 诱导培养后进行 RNA-seq 分析。差异表达分析发现，E2 诱导下，共计 1368 个基因(总计 3980 个基因)呈现差异表达，其中上调基因 600 个，下调基因 768 个。此外，该菌株以 E2 为碳源时的转录组数据与以 Te 为碳源时的转录组数据具有一定的相似之处(Ibero et al., 2019)，包括对 *EGO55_13695*～*EGO55_13795*(*SD* 基因簇)的诱导、对甲基丙二酰降解相关基因簇的诱导及钴胺素合成途径相关基因的高表达。例如，Ibero 等(2019)的前期工作证明了由基因 *EGO55_02230* 编码的 17β-HSD 负责 E2 向 E1 的转化，随后他们发现，*EGO55_02230* 在 Te 诱导下呈现相似的表达情况(Ibero et al., 2020)，说明其产物可能既负责 Te 的 17β-脱氢反应，也负责 E2 的 17β-脱氢反应。然而，在 E2 诱导下呈现特异性转录水平上调的是一段包含基因 *EGO55_13520*～*EGO55_13600* 的区域，推测其可能参与 E2 的降解，并被命名为雌激素降解基因簇 *edc*。

2. 基因簇 *edc* 的开放阅读框(ORF)分析

基因簇 *edc* 位于染色体 *EGO55_13520*～*EGO55_13600* 的 55.8 kb 范围内[图 6-8(a)]。该区域包含两个大的基因簇：① 由 16 个开放阅读框(open reading frame, ORF)组成的 *edc* 基因簇，该基因簇在 E2 诱导下转录水平上调；② 由 26 个 ORF 组成的 *SD* 基因簇，该基因簇在 E2 和 Te 诱导下均呈现转录水平的轻微上调。Ibero 等(2019)前期研究结果表明，该基因簇可能参与了菌株 ARI-1 对 Te 的降解，包含负责类固醇 C/D 环裂解的基因，即 HIP 降解过程，HIP 可能是类固醇降解过程中普遍能够形成的一类下游代谢产物(Horinouchi et al., 2006; Casabon et al., 2013; Barrientos et al., 2015; Wu et al., 2019)。

位于 *SD* 和 *edc* 基因簇之间的 16 个基因编码多种蛋白质，包括调节蛋白、外膜转运蛋白和几种与代谢相关的酶，但它们在类固醇代谢过程中执行的具体功能有待进一步研究证明。

菌株 ARI-1 的 *edc* 基因簇与 *Sphingomonas* sp. KC8 的 II 基因簇相似(Chen et al., 2017)。此外，在其他一些已完成全基因组测序的雌激素降解菌中，如 *Altererythrobacter* sp. MH-B5(Qin et al., 2016)和 *Sphingobium* sp. AXB(Qin et al., 2020)也发现了类似于 *edc* 的基因簇。尽管具有相似之处，但基因的方向和操纵子的基因组成并不相同。

edc 基因簇由两个不同的推测操纵子 OpA(*EGO55_13525*～*EGO55_13565*)、OpB(*EGO55_13570*～*EGO55_13600*)和一个分化表达的基因 *EGO55_13520* 组成，该基因可能编码参与该通路的转录调节因子 TetR。操纵子 OpA 和 OpB 表现出不同的转录情况，并被一个 137 bp 的基因间区域分开，推测该区域包含两个启动子序列。

OpA 操纵子可能编码了细胞色素 P450(CYP450)羟化酶(*EGO55_13525*，其在 E2 降解中的作用尚不清楚)；还有一组基因编码了水合酶(*EGO55_13530*，与 *chsH2* 类似)、脂质转移酶(*EGO55_13535*)、烯酰辅酶 A 水合酶/异构酶(*EGO55_13540*)、2-酮环己烷羧基辅酶 A 水解酶(*EGO55_13545*)、乙酰辅酶 A 酰基转移酶(*EGO55_13550*)、3-羟基-3-

甲基戊二酰辅酶 A 合成酶(*EGO55_13555*)、3-羟脂酰-CoA 脱氢酶(*EGO55_13560*)和酰基辅酶 A 脱氢酶(*EGO55_13565*)。其中一些酶与脂质代谢相关的酶具有同源性。值得注意的是，菌株 ARI-1 的 *EGO55_13540* 基因大于图 6-8(a)中所示同源基因。这说明了菌株 KC8 中同源基因 *KC8_05355* 和 *KC8_05350* 很可能进行了融合。基于 Illumina 和 PacBio 的基因组测序及转录组分析等多种方法可证实，这种融合并不是序列伪产物。因此，*EGO55_13540* 基因可能具有双重功能。

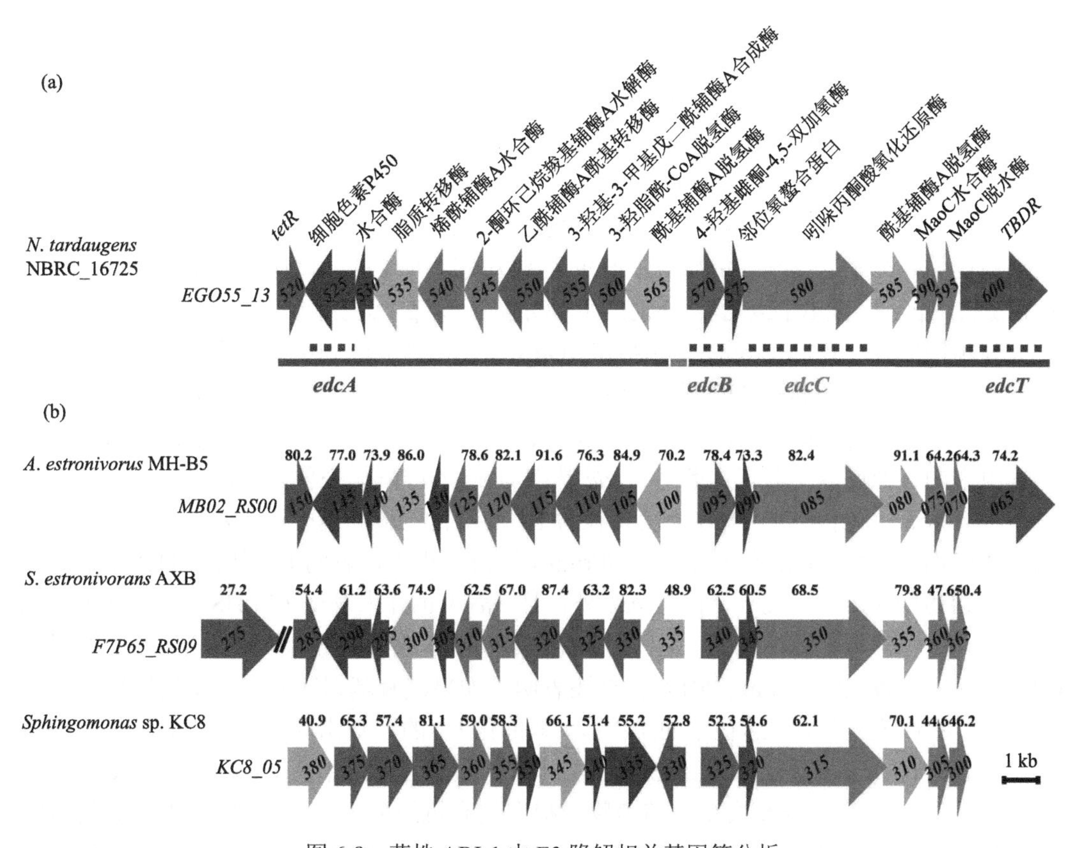

图 6-8　菌株 ARI-1 中 E2 降解相关基因簇分析

(a)基因簇 *edc* 草图(GenBank 登录号 CP034179)(Ibero et al., 2020)。双同源重组删除的区域用一行线表示；缺失的基因用虚线标记。(b)其他 3 株雌激素降解菌中的雌激素降解功能基因簇。各 ORF 上方数字表示其下方基因产物与菌株 ARI-1 中相似基因产物的同源性，单位：%

操纵子 OpB 可能编码 4-羟基雌酮-4,5-双加氧酶 EdcB(*EGO55_13570*)，与菌株 KC8 中的 4-羟基雌酮-4,5-双加氧酶 OecC 具有 52.3%的同源性(Chen et al., 2017)。该酶属于类乙二醛酶家族，可能参与 4-OH-E1 的间位裂解反应。*EGO55_13575* 基因编码一种含有邻位氧螯合(VOC)结构域的蛋白，可能是催化一系列高度多样化反应的酶家族中的一员，包含酶如乙二醛酶 I、外二醇双加氧酶、博来霉素耐药蛋白、磷霉素耐药蛋白和甲基丙二酰 CoA 异构酶。*EGO55_13580*(*edcC*)基因编码吲哚丙酮酸铁氧还蛋白氧化还原酶(IOR)家族成员。EdcC 与 *KC8_05315* 基因产物具有 62.1%的同源性，属于 IOR 家族。基于该家族其他成员的活性特征，推测该酶参与菌株 KC8 中间位裂解产物的脱羧(Wu et al., 2019)。在芳香族氨基酸的代谢过程中，IOR 负责 2-氧基酸的氧化脱羧，生成相应的乙酰辅酶 A 衍生物(Mai and Adams, 1994; Kletzin and Adams, 1996; Schut et al., 2001)。该间位裂解产物的 C3 和 C4 碳同时具有 2-酮酸结构，且此化合物可以作为该家族的酶的底物，如 EdcC。*EGO55_13585* 基因编码酰基辅酶 A 脱氢酶。*EGO55_13590* 和 *EGO55_13595* 基因编码两种 MaoC 水合酶。*EGO55_13600* 基因编码 Tonb 依赖的受体(TBDR)[图 6-8(b)]。

3. 基因簇 *edc* 的功能分析

能够对菌株 ARI-1 进行转化操作是利用遗传工具验证雌激素降解相关基因功能的关键。截至 2021 年，除了菌株 ARI-1，尚未有任何一种能够进行遗传学操作的雌激素降解菌被报道。为了证明由 OpA 和 OpB 操纵子组成的基因簇 *edc* 是否真正参与了 E2 分解代谢，Ibero 等(2020)构建了两个大型敲除突变体。第一种，删除了 *edc* 基因间区域(包括两个假设的操纵子启动基因 P_a-P_b)，产生了无法表达所有 *edc* 基因的 *Δ*Prom 菌株；第二种，删除 OpA 和 OpB 操纵子，分别产生 *Δ*OpA 和 *Δ*OpB 突变株。

与预期结果一致，*Δ*Prom、*Δ*OpA 和 *Δ*OpB 突变菌株无法利用雌激素进行生长，但它们能够在营养肉汤培养基(NB)和以 Te 为唯一碳源与能源的无机盐培养基中生长。这说明了基因簇 *edc* 对雌激素的降解至关重要，且 OpA 和 OpB 操纵子非冗余，因而不能被基因组中的其他操纵子取代。此外，*edc* 基因与 Te 的降解无必要联系。

将 *Δ*Prom、*Δ*OpA 和 *Δ*OpB 突变体在含 E2 的富营养培养基中进一步培养，以研究中间甾体产物的积累情况。结果表明，*Δ*Prom 可使 E1 积累，表明 E2 向 E1 的转化未受影响，17*β*-HSD 编码基因位于基因簇 *edc* 外，且 *edc* 中也并未发现 17*β*-HSD 编码基因，说明该基因位于其他染色体位上。这与在菌株 KC8 基因簇 II 内部发现的 17*β*-HSD 编码基因分布状况一致(Chen et al., 2017)。这还表明，如果没有基因簇 *edc*，E1 的后续代谢无法进行，说明雌激素降解途径中的第二步，即催化 E1 的羟基化反应的酶由 *edc* 基因簇编码。此外，在 *Δ*OpA 中也检测到 E1 的积累，说明 E1 的羟基化酶应编码于 OpA 操纵子中。在从 *Δ*Prom 和 *Δ*OpA 突变体培养物中提取的有机组分中，未发现除 E1 外的其他中间产物，说明 E1 不能被菌株 ARI-1 中的其他蛋白修饰，除了 *edc* 基因簇所编码的酶。

有趣的是，在 *Δ*OpB 突变株培养物的 HPLC-MS 分析中，鉴定出一个 *m*/*z* 为 286 的化合物呈现积累趋势。该化合物与 4-OH-E1 的标准对照品具有相同的洗脱时间和 *m*/*z*。OpB 操作子包含 *EGO55_13570* 编码基因，该基因被注释为 2,3-二羟基联苯-1,2-双加氧酶编码基因，其产物与能够将 4-OH-E1 转化为间位裂解产物的 4-羟基雌酮-4,5-双加氧酶 OecC (Chen et al., 2017)具有 52.3%的同源性。因此，4-OH-E1 的积累可能与双加氧酶活性缺失有关。此外，在 *Δ*OpB 突变株培养物中可检测到 4-OH-E1，表明 E1 的羟化酶基因位于 OpA 操纵子中。

4. 特定 *edc* 基因缺失后菌株 ARI-1 的可培养状态分析

为了确定部分 *edc* 基因在 E2 代谢中的功能，研究人员分别对细胞色素 P450 基因 *edcA*、外二醇双加氧酶基因 *edcB* 和吲哚丙酮酸铁氧还蛋白氧化还原酶基因 *edcC* 三个基因进行了敲除，构建了相对应的 ΔedcA、ΔedcB 和 ΔedcC 突变株。随后，检测了突变型菌株与野生型菌株对 E2 的利用能力，并探究了中间代谢产物的积累情况。上述三个基因可能分别负责 E1 的前三个降解步骤。

研究发现，ΔedcA、ΔedcB 和 ΔedcC 突变株在 E2 作为唯一的碳源和能源时表现出生长受损，而值得注意的是，通过表达缺失基因的突变体在质粒上的反式互补，突变株在 E2 上的生长能力得以恢复，这表明缺失只影响部分特定基因。

紧接着，将这些突变株在含 E2 的 NB 培养基中进行培养，并检测中间代谢产物的积累情况。HPLC-MS 分析显示，每个突变株都有其独特的代谢物积累模式。ΔedcA 突变株可积累 E1，表明 *EGO55_13525* 基因可能参与了 E1 羟基化。为了证实这一假设，我们用能够表达 *edcA* 基因的质粒对 ΔProm 突变株(缺乏表达 *edc* 基因簇中所有基因的能力)进行了回补。研究发现，当 ΔProm(pSEVA23edcA) 菌株在含 E2 富 NB 培养基中生长时能够检测到 4-OH-E1 的产生，说明细胞色素 P450 酶 EdcA 确实是负责 E1 羟基化反应的关键酶。考虑到在哺乳动物中，E1 和 E2 羟基化大多是由细胞色素 P450 酶催化的，这一结果具有合理性(Lønning et al., 2011)。然而，此结果与 Chen 等(2017)的提议有所出入，他们认为黄素单加氧酶 OecB 是菌株 KC8 中负责 E1 羟化的关键酶。对于 *edcB* 基因，ΔedcB 突变株能够积累 4-OH-E1，说明 *edcB* 基因产物 4-羟基雌酮-4,5-双加氧酶能够催化 4-OH-E1 的氧化反应，此项结果与 Chen 等(2017)的报道一致。对于 *edcC* 基因，ΔedcC 突变株能够积累与吡啶酮酸相对应的 m/z ($[M+H]^+$) 为 300 的一种代谢产物。吡啶酮酸为菌株 KC8 降解 E2 过程中的代谢副产物，该化合物在铵离子存在条件下，可由降解过程中所形成的 A 环间位裂解产物与氨发生自发的缩合反应形成。上述结果表明，A 环的间位裂解产物应为 EdcC 的底物。与本结果一致的是，菌株 KC8 的基因簇 II 中存在与 EdcC 同源的吲哚丙酮酸铁氧还蛋白氧化还原酶，该酶能够对 A 环间位裂解产物进行脱羧，同时将乙酰辅酶 A(CoA)分子连接到新生成的羧基残基上，从而为该化合物的进一步降解做铺垫(Wu et al., 2019)。而在没有该酶的情况下，所生成的 A 环间位裂解产物无法参与进一步降解，并会自发地与铵缩合环化，形成一个吡啶结构。

5. EdcA 体外催化 E1 羟基化

将 *edcA* 基因克隆到 pET29a 表达载体中，获得 pETedcA 重组质粒，使 EdcA 以 C 端含 His 标签的融合蛋白在 *E. coli* BL21(DE3)中过表达成为 $EdcA_{His}$。SDS-PAGE 结果表明，在异丙基-*β*-D-硫代半乳糖吡喃糖苷(IPTG)存在下，可顺利产生 $EdcA_{His}$。随后，利用体外实验检测 CYP450 的酶活性，将 *E. coli* BL21(DE3) (pETedcA)粗提物孵育 30 min 后观察其对 E1 的氧化情况。HPLC 图谱表明，粗提物作用于 E1 后，谱图中出现一个新的产物，其保留时间(RT)和质谱结果与 4-OH-E1 标准品一致(RT 为 16.10 min，m/z 为 287)。此外，EdcA 对 E2 也能够表现出羟化酶活性，但对 E3 未表现出催化活性。

6. *edcB* 基因功能的遗传学分析

为证明 *edcB* 基因确实编码了催化 4-OH-E1 氧化的 4-羟基雌酮-4,5-双加氧酶，研究人员将 *edcB*(*EGO55_13570*)和 *edcA*(*EGO55_13525*)基因一起克隆在由 P_b 启动子控制的

pSEVA23PlexA 载体上构建重组质粒，并将其转化至 ΔProm 突变株中，生成 ΔProm (pSEVA237-Pb-edcAB)。与此同时，还构建了由 P_b 启动子控制的仅携带 *edcA* 基因的菌株 ΔProm (pSEVA237-Pb-edcA) 和不携带任何基因的空质粒菌株 ΔProm (pSEVA237PlexA)，分别作为阴性对照和空白对照。值得注意的是，菌株 ΔProm (pSEVA237-Pb-edcA) 与上面提到的菌株 ΔProm (pSEVA23edcA) 非常相似，但在最后一个例子中，*edcA* 基因是受 PlexA 启动子控制而非 P_b 启动子。

将上述三种菌株分别于含 E1 的 NB 培养基上进行培养，并提取有机相，分析各中间代谢产物的积累情况。HPLC-MS 分析表明，ΔProm (pSEVA237-Pb-edcAB) 培养物中含有保留时间为 3.13 min 的产物峰，而 ΔProm (pSEVA237-Pb-edcA) 和 ΔProm (pSEVA23PlexA) 这两株对照菌株的培养物中未出现此峰。正如预期的那样，ΔProm (pSEVA237-Pb-edcA) 积累了 4-OH-E1，所得结果可与 ΔProm (pSEVA23edcA) 所显示的结果相呼应。在 ΔProm (pSEVA237-Pb-edcAB) 菌株培养物中积累的保留时间为 3.13 min 的产物峰对应 *m/z* 为 300 的化合物，与吡啶酮酸一致 (Chen et al., 2017)。该结果强烈支持 EdcB 可以 4-OH-E1 为底物，且是 A 环裂解所必需的。

7. *edcC* 基因功能的遗传学分析

为证明基因 *edcC* 在 4-OH-E1 降解中的作用，研究人员将 *edcC* 基因克隆到质粒 pSEVA237-Pb-edcAB 中，并将所生成的重组质粒导入 ΔProm 突变株中。将获得的菌株 ΔProm (pSEVA237-Pb-edcABC) 于含 E1 的 NB 培养基上进行培养，再利用 HPLC-MS 分析其有机相组分。原则上，由 EdcA 和 EdcB 连续催化而形成的吡啶酮酸在 EdcC 的脱羧作用下少有积累趋势。结果发现，一个保留时间为 12.76 min 的产物峰仅在 ΔProm (pSEVA237-Pb-edcABC) 培养物的有机相中被检出。这个峰可能对应于质荷比为 290 的某化合物在脱水之后所形成的分子离子峰 $(M-H_2O+H)^+$。该质荷比与解共轭 (即不含 CoA) 化合物 M5 的质荷比一致，而已知 M5 是菌株 KC8 中一种由间位裂解产物经脱羧作用和辅酶 A 活化得到的中间体 (Wu et al., 2019)，因此该化合物在 ΔProm (pSEVA237-Pb-edcABC) 菌株培养过程中的积累说明 EdcC 在间位裂解产物的脱羧过程中起到重要作用。

6.4.4 *Novosphingobium* sp. ES2-1 降解 17*β*-雌二醇的途径及分子机制

1. 菌株 ES2-1 降解 E2 的产物

利用 HRMS 结合稳定性 $^{13}C_3$ 标记方法，首先鉴定出了 6 个上游 E2 代谢产物 [图 6-9 (a)]。如分析方法中所强调的，① 由于三个中子的差异，代谢产物与其相对应的 $^{13}C_3$ 标记物的理论分子量差值 (*D*-value) 为 (3.0098±0.0005) u；② 代谢产物和其相对应的 $^{13}C_3$ 标记物的相对强度比值为 2∶1；③ 代谢产物与其相对应的 $^{13}C_3$ 标记物具有相同的保留时间；④ 非生物对照组中没有检出相应的产物峰。试验发现了两个 *m/z* ($[M+H]^+$) 分别为 271.1702 和 274.1799 的化合物，它们之间的 *D*-value 为 3.0097 u，相对强度比为 2∶1.11，且出峰时间一致，阴性对照组中并未检出 *m/z* 为 271.1702 或

274.1799 的产物峰。由此推断，该化合物为 E1(P1)，是 E2 的第一步降解产物。运用类似的方法，推测出了 E1 下游的 5 种代谢产物 $C_{18}H_{22}O_3$(P2)、$C_{18}H_{22}O_4$(P3)、$C_{18}H_{22}O_5$(P4)、$C_{18}H_{22}O_6$(P5)和 $C_{18}H_{22}O_7$(P6)，它们的 *m/z* 分别为 287.1648、303.1592、319.1543、335.1494 和 351.1427；与它们对应的含 $^{13}C_3$ 标记的化合物的 *m/z* 分别为 290.1748、306.1693、322.1608、338.1604 和 354.1526，两者之间的 *D*-value 和相对强度比值也都接近理论值[图 6-9(b)]。此外，由于灭活对照组中强度大于 10^3 的 *m/z* 主要集中在 212.0752～290.1749，而产物 P3～P6 及其对应的 $^{13}C_3$ 标记物的 *m/z* 均不在该范围内，故确定 P3～P6 来源于微生物代谢，而不是非生物转化所得。非生物处理组中虽然也能够检出 P1、P2 所对应的 *m/z*，但其信噪比极低，属于背景范围内的杂信号，故而不能将它们判定为因非生物转化得到的产物。因此，生物处理组中检测到的 P1、P2 必源于生物降解。通过以上化合物的分子量信息还可得知，菌株 ES2-1 可以通过连续的氧化反应对 E2 进行降解。

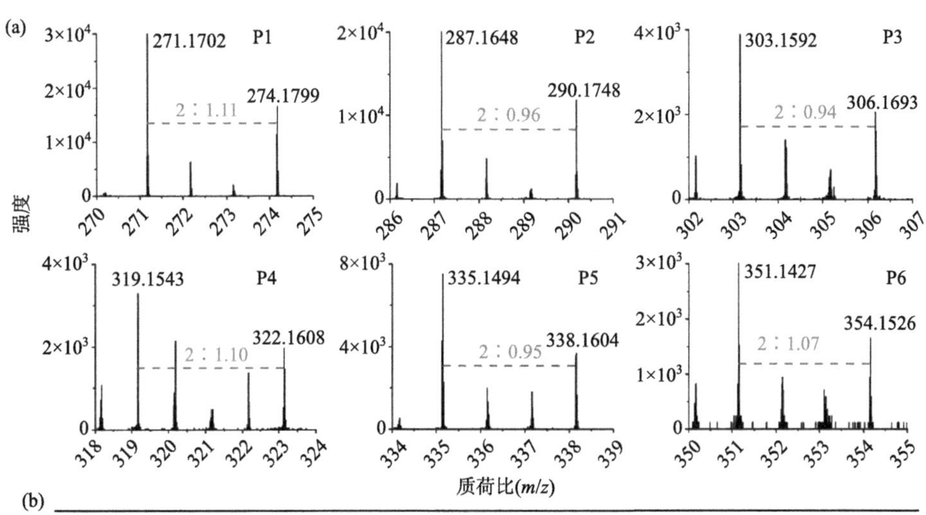

(b)

产物	保留时间/min	$m/z[M+H]^+$ 实验值	$m/z[M+H]^+$ 理论值	质量准确度/ppm	质量差值 *D*-value/u
P1	3.040	271.1702	271.1693	0.2	3.0097
$^{13}C_3$-P1		274.1799	274.1791	0.1	
P2	3.053	287.1648	287.1641	0.4	3.0100
$^{13}C_3$-P2		290.1748	290.1739	0.4	
P3	2.913	303.1592	303.1591	0.1	3.0101
$^{13}C_3$-P3		306.1693	305.1689	0.8	
P4	3.040	319.1543	319.1540	0.2	3.0065
$^{13}C_3$-P4		322.1 608	322.1638	–0.2	
P5	3.028	335.1494	335.1489	0.4	3.0110
$^{13}C_3$-P5		338.1604	338.1587	0.2	
P6	3.040	351.1427	351.1438	–0.3	3.0099
$^{13}C_3$-P6		354.1526	354.1536	–0.3	

注：ppm表示误差。

图 6-9　HRMS 结合 $^{13}C_3$ 同位素标记鉴定到的 6 种 E2 上游代谢产物

实验还观察到，在不同的生物降解时间点，各代谢物与 $^{13}C_3$ 标记代谢物的相对强度比同样接近理论值[图 6-10(a)]。这说明上面检测到的 6 种产物及与它们相对应的 $^{13}C_3$ 标记物之间的相对强度比符合理论值，并非实验中出现的偶然现象，这进一步增大了上述 6 种化合物为 E2 代谢产物的可能性。此外，随着降解的持续推进，以上 6 种代谢产物均无明显积累趋势，大部分产物呈现先增后减的趋势，尤其是P1、P2和P5[图6-10(b)]。可见，菌株 ES2-1 对 E2 的降解能够持续进行，最终达到矿化 E2 的效果。

(a)

产物	培养时间					
	9h	12h	15h	18h	21h	24h
P1	2∶0.97	2∶1.04	2∶1.01	2∶1.00	2∶0.98	2∶1.11
P2	2∶0.98	2∶1.11	2∶0.95	2∶0.96	2∶1.04	2∶1.07
P3	2∶1.08	2∶0.93	2∶0.92	2∶0.94	2∶0.93	2∶0.93
P4	2∶1.19	2∶0.94	2∶1.09	2∶1.10	2∶0.87	2∶0.98
P5	2∶0.98	2∶1.15	2∶1.08	2∶0.95	2∶1.27	2∶1.19
P6	2∶1.03	2∶0.92	2∶0.88	2∶1.16	2∶1.08	2∶0.78

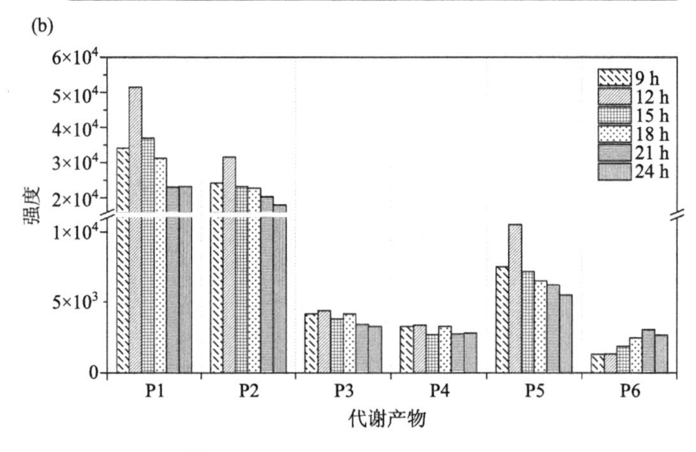

图 6-10　6 种产物与相应的 $^{13}C_3$ 同位素标记物的相对强度比值以及产物含量的时间分布

为了进一步探讨 E2 代谢产物的化学结构，利用制备色谱对 E2 微生物代谢产物进行分离纯化，再利用 ^{1}H-NMR 对所得产物的结构进行分析。所分析数据包括化学位移(δ，以 ppm 为单位)、耦合常数(J，以 Hz 为单位)和各吸收峰的积分值。各类吸收峰峰型描述如下：s，单峰；d，二重峰；dd，双二重峰；q，四重峰；t，三重峰；m，多重峰；br，宽峰)。然而，在之前所推测的 6 种产物中，仅分离到了少量的产物 P2[图 6-11(a)]，但还分离到了 2 种之前没有被推测出来的未知产物 N5 和 P8。LC-MS 分析显示，这两种未知化合物的 m/z([M+H]$^+$)分别为 308.1 和 371.1[图 6-11(b)和(c)]。

随后，利用 ^{1}H-NMR 对上述 3 种制备所得产物的结构进行分析，并以 E1 标准品的 ^{1}H-NMR 图谱[图 6-12(a)]作为对照。由图 6-12(a)可知，3 个位于低场区(δ 6.0～7.5)的吸收峰分别代表 3 个芳环质子 H-1(δ_H 7.09 d, J = 8.5 Hz)、H-2(δ_H 6.56 d, J = 3, 8.5 Hz)和 H-4(δ_H 6.51 d, J = 2.5 Hz)。高场区(δ 1.0～3.0)复杂的共振信号表示 E2 的 3 个饱和环(B、

C、D 环)上的 15 个亚甲基质子。

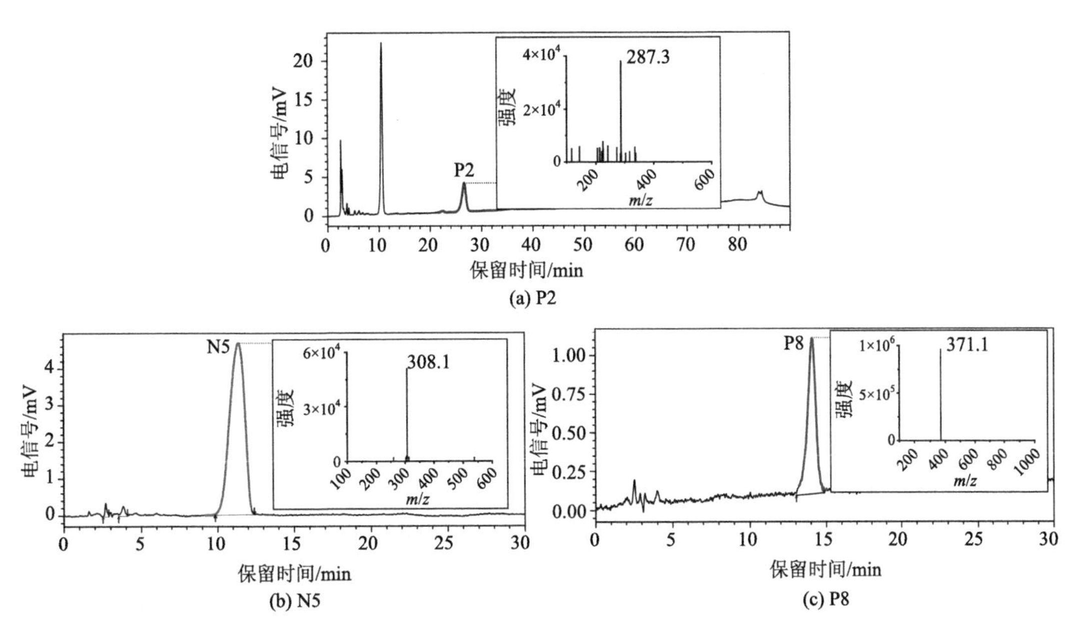

(a) P2

(b) N5

(c) P8

图 6-11　制备色谱纯化得到的 3 种 E2 代谢产物 P2、N5 和 P8 的 LC-MS 图谱

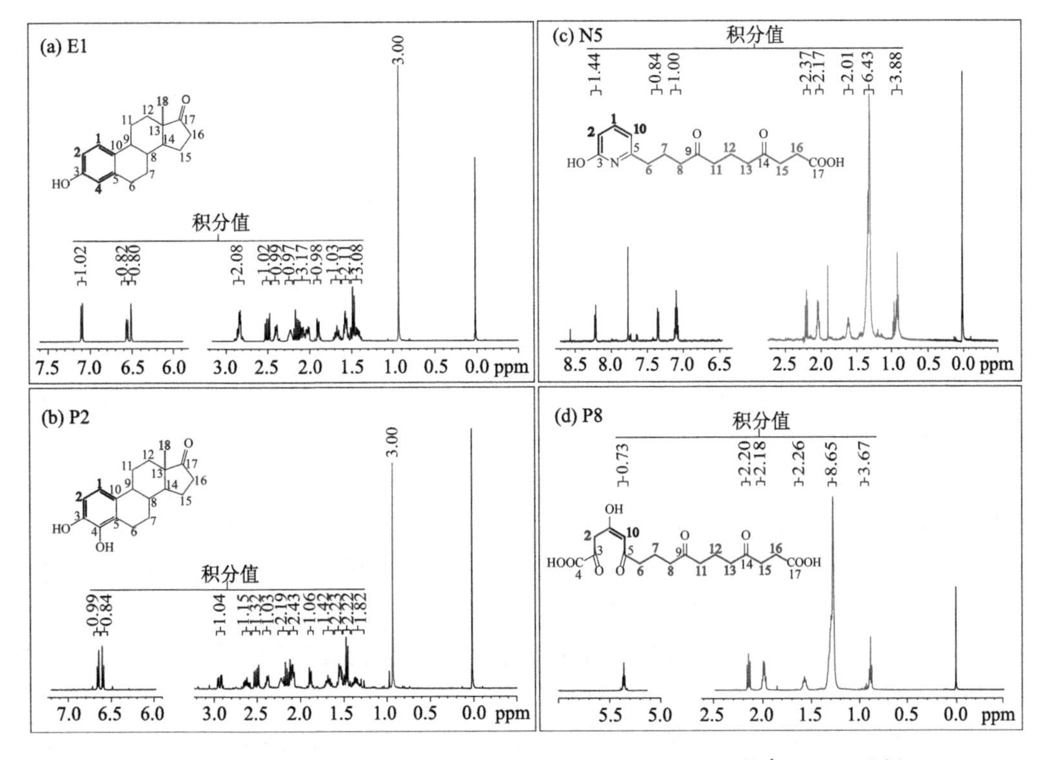

图 6-12　E1(对照)、产物 P2 和两种未知代谢物 N5 和 P8 的 ^1H-NMR 分析

P2 的 ^{1}H-NMR 图谱如图 6-12(b)所示，由于在低场区只观察到两组吸收峰，其化学位移分别为 δ_H 6.58(d, J = 8.5 Hz)和 δ_H 6.64(d, J = 8.5 Hz)，表明 P2 中只存在两个芳环质子且彼此相邻。与 E1 相比，位于化学位移为 δ_H 7.09 处的吸收带消失了，说明此处的芳香质子被带有活性氢的官能团取代。结合 m/z 信息推断，该官能团只可能是羟基。因此，P2 被鉴定为 4-OH-E1。

与苯酚质子的化学位移相比，N5 中 3 个向低场区轻微移动的吸收带说明 N5 含有连接活性氢的吡啶结构[图 6-12(c)]。由 N5 的 m/z 信息可知，该官能团为羟基。另外，因在 δ_H 1.32 处出现了一个积分值高达 6.43 的粗糙单峰，推测 N5 可能具有长链酮结构。与 E1 相比，位于高场区(δ 0.8～2.3)的吸收峰相对简单，这意味着该长链酮结构具有一定对称性，从而表现出吸收峰重叠且积分值增加。此外，原本位于 δ 0.93 处、积分值为 3.00 的单峰消失了，说明 C-18 已经丢失。综合以上数据，N5 的核磁共振信号与相对应的结构分配如下：δ 0.8～1.0 区域的多重峰代表了 C7 和 C12 上的 4 个亚甲基质子；位于 δ_H 1.32(d, J = 4.5 Hz)和 δ_H 1.34(d, J = 4.5 Hz)的共振信号代表 C8、C11 和 C13 上的 6 个亚甲基质子；由低场到高场的其余三组吸收峰分别代表 H-6(δ_H 2.21 t, J = 7 Hz)、H-15(δ_H 2.05 q, J = 5.5 Hz)和 H-16(δ_H 1.62 t, J = 7.5 Hz)。

P8 的 ^{1}H-NMR 图谱如图 6-12(d)所示。δ 1.33 处有一个类似于 N5 中相同化学位移处的宽单峰，其积分值比 N5 中相同化学位移处的单峰高，这表明 P8 含有类似于 N5 的长链酮结构，且结构长度有所延伸。另外，研究还在 δ_H 5.36(t, J = 4.5 Hz)处观察到一个积分值接近 1 的三重峰，意味着苯酚结构已经被破坏，只剩下含有一个质子的烯烃结构，导致 P8 表现出与 N5 相似的长链结构，但比 N5 的长链结构更长。综合考虑，位于 δ_H 0.92(m)的多重峰最可能代表 H-7 和 H-12；位于 δ_H 1.34(m, br)的多重宽峰分别代表 C6、C8、C11 和 C13 上的 8 个亚甲基质子；位于 δ_H 2.21(t, J = 7.5 Hz)、δ_H 2.05(q, J = 6.5 Hz)和 δ_H 1.62(t, br, J = 7.5 Hz)的吸收峰分别与 P8 结构中的 H-2、H-15 和 H-16 吻合。烯烃上只有一个质子，说明另一个质子被一个含有反应性质子的基团所取代。由于其 m/z($[M+H]^+$)为 371.1，则该基团只可能为羟基。综上，P8 的预测结构如图 6-12(d)所示。

2. 菌株 ES2-1 降解 E2 的途径

因 2 种新的代谢产物 P8(具有长链酮结构)和 N5(具有长链酮和吡啶结构)的发现，推测菌株 ES2-1 可通过多条途径代谢 E2(图 6-13)。

(1)E2 通过 *C* 路径被氧化成具有长链酮结构的代谢物。E2 先被氧化成 E1，再被氧化成 4-OH-E1，随后或通过 9,10-*seco* 氧化反应裂解 4-OH-E1 的 B 环形成 P3，或通过 4,5-*seco* 途径裂解 A 环形成 P4，并最终汇集于 A、B 环均被打开的 P5。下游的两个连续的单加氧反应进一步裂解 C、D 环，形成具有长链酮结构的代谢物 P6 和 P7。因 P8 无吡啶结构，且分子量高于 P7，推测 P8 是通过该途径产生的位于 P7 下游的代谢产物。HRMS 结合 $^{13}C_3$ 标记也证明了 P7 和 P8 的存在[图 6-14(a)]。

(2)E2 通过 *N* 路径被氧化为具有长链酮和羟基吡啶结构的代谢物。E2 先后被氧化成 E1、4-OH-E1，随后，或通过 9,10-*seco* 氧化反应生成 B 环裂解产物 P3，再通过 4,5-*seco* 氧化反应生成苯酚开环产物 P5；或通过 4,5-*seco* 氧化反应先直接生成酚环开环产物 P4。

从 P4、P5 开始，所有酚环裂解产物均可随机地与环境中的 NH_4^+ 发生缩合反应，生成吡啶衍生物，同时失去一个含 C4 的羧基。这些吡啶衍生物可利用与 *C* 路径类似的氧化模式进一步被裂解为同时具有长链酮和羟基吡啶结构的代谢物。N1～N5 作为该路径可能的产物，其存在也被 HRMS 结合 $^{13}C_3$ 标记所证实[图 6-14(b)]。

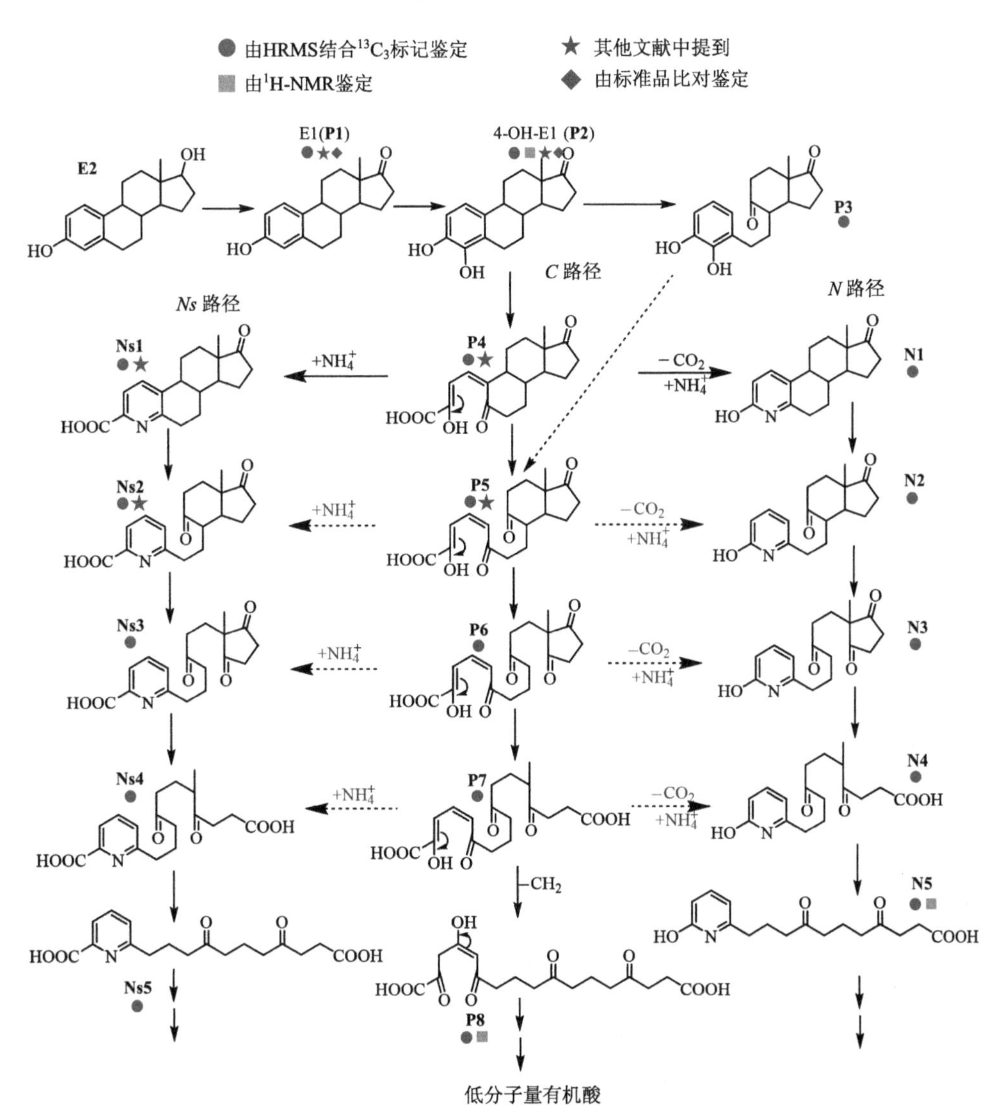

图 6-13　菌株 ES2-1 氧化降解 E2 的可能途径

(3) E2 通过 *Ns* 路径被氧化为具有长链酮和吡啶羧酸结构的代谢物。*Ns* 路径与 *N* 路径相似，区别仅在于 *Ns* 路径中与 NH_4^+ 发生缩合之前，C4 羧基没有丢失，从而形成了具有吡啶羧酸结构的下游代谢物。HRMS 结合 $^{13}C_3$ 标记同样证实了该路径中可能生成的产物 Ns1～Ns5 的存在[图 6-14(c)]。

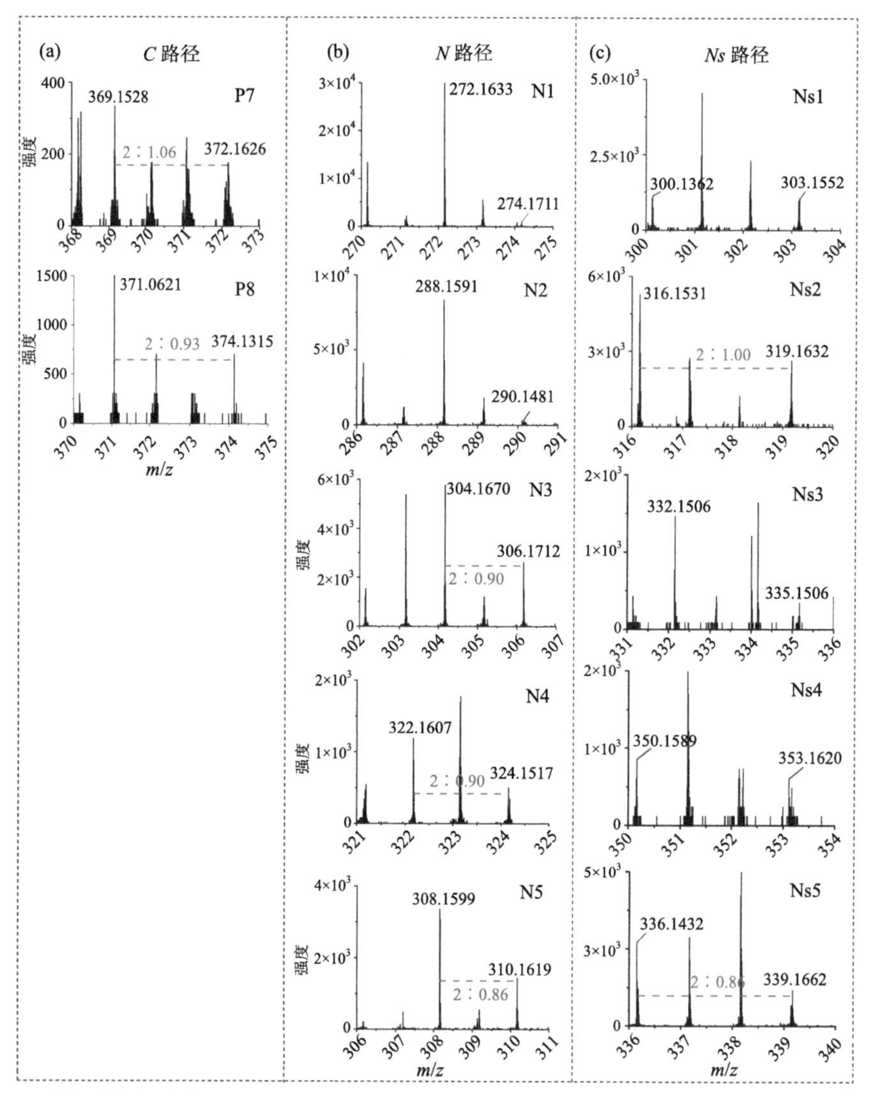

图 6-14　*C* 路径中推测产物 P7、P8，*N* 路径中推测产物 N1～N5 及 *Ns* 路径中推测产物 Ns1～Ns5 的 HRMS 结合 $^{13}C_3$ 同位素标记验证

此节的研究亮点在于采用 HRMS 结合 $^{13}C_3$ 标记法追踪 E2 代谢产物，并对部分代谢产物结构进行了表征。各产物与其所对应的 $^{13}C_3$ 标记物之间的相对强度比和分子量差值是产物判别的关键点，本书中这两点均具有良好的重现性，但也不排除部分代谢物与其 $^{13}C_3$ 标记对应物之间的相对强度比可能因为物质自身的不稳定性或与 NH_4^+ 的随机缩合而偏离理论值。HRMS 结合 $^{13}C_3$ 标记法可以快速、有效地鉴别代谢产物，但难以区别同分异构体。例如，2-羟基雌酮(2-OH-E1)是 4-OH-E1 的同分异构体，也是 E2 代谢过程中产物 P2 的候选项。ChemBio3D Ultra 6.0(Cambridge Soft, U.S.)中分子力学模型 Version 2(MM2)计算数据显示，4-OH-E1(13.32 kcal/mol)的总能量低于 2-OH-E1(14.19 kcal/mol)，理论上更容易生成。但在没有进行 ^{1}H-NMR 分析之前，尚无直接证据能够证明 P2 是 4-OH-E1。Coombe 等(1966)在研究中也注意到了这一异构体问题，但他们并未

在 E1 降解过程中检测到 2-OH-E1，故也排除了 2-OH-E1 的可能性。P4 和 P5 两种产物分别在炔雌醇的微生物降解(Ren et al., 2007)和胆固醇的生物降解(Kieslich, 1985)过程中被预测过，本书也通过 HRMS 结合 $^{13}C_3$ 标记验证了它们的存在。

新代谢产物 P8 和 N5 的发现传递了以下四组信息：① E2 可通过多条途径被降解；② 代谢过程中产生的酚环裂解产物可随机地与环境中的 NH_4^+ 发生缩合反应，形成吡啶衍生物；③ 这种缩合反应对其他饱和环的进一步裂解无影响；④ P8 和 N5 的饱和环开环机理相似。Dagley 等(1960)报道吡啶确实可作为苯环氧化过程的中间产物。在此基础上，本书还发现产物可在形成吡啶结构前，并在酸性条件促进下发生脱羧反应，推测以 CO_2 形式释放。而 E2 降解后期形成的低分子量有机酸恰好能够降低环境 pH。有关吡啶衍生物进一步降解的报道很少，从鉴定到的 N1～N5 来看，每个吡啶衍生物都有可能利用与不含吡啶结构的产物类似的代谢机制，被进一步裂解成具有长链酮结构的代谢物。

C、*N* 和 *Ns* 三条路径的区别主要在于 E2 的酚环被打开后是否会与 NH_4^+ 发生缩合反应，或发生缩合反应前是否会发生脱羧反应。酚环被打开前，E2 的代谢路径一致，即先被转化为 E1，再被氧化为 4-OH-E1；4-OH-E1 裂解后，开始进入不同的代谢途径。Chen 等(2017)报道了 4-OH-E1 的儿茶酚结构(A 环)可通过 4,5-*seco* 途径直接被裂解，形成 P4。Horinouchi 等(2004)报道 Te 代谢过程中 B 环可通过 9,10-*seco* 途径先被裂解，形成与 P3 结构类似的化合物 3-hydroxy-9, 10-secoandrosta-1,3, 5(10)-triene-9, 17-dione-1, 4-androstadiene-3, 17-dione(3-HAS)，随后再通过 4,5-*seco* 途径裂解 A 环。这与本实验所推测的 P2→P3→P4 裂解顺序一致，表明 4,5-*seco* 和 9,10-*seco* 反应可能是甾体化合物 A/B 环裂解的重要步骤。但无论何种途径，E2 的代谢都是通过连续的氧化反应实现的。此外，Samavat 和 Kurzer(2015)对 E2 在人体内的转化进行了综合描述，指出 E2 的某些转化步骤或与细胞色素 P450 酶相关。P450 家族是一类能够催化底物羟基化或 C—C 裂解反应的单加氧酶(Samavat and Kurzer, 2015; Ghayee and Auchus, 2007)。因此，细胞色素 P450 家族酶在 E2 微生物降解过程中很有可能也参与一些羟基化甚至开环过程，但以上设想有待后续研究证实。

3. 菌株 ES2-1 的全基因组学及 E2 胁迫下的差异蛋白质组学分析

分两批(每批三组平行)提取菌株 ES2-1 的全基因组 DNA，其琼脂糖凝胶电泳结果如图 6-15(a)所示。随后，以菌株 ES2-1 基因组 DNA 为模板，使用细菌 16S rRNA 基因扩增通用引物 27F(5′-AGAGTTTGATCCTGGCTCAG-3′)和 1492R(5′-TACCTTGTTACGACTT-3′)扩增菌株 ES2-1 的 16S rRNA 基因[图 6-15(b)]，选取 16S rRNA 基因条带单一且清晰的全基因组 DNA 样品(合并 D、E、F)进行测序分析。

采用三代 PacBio 测序手段，对菌株 ES2-1 的全基因组进行了测序和组装。菌株 ES2-1 的全基因组大小为 4639504 bp，G + C 含量为 63.30%，利用 hierarchical genome-assembly process(HGAP)组装软件结合 overlap-layout-consensus(OLC)算法可将 ES2-1 的全基因组序列组装为 5 个 contig(重叠群，序列中间无 Gap)，分别为 1 条环状染色体(genome)和 4 个环状质粒(plasmid1、plasmid2、plasmid3、plasmid4)，其序列已提交至 NCBI 数据库，GenBank 登录号分别为 CP063445、CP063446、CP063447、CP063448 和 CP063449(表 6-2)。

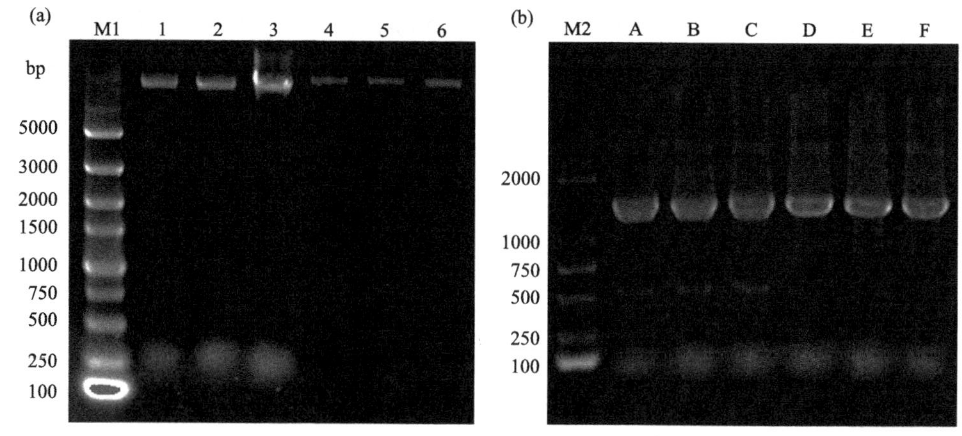

M1：DL5000 Marker .
1~6：菌株ES2-1的基因组DNA

M2：DL2000 Marker
A~F：分别为以图(a)中1~6号菌株ES2-1的基因组DNA为模板扩增得到的16S rRNA片段

图 6-15　菌株 ES2-1 的总 DNA 电泳图

表 6-2　菌株 ES2-1 全基因组测序信息统计表

基因信息		参数				结果
初步组装结果		总长度/bp				4639504
		重叠群(contig)数量				5
		N50/bp				3179008
		最大长度/bp				3179008
		最小长度/bp				219611
		G+C 含量/%				63.30
最终组装结果序列统计		基因组(环状)/bp				3154609
		质粒 1(环状)/bp				620133
		质粒 2(环状)/bp				336628
		质粒 3(环状)/bp				199902
		质粒 4(环状)/bp				234137
		类型	碱基数/bp	数量	平均长度/bp	基因组占比/%
基因结构预测	基本基因结构元件	CDS	4060236	4449	912.62	89.33
		rRNA	13188	9	1465.33	0.29
		tRNA	4378	56	78.18	0.10
		ncRNA	53246	122	436.44	1.17
	串联重复序列数量	基因组				113
		质粒 1				13
		质粒 2				8
		质粒 3				2
		质粒 4				5
	简单重复序列数量	基因组				26
		质粒 3				1
短回文重复序列(CRISPR)数量		基因组				3

如表 6-2 所示，contig N50 值为 3179008 bp，说明全基因组序列组装效果较好。随后，通过 Glimmer 3.02 和 tRNAscan-SE 等软件对菌株 ES2-1 的基因结构进行预测，结果发现菌株 ES2-1 共有 4449 个 CDS 基因结构，占全基因组序列的 89.33%，平均长度为 912.62 bp。

基因功能注释主要采用将待分析蛋白与数据库(NR、Swiss-Prot、COG、KEGG、GO 这五个主要数据库)中收录的蛋白信息进行比对(挑选最好的比对结果、最高的 identity 和最多的 hit)，并结合数据库内已知功能的蛋白对待分析蛋白进行功能预测。统计结果如表 6-3 所示，利用 NR、Swiss-Prot、KEGG、GO 和 COG 五个常用数据库注释到的蛋白数量分别为 2385、2714、2029、1028、3335。

表 6-3　预测的基因产物数目统计表

项目	数据库	数量	百分比/%
总计		3432	77.14
被注释	NR	2385	53.61
	Swiss-Port	2714	61.00
	KEGG	2029	45.61
	GO	1028	23.11
	COG	3335	74.96
未被注释		1017	22.86

GO 全称 gene ontology，中文释义为“基因本体论”，该数据库分别从以下三个大类定义了基因功能：生物学过程(biological process, BP)、细胞组分(cellular component, CC)和分子功能(molecular function, MF)。将此前预测到的 4449 个基因所编码的氨基酸序列与 GO 数据库中收录的蛋白序列进行 BLAST 比对(图 6-16)，发现菌株 ES2-1 的基因序列在生物学过程 BP 大类中，最多的是参与细胞过程(cellular process)和代谢过程(metabolic process)的相关基因，其余功能相关蛋白均不足 BP 大类总基因数量的 10%；在细胞组分 CC 大类中，最多的是与细胞(cell)或细胞质(cell part)直接相关的基因，其次是与高分子配合物(macromolecular complex)和细胞器(organelle)相关的基因；在分子功能 MF 大类中，最多的是与催化活性(catalytic activity)相关的基因，其次是与分子结合(binding)相关的基因，涉及其余功能的基因数量都较低。由此可知，① 菌株 ES2-1 的大部分基因侧重于对物质的代谢和能量转换，导致菌株 ES2-1 可能具有错综复杂的代谢网络；② 从 BP 大类中涉及代谢过程、在 MF 大类中与催化活性相关的基因里，可大概率地分析出与雌激素代谢相关的基因。

COG 全称为 clusters of orthologous groups of proteins，中文释义为“同源蛋白簇”，是对同源蛋白家族序列进行的聚类分析。目前，COG 数据库所涵盖的功能类别共计 25 种(用 A～W、Y～Z 字母描述)。由测序结果可知，菌株 ES2-1 中利用 COG 数据库被注释到的假定蛋白共计 3335 个，其中除了没有在 A 类(RNA 的加工与修饰相关蛋白)、B 类(染色质结构和动力学)、W 类(真核细胞的细胞外结构)、Y 类(细胞核结构相关蛋白)

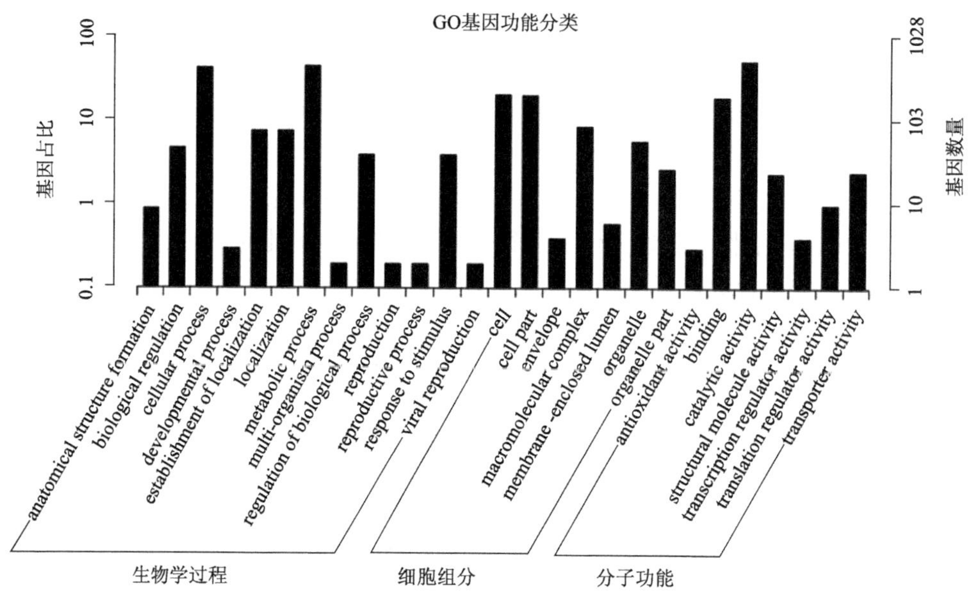

图 6-16　菌株 ES2-1 的 GO 功能注释统计分布图

及 Z 类(细胞骨架)中被注释到外(其中 A 与 Y 这两类蛋白主要与真核生物相关)，其余 20 类均有涉及(图 6-17)。这些结果表明，菌株 ES2-1 在原核微生物中的代谢功能具有复杂性和多样性，也证实其在细菌的进化水平上相对比较高级。

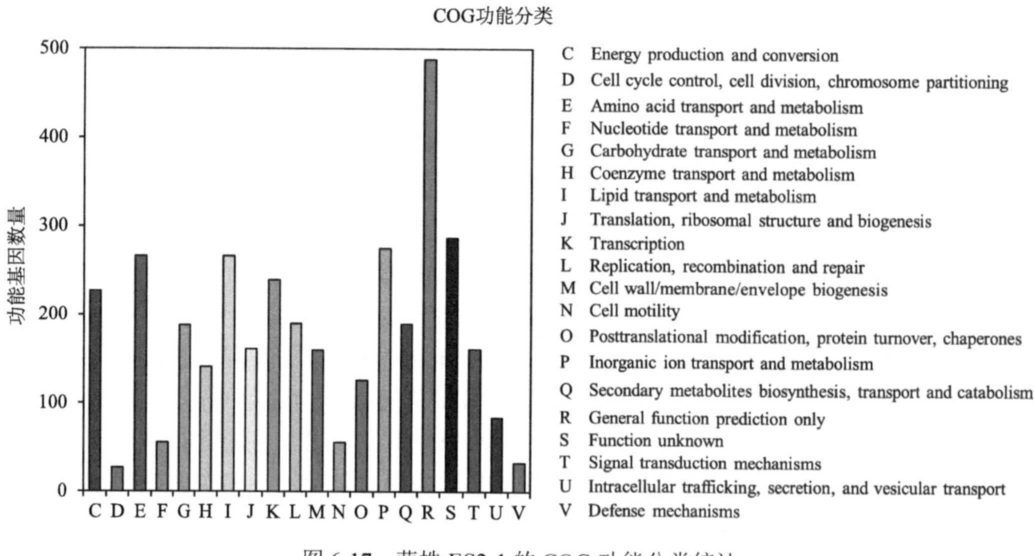

图 6-17　菌株 ES2-1 的 COG 功能分类统计

在 COG 数据库中注释到的 20 类蛋白中共匹配到了菌株 ES2-1 的 3335 个基因，其中除去未知功能的 S 类蛋白，剩余数量较多的分别为 C 类(能源生产和转换)、R 类(仅预测的功能)、E 类(氨基酸转运和代谢)、I 类(脂质转运与代谢)、K 类(转录)和 P 类(无机盐离子运输和代谢）相关的蛋白。由此推测，菌株 ES2-1 可能具有较为复杂且活跃的能量代谢系统。不仅如此，包括辅酶及转录相关酶在内，菌株 ES2-1 中至少有 912 种酶参与有机或无机盐离子的代谢，这意味着 ES2-1 具有强大的外源化合物代谢能力。此外，在这些能够在 COG 数据库中匹配到的蛋白序列里，仍有 775 个功能未知或未被证实，菌株 ES2-1 还有大量功能未知的基因有待挖掘。

KEGG PATHWAY 数据库包含了氨基酸、核苷和碳水化合物等各类有机物的降解过程信息，且对参与各反应步骤的酶进行了详细的注解，具有强大的代谢网络可视化优势。利用 KEGG 数据库对所预测到的基因进行比对分析，可快速定位目的基因在代谢网络中的位置并确定其可能参与的代谢途径。如图 6-18 所示，菌株 ES2-1 的大部分基因涉及代谢大类，说明 ES2-1 具有强大的异源化合物代谢及能量获取能力。分析发现，菌株 ES2-1 中有四条可能与 E2 代谢有关的通路，分别为 ko00100、ko00140、ko00984 和 ko01220，其中前三条被注释为甾体代谢通路相关，第四条被注释为芳香族化合物代谢相关通路。结合 COG 注释结果，推测一些羟化类固醇脱氢酶编码基因，如 3α-羟基类固醇脱氢酶（3α-hydroxysteroid dehydrogenase）基因 *orf00790-3636* 和 *orf00319-3920* 可能与 E2 脱氢生成 E1 相关；一些单（双）加氧酶编码基因，如黄素依赖型单加氧酶（flavin-dependent monooxygenase）基因 *orf00812-3647*、环己酮单加氧酶（cyclohexanone monooxygenase）基因 *orf00322-3922*、外二醇双加氧酶（extradiol dioxygenase）基因 *orf00189-4132* 和 *orf00217-4151* 可能涉及 E2 降解过程中的某些氧化反应；一些氧化还原酶基因，如氧化还原酶（putative oxidoreductase）基因 *orf00092-55*、吡啶核苷酸二硫化物氧

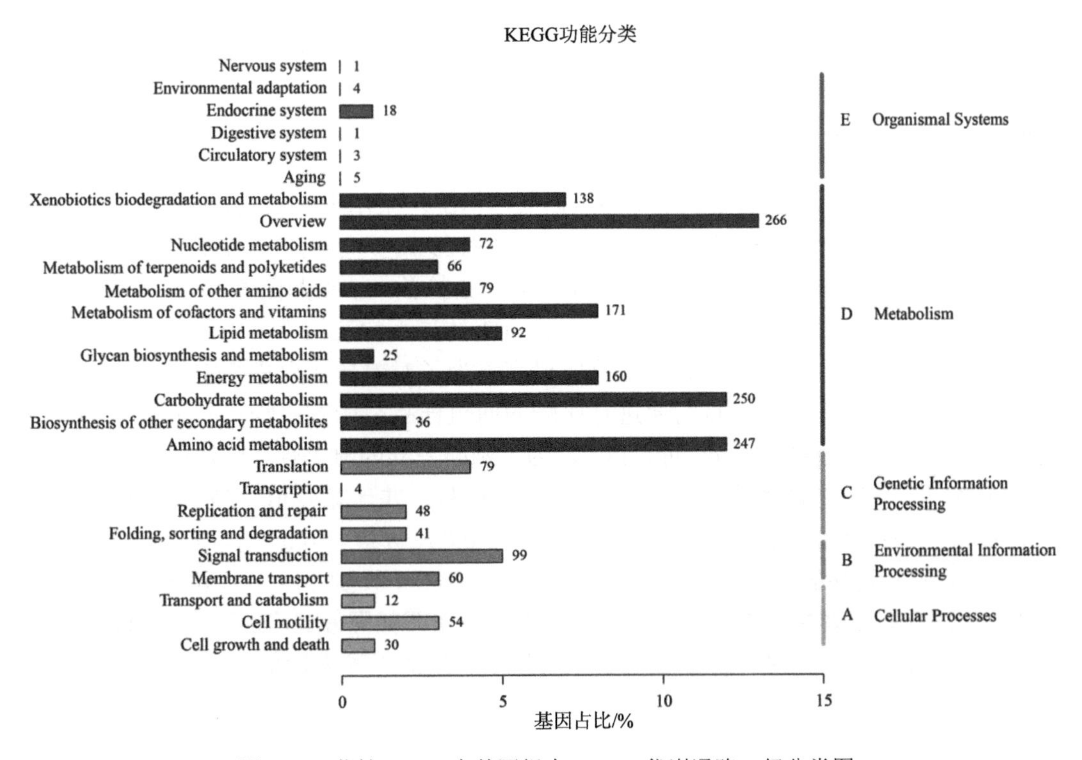

图 6-18　菌株 ES2-1 全基因组中 KEGG 代谢通路二级分类图

化还原酶(pyridine nucleotide-disulfide oxidoreductase)基因 *orf00056-4252*，以及铁氧还蛋白基因，如 Rieske [2Fe-2S] 结构域蛋白(Rieske [2Fe-2S] domain protein)基因 *orf00112-4295*、[2Fe-2S]结合蛋白([2Fe-2S]-binding protein)基因 *orf00117-4298* 等可能作为加氧酶的电子传递伙伴，为反应过程提供还原力，从而协助相应的氧化组分完成氧化反应(表 6-4)。

表 6-4　KEGG 数据库中注释到的可能涉及 E2 代谢的基因

代谢通路	ko_ID	涉及基因的数量	开放阅读框(ORF)
Steroid biosynthesis	ko00100	1	*orf00782-3629*
Steroid hormone biosynthesis	ko00140	5	*orf00237-4165, orf00264-3302, orf00790-3636, orf00019-3146, orf00319-3920*
Steroid degradation	ko00984	10	*orf00189-4132, orf00264-3302, orf00042-3162, orf00041-3161, orf00789-3635, orf00019-3146, orf00856-3673, orf00237-4165, orf00812-3647, orf00362-3367*
Degradation of aromatic compounds	ko01220	42	*orf00092-55, orf00061-4257, orf00103-4289, orf01126-739, orf00115-4297, orf00255-3296, orf00256-3297, orf00058-4254, orf00117-4298, orf02890-1927, orf00456-3428, orf00102-4288, orf00217-4151, orf00099-4286, orf00091-4281, orf00040-3160, orf00121-3206, orf00093-4282, orf03694-2449, orf00096-4284, orf00112-4295, orf00036-3158, orf00089-4280, orf00189-4132, orf00322-3922, orf00209-3266, orf00163-3235, orf00164-4330, orf00041-3161, orf00038-3159, orf00056-4252, orf01654-1098, orf00094-4283, orf00053-4251, orf00856-3673, orf00167-4332, orf02889-1926, orf00062-4258, orf00776-503, orf00846-3666, orf00651-3546, orf00110-4294*

为了分析 E2 诱导下菌株 ES2-1 的蛋白表达情况，采用 iTRAQ 标记法进行了差异蛋白质组学定量分析。为保证生物学重复性，分别在 E2 诱导和非诱导培养基中进行三次独立实验，并将参与分析的蛋白进行 SDS-PAGE 检验。结果如图 6-19(a)所示，在相同上样蛋白浓度下，与无 E2 诱导处理相比，E2 诱导下的三组重复中部分蛋白条带颜色略有加深，表明这些蛋白的表达量有所提高。为了对差异蛋白进行定量化分析，首先挑出需要比较的样品对，将需要进行比较的两组样品中所有生物重复定量值的均值的比值规定为差异倍数(fold change, FC)。为了判断差异的显著性，将需要进行比较的两组样品中每个蛋白的相对定量值进行了 *t*-test 检验，并计算 p 值。当 FC≥1.2、p 值≤0.05 时，该目标蛋白视为上调蛋白；当 FC≤0.83、p 值≤0.05 时，视为下调蛋白，p 值越高，差异越显著。根据此条件，共在菌株 ES2-1 中找到 243 个差异蛋白，其中上调蛋白 123 个，下调蛋白 120 个。差异蛋白火山分布图如图 6-19(b)所示，呈现极显著差异表达的蛋白数量不多，大多数蛋白在表达上呈现的差异表达情况较为平和。

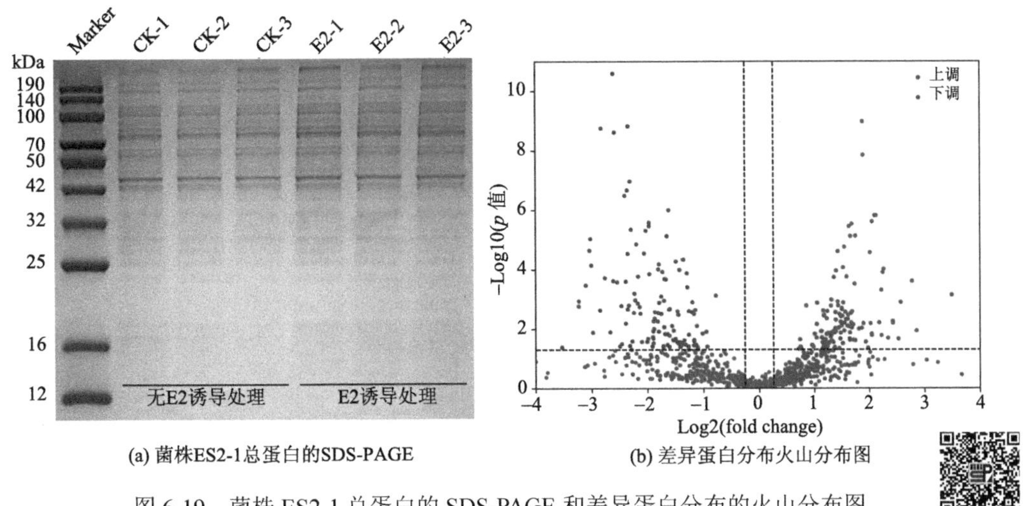

(a) 菌株ES2-1总蛋白的SDS-PAGE (b) 差异蛋白分布火山分布图

图 6-19 菌株 ES2-1 总蛋白的 SDS-PAGE 和差异蛋白分布的火山分布图

由差异蛋白的 COG 功能分类结果[图 6-20(a)]可知，涉及氨基酸转运代谢(E 簇)，翻译、核糖体结构和生物发生(J 簇)，膜合成转运(M 簇)，无机盐离子转运和代谢(P 簇)以及细胞内运输、分泌和囊泡运输(U 簇)的蛋白占差异蛋白的大多数。这表明 E2 可以通过促进细胞运输和代谢来支持菌株 ES2-1 对这种特殊碳源的吸收和利用。一些涉及碳水化合物和次生代谢产物生物合成、运输和代谢的蛋白(H、G、I、Q 簇)占其余差异蛋白的大部分，表明菌株 ES2-1 已对 E2 胁迫做出响应。对差异蛋白的 GO 注释结果表明，在分子功能(MF)大类中，多数蛋白具有催化活性；在生物学过程(BP)大类中，涉及代谢过程的蛋白显著富集[图 6-20(b)]，说明 E2 能够刺激细胞加强对外源化合物的代谢并转化为能够为自身供能的化合物。

KEGG 通路中，1 个涉及萜类化合物生物合成(ko00900)、2 个涉及 ABC 转运通路(ko02010)、1 个涉及萘降解(ko00626)、1 个涉及氯环已烷和氯苯降解(ko00361)、2 个涉及泛酸盐和辅酶 A 生物合成(ko00770)、10 个涉及氧化磷酸化(ko00190)、11 个涉及丙酮酸代谢(ko00620)、5 个涉及苯甲酸降解(ko00362)、1 个涉及酮体的合成与降解(ko00072)、19 个涉及核糖体通路(ko03010)、9 个涉及三羧酸(TCA)循环通路(ko00020)的蛋白在 E2 诱导下发生了显著的表达变化。这些数据都能够表明，微生物细胞在 E2 胁迫下开启了活跃的细胞代谢过程，参与并支持 E2 的运输和利用(表 6-5)。

此外，根据蛋白功能注释，在 123 种上调蛋白(数据未显示)中推测出有 19 种蛋白可能参与 E2 的分解代谢，它们分别为脱氢酶相关蛋白 WP_039337379.1 (pyruvate/2-oxoglutarate dehydrogenase complex)、WP_039332332.1 (pyruvate/2-oxoglutarate dehydrogenase complex)、WP_039334315.1(isocitrate dehydrogenases)、KHS42672.1 (NAD-dependent aldehyde dehydrogenases)、WP_039331461.1(NAD-dependent aldehyde dehydrogenases)、WP_039332188.1(pyruvate/2-oxoglutarate dehydrogenase complex)、WP_039336346.1 (predicted dehydrogenases)、WP_052242354.1(3-hydroxyisobutyrate dehydrogenase and related beta-hydroxyacid dehydrogenases)、乙酰辅酶 A 相关酶 WP_039331816.1(acetyl- CoA carboxylase, carboxyltransferase component)、WP_039333808.1(acetyl-CoA carboxylase,

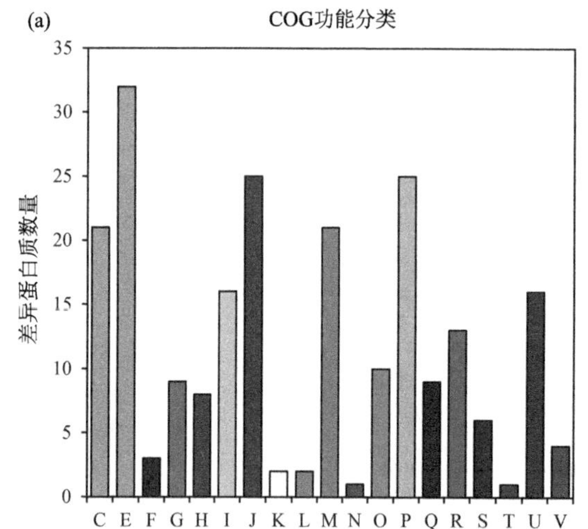

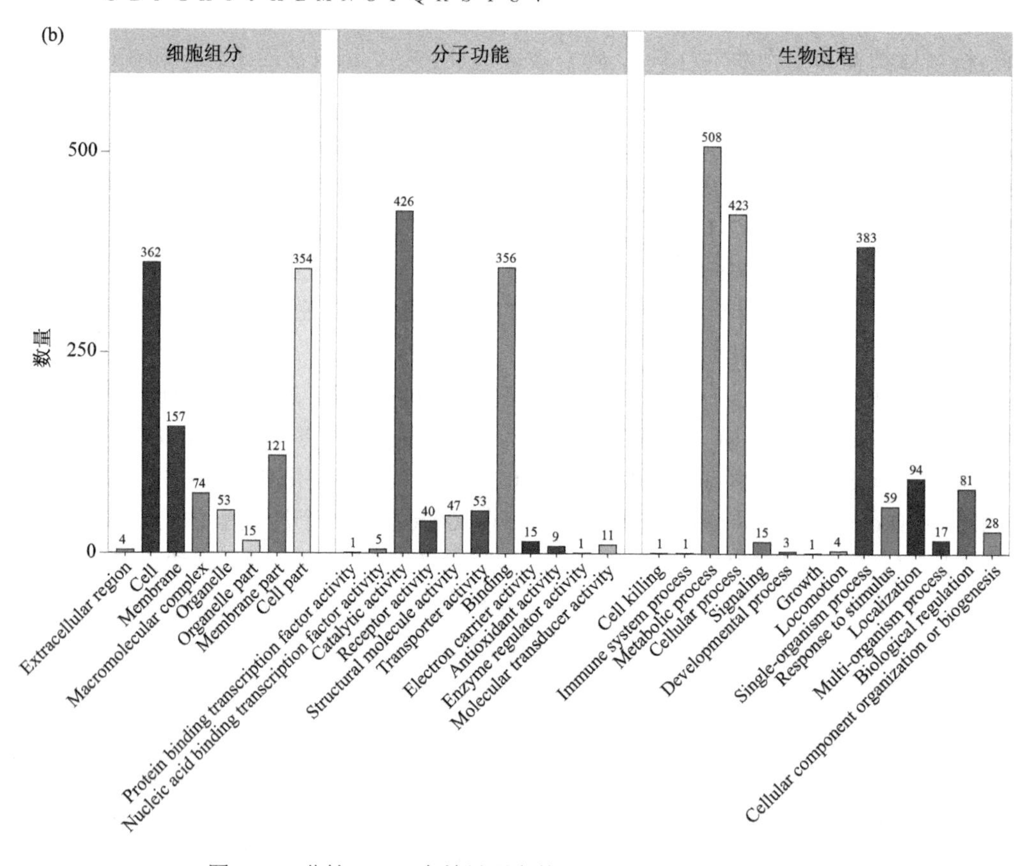

图 6-20　菌株 ES2-1 中差异蛋白的 COG 和 GO 功能分类统计图

表 6-5　菌株 ES2-1 蛋白质组 KEGG 代谢通路中的部分差异表达蛋白

代谢通路	ko_ID	所涉及的蛋白数量	部分蛋白的登录号
乙醛酸和二羧酸代谢	ko00630	7	KHS45590.1; WP_039331369.1; WP_039331816.1; WP_039331825.1; WP_039331976.1
萜类化合物生物合成	ko00900	1	WP_039331369.1
半乳糖代谢	ko00052	2	KHS44062.1; WP_039332160.1
ABC 转运蛋白	ko02010	2	KHS43222.1; WP_039334026.1
萘降解	ko00626	1	KHS42353.1
肽聚糖合成	ko00550	1	WP_039331385.1
嘧啶代谢	ko00240	5	KHS44293.1; KHS46976.1; KHS48103.1; WP_039337766.1; WP_052242231.1
氯环己烷和氯苯降解	ko00361	1	WP_039333169.1
甘油磷脂代谢	ko00564	1	KHS43256.1
泛酸盐和辅酶 A 生物合成	ko00770	2	KHS49145.1; WP_039336400.1
脂肪酸代谢	ko00071	4	WP_039331369.1; WP_039334515.1; WP_039337720.1; WP_039337727.1
己内酰胺代谢	ko00930	2	WP_039334515.1; WP_039337727.1
氨基糖和核苷酸糖代谢	ko00520	1	KHS44062.1
苯甲酸降解	ko00362	5	WP_039331369.1; WP_039334515.1; WP_039336083.1; WP_039337720.1; WP_039337727.1
酮体的合成与降解	ko00072	1	WP_039331369.1
氟苯甲酸甲酯降解	ko00364	1	WP_039333169.1
氧化磷酸化	ko00190	10	KHS43424.1; KHS45550.1; KHS45551.1; KHS46576.1; KHS46798.1; WP_039331350.1
丙酮酸代谢	ko00620	11	KHS46597.1; KHS47007.1; KHS49149.1; WP_039331178.1; WP_039331369.1
嘌呤代谢	ko00230	5	KHS46976.1; KHS47007.1; KHS48103.1; WP_039337766.1; WP_052242231.1
新生霉素生物合成	ko00401	2	WP_039331789.1; WP_039333661.1
柠檬烯和蒎烯降解	ko00903	2	WP_039334515.1; WP_039337727.1
有机硒化合物降解	ko00450	1	KHS44101.1
甲烷代谢	ko00680	4	KHS49121.1; WP_039331231.1; WP_039336386.1; WP_039337385.1
氮代谢	ko00910	2	KHS46509.1; KHS46620.1
苯丙烷代谢	ko00360	2	WP_039331789.1; WP_039333661.1
谷胱甘肽	ko00480	4	KHS48100.1; WP_039334315.1; WP_039336483.1; WP_039337242.1
维生素 B_6 代谢	ko00750	1	WP_039336386.1
三羧酸循环	ko00020	9	KHS43214.1; KHS46798.1; WP_039332188.1; WP_039332328.1; WP_039332332.1
硫代谢	ko00920	1	KHS44101.1

续表

代谢通路	ko_ID	所涉及的蛋白数量	部分蛋白的登录号
淀粉和蔗糖代谢	ko00500	2	KHS44062.1; WP_039332160.1
氨基苯甲酸酯代谢	ko00627	2	WP_039334515.1; WP_039337727.1
核糖体	ko03010	19	KHS42520.1; KHS45793.1; KHS45800.1; KHS46624.1; KHS46627.1; KHS46628.1
香叶醇降解	ko00281	3	WP_039334515.1; WP_039337720.1; WP_039337727.1
甲苯降解	ko00623	2	KHS46798.1; WP_039333169.1
脂肪酸生物合成	ko00061	3	KHS46597.1; WP_039332178.1, WP_039334225.1
氨基酰-tRNA 合成	ko00970	3	KHS48520.1; WP_039334231.1; WP_039337227.1
丁酸甲酯代谢	ko00650	5	KHS46798.1; WP_039331369.1; WP_039332188.1; WP_039334515.1; WP_039337727.1

carboxyltransferase component)、WP_039337720.1(acetyl-CoA acetyltransferase)、WP_039331369.1(acetyl-CoA acetyltransferase)、异构酶 KHS44290.1(FKBP-type peptidyl-prolyl *cis*-trans isomerase)、WP_039332164.1(glucosamine-6-phosphate isomerase)、WP_039335900.1(xylose isomerase)、单(双)加氧酶 WP_039337903.1(cytochrome P450)、KHS49194.1(dioxygenases related to 2-nitropropane dioxygenase)、WP_039334727.1(2-keto-4-pentenoate hydratase)和 TonB 依赖的外膜受体蛋白(WP_039337912.1)。其中细胞色素 P450 酶(WP_039337903.1)能够对应到菌株 ES2-1 全基因组中的基因片段 *orf00317-3918*，其自身及所在基因簇极有可能涉及 E2 代谢，但具体功能有待进一步确认。

E2 是一种非广谱性碳源，它对细菌的生长和代谢具有潜在的胁迫作用，细胞可以诱导特定蛋白质对 E2 进行生物转化，消除 E2 对自身的胁迫并为己所用。本章通过对菌株 ES2-1 的全基因组进行测序及对差异蛋白进行分析，发现菌株 ES2-1 在利用 E2 作为碳源的降解过程中，一些涉及应激反应、吸收和运输、电子转移和能量代谢、碳酸盐代谢等过程的蛋白发生了显著的表达变化。

1)应激反应

E2 给细菌生长带来的潜在胁迫表现为某些代谢途径的超负荷、内部区域毒物过度积累、一些电子传递或辅助因子的循环再生不足等。本书发现至少有 4 个参与应激反应的蛋白显著上调，其中大部分负责保护蛋白活性。例如，3′-5′exonuclease ribonuclease D(KHS42048.1)和 DNA polymerase I-3′-5′exonuclease(KHS46976.1)，它们是参与 tRNA 加工的 3′-5′外核糖核酸酶和核苷酸转移酶，能够通过阻止胁迫变性蛋白的聚集、引起变性蛋白的分解，积极参与对高渗透胁迫和热休克反应的响应。核糖核酸酶系统中的许多蛋白质被预测参与了各种 tRNA 或 rRNA 修饰，从而改善对各开放阅读框(ORF)的维护(UrbonavicĬius et al., 2001)。因此，不难推测 KHS42048.1 和 KHS46976.1 的上调说明菌株 ES2-1 通过纠正 tRNA 过程中的错误来维持 E2 胁迫下核糖体的正常功能(如翻译的准确性)。

2）吸收和运输

微生物可以改变其吸收和运输系统以适应不同的营养条件。这里所涉及的蛋白包括 TonB 依赖的受体和一些内部转运体成员，如 ATP 结合盒超家族转运蛋白（ABC 转运蛋白）。TonB 蛋白利用胞质膜质子动力（PMF）向外膜受体传递能量，促进底物的主动跨膜转运。完整的 TonB 转运系统由锚定在内膜的 ExbB-ExbD 和周质蛋白 TonB 组成，它为 TonB 依赖性外膜受体（TBDTs）提供能量，有利于其转运目标碳源（Zimbler et al., 2013; Noinaj et al., 2010; Skare et al., 1993; 廖何斌等, 2015）。本书发现了一个在 E2 胁迫下上调 2.4 倍的 TonB 依赖受体蛋白（WP_039337912.1），虽然该受体的详细功能尚未明确，但可根据功能注释推测其参与了 E2 或中间代谢产物的跨膜运输。ABC 转运体系是帮助细菌摄取碳源的重要途径。E2 水溶性差的特点阻碍了微生物对其正常吸收，需要利用 ABC 转运体系类似的转运系统协助吸收 E2。组学数据显示菌株 ES2-1 中至少含有三个涉及 ABC 转运的蛋白，分别是 ABC transporter-like protein（KHS43222.1）、LolC/E family lipoprotein releasing system（transmembrane protein, WP_039334026.1）和 ATPases with chaperone activity（ATP-binding subunit, WP_039331930.1），其中 WP_039331930.1 上调 2.6 倍，说明它极有可能是帮助菌株 ES2-1 获取 E2 的关键蛋白。

3）电子转移和能量代谢

足够的能量和氧气供应是维持细胞生长和传代的关键。在 E2 所营造的应激环境中，菌株 ES2-1 能够产生大量的生物膜以适应养分匮乏或其他环境胁迫。生物膜分散是耗能过程，而质子动力在这个过程中是必不可少的。因此，当 E2 作为单一碳源时，菌株 ES2-1 需要更有效的能量供应和电子传递系统来支持自身的生长，而具有伴侣活性的 ATP 酶（WP_039331930.1）和 NADH: Flavin oxidoreductases（WP_039333259.1）等在 E2 诱导下上调，说明 E2 生物转化过程中细胞电子传递和对能量的需求确有提高。另外，ATP 酶上调还可能促进氧化磷酸化通路合成更多的 ATP，以满足 E2 胁迫下的大能量需求。总之，这些蛋白的过表达可以产生高效的电子传递和呼吸链，为克服生长应激和潜在生物毒性提供更多的能量，从而保证正常的细胞代谢。

4）碳酸盐代谢

E2 胁迫下，丙酮酸脱氢酶能够催化乙酰辅酶 A 的形成，加速三羧酸（TCA）循环；异柠檬酸脱氢酶是 TCA 循环中的调节酶。菌株 ES2-1 中三个丙酮酸脱氢酶相关蛋白 WP_039337379.1、WP_039332332.1 和 WP_039332188.1 分别上调 4.3 倍、2.3 倍和 2.2 倍，一个异柠檬酸脱氢酶 WP_039334315.1 上调了 2.9 倍。这些结果说明 TCA 途径并未因非广谱性碳源的存在而被削弱，同时也暗示了 E2 的代谢最终会进入 TCA 循环，最终矿化为 CO_2 和 H_2O。值得注意的是，丙酮酸代谢途径中的 2 个 acetyl-CoA hydratase（WP_039337727.1、WP_039334515.1）分别上调了 3.7 倍和 3.3 倍；2 个 acetyl-CoA acetyltransferase（WP_039337720.1、WP_039331369.1）分别上调了 2.6 倍和 1.9 倍。在 *Comamonas testosteroni* 中，已知睾酮完成了间位裂解后，能够在 acetyl-CoA 支持下通过 β-氧化完成 B、C、D 环的裂解（Horinouchi et al., 2012）。Acetyl-CoA acetyltransferase 支持乙酰转移，可以将 CoA 添加到 B、C 和 D 环上，而 β-氧化的主要产物是 acetyl-CoA。如此，acetyl-CoA 的消耗与合成之间即可建立一种平衡状态。由于 E2 与睾酮结构相似，

E2 的下游代谢途径很可能也与睾酮的相似，推测 acetyl-CoA 的产生可能是 E2 后期降解的关键。

5) 转录、翻译和大分子代谢

菌株ES2-1中有19种核糖体蛋白及其他参与翻译和核苷酸代谢的蛋白出现了明显上调，如 50S 核糖体蛋白 L15、L9、L22～25、L29、核糖体回收因子(KHS43262.1)等，它们都属于核糖体途径。为了产生不同的基因表达以适应不同环境的要求，细胞必须在转录和翻译上做出相应改变，即出现了上述核糖体蛋白的上调。以上结果说明菌株 ES2-1 通过改变不同核糖体蛋白的表达水平，帮助细胞适应 E2 污染环境、减少毒性带来的损害，进而保证细胞正常功能。此外，参与脂肪酸代谢、氨基酸代谢、细胞分裂、细胞膜生物合成等过程，但角色不明确的核糖体蛋白质也因适应 E2 环境而发生表达改变，它们与转录和翻译同时作用，协助菌株 ES2-1 降解 E2。

4. E2 降解相关基因簇

通过对菌株 ES2-1 的全基因组的开放阅读框(ORF)分析，发现基因簇 *IM701_RS19200～IM701_RS19255*(命名为 *est* 基因簇)编码了 GTP cyclohydrolase II、acyl-CoA synthetase、enoyl-CoA hydratase/isomerase、gluconolactonase、TetR family transcriptional regulator、flavin reductase、cytochrome P450、hydroxysteroid dehydrogenase、hydroxysteroid dehydrogenase、enoyl-CoA-hydratase、monooxygenase 和 ferredoxin[图 6-21(a)]。该基因簇中 IM701_19230(EstP1)与雌激素降解菌 *Novosphingobium tardaugens* NBRC_16725(菌株 ARI-1)中参与 E1 的 4-羟化反应的细胞色素 P450 羟化酶 EdcA(Ibero et al., 2020)具有 26%的相似度；IM701_19210 和 IM701_19245 与参与菌株 KC8 降解 E2 过程中 β-氧化环节的烯酰辅酶 A 水合酶 KC8_05355 和 KC8_05360(Wu et al., 2019)具有 20.0%～31.0%的相似度；IM701_19240 也与 estradiol 17β-dehydrogenase 8(DHB8_HUMAN)具有 36%的同源性。以上结果表明，*est* 基因簇聚集了几个可能与 E2 分解代谢相关的基因。

RT-qPCR 结果表明，E2 能够显著诱导 *est* 基因簇的表达上调。E2 诱导下，基因 *IM701_RS19200～IM701_RS19255* 的转录水平提高了 3.3～51.9 倍。其中基因 *IM701_19225*(*estO2*)、*estP1*、*IM701_19235*、*IM701_19240*、*IM701_19245*、*IM701_19250* 和 *estP2* 对 E2 诱导的响应更为强烈，转录水平分别提高了 51.9 倍、27.9 倍、16.2 倍、39.6 倍、43.9 倍、33.6 倍和 26.3 倍[图 6-21(b)]。上述结果表明，这个覆盖了约 12.7 kb 区域的 *est* 基因簇极有可能与 E2 在菌株 ES2-1 中的分解代谢有关。

此外，local-BLASTP 比对显示，2 株 E2 降解菌 *Novosphingobium aromaticivorans* DSM_12444、*Altererythrobacter estronivorus* MH-B5 和 2 株农药降解菌 *Sphingobium* sp. TKS、*Sphingobium baderi* DE-13 中也存在与 *est* 基因簇相似的基因组合(或保守存在于上述功能菌中)。*estO2～estP2* 区域比 *IM701_RS19200～IM701_RS19220* 区域更加保守地存在于上述 4 株功能微生物中[图 6-21(c)]。

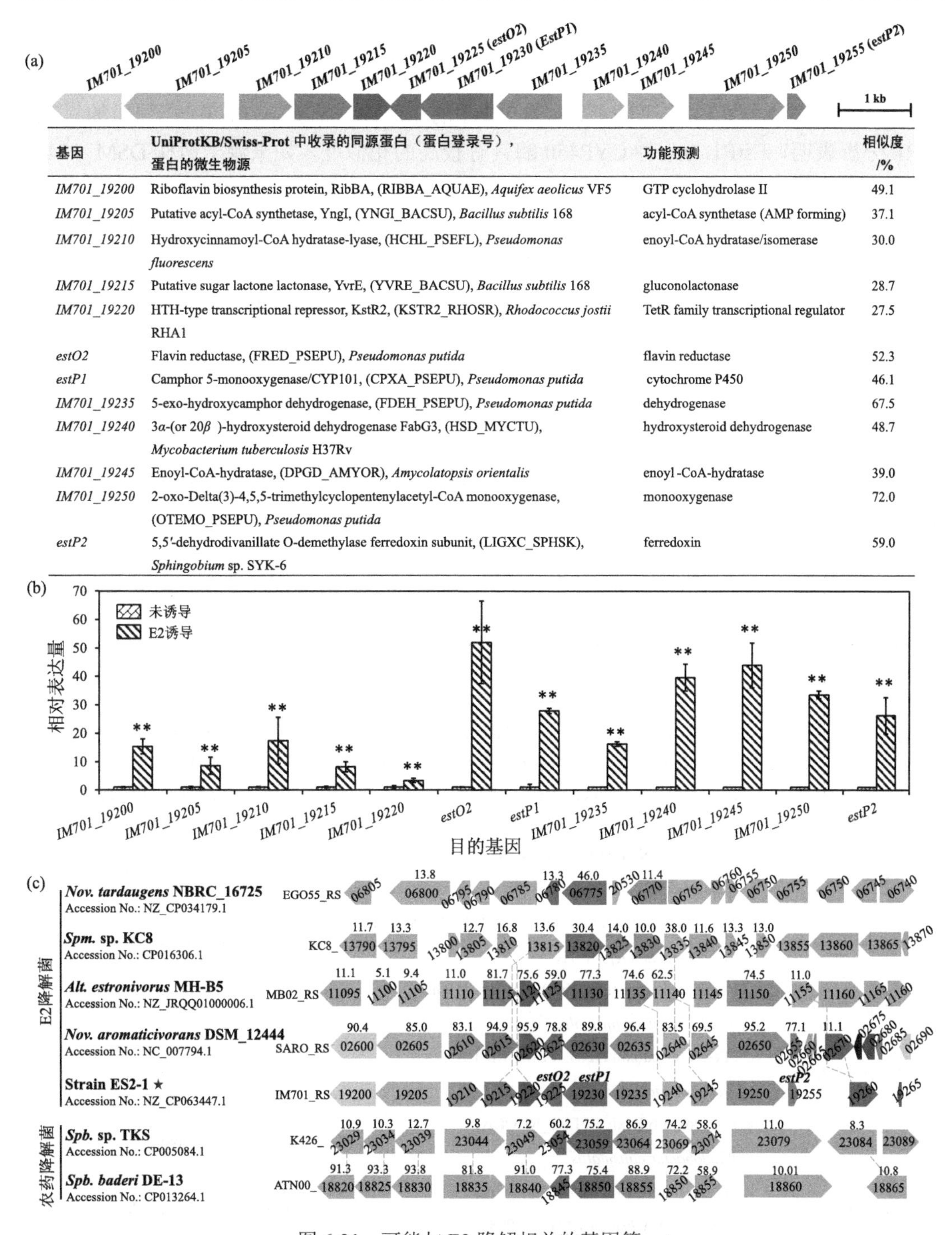

基因	UniProtKB/Swiss-Prot 中收录的同源蛋白（蛋白登录号），蛋白的微生物源	功能预测	相似度/%
IM701_19200	Riboflavin biosynthesis protein, RibBA, (RIBBA_AQUAE), *Aquifex aeolicus* VF5	GTP cyclohydrolase II	49.1
IM701_19205	Putative acyl-CoA synthetase, YngI, (YNGI_BACSU), *Bacillus subtilis* 168	acyl-CoA synthetase (AMP forming)	37.1
IM701_19210	Hydroxycinnamoyl-CoA hydratase-lyase, (HCHL_PSEFL), *Pseudomonas fluorescens*	enoyl-CoA hydratase/isomerase	30.0
IM701_19215	Putative sugar lactone lactonase, YvrE, (YVRE_BACSU), *Bacillus subtilis* 168	gluconolactonase	28.7
IM701_19220	HTH-type transcriptional repressor, KstR2, (KSTR2_RHOSR), *Rhodococcus jostii* RHA1	TetR family transcriptional regulator	27.5
estO2	Flavin reductase, (FRED_PSEPU), *Pseudomonas putida*	flavin reductase	52.3
estP1	Camphor 5-monooxygenase/CYP101, (CPXA_PSEPU), *Pseudomonas putida*	cytochrome P450	46.1
IM701_19235	5-exo-hydroxycamphor dehydrogenase, (FDEH_PSEPU), *Pseudomonas putida*	dehydrogenase	67.5
IM701_19240	3α-(or 20β)-hydroxysteroid dehydrogenase FabG3, (HSD_MYCTU), *Mycobacterium tuberculosis* H37Rv	hydroxysteroid dehydrogenase	48.7
IM701_19245	Enoyl-CoA-hydratase, (DPGD_AMYOR), *Amycolatopsis orientalis*	enoyl -CoA-hydratase	39.0
IM701_19250	2-oxo-Delta(3)-4,5,5-trimethylcyclopentenylacetyl-CoA monooxygenase, (OTEMO_PSEPU), *Pseudomonas putida*	monooxygenase	72.0
estP2	5,5′-dehydrodivanillate O-demethylase ferredoxin subunit, (LIGXC_SPHSK), *Sphingobium* sp. SYK-6	ferredoxin	59.0

图 6-21　可能与 E2 降解相关的基因簇 *est*

(a) *est* 基因簇的 ORF 分析；(b) E2 诱导下 *est* 基因簇的转录水平，**为 $p\leqslant 0.01$ 水平上显著；(c) *est* 基因簇在其他雌激素（或农药）降解菌中的保守性分析

5. A 环羟基化基因

根据 E2 诱导下转录水平的上调及与 *edcA* 的相似性，推测 *estP1* 参与了 E1 的氧化。ORF 分析表明，EstP1 与几种 CYP450 酶具有较高的相似度，如来源于菌株 DSM_12444 的 CYP101D1(Saro_0514)(Bell and Wong, 2007; Bell et al., 2010)(相似度 91.5%)和来源于 *Pseudomonas putida* 的 CYP101A1(CamC)(相似度 46.1%)。这表明，作为 CYP450 酶的 EstP1 需要铁氧还蛋白和铁氧还蛋白还原酶作为电子转移伙伴(ETPs)，为氧化组分提供还原力。EstP1 附近的 IM701_19255(EstP2)与三组分细胞色素 P450 单加氧体系 CamABC 中的 putidaredoxin 组分 CamB 有着 30.2%的同源性(Peterson et al., 1990)，还与 CYP101D1 单加氧酶系统中的铁氧还蛋白组分 Arx(Saro_1477)有着 50.0%的相似度(Bell and Wong, 2007; Bell et al., 2010)，是最有可能与 EstP1 匹配的铁氧还蛋白组分。然而，EstP1 附近无铁氧还蛋白还原酶。因此，通过对菌株 ES2-1 基因组的 ORF 分析，预测了几个可能的铁氧还蛋白还原酶基因 *IM701_RS08995*、*IM701_RS09000*、*IM701_RS00270*(*estP3*)、*IM701_RS10225*、*IM701_RS20840*，以及除 *estP2* 外的 4 个其他可能的铁氧还蛋白基因 *IM701_RS02615*、*IM701_RS11130*、*IM701_RS17870* 和 *IM701_RS20955*(表 6-6)。

表 6-6　可能与 EstP1 匹配的还原酶组分的 ORF 分析

基因	收录于 UniProtKB/Swiss-Prot 数据库中的同源蛋白(登录号)，源生物	相似度/%	功能预测
IM701_RS08995	2-oxoglutarate oxidoreductase subunit KorB, (KORB_MYCTU), *Mycobacterium tuberculosis* H37Rv	47.0	Ferredoxin reductase subunit beta
IM701_RS09000	2-oxoglutarate oxidoreductase subunit KorA, (KORA_MYCTU), *Mycobacterium tuberculosis* H37Rv	52.7	Ferredoxin reductase subunit alpha
IM701_RS00270(*estP3*)	Ferredoxin--NAD(P)(+) reductase Fdr, (FDR_SPHSX), *Sphingomonas* sp.	60.9	Ferredoxin reductase
IM701_RS10225	NADPH-ferredoxin reductase FprA (FPRA_MYCLE), *Mycobacterium leprae* TN	39.3	Ferredoxin reductase
IM701_RS20840	Rhodocoxin reductase ThcD (THCD_RHOER), *Rhodococcus erythropolis*	35.7	Ferredoxin reductase
IM701_RS02615	2Fe-2S ferredoxin FdxB (FER2_RICRI), *Rickettsia rickettsii*	48.6	2Fe-2S ferredoxin
IM701_RS11130	Ferredoxin-6 FdxE, (FER6_RHOCA), *Rhodobacter capsulatus*	47.0	Ferredoxin
IM701_RS17870	2Fe-2S ferredoxin FdxB (FER2_CAUVC), *Caulobacter vibrioides* ATCC_19089	50.5	2Fe-2S ferredoxin
IM701_RS20955	Ferredoxin NahT (FERN_PSEPU), *Pseudomonas putida*	48.8	Ferredoxin

将 *estP1* 和上述可能的电子传递伙伴编码基因分别进行融合克隆[图 6-22(a)]，然后将其基因产物分别过表达为含 N 端 His 标签的融合蛋白并纯化。SDS-PAGE 结果表明，

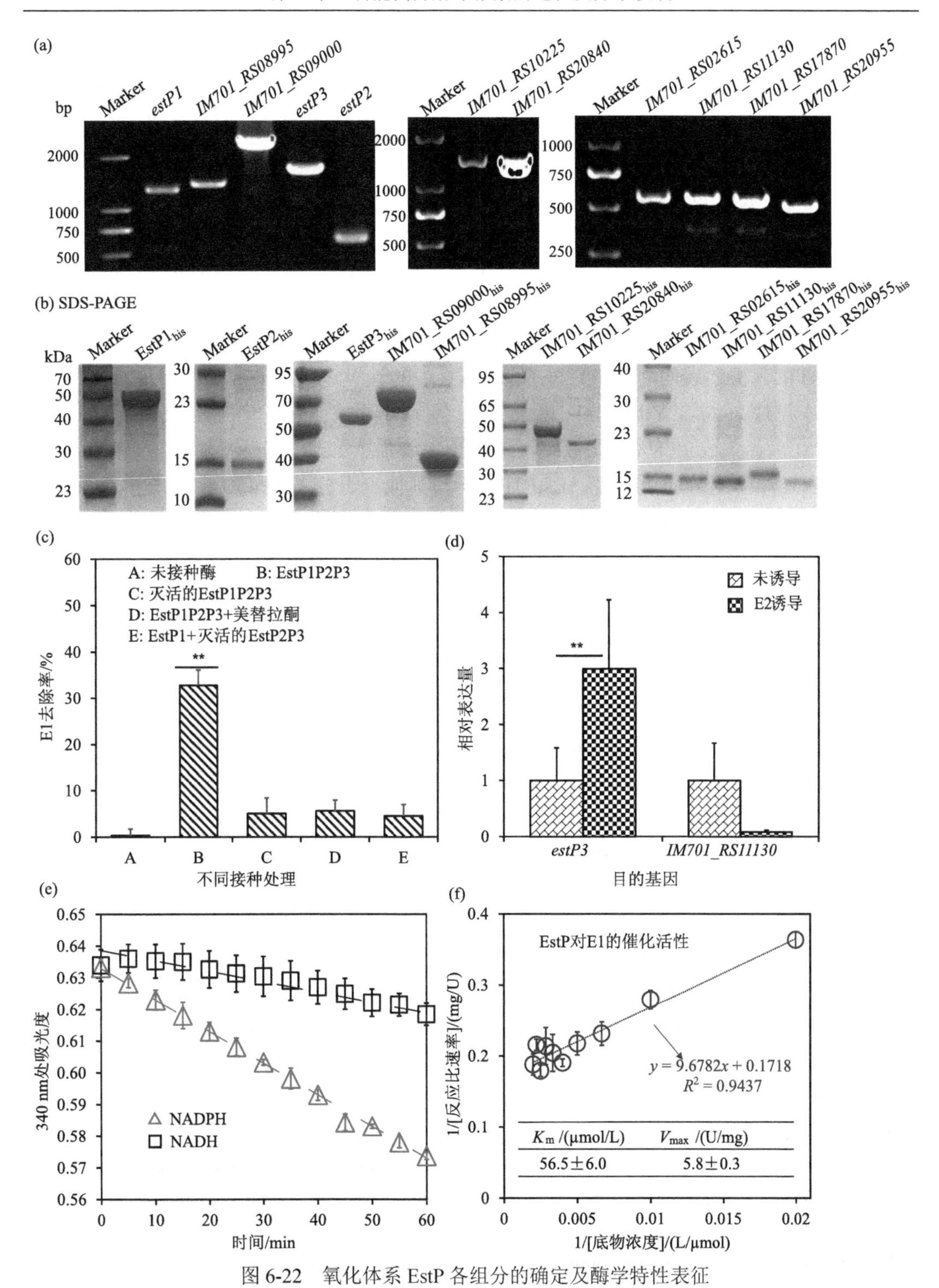

图 6-22　氧化体系 EstP 各组分的确定及酶学特性表征

(a) *estP1*、*estP2* 及可能的还原酶组分编码基因的克隆与过表达和 (b) 所纯化基因产物的 SDS-PAGE；(c) 不同接种处理对 E1 的去除效果；(d) E2 诱导下可能的电子传递伙伴基因的转录水平，**为 $p \leqslant 0.01$ 水平上显著；(e) 三组分的细胞色素 P450 单加氧体系的辅酶依赖性；(f) EstP 对 E1 的催化活性。其中一个单位的酶活力 (U) 定义为 25℃下，每分钟催化 1 μmol/L 底物所需的酶量纯化得到的蛋白大小与根据氨基酸序列计算所得的理论值基本一致[图 6-22(b)]。将 20 个由不同的铁氧还蛋白和铁氧还蛋白还原酶组成的氧化还原伙伴分别与 EstP1 组合。结果发现，由 EstP2 或 IM701_RS11130 和 EstP3 组成的 ETPs 支持 EstP1 对 E1 的氧化活性，且该活性可被美替拉酮(CYP450 酶抑制剂)显著抑制；单独的 EstP1 对 E1 无催化活性[图 6-22(c)]。RT-qPCR 结果表明，E2 能诱导 *estP2* 和 *estP3* 的表达，但不能诱导 *IM701_RS11130* 表达[图 6-22(d)]，表明 *estP2* 比 *IM701_RS11130* 更适合作为受 E2 诱导的 EstP 系统的铁氧还蛋白组分。酶学特性分析表明，EstP 体系依赖 NADPH 作为电子供体[图 6-22(e)]；NADPH 存在下，EstP 对 E1 的 K_m 和 V_{max} 分别为(56.5 ± 6.0) μmol/L 和(5.8 ± 0.3) U/mg[图 6-22(f)]。

BLASTP 分析还表明，EstP3 与 Cam 体系中的铁氧还蛋白还原酶组分 CamA 有着 38.7%的同源性，与 CYP101D1 单加氧酶体系中的铁氧还蛋白还原酶组分 ArR (Saro_0216)有着高达 90.8%的相似度，这进一步增强了 EstP3 作为能够与 EstP1 匹配的铁氧还蛋白还原酶组分的可信度。EstP1P2P3 与其他三组分 CYP450 酶系统相应组分的多序列对比分析表明，EstP 与其他三组分 CYP450 单加氧体系具有一定进化关系，符合 I 类电子传递体系(图 6-23)。因此，EstP 被鉴定为一个由 CYP450 单加氧酶 EstP1、铁氧还蛋白 EstP2 和铁氧还蛋白还原酶 EstP3 组成的三组分 CYP450 酶系统。

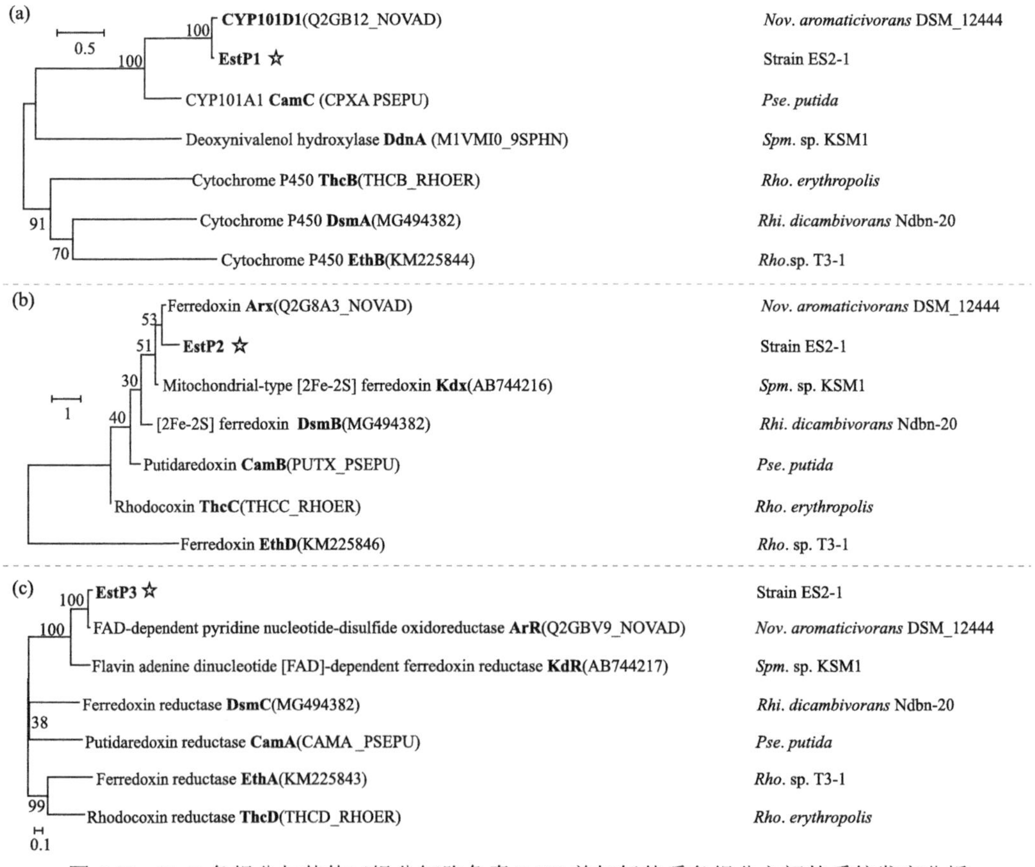

图 6-23　EstP 各组分与其他三组分细胞色素 P450 单加氧体系各组分之间的系统发育分析

6.4.4 节第 4 部分研究结果表明，E2 降解菌 DSM_12444(Padgett et al., 2005)具有与 *est* 最为相似的基因簇。Saro_0216 和 MB02_RS08760 分别是菌株 DSM_12444 和菌株 MH-B5 中与 EstP3 相似性最高的基因产物，相似度分别为 92%和 72%(图 6-21)。

6. B 环单加氧基因

前期研究表明，4-OH-E1($C_{18}H_{22}O_3$)的后续氧化可以通过单加氧反应实现，生成产物 P3，化学式为 $C_{18}H_{22}O_4$(Li et al., 2020)。然而，EstP 单加氧体系并不能识别 4-OH-E1 作为底物。为了探究参与 4-OH-E1 单加氧反应的功能基因，通过对菌株 ES2-1 基因组的 ORF 分析，预测了另外 3 个单加氧酶基因：*IM701_19250*，以及黄素依赖型单加氧酶基因 *IM701_RS17940*(*estO1*)和 *IM701_RS12275*。其中，*estO1* 编码于 *est* 簇内，*IM701_19250* 和 *IM701_RS12275* 则编码于 *est* 基因簇外。此外，考虑到上述单加氧酶可能也需要相应的还原组分以提供还原力，还预测了 5 个可能与上述单加氧酶匹配的黄素还原酶基因 *IM701_RS19225*(*estO2*)[图 6-21(a)]、*IM701_RS15055*、*IM701_RS16550*、*IM701_RS17335* 和 *IM701_RS20305*(表 6-7)。

表 6-7　EstO 单加氧酶体系中可能的氧化组分和还原组分的 ORF 分析

基因	收录于 UniProtKB/Swiss-Prot 数据库中的同源蛋白(登录号)，源生物	相似度/%	功能预测
IM701_RS12275	Monooxygenase EthA, (ETHA_MYCTU), *Mycobacterium tuberculosis* H37Rv	49.5	FAD-containing monooxygenases
IM701_RS17940 (*estO1*)	Monooxygenase y4iD, (Y4ID_SINFN), *Sinorhizobium fredii* NBRC 101917	33.6	NAD(P)/FAD-dependent monooxygenases
IM701_RS15055	N-ethylmaleimide reductase, NemA (NEMA_ECOLI), *E. coli* strain K12	45.1	Flavin reductase
IM701_RS16550	N-ethylmaleimide reductase, NemA (NEMA_ECOLI), *E. coli* strain K12	44.8	Flavin reductase
IM701_RS17335	2,4-dienoyl-CoA reductase, (NADO_THEBR), *Thermoanaerobacter brockii*	36.4	Flavin reductase
IM701_RS20305	N-ethylmaleimide reductase, NemA (NEMA_ECOLI), *E. coli* strain K12	45.7	Flavin reductase

将上述基因进行融合克隆并在大肠埃希氏菌中进行过表达[图 6-24(a)]，经纯化后获得相应的含 His 标签的融合蛋白。SDS-PAGE 结果表明，所获得的蛋白大小与根据氨基酸序列计算的理论值基本吻合[图 6-24(b)]。将由不同的单加氧酶与黄素还原酶组成的 15 种单加氧酶系统分别作用于 4-OH-E1。结果发现，由 EstO1 和 EstO2 组成的体系具有显著的 4-OH-E1 去除能力，且单独的 EstO1 对 4-OH-E1 无催化活性[图 6-24(c)]。RT-qPCR 结果表明，E2 也能够诱导 *estO1* 转录水平的上调[图 6-24(d)]。酶学特性分析结果显示，EstO 体系依赖 NADPH 作为电子供体[图 6-24(e)]；在 NADPH 和黄素腺嘌呤二核苷酸(FAD)存在下，EstO 对 4-OH-E1 的 K_m 和 V_{max} 分别为(57.9±8.4) μmol/L 和(9.6±0.4) U/mg[图 6-24(f)]。

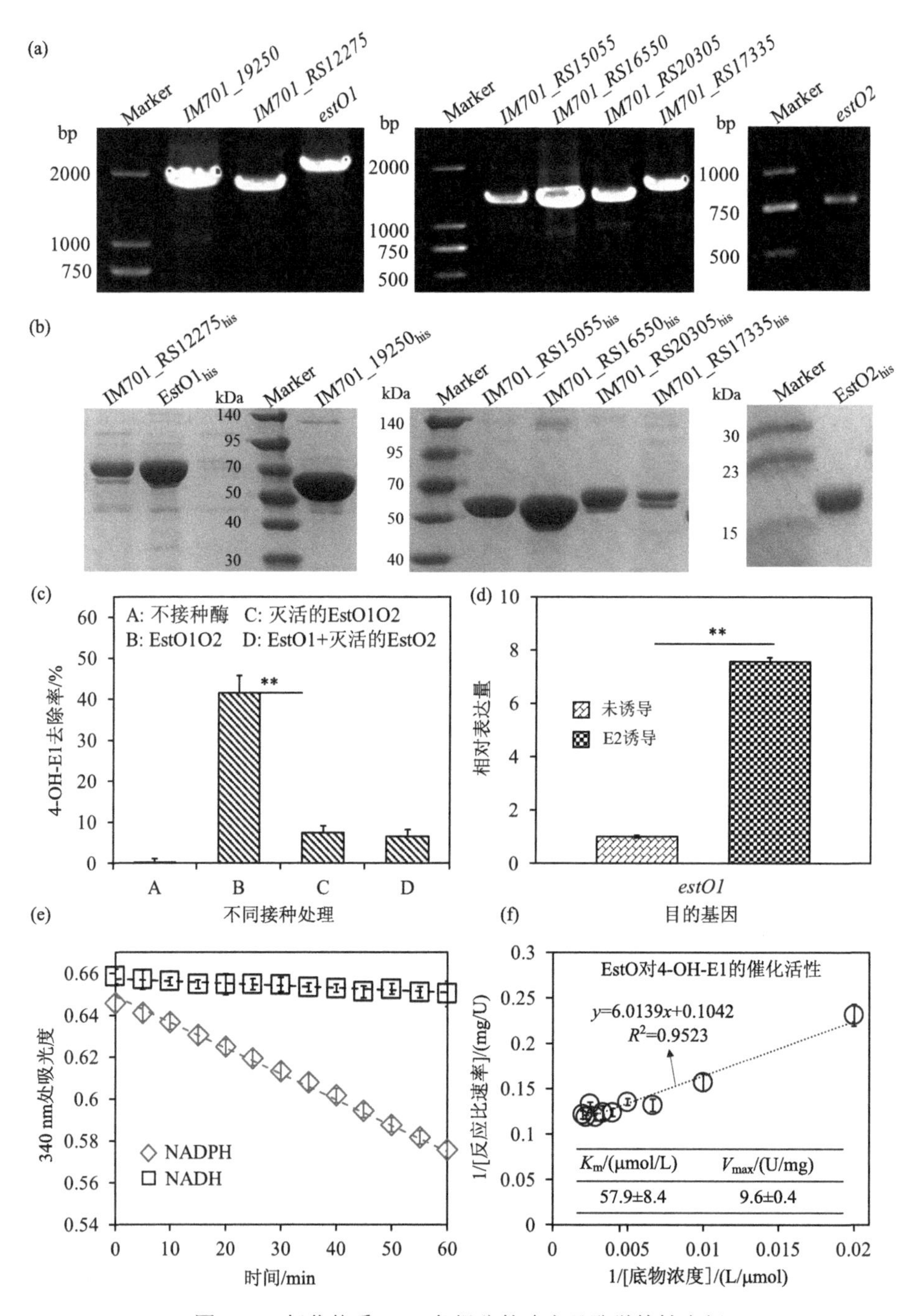

图 6-24　氧化体系 EstO 各组分的确定及酶学特性表征

(a) *estO1* 及可能的氧化组分编码基因的克隆及 (b) 所纯化基因产物的 SDS-PAGE；(c) 不同接种处理对 4-OH-E1 的去除效果，**为 $p \leqslant 0.01$ 水平上显著，下同；(d) E2 诱导下 *estO1* 及可能的电子传递伙伴基因的转录水平；(e) 两组分单加氧体系的辅酶依赖性；(f) EstO 对 4-OH-E1 的催化活性将 EstO1 和 EstO2 分别与几种属于 D 族黄素单加氧酶及其还原酶组分进行系统发育分析。结果表明，EstO 体系与先前报道的双组分 D 族黄素单加氧酶系统存在一定进化关系，进一步证明了 EstO 体系存在的合理性(图 6-25)。由此，EstO 被鉴定为一个由黄素单加氧酶 EstO1 和黄素还原酶 EstO2 组成的双组分黄素单加氧酶体系。

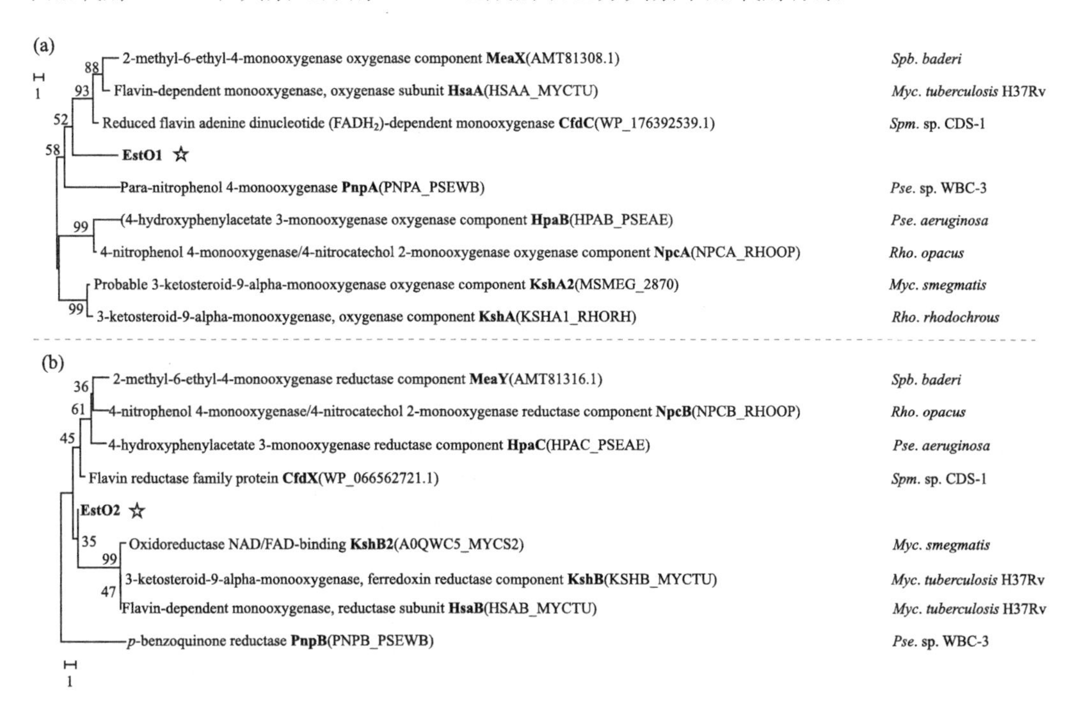

图 6-25　EstO 各组分与其他两组分单加氧酶体系各组分的系统发育分析

7. A 环羟基化酶和 B 环单加氧酶反应产物鉴定

UPLC-HRMS 结果表明，EstP 体系催化 E1 氧化生成的产物的保留时间和 *m*/*z* 均与 4-OH-E1 标准对照物一致，表明 EstP 能够催化 E1 的 4-羟基化反应，生成 4-OH-E1［图 6-26(a)］。HRMS 分析还发现，EstO 体系催化 4-OH-E1 氧化生成的产物的 *m*/*z* 为 303.1482，表明该物质比 4-OH-E1 多一个氧原子，化学式为 $C_{18}H_{22}O_4$［图 6-26(b)］。

随后，对 EstO 催化氧化 4-OH-E1 的产物结构进行 ^{1}H-NMR 分析，并以 4-OH-E1 标准品的 ^{1}H-NMR 图谱作为对照。如图 6-26(c)所示，化学位移分别为 δ_H 6.77(d, J = 8.5 Hz)和 δ_H 6.71(d, J = 8.5 Hz)的两组吸收峰代表 4-OH-E1 上的芳环质子 H-1 和 H-2；化学位移分别为 δ_H 4.97(s)和 δ_H 5.15(s)的两组吸收峰代表与 C3 和 C4 相连的羟基质子；高场区(δ 1.0～3.0)总积分值约为 15 的多个吸收带峰代表饱和环(B、C、D 环)上的亚甲基质子；化学位移为 δ_H 0.9(s)、积分值约为 3.00 的吸收峰代表 C18 处的 3 个甲基质子。与 4-OH-E1 相比，4-OH-E1 氧化产物中仍存在化学位移分别为 δ_H 4.97(s)和 δ_H 5.15(s)的两组吸收峰，说明该氧化产物中尚存儿茶酚结构，即 A 环尚未被裂解。此外，① 低场区(δ 6.5～7.2)存在三组吸收峰，化学位移分别为 δ_H 6.60(t, J = 8.0 Hz)、δ_H 6.66(d, J = 8.5 Hz)和 δ_H 7.18(d, J = 8.0 Hz)，表明该氧化产物比 4-OH-E1 多一个芳环质子；② 高场区(δ 1.0～3.0)吸

收峰的总积分值比 4-OH-E1 对应场区少一个氢质子的量。综合以上结果，只有 B 环从 C9-C10 处断裂且 C9 上连接一个羰基才能满足上述两个条件。由此可以推断，EstO 催化了 4-OH-E1 的 9,10-*seco* 反应，生成化学式为 $C_{18}H_{22}O_4$ 的 B 环裂解产物[图 6-26(d)]。

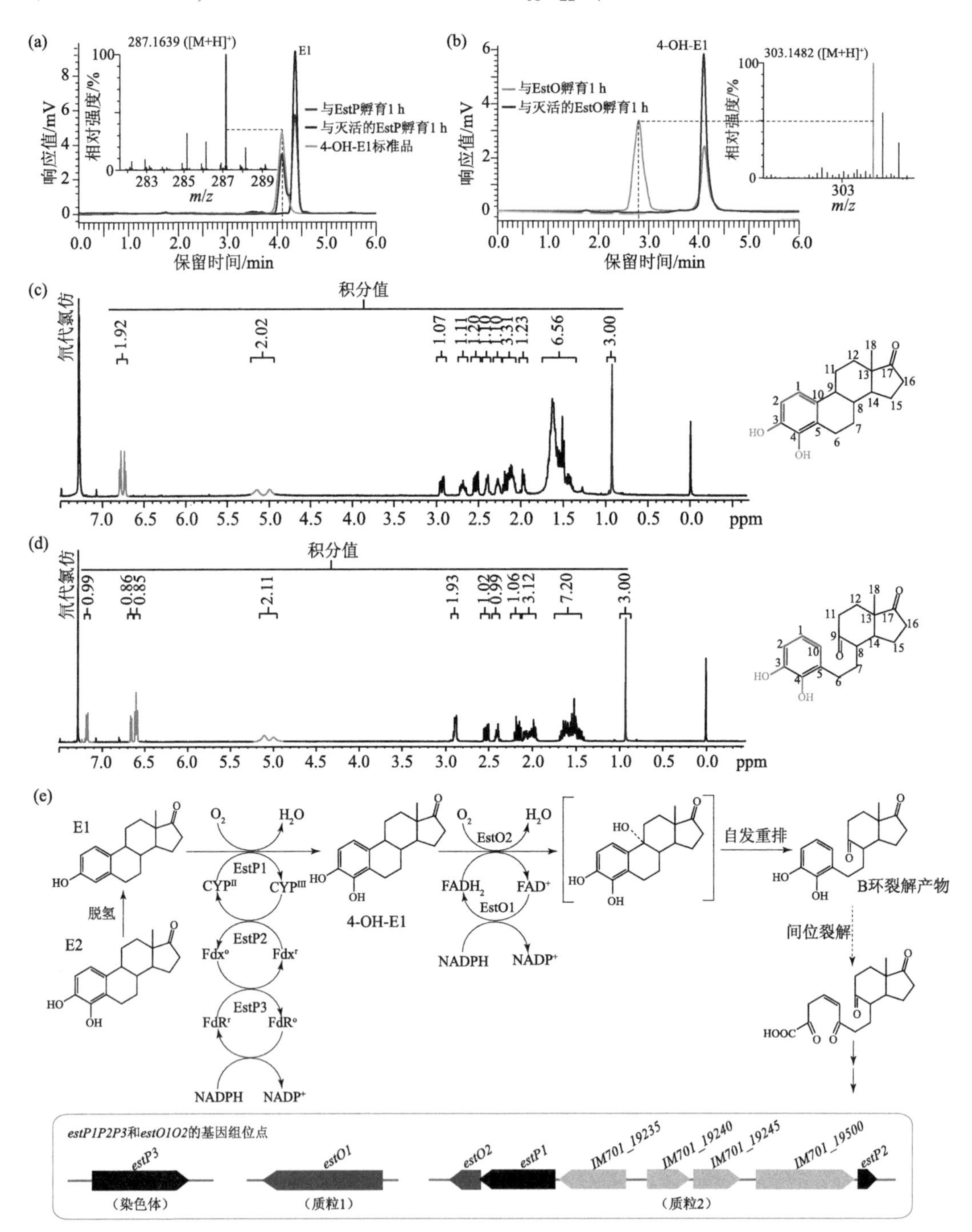

图 6-26　EstP 和 EstO 催化氧化反应生成的产物鉴定及菌株 ES2-1 代谢 E2 的初始降解机制

综上，E2 在菌株 ES2-1 中上游分解代谢的分子机制如下：E2 先脱氢为 E1，然后由三组分细胞色素 P450 单加氧酶系统 EstP 催化 E1 的 4-羟基化反应，生成 4-OH-E1。随后，双组分单加氧酶系统 EstO 催化 4-OH-E1 的 C9-C10 断裂(可能是通过一个 9-羟基化的中间产物的自发重排)，从而生成 B 环裂解产物 $C_{18}H_{22}O_4$ [图 6-26(e)]。

据研究可知，*estP1P2P3* 和 *estO1O2* 分别编码三组分 CYP450 单加氧体系 EstP 和双组分单加氧体系 EstO，分别催化 E1 的 4-羟基化反应和 4-OH-E1 的 B 环裂解；其中 *estP3*、*estO1* 和 *est* 基因簇分别位于三个不同的复制子中。通过基因组比较，发现 E2 降解菌 DSM_12444(Padgett et al., 2005)和菌株 MH-B5(Qin et al., 2016)具有与 *est* 类似的基因簇。此外，Saro_3703 和 MB02_RS15825 分别是菌株 DSM_12444 和菌株 MH-B5 中与 EstO1 最相似的基因产物，相似度分别为 82%和 74%；Saro_0216 和 MB02_RS08760 分别是菌株 DSM_12444 和菌株 MH-B5 中与 EstP3 相似性最高的基因产物，相似度分别为 92%和 72%。综合来看，这些与 *estO1* 或 *estP3* 高度相似的基因及 *estP1* 直系同源基因的存在，表明菌株 DSM_12444 和 MH-B5 都可能利用类似的基因产物降解 E1 和 4-OH-E1。*estO2* 的上游区域还保守存在于农药降解菌 TKS(Nagata et al., 2011)和 DE-13(Li et al., 2013)中。巧合的是，在菌株 TKS 降解 γ-六氯环己烷的过程中，也可以观察到类似的作用于中间芳香族代谢物的 4-羟基化方式；菌株 DE-13 同样利用了 P450 单加氧酶系统，催化 4-羟基化反应降解 2-甲基-6-乙基苯胺(Dong et al., 2015)。因此，有理由推测这两种农药降解菌株也可能利用类似于 EstP 的单加氧体系来催化相应底物进行 4-羟基化反应。

菌株 NBRC_16725 和 KC8 是另外 2 株雌激素降解菌，它们降解 E2 的初始步骤与菌株 ES2-1 相同，但所涉及的基因不同。在菌株 NBRC_16725 中，E1 的 4-羟基化也被 CYP450 单加氧酶催化。然而，该酶与 EstP1 的同源性不超过 40%，所以这两种 CYP450 单加氧酶属于不同的超家族。而在菌株 KC8 中，E1 的 4-羟基化推测与黄素依赖的单加氧酶 OecB 有关(还原酶组分未知)。通过对菌株 ES2-1 基因组进行 BLASTP 搜索，发现黄素依赖的单加氧酶 IM701_RS15600 与 OecB 的同源性最高，相似度达 47%[图 6-27(a)]。然而，其侧翼区域与 *oecB* 的侧翼区并不相似，*IM701_RS15600* 对 E2 诱导也无响应[图 6-27(b)和(c)]。因此，菌株 ES2-1 中不太可能使用与 OecB 类似的酶催化 E1 的 4-羟基化。在编码 EstP 体系的基因中，还原酶基因 *estP3* 位于染色体 DNA 上，不同于 *estP1P2* 所位于的质粒 2。因此，处于不同的复制子中可能是 *estP3* 转录水平较低的原因。对菌株 ES2-1 基因组的 ORF 分析发现，*est* 基因簇附近有一个移动元件蛋白 IM701_RS19145(转座酶)，可能导致 EstP3 未能与 EstP1P2 聚集。

菌株 ES2-1 中，4-OH-E1 的后续氧化可由双组分单加氧体系 EstO 催化的 9,10-*seco* 反应完成，并生成 B 环裂解产物。这种氧化模式已在雄激素、胆固醇(Horinouchi et al., 2012; Olivera and Luengo, 2019)和雌激素(Ren et al., 2007)的好氧降解中被报道。催化 9,10-*seco* 反应的酶，以来自 *Rhodococcus erythropolis* SQ1 的双组分单加氧酶体系 KshAB 为代表(van der Geize et al., 2002)。然而，EstO1 与氧化组分 KshA 并不相似(同源性仅 11%)，且菌株 ES2-1 基因组中也未发现与 KshA 或 KshB 同源性超过 30%的基因产物。这意味着菌株 ES2-1 需要能够替代 KshAB 的酶来催化 9,10-*seco* 反应，而 EstO1O2 正是这样一个候选组合。另外，尽管 ^{1}H-NMR 数据表明 EstO 能够催化 B 环的裂解，但 C9-C10

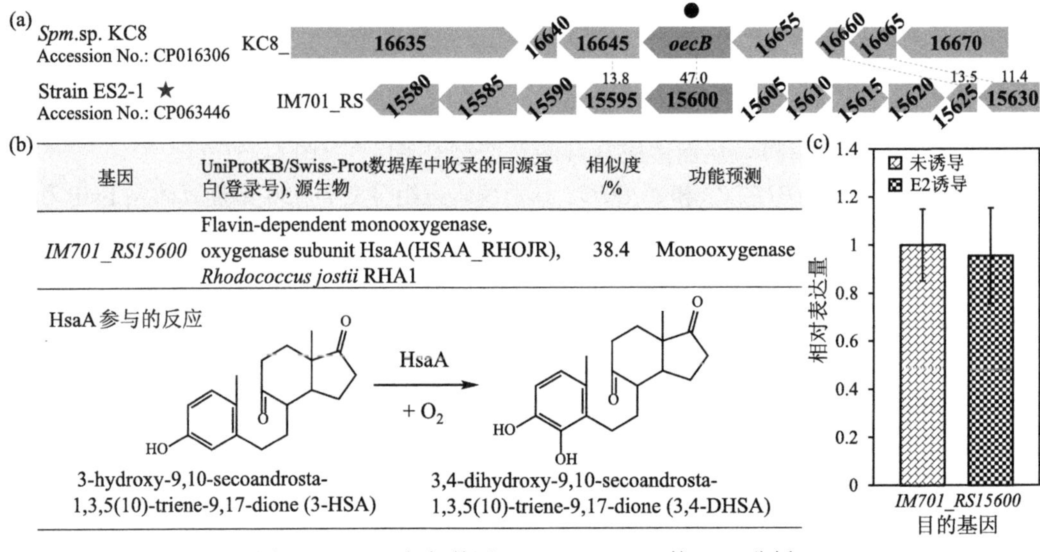

图 6-27 *oecB* 相似基因 *IM701_RS15600* 的 ORF 分析

是否直接裂解尚不确定。本书推测 B 环裂解前会先形成一个 9-羟基化中间产物，该中间产物通过自发重排触发 B 环 C9-C10 裂解。由 ChemBio3D Ultra 6.0（Cambridge Soft, U.S.）的分子力学模型 2（MM2）计算得到的能量数据表明，9-羟基化的 4-OH-E1 的总能量高于 C9-C10 裂解后的化合物，该结果支持了这种重排的可能性以及此中间体存在的合理性（表 6-8）。然而，在菌株 NBRC_16725 和菌株 KC8 中，4-OH-E1 的进一步氧化分别由外二醇双加氧酶 EdcB 和 OecC 催化，并得到相同的 A 环间位裂解产物。菌株 ES2-1 是否也能够表达类似的双加氧酶并催化 4-OH-E1 的 A 环裂解值得后续研究。

表 6-8 氧原子攻击不同的碳原子时羟基化 4-OH-E1 的总能量

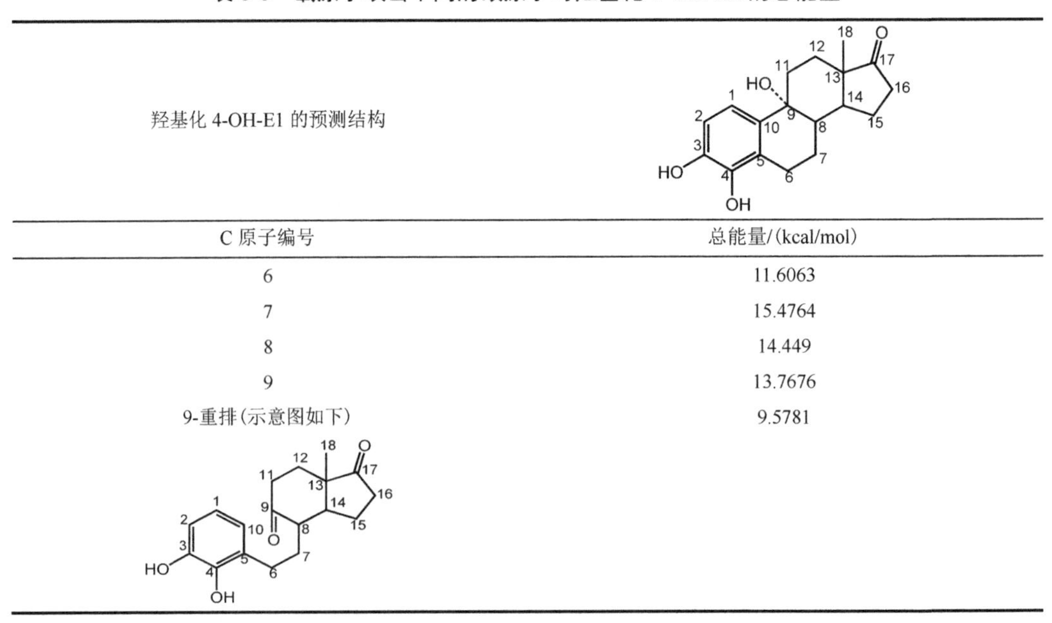

羟基化 4-OH-E1 的预测结构	
C 原子编号	总能量/(kcal/mol)
6	11.6063
7	15.4764
8	14.449
9	13.7676
9-重排（示意图如下）	9.5781

通过对菌株 ES2-1 基因组的 BLASTP 搜索，发现外二醇双加氧酶 IM701_RS20245（编码基因位于质粒 3 中）与 EdcB 和 OecC 相似，同源性分别为 56.1%和 44.3%［图 6-28（a）］。ORF 分析表明，IM701_RS20245 还与依赖铁的外二醇双加氧酶 HsaC 具有 35.8%的相似度，且 HsaC 可以催化一种与 $C_{18}H_{22}O_4$ 结构极为相似的化合物（3,4-dihydroxy-9, 10-*seco*androst-1,3,5（10）-triene-9,17-dione）发生间位裂解反应［图 6-28（b）］（van der Geize et al., 2007）。对 IM701_RS20245、EdcB、OecC 和 HsaC 保守结构域的预测和比较表明，这 4 种基因产物均具有一个属于 23dbph12diox 超家族（cl31314）的非特异性结构域和一个属于邻氧螯合（VOC）超家族（cl14632）的特异性结构域。此外，*IM701_RS20245* 的转录水平也能够在 E2 诱导下提高了 4.6 倍［图 6-28（c）］。因此，IM701_RS20245 极有可能参与 E2 的 A 环裂解。然而，目前尚不确定这种酶能够识别 4-OH-E1 还是 $C_{18}H_{22}O_4$ 作为底物。若能识别 4-OH-E1 为底物，则 A 环可能与 B 环同时裂解；如若能识别 $C_{18}H_{22}O_4$ 为底物，则 B 环的裂解可能先于 A 环的裂解。未来的研究可重点关注 IM701_RS20245 的功能验证。

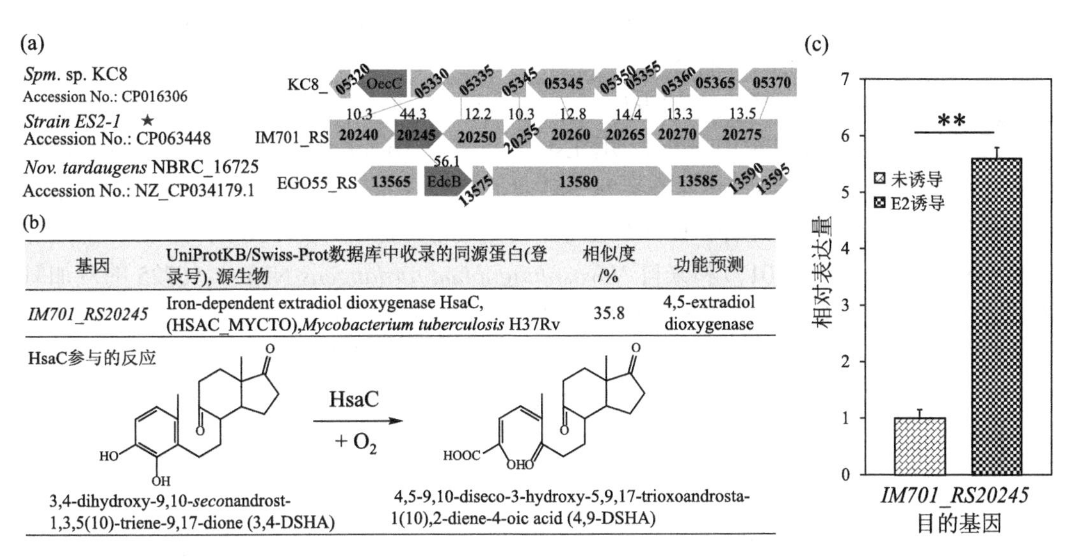

基因	UniProtKB/Swiss-Prot数据库中收录的同源蛋白(登录号), 源生物	相似度/%	功能预测
IM701_RS20245	Iron-dependent extradiol dioxygenase HsaC, (HSAC_MYCTO), *Mycobacterium tuberculosis* H37Rv	35.8	4,5-extradiol dioxygenase

图 6-28　外二醇双加氧酶基因 *IM701_RS20245* 的 ORF 分析

**为 $p \leqslant 0.01$ 水平上显著

根据氧化组分编码基因 *estP1* 和 *estO1* 在其他甾体激素诱导下的表达行为，推测 EstP1 介导的羟基化反应在识别甾体底物方面具有一定的特异性；而 EstO1 介导的 9,10-*seco* 反应可能参与睾酮（Te）、雄烯二酮（AD）、黄体酮（PGT）和孕烯醇酮（PRE）的氧化降解。*estO1* 的交叉表达行为与雄激素或胆固醇降解过程中 9,10-*seco* 反应的频发相吻合，这进一步增强了 EstO1O2 作为菌株 ES2-1 中的类 KshAB 体系裂解 B 环的可信度。然而，还原酶组分基因 *estO2* 并没有随 *estO1* 一起被广泛诱导，这说明 EstO1 可能对 ETPs 的特异性较低，且菌株 ES2-1 中应该还存在其他能够与 EstO1 匹配的还原酶。但由于纯化蛋白数量有限，本书尚未鉴定出该候选黄素还原酶。由于 *estO1* 附近无黄素还原酶基因，EstO2 虽支持 EstO1 活性，但并不是 EstO1 的同源还原酶。因此，EstO1O2 不是一个成熟的双组分单加氧酶体系，不像进化良好的 PheA1A2 那样，两个编码基因位于同一操纵子中（Duffner et al., 2000)，这也就导致加氧酶基因和还原酶基因之间的诱导行为有可能不同步。有趣的是，E2 降解所涉及的反应似乎均不参与 E3 的降解。故而推测，E3 的降解机制与 E2 有很大的不同，尽管它们结构相似。有报道指出，E2 并不是 E3 生物降解过程中的常见代谢物，因为 E2 只能被不可逆地转化为 E3(Lappano et al., 2010)。此外，E3 可通过 16α-OH-E1 被降解(Ke et al., 2007)，或直接从 D 环被裂解(Ma et al., 2018)，而不是通常所描述的从 A/B 环开始降解。因此，E2 降解基因对 E3 诱导无响应是合理的。

获得菌株 ES2-1 的基因突变株，并分析它们的可培养状况能够有效解答功能基因冗余问题。但由于缺乏适当的基因转移载体，该操作迄今为止尚未成功。部分原因可能为菌株 ES2-1 的细胞表面存在一层较厚的鞘糖脂层，阻碍了质粒的穿梭(Saitou and Nei, 1987)。因此，寻找合适的载体是进一步研究亟待攻破的技术局限。

8. A 环裂解双加氧酶基因

根据已有研究结果可知，4-OH-E1 也可能通过双加氧反应被降解。外二醇双加氧酶基因 *IM701_RS20245*(*estN1*)的转录水平也在 E2 诱导下提高至 4.3 倍。此外，Fe^{3+}的存在能够刺激 *estN1* 在 E2 诱导下的表达，其转录上调水平由 4.3 倍显著提高至 47.5 倍(图 6-29)。开放阅读框(ORF)分析表明，EstN1 与来自 *Mycobacterium tuberculosis* H37Rv 的催化甾体激素 A 环裂解的铁依赖型外二醇双加氧酶 HsaC(HSAC_MYCTO)有着 35.8%的同源性[图 6-28(b)]。此外，EstN1 还与来自 *Sphingomonas* sp. KC8 的 4,5-外二醇双加氧酶 OecC(Chen et al., 2017)和来自 *Novosphingobium tardaugens* NBRC_16725 的双加氧酶 EdcB(Ibero et al., 2020)有着 44.3%和 42.7%的相似度，它们均参与 E2 降解过程中 4-OH-E1 的 4,5-*seco* 反应，生成 A 环间位裂解产物。故而推测，EstN1 是菌株 ES2-1 中参与 4-OH-E1 双加氧反应的关键酶，且为 Fe 依赖型双加氧酶。

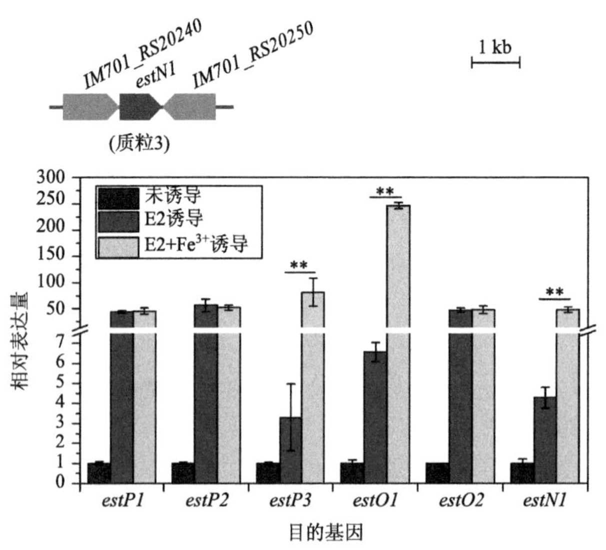

图 6-29　E2 降解基因在其他甾体激素诱导下的转录水平

**为 $p \leqslant 0.01$ 水平上显著

为了在蛋白水平上进一步验证 EstN1 的功能，首先将 EstN1 与其他外二醇双加氧酶进行系统发育分析，发现 EstN1 属于 I 型外二醇双加氧酶，并与其他 I 型外二醇双加氧酶家族成员形成单独进化分支(图 6-30)。这说明 EstN1 可能具有较为新颖的分类学地位。I 型外二醇双加氧酶属非血红素铁环羟化芳香加氧酶类(RHOs)，是一种包括一个电子传递链(ETC)和一个加氧酶的多组分酶，其中 ETC 可由黄蛋白还原酶和铁氧还蛋白或黄蛋白还原酶单独组成(Kweon et al., 2008; Mason and Cammack, 1992; Butler and Mason, 1997)。因此，EstN1 需要相应的电子传递伙伴将还原当量从 NAD(P)H 转移至 EstN1，从而支持其体外氧化功能。

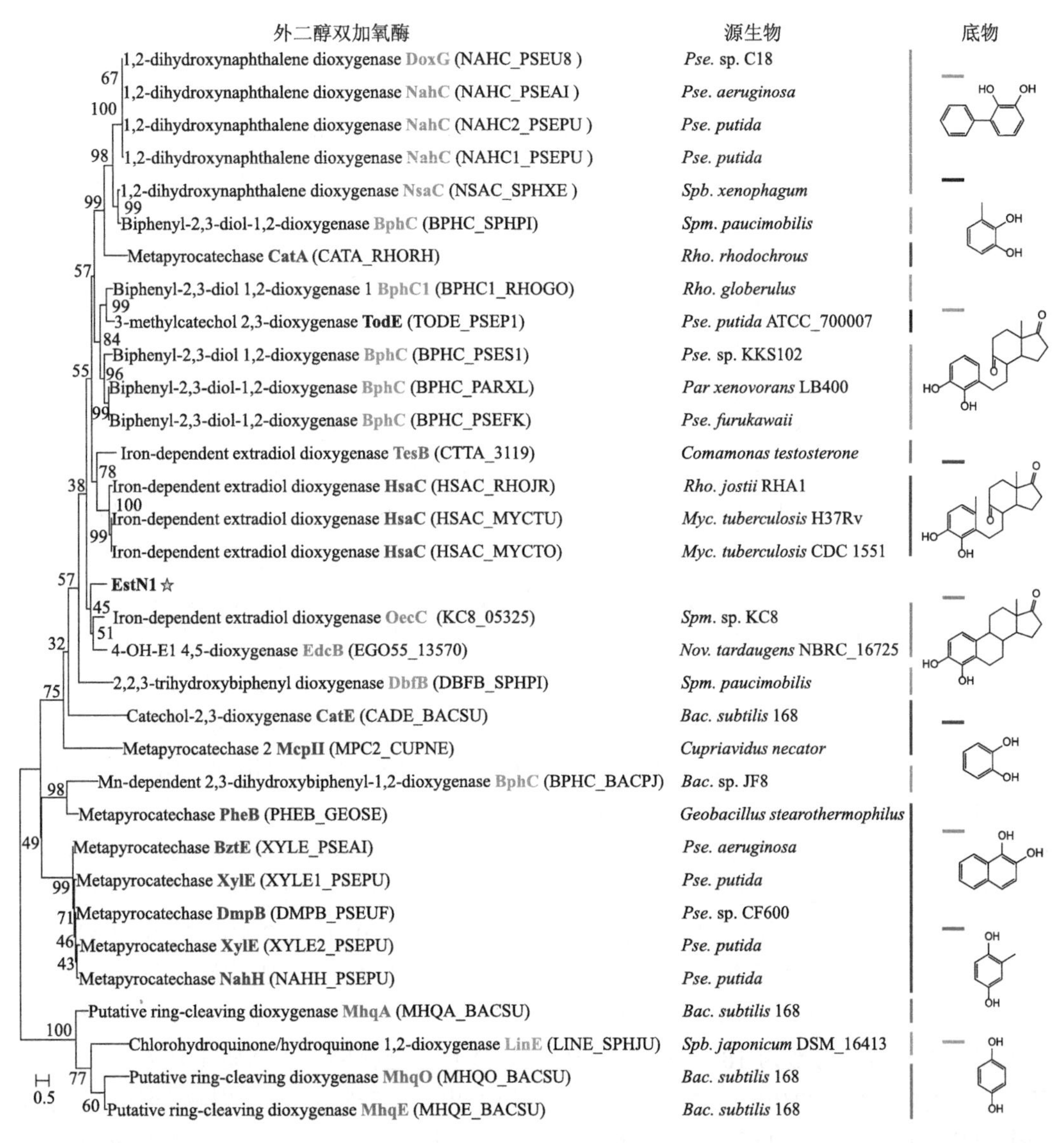

图 6-30　EstN1 与 UniProtKB/Swiss-Prot 数据库中收录的外二醇双加氧酶的系统发育分析

扫一扫，看彩图

通过对菌株 ES2-1 基因组的 ORF 分析发现，*estN1* 附近无铁氧还蛋白和铁氧还蛋白还原酶基因。因此，以 *estN1* 为中心，预测了另外 7 种可能的铁氧还蛋白基因 *IM701_RS02615*、*IM701_RS09495*、*IM701_RS11130*、*IM701_RS15220*、*IM701_RS17870*(*estN2*)、*IM701_RS20955*、*IM701_RS21040*，以及 2 种铁氧还蛋白还原酶基因 *IM701_RS10225*、*IM701_RS20840*(*estN3*)(表 6-9)。

将 *estN1* 及下述基因分别进行融合克隆，并在大肠埃希氏菌中进行过表达(*IM701_RS10225*、*IM701_RS20840*、*IM701_RS02615*、*IM701_RS11130*、*IM701_RS17870* 和 *IM701_RS20955* 已于前期完成表达载体构建)，SDS-PAGE 结果表明，纯化后所得基因产物(含有 His 标签的融合蛋白)大小分别约为 37 kDa、50 kDa、47 kDa、15 kDa、48 kDa、14 kDa、15 kDa、15 kDa、13 kDa 和 13 kDa[图 6-31(a)和(b)]。

将由 2 种铁氧还蛋白还原酶与 7 种铁氧还蛋白组装得到的 14 种 ETC 分别与 EstN1 组合后发现，含有 EstN2 或 IM701_RS11130、IM701_RS20840(EstN3)的组合能够支持 EstN1 对 4-OH-E1 的明显消耗[图 6-31(c)]。RT-qPCR 结果表明，E2 能够诱导 *estN2* 和 *estN3* 转录水平的上调，但不能诱导 *IM701_RS11130* 转录水平的上调；EstN1 单独存在时对 4-OH-E1 无显著消耗[图 6-31(d)]。因此，EstN2 比 IM701_RS11130 更可能作为受 E2 诱导的氧化体系 EstN 的铁氧还蛋白组分。综上所述，双加氧酶 EstN1 可在电子传递链 EstN2N3 的支持下，催化 4-OH-E1 的氧化反应。酶学特性结果显示，由 EstN1N2N3 组成的三组分双加氧体系 EstN 依赖 NADH 作为电子供体[图 6-31(e)]，对底物 4-OH-E1 的 K_m 和 V_{max} 分别为(80.5±7.7) μmol/L 和(4.6±0.2) U/mg[图 6-31(f)]。

UPLC-HRMS 结果表明，EstN 体系催化 4-OH-E1 氧化生成的产物的荷质比(*m/z*, $[M+H]^+$)为 319.1478[图 6-32(a)]，比 4-OH-E1 的 *m/z* 高出了一个氧分子的分子量，表明 EstN 能够催化 4-OH-E1 发生双加氧反应，生成的氧化产物化学式为 $C_{18}H_{22}O_5$。随后，对 EstN 催化氧化 4-OH-E1 的产物结构进行 ^{1}H-NMR 分析，并以已知结构的 4-OH-E1 作为参考。与 4-OH-E1 的 ^{1}H-NMR 图谱 [图 6-26(c)]相比可以得出，化学位移分别为 δ_H 4.97(s)和 δ_H 5.15(s)的两组单峰未出现于 4-OH-E1 的氧化产物的 ^{1}H-NMR 图谱中，说明该产物中已不存在儿茶酚结构；低场区(δ 6.5～7.5)无明显吸收峰，表明该产物无芳环质子。这些结果表明 A 环已经被打开。此外，① 低场区(δ 8.0～8.6)出现一组化学位移为 δ_H 8.50 的单峰，此单峰所处化学位移比芳环质子向更低场强方向移动，这组吸收峰很有可能代表羧基氢；② 中场区(δ 4.5～4.7)出现了一组化学位移为 δ_H 4.605 的三重峰(t, J = 8.5 Hz)，积分值接近 1，它可能代表与 C1 相连的氢原子 H-1，因受到 C2 上连接的两个氢质子自旋影响，分裂为三重峰，而位于高场区(δ 2.5～3.0)的 δ_H 2.8(d, J = 6.0 Hz)恰好代表了 C2 上连接的这两个氢质子 H-2，其积分值恰好是 δ_H 4.605 处吸收峰积分值的两倍；③ 高场区(δ 0.5～2.5)的总积分值是中、低场区(δ 2.5～3.0)总积分值的 5 倍，表明甲基质子和亚甲基质子总数为 18，与 E2 的 B、C、D 环上连接的亚甲基质子及 C18 处的甲基质子相对应[图 6-32(b)]。总结以上结果可以得出，该产物为 A 环裂解产物，且含有一个羧基结构，B、C、D 环结构未改变，该结构特征与以往文献中报道的 4-OH-E1 下游的 A 环间位裂解产物结构相符，表明 EstN1 能够在 EstN2N3 的支持下催化 4-OH-E1 的 4,5-*seco* 氧化裂解，生成 A 环间位裂解产物。

表 6-9　EstN1 及可能与之匹配的 ETPs 的 ORF 分析

基因	氨基酸大小/aa	UniProtKB/Swiss-Prot 数据库中收录的同源蛋白（登录号），源生物	相似度/%	功能预测	功能域的超家族名称		
					区域	超家族（保守结构域）	结构域登录号
estN1	325	Iron-dependent extradiol dioxygenase HsaC（HSAC_MYCTU），*Mycobacterium tuberculosis* H37Rv	36.7	Extradiol dioxygenase	3～307	23dbph12diox superfamily	cl31314
IM701_RS10225	436	NADPH-ferredoxin reductase FprA（FPRA_MYCLE），*Mycobacterium leprae* TN	39.3	Ferredoxin reductase	2～434	PLN02852 superfamily	cl30539
estN3	408	Rhodocoxin reductase ThcD（THCD_RHOER），*Rhodococcus erythropolis*	35.7	Rhodocoxin reductase	2～383	Pyr_redox_2 superfamily	cl39093
IM701_RS02615	110	2Fe-2S ferredoxin FdxB（FER2_RICRI），*Rickettsia rickettsii*	48.6	2Fe-2S ferredoxin	2～107	Fer2 superfamily	cl00159
IM701_RS09495	393	Carnitine monooxygenase oxygenase subunit（CNTA_ECOLI），*E. coli* K12	34.2	Rieske（2Fe-2S）protein	23～388	HcaE	COG4638
IM701_RS11130	105	Dicamba O-demethylase, ferredoxin component DddmB（DDMB_STEMA），*Stenotrophomonas maltophilia*	74.3	Ferredoxin	4～101	Fer2 superfamily	cl00159
IM701_RS15220	112	Ferredoxin-1 FdxA（FER1_CAUVC），*Caulobacter vibrioides* ATCC_19089	69.6	4Fe-4S Ferredoxin	64～105 4～65	DUF3470 PreA	pfam11953 COG1146
estN2	110	2Fe-2S ferredoxin FdxB（FER2_CAUVC），*Caulobacter vibrioides* ATCC_19089	50.5	2Fe-2S Ferredoxin	4～105	Fer2 superfamily	cl00159
IM701_RS20955	93	Ferredoxin XylT（FERX_PSEPU），*Pseudomonas putida*	49.5	Ferredoxin	5～92	PRK07609 superfamily	cl32231
IM701_RS21040	96	Naphthalene 1,2-dioxygenase system, ferredoxin component DoxA（NDOA_PSEU8），*Pseudomonas* sp. C18	48.8	Ferredoxin component	1～89	Rieske_RO_ferredoxin	cl32231

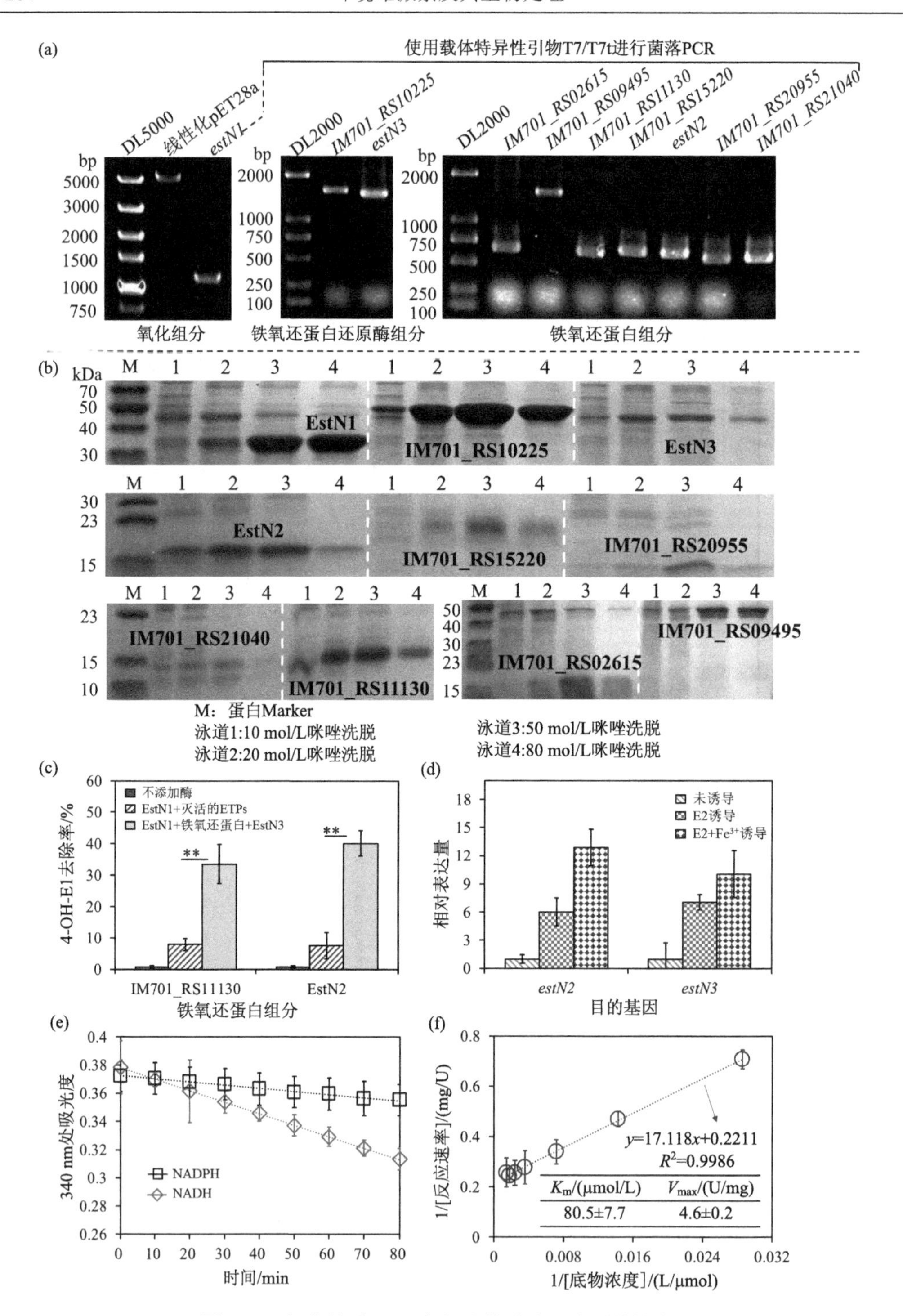

图 6-31　氧化体系 EstN 各组分的确定及酶学特性表征

(a) *estN1* 及可能的氧化组分编码基因的克隆及 (b) 所纯化基因产物的 SDS-PAGE；(c) 不同接种处理对 4-OH-E1 的去除效果，**为 $p \leqslant 0.01$ 水平上显著；(d) E2 诱导下能与 EstN1 匹配的电子传递伙伴基因的转录水平；(e) 两组分单加氧体系的辅酶依赖性；(f) EstN 对 4-OH-E1 的催化活性

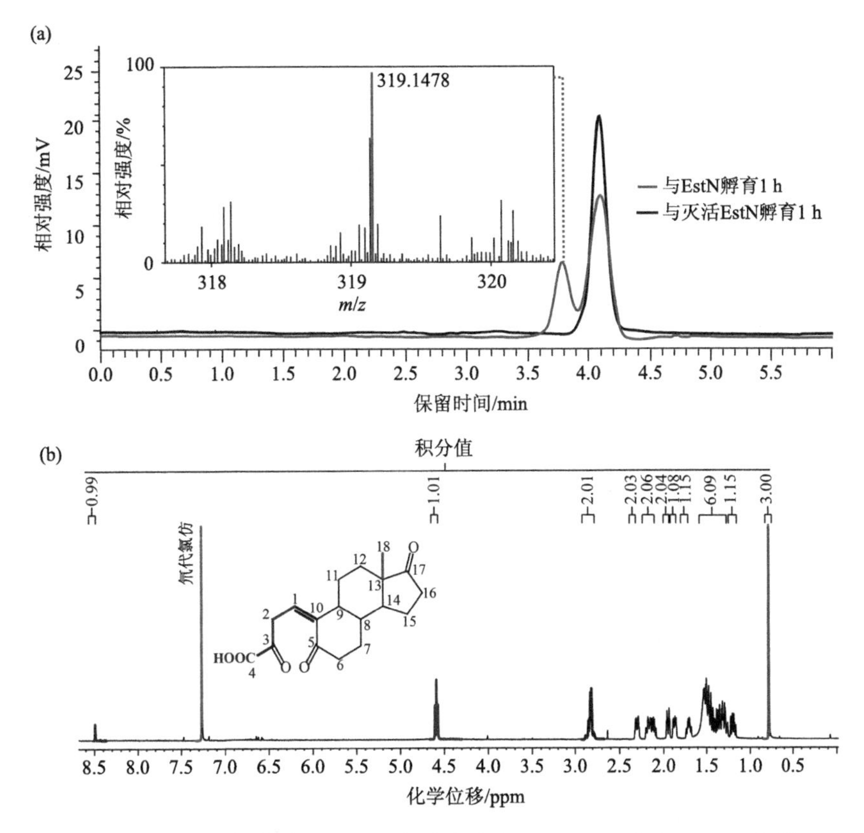

图 6-32　EstN 催化的 4-OH-E1 氧化产物的 UPLC-MS 和 ^{1}H-NMR 分析

分析表明，EstN1 属于 RHOs；体外功能验证表明，EstN1 可以在电子传递链 EstN2N3 的支持下催化 4-OH-E1 的 4,5-*seco* 反应，生成 A 环间位裂解产物。根据电子传递链类型，RHOs 可被分为以下 5 类：第一类，由氧化组分和 FNR_C-type 还原酶组成的双组分体系；第二类，由氧化组分和 FNR_N-type 还原酶组成的双组分体系；第三类，由氧化组分、[2Fe-2S]-type 铁氧还蛋白和 FNR_N-type 还原酶组成的三组分体系；第四类，由氧化组分、[2Fe-2S]-type 铁氧还蛋白和 GR-type 还原酶组成的三组分体系；第五类，由氧化组分、[3Fe-4S]-type 铁氧还蛋白和 GR-type 还原酶组成的三组分体系（Kweon et al., 2008）。通过对 EstN2 和 EstN3 的氨基酸序列的分析可知，EstN2 属于[2Fe-2S]型铁氧还蛋白，EstN3 属于 GR-type 还原酶，因此，EstN1 属于第四类 RHO。电子传递链 EstN2N3 还分别与催化二苯醚和吩嗪氧化的三组分双加氧体系 Dpe（Cai et al., 2017）和 Pca（Zhao et al., 2017）的电子传递伙伴 DpeB1C1 或 DpeB2C1 和 PcaA4A3 相似。有趣的是，催化 E1 氧化的三组分细胞色素 P450 单加氧体系 EstP 的电子传递链 EstP2P3 同样能够支持 EstN1 的氧化功能（数据未显示），这表明 EstN1 对其电子传递伙伴可能具有较低的特异性。

通过分析 EstN 体系各组分编码基因的基因组位点可知，*estN1* 与电子传递链编码基因 *estN2N3* 位于不同的复制子中（*estN1* 位于质粒 3 中，*estN2N3* 位于质粒 4 中），这可能是相同诱导条件下 *estN2N3* 的转录上调水平没有 *estN1* 高的原因。实际上，电子传递伙伴编码基因不与加氧酶基因紧密相连的情况较为常见，也称为基因的遗传离散。例如上述 Dpe 体系，以及范巴伦氏分枝杆菌(*Mycobacterium vanbaalenii*)PYR-1 中由 NidA、NidA3 和 PhtAa 组成的参与芳香烃氧化的三组分氧化体系(Khan et al., 2001; Stingley et al., 2004a, 2004b; Kim et al., 2006)。这可能是由于铁氧还蛋白和铁氧还蛋白还原酶数量有限，只能分散在基因组中，以便于被多种加氧酶所共享。

通常情况下，外二醇双加氧酶依赖非血红素 Fe^{2+}，而内二醇双加氧酶依赖于非血红素 Fe^{3+}。这些区别可能看起来很小，但它们实际上是酶具有完全不同的结构和专门利用不同的机制的表现(Harayama et al., 1992)。然而，在菌株 ES2-1 降解 E2 过程中，Fe^{3+}确实能够刺激 *estN1* 的表达，因此，推测菌株 ES2-1 通过铁载体吸收 Fe^{3+}后，可能将其还原为 Fe^{2+}，辅助 EstN1 实现氧化功能。菌株 ES2-1 降解 E2 后期可产生大量小分子有机酸，而且早年间学者们已证实，微生物可以利用有机酸作为电子供体来还原 Fe^{3+}(Lovley, 1993; Nealson and Saffarini, 1994)；此外，能够还原 Fe^{3+}的微生物十分常见，存在于各类地表、地下水中的多种微生物都能够还原溶解态或固态 Fe^{3+}(Roh et al., 2002; Zhang et al., 2007a, 2007b)。进行体外功能验证时，Fe^{3+}的加入也能够激活 EstN1。Osorio 等(2013)曾报道电子可通过呼吸链从 S^0 传递给 Fe^{3+}。不难推测，在重构的氧化体系中，电子可能通过呼吸链从 NADH 传递给 Fe^{3+}从而作为激活 EstN1 的辅因子。

综上所述，E2 的 A 环和 B 环可分别通过 EstN 催化的双加氧反应和 EstO 催化的单加氧反应被裂解，且 Fe^{3+}可刺激这两个氧化体系中氧化组分编码基因的大量表达，强化 A、B 环裂解过程，从而更快速地破坏甾体骨架、降解 E2。

9. E2 降解基因的表达特异性

选取同样能被菌株 ES2-1 降解的雌三醇(E3)、睾酮(Te)、雄烯二酮(AD)、黄体酮(PGT，又称孕酮)和孕烯醇酮(PRE)作为底物，分别参与 *estP1P2P3* 和 *estO1O2* 诱导实验。RT-qPCR 结果表明，EstP 和 EstO 体系中的加氧酶组分编码基因和还原酶组分编码基因有着不同的诱导行为(图 6-33)。E3、Te、AD、PGT 和 PRE 均不能诱导 *estP1* 和 *estP2* 的表达，但都能够诱导 *estP3* 表达。这说明 *estP1P2* 是 E2 诱导的功能基因，即 EstP1 介导的羟基化反应可能对甾体底物具有特异性；而 EstP3 则有可能作为一种共享电子载体参与菌株 ES2-1 对多种甾体化合物的某些氧化降解过程。

与 EstP 体系相反，对于编码 EstO 系统的基因，除 E3 外，Te、AD、PGT 和 PRE 均可诱导加氧酶组分基因 *estO1* 的表达，但还原酶组分基因 *estO2* 对这些类固醇的诱导无响应。这表明，EstO1 介导的 9,10-*seco* 反应可参与菌株 ES2-1 对雄激素和孕激素等甾体激素的降解，但其还原能力可能由其他还原酶传递。此外，*estO1* 的交叉表达行为也表明，E2、Te、AD、PGT 和 PRE 的微生物降解分子机制部分相同。有趣的是，*estP1* 和 *estO1* 都不能被 E3 诱导，推测 E3 的生物降解机制可能与 E2 不同，尽管它在结构上与 E2 类似。

EstN 体系中，氧化组分编码基因 *estN1* 的诱导表达情况与基因 *estO1* 类似。所选取的 5 种类固醇性激素均能够诱导 *estN1* 的表达，表明基因产物 EstN1 可能参与多种类固醇性激素的微生物降解；此外，由 EstN1 介导的 4,5-*seco* 反应可能是甾体骨架裂解 A 环常用模式，环境中 *estN1* 基因丰度或有望作为类固醇性激素污染评价的生物监测指标。

与 EstN1 匹配的电子传递伙伴编码基因 *estN2*、*estN3* 在不同类固醇性激素诱导下的表达情况尚未得到验证，然而，EstP2P3 可作为 EstN2N3 的代替者参与 EstN 体系催化的氧化反应。

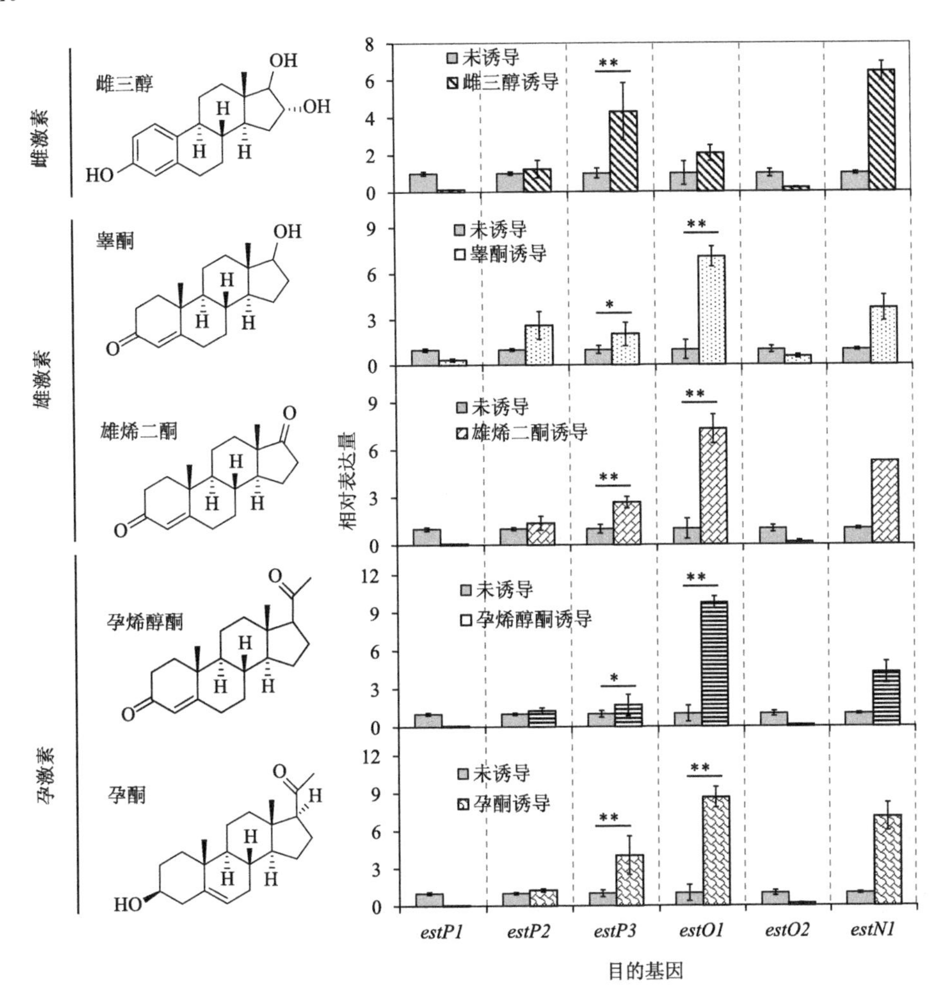

图 6-33　E2 降解基因在其他甾体激素诱导下的转录水平

*为 $p \leqslant 0.05$ 水平上显著；**为 $p \leqslant 0.01$ 水平上显著

参 考 文 献

曹璇, 郑晓冬. 2020. 盐胁迫培养下季也蒙毕赤酵母的转录组学差异分析[J]. 浙江大学学报:农业与生命科学版, (4): 400～406.

廖何斌, 刘马峰, 程安春. 2015. 部分革兰氏阴性菌 TonB 蛋白的结构特点及作用机制[J]. 微生物学报, 55(5): 529～536.

Auriol M, Filali-Meknassia Y, Adams C D, et al. 2006. Natural and synthetic hormone removal using the horseradish peroxidase enzyme: Temperature and pH effects[J]. Water Research, 40: 2847～2856.

Auriol M, Filali-Meknassi Y, Adams C D, et al. 2008. Removal of estrogenic activity of natural and synthetic hormones from a municipal wastewater: Efficiency of horseradish peroxidase and laccase from *Trametes versicolor*[J]. Chemosphere, 70: 445～452.

Auriol M, Filali-Meknassia Y, Tyagi R D, et al. 2007. Laccase-catalyzed conversion of natural and synthetic hormones from a municipal wastewater[J]. Water Research, 41: 3281～3288.

Barrientos Á, Merino E, Casabon I, et al. 2015. Functional analyses of three acyl-CoA synthetases involved in bile acid degradation in *Pseudomonas putida* DOC21[J]. Environment Microbiology, 17: 47～63.

Beck K R, Kaserer T, Schuster D, et al. 2017. Virtual screening applications in short-chain dehydrogenase/reductase research[J]. The Journal of Steroid Biochemistry and Molecular Biology, 171: 157～177.

Bell S G, Dale A, Rees N H, et al. 2010. A cytochrome P450 class I electron transfer system from *Novosphingobium aromaticivorans*[J]. Applied Microbiology and Biotechnology, 86(1): 163～175.

Bell S G, Wong L L. 2007. P450 enzymes from the bacterium *Novosphingobium aromaticivorans*[J]. Biochemical and Biophysical Research Communications, 360(3): 666～672.

Bergstrand L H, Cardenas E, Holert J, et al. 2016. Delineation of steroid-degrading microorganisms through comparative genomic analysis[J]. mBio, 7(2): e00166～16.

Blánquez P, Guieyssea B. 2008. Continuous biodegradation of 17β-estradiol and 17α-ethynylestradiol by *Trametes versicolor*[J]. Journal of Hazardous Materials, 150: 459～462.

Browse J, McCourt P J, Somerville C R. 1986. Fatty acid composition of leaf lipids determined after combined digestion and fatty acid methyl ester formation from fresh tissue[J]. Analytical Biochemistry, 152(1): 141～145.

Butler C S, Mason J R. 1997. Structure-function analysis of the bacterial aromatic ring-hydroxylating dioxygenases[J]. Advances in Microbial Physiology, 38: 47～84.

Cai S, Chen L W, Ai Y C, et al. 2017. Degradation of diphenyl ether in *Sphingobium phenoxybenzoativorans* SC_3 is initiated by a novel ring cleavage dioxygenase[J]. Applied and Environmental Microbiology, 83: e00104～17.

Capyk J K, Kalscheuer R, Stewart G R, et al. 2009. Mycobacterial cytochrome P450 125 (Cyp125) catalyzes the terminal hydroxylation of C27 steroids[J]. Journal of Biological Chemistry, 284: 35534～35542.

Casabon I, Crowe A M, Liu J, et al. 2013. FadD3 is an acyl-CoA synthetase that initiates catabolism of cholesterol rings C and D in actinobacteria[J]. Molecular Microbiology, 87: 269～283.

Cerdan P, Rekik M, Harayama S. 1995. Substrate specificity differ ences between two catechol 2,3-dioxygenases encoded by the TOL and NAH plasmids from *Pseudomonas putida*[J]. European Journal of Biochemistry, 229: 113～118.

Chang Y H, Wang Y L, Lin J Y, et al. 2010. Expression, purification, and characterization of a human recombinant 17β-hydroxysteroid dehydrogenase type 1 in *Escherichia coli*[J]. Molecular Biotechnology, 44(2): 133～139.

Chen Y L, Yu C P, Lee T H, et al. 2017. Biochemical mechanisms and catabolic enzymes involved in bacterial estrogen degradation pathways[J]. Cell Chemical Biology, 24(6): 712～724.

Coombe R G, Tsong Y Y, Hamilton P B, et al. 1966. Mechanisms of steroid oxidation by microorganisms X. Oxidative cleavage of estrone[J]. Journal of Biological Chemistry, 241 (7): 1587～1595.

Crowe A M, Casabon I, Brown K L, et al. 2017. Catabolism of the last two steroid rings in *Mycobacterium tuberculosis* and other bacteria[J]. mBio, 8: e00321～17.

Dagley S, Evans W C, Ribbons D W. 1960. New pathways in the oxidative metabolism of aromatic compounds by micro-organisms[J]. Nature, 188 (4750): 560～566.

Della Greca M, Pinto G, Pistillo P, et al. 2008. Biotransformation of ethinylestradiol by microalgae[J]. Chemosphere, 70: 2047～2053.

Dong W L, Chen Q, Hou Y, et al. 2015. Metabolic pathway involved in 2-methyl-6-ethylaniline degradation by *Sphingobium* sp. strain MEA3-1 and cloning of the novel flavindependent monooxygenase system *meaBA*[J]. Applied and Environmental Microbiology, 81: 8254～8264.

Dresen C, Lin L Y, D'Angelo I, et al. 2010. A flavin-dependent monooxygenase from *Mycobacterium tuberculosis* involved in cholesterol catabolism[J]. Journal of Biological Chemistry, 285: 22264～22275.

Duffner F M, Kirchner U, Bauer M P, et al. 2000. Phenol/cresol degradation by the thermophilic *Bacillus thermoglucosidasius* A7: Cloning and sequence analysis of five genes involved in the pathway[J]. Gene, 256 (1～2): 215～221.

Eltis L D, Hofmann B, Hecht H J, et al. 1993. Purification and crystallization of 2, 3-dihydroxybiphenyl-1, 2-dioxygenase[J]. Journal of Biological Chemistry, 268 (4): 2727～2732.

Fujii K, Satomi M, Morita N, et al. 2003. *Novosphingobium tardaugens* sp. nov., an oestradiol-degrading bacterium isolated from activated sludge of a sewage treatment plant in Tokyo[J]. International Journal of Systematic and Evolutionary Microbiology, 53 (1): 47～52.

Ghayee H K, Auchus R J. 2007. Basic concepts and recent developments in human steroid hormone biosynthesis[J]. Reviews in Endocrine & Metabolic Disorders, 8 (4): 289～300.

Harayama S, Kok M, Neidle E L. 1992. Functional and evolutionary relationships among diverse dioxygenases[J]. Annual Review of Microbiology, 46: 565～601.

Heiss G, Stolz A, Kuhm A E, et al. 1995. Characterization of a 2, 3-dihydroxybiphenyl dioxygenase from the naphthalenesulfonate-degrading bacterium strain BN6[J]. Journal of Bacteriology, 177 (20): 5865～5871.

Holert J, Cardenas E, Bergstrand L H, et al. 2018. Metagenomes reveal global distribution of bacterial steroid catabolism in natural, engineered, and host environments[J]. mBio, 9: e02345～17.

Holert J, Kulić Ž, Yücel O, et al. 2013. Degradation of the acyl side chain of the steroid compound cholate in *Pseudomonas* sp. strain Chol1 proceeds via an aldehyde intermediate[J]. Journal of Bacteriology, 195: 585～595.

Horinouchi M, Hayashi T, Koshino H, et al. 2006. ORF18-disrupted mutant of *Comamonas testosteroni* TA441 accumulates significant amounts of 9,17-dioxo-1,2,3,4,10,19-hexanorandrostan-5-oic acid and its derivatives after incubation with steroids[J]. The Journal of Steroid Biochemistry and Molecular Biology, 101: 78～84.

Horinouchi M, Hayashi T, Kudo T. 2012. Steroid degradation in *Comamonas testosteroni*[J]. The Journal of

Steroid Biochemistry and Molecular Biology, 129(1～2): 4～14.

Horinouchi M, Hayashi T, Kudo T. 2004. The genes encoding the hydroxylase of 3-hydroxy-9, 10-secoandrosta-1,3,5(10)-triene-9,17-dione in steroid degradation in *Comamonas testosteroni* TA441[J]. Journal of Steroid Biochemistry and Molecular Biology, 92: 143～154.

Horinouchi M, Yamamoto T, Taguchi K, et al. 2001. *Meta*-cleavage enzyme gene *tesB* is necessary for testosterone degradation in *Comamonas testosteroni* TA441[J]. Microbiology, 147(12): 3367～3375.

Hugo N, Meyer C, Armengaud J, et al. 2000. Characterization of three XylT-like [2Fe-2S] ferredoxins associated with catabolism of cresols or naphthalene: Evidence for their involvement in catechol dioxygenase reactivation[J]. Journal of Bacteriology, 182: 5580～5585.

Ibero J, Galán B, Díaz E, et al. 2019. Testosterone degradative pathway of *Novosphingobium tardaugens*[J]. Genes, 10(11): 871.

Ibero J, Galán B, Rivero-Buceta V, et al. 2020. Unraveling the 17*β*-estradiol degradation pathway in *Novosphingobium tardaugens* NBRC_16725[J]. Frontiers in Microbiology, 11: 588300.

Kallberg Y, Oppermann U, Persson B. 2010. Classification of the short-chain dehydrogenase/reductase superfamily using hidden Markov models[J]. The FEBS Journal, 277(10): 2375～2386.

Kavanagh K L, Jörnvall H, Persson B, et al. 2008. Medium-and short-chain dehydrogenase/reductase gene and protein families: The SDR superfamily: functional and structural diversity within a family of metabolic and regulatory enzymes[J]. Cellular and Molecular Life Sciences, 65(24): 3895～3906.

Ke J X, Zhuang W Q, Gin K Y H, et al. 2007. Characterization of estrogen-degrading bacteria isolated from an artificial sandy aquifer with ultrafiltered secondary effluent as the medium[J]. Applied Microbiology and Biotechnology, 75(5): 1163～1171.

Khan A A, Wang R F, Cao W W, et al. 2001. Molecular cloning, nucleotide sequence, and expression of genes encoding a polycyclic aromatic ring dioxygenase from *Mycobacterium* sp. strain PYR-1[J]. Applied and Environmental Microbiology, 67(8): 3577～3585.

Kieslich K. 1985. Microbial side-chain degradation of sterols[J]. Journal of Basic Microbiology, 25(7): 461～474.

Kim S J, Kweon O, Freeman J P, et al. 2006. Molecular cloning and expression of genes encoding a novel dioxygenase involved in low- and high-molecular-weight polycyclic aromatic hydrocarbon degradation in *Mycobacterium vanbaalenii* PYR-1[J]. Applied and Environmental Microbiology, 72(2): 1045～1054.

Kletzin A, Adams M W W. 1996. Molecular and phylogenetic characterization of pyruvate and 2-ketoisovalerate ferredoxin oxidoreductases from *Pyrococcus furiosus* and pyruvate ferredoxin oxidoreductase from *Thermotoga maritima*[J]. Journal of Bacteriology, 178(1): 248～257.

Kurisu F, Ogura M, Saitoh S, et al. 2010. Degradation of natural estrogen and identification of the metabolites produced by soil isolates of *Rhodococcus* sp. and *Sphingomonas* sp.[J]. Journal of Bioscience and Bioengineering, 109(6): 576～582.

Kweon O, Kim S J, Baek S, et al. 2008. A new classification system for bacterial Rieske non-heme iron aromatic ring-hydroxylating oxygenases[J]. BMC Biochemistry, 9(1): 1～20.

Lappano R, Rosano C, De Marco P, et al. 2010. Estriol acts as a GPR30 antagonist in estrogen receptor-negative breast cancer cells[J]. Molecular and Cellular Endocrinology, 320(1～2): 162～170.

Lee H B, Liu D. 2002. Degradation of 17*β*-estradiol and its metabolites by sewage bacteria[J]. Water Air & Soil Pollution, 134(1~4): 351～366.

Li S Y, Liu J, Williams M A, et al. 2020. Metabolism of 17*β*-estradiol by *Novosphingobium* sp. ES2-1 as probed via HRMS combined with $^{13}C_3$-labeling[J]. Journal of Hazardous Materials, 389: 121875.

Li Y, Chen Q, Wang C H, et al. 2013. Degradation of acetochlor by consortium of two bacterial strains and cloning of a novel amidase gene involved in acetochlor-degrading pathway[J]. Bioresource Technology, 148: 628～631.

Li Z, Nandakumar R, Madayiputhiya N, et al. 2012. Proteomic analysis of 17*β*-estradiol degradation by *Stenotrophomonas maltophilia*[J]. Environmental Science & Technology, 46(11): 5947～5955.

Liang R, Liu H, Tao F, et al. 2012. Genome sequence of *Pseudomonas putida* strain SJTE-1, a bacterium capable of degrading estrogens and persistent organic pollutants[J]. Journal of Bacteriology, 194(17): 4781～4782.

Lønning P E, Haynes B P, Straume A H, et al. 2011. Exploring breast cancer estrogen disposition: The basis for endocrine manipulation[J]. Clinical Cancer Research, 17: 4948～4958.

Lovley D R. 1993. Dissimilatory metal reduction[J]. Annual Review of Microbiology, 47(1): 263～290.

Ma W, Sun J, Li Y, et al. 2018. 17*α*-Ethynylestradiol biodegradation in different river-based groundwater recharge modes with reclaimed water and degradation-associated community structure of bacteria and archaea[J]. Journal of Environmental Sciences, 64: 51～61.

Mai X, Adams M W. 1994. Indolepyruvate ferredoxin oxidoreductase from the hyperthermophilic archaeon *Pyrococcus furiosus*. A new enzyme involved in peptide fermentation[J]. Journal of Biological Chemistry, 269: 16726～16732.

Margulies M, Egholm M, Altman W E, et al. 2005. Genome sequencing in microfabricated high-density picolitre reactors[J]. Nature, 437: 376～380.

Maser E, Xiong G, Grimm C, et al. 2001. 3*α*-Hydroxysteroid dehydrogenase/carbonyl reductase from *Comamonas testosteroni*: Biological significance, three-dimensional structure and gene regulation[J]. Chemico-Biological Interactions, 130(1～3): 707～722.

Mason J R, Cammack R. 1992. The electron-transport proteins of hydroxylating bacterial dioxygenases[J]. Annual Review of Microbiology, 46: 277～305.

Matsumura Y, Hosokawa C, Sasaki-Mori M, et al. 2009. Isolation and characterization of novel bisphenol-A degrading bacteria from soils[J]. Biocontrol Science, 14(4): 161～169.

Morelle S, Carbonnelle E, Nassif X. 2003. The REP2 repeats of the genome of *Neisseria meningitidis* are associated with genes coordinately regulated during bacterial cell interaction[J]. Journal of bacteriology, 185(8): 2618～2627.

Mythen S M, Devendran S, Méndez-García C, et al. 2018. Targeted synthesis and characterization of a gene cluster encoding NAD(P)H-dependent 3*α*-, 3*β*-, and 12*α*-hydroxysteroid dehydrogenases from Eggerthella CAG: 298, a gut metagenomic sequence[J]. Applied and Environmental Microbiology,

84(7): e02475～17.

Nagata Y, Natsui S, Endo R, et al. 2011. Genomic organization and genomic structural rearrangements of *Sphingobium japonicum* UT26, an archetypal γ-hexachlorocyclohexane-degrading bacterium[J]. Enzyme and Microbial Technology, 49(6～7): 499～508.

Nakai S, Yamamura A, Tanaka S, et al. 2011. Pathway of 17β-estradiol degradation by *Nitrosomonas europaea* and reduction in 17β-estradiol-derived estrogenic activity[J]. Environmental Chemistry Letters, 9(1): 1～6.

Nealson K H, Saffarini D. 1994. Iron and manganese in anaerobic respiration: Environmental significance, physiology, and regulation[J]. Annual Review of Microbiology, 48: 311～343.

Noinaj N, Guillier M, Barnard T J, et al. 2010. TonB-dependent transporters: regulation, structure, and function[J]. Annual Review of Microbiology, 64(1): 43～60.

Olivera E R, Luengo J M. 2019. Steroids as environmental compounds recalcitrant to degradation: Genetic mechanisms of bacterial biodegradation pathways[J]. Genes, 10(7): 512.

Osorio H, Mangold S, Denis Y, et al. 2013. Anaerobic sulfur metabolism coupled to dissimilatory iron reduction in the extremophile acidithiobacillus ferrooxidans[J]. Applied and Environmental Microbiology, 79(7): 2172～2181.

Padgett K A, Selmi C, Kenny T P, et al. 2005. Phylogenetic and immunological definition of four lipoylated proteins from *Novosphingobium aromaticivorans*, implications for primary biliary cirrhosis[J]. Journal of Autoimmunity, 24(3): 209～219.

Peterson J A, Lorence M C, Amarneh B. 1990. Putidaredoxin reductase and putidaredoxin. Cloning, sequence determination, and heterologous expression of the proteins[J]. Journal of Biological Chemistry, 265(11): 6066～6073.

Qin D, Ma C, Hu A N, et al. 2016. *Altererythrobacter estronivorus* sp. nov., an estrogen-degrading strain isolated from Yundang Lagoon of Xiamen City in China[J]. Current Microbiology, 72(5): 634～640.

Qin D, Ma C, Lv M, et al. 2020. *Sphingobium estronivorans* sp. nov. and *Sphingobium bisphenolivorans* sp. nov., isolated from a wastewater treatment plant[J]. International Journal of Systematic and Evolutionary Microbiology, 70: 1822～1829.

Ren H Y, Ji S L, Ahmad N U D, et al. 2007. Degradation characteristics and metabolic pathway of 17α-ethynylestradiol by *Sphingobacterium* sp. JCR5[J]. Chemosphere, 66(2): 340～346.

Roh H, Chu K H. 2010. A 17β-estradiol-utilizing bacterium, *Sphingomonas* strain KC8: Part I—Characterization and abundance in wastewater treatment plants[J]. Environmental Science & Technology, 44(13): 4943～4950.

Roh Y, Liu S V, Li G S, et al. 2002. Isolation and characterization of metal-reducing *Thermoanaerobacter* strains from deep subsurface environments of the Piceance Basin, Colorado[J]. Applied and Environmental Microbiology, 68: 6013～6020.

Rosłoniec K Z, Wilbrink M H, Capyk J K, et al. 2009. Cytochrome P450 125 (CYP125) catalyses C26-hydroxylation to initiate sterol side-chain degradation in *Rhodococcus jostii* RHA1[J]. Molecular Microbiology, 74: 1031～1043.

Safford R, Windust J H, Lucas C, et al. 1988. Plastid-localised seed acyl-carrier protein of *Brassica napus* is encoded by a distinct, nuclear multigene family[J]. European Journal of Biochemistry, 174: 287～295.

Saito M, Ikunaga Y, Ohta H, et al. 2006. Genetic transformation systems for members of the genera, *Sphingomonas*, *Sphingobium*, *Novosphingobium*, and *Sphingopyxis*[J]. Microbes Environments, 21: 235～239.

Saitou N, Nei M. 1987. The neighbor-joining method: A new method for reconstructing phylogenetic trees[J]. Molecular Biology and Evolution, 4(4): 406～425.

Samavat H, Kurzer M S. 2015. Estrogen metabolism and breast cancer[J]. Cancer Letter, 356(2): 231～243.

Schneider R, Brors B, Bürger F, et al. 1997. Two genes of the putative mitochondrial fatty acid synthase in the genome of Saccharomyces cerevisiae[J]. Current Genetics, 32(6): 384～388.

Schut G J, Menon A L, Adams M W W. 2001. 2-Keto acid oxidoreductases from *Pyrococcus furiosus* and *Thermococcus litoralis*[J]. Methods in Enzymology, 331: 144～158.

Shi J H, Suzuki Y, Lee B D, et al. 2002. Isolation and characterization of the ethynylestradiol-biodegrading microorganism *Fusarium proliferatum* strain HNS-1[J]. Water Science and Technology, 45(12): 175～179.

Skare J T, Ahmer B M, Seachord C L, et al. 1993. Energy transduction between membranes. TonB, a cytoplasmic membrane protein, can be chemically cross-linked in vivo to the outer membrane receptor FepA[J]. Journal of Biological Chemistry, 268(22): 16302～16308.

Slabas A R, Chase D, Nishida I, et al. 1992. Molecular cloning of higher-plant 3-oxoacyl-(acyl carrier protein) reductase. Sequence identities with the *nodG*-gene product of the nitrogen-fixing soil bacterium *Rhizobium meliloti*[J]. Biochemical Journal, 283(2): 321～326.

Stingley R L, Brezna B, Khan A A, et al. 2004a. Novel organization of genes in a phthalate degradation operon of *Mycobacterium vanbaalenii* PYR-1[J]. Microbiology, 150(11): 3749～3761.

Stingley R L, Khan A A, Cerniglia C E. 2004b. Molecular characterization of a phenanthrene degradation pathway in *Mycobacterium vanbaalenii* PYR-1[J]. Biochemical and Biophysical Research Communications, 322(1): 133～146.

Suzuki K, Hirai H, Murata H, et al. 2003. Removal of estrogenic activities of 17β-estradiol and ethinylestradiol by ligninolytic enzymes from white rot fungi[J]. Water Research, 37: 1972～1975.

Tanaka T, Tonosaki T, Nose M, et al. 2001. Treatment of model soils contaminated with phenolic endocrine-disrupting chemicals with laccase from *Trametes* sp. in a rotating reactor[J]. Journal of Bioscience and Bioengineering, 92: 312～316.

Tersteegen A, Linder D, Thauer R K, et al. 1997. Structures and functions of four anabolic 2-oxoacid oxidoreductases in *Methanobacterium thermoautotrophicum*[J]. European Journal of Biochemistry, 244: 862～868.

Urbonaviclïus J, Qian Q, Durand J, et al. 2001. Improvement of reading frame maintenance is a common function for several tRNA modifcations[J]. The EMBO Journal, 20(17): 4863～4873.

van der Geize R, Hessels G I, Van Gerwen R, et al. 2002. Molecular and functional characterization of *kshA* and *kshB*, encoding two components of 3-ketosteroid 9α-hydroxylase, a class IA monooxygenase, in

Rhodococcus erythropolis strain SQ1[J]. Molecular Microbiology, 45(4): 1007～1018.

van der Geize R, Yam K, Heuser T, et al. 2007. A gene cluster encoding cholesterol catabolism in a soil actinomycete provides insight into *Mycobacterium tuberculosis* survival in macrophages[J]. Proceedings of the National Academy of Sciences of the United States of America-Physical Sciences, 104: 1947～1952.

Wang P, Zheng D, Liang R. 2019a. Isolation and characterization of an estrogen-degrading *Pseudomonas putida* strain SJTE-1[J]. 3 Biotech, 9: 61.

Wang P, Zheng D, Peng W, et al. 2019b. Characterization of 17*β*-hydroxysteroid dehydrogenase and regulators involved in estrogen degradation in *Pseudomonas putida* SJTE-1[J]. Applied Microbiology and Biotechnology, 103: 2413～2425.

Wang P, Zheng D, Wang Y, et al. 2018. One 3-oxoacyl-(acyl-Carrier-protein) reductase functions as 17*β*-hydroxysteroid dehydrogenase in the estrogen-degrading *Pseudomonas putida* SJTE-1[J]. Biochemical and Biophysical Research Communications, 505(3): 910～916.

Warnke M, Jacoby C, Jung T, et al. 2017. A patchwork pathway for oxygenase-independent degradation of side chain containing steroids[J]. Environmental Microbiology, 19: 4684～4699.

Wu K, Lee T H, Chen Y L, et al. 2019. Metabolites involved in aerobic degradation of the A and B rings of estrogen[J]. Applied and Environmental Microbiology, 85: e02223～18.

Xu J, Zhang L, Hou J, et al. 2017. iTRAQ-based quantitative proteomic analysis of the global response to 17*β*-estradiol in estrogen-degradation strain Pseudomonas putida SJTE-1[J]. Scientific Reports, 7: 41682.

Yam K C, D'Angelo I, Kalscheuer R, et al. 2009. Studies of a ring-cleaving dioxygenase illuminate the role of cholesterol metabolism in the pathogenesis of *Mycobacterium tuberculosis*[J]. PLoS Pathog, 5(3): e1000344.

Yan Z, Maruyama A, Arakawa T, et al. 2016. Crystal structures of archaeal 2-oxoacid: Ferredoxin oxidoreductases from *Sulfolobus tokodaii*[J]. SCI REP-UK, 6: 33061.

Ye X, Wang H, Kan J, et al. 2017. A novel 17*β*-hydroxysteroid dehydrogenase in *Rhodococcus* sp. P14 for transforming 17*β*-estradiol to estrone[J]. Chemico-Biological Interactions, 276: 105～112.

Yi T, Harper W F. 2007. The link between nitrification and biotransformation of 17*α*-ethinylestradiol[J]. Environmental Science & Technology, 41(12): 4311～4316.

Yu C P, Deeb R A, Chu K H. 2013. Microbial degradation of steroidal estrogens[J]. Chemosphere, 91(9): 1225～1235.

Yu Y, Liu C, Wang B, et al. 2015. Characterization of 3,17*β*-hydroxysteroid dehydrogenase in *Comamonas testosterone*[J]. Chemico-Biological Interactions, 234: 221～228.

Zeng Q, Li Y, Gu G, et al. 2009. Sorption and biodegradation of 17*β*-estradiol by acclimated aerobic activated sludge and isolation of the bacterial strain[J]. Environmental Engineering Science, 26(4): 783～790.

Zhang G, Dong H, Kim J W, et al. 2007a. Microbial reduction of structural Fe^{3+} in nontronite by a thermophilic bacterium and its role in promoting the smectite to illite reaction[J]. American Mineralogist, 92: 1411～1419.

Zhang G, Kim J W, Dong H, et al. 2007b. Microbial effects in promoting the smectite to illite reaction: Role of organic matter intercalated in the interlayer[J]. American Mineralogist, 92: 1401～1410.

Zhang H, Ji Y, Wang Y, et al. 2015a. Cloning and characterization of a novel β-ketoacyl-ACP reductase from *Comamonas testosterone*[J]. Chemico-Biological Interactions, 234: 213～220.

Zhang Y, Ujor V, Wick M, et al. 2015b. Identification, purification and characterization of furfural transforming enzymes from *Clostridium beijerinckii* NCIMB 8052[J]. Anaerobe, 33: 124～131.

Zhao Q, Hu H B, Wang W, et al. 2017. Novel three-component phenazine-1-carboxylic acid 1, 2-dioxygenase in *Sphingomonas wittichii* DP58[J]. Applied and Environmental Microbiology, 83: e00133～17.

Zimbler D L, Arivett B A, Beckett A C, et al. 2013. Functional features of TonB energy transduction systems of *Acinetobacter baumannii*[J]. Infection and Immunity, 81 (9) : 3382～3394.

第 7 章　环境雌激素生物处理技术应用

基于微生物降解的雌激素污染修复案例已被陆续报道。例如，使用活性污泥、高温堆肥、微生物固定化等技术去除环境样本或畜禽粪便中的雌激素。Roh 和 Chu (2011) 尝试将活性污泥接种至含有 17β-雌二醇 (E2) 的污水中，发现 E2 的去除率高达 99%；王亚娥等 (2007) 发现，在有氧条件下，利用活性污泥可在 70 min 内将初始浓度为 30 μg/L 的 E2 完全降解；Liu 等 (2018) 利用微生物固定化技术，将雌激素降解功能菌包埋在由海藻酸钠和氯化钙交联而成的海藻酸钙中，实现了对污水和牛粪中 3 种天然雌激素的高效率去除。

基于微生物降解的好氧-厌氧联合处理工艺、湿地处理工艺、氧化塘处理工艺和膜生物反应器等技术也可高效去除污水和畜禽粪便中的雌激素。Furuichi 等 (2006) 利用基于微生物降解的好氧-厌氧联合处理工艺，将养猪废水中的天然雌激素降解了 96%；Shappell 等 (2007) 指出，采用基于微生物降解的湿地处理技术，能分别去除养猪场废弃物中 86%、46%、59%以上的雌酮 (E1)、E2 和雌三醇 (E3)；Yang 和 Cicek (2008) 采用膜生物反应器，去除了养猪场废弃物中 95%以上的雌激素。

7.1　固定化功能降解菌剂去除环境中雌激素

水体是与雌激素密切相关的环境污染介质之一，其污染残留现状令人担忧。水体中的雌激素主要来源于人们的生活污水、工厂排出的废水及养殖业的废水 (韩伟等, 2010)。水体中 ng/L 级的雌激素就能导致水生生物雌性化、生殖能力下降、发育缺陷等现象 (廖艳等, 2006；Mitsui et al., 2007)。利用固定化菌株降解水体中的雌激素，对环境雌激素 (EEs) 污染治理意义重大。本节介绍将固定化菌株投入采集的实际污染水样中，对实际污染水样中雌激素的去除效率，并初步判断固定化菌株是否具有实际应用潜力。

7.1.1　固定化 S 菌剂去除水体中己烯雌酚

实际水样采自南京某湖泊的三个生活污水排水口，采样点分布如图 7-1 所示。将 1 L 采集的水样经固相萃取柱富集浓缩 (浓缩倍数 500)，HPLC 检测的结果显示，在 3 个生活污水排水口处的湖水中均检测到己烯雌酚 (DES)，浓度分别为 40.01 μg/L、37.90 μg/L、33.52 μg/L。其中排水口 1 附近为卫生间，其 DES 的主要来源可能是人体排放；排水口 2 处原先为渔场，可能是投放的饲料及鱼群代谢产物含有雌激素，因而使该处的 DES 含量较高 (Adlercreutz and Martin, 1976; Casey et al., 2003)。

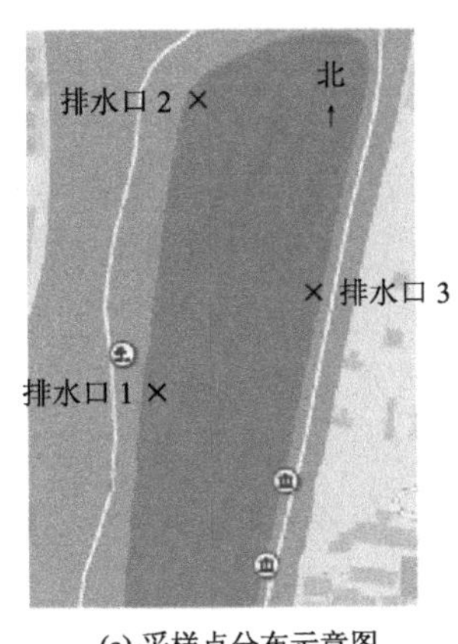

(a) 采样点分布示意图

采样点	DES浓度/(μg/L)
排水口1	40.01
排水口2	37.90
排水口3	33.52

(b) 各水样中DES浓度

图 7-1　采样点分布示意图及各水样中 DES 浓度

固定化菌株对实际污水中 DES 的降解效果见图 7-2。接种固定化 S 菌剂 7 d 后，三个排污口水样中 DES 残留浓度分别为 4.0 μg/L、1.5 μg/L 和 1.1 μg/L，经计算得出，固定化菌株对排水口 1 处的 DES 降解效率为 90.0%，对排水口 2 处的 DES 降解效率为 96.0%，对排水口 3 处的 DES 降解效率为 96.7%。对实际污水中 DES 的降解，固定化菌株表现出了较好的降解效果，降解率均在 90.0%以上，可能是实际水体中 DES 浓度较低，且固定化载体对菌株具有一定的保护效果，菌株受到外界环境的毒害作用很小，故表现出较好的降解效果。初步判断，将固定化菌株投入实际应用可行、有效。

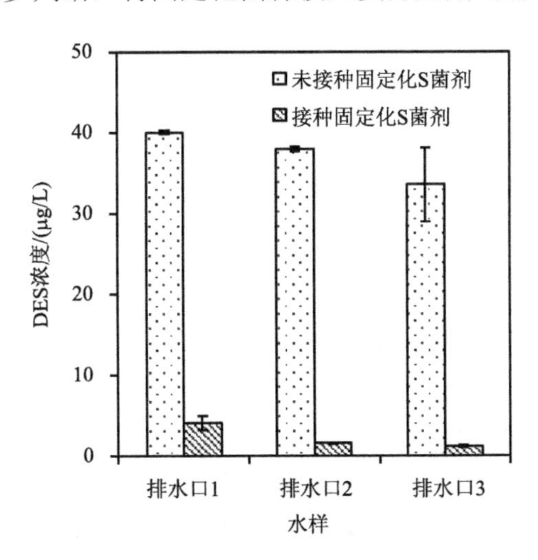

图 7-2　固定化 S 菌剂对实际污水中 DES 的降解效果

7.1.2　固定化 ARI-1 菌剂去除环境中多种雌激素

1. 固定化 ARI-1 菌剂去除污水中三种天然雌激素

实验测得污水水样中 E3、E2 和 E1 的浓度分别为 1.52 μg/L、0.71 μg/L 和 1.75 μg/L。

由图 7-3 可知，固定化菌剂对 E3、E2、E1 的去除率分别为 100%、94.76%、80.43%，分别高于游离态菌剂 62.62 个百分点、71.57 个百分点、35.10 个百分点。供试菌的筛选条件为添加 E2 为唯一碳源驯化所得(Fujii et al., 2002)，污水中可供菌株生长的营养可能较低或者菌株不适应污水环境，菌株的生长受到影响。而固定化菌剂内部为无机盐培养基(MSM)体系，与菌株习惯的环境没有明显差异，所以菌株可以正常生长、代谢。此外，微生物无法穿过固定化菌剂外壳的孔隙，阻止了污水中微生物侵入(Covarrubias et al., 2012)。固定化菌剂内部为交叉错落的网络结构，使细菌不易泄漏，并且载体内菌株密度较高，保证了菌株可以在稳定的体系中利用雌激素(李馨子等, 2014)。

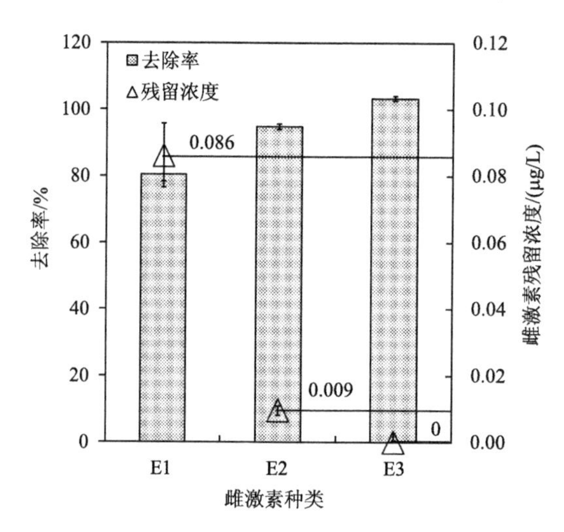

图 7-3　固定化 ARI-1 菌剂去除污水中三种天然雌激素的效果

2. 固定化 ARI-1 菌剂去除牛粪中三种天然雌激素

1) 翻堆时间对固定化菌剂去除牛粪中三种雌激素的影响

实验测得所采集的牛粪中 E3 含量为 0.66 mg/kg，E2 含量为 0.64 mg/kg，E1 含量为 0.71 mg/kg。由图 7-4 可见，同等翻堆时间下，含水量为 50%的牛粪中 200 g/kg 固定化菌剂对 E3、E2、E1 的去除率分别高于游离态菌剂 27.04～28.24 个百分点、5.35～15.48 个百分点、7.01～12.04 个百分点。翻堆时间间隔越短，固定化菌剂对牛粪中 E3、E2、E1 的去除率越高。翻堆时间为 12 h，牛粪中 E3、E2、E1 的去除率分别达到 98.79%、97.40%和 91.34%，比 24 h 的翻堆时间分别提高了 18.83 个百分点、14.99 个百分点和 26.61 个百分点。菌剂对牛粪中 E3、E2、E1 的去除效率，一方面取决于固定化菌剂与污染物的可接触性，另一方面取决于氧的供应。菌剂投加虽然明显提高了局部牛粪功能微生物的密度，但同时限制了菌株向固定化菌剂外部的扩散，由于 E3、E2、E1 迁移能力较弱，所以只有与菌剂接触的 E3、E2、E1 得到有效去除，翻堆时间影响菌剂与牛粪中雌激素的可接触性，进而影响雌激素的去除效率(钱林波等, 2012)。此外，该菌株为好氧型菌株，翻堆可增加牛粪中的通氧量，有助于好氧菌株的生长，进而发挥去除效能(王旭辉等, 2012)。

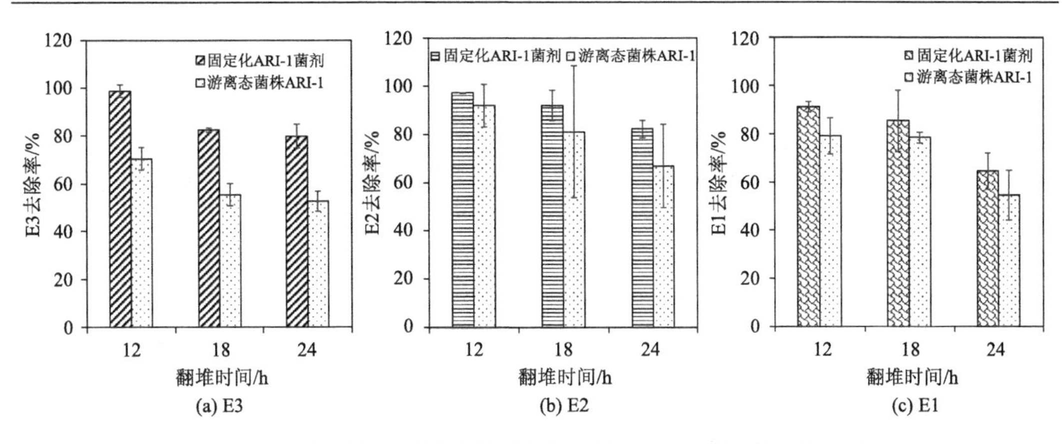

图 7-4　翻堆时间对固定化降解菌剂去除牛粪中三种雌激素的影响

2) 接种量对固定化菌剂去除牛粪中三种雌激素的影响

由图 7-5 可知，同等接种量条件下，固定化菌剂对 E3、E2、E1 的去除率分别高于游离态菌剂 4.65～27.20 个百分点、7.85～15.48 个百分点、4.70～12.77 个百分点。微生物经固定化后，其表面的官能团结构可以与载体产生分子间作用力或共价键等作用，从而主链加固，不易被破坏和泄漏，能耐生物毒性物质的侵害和 pH 变化，不易失活，并且固定化菌剂内部是 MSM 体系，提供了有利的生长环境(钱林波等, 2012)。

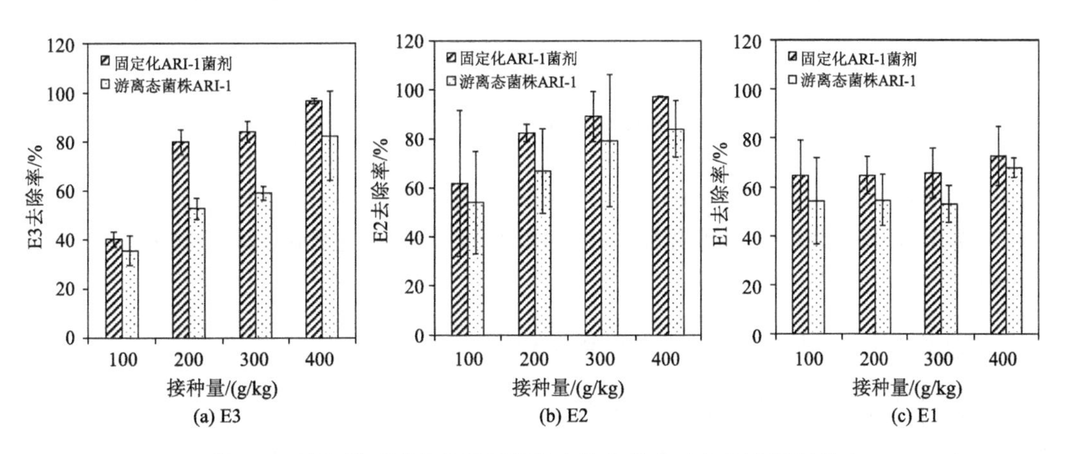

图 7-5　接种量对固定化降解菌剂去除牛粪中三种雌激素的影响

随着固定化菌剂投加量从 100 g/kg 增至 400 g/kg，固定化菌剂对牛粪中 E3 的去除率从 40.32%提高至 96.68%，残留含量从 0.39 mg/kg 降至 0.02 mg/kg；对 E2 的去除率从 61.92%提高至 97.09%，残留含量从 0.24 mg/kg 降至 0.02 mg/kg；对 E1 的去除率从 64.65%提高至 72.62%，残留含量从 0.25 mg/kg 降至 0.20 mg/kg。由于牛粪中 E3、E2、E1 迁移能力较弱，往往只有与菌剂接触的牛粪才能得到有效清洁，固定化菌剂投加量提高，则其与牛粪的接触面积增大，进而可以去除牛粪中更多的 E3、E2、E1(钱林波等, 2012)。

3) 含水量对固定化菌剂去除牛粪中三种雌激素的影响

由图 7-6 可知，同等含水量条件下，200 g/kg 固定化菌剂对 E3、E2、E1 的去除率高于游离态菌剂 22.40～37.90 个百分点、1.38～15.48 个百分点、10.04～33.57 个百分点。随着牛粪含水量的提高(40%～70%)，固定化菌剂对牛粪中 E3、E2、E1 的去除越多。供试条件下，牛粪含水量为 70%时最有利于固定化菌剂去除牛粪中的 E3、E2、E1，且去除率分别达 96.26%、97.74%和 98.07%，比含水量为 40%时的去除率分别提高了 36.62 个百分点、36.28 个百分点和 29.29 个百分点，残留浓度分别为 0.02 mg/kg、0.01 mg/kg 和 0.01 mg/kg。反之，随着牛粪含水量降低，固定化菌剂对 E3、E2、E1 的去除率降低。一方面，菌剂需要一定的含水量保持其球体形态，当含水量低于 50%时，会出现干瘪形态；另一方面，微生物的活动无法脱离水的作用，含水量降低，在一定程度上影响了微生物的活性，进而减弱了牛粪中供试雌激素的去除。

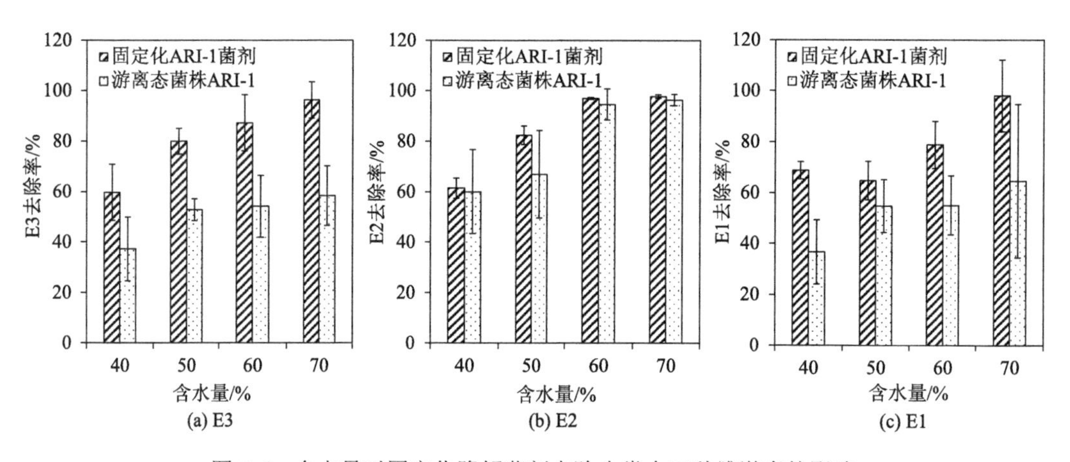

图 7-6　含水量对固定化降解菌剂去除牛粪中三种雌激素的影响

为节省成本，去除牛粪中 E3、E2、E1 的方案优选为：菌剂投加量为 200 g/kg，牛粪含水量为 70%，翻堆时间间隔为 12 h，以此条件投加固定化菌剂后，对 E3 的去除率为 98.91%，并可以完全去除 E2 和 E1。

7.1.3　固定化 JX-2 菌剂去除污水和牛粪中 E2

为探究固定化菌剂对实际环境中雌激素的污染治理能力，本书采集了 3 个来自南京某污染湖泊生活污水排污口的污水样品，以及 4 个来自南京某奶牛场的牛粪样品。以不接固定化菌剂的水样作为对照，测定固定化 JX-2 菌剂对污水和牛粪中 E2 的去除效果。

接种固定化 JX-2 菌剂前，用高效液相色谱-荧光检测(HPLC/FLD)测得 3 个污水样品中 E2 浓度分别为 55.59 ng/L、39.78 ng/L、43.35 ng/L。接种菌剂 7 d 后，固定化 JX-2 菌剂对样品 1 和样品 2 中 E2 的去除率分别为 73.5%和 64.4%；样品 3 经菌剂处理后，E2 浓度无法测得，因为经过固相萃取后其实际 E2 浓度仍低于液相检出限(0.186 μg/L)。总结得出，固定化 JX-2 菌剂对污水中 E2 的降解率为 64.4%～100%(表 7-1)。

表 7-1　固定化 JX-2 菌剂去除污水中 E2 的效果

污水样品	样品中 E2 初始浓度/(ng/L)	施用菌剂 7 d 后 E2 残留浓度/(ng/L)	E2 去除率/%
样品 1	55.59	14.73	73.5
样品 2	39.78	14.16	64.4
样品 3	43.35	ND	100

注：ND 表示未检出。

固定化 JX-2 菌剂对牛粪中 E2 的降解效果如表 7-2 所示。用 HPLC/FLD 测得 4 个牛粪样品中 E2 初始浓度分别为 146.31 μg/kg、148.84 μg/kg、158.70 μg/kg 和 174.01 μg/kg。经固定化菌剂处理 7 d 后，牛粪中的 E2 浓度明显降低，4 组牛粪样品中 E2 残留浓度分别为 18.82 μg/kg、23.52 μg/kg、21.03 μg/kg 和 32.54 μg/kg，去除率大于 81%。由此可见，菌株 JX-2 不仅能在纯培养条件下降解 E2，也能在自然环境下降解低浓度 E2。

表 7-2　固定化 JX-2 菌剂去除牛粪中 E2 的效果

牛粪样品	样品中 E2 初始浓度/(μg/kg)	施用菌剂 7 d 后 E2 残留浓度/(μg/kg)	E2 去除率/%
样品 1	146.31	18.82	87.1
样品 2	148.84	23.52	84.2
样品 3	158.70	21.03	86.8
样品 4	174.01	32.54	81.3

以上结果表明，尽管污水和牛粪样品的成分非常复杂，菌株 JX-2 的固定化菌剂仍具有良好的 E2 降解效果。固定化载体可保护菌株抵抗环境土著微生物的恶性竞争，削弱噬菌体的吞噬作用，减轻有毒物质和高渗透压的损害(李海波等, 2007)。因此，固定化菌剂具有很大的应用潜力。目前，固定化技术已成功应用于污水处理，包括含氮废水的处理(Vanotti and Hunt, 2000)，难降解有机废水的处理(Lee et al., 1994)，印染、造纸废水的处理(Chang et al., 2001)等。然而，尚未检索到相关文献中有关 E2 降解菌固定化并利用固定化菌剂去除污水和牛粪中 E2 的报道。因此，这里提出的固定化菌剂在污水和畜禽粪便中的处理技术具有较高的应用潜力和价值。

7.1.4　固定化混合菌剂去除环境中多种雌激素

1. 固定化混合菌剂去除污水中 4 种雌激素

实验测得污水水样中 E3、E2、E1、DES 浓度分别为 1.52 μg/L、0.71 μg/L、1.75 μg/L 和 10.63 μg/L。由图 7-7 可见，200 g/L 固定化菌剂对 E3、E2、E1、DES 的去除率分别为 100%、95.77%、89.71%和 90.12%，残留浓度为 0.00 μg/L、0.03 μg/L、0.18 μg/L 和 1.05 μg/L。固定化菌剂对 4 种雌激素的去除率高于游离态菌剂，对 E3、E2、E1、DES 的去除率分别高于游离态菌剂 35.71 个百分点、57.37 个百分点、36.57 个百分点和 43.86 个百分点。污水中可供菌株生长的营养物质浓度较低或者菌株不适应污水环境，导致菌株的生长受到影响，而固定化菌剂内部为 MSM 体系，与菌株习惯的环境没有明显差异，所以菌株可以正常生长。此外，固定化菌剂不仅可以通过海藻酸钙将菌剂包埋在球体内部，屏蔽污水中细菌等的恶性竞争，而且可以通过小球的吸附使固定化菌剂接触的雌激素浓度高于游离态菌剂，进而可利用的碳源增多，有利于菌剂的生长(Covarrubias et al., 2012)。

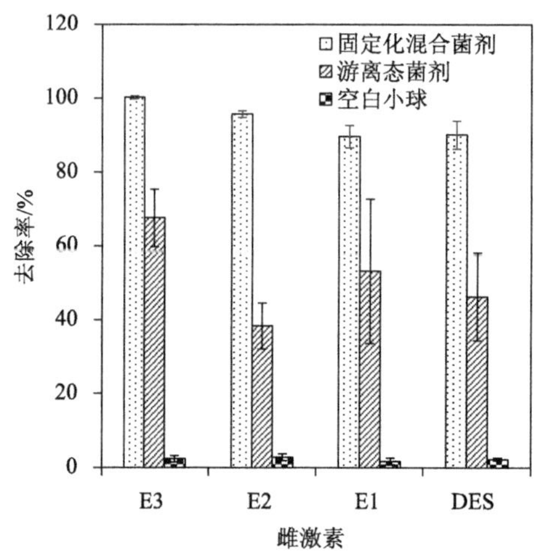

图 7-7　固定化混合菌剂去除污水中 4 种雌激素

2. 固定化混合菌剂去除牛粪中 4 种雌激素

1) 翻堆时间对固定化混合菌剂去除牛粪中雌激素的影响

实验测得所采集的牛粪中 E3 含量为 0.66 mg/kg，E2 含量为 0.64 mg/kg，E1 含量为 0.71 mg/kg、DES 含量为 2.83 mg/kg。由图 7-8 可见，翻堆时间从 24 h 缩短至 12 h，固定化菌剂对 E3、E2、E1、DES 的去除率分别提高了 39.63%、43.94%、28.38%、33.62%，达到 94.16%、94.88%、67.03%、83.99%。与 7.1.2 节第 2 部分中固定化 E2 降解菌剂对 E3、E2、E1 的去除率相比，固定化混合菌剂对 E3、E2、E1 的去除率低于固定化 E2 降解菌剂，去除率分别降低了 4.63%、2.52%和 24.31%。

虽然投加固定化菌剂的质量均为 200 g/kg，两种固定化菌剂包埋的总体菌体质量相同，但是由于固定化混合菌剂包埋了三种供试菌，具有 E3、E2、E1 降解功能的 ARI-1 质量为 33.33 g/kg，具有 E2 降解功能的 JX-2 质量为 22.22 g/kg，而固定化 E2 降解菌剂包埋的 ARI-1 质量为 66.67 g/kg，可见固定化混合菌剂中具有 E3、E2、E1 降解功能的菌体数量少于固定化 E2 降解菌剂包埋的菌体数量，单位菌所受到牛粪中雌激素的冲击大于固定化 E2 降解菌剂，抑制了微生物的代谢和繁殖，导致雌激素去除率降低。

2) 接种量对固定化混合菌剂去除牛粪中雌激素的影响

随着固定化菌剂投加量从 100 g/kg 增至 400 g/kg，固定化菌剂对牛粪中 E3、E2、E1、DES 的去除率逐渐提高，400 g/kg 固定化菌剂对 E3、E2、E1、DES 的去除率为 96.63%、94.96%、68.47%、93.13%，残留浓度分别为 0.02 mg/kg、0.03 mg/kg、0.22 mg/kg、0.20 mg/kg。当接种量低于 400 g/kg 时，对雌激素没有吸附作用，400 g/kg 空白小球可以吸附 3.57 μg/kg E3、4.34 μg/kg E2、3.37 μg/kg E1、0.02 mg/kg DES，固定化菌剂接触到的雌激素高于游离态菌剂，有利于菌剂生长，从而使去除率提高(图 7-9)。

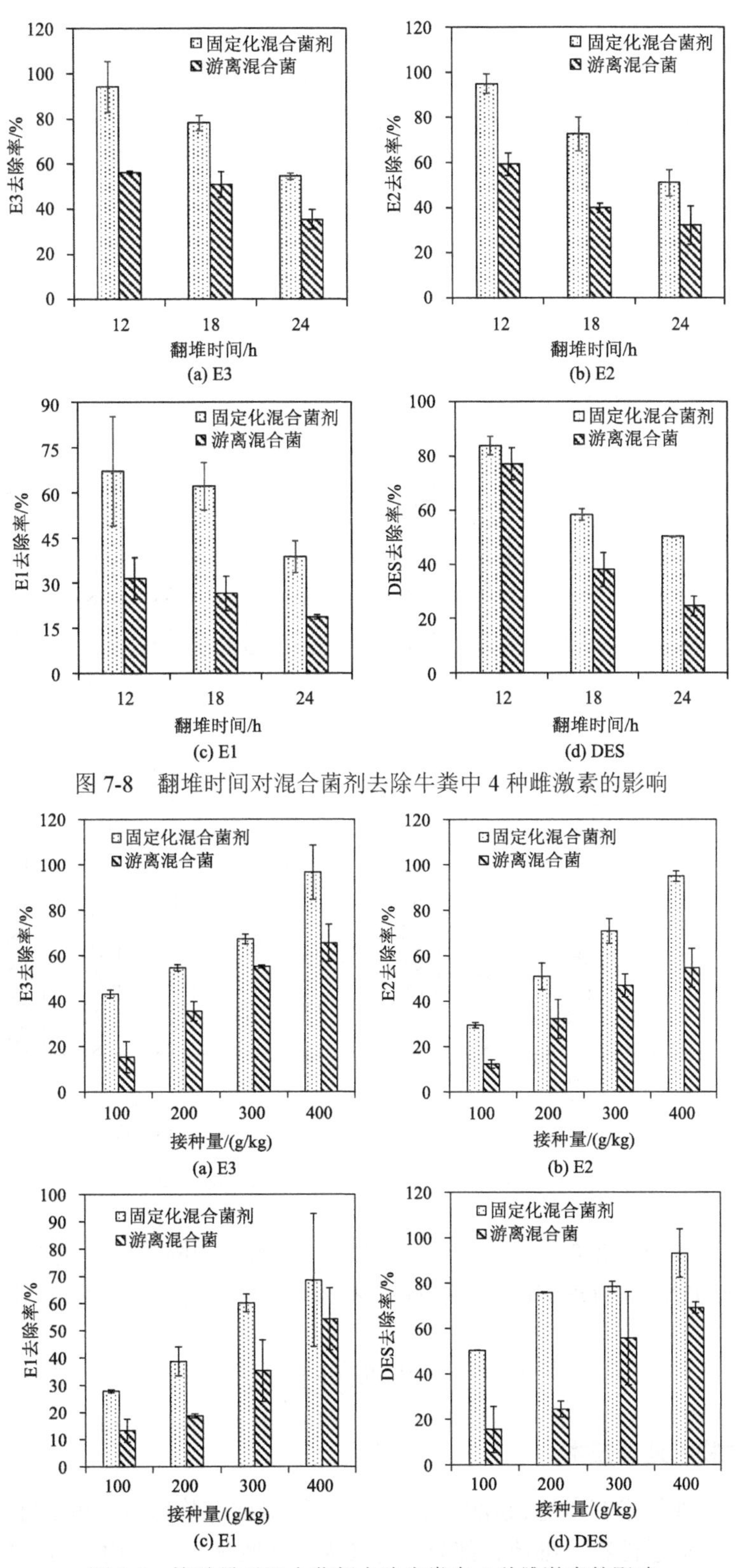

图 7-8　翻堆时间对混合菌剂去除牛粪中 4 种雌激素的影响

图 7-9　接种量对混合菌剂去除牛粪中 4 种雌激素的影响

3）含水量对固定化混合菌剂去除牛粪中雌激素的影响

由图 7-10 可知，随着含水量从 40%增加至 70%，200 g/kg 固定化菌剂对 E3、E2、E1、DES 的去除率逐渐提高，E3、E2、E1、DES 的去除率分别达 73.91%、93.35%、92.20%、78.68%；而含水量为 40%时，对 E3、E2、E1、DES 去除率仅为 49.25%、42.33%、31.09%、32.56%。在同一含水量条件下，固定化菌剂去除率高于游离态菌剂，这可能是由于固定化菌剂内部的菌剂完全处于 MSM 的液体环境中，细胞生长代谢处于一个相对稳定的微环境。

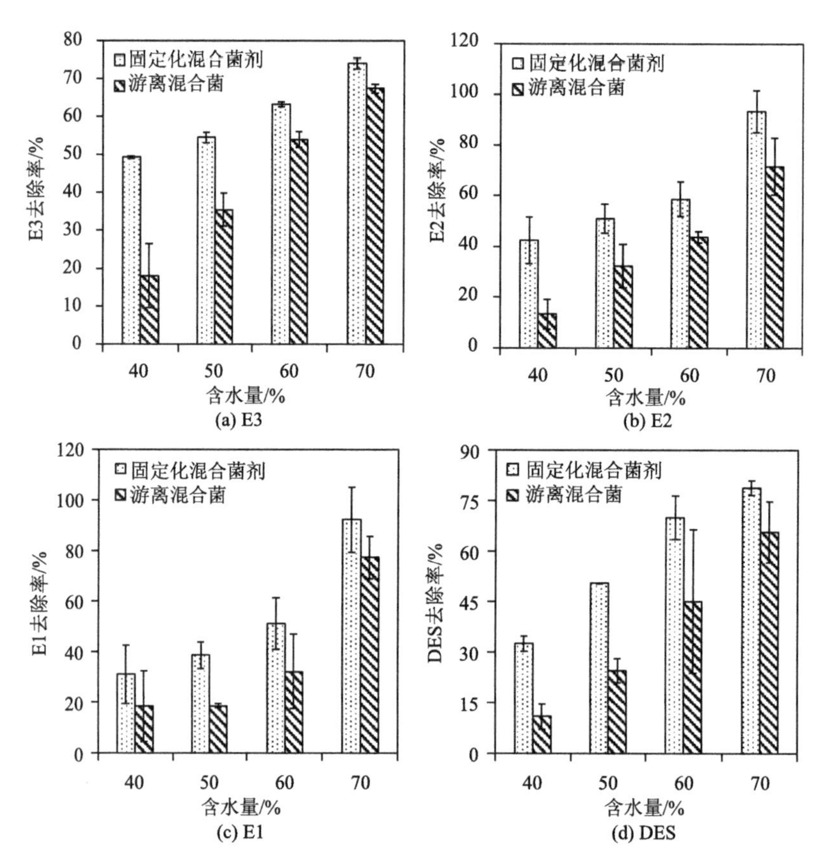

图 7-10 含水量对混合菌剂去除牛粪中 4 种雌激素的影响

综上所述，接种量 200 g/kg、翻堆时间 12 h、含水量 70%条件下，固定化菌剂对 E3 的去除率为 96.06%，对 DES 的去除率为 93.83%，并可以完全去除 E2 和 E1。

7.2 生物膜处理技术

7.2.1 普通生物膜处理技术

常见的膜处理技术有微滤、超滤、纳滤、反渗透。微滤在静压差下可滤除尺寸为 0.1～10 μm 的微粒，如悬浮物、细菌、部分病毒及大尺寸胶体等，多用于给水预处理系统。

超滤是利用超滤膜的微孔筛分机理将尺寸为 0.02～0.1 μm 的颗粒和杂质截留，去除胶体、蛋白质、微生物等，在给水处理中常作为反渗透和离子交换的预处理。纳滤膜的表面分离皮层一般具有纳米级的分离微孔结构，对二价和多价离子及相对分子质量在 200～1000 Da 的有机物有较高的脱除性能。反渗透是渗透现象的逆过程，能够有效去除水中的溶解盐类、胶体、微生物、有机物等(武睿, 2010)。

EEs 能够在膜处理过程中被截留下来主要由于物理作用，包括电荷排斥和吸附作用，其去除效率受雌激素的物化特性[如分子质量、辛醇–水分配系数(K_{ow})、水溶性等]、分子结构、膜组件的性质和类型、膜组件的操作条件和污染情况等的影响(Snyder et al., 2007)。Snyder 等(2007)研究了不同膜对水中多种内分泌干扰物(EDCs)的去除作用，结果表明微滤和超滤只对类固醇化合物有较高的去除率，而纳滤和反渗透几乎对所有目标污染物都有很好的去除效果。Nghiem 等(2004)用 8 种不同的纳滤膜和低压反渗透膜组件以 E1 和 E2 为去除对象进行研究，结果发现其对 E1 和 E2 的截留效率分别为 10%～95% 和 20%～90%，并且致密的膜组件要比多孔性的截留效果好，溶液中有机物的存在能提高目标物质的截留量，随着系统操作压力的增大截留量显著降低。Semião 和 Schäfer(2011)研究压力、极化浓度、雷诺数等对纳滤膜去除雌激素的影响时发现，极化浓度从 1.1 增加到 1.9 时，雌激素的去除率从 80%下降到 51%；而在相同的雷诺数下，极化浓度从 1.5 降低到 1.0 时，去除率从 69%提高到了 83%。

膜生物反应器(membrane bioreactor, MBR)是利用膜的高截留特性使系统保持很长的水力停留时间和多样的微生物群落，从而有利于雌激素物质的降解。Wintgens 等(2002)对比了纳滤膜生物反应器、颗粒活性炭(GAC)和传统活性污泥工艺对雌激素的去除效率，结果表明纳滤 MBR 系统比 GAC 系统多去除 28%的雌激素，也较活性污泥系统有更好的去除效率。膜处理技术对 EDCs 有较高的去除率，其设备简单、占地小、易于实现自动化，但是膜的价格昂贵，运行时能耗较高，且易发生堵塞，需要定期进行化学清洗。因此，降低膜的制造成本、对膜的污染控制和清洗成为今后膜处理技术研究的重点(赵桃桃等, 2014)。

Yang 和 Cicek(2008)研究了实验室规模的 MBR 处理养猪场废水中的 EDCs，此外，研究还进行了 MBR 中试规模试验，并采用环己烷液萃取–酵母雌激素筛选法(YES)测定废水和污泥样品的雌激素活性(EA)。研究结果表明，实验室和中试规模的 MBR 可有效去除养猪场废水中的总有效 EA。养猪场废水可溶相中 EA 的平均去除率为 93.5%，总 EA 的平均去除率为 94.5%。稳定运行期间，在适当的 pH 条件下，化学需氧量(COD)的总去除率介于 68.5%～82.7%，NH_3-N 的去除率高达 99.9%。模型质量平衡表明，MBR 工艺通过降解或蒸发可降低进水中 85%以上的 EA。事实上，原养猪场废水的 EA 浓度远高于城市污水处理厂进水废水浓度(Holbrook et al., 2002)。MBR 对稀释后的养猪场废水可溶相中 EA 的平均去除率为 93.5%，对总 EA 的平均去除率为 94.5%，去除率较高。然而，利用 MBR 去除 EDCs 的研究大多针对的是城市废水，而不是养猪场废水等含有高浓度污染物的废水。事实上，MBR 活性污泥消除雌激素活性的效率较传统活性污泥可能更高(Joss et al., 2004)。反应过程中 pH 的稳定性对样品中 EA 的去除率无显著影响。膜过滤可保留部分雌激素化合物，导致膜渗透物中的 EA 浓度水平较低。膜表面积累的生物层可能在去除雌激素化合物中起重要作用。

将 EA 的平均浓度乘以每日流速来进行质量平衡，结果发现，平均有 5.4%的 EA 可在处理后的废水中检出，而 9.4%的 EA 以废活性污泥(WAS)的形式从 MBR 系统中被去除(图 7-11)。这导致进水中有 85%以上的 EA 通过 MBR 过程中的降解或蒸发而减少。此结果与以往多数研究不一致，即在液体流出物中的 EA 比在 WAS 中的多(Joss et al., 2004)。需指出，EA 的提取方法对研究结果有着直接影响，Yang 和 Cicek(2008)采用的提取方法只能回收 70%左右的样品 EA，而未被萃取到的部分大多会与固相结合，从而改变了物质平衡中的各项比例。因此，更有效、更可靠的污染物提取方法，特别是针对固体样品的方法，对于开展物质平衡分析具有重要作用。

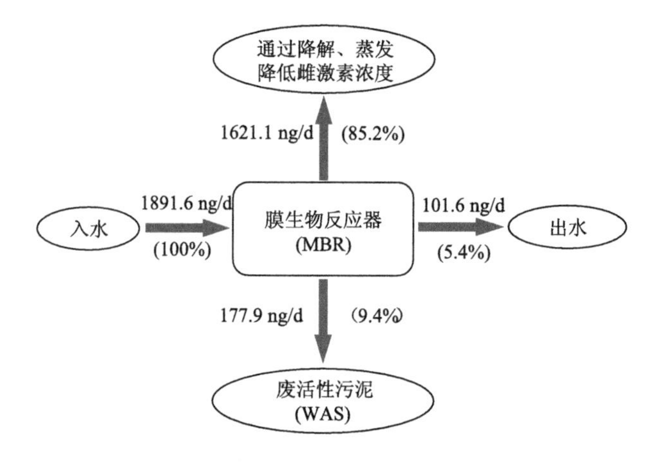

图 7-11　MBR 系统中雌激素化合物的质量平衡(Yang and Cicek, 2008)

7.2.2　移动床生物膜反应器

长期以来，研究者们为了有效地去除废水中的雌激素，研发了包括高级氧化法(AOP)、常规活性污泥(CAS)系统和 MBR 等在内的多种处理技术。近年来，学术界对于 AOP 去除有机微污染物机理方面进行了深入研究，明确了多种自由基在其中的贡献(Luo et al., 2018)，但高昂的投资和规模化运行成本限制了 AOP 的应用(Suzuki et al., 2015)。与 CAS 相比，MBR 可为功能微生物(如硝化细菌)提供有利的附着生长条件，近年来受到学者们的广泛关注。MBR 联合移动床反应器即为移动床生物膜反应器(moving bed biofilm reactors, MBBRs)。MBBRs 与其他固定生物质系统相比，水头损失更低，且无堵塞风险，受到了研究者们的青睐(Bassin et al., 2011; di Biase et al., 2019)。近期研究发现，硝化 MBBRs 在去除微污染物方面具有较高潜力(Torresi et al., 2016)。重要的是，与 CAS 过程相比，MBBRs 对雌激素的去除效果更佳(Amin et al., 2018b)。

处理过程中，E2 的命运由非生物和生物因素共同决定。生物质吸附、汽提(通过让废水与水蒸气直接接触，使废水中的挥发性有毒有害物质按一定比例扩散到气相中去，从而达到从废水中分离污染物的目的)和光解是 E2 非生物去除的主要贡献项(Jelic et al., 2011)。在非生物因素中，由于生物膜的主导作用，对其吸附的研究最多(Writer et al.,

2011）。相比之下，依靠汽提法去除的雌激素十分有限（Lloret et al., 2012），而模拟阳光下，在 6 h 内可因光降解而去除淡水中 26%的 E2（Leech et al., 2009）。事实上，由于生物降解通常主导激素衰减，生物降解的作用比非生物因素更受重视（Abtahi et al., 2018; Bernardelli et al., 2019）。

然而在现阶段，人们对于 MBBRs 在非生物和生物层面对 E2 去除的认知仍非常有限。很少有研究区分生物降解和吸附对微污染物各自的去除贡献。Luo 等（2014a）报道称，在以海绵为载体的 MBBRs 中，生物降解作用对 E2 去除的贡献约占 95%，而吸附作用的贡献则很小。尽管如此，目前尚未有研究将 MBBRs 的生物降解进一步细分为硝化作用和异养分解，这对营养物质和有机基质的生物去除性能衡量至关重要。相比之下，活性污泥中 E2 降解的相关研究较为深入。例如，Ren 等（2007）研究发现，硝化活性污泥对 E2 的降解速率依赖于氨氧化活性，但在他们的研究中并没有探讨硝化菌和异养菌各自对整体雌激素去除的贡献。Fernandez-Fontaina 等（2016）的研究准确评估了硝化细菌和异养细菌在活性污泥反应器中去除几种药物的过程中分别起到的作用。可见，MBBRs 中不同微生物群落对 E2 的去除途径可能大相径庭。

此外，考虑到高有机负载率（OLR）通常会抑制氨去除并促进异养生长（Iannacone et al., 2019），废水中常见的天然有机物（腐殖酸等）及合成有机基质（如洗涤剂、农药和化肥等）可能会影响硝化细菌和异养细菌对雌激素的去除。同时，竞争性底物抑制可能会限制雌激素的降解（Plosz et al., 2010），因此，OLR 是一个关键参数。然而，目前关于有机碳如何影响雌激素去除的研究非常有限，有些研究结果甚至相互矛盾。Di Gioia 等（2009）研究表明，OLR 为 117.6 mg/(L·d)时，MBBRs 出水中的雌激素浓度比 OLR 为 79.2 mg/(L·d)时明显增加。Abtahi 等（2018）研究也表明，在较低的 OLR 下，MBBRs 可以达到强化去除 E2 效率的效果。与此相反，Tan 等（2013）则坚持认为，在 CAS 系统中，增加初始有机碳含量可促进微生物生长，从而提高了 E1 的降解效率。Koh 等（2009）的研究也表明，高 OLR 对 CAS 系统中类固醇雌激素（SEs）的降解没有抑制作用。因此，OLR 对 E2 去除的确切影响有待进一步研究。为明确影响 E2 降解的生物和非生物因素，Li 等（2020a）对 C/N 分别为 0（C/N_0）、2（C/N_2）和 5（C/N_5）的 3 种基准级 MBBRs 进行了研究。

1. MBBRs 的硝化性能

C/N_0-MBBRs、C/N_2-MBBRs 和 C/N_5-MBBRs 可在 30 d 内且不进行额外生物接种的情况下成功启动。此前曾报道过为期 28～81 d 的长期自然定殖（Kuhn et al., 2010; Li et al., 2019）。在进行了 14 d 的稳定运行后，将 E2 注入进水。随后发现，三种 MBBRs 出水中的氨和亚硝酸盐均保持在 0.2 mg/L 以下，其中，氨浓度仅在较小范围内有波动（去除率超过 98%），说明 1 mg/L E2 对硝化作用无明显影响。在这种情况下，废水中 E2 浓度介于 2～50 ng/L、地表水中小于 10.1 ng/L（Luo et al., 2014b）不会影响自然系统和人工设计的 MBBRs 中的硝化作用。Li 等（2020b）还发现，100 ng/L 的 E2 不会导致 MBBRs 的硝化性能发生明显变化。E2 对硝化作用的影响可以忽略不计，这也表明其他微生物群落，如异养菌，可能也在降解 E2。C/N_0-MBBRs、C/N_2-MBBRs 和 C/N_5-MBBRs 的氮平衡量（输入−输出）能够分别控制在（0.5 ± 0.6）mg/L、（0.8 ± 0.7）mg/L 和（2.2 ± 0.8）mg/L。

C/N_2-MBBRs 和 C/N_5-MBBRs 出水中的硝态氮平均浓度分别为(9.3±0.8)mg/L 和(7.8±0.8) mg/L，均显著低于 C/N_0-MBBRs 无葡萄糖饲料出水的硝态氮浓度[(10.6±0.7) mg/L]。这说明以有机碳源为养分和电子供体的反硝化细菌可能存在于溶解氧(DO)浓度低于表层的 C/N_2 生物膜和 C/N_5 生物膜的深层(Gieseke et al., 2001)。同样，之前也有报道称在高 C/N 下促进了总反硝化作用(Zhao et al., 2012)。此外，异养同化也可能是 C/N_2-MBBRs 和 C/N_5-MBBRs 中氮流失的原因，因为异养细菌可以在高 C/N 下直接将氨氮同化为细胞蛋白质(Ray et al., 2019)。

2. MBBRs 对 E2 的去除

Li 等(2020a)在其研究中未观察到 E2 在反应器壁上的非生物损失。在第 14 天添加 E2 后，C/N_0-MBBRs、C/N_2-MBBRs 和 C/N_5-MBBRs 对 E2 的去除率可达 96%～98%。类似地，Amin 等(2018b)也证明了 MBBRs 对雌激素的去除一般均可保持在 95%以上。这也说明在接触 E2 之前，三个 MBBRs 中已经存在能够高效降解 E2 的微生物。E2 降解菌在系统发育上具有多样性。如第 5 章所述，欧洲亚硝化单胞菌(*Nitrosomonas europaea*)是一株能有效降解 E2 的功能菌(Shi et al., 2004)，也被称为氨氧化菌(AOB)。此外，一些红球菌属(*Rhodococcus*)、鞘氨醇单胞菌属(*Sphingomonas*)和假单胞菌属(*Pseudomonas*)细菌也可表现出很强的 E2 降解效能(Yoshimoto et al., 2004; Yu et al., 2007; Zeng et al., 2009)。在实际环境中，E2 水平过低，难以作为供微生物生长繁殖的底物，因此，无法选择微生物进行专门的生物降解，也无法诱导相关降解酶的表达(Koh et al., 2009)。随后，三个 MBBRs 出水中的 E2 浓度随时间持续下降，并在第 23 天后保持相对稳定。C/N_0-MBBRs、C/N_2-MBBRs 和 C/N_5-MBBRs 中的 E2 在第 23～65 天的平均浓度分别为(5±1)μg/L、(5±2)μg/L 和(8±3)μg/L。由此可见，C/N_5-MBBRs 出水在此期间的 E2 浓度显著高于前两个系统。这可能是因为 1 mg/L 的 E2 浓度比 C/N_5-MBBRs 中 125 mg/L 的有机碳浓度低了两个数量级，潜在地诱导了降解酶活性位点的竞争。可见，较高的 C/N 易导致 E2 残留量的增加。这与以往的一些报道一致，即 E2 降解存在竞争性抑制。然而，在较低的 OLR 下，E2 去除得以增强(Abtahi et al., 2018)。Plosz 等(2010)也报道了类似的研究结果：高浓度的生长基质可能会触发竞争抑制而降低微污染物的转化/降解效率。在第 14～65 天，三种 MBBRs 对 E2 的去除效果均达到 99%以上，表明 MBBRs 对 E2 的去除效率极高，且与 C/N 无关。这一结果与 McAdam 等(2010)的研究结果一致，McAdam 等坚持认为在高 C/N 下，异养型微生物菌群也可有效去除雌激素。E1 作为 E2 最常见的微生物降解产物，在第 14 天，C/N_0-MBBRs、C/N_2-MBBRs 和 C/N_5-MBBRs 中 E1 的平均浓度分别为(410±40)μg/L、(740±10)μg/L 和(600±10)μg/L；随后 10 d 内(14～23 d)E1 浓度迅速下降，26 d 后缓慢下降；在第 65 天(试验结束)时，C/N_0-MBBRs、C/N_2-MBBRs 和 C/N_5-MBBRs 中 E1 的平均浓度分别为(99±2)μg/L、(102±6)μg/L 和(97±1) μg/L，比 E2 的平均浓度高三个数量级。虽然 E1 的雌激素活性约为 E2 的四分之一(Fernandez et al., 2017)，但它仍然是 E2 降解过程中需要关注的有毒中间产物。此外，E1 可能比 E2 更难降解，导致废水中 E1 的残留量往往远高于 E2，这与 Isabelle 等(2011)得出的结论一致。因此，废水中残留的 E1 更有可能对暴露在废水中的人和动物构成威胁。研究发现 E1 与绝经后乳腺癌发病率显著相关(Kim et al., 2016)。此外，长期接触 5 ng/L E1 可能会诱导雄性日本青鳉鱼(*Oryzias latipes*)出现雌性化现象(Lei et al., 2013)。

3. MBBRs 中 E2 的去除途径

根据 Lloret 等(2012)的研究，汽提法去除雌激素可以忽略不计。E2 可在波长介于 290～720 nm 的模拟阳光下被光降解(Leech et al., 2009)。因此，Li 等(2020a)的研究样本均设置在黑暗环境下进行(用铝箔覆盖)，以避免光解的干扰，则造成 E2 非生物去除的主要因素只可能是生物膜吸附。综合考虑吸附以外的生物因素，分批处理实验中 E2 的去除主要源于生物膜吸附和生物降解。

其研究发现，5 h 的分批实验中 E2 去除率最高的为 C/N_2-MBBRs[(80±1)%]，最低的为 C/N_0-MBBRs[(75±1)%]，可见，C/N_2-MBBRs 对 E2 的去除效率最高，且此现象与 MBBR 的持续降解反应相吻合。在第 23～65 天，C/N_2-MBBRs 废水中残留的 E2 最少。此外，水力停留时间(HRT)的延长可能促进了 E2 的去除，在 24 h 的 HRT 下，MBBRs 连续降解 E2，去除效率可达 99%以上。此前也有类似研究显示，在进水 COD 为 600 mg/L 时，将 HRT 从 4 h 提高至 16 h，MBBRs 对 E1 的去除率可提高 19%(Amin et al., 2018a)。其原因可能是随着激素代谢时间的增加，生物质的接触时间延长。

尽管 C/N_0-MBBRs 中未供应有机碳，但所有反应器对 E2 的去除主要来自异养活性，因为异养种群在生物膜的微生物稳定性中发挥了重要作用(Ramirez-Vargas et al., 2015)。自养微生物的胞外分泌物(EPS)可能是 C/N_0-MBBRs 中异养生物的有机碳源(Riedel et al., 2007)。因异养微生物的活动，C/N_0-MBBRs、C/N_2-MBBRs 和 C/N_5-MBBRs 对(632±1)μg/L E2、(674±4)μg/L E2 和(653±4)μg/L E2 的去除率均为(85±1)%左右。Tran 等(2013)认为异养生物在降解雌激素方面发挥着重要作用，尤其是在可快速生物降解的雌激素方面。事实上，E2 的生物可降解性可能比 E1 更强(Stumpe and Marschner, 2009)。从化学结构上看，E1 不同于 E2，因为在 C-17 上有一个羰基，而非羟基。据报道，仲羟基容易被氧化成羰基，而羰基不容易被进一步氧化(Uyanik et al., 2009)。

除异养生物外，C/N_0-MBBRs、C/N_2-MBBRs 和 C/N_5-MBBRs 对 E2 的硝化率分别为(10.4±0.1)%、(11.1±0.3)%和(11.1±0.1)%。C/N_0-MBBRs、C/N_2-MBBRs 和 C/N_5-MBBRs 的硝化作用贡献仅在前两组之间存在显著差异，其余反应器两两之间无显著差异。在以生物膜为基础的反应系统中，硝化作用的抑制会减少 33 种目标微污染物中 6 种的去除，而其余的则不受硝化抑制剂的影响(Rattier et al., 2014)。另一项研究发现，OLR 可以增强好氧 MBBRs 对生活废水中大多数目标微污染物的消除，这表明反应过程中异养生物的重要性远大于硝化细菌(Kora et al., 2020)。

迄今为止，硝化作用和异养活性并没有被完全剥离开来讨论。相反，两者可能会在去除雌激素方面密切合作。其依据是，在 AOB 和异养菌的混合培养中并未产生未知的雌激素中间代谢产物，否则中间产物只会随着 AOB 的积累而增加(Shi et al., 2004)。在 Li 等(2020a)的研究中，异养活性与硝化作用相结合的生物降解作用占 C/N_0-MBBRs、C/N_2-MBBRs 和 C/N_5-MBBRs 总去除率的 96.1%。这与 Luo 等(2014a)的研究一致，即使用以海绵为基质的 MBBRs，E2 的生物降解率占总去除率的 90%以上。

相比之下，C/N_0-MBBRs、C/N_2-MBBRs 和 C/N_5-MBBRs 对 E2 的吸附贡献有限，仅分别为(5.2±0.1)%、(4.1±0.1)%和(3.9±0.2)%。这三种反应器中，C/N_0-MBBRs 和 C/N_2-MBBRs 的吸附贡献存在显著差异，C/N_0-MBBRs 和 C/N_5-MBBRs 之间无显著差异。吸附对总去除效果的影响不显著，其对 E2 浓度降低的贡献小于 10%(Horsing et al., 2011)。此前有研究使用三级 MBBRs 对 E2 进行去除，其非生物去除率较低(9.5%)(Abtahi et al., 2018)。Torresi 等(2017)发现，MBBRs 吸附只对带正电的微污染物有显著影响。此外，Smith 等(2009)提出腐殖酸(HA)吸附的难溶化学物质也可以通过与 HA 聚集体的相互作用直接释放到微生物中，导致降解增加。因此，E2 吸附到生物膜表面可能会提高 E2 的生物可利用度(Flemming and Wingender, 2010)。

4. E2 去除与生物膜特性的关系

鲜有研究阐明 MBBRs 中 E2 去除途径与生物膜特性之间的内在联系。Li 等(2020a)的研究中，C/N_0-MBBRs、C/N_2-MBBRs 和 C/N_5-MBBRs 载体的干生物量平均值分别为 46.8 mg、52.9 mg 和 69.4 mg。多糖(PS)和蛋白质(PN)是 EPS 的两大主要成分，对生物膜可能存在显著影响(Tang et al., 2016)。研究显示，C/N_0-MBBRs、C/N_2-MBBRs 和 C/N_5-MBBRs 所有生物膜样品的 PN 含量都远高于 PS 含量。其中，C/N_5-MBBRs 的 PN 和 PS 含量最高，其次是 C/N_2-MBBRs，这可能是两个反应器的碳供应充足所致。C/N_2-MBBRs 和 C/N_5-MBBRs 中 PS 和 PN 的丰度表明两者中的异养细菌活性较高，这可能是 C/N_2-MBBRs 和 C/N_5-MBBRs 中异养细菌对 E2 去除的贡献最高所致。

C/N_2-MBBRs 中 PS 含量低于 C/N_5-MBBRs，而两个反应器的 PN 含量相差不大。值得注意的是，PN 与细胞表面的疏水性有关(Qiu and Ting, 2014)，而 PS 因亲水性化学基团(如羟基)丰富而具有高度的亲水性(Feki et al., 2019)。因此，EPS 的 PN/PS 值越低，细胞表面疏水性越差。前期研究发现，疏水分割是微量有机污染物吸附到生物膜上的主要机制(Writer et al., 2011)。因 E2 是低挥发性的疏水有机化合物，且 C/N_2-MBBRs 的 PN/PS 值比 C/N_5-MBBRs 高，有可能导致 C/N_2-MBBRs 对 E2 去除的吸附贡献[(4.2±0.1)%]高于 C/N_5-MBBRs[(3.9±0.2)%]。虽然 PN/PS 值在 C/N_2-MBBRs 中的比例最高，但最高的 E2 非生物迁移发生在 C/N_0-MBBRs 中[(5.2±0.1)%]，可能由于 C/N_0-MBBRs 亲水性 PS 含量要低得多[0.9 mg/g-总固体(TS)]，大约只有三分之一的 C/N_2-MBBRs(2.9 mg/g-TS)和五分之一的 C/N_5-MBBRs(4.5 mg/g-TS)。因此，对于 E2 在生物膜表面的吸附作用，PN 和 PS 之间可能存在复杂的平衡和竞争。

C/N_5-MBBRs 中生物膜表面黏附力值最高，但与 C/N_2-MBBRs 相比，差异并不显著。然而，以上两者都显著高于 C/N_0-MBBRs。这表明，较高的 C/N 有助于提高生物膜的黏附力。需指出，研究人员可检测的黏附力是指生物膜表面凹凸度对原子力显微镜(atomic force microscope, AFM)在纳米尺度上探针尖端施加的黏附力和压缩力的算术平均值(Liu et al., 2019)。检测到的黏附力越低，表面粗糙度越高，即生物膜越粗糙，生物膜表面吸附的 E2 越多。考虑到 C/N_0-MBBRs 中吸附对 E2 去除的贡献最大，不难推断，纳米尺度下较低的黏附力可能导致较多的雌激素被吸附在生物膜上。

氮和葡萄糖的氧化速率可以作为硝化作用和异养细菌去除 E2 的指标。氨氧化速率

(AOR)值在 C/N_2-MBBRs 中最高，为(19±1) mg NH_4^+-N/(g TS·d)，亚硝酸盐氧化速率(NOR)值最低，为(10±1)mg-NO_2-N/(g TS·d)。此结果与硝化作用对 C/N_2-MBBRs 中 E2 衰减的最大贡献相一致，因为硝化作用对 E2 的生物降解只与氨氧化过程相关，而与亚硝酸盐氧化无关(Sathyamoorthy et al., 2013)。然而，在三种 MBBRs 中，AOR 与其对 E2 去除的贡献之间没有显著的关系。C/N_5-MBBRs 的 AOR 明显低于 C/N_2-MBBRs，可能是由于丰富的异养菌和硝化菌对 C/N_5-MBBRs 养分和空间的竞争更加激烈。出乎意料的是，在供应无有机碳的 C/N_0-MBBRs 运行过程中，AOR 曾出现最低值。这可能与 C/N_2-MBBRs 和 C/N_5-MBBRs 中氨氮的异养同化有关。此外，有机碳(C/N_2-MBBRs 和 C/N_5-MBBRs)有利于硝化性能的提升，而硝化细菌只能利用无机碳进行代谢。MBBRs 中，因有机碳可利用性增加而快速增长的异养生物，抑制了自养硝化作用(Iannacone et al., 2019)。此外，当碳浓度足够高时，异养菌对硝化的抑制作用随着有机碳水平的增加而降低(van den Akker et al., 2011)。

C/N_2-MBBRs 中的异养细菌活性为(3.08±0.05)mg COD/(g TS·d)，显著高于 C/N_0-MBBRs 和 C/N_5-MBBRs，与异养细菌对 E2 去除的贡献顺序一致。异养细菌与其对 E2 去除的贡献呈正相关关系，因此，COD 去除率可作为评价生物系统中雌激素异养去除效果的指标。此外，C/N 从 2 增加到 5 导致异养细菌活性下降。有报道称，高 OLR 下的生物膜厚度会显著增加(Enaime et al., 2020)。较厚的生物膜会进一步减小氧的穿透距离和氧的转移速率，导致氧和底物通量降低(Martin et al., 2013)。

一般来说，有机基质既不是 E2 降解的强抑制剂，也不是 E2 降解的主要触发器。E2 去除的路径分布是一个极其复杂的过程，由微生物活性、生物膜的化学组成和物理表面特征等多种因素决定。同时，这些因素对雌激素去除的影响是相互关联的，需要在这个方向上进一步深入探索。此外，应在未来的研究中探索环境现实浓度下生物膜系统中的 E2 去除路线。

综上所述，C/N 介于 0～5 时，MBBRs 对 E2 的去除率均大于 99%。MBBRs 对 E2 的衰减主要与异养细菌活性有关(占 80%以上)，其次为硝化作用(占 10%～11%)，在 C/N_0-MBBRs 无有机底物供应的情况下，其对 E2 的吸附量为 4%～5%。与 C/N_0-MBBRs 和 C/N_5-MBBRs 相比，C/N_2-MBBRs 中较高的 AOR、异养活性与它们各自对总 E2 去除的贡献是一致的。重要的是，异养活性与其对 E2 去除的贡献呈正相关关系。在未来的研究中可尝试通过调节功能性生物膜的特征参数来强化雌激素的去除。此外，应优化降低雌激素的工艺系统，以促进 E1 降解菌的丰度和活性，如生物增强和生物量适应等方面。

7.3　人工湿地处理系统

人工湿地是一个综合的生态系统，它应用生态系统中物种共生、物质循环再生原理，以及结构与功能协调原则，在促进废水中污染物质良性循环的前提下，充分发挥资源的生产潜力，防止环境的再污染，从而获得污水处理与资源化的最佳效益。人工湿地对杂质或污染物的去除主要依靠湿地基质的过滤吸附作用、湿地植物及湿地微生物降解。其中，微生物降解是水体中污染物去除的主力。好氧微生物通过呼吸作用，将废水中的大部分有机物分解成小分子有机酸或CO_2和H_2O；厌氧细菌将有机物质分解成CO_2和CH_4；硝化细菌将铵盐硝化、反硝化细菌将硝态氮还原成N_2。通过这一系列的作用，污水中大部分有机污染物都能得到降解同化，并为微生物所利用。近年来，利用人工湿地去除雌激素已取得一些有效进展。一项位于捷克共和国的研究显示，人工湿地可有效去除E1、E2、E3和EE2等SEs（Vymazal et al., 2015）。

7.3.1　人工湿地系统对雌酮的去除

来自全球18个国家的研究结果表明，城市污水中的E1浓度或低于检测限的浓度（Petrovic et al., 2002），或高于600 ng/L（Clara et al., 2005; Zhou et al., 2010），差异较大。然而，这些浓度通常比其在动物饲养场废水中的浓度低得多。例如，Furuichi等（2006）报道了养猪场废水中E1的浓度高达5300 ng/L。常规污水处理厂（主要是活性污泥）流出的E1浓度通常大大低于流入的E1浓度，但处理效率差异很大，从100%到340%不等。Atkinson等（2012）指出，E1浓度在处理过程中增加，是因为大肠埃希氏菌特有的β-葡萄糖醛酸苷酶使雌激素硫酸盐和雌酮葡萄糖醛酸结合物解耦，以及E2氧化为E1（Ternes et al., 1999a; D'Ascenzo et al., 2003）。Vymazal等（2015）建立了捷克共和国内三种最常见的人工湿地系统，各系统参数如表7-3所示。

表7-3　人工湿地监测设计基本参数（Vymazal et al., 2015）

人工湿地系统	建设年份	面积/m^2	长/宽/m	平均流量/(m^3/d)	HRT/d	滤料	植被
A	1997	1000	25/20	25.9	8.1	砂砾（8～16 mm）	芦苇
B	2001	986	29/17	29.8	7.1	砂砾（4～8 mm）	芦苇
C	2003	504	28/9	12.1	8.7	砂砾（4～8 mm）	芦苇

人工湿地中，E1的平均流入浓度为28.1～56.2 ng/L。经系统B和C处理后，E1流出浓度均低于检出限（1 ng/L），经系统A处理后，E1的平均流出浓度为5.9 ng/L，综合处理效率超过85%。

迄今为止，有关人工湿地中E1去除的研究较少。Song等（2009）曾报道，在种植芦苇的间歇式垂直流人工湿地中，E1的去除效率取决于过滤床的深度。当床层深度为7.5 cm时，整体去除效率最高（67.8%），其次为60 cm和30 cm深度，去除率分别为46.8%和40.4%。此外，在不饱和过滤床条件下比在饱和条件下的E1去除率更高；浅层湿地中E1的去除率更高。以上结果可能是由于浅层床的溶解氧浓度相对更高，好氧生物繁殖和降解速度更快（Jürgens et al., 2002）。在美国北卡罗来纳州，Shappell等（2007）观察到，在用于处理养猪废水的人工湿地中，E1浓度从初始的74 ng/L下降到11.3 ng/L。Chen等（2014）使用一种由缓冲池、沉淀池、两个预曝气池、两个接触式曝气罐、两个水面人工湿地(135 m× 5 m, 1 m 深)和一个过滤池组成的处理系统，来处理被生活污水及畜禽废水污染的河水中的E1。结果表明，随着HRT的增加，E1的去除率逐步提高，HRT为137.5 h时，E1去除率达到82.5%，而HRT为27.5 h和45.9 h时，E1的去除率分别为1.5%和67.6%。由此可见，E1的高去除率与长HRT而导致的高胶体吸附量及生物降解有关。

7.3.2 人工湿地系统对17*β*-雌二醇的去除

城市污水中E2的浓度通常低于E1。对14个国家的城市污水处理厂的研究结果表明，流入的E2浓度通常在低于检测限(ND)到199 ng/L之间浮动。一般情况下，流入的E2浓度小于50 ng/L，在养猪场废水中E2浓度通常较高；Furuichi等(2006)报道，养猪场废水中E2浓度高达1250 ng/L。

在Vymazal等(2015)建立的三个人工湿地系统A、B和C中，流入的E2平均浓度分别为6.3 ng/L、4.1 ng/L和15.4 ng/L；从三种体系中流出的E2平均浓度均低于1 ng/L(定量限)。在美国加利福尼亚州，Gray 和 Sedlak(2005)发现，在种植宽叶香蒲(*Typha latifolia*)、长苞香蒲(*Typha domingensis*)、锐藨草(*Scirpus acutus*)、水葱(*Scirpus validus*)和加州三棱藨草(*Scirpus californicus*)的自由水面人工湿地(FWS CW)中，E2的去除率为36%，并提出了E2阻滞指示的吸附保留与保守示踪剂和生物转化指示物——E1有关。Song等(2009)报道了在7.5 cm深度的浅水系统中，垂直人工湿地对E2的去除率为84%，而较深系统的E2处理效率较低。Chen等(2014)也观察到，E2去除率的显著提高与HRT密切相关，HRT为27.5 h时，尚存大量E2未被去除；HRT为137.5 h时，E2的去除率为73.3%。Cai等(2012)报道了爱尔兰的一处FWS CW对乳制品废水中的E2去除率可达74.6%。Qiang等(2013)在中国浙江省7处人工湿地中观察到其对E2的平均去除量约为70%；且在冬夏季时节更替之间，E2的去除率相差不大。然而，也有研究的结论与上述结果相反。例如，在美国北卡罗来纳州，Shappell等(2007)利用FWS CW对养猪场废水进行处理时，未观察到E2的去除。

7.3.3 人工湿地系统对雌三醇的去除

城市污水中，E3的浓度通常比E1和E2高得多，E2可以被快速氧化为E1，并再次转化为E3，成为主要的代谢产物(Ternes et al., 1999a, 1999b)。E3的平均流入浓度往往超过100 ng/L。在韩国，Sim等(2011)发现E3的平均流入浓度高达1130 ng/L。在养猪废水中，E3浓度高达2600 ng/L(Furuichi et al., 2006)。相比之下，出水中E3的浓度往往低于检测限，常规污水处理厂对E3的去除效率一般可达到90%。

针对位于捷克的人工湿地系统的研究结果显示，流入的E3浓度与以往文献数据相比较低，系统A和系统B中E3的平均浓度分别只有16 ng/L和12.8 ng/L。在人工湿地系统C中，E3的流入和流出浓度均低于定量限(LOQ, 10 ng/L)。系统A和B的E3流出浓度也低于LOQ。

在垂直流人工湿地中，Chen等(2014)观察到随着停留时间的增加，E3的去除量增加。然而，E3的流入浓度很低，平均值不超过6 ng/L。因此，E3的最大去除量仅为43%。针对位于中国的7个人工湿地的研究结果显示，其对E3的平均去除量为80%，冬季略高于夏季(Qiang et al., 2013)。

7.3.4 人工湿地系统对炔雌醇的去除

城市污水中 EE2 的浓度变化相对较大。一般来说，EE2 的流入浓度约为 10 ng/L，但也有报道称其流入浓度可高达 421～431 ng/L 或 431 ng/L(Pessoa et al., 2014; Zhou et al., 2010)。此外，常规处理系统的处理效率也可能表现出较大差异。Braga 和 Smythe(2005)发现，从活性污泥中可检出 EE2，但原污水中却未检出 EE2，故推测，EE2 的去除机理主要为吸附作用。在甾体雌激素中，EE2 的持久性最强，其雌激素活性高于 E2。

在人工湿地系统 A 和系统 B 中，EE2 的平均流入浓度分别为 6.0 ng/L 和 2.8 ng/L，在系统 C 中 EE2 的平均流入浓度则低于 LOQ(2 ng/L)。Song 等(2009)观察到，在过滤床深度分别为 60 cm、7.5 cm 和 30 cm 的垂直流人工湿地中，EE2 的平均流出浓度分别为 2.6 ng/L、0.52 ng/L 和 2.21 ng/L，EE2 去除率分别为 16.9%、41%和 42.3%。Qiang 等(2013)报道了中国 7 种人工湿地去除效率的显著差异——夏季平均去除量为 75%，冬天仅为 40%。Gray 和 Sedlak(2005)报告称，在加利福尼亚州的一个 FWS CW 中，EE2 的去除率达到41%,并且他们认为疏水表面吸附结合生物转化是湿地去除EE2的主要机制。

7.3.5 人工湿地系统对睾酮和黄体酮的去除

睾酮(Te)普遍存在于城市废水中，其检出浓度范围一般在 7.9～635 ng/L(Chang et al., 2008; Manickum and John, 2014)。活性污泥系统对 Te 的去除效果较好，流出浓度多低于检测限(或很低)，去除率可达 91%～100%。对黄体酮(PGT)的去除效果类似。城市污水中 PGT 的流入浓度范围在 0.2～904 ng/L(Petrovic et al., 2002; Manickum and John, 2014)，活性污泥处理系统对 PGT 的去除效率一般可达 95%～98%。

在人工湿地系统 A、B 和 C 中，Te 和 PGT 被检出。Te 的平均流入浓度在 2.8～10.5 ng/L，而 PGT 的平均流入浓度在 4.4～20.3 ng/L。三个人工湿地处理系统的流出物中未检测到 Te 和 PGT。相比常见的雌激素，有关人工湿地去除城市污水中 Te 和 PGT 的报道较少，但一项位于爱尔兰的研究证明，人工湿地对乳制品废水中 Te 的去除率可达 92%(Cai et al., 2012)。综上所述，水平流人工湿地是一种有效的污水处理系统。人工湿地的设计和运行参数适合于对激素类物质的去除。然而截至目前，关于人工湿地对雌激素、孕激素和雄激素去除的研究相对有限，后期可进一步深化研究，旨在强化人工湿地系统对多种激素类化合物的综合去除效能。

7.4 厌氧–好氧联合处理

活性污泥处理工艺是目前国内外采用率最高的污水处理工艺,而厌氧–好氧联合工艺即将厌氧微生物处理与好氧微生物处理有机结合是该处理技术的核心。其中，厌氧过程依赖厌氧细菌(如水解细菌、酸化细菌和产甲烷菌等)，通过水解、产酸及产甲烷这三个主要阶段，将有机污染物转化为 CH_4、H_2O、CO_2、H_2S 和 NH_3；好氧过程依赖好氧微生物的活动，该过程以氧作为电子受体，有机物分解更彻底、释放的能量更多、有机物转化率快，在较短的水力停留时间(HRT)也可达到较高的 COD 去除效果。厌氧-好氧联合工艺基于厌氧过程和好氧过程的持续交替，而从大分子有机物到小分子无机物的连续生物降解过程更有利于提高废水中有机污染物的综合去除效率。该工艺需要一定能耗，因而，它较为适用于生活条件相对较好、人口众多且相对集中的大部分污染负荷较高的村镇。在此基础上，一些新型的污水处理工艺，如厌氧–缺氧(A/O)、厌氧–缺氧–好氧(A^2/O)、曝气生物滤池(BAF)等相继问世，并在实际工程中得到广泛运用。

7.4.1　A/O 工艺对 17*β*-雌二醇和雌酮的去除

长期以来，好氧条件下的 E2 降解研究已有多番报道，但厌氧条件下 E2 的降解研究相对较少。王亚娥等(2007)以好氧–厌氧联合交替运行(A/O 工艺)的污水处理厂活性污泥处理 E2 为考察对象，分别探究了好氧和厌氧条件下 E2 的降解效率及污泥混合液中的碳源和氮源对 E2 降解的影响，为厌氧、好氧交替运行在实际工程应用中参数的优化提供了依据。研究发现，好氧条件下，活性污泥对 E2 和 E1 均有良好的降解效果。厌氧条件下，活性污泥对 E2 和 E1 的降解速率远小于好氧条件；添加碳源对 E2 和 E1 的降解有一定的抑制作用。由于 E2、E1 属苯环类较难降解的物质，添加葡萄糖等普适性碳源后，微生物会优先利用易降解有机物，导致微生物对 E2 和 E1 的降解时间有所延长。而添加氮源可以促进污泥对 E1 的降解，但对 E2 降解的影响较小。好氧条件下，活性污泥对 E2 的降解符合一级反应动力学方程；厌氧条件下，尤其是在 NO_3^--N 存在的情况下，污泥对 E2 的降解行为将不再适合用一级反应模型进行拟合。这进一步证明了 NO_3^--N 作为电子受体参与反应时，可较大程度地促进 E2 和 E1 的分解。不难推断，厌氧条件下的脱氮过程对 E2、E1 的分解有促进作用。

7.4.2　A^2/O 工艺对 17*β*-雌二醇、雌酮和炔雌醇的去除

A^2/O 是一种在 A/O 工艺基础上开发的常用的污水处理工艺，可用于二级、三级污水处理，以及中水回用，具有良好的污水处理效果。A^2/O 工艺占有国内污水处理行业市场的半壁江山，其对常规污染物 COD、NH_3^--N、总氮(TN)和总磷(TP)等的处理效果已有广泛且深入的研究。相比之下，该工艺对污水中痕量有机污染物(如雌激素等)去除的研究并不多见(Wang et al., 2010; 李咏梅等, 2009)，且在实验室水平下的 A^2/O 工艺研究中，雌激素的加标浓度通常在 μg/L 水平，高出实际污水浓度 2～3 个数量级(李咏梅等, 2009)。针对以上研究中存在的弊端，李静等(2012)以实际生活污水作为研究对象，考察了能够确保稳定高效工作状况的小型 A^2/O 工艺对雌激素的去除效能。在工艺处理出水中分别加入质量浓度为 50 mg/L 或 200 ng/L 的 E1、E2 和 EE2，再测定回收率。其中，E1、E2 和 EE2 的平均回收率分别为 106%、95%和 81%，相对标准偏差(RSD)介于 1.9%～8.5%(*n*=3)。

研究人员首先考察了 A^2/O 工艺对一般污染物(如 COD、TN、TP、NH_3^--N)的去除效果。上述 4 种污染物的进水浓度范围分别为 180～450 mg/L、15～50 mg/L、0.7～2.5 mg/L 和 15～48 mg/L；A^2/O 工艺处理后，各项浓度范围分别为 35～60 mg/L、2～9.8 mg/L、

0.1～0.5 mg/L 和 0～8 mg/L，去除率为 60%～95%，可达到 GB 18918—2002 的一级排放要求。紧接着，研究人员探究了 A^2/O 工艺对 E1、E2 和 EE2 三种典型甾体雌激素的去除效率。研究发现，A^2/O 工艺对 E1 和 E2 的去除效果最为理想。尽管 E1(40～238 ng/L)和 E2(50～208 ng/L)的进水浓度变化范围较大，但出水浓度分别稳定在 8～25 ng/L 和 10 ng/L，去除率分别为 88%和 98%。各雌激素的降解机理不同，导致其从污水中的去除速率也不同。E2 可在短时间内转化为 E1，但 E1 的后续降解是 E2 降解的限速步骤，而 E1 所需的降解时间较长，导致 E1 的去除率较 E2 略低。相比之下，EE2 最难被生物降解；此外，物质的 $\log K_{ow}$ 值决定了其对固相的吸附能力，$\log K_{ow}$=2.5～4.0 为中度吸附能力；$\log K_{ow} > 4.0$ 则表现出高吸附能力(Vader et al., 2000)。由 EE2 的 $\log K_{ow}$ 值(4.15)可知，其去除机制主要为污泥吸附(张照韩等, 2011)。因而，A^2/O 工艺对 EE2 的去除率也较前两者更低。不同处理工艺对雌激素去除率的影响较大，通常来说雌激素的易去除程度为 E2 > E1 > EE2，这与来源于全世界范围内多个国家的报道结果基本一致(表 7-4)。

表 7-4　不同污水处理工艺下雌激素的去除情况(李静等, 2012)

国家	工艺	去除率/%			参考文献
		E1	E2	EE2	
巴西	生物滤池法(BF)	67～83	92～100	64～78	Ternes et al., 1999b
瑞士	活性污泥法(AS)+固定床反应器(FB)	50～99	88～98	70～94	Joss et al., 2004
澳大利亚	序列间歇式活性污泥法(SBR)	14	5	未检出	Johnson and Belfroid, 2000
加拿大	AS+氧化塘法(LG)	50～98	50～98	未测定	Servos et al., 2005
荷兰	AS	64～98	75～98	77～98	Johnson and Belfroid, 2000
日本	AS	86	90	未测定	Nakada and Yasojima, 2006
中国	AS	87	17	83.5	周海东等, 2009

由表 7-4 可知，A^2/O 工艺对 E1 和 E2 的去除率优于表中多数工艺的去除率。以澳大利亚采用的 SBR 工艺为例，其对 E1 和 E2 的去除率不足 15%。日本采用的 AS 工艺对 E2 的去除率仅达到 90%，我国采用的 AS 工艺对 E1、E2 和 EE2 的去除率也仅分别为 87%、17%和 83.5%。雌激素在生活污水处理工艺中的去除过程复杂多变，且与污水理化性质、进水浓度、工艺运行参数及微生物生长状态等均有密切的相关性。在李静等(2012)的研究中雌激素浓度范围波动较大也证实了这一点，这也进一步增大了其对下游水生生态系统健康的潜在风险性。

近年来，游猛等(2017)采用高效液相色谱-紫外检测-荧光检测(HPLC-UV-FLD)分析了污水中 E2、E1、E3、EE2 的浓度水平，并采用重组酵母雌激素筛选法(YES)评价了 A^2/O 中污水的雌激素活性，同时采用酶联免疫吸附试验(ELISA)检测污水处理过程中 E2 的浓度水平。考虑到典型固醇类雌激素具有较低的亨利常数(H_c)，并且与 K_{ow} 的比值低于 10^{-9}，因而挥发作用对于雌激素的去除贡献可以忽略不计(Rogers, 1996)。在试验的第一步——曝气沉砂池处理过程中，雌激素的去除率低于 10%；在初沉池中，E1、EE2 和 E3 的去除率分别为 29.7%、16.4%和 18.2%，而 E2 浓度变化甚微，这可能是 E2 吸附到固体颗粒上，并随着颗粒的沉降而被去除。在 A^2/O 工艺处理过程中，出水池中 E1、E2、E3 和 EE2 的去除率分别高达 88.8%、95.7%、95.2%和 93.1%。厌氧/缺氧/好氧环境实则构建了良好的脱氮除磷菌群结构，具有此特性的污泥也很利于雌激素的吸附，且硝化过程可促进雌激素的降解(王亚娥等, 2007; Forrez et al., 2009)。需指出，二沉池工艺未能明显去除上述 4 种目标雌激素；加氯消毒可去除约 60.30%的 E2，其他雌激素同样未得到有效去除。因此，在污水处理厂中，无论何种处理工艺，物理处理作用的效果并不显著，而生物降解和污泥吸附对雌激素的去除起着至关重要的作用。已有研究证实，生物降解和污泥吸附是污水处理厂中雌激素去除的主要机制(Andersen et al., 2003; Khanal et al., 2006)。

利用 β-半乳糖苷酶的 E2 诱导活性值可以得出 E2 剂量与 E2 活性效应的计量关系。游猛等(2017)首先对基于物理方法处理的污水中 β-半乳糖苷酶活性进行了检测，结果发现，在曝气沉砂池污水中，颗粒物表面附着的雌激素物质被剥离而溶于水，造成曝气沉砂池出水的 β-半乳糖苷酶活性高于格栅出水中 β-半乳糖苷酶活性。进水的 E2 当量(EEQ)为 7. 09 ng/L，经曝气沉砂池和初沉池预处理后的污水 EEQ 分别为 6.1 ng/L 和 5.7 ng/L，对雌激素活性的去除率分别为 13.4%和 33.4%，此两组样品的雌激素活性并无显著性差异。经 A^2/O 工艺处理后，污水的 EEQ 为 1.89 ng/L，经二沉池和氯消毒之后，最终出水的 EEQ 分别为 2.0 ng/L 和 1.9 ng/L。这与 Zeng 等(2016)的研究结果具有一致性，即加氯消毒对二级出水雌激素活性无显著的去除作用。消毒过程中，一些中间产物含有雌激素活性。例如，E1、E2 和 EE2 的消毒副产物具有不可忽视的雌激素活性(Vethaak et al., 2005)。当水环境的 EEQ 大于 1 ng/L 时即会对水生生物产生一定负面效应(Jarošová et al., 2014)。因此，尽管污水处理厂可将大部分雌激素去除，但其出水仍有可能对受纳水体的水环境健康产生潜在危害。

酶联免疫吸附试验结果可知，进水中 E2 浓度为 82.8 ng/L。经过曝气沉砂池和初沉池处理后，E2 浓度分别降低至 76.8 ng/L 和 69.7 ng/L。显然，E2 并没有得到明显的去除。经 A^2/O 工艺处理后，E2 浓度降低至 9.26 ng/L，去除率为 88.8%。经二沉池和加氯消毒之后，E2 的最终出水浓度为 10.1 ng/L。此外，酶联免疫法检测到污泥中 E2 的浓度为 12.2 ng/L，这进一步证明了污泥对雌激素具有一定的吸附作用。

值得关注的是，在试验初期，酶联免疫法测得的 E2 浓度比用化学分析测得的 E2 浓度低，但是两者之间的差距随着处理工艺的持续进行而减小，最终，酶联免疫法检测得的 E2 出水浓度(10.0 ng/L)高于化学分析法测得的浓度。Pasquet 和 Vulliet(2011)的研究中也出现了类似分析结果，即利用酶联免疫法检测的水体目标物浓度比化学检测值高。事实上，环境水样品中存在着其他含有甾体母核结构的化合物，如一些雄激素和孕激素以及 E1 和 EE2。这些物质可与 E2 抗体发生交叉反应，导致酶联免疫法检测的结果偏高(张明辉等, 2015)。另外，环境水样中的各种化学物质可能存在拮抗作用(Vethaak et al., 2005)，一些具有抗雌激素活性的化合物会使重组酵母法的检测值降低。酶联免疫法与传统的化学分析及重组酵母菌法相比具有操作简单、节约时间和成本，以及需处理样品量少等优点，有助于及时进行污染修复措施。

参 考 文 献

韩伟, 李艳霞, 杨明, 等. 2010. 环境雄激素的危害、来源与环境行为[J]. 生态学报, 30(4): 1058～1065.

李海波, 杨瑞崧, 李培军, 等. 2007. 聚乙烯醇-海藻酸钠固定 Microbacterium sp. S_2-4 的微环境分析[J]. 生态学杂志, 26(1): 16～20.

李静, 许楠, 李振山, 等. 2012. A^2/O 工艺处理生活污水中雌激素的试验研究[J]. 水处理技术, 38(8): 62～65.

李馨子, 高伟, 崔志松, 等. 2014. 海洋石油降解菌 *Alcanivorax* sp. 97CO-5 的固定化及其石油降解效果[J]. 海洋环境科学, 33(3): 383～388.

李咏梅, 杨诗家, 曾庆玲, 等. 2009. A^2/O 活性污泥工艺去除污水中雌激素的试验[J]. 同济大学学报(自然科学版), 37(8): 1055～1060.

廖艳, 余煜棉, 赖子尼. 2006. SPE-GC 法测定地表水中的痕量环境激素[J]. 中国给水排水, 16(22): 77～80.

钱林波, 元妙新, 陈宝梁. 2012. 固定化微生物技术修复 PAHs 污染土壤的研究进展[J]. 环境科学, 33(5): 1767～1776.

王旭辉, 晁群芳, 徐鑫, 等. 2012. 石油污染土壤的生物修复室内模拟实验研究[J]. 环境工程学报, 6(5): 1663～1668.

王亚娥, 李富生, 汤浅晶, 等. 2007. 好氧/厌氧污泥对 17*β*-雌二醇的降解特性[J]. 中国给水排水, 23(9): 70～72.

武睿. 2010. 活性炭和膜技术去除水中内分泌干扰物的研究进展[J]. 工业水处理, 30(7): 11～14.

游猛, 张秋亚, 王晓昌, 等. 2017. A^2/O 工艺处理污水中雌激素活性和典型雌激素水平变化[J]. 生态与农村环境学报, 33(6): 571～576.

张明辉, 吴蔓莉, 杨瑞, 等. 2015. 利用酶联免疫测定水中雌二醇[J]. 分析试验室, 34(1): 27～30.

张照韩, 冯玉杰, 苏惠, 等. 2011. AO 与 AAO 工艺去除雌激素效能对比及分析[J]. 环境科学学报, 31(1): 26～32.

赵桃桃, 李聪, 俞亭超. 2014. 甾体类环境雌激素污染现状及去除方法研究[J]. 给水排水, 40(3): 154～160.

周海东, 黄霞, 王晓琳, 等. 2009. 北京市城市污水雌激素活性的研究[J]. 环境科学, 30(12): 3590～3596.

Abtahi S M, Petermann M, Flambard A J, et al. 2018. Micropollutants removal in tertiary moving bed biofilm reactors (MBBRs): Contribution of the biofilm and suspended biomass[J]. Science of the Total Environment, 643: 1464～1480.

Adlercreutz H, Martin F. 1976. Oestrogen in human pregnancy faeces[J]. Acta Endocrinologica-Bucharest, 83(2): 410～419.

Amin M M, Bina B, Ebrahimi A, et al. 2018b. The occurrence, fate, and distribution of natural and synthetic hormones in different types of wastewater treatment plants in Iran[J]. Chinese Journal of Chemical Engineering, 26(5): 1132～1139.

Amin M M, Bina B, Ebrahim K, et al. 2018a. Biodegradation of natural and synthetic estrogens in moving bed bioreactor[J]. Chinese Journal of Chemical Engineering, 26(2): 393～399.

Andersen H, Siegrist H, Halling-Sørensen B, et al. 2003. Fate of estrogens in a municipal sewage treatment plant[J]. Environmental Science & Technology, 37(18): 4021～4026.

Atkinson S K, Marlatt V L, Kimpe L E, et al. 2012. The occurrence of steroidal estrogens in south-eastern Ontario wastewater treatment plants[J]. Science of the Total Environment, 430: 119～125.

Bassin J P, Dezotti M, Sant'anna Jr G L. 2011. Nitrification of industrial and domestic saline wastewaters in moving bed biofilm reactor and sequencing batch reactor[J]. Journal of Hazardous Materials, 185(1): 242～248.

Bernardelli J K B, Belli T J, da Costa R E, et al. 2019. Bacterial community structure applied to hormone degradation[J]. Journal of Environmental Engineering, 145(12): 04019086.

Braga O, Smythe G. 2005. Steroid estrogens in primary and tertiary wastewater treatment plants[J]. Water Science and Technology, 52(8): 273～278.

Cai K, Elliott C T, Phillips D H, et al. 2012. Treatment of estrogens and androgens in dairy wastewater by a constructed wetland system[J]. Water Research, 46: 2333～2343.

Casey F X M, Larsen G L, Hakk H, et al. 2003. Fate and transport of 17*β*-estradiol in soil−water systems[J]. Environmental Science & Technology, 37(11): 2400～2409.

Chang H, Wu S, Hu J, et al. 2008. Trace analysis of androgens and progestogens in environmental waters by ultra-performance liquid chromatography—electrospray tandem mass spectrometry[J]. Journal of Chromatography A, 1195: 44～51.

Chang J S, Chou C, Chen S Y. 2001. Decolorization of azo dyes with immobilized *Pseudomonas luteola*[J]. Process Biochemistry, 36(8): 757～763.

Chen T C, Yeh K J C, Kuo W C, et al. 2014. Estrogen degradation and sorption onto colloids in a constructed wetland with different hydraulic retention times[J]. Journal of Hazardous Materials, 277: 62～68.

Clara M, Kreuzinger N, Strenn B, et al. 2005. The solids retention time—a suitable design parameter to evaluate the capacity of wastewater treatment plants to remove micropollutants[J]. Water Research, 39: 97～106.

Covarrubias S A, de-Bashan L E, Moreno M, et al. 2012. Alginate beads provide a beneficial physical barrier against native microorganisms in wastewater treated with immobilized bacteria and microalgae[J]. Applied Microbiology and Biotechnology, 93(6): 2669～2680.

D'Ascenzo G, Di Corcia A, Gentili A, et al. 2003. Fate of natural estrogen conjugates in municipal sewage transport and treatment facilities[J]. Science of the Total Environment, 302: 199～209.

di Biase A, Kowalski M S, Devlin T R, et al. 2019. Moving bed biofilm reactor technology in municipal wastewater treatment: A review[J]. Journal of Environmental Management, 247: 849～866.

Di Gioia D, Sciubba L, Bertin L, et al. 2009. Nonylphenol polyethoxylate degradation in aqueous waste by the use of batch and continuous biofilm bioreactors[J]. Water Research, 43(12): 2977～2988.

Enaime G, Nettmann E, Berzio S, et al. 2020. Performance and microbial analysis during long-term anaerobic digestion of olive mill wastewater in a packed-bed biofilm reactor[J]. Journal of Chemical Technology & Biotechnology, 95(3): 850～861.

Feki A, Amara I B, Bardaa S, et al. 2019. Preparation and characterization of polysaccharide based films and evaluation of their healing effects on dermal laser burns in rats[J]. European Polymer Journal, 115: 147～156.

Fernandez L, Louvado A, Esteves V I, et al. 2017. Biodegradation of 17*β*-estradiol by bacteria isolated from deep sea sediments in aerobic and anaerobic media[J]. Journal of Hazardous Materials, 323: 359～366.

Fernandez-Fontaina E, Gomes I B, Aga D S, et al. 2016. Biotransformation of pharmaceuticals under nitrification, nitratation and heterotrophic conditions[J]. Science of the Total Environment, 541: 1439～1447.

Flemming H C, Wingender J. 2010. The biofilm matrix[J]. Nature Reviews Microbiology, 8(9): 623～633.

Forrez I, Carballa M, Noppe H, et al. 2009. Influence of manganese and ammonium oxidation on the removal of 17α-ethinylestradiol (EE2)[J]. Water Research, 43(1): 77～86.

Fujii K, Kikuchi S, Satomi M, et al. 2002. Degradation of 17β-estradiol by a gram-negative bacterium isolated from activated sludge in a sewage treatment plant in Tokyo, Japan[J]. Applied and Environmental Microbiology, 68(4): 2057～2060.

Furuichi T, Kannan K, Suzuki K, et al. 2006. Occurrence of estrogenic compounds in and removal by a swine farm waste treatment plant[J]. Environmental Science & Technology, 40(24): 7896～7902.

Gieseke A, Purkhold U, Wagner M, et al. 2001. Community structure and activity dynamics of nitrifying bacteria in a phosphate-removing biofilm[J]. Applied and Environmental Microbiology, 67(3): 1351～1362.

Gray J L, Sedlak D L. 2005. The fate of estrogenic hormones in an engineered treatment wetland with dense macrophytes[J]. Water Environment Research, 77: 24～31.

Holbrook R D, Novak J T, Grizzard T J, et al. 2002. Estrogen receptor agonist fate during wastewater and biosolids treatment processes: A mass balance analysis[J]. Environmental Science & Technology, 36(21): 4533～4539.

Horsing M, Ledin A, Grabic R, et al. 2011. Determination of sorption of seventy-five pharmaceuticals in sewage sludge[J]. Water Research, 45(15): 4470～4482.

Iannacone F, Di Capua F, Granata F, et al. 2019. Effect of carbon-to-nitrogen ratio on simultaneous nitrification denitrification and phosphorus removal in a microaerobic moving bed biofilm reactor[J]. Journal of Environmental Management, 250: 109518.

Isabelle M, Villemur R, Juteau P, et al. 2011. Isolation of estrogen-degrading bacteria from an activated sludge bioreactor treating swine waste, including a strain that converts estrone to beta-estradiol[J]. Canadian Journal of Microbiology, 57(7): 559～568.

Jarošová B, Bláha L, Giesy J P, et al. 2014. What level of estrogenic activity determined by *in vitro* assays in municipal waste waters can be considered as safe?[J]. Environment International, 64: 98～109.

Jelic A, Gros M, Ginebreda A, et al. 2011. Occurrence, partition and removal of pharmaceuticals in sewage water and sludge during wastewater treatment[J]. Water Research, 45(3): 1165～1176.

Johnson A, Belfroid A. 2000. Estimating steroid oestrogen inputs into activated sludge treatment works and observations on their removal from the effluent[J]. Science of the Total Environment, 256(2～3): 163～173.

Joss A, Andersen H, Ternes T, et al. 2004. Removal of estrogens in municipal wastewater treatment under aerobic and anaerobic conditions: Consequences for plant optimization[J]. Environmental Science & Technology, 38(11): 3047～3055.

Jürgens M D, Holthaus K I E, Johnson A C, et al. 2002. The potential for estradiol and ethinylestradiol, degradation in English rivers[J]. Environmental Toxicology and Chemistry, 21: 480～488.

Khanal S K, Xie B, Thompson M L, et al. 2006. Fate, transport, and biodegradation of natural estrogens in the environment and engineered systems[J]. Environmental Science & Technology, 40(21): 6537～6546.

Kim K J, Kim H J, Park H G, et al. 2016. A MALDI-MS-based quantitative analytical method for endogenous estrone in human breast cancer cells[J]. Scientific Reports, 19(6): 24489.

Koh Y K, Chiu T Y, Boobis A R, et al. 2009. Influence of operating parameters on the biodegradation of steroid estrogens and nonylphenolic compounds during biological wastewater treatment processes[J]. Environmental Science & Technology, 43(17): 6646～6654.

Kora E, Theodorelou D, Gatidou G, et al. 2020. Removal of polar micropollutants from domestic wastewater using a methanogenic-aerobic moving bed biofilm reactor system[J]. Chemical Engineering Journal, 382: 122983.

Kuhn D D, Drahos D D, Marsh L, et al. 2010. Evaluation of nitrifying bacteria product to improve nitrification efficacy in recirculating aquaculture systems[J]. Aquacultural Engineering, 43(2): 78～82.

Lee S T, Rhee S K, Lee G M. 1994. Biodegradation of pyridine by freely suspended and immobilized *Pimelobacter* sp. [J]. Applied Microbiology and Biotechnology, 41(6): 652～657.

Leech D M, Snyder M T, Wetzel R G. 2009. Natural organic matter and sunlight accelerate the degradation of 17*β*-estradiol in water[J]. Science of the Total Environment, 407(6): 2087～2092.

Lei B L, Wen Y, Wang X T, et al. 2013. Effects of estrone on the early life stages and expression of vitellogenin and estrogen receptor genes of Japanese medaka (*Oryzias latipes*)[J]. Chemosphere, 93(6): 1104～1110.

Li C, Gu Z, Zhu S, et al. 2020a. 17*β*-Estradiol removal routes by moving bed biofilm reactors (MBBRs) under various C/N ratios[J]. Science of the Total Environment, 741: 140381.

Li C, Lan L, Tadda M A, et al. 2020b. Interaction between 17*β*-estradiol degradation and nitrification in mariculture wastewater by *Nitrosomonas europaea* and MBBR[J]. Science of the Total Environment, 705: 135846.

Li C, Liang J, Lin X, et al. 2019. Fast start-up strategies of MBBR for mariculture wastewater treatment[J]. Journal of Environmental Management, 248: 109267.

Liu D Z, Li C W, Guo H B, et al. 2019. Start-up evaluations and biocarriers transfer from a trickling filter to a moving bed bioreactor for synthetic mariculture wastewater treatment[J]. Chemosphere, 218: 696～704.

Liu J, Li S, Li X, et al. 2018. Removal of estrone, 17*β*-estradiol, and estriol from sewage and cow dung by immobilized *Novosphingobium* sp. ARI-1[J]. Environmental Technology, 39(19): 2423～2433.

Lloret L, Eibes G, Feijoo G, et al. 2012. Degradation of estrogens by laccase from *Myceliophthora thermophila* in fed-batch and enzymatic membrane reactors[J]. Journal of Hazardous Materials, 213: 175～183.

Luo S, Wei Z S, Spinney R, et al. 2018. Quantitative structure-activity relationships for reactivities of sulfate and hydroxyl radicals with aromatic contaminants through single-electron transfer pathway[J]. Journal of Hazardous Materials, 344: 1165～1173.

Luo Y L, Guo W S, Ngo H H, et al. 2014a. Removal and fate of micropollutants in a sponge-based moving bed bioreactor[J]. Bioresource Technology, 159: 311～319.

Luo Y L, Guo W S, Ngo H H, et al. 2014b. A review on the occurrence of micropollutants in the aquatic environment and their fate and removal during wastewater treatment[J]. Science of the Total

Environment, 473: 619～641.

Manickum T, John W. 2014. Occurrence, fate and environmental risk assessment of endocrine disrupting compounds at the wastewater treatment works in Pietermaritzburg (South Africa)[J]. Science of the Total Environment, 468: 584～597.

Martin K J, Picioreanu C, Nerenberg R. 2013. Multidimensional modeling of biofilm development and fluid dynamics in a hydrogen-based, membrane biofilm reactor (MBfR)[J]. Water Research, 47(13): 4739～4751.

McAdam E J, Bagnall J P, Koh Y K, et al. 2010. Removal of steroid estrogens in carbonaceous and nitrifying activated sludge processes[J]. Chemosphere, 81(1): 1～6.

Mitsui N, Tooi O, Kawahara A. 2007. Vitellogenin-inducing activities of natural, synthetic, and environmental estrogens in primary cultured *Xenopus laevis* hepatocytes[J]. Comparative Biochemistry and Physiology, 146(4): 581～587.

Nakada N, Yasojima M. 2006. Fate of oestrogenic compounds and identification of oestrogenicity in a wastewater treatment process[J]. Water Science and Technology, 53(11): 51～63.

Nghiem L D, Manis A, Soldenhoff K, et al. 2004. Estrogenic hormone removal from wastewater using NF/RO membranes[J]. Journal of Membrane Science, 242(1～2): 37～45.

Pasquet C, Vulliet E. 2011. Utilisation of an enzyme-linked immunosorbent assay (ELISA) for determination of alkylphenols in various environmental matrices. Comparison with LC-MS/MS method[J]. Talanta, 85(5): 2492～2497.

Pessoa G P, de Souza N C, Vidal C B, et al. 2014. Occurrence and removal of estrogens in Brazilians wastewater treatment plants[J]. Science of the Total Environment, 490: 288～295.

Petrovic M, Solé M, López de Alda M J, et al. 2002. Endocrine disruptors in sewage treatment plants, receiving river waters, and sediments: Integration of chemical analysis and biological effects on feral carp[J]. Environmental Toxicology and Chemistry: An International Journal, 21(10): 2146～2156.

Plosz B G, Leknes H, Thomas K V. 2010. Impacts of competitive inhibition, parent compound formation and partitioning behavior on the removal of antibiotics in municipal wastewater treatment[J]. Environmental Science & Technology, 44(2): 734～742.

Qiang Z, Dong H, Zhu B, et al. 2013. A comparison of various rural wastewater treatment processes for the removal of endocrine-disrupting chemicals (EDCs)[J]. Chemosphere, 92: 986～992.

Qiu G L, Ting Y P. 2014. Short-term fouling propensity and flux behavior in an osmotic membrane bioreactor for wastewater treatment[J]. Desalination, 332(1): 91～99.

Ramirez-Vargas R, Serrano-Silva N, Navarro-Noya Y E, et al. 2015. 454 pyrosequencing-based characterization of the bacterial consortia in a well established nitrifying reactor[J]. Water Science and Technology, 72(6): 990～997.

Rattier M, Reungoat J, Keller J, et al. 2014. Removal of micropollutants during tertiary wastewater treatment by biofiltration: Role of nitrifiers and removal mechanisms[J]. Water Research, 54: 89～99.

Ray S, Scholz M, Haritash A K. 2019. Kinetics of carbon and nitrogen assimilation by heterotrophic microorganisms during wastewater treatment[J]. Environmental Monitoring and Assessment, 191(7): 1～11.

Ren Y X, Nakano K, Nomura M, et al. 2007. Effects of bacterial activity on estrogen removal in nitrifying activated sludge[J]. Water Research, 41(14): 3089～3096.

Riedel A, Michel C, Gosselin M. 2007. Grazing of large-sized bacteria by sea-ice heterotrophic protists on the Mackenzie Shelf during the winter-spring transition[J]. Aquatic Microbial Ecology, 50(1): 25～38.

Rogers H R. 1996. Sources, behavior and fate of organic contaminants during sewage treatment and in sewage sludges[J]. Science of the Total Environment, 185(1～3): 3～26.

Roh H, Chu K H. 2011. Effects of solids retention time on the performance of bioreactors bioaugmented with a 17β-estradiol-utilizing bacterium, *Sphingomonas* strain KC8[J]. Chemosphere, 84(2): 227～233.

Sathyamoorthy S, Chandran K, Ramsburg C A. 2013. Biodegradation and cometabolic modeling of selected beta blockers during ammonia oxidation[J]. Environmental Science & Technology, 47(22): 12835～12843.

Semião A J, Schäfer A I. 2011. Estrogenic micropollutant adsorption dynamics onto nanofiltration membranes[J]. Journal of Membrane Science, 381(1～2): 132～141.

Servos M R, Bennie D T, Burnison B K, et al. 2005. Distribution of estrogens, 17β-estradiol and estrone, in Canadian municipal wastewater treatment plants[J]. Science of the Total Environment, 336: 155～170.

Shappell N W, Billey L O, Forbes D, et al. 2007. Estrogenic activity and steroid hormones in swine wastewater through a lagoon constructed-wetland system[J]. Environmental Science & Technology, 41: 444～450.

Shi J, Fujisawa S, Nakai S, et al. 2004. Biodegradation of natural and synthetic estrogens by nitrifying activated sludge and ammonia-oxidizing bacterium *Nitrosomonas europaea*[J]. Water Research, 38(9): 2323～2330.

Sim W J, Lee J W, Shin S K, et al. 2011. Assessment of fates of estrogens in wastewater and sludge from various types of wastewater treatment plants[J]. Chemosphere, 82: 1448～1453.

Smith K E C, Thullner M, Wick L Y, et al. 2009. Sorption to humic acids enhances polycyclic aromatic hydrocarbon biodegradation[J]. Environmental Science & Technology, 43(19): 7205～7211.

Snyder S A, Adham S, Redding A M, et al. 2007. Role of membranes and activated carbon in the removal of endocrine disruptors and pharmaceuticals[J]. Desalination, 202(1～3): 156～181.

Song H L, Nakano K, Taniguchi T, et al. 2009. Estrogen removal from treated municipal effluent in small-scale constructed wetland with different depth[J]. Bioresource Technology, 100(12): 2945～2951.

Stumpe B, Marschner B. 2009. Factors controlling the biodegradation of 17β-estradiol, estrone and 17α-ethinylestradiol in different natural soils[J]. Chemosphere, 74(4): 556～562.

Suzuki H, Araki S, Yamamoto H. 2015. Evaluation of advanced oxidation processes (AOP) using O_3, UV, and TiO_2 for the degradation of phenol in water[J]. Journal of Water Process Engineering, 7: 54～60.

Tan D T, Arnold W A, Novak P J. 2013. Impact of organic carbon on the biodegradation of estrone in mixed culture systems[J]. Environmental Science & Technology, 47(21): 12359～12365.

Tang B, Yu C F, Bin L Y, et al. 2016. Essential factors of an integrated moving bed biofilm reactor membrane bioreactor: Adhesion characteristics and microbial community of the bio-film[J]. Bioresource Technology, 211: 574～583.

Ternes T A, Kreckel P, Mueller J. 1999a. Behavior and occurrence of estrogens in municipal sewage treatment plants—II. Aerobic batch experiments with activated sludge[J]. Science of the Total Environment, 225(1-2): 91～99.

Ternes T A, Stumpf M, Mueller J, et al. 1999b. Behavior and occurrence of estrogens in municipal sewage treatment plants—I. Investigations in Germany, Canada and Brazil[J]. Science of the Total Environment, 225(1-2): 81～90.

Torresi E, Fowler S J, Polesel F, et al. 2016. Biofilm thickness influences biodiversity in nitrifying MBBRs—Implications on micropollutant removal[J]. Environmental Science & Technology, 50(17): 9279～9288.

Torresi E, Polesel F, Bester K, et al. 2017. Diffusion and sorption of organic micropollutants in biofilms with varying thicknesses[J]. Water Research, 123: 388～400.

Tran N H, Urase T, Ngo H H, et al. 2013. Insight into metabolic and cometabolic activities of autotrophic and heterotrophic microorganisms in the biodegradation of emerging trace organic contaminants[J]. Bioresource Technology, 146: 721～731.

Uyanik M, Akakura M, Ishihara K. 2009. 2-iodoxybenzenesulfonic acid as an extremely active catalyst for the selective oxidation of alcohols to aldehydes, ketones, carboxylic acids, and enones with oxone[J]. Journal of the American Chemical Society, 131(1): 251～262.

Vader J S, Van Ginkel C G, Sperling F M G M, et al. 2000. Degradation of ethinyl estradiol by nitrifying activated sludge[J]. Chemosphere, 41(8): 1239～1243.

van den Akker B, Holmes M, Pearce P, et al. 2011. Structure of nitrifying biofilms in a high-rate trickling filter designed for potable water pretreatment[J]. Water Research, 45(11): 3489～3498.

Vanotti M B, Hunt P G. 2000. Nitrification treatment of swine wastewater with acclimated nitrifying sludge immobilized in polymer pellets[J]. Transactions of the ASAE, 43(2): 405.

Vethaak A D, Lahr J, Schrap S M, et al. 2005. An integrated assessment of estrogenic contamination and biological effects in the aquatic environment of The Netherlands[J]. Chemosphere, 59(4): 511～524.

Vymazal J, Březinová T, Koželuh M. 2015. Occurrence and removal of estrogens, progesterone and testosterone in three constructed wetlands treating municipal sewage in the Czech Republic[J]. Science of the total Environment, 536: 625～631.

Wang L Y, Zhang X H, Tam N F Y. 2010. Analysis and occurrence of typical endocrine-disrupting chemicals in three sewage treatment plants[J]. Water Science and Technology, 62: 2501～2509.

Wintgens T, Gallenkemper M, Melin T. 2002. Endocrine disrupter removal from wastewater using membrane bioreactor and nanofiltration technology[J]. Desalination, 146(1～3): 387～391.

Writer J H, Ryan J N, Barber L B. 2011. Role of biofilms in sorptive removal of steroidal hormones and 4-nonylphenol compounds from streams[J]. Environmental Science & Technology, 45(17): 7275～7283.

Yang W, Cicek N. 2008. Treatment of swine wastewater by submerged membrane bioreactors with consideration of estrogenic activity removal[J]. Desalination, 231(1～3): 200～208.

Yoshimoto T, Nagai F, Fujimoto J, et al. 2004. Degradation of estrogens by *Rhodococcus zopfii* and *Rhodococcus equi* isolates from activated sludge in wastewater treatment plants[J]. Applied and Environmental Microbiology, 70(9): 5283～5289.

Yu C P, Roh H, Chu K H. 2007. 17β-estradiol-degrading bacteria isolated from activated sludge[J]. Environmental Science & Technology, 41(2): 486～492.

Zeng Q L, Li Y M, Gu G W, et al. 2009. Sorption and biodegradation of 17β-estradiol by acclimated aerobic activated sludge and isolation of the bacterial strain[J]. Environmental Engineering Science, 26(4): 783～

790.

Zeng S, Huang Y, Sun F, et al. 2016. Probabilistic ecological risk assessment of effluent toxicity of a wastewater reclamation plant based on process modeling[J]. Water Research, 100: 367～376.

Zhao Y X, Zhang B G, Feng C P, et al. 2012. Behavior of autotrophic denitrification and heterotrophic denitrification in an intensified biofilm-electrode reactor for nitrate-contaminated drinking water treatment[J]. Bioresource Technology, 107: 159～165.

Zhou H, Huang X, Wang X, et al. 2010. Behavior of selected endocrine-disrupting chemicals in three sewage treatment plants in Beijing, China[J]. Environmental Monitoring and Assessment, 161: 107～121.